普通高等学校焊接专业教材

材料焊接原理

于启湛　主编

化学工业出版社
·北京·

内 容 简 介

本书介绍了大部分材料的焊接原理，共分为两篇9章。金属材料的电弧熔化焊原理篇包括焊缝、焊接部分熔化区、焊接热影响区、焊接接头的强韧性；材料组合的焊接原理篇包括材料组合的焊接特点、材料组合之间的焊接性和焊接方法，材料表面改性焊接，材料表面活性化焊接，材料加中间层的焊接和过渡液相扩散焊接。书末有8个附录，使得内容在不破坏系统性的基础上，更加完善。

本书适合高等院校本科层次的焊接专业师生使用，也可供从事科研、设计和生产的焊接工作者参考。

图书在版编目（CIP）数据

材料焊接原理/于启湛主编. —北京：化学工业出版社，2024.2

ISBN 978-7-122-44318-2

Ⅰ.①材… Ⅱ.①于… Ⅲ.①金属材料-焊接工艺 Ⅳ.①TG457.1

中国国家版本馆CIP数据核字（2023）第197572号

责任编辑：周 红
责任校对：宋 玮　　装帧设计：王晓宇

出版发行：化学工业出版社
（北京市东城区青年湖南街13号 邮政编码100011）
印 刷：北京云浩印刷有限责任公司
装 订：三河市振勇印装有限公司
787mm×1092mm 1/16 印张20 字数496千字
2024年2月北京第1版第1次印刷

购书咨询：010-64518888　　售后服务：010-64518899
网 址：http://www.cip.com.cn
凡购买本书，如有缺损质量问题，本社销售中心负责调换。

定 价：79.00元

前言

PREFACE

我国的现代焊接事业始于20世纪50年代中期，由苏联专家培养的第一届副博士（硕士）研究生1955年在哈尔滨工业大学毕业，成为我国焊接事业的开山鼻祖，为我国的焊接事业做出了巨大贡献；1956年，我国第一届本科焊接专业毕业生在哈尔滨工业大学毕业；同年，我国第一所焊接研究所以第一机械工业部和哈尔滨工业大学联办的形式，在哈尔滨工业大学挂牌成立；1957年，我国第一期《焊接》杂志在哈尔滨出版。20世纪50年代是我国焊接技术发展的开创期，年轻的焊接科技工作者一开始就对我国焊接科技的发展投入了巨大的努力，紧跟国际焊接科技发展，进行了大胆的新的焊接方法的研究。除了进行焊条电弧焊和埋弧焊的研究利用之外，还进行了氢原子焊、水汽保护焊（这些焊接方法由于焊接质量太差而被淘汰）的研究，1958年，由哈尔滨工业大学师生参与的三门峡水电站水轮机转子的电渣焊焊接成功，标志着我国年轻的焊接科技工作者快步走上社会主义建设前线。在短短的六七年间，检验我国焊接科技成就的第一届全国焊接学术会议于1962年夏季在哈尔滨召开。

我国焊接科技的发展紧跟工业技术的发展，其工作对象从钢铁开始，以低碳钢为主，主要还是焊条电弧焊和埋弧焊，即渣保护或者气-渣联合保护的焊接方法。当时成熟的气保护焊接，主要是既提供热源，又提供保护的氧-乙炔火焰焊接。

我们的焊接理论源于1950年由哈尔滨工业大学翻译出版的，苏联40年代高等学校焊接专业教材《焊接过程理论》，其作为我国的主要教学参考书。在此理论基础上，60年代初，我国焊接专业教材《焊接冶金基础》第一次出版，由天津大学焊接教研室编写，主要内容是基于钢铁特别是低碳钢焊接理论的焊接冶金理论，1981年、1983年经过两次修订再版。

我国的焊接技术实践，已经远远超过了单一金属材料的焊接，更是远远超出低碳钢焊接。可以肯定地说，现在我们已经可以焊接几乎所有的材料和材料组合，而这些材料不可能都采用“冶金”的工艺过程来实现。在这些实践中已经大量采用了非“冶金”的方式，由此建立了非冶金的焊接理论。正是出于这个目的，我们在综合研究、归纳我国广大焊接工作者近40年来大量科研成果的基础上，编写了《材料焊接原理》一书，本书可作为高等院校焊接专业的理论教材使用，也可以为从事科研、设计和生产的焊接工作者提供参考。

本书分为两篇。第一篇仍然为焊接冶金，即金属材料的电弧熔化焊接原理。但是，内容有一些更新：将焊接热过程和焊接材料放在书后附录中，以供需要者参考；正文以焊缝、部分熔化区和焊接热影响区分别论述，特别单独列出了“部分熔化区”一章，其他两部分也注入了新的内容；虽然仍然以分析低碳钢的焊条电弧焊为主，但是也介绍了其他金属（如不锈钢、铝合金等）的熔化焊特征；还增加了焊接接头强韧性部分，以介绍焊接接头的使用性能。

第二篇是材料组合的焊接原理，综合归纳了我国40多年来的研究成果。实际上，这部分焊接的实践中关于焊接接头的完成，不可能全都采用熔化焊，如非金属材料（有机材料、陶瓷、碳材料、复合材料等）的焊接、不同金属材料之间的焊接，以及非金属材料与金属材料的焊接等。这种接头不可能采用熔化焊接的过程来实现，而可以将非金属进行表面金属化，或者采用活性金属，或者采用非熔化的、熔化的中间层材料的焊接。这是一类化学成分不同的材料的焊接。这类材料的焊接与钢铁材料（基本是同类材料）的焊接（加热、熔化、冶金化学反应、冷却、结晶、相变）不同之处是，一般不能直接进行焊接，需要采取变通措施。

① 要对其表面进行改性。这主要是指非金属，如碳材料（如金刚石、石墨、碳纤维、碳复合材料等）、陶瓷材料（包括玻璃）等。由于它们熔点很高，难以熔化，还由于它们化学活泼性很强，容易发生剧烈的氧化过程（燃烧），如碳材料，不可能进行直接的焊接；另外，它们的熔点很高，不可能如简单材料（同种材料）那样进行焊接，只有对其表面进行金属化，才能够如简单材料（但是，往往不是同种材料）那样，在较低的温度下进行固相（非熔化）焊接。

② 采用活性金属法进行焊接。所谓活性金属法，就是采用一种含有能够与被焊材料发生化学反应的元素的材料，使焊接材料能够与被焊材料发生化学反应，通过这个化学反应产物，从而能够形成牢固的焊接接头。如Al、Ti等元素，能够与碳生成碳化物来焊接石墨等碳材料；Ti、Zr、Hf等强氧化物能够与陶瓷材料生成置换氧化物来焊接陶瓷材料等。

③ 采用中间层。采用与被焊材料不同的第三种材料夹在被焊材料中间，使用加热、加压方法，使得这种中间层材料不熔化、部分熔化或者全部熔化，而扩散融入被焊材料的方法形成固溶体或者生成化合物来实现材料的焊接连接。或者采用一种能够与被焊（同种或者异种）材料都具有良好焊接性能的材料作为中间层材料，分别与被焊材料在两端进行通常的焊接。也可以在被焊材料的一端堆焊一层能够与另一端被焊材料具有良好焊接性的材料，进行堆焊焊缝与另一端被焊材料的焊接，从而实现这两种材料的焊接。

由于这些焊接方法往往存在多元素共存，接头区会形成非常复杂的化合物，包括非金属化合物（如氧化物、碳化物、氮化物和复合化合物等）及十分复杂的金属间化合物（二元、三元及多元）。一方面这些化合物的形成，往往是实现焊接连接的前提；另一方面这些化合物对接头性能有非常重要的影响。由于这些化合物的形成条件（如温度、保温时间）千差万别，对焊接条件要求十分严格，必须严格控制焊接条件才能得到良好效果。

本书由于启湛主编，参加编写的还有丁成钢、赵丽敏。对本书引用资料的国内外作者表示敬意和感谢！

由于作者水平有限，加之科学技术发展迅速，有关新技术、新材料不断涌现，因此难免有不足之处，敬请广大读者指正、谅解。若本书对您有所裨益，本人不胜荣幸。

大连交通大学　于启湛

目录
CONTENTS

第 1 篇　金属材料的电弧熔化焊接原理

第 2 篇 材料组合的焊接原理

第1篇

金属材料的电弧熔化焊接原理

金属材料的电弧熔化焊接是焊接技术在工业生产中早期应用的金属连接技术，它指以一种元素为主的母材，使用同种元素为主的焊接填充材料来进行焊接的焊接行为。比如以Fe元素为主的钢铁母材，使用以Fe元素为主的钢铁的焊接填充材料来实现焊接连接的钢铁的焊接；以Al元素为主的Al及Al合金母材，使用以Al元素为主的Al及Al合金的填充材料进行焊接的Al及Al合金的焊接；以Mg元素为主的Mg及Mg合金母材，使用以Mg元素为主的Mg及Mg合金的填充材料进行焊接的Mg及Mg合金的焊接；以Ti元素为主的Ti及Ti合金母材，使用以Ti元素为主的Ti及Ti合金的填充材料进行焊接的Ti及Ti合金的焊接；以Cu元素为主的Cu及Cu合金母材，使用以Cu元素为主的Cu及Cu合金的填充材料进行焊接的Cu及Cu合金的焊接；以Ni元素为主的Ni及Ni合金母材，使用以Ni元素为主的Ni及Ni合金的填充材料进行焊接的Ni及Ni合金的焊接等。

由于是同种材料的焊接，所以焊接性一般比较良好，通常采用熔化焊就能够实现良好的焊接。这种材料焊接的发展过程，与工业应用的发展相一致。工业应用的材料，从钢铁开始。我国的焊接理论也是从钢铁开始，而且是借用钢铁冶金的理论，结合焊接过程的特点而建立。把焊接过程称为所谓“小冶金”，我国的焊接理论就是从这里开始，开始于低碳钢焊接。所以焊接理论就是开始于低碳钢的熔化焊，主要还是焊条电弧焊，所以叫作“焊接冶金”。其理论体系是从钢铁冶金理论衍生而来，并没有太多的独创。

对于焊接热影响区，我们也是基于钢铁的热处理，结合焊接特点来分析焊接热影响区的组织和性能的。

同样是简单材料的铝、钛、镁等，由于它们对氧的亲和力较大，不能采用焊条电弧焊的方法，而必须采用惰性气体保护或者真空下焊接，这样，它们便没有复杂的冶金（化学反应）过程，只是焊接填充材料与母材的混合，其过程简单得多。

所以，本篇主要还是讨论低碳钢的电弧焊，特别是以焊条电弧焊的过程为主，这也是几十年来焊接理论的主要内容。

第1章 焊缝

1.1 填充材料的熔化和熔池的形成

1.1.1 填充材料的加热和熔化

1.1.1.1 填充材料的加热温度

电弧焊时，用于加热和熔化填充材料（焊条、焊丝）的热能有电阻热、电弧热和化学反应产生的热能。一般来说，电弧焊时化学反应产生的热能只占加热和熔化焊条热能的1%～3%，因此可以忽略不计。

（1）电阻加热　它是电流通过焊芯、焊丝产生的电阻热使得焊芯和药皮、焊丝的温度升高。在使用过大电流密度焊接时，可能使得焊芯和药皮的温度过高，引起不良后果，如增加飞溅、药皮开裂或者脱落、丧失其冶金作用、焊缝成型恶化，甚至产生气孔等缺陷。一般认为，在焊接结束之后焊芯、焊丝的温度不要超过600～650℃为好。

（2）电弧加热　电阻加热焊条、焊丝不起主要作用，只起辅助作用，电弧热才对加热熔化焊条、焊丝起主要作用。电弧加热熔化焊接只占电弧功率的一部分，即

$$q_c = \eta_c IU \tag{1-1}$$

式中　η_c——焊条加热的有效系数（一般只有0.2～0.27）；

U——电弧电压；

I——焊接电流。

1.1.1.2 焊条金属的熔化

焊条（焊丝）金属熔化过渡的特性　焊条（焊丝）金属熔化，在其端部形成熔滴，熔滴向熔池过渡的形式有以下4种。

① 短路过渡。焊条端部的熔滴受到表面张力、重力和电磁力的作用。表面张力是阻止熔滴过渡的力，合力向上，重力当然是向下了，电磁力促使熔滴颈缩和过渡。如图1-1所示，短路过渡时，熔滴长大到与熔池接触，电弧熄灭，焊芯（焊丝）金属熔化终止，发生熔滴金属向熔池的过渡。这一期间，焊条处于降温阶段。前一个熔滴完全过渡到熔池之后，焊芯（焊丝）金属端部只剩下一小部分液态金属，这时电弧点燃，电弧热通过焊芯（焊丝）端部液态金属的传导加热和熔化焊芯金属。随着熔滴金属尺寸的长大，其传导路径加长，电弧加热熔化焊芯金属的速度随之降低，直到下一个熔滴过渡。

② 颗粒状过渡。电弧长度超过某一长度，或者熔滴长大到还没有与熔池接触时，熔滴

就从焊芯（焊丝）端部脱落，过渡到熔池，这样就不会形成短路，而是颗粒状过渡，如图 1-2 所示。焊接电流对熔滴尺寸有重大影响，图 1-3 给出了埋弧焊时焊接电流对过渡频率 f 和熔滴质量 m_{tr} 的影响。

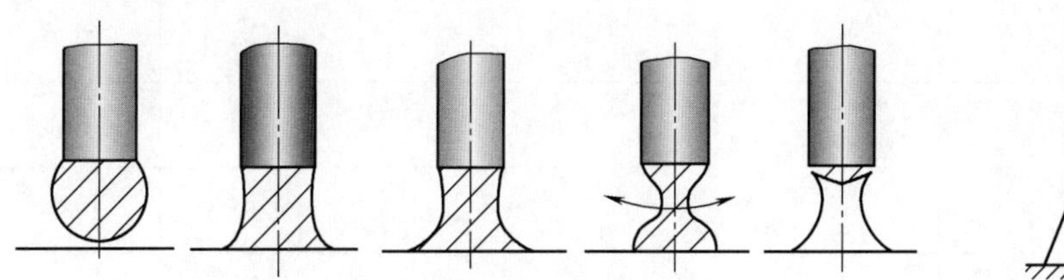

图 1-1 熔滴短路过渡示意图

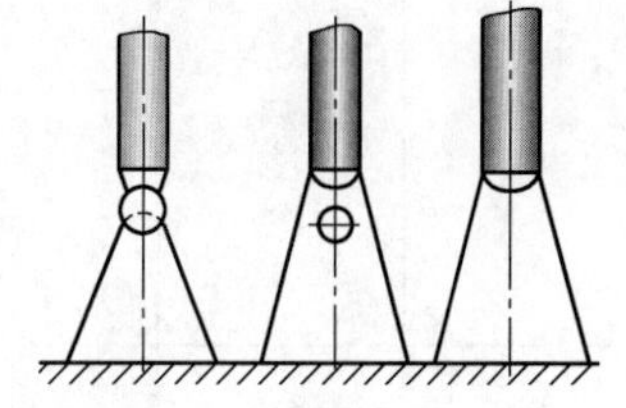

图 1-2 熔滴颗粒状过渡示意图

③ 射流过渡。射流过渡示意如图 1-4 所示，其特点是：过渡频率 f 高，熔滴尺寸小，单个熔滴质量 m_{tr} 小。其熔滴沿着焊芯（焊丝）轴线高速向熔池过渡，飞溅小，焊接过程稳定，熔深大，焊缝成型美观。

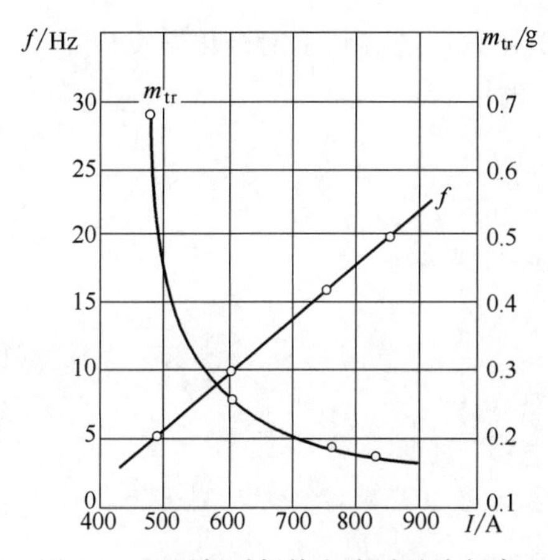

图 1-3 埋弧焊时焊接电流对过渡频率 f 和熔滴质量 m_{tr} 的影响

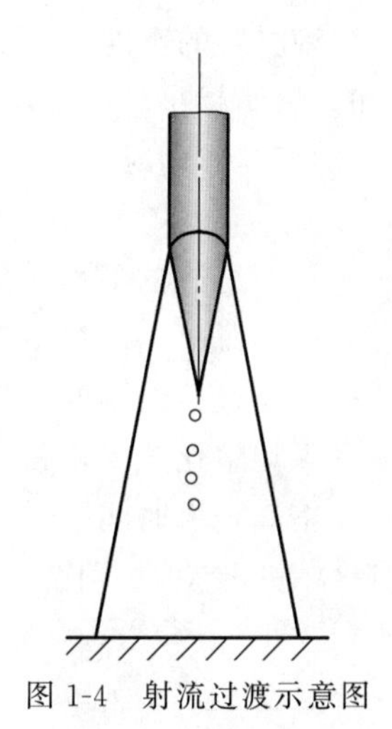

图 1-4 射流过渡示意图

④ 旋转射流过渡。在惰性气体熔化极保护焊和熔化极等离子弧焊时，如果在焊接电流达到射流过渡之后，继续增大焊接电流，达到某一个临界值之后，熔滴就做高速旋转，熔滴很小，过渡频率很高，可达每秒 3000 滴，这就是旋转射流过渡。

一般来说，焊条电弧焊为颗粒过渡，二氧化碳气体保护焊为短路过渡，熔化极氩气保护焊可以实现射流过渡。

1.1.1.3 熔滴的比表面积和相互作用时间

熔滴的比表面积和相互作用时间对焊接过程中的化学反应有着重要的影响。

（1）熔滴的比表面积　熔滴的比表面积 S 是熔滴的表面积 F_g 与其体积 V_g 或者质量 ρV_g 之比，即

$$S=F_g/V_g \quad 或 \quad S=F_g/\rho V_g \tag{1-2}$$

表 1-1 给出了熔滴长大过程中比表面积的变化。

表 1-1 熔滴长大过程中比表面积的变化

焊接电流/A	焊丝直径/mm	指定时刻	熔滴体积 $V_g/\times10^{-3}cm^3$	熔滴表面积 $F_g/\times10^{-2}cm^2$	比表面积/cm^{-1}	熔滴质量增量/mg	
						按体积	按焊芯熔化
140	3	开始 终了	5.1 14.15	15.2 43.5	30 31	63.6	76.4
		开始 终了	4.9 14.9	11.3 27.4	22 18	70.2	49.1
		开始 终了	4.9 16.9	11.3 43.5	22 26	83.9	103.7
110	4	开始 终了	7.7 11.8	16.5 20.3	21 17	28.4	24.5
200		开始 终了	9.6 13.8	18.1 22.1	19 16	29.4	36.7

假定熔滴是一个半径为 R 的球体，则

$$S=4\pi R^2/[(4/3)\pi R^3]=3/R \text{ 或}=3/\rho R$$

式中 ρ——熔滴材料的密度。

由此可知，熔滴越小，比表面积越大。比表面积越大，越有利于冶金化学反应。

(2) 熔滴的相互作用时间 熔滴的平均相互作用时间为

$$\tau_{cp}=m_{cp}/g_{cp} \tag{1-3}$$

式中 m_{cp}——一个熔滴的平均质量，$m_{cp}=m_0+1/2m_{tr}$； (1-4)

m_0——熔滴脱落之后焊条端部留下的液态金属的质量；

m_{tr}——单个过渡熔滴的质量；

g_{cp}——平均熔化速度，$g_{cp}=m_{tr}/\tau$； (1-5)

τ——熔滴长大时间。

将式 (1-3) 和式 (1-4) 代入式 (1-5)，得到

$$\tau_{cp}=(m_0/m_{tr}+1/2)\tau \tag{1-6}$$

1.1.1.4 熔滴的温度

低碳钢熔滴的温度在 2100～2700K，随着焊接电流的提高，熔滴温度也提高。

1.1.1.5 熔化的焊条端部和脱落的熔滴中的氧含量

图 1-5 给出了不同极性焊接时熔化的焊条端部和脱落的熔滴中的氧含量。

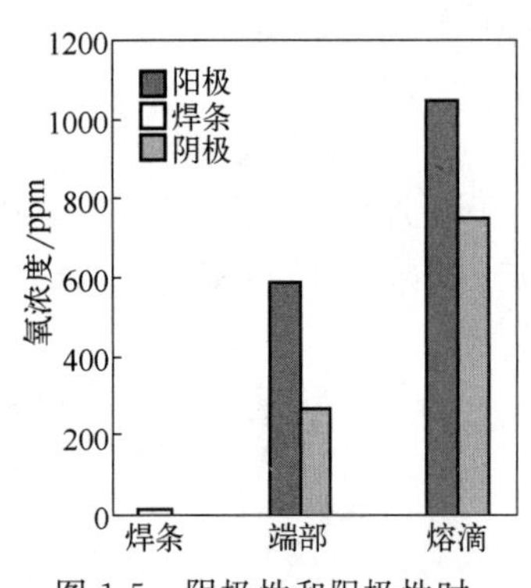

图 1-5 阴极性和阳极性时，焊条、熔化的焊条端部和脱离焊条的熔滴中的氧含量

1.1.2 熔池的形成

熔池的形状、尺寸、体积、温度、存在时间和液态金属的流动状态，对于熔池中的冶金反应、结晶过程、晶体结构、焊缝金属中缺陷（夹渣、气孔和结晶裂纹）的产生有着重要的影响。

1.1.2.1 熔池的形状和尺寸

(1) 低碳钢熔池的形状和尺寸 熔池的形成需要一定的时间，在焊条（焊丝）燃烧开始的一定时间内熔池的形状和尺寸处于扩大过程中的不稳定时期。经过一定时间后，焊件的温

度场达到准稳定状态的准稳定温度场，同时，熔池的形状和尺寸也达到动态的稳定。如图1-6所示，焊接熔池是一个不标准的半椭球，其轮廓就是被焊板材的熔化温度。图1-7为3.2mm厚6061铝合金TIG焊接的形状尺寸观察和计算机模拟的结果。

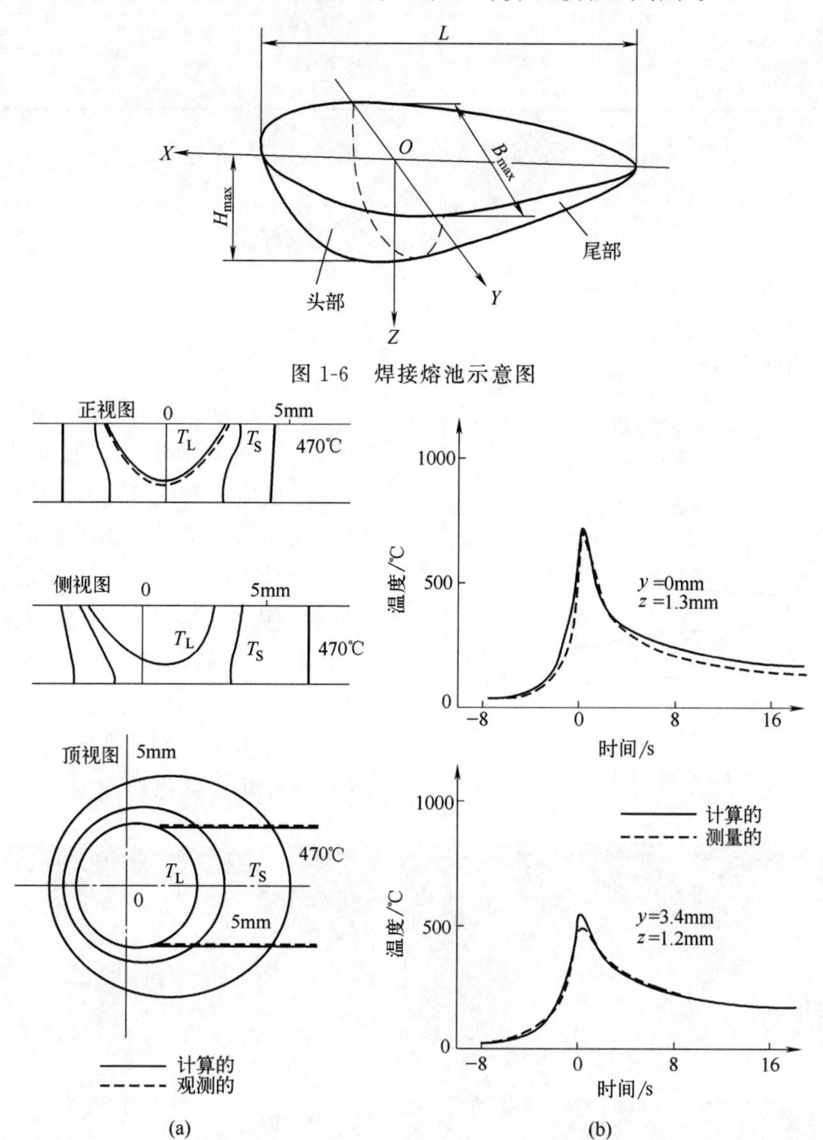

图1-6　焊接熔池示意图

图1-7　3.2mm厚6061铝合金TIG焊接的形状尺寸观察和计算机模拟的结果

（a）熔化边界和等温线；（b）热循环

（2）焊接工艺参数对熔池形状和尺寸的影响　随着焊接电流的增大，焊接熔池的最大深度H_{max}增大，熔池的最大宽度B_{max}减小；而随着电弧电压的增大，焊接熔池的最大深度H_{max}减小，熔池的最大宽度B_{max}增大。

熔池的长度L为

$$L = K_2 UI \tag{1-7}$$

式中　K_2——比例常数；

U——电弧电压；

I——焊接电流。

比例常数 K_2 与焊接方法和焊接电流有关，如表 1-2 所示。

表 1-2　K_2 与焊接方法和焊接电流的关系

焊接方法	焊接电流/A	K_2/(mm/kW)	焊接方法	焊接电流/A	K_2/(mm/kW)
焊条电弧焊	100～300	3.2～5.5	埋弧焊	550～3000	2.4～3.2
MIG	200～300	3.8～4.8	TIG	600	2.85
埋弧焊	150～370	3.5～4.8			

熔池最大熔深处的纵截面积就是焊缝的纵截面积 F_M，与焊接线能量成正比。

$$F_M = K_1 E \tag{1-8}$$

式中 $K_1 = \eta_p / [c\rho(T_M - T_0) + \rho H_s]$

E——焊接线能量，J/cm；

η_p——熔化金属的热效率，%；

H_s——熔化潜热，J/cm^2。

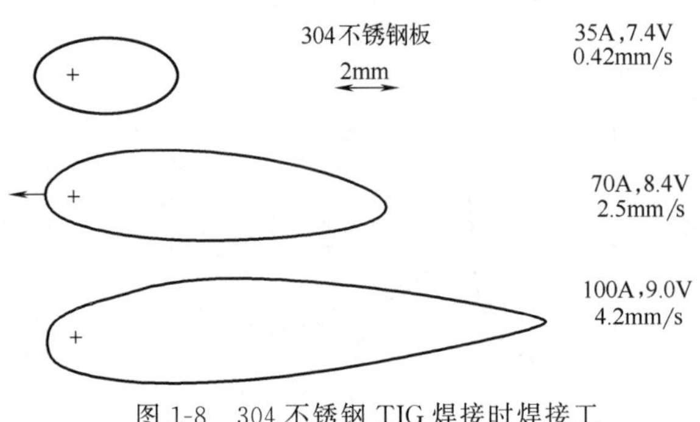

图 1-8　304 不锈钢 TIG 焊接时焊接工艺参数对熔池形状的影响

图 1-8 为 304 不锈钢 TIG 焊接时焊接工艺参数对熔池形状的影响，可以看到，随着焊接电流和电弧电压的提高，即随着焊接线能量的提高，熔池被明显拉长。

（3）表面活性剂对熔池形状和尺寸的影响　图 1-9 为表面活性剂对焊接焊缝（即熔池）形状和尺寸的影响。可以看到，使用表面活性剂后，熔宽变窄，熔深变深。这是由于表面活性剂对焊接电弧有一种压缩作用，使得熔池变窄、变深。

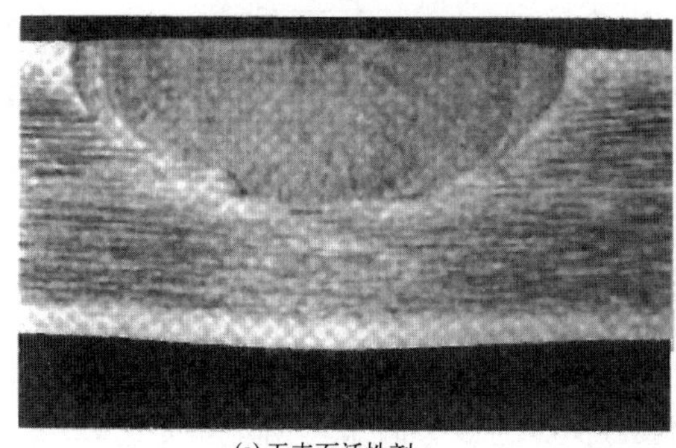

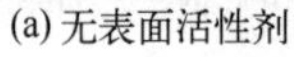

(a) 无表面活性剂

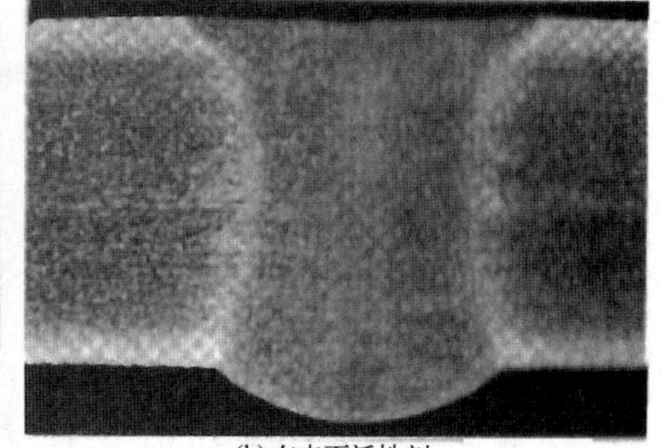

(b) 有表面活性剂

图 1-9　无与有表面活性剂对 6mm 厚 316L 不锈钢 TIG 焊缝（即熔池）形状和尺寸的影响

1.1.2.2　低碳钢焊接熔池的质量和最大存留时间

（1）低碳钢焊接熔池的质量　低碳钢焊条电弧焊熔池的质量为 0.6～16g，埋弧焊熔池的质量在 100g 以下。熔池质量与焊接线能量成正比。

（2）低碳钢熔池的最大存留时间　熔池的最大存留时间 t_{max} 与焊接化学反应时间有关，即

$$t_{max} = L/v \tag{1-9}$$

式中　v——焊接速度，cm/min。

表 1-3 列出了低碳钢电弧焊时熔池最大存留时间。

表 1-3 低碳钢电弧焊时熔池最大存留时间

焊件厚度/mm	焊接方法	焊接参数			熔池最大存在时间/s
		焊接电流/A	电弧电压/V	焊接速度/(m/h)	
5	自动埋弧焊	575	36	50	4.43
11		840	37	41	8.20
16				20	16.50
23		1100	38	18	25.10
30		1560	40	16	41.80
—	焊条电弧焊	150～200	—	3	24.0
—			—	7	10.0
—			—	11	6.5

1.1.2.3 熔池的温度

低碳钢焊接熔池的平均温度为 (1770±200)℃，熔池的温度分布如图 1-10 所示，其平均温度在表 1-4 中给出。

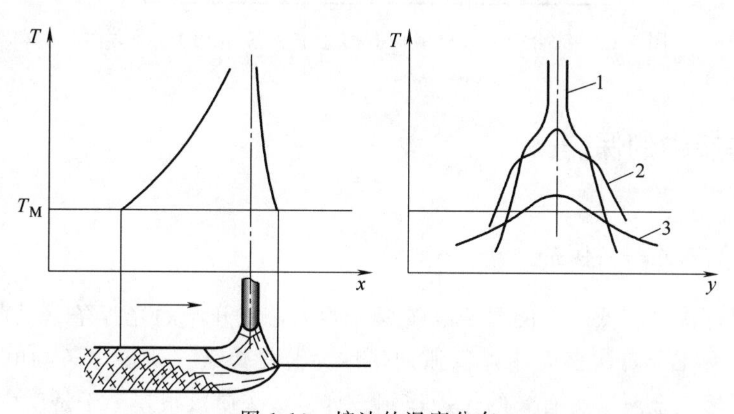

图 1-10 熔池的温度分布

1—熔池中部；2—熔池前部；3—熔池尾部

表 1-4 焊接熔池的平均温度

被焊金属	焊接方法	平均热含量/(J/g)	平均温度/℃	过热度/℃
低碳钢	埋弧焊	—	$\dfrac{1705 \sim 1860}{1768}$	$\dfrac{185 \sim 325}{243}$
T_M=1525℃	熔化极氩弧焊	1450～1610	1625～1800	100～275
h=1360J/g	不熔化极氩弧焊	1480～1600	1665～1790	140～265
铝 T_M=660℃	熔化极氩弧焊	1435～1700	1000～1245	340～585
h=1140J/g	不熔化极氩弧焊	1515～1670	1075～1215	415～550
Cr12V1 钢 T_M=1310℃	药芯焊丝 (ПП-Х12ЕФ)(苏)	—	$\dfrac{1500 \sim 1610}{1570}$	$\dfrac{190 \sim 300}{260}$

1.1.2.4 熔池中液态金属的运动

由于熔池温度分布不均匀，由此产生了表面张力差和机械搅拌作用，使得熔池中的液态金属发生强烈的搅拌运动，一方面使得在熔池中熔化的母材和过渡的焊条（焊丝）液态熔滴发生剧烈的搅拌混合而均匀化；另一方面也使得化学反应在熔池中能够比较充分地进行。图 1-11 给出了钛合金钨极氩弧焊时熔池中液态金属的流动方向。熔池液态金属的平均流动速度可达 30～81m/h，熔池底部金属的流动速度最大，可达 90～360m/h。

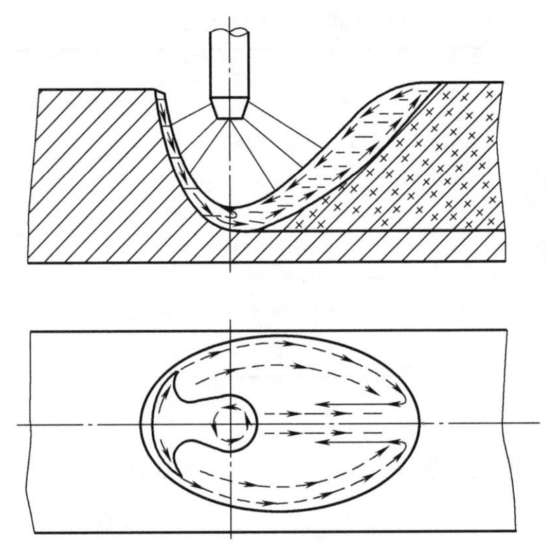

图 1-11　钛合金钨极氩弧焊时熔池中液态金属的流动方向

1.2 材料焊接中的保护

1.2.1 熔渣和气体的联合保护

材料的电弧焊接是从低碳钢的焊条电弧焊开始的，一开始的光焊条（无药皮的金属棒）电弧不稳定。之后在金属棒表面涂以稳弧剂，称为薄皮焊条。薄皮焊条的电弧能够稳定燃烧，但是由于对熔化金属没有有效的保护作用，焊接接头质量很差。于是产生了现在的厚皮焊条，厚皮焊条表面的药皮熔化之后形成的熔渣和气体，对熔化了的金属产生良好的保护作用，使焊接接头质量大大改善。

厚皮焊条药皮的成分非常复杂。焊接中，由于对药皮加热成为熔渣，期间还会有气体产生，形成气渣联合保护。高温下熔化的金属、药皮熔化形成的熔渣和气体，三者之间进行着非常复杂的化学反应。

另外，埋弧焊中的非熔炼焊剂的埋弧焊，也是气渣联合保护，也会发生金属、熔渣和气体三者之间非常复杂的化学反应。

1.2.2 熔渣保护

熔渣保护，主要是电渣焊，还有采用熔炼焊剂的埋弧焊。

1.2.3 气体保护

气体保护又可以分为活性气体保护、惰性气体保护和混合气体保护。

活性气体保护，包括 CO_2 气体保护。20 世纪 50 年代曾经出现的氢气保护和水汽保护，由于焊接接头质量差而被淘汰。CO_2 气体保护焊采用的药芯焊丝也有金属、熔渣和气体三者之间的化学反应。

惰性气体保护，由于是惰性气体，不会与金属发生化学反应。

惰性气体和活性气体的混合气体保护，活性气体（氧、二氧化碳等）也会与金属发生化学反应。

1.2.4 真空保护

主要包括真空电子束焊和其它真空焊接（如真空钎焊等）。

表 1-5 给出了几种常用焊接方法的保护措施。

表 1-5 常用焊接方法的保护措施

保护措施	熔焊方法
保护气	钨极气体保护焊,熔化极气体保护焊,等离子弧焊
熔渣	埋弧焊,电渣焊
保护气和熔渣	焊条电弧焊,药芯焊丝电弧焊
真空	电子束焊
自保护	自保护电弧焊

1.3 材料电弧焊焊接中化学反应的条件

主要指钢铁焊条电弧焊焊接中气渣联合保护时的化学反应条件。

1.3.1 焊接中化学反应的分区

焊接中的化学反应是分区、分阶段进行的，不同区域、不同阶段的物质和温度有所不同，其反应条件也有所不同（图 1-12）。

1.3.1.1 药皮反应区

药皮反应区是指焊条金属尚未熔化以前的阶段，这个阶段焊条端部在固态药皮中发生物理化学反应，主要是水分的蒸发、一些药皮组成物的分解和铁合金的氧化。

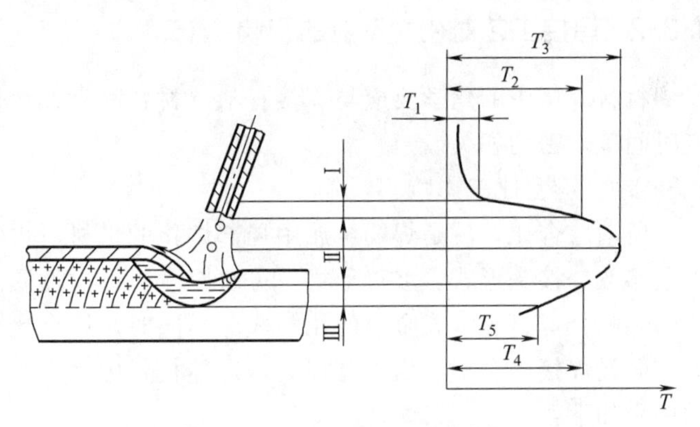

图 1-12 焊条电弧焊的化学反应分区

Ⅰ—药皮反应区；Ⅱ—熔滴反应区；Ⅲ—熔池反应区；T_1—药皮开始反应温度；T_2—焊条端熔滴温度；T_3—弧柱间熔滴温度；T_4—熔池最高温度；T_5—熔池凝固温度

在药皮反应区，加热温度达到100℃吸附水分开始蒸发；加热温度达到 200～400℃以上药皮组成物中的结晶水析出；进一步提高温度，药皮组成物中的有机物分解和燃烧，生成 CO_2、CO、H_2 等气体，碳酸盐（菱苦土 $MgCO_3$、大理石 $CaCO_3$ 等）和高价氧化物（赤铁矿 Fe_2O_3、锰矿 MnO_2 等）分解，生成 CO、CO_2、O、O_2 等。

$$MgCO_3 = MgO + CO_2 \tag{1-10}$$

$$CaCO_3 = CaO + CO_2 \tag{1-11}$$

$$Fe_2O_3 = 2FeO + O_2 \tag{1-12}$$

$$2MnO_2 = 2MnO + O_2 \tag{1-13}$$

这样生成了大量气体，一方面可以对熔化金属有机械保护作用，另一方面对被焊金属和药皮中的铁合金（如锰铁、硅铁、钛铁等）有氧化作用，损失合金元素。以锰为例，将会发生如下反应：

$$2Mn + O_2 = 2MnO \tag{1-14}$$

$$Mn + CO_2 = MnO + CO \tag{1-15}$$

$$Mn + H_2O = MnO + H_2 \tag{1-16}$$

合金元素的氧化，降低了焊接区气体的氧化性，叫作“先期脱氧”。

这一反应阶段，为以后的焊接化学反应提供了参与反应的物质。

1.3.1.2 熔滴反应区

这一反应区包括熔滴在焊条端部形成到熔滴进入熔池这段时间。这一反应区的特点是：

① 温度高，温度可达2800℃，熔滴金属过热。

② 熔滴金属与气体和熔渣的接触比表面积大，可达 $1000 \sim 10000 cm^2/kg$，是炼钢的1000倍以上。

③ 反应时间短，平均时间只有0.01～1s。

④ 熔滴金属和熔渣发生剧烈的混合。

由于熔滴反应区的这一特点，焊条电弧焊的化学反应过程主要在这个区域发生。又由于反应时间很短，反应不能达到平衡。

1.3.1.3 熔池反应区

与熔滴反应阶段相比，熔池反应区的特点是：温度较低，接触比表面积小，反应时间相对较长，反应接近平衡，但是达不到平衡。

1.3.2 焊接工艺对化学反应的影响

材料焊接中的化学反应与焊接材料（材料种类、数量、浓度等）和焊接工艺（温度、反应时间等）密切相关。

1.3.2.1 熔合比的影响

所谓熔合比，就是焊缝金属中局部熔化的母材所占的比例。熔合比受到焊接方法、焊接工艺参数、接头形式、坡口形式、母材厚度、母材性质、焊接材料种类以及焊条（焊丝）倾角的影响。母材和填充金属的化学成分不同时，熔合比对焊缝材料的化学成分的影响是很大的。假设焊接中合金元素没有损失，焊缝材料中合金元素的浓度叫作原始浓度，它与熔合比的关系如下：

$$C_0 = \theta C_b + (1-\theta) C_e \tag{1-17}$$

式中 C_0——某一元素在焊缝金属中的原始浓度；

C_b——某一元素在母材中的原始浓度；

C_e——某一元素在填充材料中的原始浓度；

θ——熔合比。

实际上，在焊接过程中填充材料元素是有损失的，而母材可以认为没有损失，几乎全部过渡到焊缝中。这样，焊缝中某一元素的实际浓度就变为

$$C_W = \theta C_b + (1-\theta) C_d \tag{1-18}$$

式中　C_d——熔敷金属（填充材料熔化到焊缝中的金属）中元素的实际浓度。

在多层焊时，如果保持熔合比不变，则第 n 层焊缝金属某一元素的实际浓度就变为

$$C_n = C_d - (C_d - C_b)\theta^n \tag{1-19}$$

1.3.2.2　熔滴过渡特性的影响

熔滴过渡特性对焊接化学反应有很大的影响。熔滴阶段的反应时间（即熔滴存在时间）随着焊接电流的增加而缩短，这是由于焊接电流增大，焊条（焊丝）熔化速度加速，而熔滴尺寸细化的缘故。此外，熔滴尺寸变小，比表面积增大，又增大了化学反应的剧烈程度。所以，焊接电流的变化，对熔滴的影响是复杂的。电弧电压增大，增大了熔滴阶段的反应时间，这是由于电弧电压增大，对熔滴尺寸没有明显影响，可是电弧长度增加，熔滴过渡长度增大，所以，增大了反应时间。

1.3.2.3　熔渣有效作用系数的影响

焊条电弧焊时，熔化药皮质量与焊芯的熔化质量是一定的，与焊接工艺参数无关。药皮质量与焊芯质量的比，叫作药皮质量系数

$$K_b = \text{药皮质量}/\text{等长度的焊芯质量} \tag{1-20}$$

埋弧焊时，焊接工艺参数对焊剂的熔化量影响很大，埋弧焊焊剂的熔化与焊条电弧焊药皮的熔化是不一样的。埋弧焊时熔化的焊剂不会全部在熔滴过渡阶段就参与金属熔滴的化学反应，而是有一部分经过渣壳直接流入熔池，参与熔池阶段的化学反应。而焊条药皮的熔化，则是全部参与熔滴阶段与熔滴金属的化学反应。为了反映焊条药皮和焊剂熔化形成的熔渣与金属的反应，采用熔渣有效作用系数（熔滴反应阶段为 β_g，熔池反应阶段为 β_p）来表示真正与金属液体发生化学反应的熔渣的量。

$$\beta_g = m_1/m_g, \beta_p = m_2/m_p \tag{1-21}$$

式中　m_1，m_2——真正与熔滴和熔池金属发生化学反应的熔渣质量；

m_g，m_p——熔滴和熔池金属的质量。

1.3.2.4　焊接化学反应的不平衡性

有熔渣存在的焊条电弧焊和埋弧焊中存在气相、液态金属和熔渣三相的相互作用。由于熔滴阶段和熔池阶段的条件不同，温度和成分在剧烈的变化中，而且反应时间又很短，因此，反应不能达到平衡状态。

1.4　焊接区内的气相和熔渣

1.4.1　焊接区内的气相

1.4.1.1　气相来源

电弧焊焊接区内的气相主要来源于焊接材料，如焊条药皮、焊剂和药芯、焊丝中的造气剂、高价氧化物和水分等。

（1）有机物的分解和燃烧　焊条药皮中的黏结剂，如淀粉、糊精、纤维素和藻酸盐等有机物作为造气剂和黏结剂，焊丝和母材表面可能存在的有机物，如油污、油漆等。这些物质受热发生分解和燃烧等。

纤维素、藻酸盐等在220～250℃开始分解，800℃完全分解。因此，对于含有有机物的焊条，其烘干温度不要超过200℃。有机物的分解产物主要是CO_2、CO、H、烃和水汽等。

（2）碳酸盐和高价氧化物的分解　碳酸盐有大理石（$CaCO_2$）、菱苦土（$MgCO_2$）、白云石［$CaMg(CO_2)_2$］和 $BaCO_2$ 等。这些碳酸盐分解产生了金属氧化物以及 CO_2、CO 等气体。

高价氧化物有赤铁矿（Fe_2O_3）、锰矿（MnO_2）等，它们分解产生金属氧化物和氧气。

这样产生的金属氧化物就形成熔渣，产生的气体形成保护气体并具有氧化性。

（3）材料的蒸发　在焊接区，除水分蒸发之外，金属元素和熔渣成分在电弧的高温下也会蒸发。表 1-6 为一些金属元素和氟化物的沸点。可以看到，在电弧的高温下，很多合金元素都能达到沸点而被蒸发，并且在气相中被氧化形成烟尘。焊条药皮中，特别是碱性焊条药皮中的氟化物被蒸发形成烟尘。这种氟化物有一定的毒性，会危害人的健康。

表 1-6　一些金属元素和氟化物的沸点

物质	沸点/℃	物质	沸点/℃	物质	沸点/℃	物质	沸点/℃
Zn	907	Al	2327	Ti	3127	LiF	1670
Mg	1126	Ni	2459	C	4502	NaF	1700
Pb	1740	Si	2467	Mn	4804	BaF_2	2137
Mn	2097	Cu	2547	AlF_3	1260	MgF_2	2239
Cr	2222	Fe	2753	KF	1500	CaF_2	2500

1.4.1.2　气体的分解

气体的状态（分子、原子和离子）对其在金属中的溶解和与金属的化学反应有很大影响。

（1）简单气体的分解　双原子气体（N_2、H_2、O_2）可以分解为原子，其分解度 α 与温度之间的关系如图 1-13 所示。可以看到，在焊接区，几乎所有双原子气体 H_2、O_2 都分解为原子态，而 N_2 也大部分分解为原子态。

（2）复杂气体的分解　图 1-14 为复杂气体分解度 α 与温度之间的关系。可以看到，在焊接区，几乎所有复杂气体 H_2O、CO_2 都可以分解，生成 CO、H_2 和 O_2。图 1-15 和图 1-16 分别给出了 CO_2 和 H_2O 分解达到平衡时气体成分与温度之间的关系。

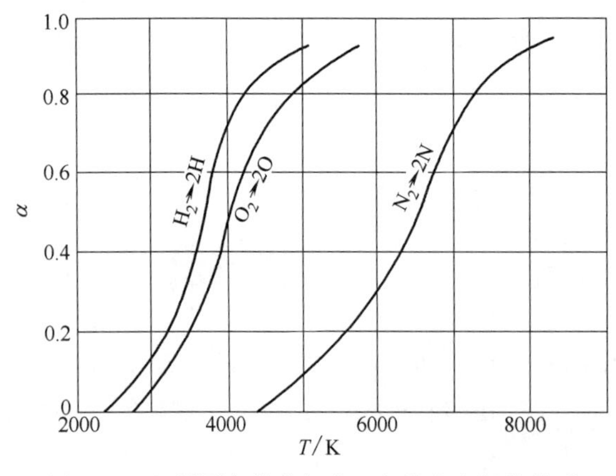

图 1-13　双原子气体分解度 α 与温度之间的关系

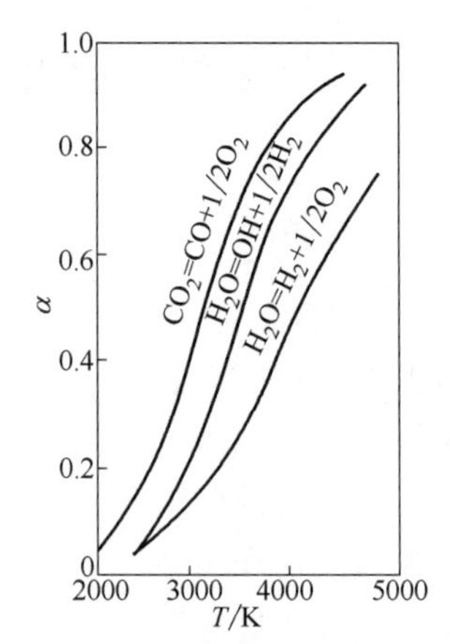

图 1-14　复杂气体分解度 α 与温度之间的关系

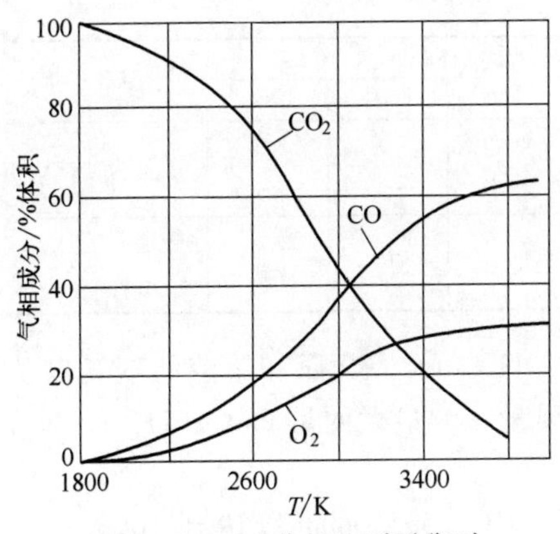

图 1-15　CO_2 分解达到平衡时气体成分与温度之间的关系

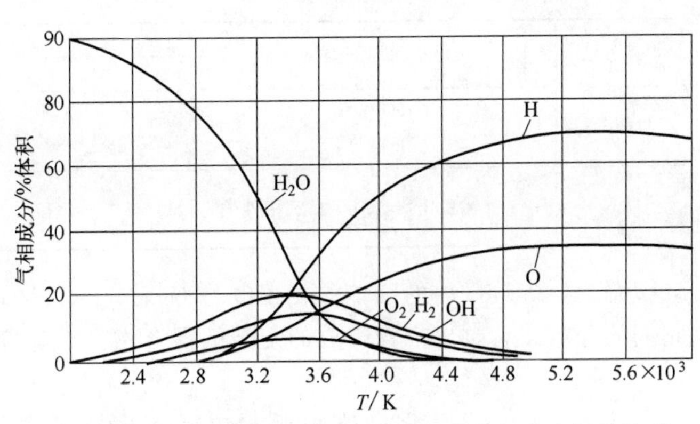

图 1-16　H_2O 分解达到平衡时气体成分与温度之间的关系

其中，H_2O 的分压是

$$\lg K_P = \lg[(P_{H_2} P_{O_2})^{1/2}]/P_{H_2O} = -13154/T + 3.045 \tag{1-22}$$

CO_2 的分压是

$$\lg K_P = \lg[(P_{CO} P_{O_2})^{1/2}]/P_{CO_2} = -14548/T + 4.404 \tag{1-23}$$

表 1-7 给出了焊接区内一些气体分解反应在标准状态下的热效应，这些反应都是吸热反应。这些分解产生的气体不仅增加了气相的氧化性，还增加了气相中的氢，使得焊缝金属中可能增加氢和氧。

表 1-7　焊接区内一些气体分解反应在标准状态下的热效应

编号	反应式	ΔH^0_{298}/(kJ/mol)	编号	反应式	ΔH^0_{298}/(kJ/mol)
1	$F_2 = F + F$	−270	6	$CO_2 = CO + \frac{1}{2}O_2$	−282.8
2	$H_2 = H + H$	−433.9	7	$H_2O = H_2 + \frac{1}{2}O_2$	−483.2
3	$H_2 = H + H^+ + e$	−1745	8	$H_2O = OH + \frac{1}{2}H_2$	−532.8
4	$O_2 = O + O$	−489.9	9	$H_2O = H_2 + O$	−977.3
5	$N_2 = N + N$	−711.4	10	$H_2O = 2H + O$	−1808.3

（3）焊接区气体的成分　由于焊接区处于高温，所以在焊接过程中焊接区的气体成分很难测定，只能测定室温下的气体成分。表 1-8 为焊接碳钢时冷却到室温时气体中的气体成分。

表 1-8　焊接碳钢时冷却到室温时的气相中的气体成分

焊接方法	焊条和焊剂类型	气相成分/%(体积)					备注
		CO	CO_2	H_2	H_2O	N_2	
焊条电弧焊	钛钙型	50.7	5.9	37.7	5.7	—	焊条在 110℃ 烘干 2h
	钛铁矿型	48.1	4.8	36.6	10.5	—	
	纤维素型	42.3	2.9	41.2	12.6	—	
	钛型	46.7	5.3	35.5	13.5	—	
	低氢型	79.8	16.9	1.8	1.5	—	
	氧化铁型	55.6	7.3	24.0	13.1	—	

续表

焊接方法	焊条和焊剂类型	气相成分/%(体积)					备注
		CO	CO_2	H_2	H_2O	N_2	
埋弧焊	HJ330	86.2	—	9.3	—	4.5	焊剂为玻璃状
	HJ431	89～93	—	7～9	—	<1.5	
气焊	$\frac{O_2}{C_2H_2}$(体积比)=1.1～1.2(中性焰)	60～66	有	34～40	有	—	

总之，焊接区内的气体是由CO_2、CO、H_2O、N_2、H_2、O_2、金属和熔渣的蒸气以及它们的分解或者电离产物组成的复杂的混合物。对焊接质量影响最大的是CO_2、H_2O、N_2、H_2、O_2。

从图1-14可以看到，在电弧焊电弧温度的条件下，CO_2分解度可以达到100%；而CO_2分解后得到氧的分压达到1/3大气压，大于空气中0.21大气压。也就是说，CO_2气体保护焊气相的氧化性大于空气，因此，CO_2气体保护焊不能对氧气进行保护，只能对氮气进行保护。所以，CO_2气体保护焊只能用于低碳钢的焊接，还必须采用合金焊丝以进行脱氧。

1.4.1.3 焊接区的烟尘

焊条电弧焊焊接气相中的非气体颗粒形成的烟尘，被工作人员吸入体内，会对健康造成伤害。特别是焊条药皮中含有氟化物（萤石CaF_2）时，与其黏结剂水玻璃中Na_2O进行下式的反应，会生成一种NaF气体。这是一种有毒气体，对工作人员的健康有很大的伤害。

$$CaF_2+Na_2O=\!=\!=CaO+2NaF \tag{1-24}$$

其平衡系数K为

$$K=[CaO\cdot(NaF)^2]/(CaF_2\cdot Na_2O) \tag{1-25}$$

于是

$$(NaF)^2=K(CaF_2\cdot Na_2O)/CaO \tag{1-26}$$

式（1-26）反应形成的NaF的克分子量可以写成为

$$NaF=K(CaF_2)^n \tag{1-27}$$

即焊接烟尘中NaF的含量与药皮中CaF_2的含量成指数关系，NaF的含量与药皮中CaO和CaF_2的含量的数学表达式为

$$NaF=(4.4952-0.0383CaO)(CaF_2)^{0.2349} \tag{1-28}$$

1.4.2 焊接熔渣

1.4.2.1 熔渣在焊接过程中的作用

（1）机械保护作用　熔渣覆盖在熔滴和熔池表面，阻隔了空气与金属的接触，保护金属不被氧化和氮化。

（2）改善焊接工艺性能　在熔渣中加入适当的物质可以使电弧容易引燃，电弧能够稳定燃烧，减少飞溅，改善操作性、脱渣性和焊缝成型。

（3）冶金处理作用　熔渣能够和液态金属发生一系列的物理化学反应，对焊缝金属的化学成分有重大影响。在一定条件下可以去除焊缝金属中的杂质，如脱氧、脱硫、脱磷、去氢，并对焊缝金属进行合金化。

1.4.2.2 熔渣的成分和分类

（1）盐型熔渣　这一类熔渣主要由卤化物和非氧化物组成。属于这一类的渣系有

CaF_2-NaF、CaF_2-$BaCl_2$-NaF、KCl-NaCl-Na_3AlF_6、BaF_2-MgF_2-CaF_2-LiF 等。这类熔渣的氧化性很小，主要用于焊接铝、钛和其它活性金属及其合金及高合金钢等。由于气体保护焊特别是惰性气体保护焊的广泛应用，这种熔渣保护在大幅减少。

（2）盐-氧化物熔渣　这一类熔渣主要由氟化物和非强金属氧化物组成。属于这一类的渣系有 CaF_2-CaO-Al_2O_3、CaF_2-CaO-SiO_2、CaF_2-CaO-Al_2O_3-SiO_2 等。这类熔渣的氧化性比较小，主要用于焊接合金钢等。

（3）氧化物熔渣　这一类熔渣主要由各种氧化物组成。属于这一类的渣系有 MnO-SiO_2、FeO-MnO-SiO_2、CaF_2-CaO-Al_2O_3-SiO_2 等。这类熔渣含有较多的弱氧化物 MnO、SiO_2 等，因此氧化性较强，主要用于焊接低碳钢和低合金钢等。

这里只讨论第二类和第三类熔渣，表 1-9 给出了焊接低碳钢和低合金钢的第二类和第三类熔渣的化学成分。

表 1-9　焊接低碳钢和低合金钢的第二类和第三类熔渣的化学成分

焊条和焊剂类型	熔渣的化学成分/%(质量)										熔渣碱度		熔渣类型
	SiO_2	TiO_2	Al_2O_3	FeO	MnO	CaO	MgO	Na_2O	K_2O	CaF_2	B_1	B_2	
钛铁矿型	29.2	14.0	1.1	15.6	26.5	8.7	1.3	1.4	1.1	—	0.88	−0.1	氧化物型
钛型	23.4	37.7	10.0	6.9	11.7	3.7	0.5	2.2	2.9	—	0.43	−2.0	氧化物型
钛钙型	25.1	30.2	3.5	9.5	13.7	8.8	5.2	1.7	2.3	—	0.76	−0.9	氧化物型
纤维素型	34.7	17.5	5.5	11.9	14.4	2.1	5.8	3.8	4.3	—	0.60	−1.3	氧化物型
氧化铁型	40.4	1.3	4.5	22.7	19.3	1.3	4.6	1.8	1.5	—	0.60	−0.7	氧化物型
低氢型	24.1	7.0	1.5	4.0	3.5	35.8	—	0.8	0.8	20.3	1.86	+0.9	盐-氧化物型
HJ430	38.5	—	1.3	4.7	43.0	1.7	0.45	—	—	6.0	0.62	−0.33	氧化物型
HJ251	18.2～22.0	—	18.0～23.0	≤1.0	7.0～10.0	3.0～6.0	14.0～17.0	—	—	23.0～30.0	1.15～1.44	+0.048～+0.49	盐-氧化物型

1.4.2.3　熔渣的结构

关于熔渣的结构存在两种理论：分子理论和离子理论。

（1）分子理论

① 液态熔渣是由不带电的分子组成，包括独立存在的自由氧化物分子（如 CaO、MnO、SiO_2 等）、由碱性氧化物和酸性氧化物组成的复合物分子（如 CaO·SiO_2、MnO·SiO_2 等）以及硫化物和氟化物等。

② 氧化物及其复合物处于平衡状态，如

$$CaO + SiO_2 = CaO \cdot SiO_2 \tag{1-29}$$

其平衡常数为

$$K = (CaO \cdot SiO_2)/(CaO \times SiO_2)$$

升温时反应向左进行，降温时反应向右进行。各种复合物的稳定性可以用它们的生成热效应来衡量（表 1-10），热效应越大越稳定。

表 1-10　复合物的生成热效应

复合物	热效应/(kJ/mol)	复合物	热效应/(kJ/mol)
$Na_2O \cdot SiO_2$	264	$(FeO)_2 \cdot SiO_2$	44.5
$(CaO)_2 \cdot SiO_2$	119	$MnO \cdot SiO_2$	32.5
$BaO \cdot SiO_2$	61.5	$ZnO \cdot SiO_2$	10.5
$FeO \cdot SiO_2$	34	$Al_2O_3 \cdot SiO_2$	−193

③ 只有自由氧化物才能够参与和熔化金属之间的化学反应，如

$$(FeO)+[C]=[Fe]+CO$$

式中　( )——熔渣中的成分；

[]——金属中的成分。

而 $MnO \cdot SiO_2$ 就不能参与上述反应。

④ 液态熔渣是一种理想的熔体，熔渣与金属之间的反应服从理想溶液定律。

(2) 离子理论

① 液态熔渣是由阴离子和阳离子组成的中性溶液。熔渣中离子的种类和存在形式取决于熔渣的成分和温度。一般情况下，电负性大的元素以阴离子的形式存在，如 F^-、O^{2-}、S^{2-} 等；而电负性小的元素以阳离子的形式存在，如 K^+、Ma^{2+}、Ca^{2+}、Mg^{2+}、Fe^{2+}、Mn^{2+} 等，阳离子与阴离子的键合主要是离子键。还有一些电负性较大的元素，如 Si、Al、B 等，其阳离子往往不能够独立存在，而是与氧离子形成复杂的阴离子，如 SiO_4^{4-}、$Si_3O_9^{5-}$、$Al_3O_7^{5-}$ 等，这些元素的阳离子与氧离子的键合主要属于极性键。

② 离子的分布、聚集和相互作用取决于其综合矩，离子的综合矩可以表示为

$$综合矩=z/r \tag{1-30}$$

式中　z——离子的电荷（静电单位）；

r——离子的半径（10^{-1}nm）。

表 1-11 给出了一些离子在标准温度下（0℃）的综合矩。当温度升高时，离子的半径增大，综合矩就减小，但是，表 1-11 中的顺序不变。

表 1-11　一些离子在标准温度下（0℃）的综合矩

离子	离子半径/nm	综合矩/[×10²(静电单位/cm)]	离子	离子半径/nm	综合矩/[×10²(静电单位/cm)]
K^+	0.133	3.61	Ti^{4+}	0.068	28.2
Na^+	0.095	5.05	Al^{3+}	0.050	28.8
Ca^{2+}	0.106	9.0	Si^{4+}	0.041	47.0
Ma^{2+}	0.091	10.6	F^-	0.133	3.6
Fe^{2+}	0.083	11.6	PO_4^{3-}	0.276	5.2
Mg^{2+}	0.078	12.9	S^{2-}	0.174	5.6
Mn^{2+}	0.070	20.6	SiO_4^{4-}	0.279	6.9
Fe^{3+}	0.067	21.5	O^{2-}	0.132	7.3

离子的综合矩越大，说明其静电场越大。从表 1-11 可以看到，阳离子中 Si^{4+} 的综合矩最大，而阴离子中 O^{2-} 的综合矩最大，所以，二者最容易结合为复杂的阴离子 SiO_4^{4-}。此外，P^{5+}、Al^{3+}、F^- 也能够与氧离子形成复杂阴离子。也就是说，在熔渣中加入 SiO_2、Al_2O_3 等氧化物时，将会发生吸收氧离子的反应。

$$SiO_2+2O^{2-}=SiO_4^{4-}$$

$$Al_2O_3+3O^{2-}=2AlO_3^{3-}$$

而碱性氧化物在熔渣中产生氧离子，如

$$CaO=Ca^{2+}+O^{2-}$$

$$FeO=Fe^{2+}+O^{2-}$$

SiO_4^{4-} 是最简单的 Si-O 离子，其结构是一个四面体，Si^{4+} 位于四面体的中央，O^{2-} 位于四面体的 4 个顶点上。根据熔渣中硅和氧比例的不同，可以形成不同结构的 Si-O 离子。

随着熔渣中 SiO_2 含量的增多，经过不同的聚合反应，可以形成链状、环状和网状结构的 Si-O 离子。Si-O 离子的结构越复杂，尺寸越大。

综合矩的大小还影响离子在熔渣中的分布。相互作用力比较强的异号离子彼此接近，形成集团，相互作用力比较弱的异号离子彼此接近，也形成集团。所以，离子的综合矩相差较大时，熔渣的化学成分在微观上是不均匀的，离子的分布不是完全无序的，而是近似有序的。

盐性熔渣主要含有简单的阳离子和阴离子，综合矩相差不大，所以，可以认为是简单的均匀的离子溶液。盐-氧化物熔渣是结构比较复杂的化学成分微观不均匀的离子溶液。氧化物熔渣则是具有复杂网络结构的化学成分更加不均匀的离子溶液。

③ 液态熔渣与金属之间的相互作用过程是原子与离子交换电荷的过程。如硅还原和铁氧化过程就是金属中的铁原子和熔渣中的硅离子在两相界面上交换电荷的过程，即

$$(Si^{4+})+2[Fe]=\!=\!=2(Fe^{2+})+[Si]$$

反应结果是，硅进入金属，铁进入熔渣。

实际的焊接熔渣的结构十分复杂，有些熔渣中既有离子，也有中性分子。虽然熔渣的离子理论比分子理论更为合理，但是由于还缺乏系统的热力学资料，所以，在焊接中仍然采用分子理论。

1.4.2.4 熔渣的性质与结构的关系

（1）熔渣的碱度　熔渣的碱度是熔渣的重要性质，如熔渣的活性、黏度和表面张力等都与熔渣的碱度有密切关系。根据分子理论，焊接熔渣中的氧化物可以分为 3 类。

① 酸性氧化物，依酸性由强到弱的顺序：SiO_2、TiO_2、P_2O_5 等；

② 碱性氧化物，依碱性由强到弱的顺序：K_2O、Na_2O、CaO、MgO、BaO、MnO、FeO 等；

③ 中性氧化物：Al_2O_3、Fe_2O_3、Cr_2O_3 等，这种氧化物在强酸性熔渣中显碱性，在强碱性熔渣中显酸性。

焊接熔渣的酸碱度定义为

$$B=\sum(R_2O+RO)/\sum RO_2 \tag{1-31}$$

式中　R_2O，RO——熔渣中碱性氧化物的摩尔分数；

RO_2——熔渣中酸性氧化物的摩尔分数。

理论上讲，$B>1$ 时为碱性熔渣，$B<1$ 时为酸性熔渣。但实际上，根据式（1-31）计算时，只有在 $B>1.3$ 时，熔渣才是碱性的。其原因是式（1-31）没有考虑氧化物酸碱性的强弱，也没有考虑形成复合物的情况。因此比较精确的碱度计算公式应该为（质量分数）

$$B_1=[0.018CaO+0.015MgO+0.006CaF_2+0.014(K_2O+Na_2O)+0.007(MnO+FeO)]/[0.017SiO_2+0.005(Al_2O_3+TiO_2+ZrO)] \tag{1-32}$$

这样，当 $B_1>1$ 时为碱性熔渣，$B_1<1$ 时为酸性熔渣，$B_1=1$ 时为中性熔渣。

（2）熔渣的黏度　当液体发生相对运动时，在其内部就产生内摩擦力。在单位速度梯度下，作用在单位接触面积上的内摩擦力叫作摩擦系数，简称黏度，用 η 表示，单位为帕·秒（Pa·s）。

熔渣的黏度也是熔渣的重要物理性能之一。熔渣的黏度对熔渣的保护效果、飞溅、焊接操作性、焊缝成型、熔池中气体的外逸、合金元素在熔渣中的残留损失、化学反应的活泼性

都有显著影响。

熔渣的黏度取决于温度和成分，也取决于熔渣的结构，阴离子的尺寸越大，熔渣的黏度就越大。

① 温度对黏度的影响。

黏度与温度的关系表示如下：

$$\eta = A\mathrm{e}^{E/RT} \tag{1-33}$$

式中 A——取决于熔渣性能的常数；

E——质点运动所需要的活化能；

R——气体常数；

T——开氏温度。

在 SiO_2 较多的酸性熔渣中，有相当多含量的 Si-O 离子，尺寸较大。随着温度的增加，使得它的极性键局部发生破坏，形成尺寸较小的 Si-O 离子，黏度下降。随着温度的上升，黏度逐渐下降。而对于碱性熔渣，温度升高时，其黏度下降较快。如图 1-17 所示。

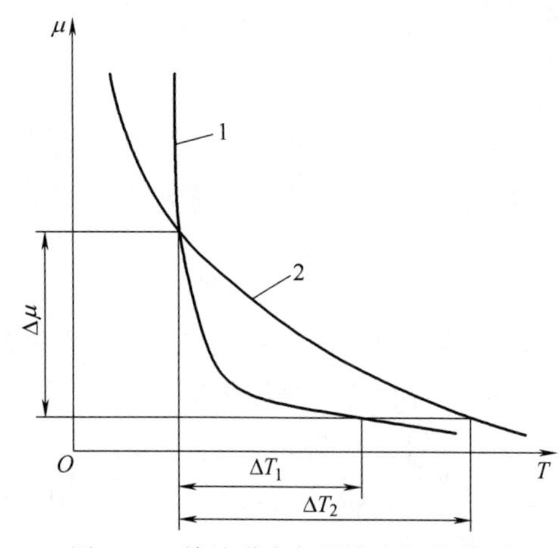

图 1-17 熔渣黏度与温度之间的关系

1—碱性熔渣；2—SiO_2 较多的酸性熔渣

从图 1-17 可以看出，在这两种熔渣的黏度都发生相同的变化 $\Delta\eta$ 时，含 SiO_2 较多的酸性熔渣中对应的 ΔT_2 的变化较大，凝固时间较长，叫作长渣，这种熔渣不适合立焊和仰焊；而碱性渣中对应的 ΔT_1 的变化较小，凝固时间较短，叫作短渣，这种熔渣适合立焊和仰焊。

② 熔渣成分对黏度的影响。减少 SiO_2，增加 TiO_2，可以减少复杂的 Si-O 离子。这种熔渣的黏度随着温度的变化急剧变化。

在酸性熔渣中，加入碱性氧化物（CaO、MgO、MnO、FeO）时，能够破坏 Si-O 离子的键，使得 Si-O 离子聚合体尺寸变小，所以，黏度降低，成为短渣。

CaF_2 能够促使 CaO 熔化，因此降低碱性熔渣的黏度；CaF_2 又能够产生 F^-，F^- 可以破坏 Si-O 离子的键，减小聚合离子的尺寸。所以 CaF_2 能够降低熔渣的黏度。

③ 熔渣的表面张力。熔渣的表面张力对熔滴过渡、焊缝成型、脱渣性和许多化学反应都有影响。一般来说，碱性氧化物使得熔渣的表面张力增大，而酸性氧化物使得熔渣的表面张力减小。所以碱性熔渣的熔滴较大、焊缝成型较差、脱渣性不好，而酸性熔渣的熔滴较小、焊缝成型较好、脱渣性好。

表 1-12 是一些元素的氧化物的物理化学性能，图 1-18 为熔渣成分对表面张力的影响。

表 1-12 一些元素的氧化物的物理化学性能

物化性能	Na	Ca	Mg	Fe	Mn	Al	Ti	Si	B	P	O
原子的负电性	0.9	1.0	1.2	1.25	1.25	1.5	1.6	1.8	2.0	2.1	3.5
氧化物中离子键的含量/%	82	80	73	72	72	63	59	50	44	39	—
氧化物熔体中金属与氧的键能/(kJ/mol)	710	1200	1180	1180	1130	1170	1040	995	710	725	—
氧化物的表面张力/($\times 10^{-3}$N/m)	297	614	512	590	653	580	380	400	100	—	—

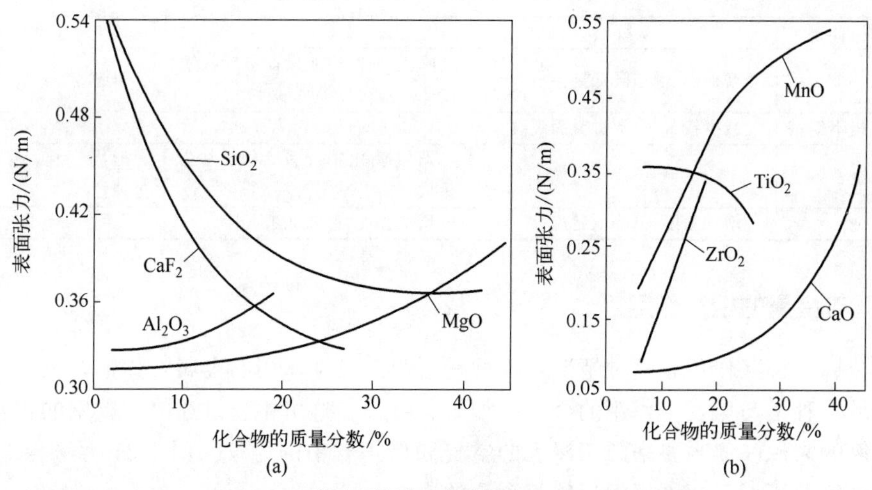

图 1-18　熔渣成分对表面张力的影响

熔渣与液态金属之间的界面张力对熔渣与液态金属之间的化学反应有重大影响，如图 1-19 所示。熔渣与液态金属之间的界面张力为

$$\sigma_{ms}^2=\sigma_m^2+\sigma_s^2-\sigma_m\sigma_s\cos\alpha \tag{1-34}$$

式中　σ_m——液态金属对气相的表面张力；

σ_s——熔渣对气相的表面张力；

α——接触角。

可以看到，接触角越小，熔渣与液态金属之间的接触越紧密，有利于熔渣与液态金属之间的化学反应。

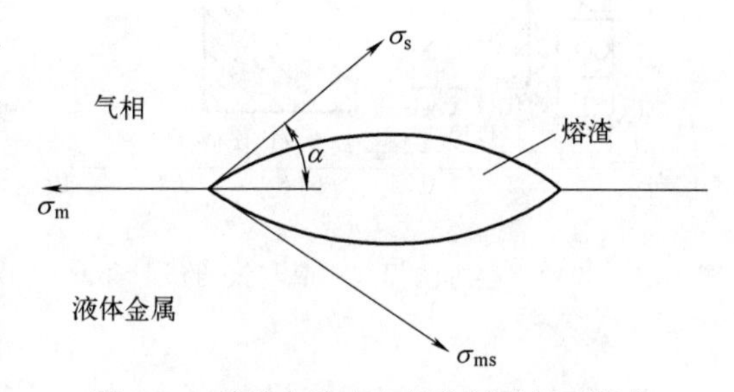

图 1-19　熔渣与液态金属之间的界面张力

④ 熔渣的熔点和导电性

a. 熔渣的熔点。熔渣的熔点是影响焊接工艺和焊接质量的重要因素之一，熔渣的熔点应当与焊芯（焊丝）和母材的熔点相匹配。对焊条电弧焊来说，其熔渣的熔点与药皮的熔点是不同的，一般来说，熔渣的熔点比药皮的熔点低 30～50℃。适合于钢焊接熔渣的熔点在 1150～1350℃。

b. 熔渣的导电性。焊剂和药皮一般是不导电的，但是，熔渣是导电的。熔渣的电导率随着温度的提高而提高，因为温度提高，熔渣组成物的电离度提高，所以导电性提高。

1.5　气体与金属的相互作用

1.5.1　焊缝中的气体含量及其对焊缝质量的影响

表 1-13 为氮、氧和氢对几种金属焊缝质量的影响。图 1-20 给出了几种焊接方法焊缝中氧与氮的预期含量。

表 1-13 氮、氧和氢对几种金属焊缝质量的影响

金属	氮	氧	氢
钢	增加强度,但降低韧性	降低韧性,但如果促进针状铁素体形成可以提高韧性	引起氢裂纹
奥氏体或双相不锈钢	减少铁素体,促进凝固裂纹		
铝合金		形成氧化物层片,导致夹杂生成	形成气孔,降低强度和延展性
钛合金	增加强度,但降低延展性	增加强度,但降低延展性	

1.5.2 氮与金属的相互作用

氮与金属的相互作用有两种情况：一种是不与氮发生作用的金属，如铜，氮可以作为保护气体；另一种是与氮发生作用的金属，如铁、钛等。这里主要讲述氮与碳钢的相互作用。

(1) 氮的来源 氮主要来源于浸入的空气和保护气中的氮气。图 1-21 为氩-氮气保护焊的气体中，氮分压对双相不锈钢焊缝氮含量的影响。

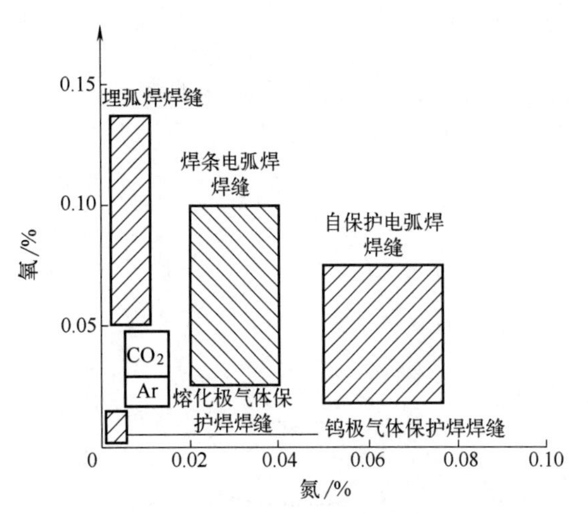

图 1-20 几种焊接方法焊缝中氧与氮的预期含量

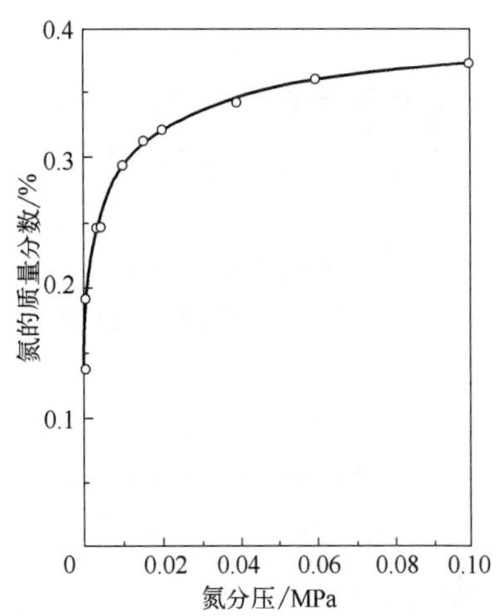

图 1-21 氩-氮气保护焊气体中氮分压对双相不锈钢焊缝氮含量的影响

(2) 氮在铁中的溶解 气体向金属中的溶解有如下几个阶段：气体分子向气体-金属界面运动；气体被金属表面吸附；气体分子在金属表面分解为原子；气体原子穿过金属表面层，向金属深处运动。

氮在铁中的溶解，首先要分解为原子。氮在铁中的溶解度服从质量作用定律：

$$S_N = K_{N_2}(P_{N_2})^{1/2} \tag{1-35}$$

式中 S_N——氮在铁中的溶解度；

K_{N_2}——平衡常数，与温度有关；

P_{N_2}——气相分子中氮的分压。

对于液态铁：

$$\lg K_{N_2} = -(1050/T) - 0.815 \tag{1-36}$$

图 1-22 为氮和氢在铁中的溶解度与温度之间的关系。在液态铁中加入 C、Si、Ni 会减少氮的溶解度，而加入 V、Nb、Cr、Ta 则可以提高氮的溶解度。

(3) 氮对碳钢焊接质量的影响

① 产生气孔。氮是碳钢焊缝金属中产生气孔的原因之一。由于氮在碳钢焊缝金属结晶时溶解度急剧降低，所以容易形成气孔。

② 焊缝金属脆化。氮是提高低碳钢和低合金钢焊缝金属强度、降低塑性和韧性的元素。由于焊接熔池冷却速度很大，氮来不及排出，一部分过饱和的氮溶解在焊缝金属中，还会形成针状氮化物 Fe_4N 在晶内及晶界析出（图 1-23），具有时效性质，因此，起到提高焊缝金属强度、降低塑性和韧性的作用，如图 1-24 所示。

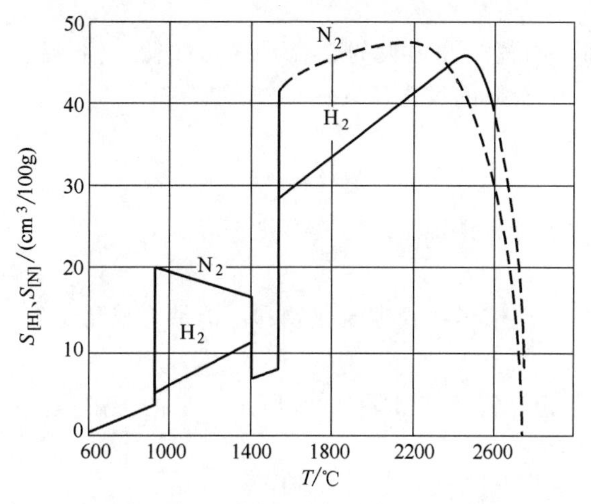

图 1-22　氮和氢在铁中的溶解度与温度之间的关系

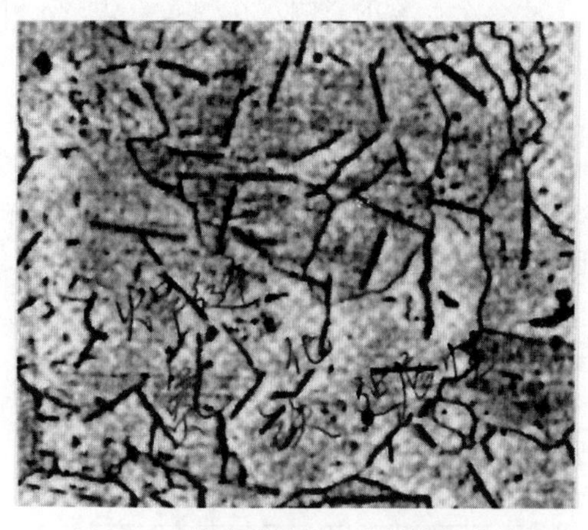

图 1-23　铁素体基体上的针状氮化铁

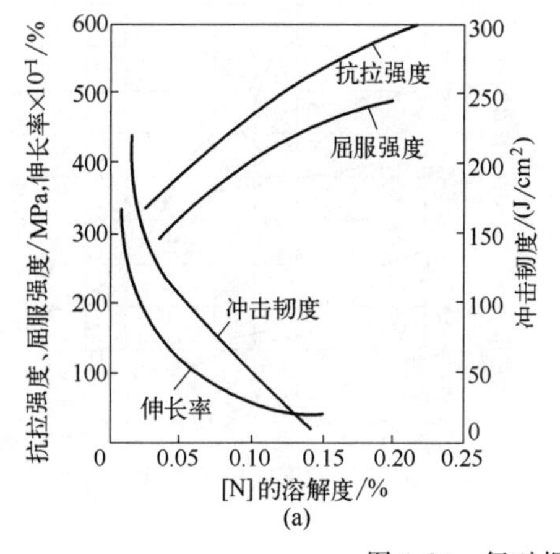

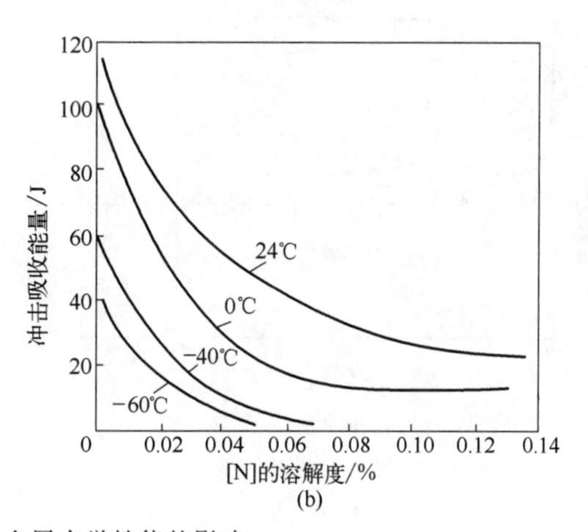

图 1-24　氮对焊缝金属力学性能的影响

（a）室温；（b）低温韧性

氮在钢中与其合金元素（如钛、铝、锆和钒等）结合为氮化物，可以抑制针状氮化物 Fe_4N，强化金属，如 15MnVN 钢就是利用 VN 来抑制时效现象，经过正火和调质，VN 以细小颗粒弥散分布，从而提高强度而不降低塑性和韧性。在铬镍不锈钢中加入氮还能够提高奥氏体的稳定性。

（4）降低焊缝金属氮含量的措施

① 加强焊接区的保护。氮主要来源于空气，加强焊接区的保护，避免和减少空气进入是降低焊缝金属氮含量的有效措施。对于焊条电弧焊的焊条，一般采用气-渣联合保护，只要有足够的药皮含量形成足够的熔渣就能够防止空气进入，当药皮质量系数 K_b（单位质量

焊芯上药皮的质量)>40%时，就可以有效防止空气进入。埋弧焊时要有一定的焊剂的堆积量；气体保护焊的气体要有一定的流量，才能够防止空气进入。

② 焊接工艺参数的影响。电弧电压增大，电弧长度增大，导致空气容易进入焊接区，而且熔滴过渡距离增大，有利于氮的溶解。因此，尽量降低电弧电压，可以降低焊缝金属的氮含量。

焊接电流增大，过渡频率增加，熔滴存留时间缩短，电弧深入熔池，这些都使得空气进入量减少，有利于降低焊缝金属的氮含量。

③ 合金元素的影响。在焊条（焊丝）中加入与氮亲和力大的合金元素，如钛、铝、锆和稀土铈等，形成稳定的氮化物，也可以降低焊缝金属的氮含量（图 1-25）。

1.5.3 氢与金属的相互作用

氢的来源主要是焊接材料中的含氢物质，如水分、铁锈、油污、有机物等。

1.5.3.1 氢在金属中的溶解

根据氢与金属的作用，可以把金属分为两类：能够形成稳定氢化物和不能够形成稳定氢化物。

能够形成稳定氢化物的金属有锆、钛、钒、钽、铌等，如图 1-26 所示，氢的溶解是放热反应，其溶解度随着温度的升高而降低。

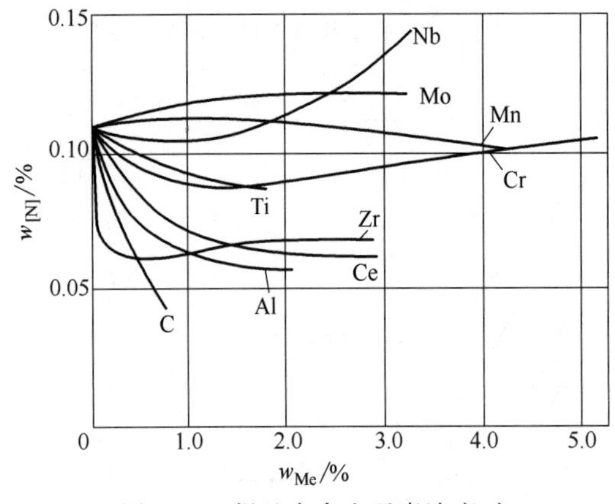

图 1-25 焊丝中合金元素浓度对焊缝金属氮含量的影响

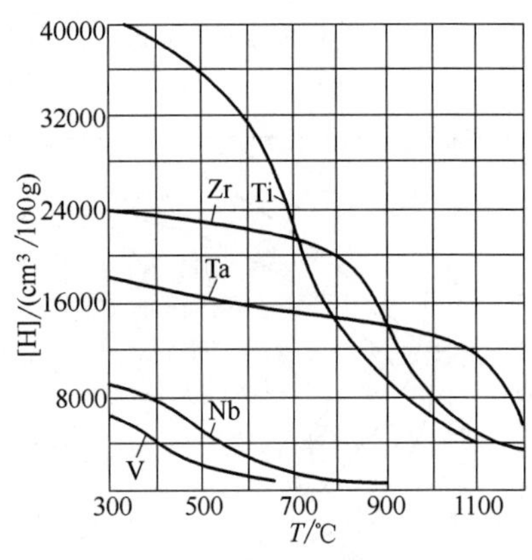

图 1-26 第一类金属中氢的浓度与温度之间的关系

不能够形成稳定氢化物的金属有铝、铁、镍、铜、铬、钼等，氢的溶解是吸热反应，其溶解度随着温度的升高而提高。

① 氢通过熔渣向金属中溶解。一般只有碳钢的焊接中才发生这种溶解。

溶解在熔渣中的氢主要以 OH^- 的形态溶解于熔渣，发生如下反应而使得氢溶入液态铁中：

$$(Fe^{2+})+2(OH^-)=[Fe]+2[O]+2[H] \tag{1-37}$$

$$[Fe]+2(OH^-)=(Fe^{2+})+2(O^{2-})+2[H] \tag{1-38}$$

$$2(OH^-)=(O^{2-})+(O)+2[H] \tag{1-39}$$

如果熔渣中有氟离子，则发生如下反应：

$$(OH^-)+(F^-)=(O^{2-})+\{FH\} \tag{1-40}$$

式中　{}——气相中。

这样，使得氢在熔渣中的溶解度下降。

② 通过气相向金属中溶解。氢几乎可以溶解在所有材料中，图 1-27 为氢在一些金属中的溶解度与温度之间的关系。氢通过气相以分子状态向碳钢中溶解时，其溶解度服从平方根定律：

$$S_H = K_{H_2}(P_{H_2})^{1/2} \tag{1-41}$$

式中　S_H——氢在铁中的溶解度；

K_{H_2}——平衡常数，与温度有关；

P_{H_2}——气相分子中氢的分压。

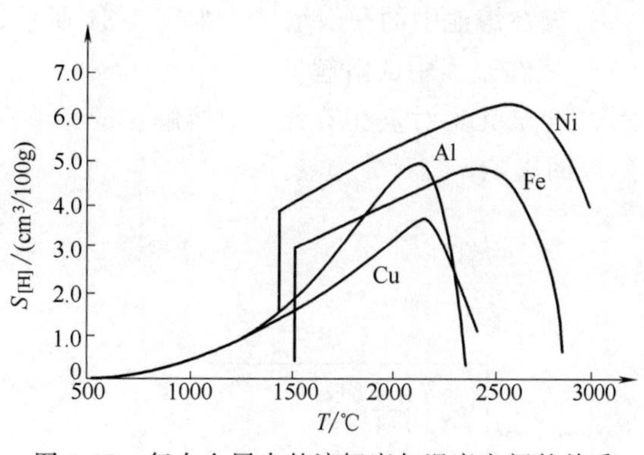

图 1-27　氢在金属中的溶解度与温度之间的关系

（氢分压＋金属分压＝一个大气压）

在液态纯铁中氢的溶解度为

$$\lg K_H = -(1730/T) + 2.362(1/2)\lg(1-P_{Fe}) \tag{1-42}$$

③ 氢在焊缝金属中的分布。

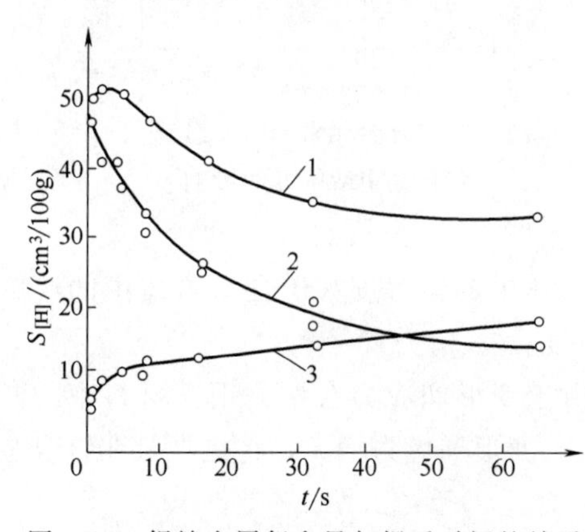

图 1-28　焊缝金属氢含量与焊后时间的关系

1—总氢量；2—扩散氢；3—残余氢

a. 氢在焊接接头中的存在形态。氢在焊接接头中的存在形态有两种：原子态和分子态。原子态氢以间隙固溶存在于金属晶格中，造成晶格的变形，使得金属强度、硬度增大；原子在金属晶格中是可以自由扩散移动的，所以又叫作“扩散氢”。分子态氢存在于金属晶格的缺陷中，不能够扩散移动，就残存在金属中，又叫作“残余氢”。所以，氢在焊缝金属中的存在在一定时间内是变化的，扩散氢可以从表面扩散逸出和向晶格缺陷扩散，复合成为分子氢残留下来。所以，焊后，焊缝金属中总的氢含量由于扩散逸出是降低的，而残余氢则是提高的（图 1-28）。

b. 焊接接头组织的影响。图 1-29 和图 1-30 所示是由于氢在不同组织中的不同行为的结果。

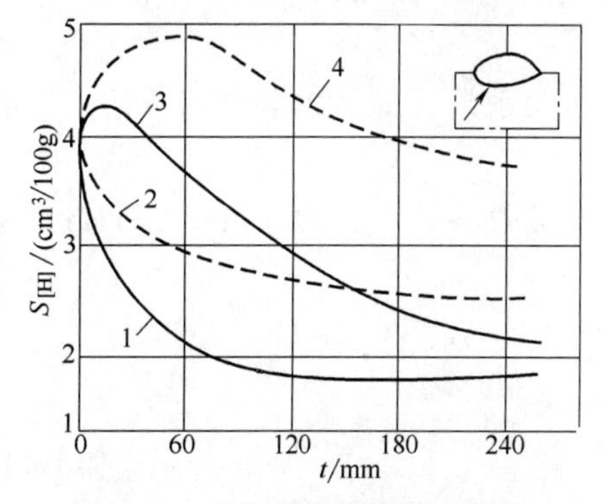

图 1-29　临近熔合线氢的浓度随着焊后时间的变化

1—低碳钢母材，奥氏体焊缝；2—45 钢，奥氏体焊缝；3—低碳钢母材，铁素体焊缝；4—45 钢，铁素体焊缝

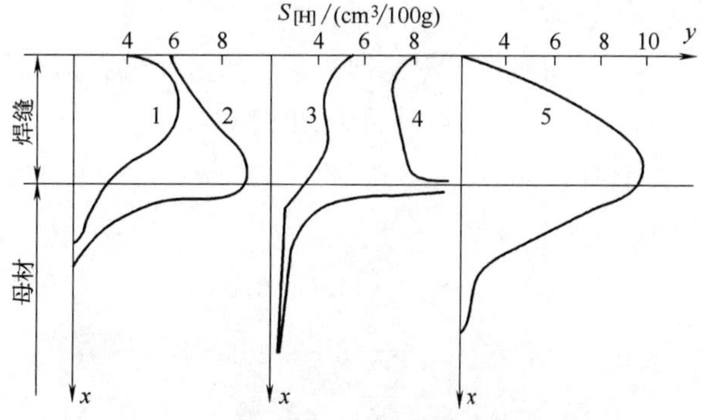

图 1-30　氢沿着焊接接头横断面的分布

1—低碳钢，碱性焊条；2—低碳钢，钙钛型焊条；3—30CrMnSi 钢，堆焊铁素体焊缝；4—30CrMnSi 钢，奥氏体焊缝；5—工业纯铁，纤维素焊条

c. 氢在熔池中的平衡浓度。如图 1-31 所示，具有对称性。

④ 氢在金属中的溶解度。

a. 合金元素对氢在铁合金中溶解度的影响。图 1-32 为合金元素的浓度对氢在铁合金中溶解度的影响。

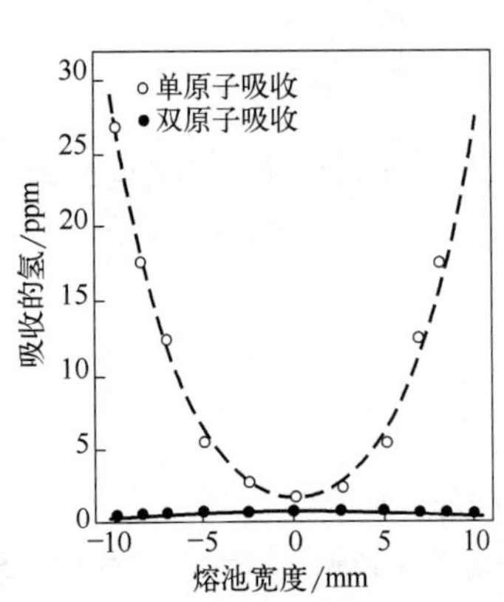

图 1-31　氢的平衡浓度与熔池中的位置的关系

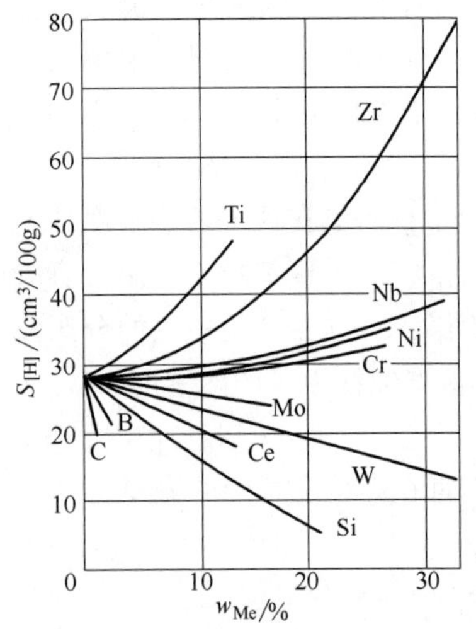

图 1-32　合金元素的浓度对氢在铁合金中溶解度的影响

b. 组织对氢在铁合金中溶解度的影响。氢在奥氏体中的溶解度大于在铁素体中的溶解度，氢在珠光体中的溶解度也大于在铁素体中的溶解度。

c. 变形和应力对氢在铁合金中溶解度的影响。由于变形和应力会增大钢铁材料中的晶格畸变，因此，也会对氢在铁合金中溶解度产生影响。变形和应力增大，将提高氢在铁合金中的溶解度。

渗氢试验中氢在金属中的溶解度，可以用下面公式表示：

$$C_{av}=a\mathrm{e}^{bt^n} \tag{1-43}$$

式中　a，b——常数，与金属的组织状态有关，是相应激活能的函数；

t——渗氢时间，min；

n——根据对试验数据的最佳拟合原则，当相关系数 R 最大时，充氢（溶解）时 $n=-1$，逸出时 $n=-1/2$。

这样，变形（ε,%）和应力（σ，MPa）对氢在金属中溶解和逸出量在式（1-44）中给出。

$$\left.\begin{aligned}
c_{av}&=(44.6+67.2\mathrm{e}^{-9.64/\varepsilon})\mathrm{e}^{(-15.01\mathrm{e}^{-0.021\varepsilon})/t} & R=98.3\%\\
c_{av}&=(38.8+49.5\mathrm{e}^{-7.40/\varepsilon})\mathrm{e}^{(-8.1\mathrm{e}^{0.0047\varepsilon})/\sqrt{t}} & R=96.8\%\\
c_{av}&=(44.6+79.4\mathrm{e}^{-10.55/\sigma})\mathrm{e}^{(-14.8\mathrm{e}^{-0.0169\sigma})/t} & R=98.9\%\\
c_{av}&=(38.8+62.3\mathrm{e}^{-8.85/\sigma})\mathrm{e}^{(-8.01\mathrm{e}^{0.00227\sigma})/\sqrt{t}} & R=99.5\%
\end{aligned}\right\} \tag{1-44}$$

d. 金属热处理状态对氢在铁合金中溶解度的影响。金属热处理状态不同，其组织形态和晶格缺陷也不相同，氢在金属中的溶解度也不一样，见式（1-45）。

Ⅰ退火 $C_{av}=(44.60+67.20e^{-9.64/\varepsilon})e^{(-15.01e^{-0.021\varepsilon})t^{-1}}$ $Ra=97.32\%, Rb=98.31\%$

$C_{av}=(38.80+49.50e^{-7.40/\varepsilon})e^{(-8.01e^{0.0047\varepsilon})t^{-1/2}}$ $Ra=99.44\%, Rb=96.74\%$

Ⅱ正火 $C_{av}=(54.26+52.17e^{-6.82/\varepsilon})e^{(-14.28e^{-0.0212\varepsilon})t^{-1}}$ $Ra=99.21\%, Rb=98.23\%$

$C_{av}=(46.17+46.90e^{-6.78/\varepsilon})e^{(-8.26e^{0.0051\varepsilon})t^{-1/2}}$ $Ra=99.22\%, Rb=96.51\%$

Ⅲ淬火 $C_{av}=(65.90+41.02e^{-2.31/\varepsilon})e^{(-13.54e^{-0.0341\varepsilon})t^{-1}}$ $Ra=99.32\%, Rb=97.80\%$

$C_{av}=(56.73+36.32e^{-2.32/\varepsilon})e^{(-8.59e^{0.0091\varepsilon})t^{-1/2}}$ $Ra=99.27\%, Rb=97.84\%$

(1-45)

e. 溶入和逸出时的溶解度。在式（1-44）和式（1-45）中，每一种状态都有两组数据，上面数据为氢溶解时的溶解度，下面为逸出时的溶解度。很显然，氢溶解时的溶解度比逸出时的溶解度大一个数量级。

f. 晶格缺陷的影响。钢铁中的缺陷也会增大氢在缺口根部塑性变形区的分布和聚集，由于上述氢的溶解和扩散的特点，就造成氢在缺口根部塑性变形，其分布和聚集见图 1-33。

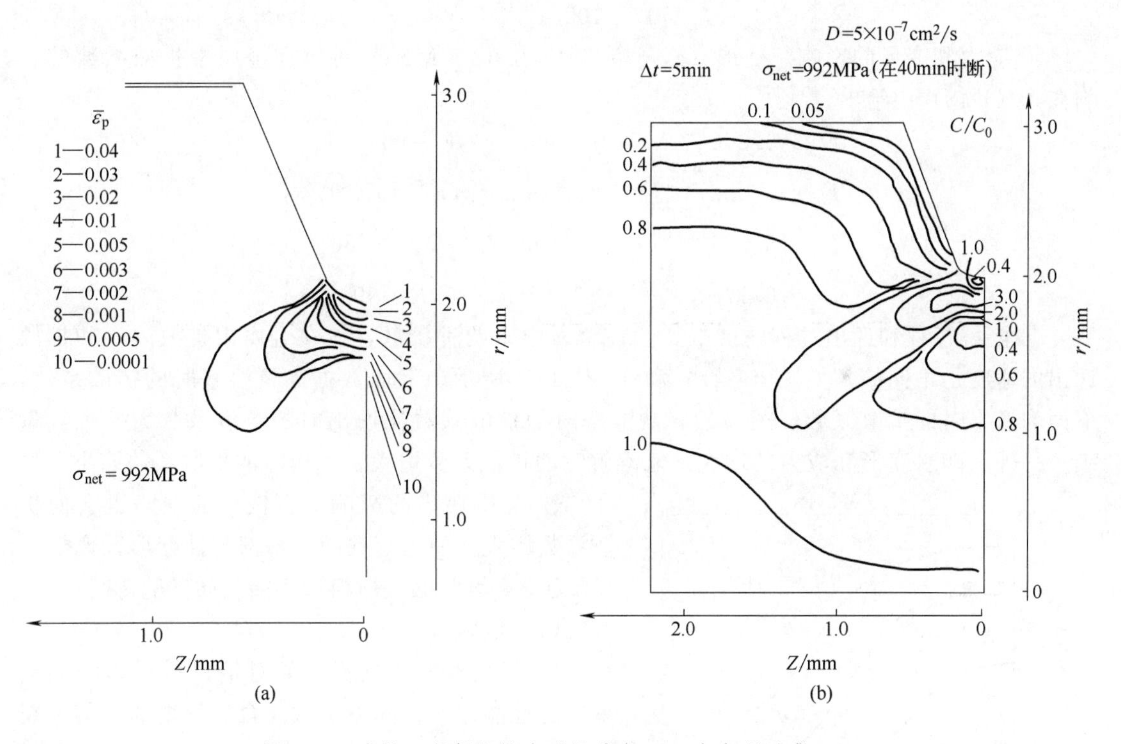

图 1-33 在缺口根部塑性变形的分布（a）与氢的聚集（b）

1.5.3.2 氢在钢铁中的扩散

（1）氢在钢铁中的扩散系数 描述元素（包括氢）在材料中的扩散能力的物理量叫作扩散系数，即单位浓度梯度（$g\cdot cm^{-3}/cm$）时，单位时间内（s）通过单位截面（cm^2）的扩散物质量（g），单位为 cm^2/s，用 D 表示。

（2）影响氢在钢铁中扩散系数的因素

① 温度的影响。扩散系数是温度的函数，即

$$D=D_0 e^{-E/RT} \tag{1-46}$$

式中　D_0——扩散常数；

E——扩散激活能；

R——气体常数；

T——温度，K。

可见，扩散系数随着温度的升高而增大。

② 组织的影响。氢在铁素体中的扩散系数大于奥氏体。

③ 热处理状态的影响。热处理状态的影响在式（1-47）中给出。

$$\begin{aligned}
&\text{Ⅰ退火} \quad D_4=6.256\times10^{-5}e^{-(12600-52.0\varepsilon)/RT} \quad (\mathrm{cm^2/s})\\
&\qquad\quad D_4=7.600\times10^{-4}e^{-(23380+23.0\varepsilon)/RT} \quad (\mathrm{cm^2/s})\\
&\text{Ⅱ正火} \quad D_4=4.1440\times10^{-5}e^{-(11548-52.0\varepsilon)/RT} \quad (\mathrm{cm^2/s})\\
&\qquad\quad D_4=11.975\times10^{-4}e^{-(24495+25.6\varepsilon)/RT} \quad (\mathrm{cm^2/s})\\
&\text{Ⅲ淬火} \quad D_4=1.692\times10^{-5}e^{-(9188-93.3\varepsilon)/RT} \quad (\mathrm{cm^2/s})\\
&\qquad\quad D_4=3.1747\times10^{-4}e^{-(27145+47.9\varepsilon)/RT} \quad (\mathrm{cm^2/s})
\end{aligned} \tag{1-47}$$

④ 应力和变形的影响。变形（ε，%）和应力（σ，MPa）对氢在金属中扩散系数的影响在式（1-48）中给出。

$$\left.\begin{aligned}
&D_2=3.86e^{0.021\varepsilon}\times10^{-7}(\mathrm{cm^2/s}),R=96.36\%\\
&D_2=6.03e^{-0.093\varepsilon}\times10^{-8}(\mathrm{cm^2/s}),R=97.20\%\\
&D_2=3.98e^{0.0112\sigma}\times10^{-7}(\mathrm{cm^2/s}),R=99.86\%\\
&D_2=6.17e^{-0.0044\sigma}\times10^{-8}(\mathrm{cm^2/s}),R=99.9\%
\end{aligned}\right\} \tag{1-48}$$

⑤ 溶解过程和逸出过程的影响。氢在金属中有两种扩散，氢在金属中扩散溶入和扩散逸出的速度是不同的，如式（1-47）和式（1-48）所示。上面数据为氢溶解时的扩散系数，下面为逸出时的扩散系数。很显然，氢溶解时的扩散系数比逸出时的扩散系数大一个数量级；另外，随着变形和应力的增大，氢溶解时的扩散系数增大、逸出时的扩散系数缩小。

⑥ 晶格缺陷的影响。钢铁中的缺陷也会使扩散系数增大，使得氢在缺口根部塑性变形区聚集。

1.5.3.3 氢对钢铁材料焊接接头质量的影响

（1）氢脆

① 氢脆现象。氢脆是氢对钢铁材料影响的最重要的性能之一。随着扩散氢含量的增加，其断裂应力降低（图 1-34），断裂时的伸长率也降低（图 1-35）。

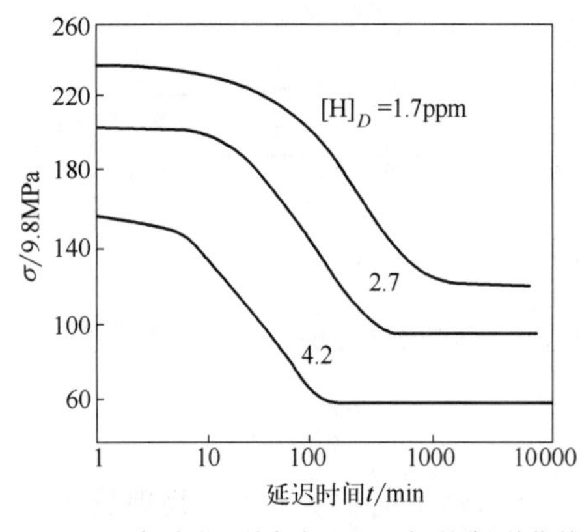

图 1-34　氢含量不同时 HT80 钢的断裂曲线

② 氢脆断口特征。钢的氢脆断口如图 1-36 所示，可以发生 C_{IQ}-沿晶断裂、C_{IL}-沿板条边界断裂、C_{TL}-切断板条断裂、C_{IG}-沿板条束界断裂。

在主断口面上，如图 1-37 所示，出现有与主断口垂直的二次裂纹，在二次裂纹之间还可以看到具有平行的条纹状波形花样。这种波形花样与疲劳断口的花样不同，氢脆断口没有发生韧窝状空洞，没有发生明显的大的滑移面，只是在断口上发生了局部滑移以及与之垂直

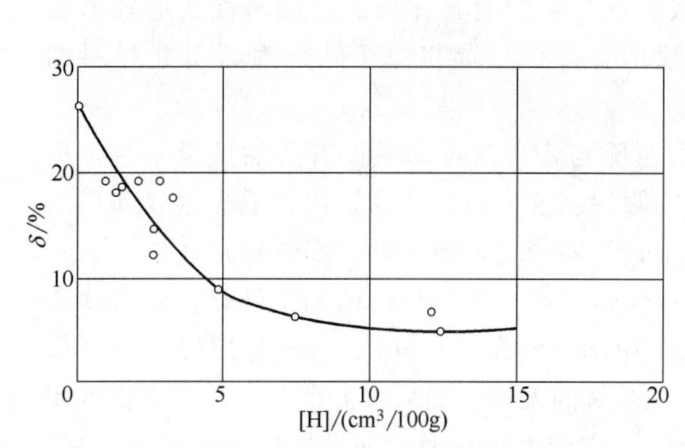

图 1-35 氢含量对低碳钢伸长率的影响

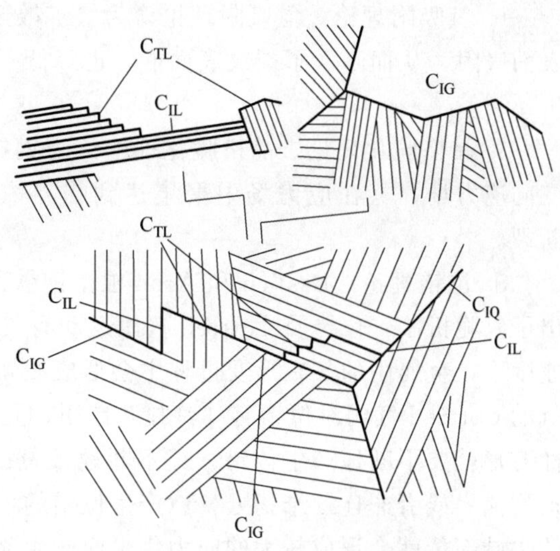

图 1-36 氢脆断口走向示意图

C_{IQ}—沿晶断裂；C_{IL}—沿板条边界断裂；

C_{TL}—切断板条断裂；C_{IG}—沿板条束界断裂

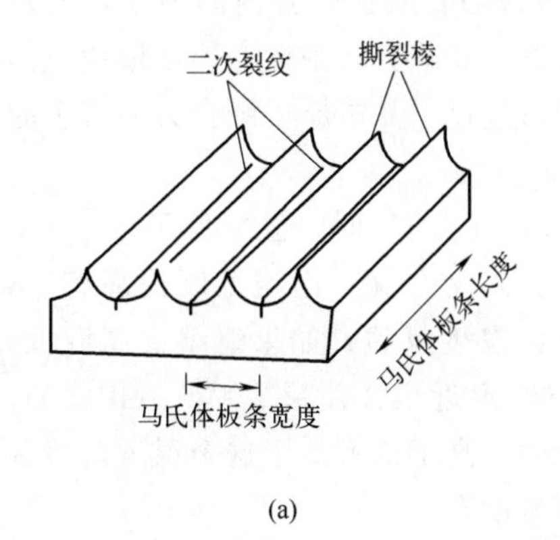

(a)

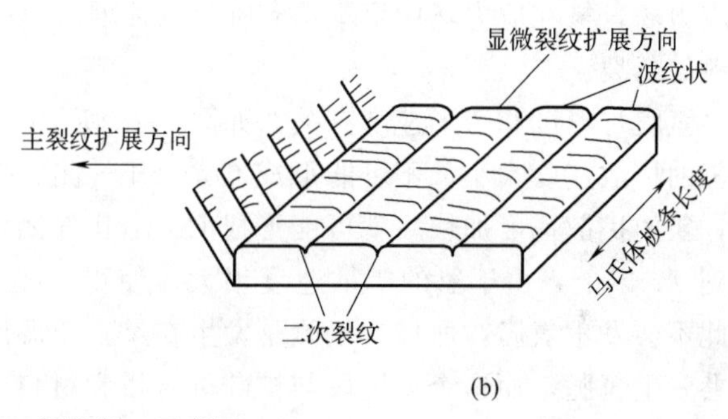

(b)

图 1-37 氢脆断口示意图

(a) 沿板条破坏；(b) 塑性波纹花样

的滑移，于是就产生了条纹状花样。因此，氢脆断口不仅是解理断口的扩展，还伴随着塑性变形，形成了所谓的准解理断口 QC_{HE}。这种裂纹表现为小面积的解理状，这是由于氢的聚集使得材料脆化而诱发裂纹，形成小面积的解理状断裂；但是，在发生小面积解理断裂之后，氢的聚集还不足以发生断裂时，材料在再一次断裂之前，还可以发生一定的塑性变形。于是，就连续发生氢的聚集过程——塑性变形→局部解理断裂→氢的聚集过程——塑性变形→局部解理断裂的循环过程，直至材料断裂，形成准解理断裂。

此外，氢脆断面单元比无氢断面单元小。无氢断面单元的长度与马氏体板条长度一致，而有氢断面单元的长度没有马氏体长度板条长度长，显然马氏体板条断裂了；有氢断面单元的宽度与马氏体板条宽度一致，而无氢断面单元的宽度是多个马氏体板条的宽度，如图 1-36 和图 1-37。

③ 氢脆的机理。关于氢脆的机理，存在多个理论。

a. 压力理论。压力理论认为氢扩散至材料陷阱内并且结合为分子，随着氢在陷阱内的聚集，就形成一种内压力，这个内压力增大到一个临界值时，就引起裂纹扩展而发生断裂。

b. 氢吸附理论。氢吸附理论认为氢扩散至材料缺陷（微裂纹）处，氢被缺陷（微裂纹）表面吸附，从而降低了裂纹表面能，也降低了裂纹扩展所需要的能量，以至于裂纹扩展而发生断裂。

c. 晶格脆化理论。晶格脆化理论认为钢铁受到拉应力时，在裂纹尖端塑性变形区形成三向应力场，氢在应力场中聚集达到临界浓度时，降低了晶格原子结合力而引起材料的断裂。

d. 位错理论。Bastien 和 Azon 根据钢铁的氢脆与变形速度和温度有关的试验结果，提出了氢脆机制：位错及 Cottrell 气团运动有关的假说。这个假说认为，在合适的温度和形变速度下，金属中的氢在形变过程中会形成 Cottrell 气团随着位错运动，即位错输送氢。这个氢的 Cottrell 气团对位错有“钉扎”作用，阻碍位错运动，造成局部的加工硬化。要实现塑性变形就要不断地产生位错，又不断地被氢的 Cottrell 气团“钉扎”。当这些位错与气团运动到晶界或者非连续结构处，就产生位错的堆积及氢的聚集。如果应力足够大，在位错堆积的尖端部位就会形成较大的应力集中而产生裂纹。在应力较小时，如果扩散氢含量足够高，就会聚集更多的氢，也容易产生裂纹。而在产生裂纹之前卸载，聚集的氢就会扩散开，不会产生裂纹。这就是氢脆的可逆性。

e. 拉应力理论。氢扩散至材料陷阱内并且结合为分子，随着氢在陷阱内的聚集，就形成一种内压力。这种内压力对缺陷周围的钢铁产生拉应力，在缺陷尖端塑性变形区形成三向拉应力场，氢在应力场中聚集达到临界浓度时，这个拉应力超过了晶格原子结合力，就引起材料的断裂。

氢脆与温度和变形速度有关，如图 1-38 所示。当变形速度为 V_1 时，温度低于 T_H，由于氢的扩散速度太小，不可能形成 Cottrell 气团，因此不会发生氢脆；而当温度提高到 T'_H 时，氢的扩散速度加快，就可能形成 Cottrell 气团，因此会发生氢脆；如果继续提高温度，达到 T_0 以上，由于氢的扩散速度很大，使得氢不能在位错附近聚集而形成 Cottrell 气团，因此不会发生氢脆。所以，氢脆是发生在某一个温度阶段中，高于或者低于这个温度阶段都不会发生氢脆，而这个温度段与扩散氢含量和材料的变形速度有关

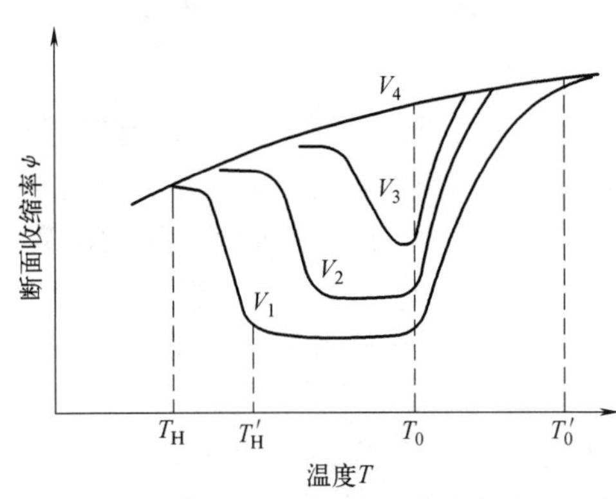

图 1-38　扩散氢含量对断面收缩率与变形速度（V）和温度的关系（$V_1<V_2<V_3<V_4$）

随着变形速度的提高，氢的聚集也减少，开始出现氢脆的温度也提高。

④ 氢脆的影响因素。

a. 碳的影响。碳容易得到淬火硬脆组织，增大脆性。

b. 其它合金元素的影响。凡是能够提高钢的淬透性的元素，都能够增大氢脆性；但是，如果加入钙、稀土等元素，可以使得硫化物球化，减少氢脆。

c. 杂质的影响。杂质元素 S、P、O 等能够形成夹杂物，它既是一个氢“陷阱”，也是一个微裂纹，氢容易在其尖端聚集，使得金属脆化。

d. 显微组织的影响。高碳马氏体的氢脆性大，铁素体的氢脆性较小。依氢脆性大小，从大到小排列为马氏体＞贝氏体＞珠光体＞铁素体。奥氏体没有氢脆。

e. 晶粒尺寸的影响。原奥氏体晶粒（或者铁素体）越小，氢脆性越小。

f. 焊接工艺参数的影响。焊接工艺参数的影响，主要是焊接线能量的影响。焊接线能量对钢铁氢脆的影响比较复杂：随着焊接线能量的增大，氢的逸出增多，扩散氢含量降低，组织硬度较低，有利于降低氢脆；但是，焊接线能量增大，组织晶粒长大，又使得氢脆性增大。一般来说，焊接线能量增大能够降低氢脆性。

g. 焊缝金属的影响。焊缝金属的影响也是很复杂的。对于低匹配焊缝金属（焊缝金属强度低于母材强度），一方面降低焊接应力，可以降低氢脆性；另一方面，在冷却过程中，由于可能发生 γ→α 相变，焊缝金属的 γ→α 相变要比母材热影响区早。也就是说，在焊缝金属转变为 α 相之后，热影响区仍然是 γ 组织。由于氢在 α 相中的扩散系数比 γ 相中大，而溶解度比 γ 相中小，会造成氢向热影响区的聚集。再继续冷却，热影响区转变为 α（或者马氏体）相时，就会造成热影响区的氢脆性提高。一般来说，低匹配的焊缝金属还是有利于降低氢脆性的。

h. 预热的影响。提高预热温度，有利于降低钢的氢脆性。因为预热可以使得冷却速度降低，有利于扩散氢的逸出，降低扩散氢含量；有利于转变为较软的组织和降低焊接应力。这些都有利于降低氢脆性。

i. 紧急后热的影响。紧急后热，就是在焊接接头冷却到某一温度时，立刻进行焊后热处理。这样可以加快扩散氢的逸出，降低扩散氢含量，所以有利于降低氢脆性。

j. 多层焊的影响。多层焊时前面焊道对后面焊道有预热作用，后面焊道对前面焊道有焊后热处理作用，可以降低氢脆性。关键的问题是要控制好层间温度。

k. 奥氏体焊缝金属的影响。由于奥氏体焊缝金属氢的溶解度大，而扩散系数小，因此可以避免氢脆性。

（2）白点　碳钢或者低合金钢焊接接头的氢含量较高，在其拉伸或者弯曲试验的试件的断面上出现银白色圆形局部脆性断裂点，叫作白点，尺寸在 0.5～3mm，其周围为韧性断口。在许多情况下，白点的中心有夹渣物或者气孔。有白点出现，塑性会大大下降。

（3）形成气孔　由于焊缝金属在结晶的液-固态转变时，氢的溶解度在固相中突然大幅度降低，造成氢气在液态金属溶解量增大，超过这时氢在液态金属中的溶解度，从而析出形成气泡，排不出去就形成气孔。

（4）产生冷裂纹　后面将详细讨论。

1.5.3.4　控制氢的措施

（1）限制焊接材料中的氢含量　氢气主要来自水分和有机物。限制焊接材料中的水分，采用高纯度的保护气体和按照规定烘干焊条及焊剂。烘干之后立即使用，或者放在保温桶中，随取随用。

（2）清除焊丝和焊件上的铁锈、油脂、污物的杂质　用机械或者化学的方法清除母材和焊丝表面的铁锈和有机物。

（3）冶金处理　降低气相中氢的分压就可以降低氢的溶解度，图 1-39 给出了含氢气体的分解压与温度之间的关系，可以看到，水分和氢气在电弧温度下分解度

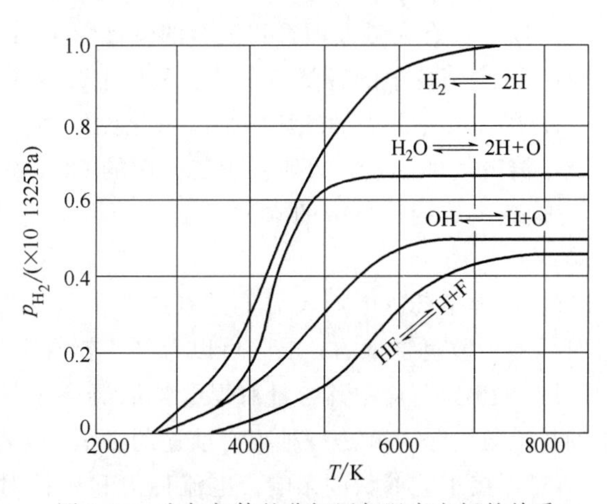

图 1-39　含氢气体的分解压与温度之间的关系

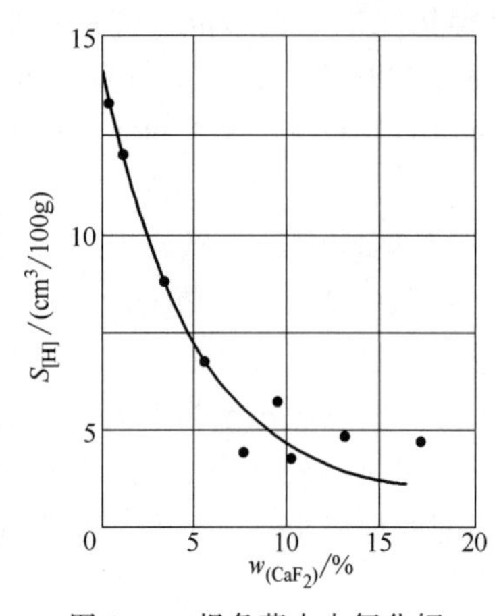

图 1-40 焊条药皮中氟化钙含量与焊缝氢含量之间的关系（直流反接）

很高。

① 在药皮或者焊剂中加入氟化物。在药皮或者焊剂中常常加入氟化钙（萤石）CaF_2，可以降低焊缝金属中的氢含量（图 1-40），这时可能发生如下反应：

$$CaF_2+H_2O=CaO+2HF \tag{1-49}$$

$$CaF_2+2H=Ca+2HF \tag{1-50}$$

② 增大熔池中和气相中的氧化性。

a. 增大焊条药皮中的氧化性。增大熔池中和气相中的氧化性，加入碳酸钙、碳酸镁和赤铁矿等，在电弧高温下，它们能够分解出 CO_2、O_2、O，之后可以发生如下反应：

$$CO_2+H=CO+OH \tag{1-51}$$

$$O+H=OH \tag{1-52}$$

$$O_2+H_2=2OH \tag{1-53}$$

就可以降低焊缝金属中的氢含量［图 1-41（a），（b）］。

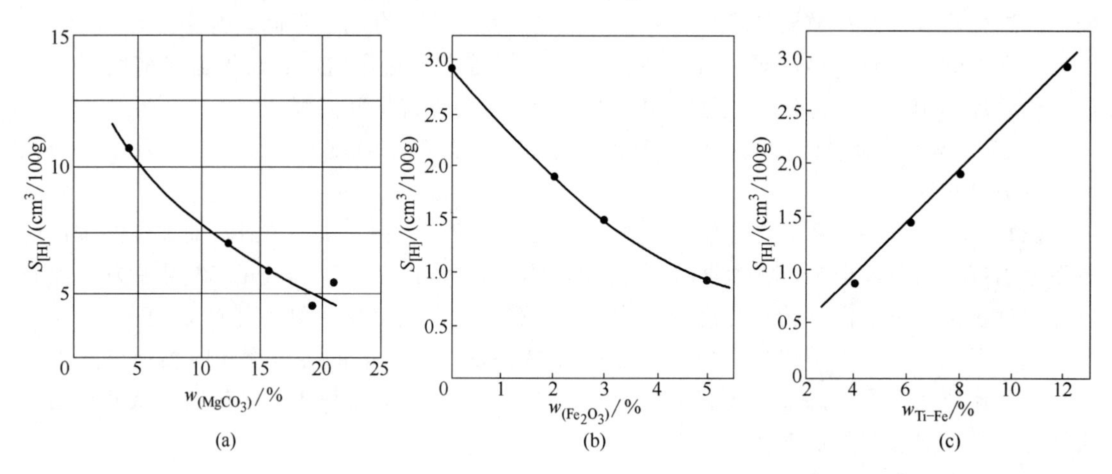

图 1-41 药皮中 $MgCO_3$ 含量（a）、Fe_2O_3 含量（b）和钛铁含量（c）对焊缝扩散氢含量的影响

所以，含有大量大理石和萤石的碱性焊条的焊缝中氢含量较少，叫作低氢焊条。

b. 减少药皮中的脱氧剂含量。药皮中减少脱氧剂可以降低扩散氢含量［图 1-41（c）］。

c. 在气体保护焊的气体中加入氧化性气体。图 1-42 给出了气体保护焊的气体对氢在铁合金中溶解度的影响，表明保护气体中的 CO_2 有助于降低焊缝金属中的氢含量。

③ 减少焊接材料中的水分。图 1-43 给出了焊条烘干温度对焊缝金属中扩散氢含量的影响。

④ 在焊条药皮中加入稀土元素或者稀散元素（钇、碲、硒等）。图 1-44 为药皮中钇含量对焊缝扩散氢含量的影响。可以看到，钇有利于降低焊条金属中的扩散氢含量。

图 1-45 为药皮中碲含量对焊缝扩散氢含量的影响。可以看到，碲有利于降低焊条金属中的扩散氢含量。碲是一种很有前途的去氢剂，但是碲有很强的毒性，其工艺性能不良。

⑤ 焊接工艺参数的影响。电流种类和极性对焊缝金属扩散氢含量的影响，依氢含量从大到小的顺序为：交流→直流正接→直流反接。

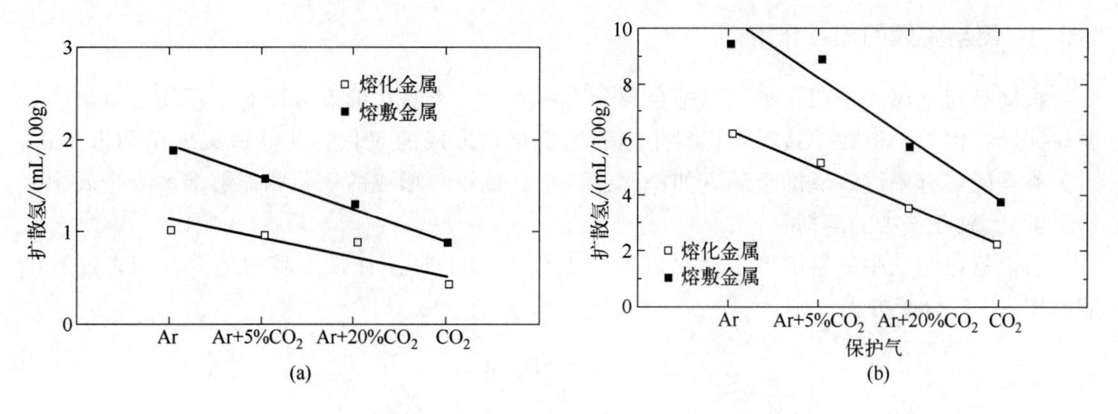

图 1-42　气体保护焊的气体对氢在铁合金中溶解度的影响

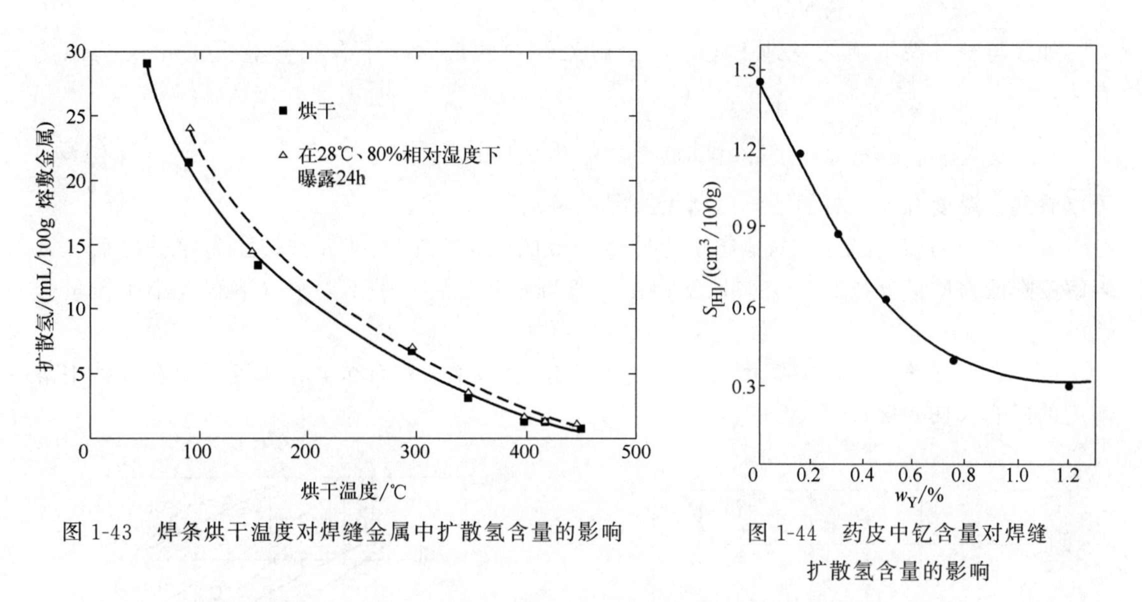

图 1-43　焊条烘干温度对焊缝金属中扩散氢含量的影响

图 1-44　药皮中钇含量对焊缝扩散氢含量的影响

⑥ 焊后紧急加热去氢处理。焊后加热可以使得焊缝中的氢扩散外逸，图 1-46 给出了焊后加热温度对低碳钢焊缝金属中氢含量的影响。

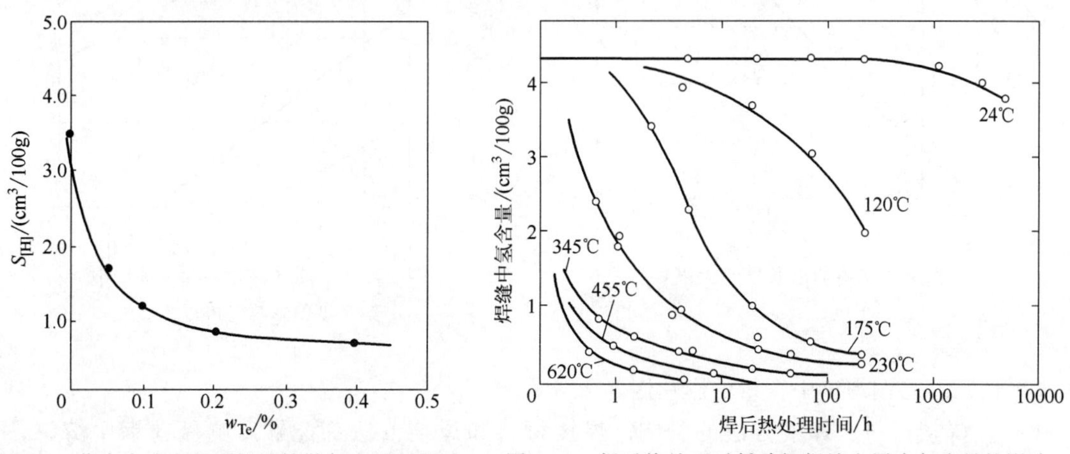

图 1-45　药皮中碲含量对焊缝扩散氢含量的影响

图 1-46　焊后热处理对低碳钢焊缝金属中氢含量的影响

1.5.4 氧与金属的相互作用

根据氧与金属的作用，也可以把金属分为两类：一类是在液态和固态都不能溶解氧的金属，如镁、铝等，但在焊接时可以发生剧烈的氧化，形成的氧化物能够造成夹杂和未焊透；另一类是能够有限溶解氧的金属，如铁、镍、铜、钛等，形成的氧化物能够溶解入金属中。

1.5.4.1 氧在铁中的溶解

（1）氧在纯铁中的溶解度　氧是以原子态和 FeO 的形态在铁中溶解的。在液态纯铁的溶解度 S_O 符合平方根法则：

$$S_O = K_{O_2}(P_{O_2})^{1/2} \tag{1-54}$$

式中　K_{O_2}——溶解的平衡常数；

P_{O_2}——气相中氧的分压。

如果与液态铁平衡的是纯 FeO，则溶解入铁中的最大原子态氧含量 [O]max 与温度有关：

$$\lg[O]_{max} = -(6320/T) + 2.734 \tag{1-55}$$

可以看到，温度升高，氧的溶解度增大（图 1-47）。

氧在纯铁的结晶温度时的溶解度为质量分数的 0.16%；在从 δ 铁转变为 γ 铁之后，其溶解度降低为质量分数的 0.05% 以下；在转变为 α 铁之后几乎不溶解（溶解度小于质量分数的 0.001%）。

（2）合金元素对氧的溶解度的影响　图 1-48 给出了一些合金元素浓度对氧在纯铁中溶解度的影响（1600℃）。

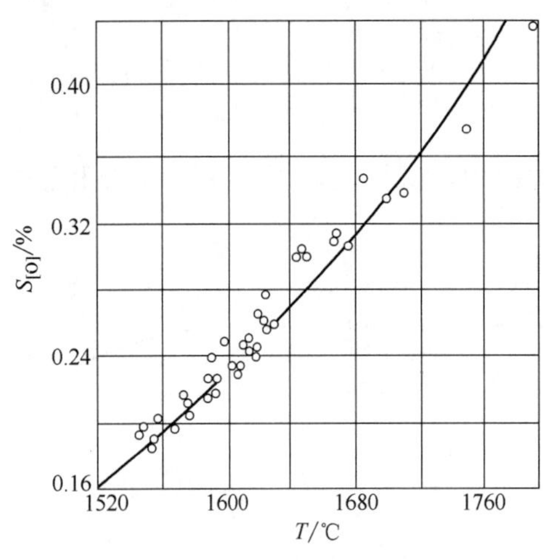

图 1-47　氧在纯铁中的溶解度与温度的关系

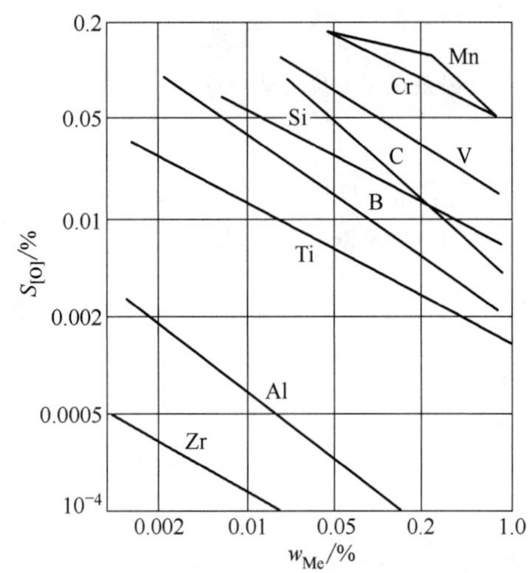

图 1-48　合金元素浓度对氧在纯铁中溶解度的影响（1600℃）

（3）氧在钢焊缝中含量的影响因素

① 焊接材料、焊接方法的影响。焊接材料和焊接方法都能够影响氧在钢中溶解，如表 1-14 所示。

表 1-14 低碳钢焊接时焊缝金属中的氧含量

材料及焊接方法	平均含氧量(质量分数)/%	材料及焊接方法	平均含氧量(质量分数)/%
低碳镇静钢	0.003～0.008	纤维素型焊条	0.090
低碳沸腾钢	0.010～0.020	氧化铁型焊条	0.122
H08 焊丝	0.01～0.02	铁粉型焊条	0.093
H08 光焊丝焊接	0.15～0.30	自动埋弧焊	0.03～0.05
低氢型焊条	0.02～0.03	电渣焊	0.01～0.02
钛铁矿型焊条	0.101	气焊	0.045～0.05
钛钙型焊条	0.05～0.07	CO_2 保护焊	0.02～0.07
钛型焊条	0.065	氩弧焊	0.0017

② 埋弧焊焊剂对焊缝金属化学成分的影响。在等量降低氧化锰的情况下，增加氧化铁就相当于增加了焊缝金属中的氧含量。

③ 焊剂碱度的影响。提高焊剂碱度可以降低焊缝金属中氧含量。

1.5.4.2 氧对焊接质量的影响

(1) 降低钢的力学性能　对碳钢来说，氧主要以 FeO 形式存在于钢中，明显降低低碳钢的力学性能（图 1-49 和图 1-50），图 1-51 是 20℃时低碳钢焊缝韧性与氧含量的关系。

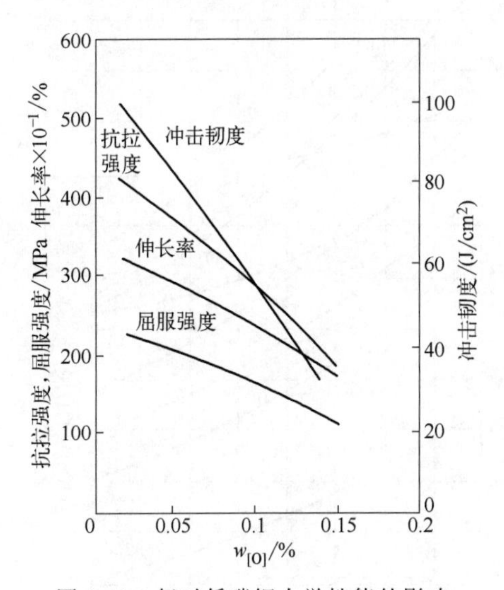

图 1-49 氧对低碳钢力学性能的影响

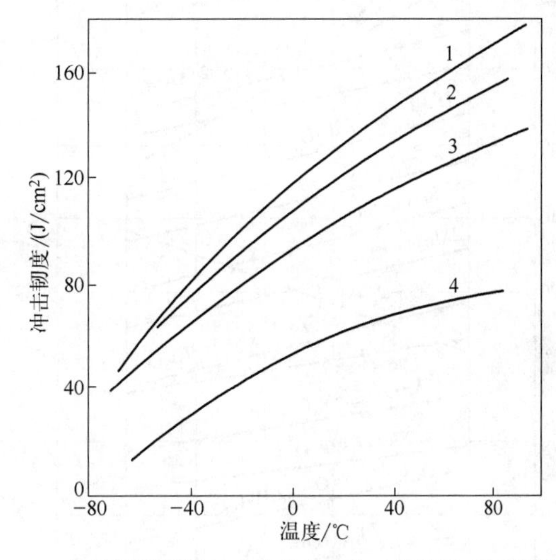

图 1-50 低碳钢埋弧焊时硅酸盐夹杂物对焊缝冲击韧性的影响

（夹杂物质量分数：1—0.028%～0.030%；2—0.034%～0.053%；3—0.104%～0.110%；4—0.196%）

(2) 形成气孔　形成 CO 气孔，将在后面讲到。

(3) 形成夹渣，成为裂纹源　如图 1-52 所示，形成氧化物夹杂，这个夹杂成为裂纹源，既可以成为宏观裂纹的发源地，也可以成为在承受拉应力作用下的断裂源，降低焊缝金属的力学性能。

(4) 氧含量对低碳低合金钢焊缝金属的组织和性能的影响

① 一些氧化物的热力学性能。对低碳低合金钢来说，一方面，焊缝金属中的氧含量较低；另一方面，其氧化物已经不是以 FeO 为主，而是以合金氧化物为主。从图 1-53 中可以看出，氧化亚铁（FeO）分解压比一般低碳低合金钢中常用合金元素（如锰、硅、钛、硼、

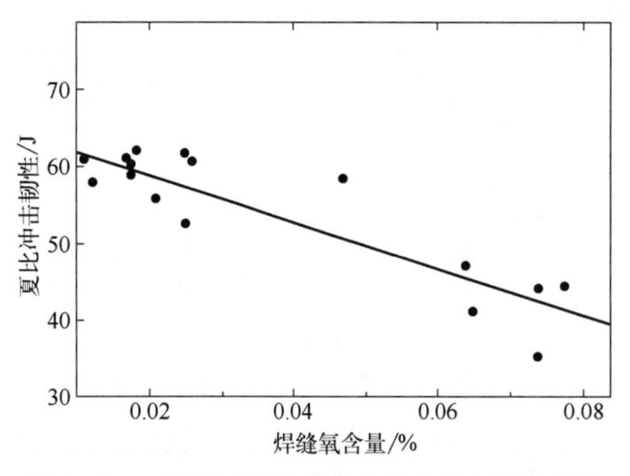

图 1-51　20℃时低碳钢焊缝韧性与氧含量的关系

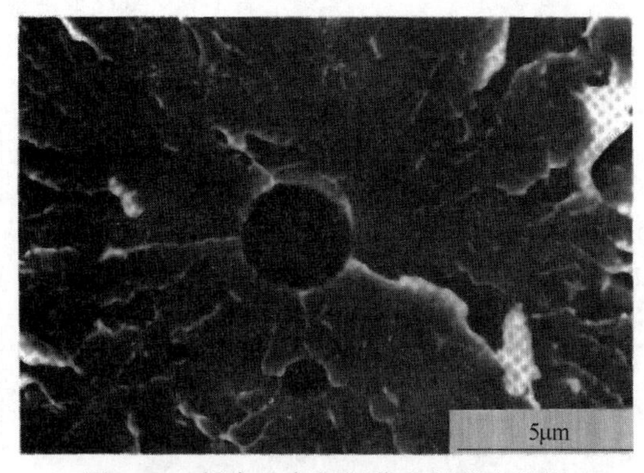

图 1-52　低合金高强钢药芯焊丝电弧焊焊缝金属中一个夹杂物处的裂纹源

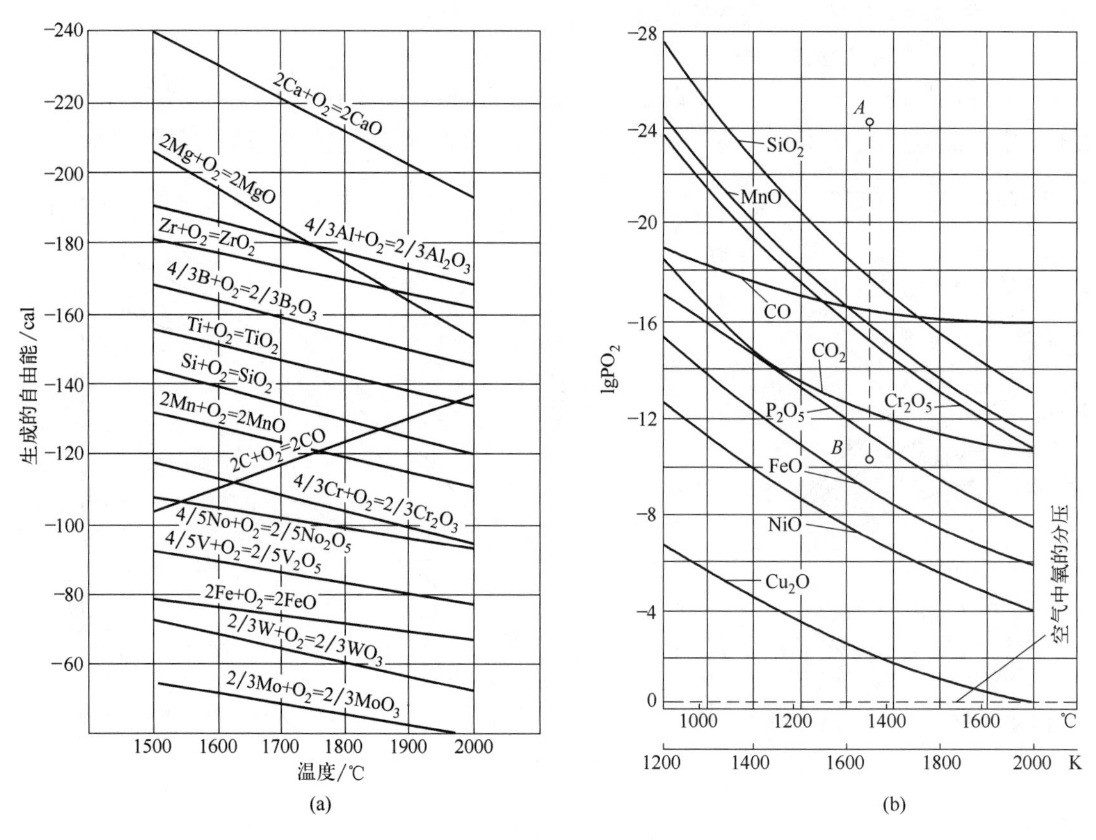

图 1-53　自由氧化物自由能

(a) 和分解压的对数；(b) 与温度之间的关系

铬）的氧化物分解压低，所以，在低碳低合金钢焊缝金属中氧化物中的氧化亚铁很少，主要是合金元素的氧化物。

② 氧含量对合金钢焊缝金属 WM-CCT 图的影响。图 1-54 为不同合金系焊缝金属的 WM-CCT 图（焊缝金属连续冷却组织转变图，其物理意义在后面讲解），可以看到，随着焊缝金属中氧含量的提高，WM-CCT 图向左上方移动，也就是说金属的淬透性降低了（图 1-55）。

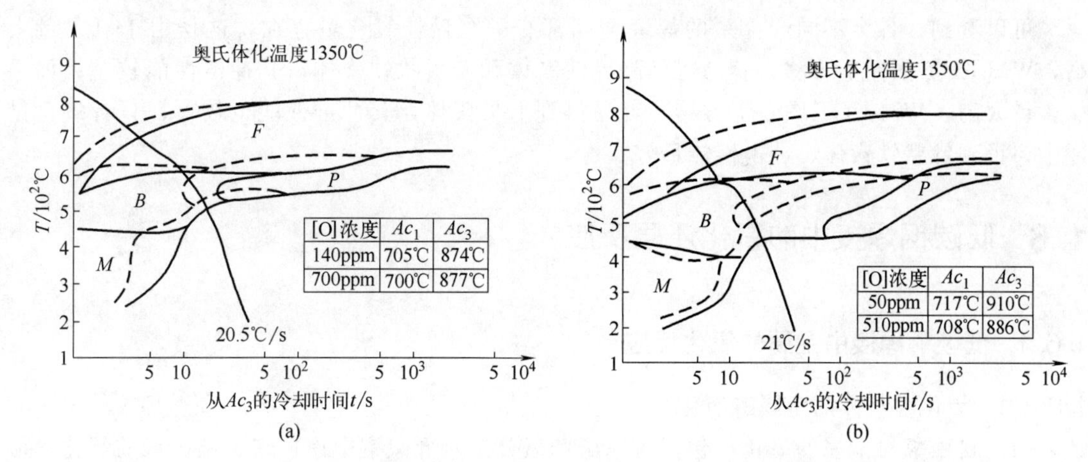

图 1-54　氧含量对不同合金系焊缝金属 WM-CCT 图的影响

（a）硅-锰系；（b）硅-锰-钛-硼系

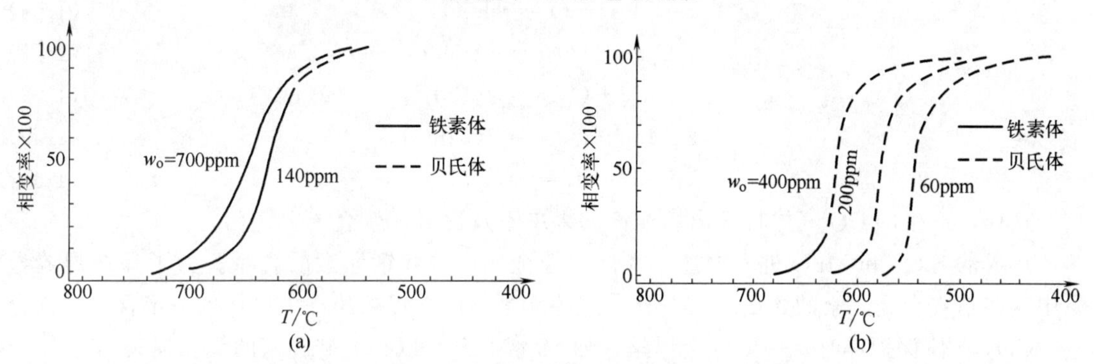

图 1-55　氧含量对不同合金系焊缝金属 WM-CCT 图的影响

（a）硅-锰；（b）硅-锰-钛-硼

（奥氏体化温度 1350℃，冷却速度 20.5℃/s）

③ 氧含量对合金钢焊缝金属韧性的影响。由于氧含量对焊缝金属组织有影响，自然也会影响到焊缝金属的力学性能。图 1-56 为氧含量对不同合金系焊缝金属夏比冲击性能的影响。

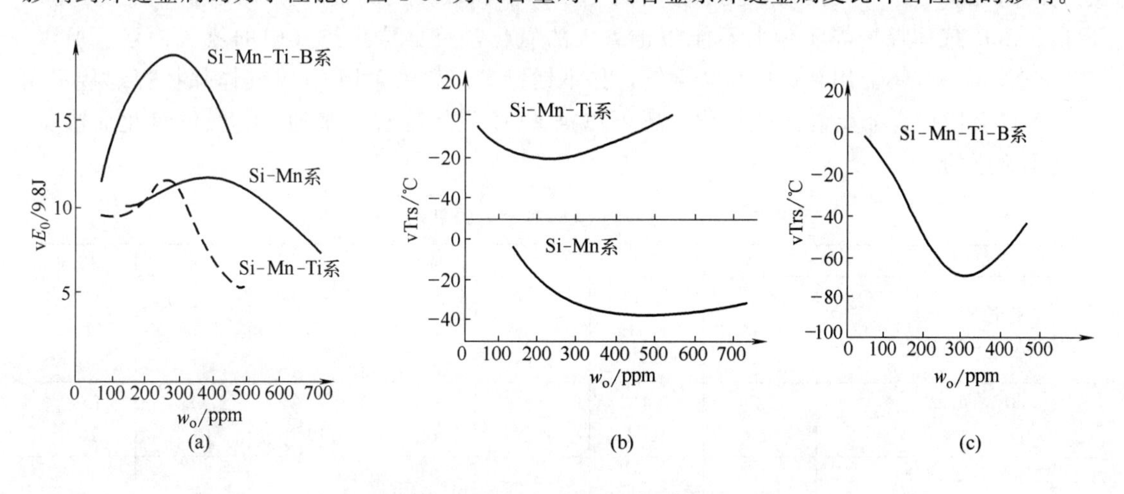

图 1-56　氧含量对不同合金系焊缝金属夏比冲击性能的影响

（a）氧含量对不同合金系焊缝金属夏比冲击性能的影响；（b）氧含量对硅-锰系和硅-锰-钛系焊缝金属韧性的影响；（c）氧含量对硅-锰-钛-硼系焊缝金属韧性的影响

可以看到，各个不同合金系的焊缝金属都有一个最佳氧含量存在，这是由于氧含量太高，WM-CCT 图左上方移，容易得到晶界铁素体和侧板状铁素体，其冲击性能较差；如果氧含量太高，WM-CCT 图右下方移，容易得到上贝氏体，其冲击性能也较差；只有氧含量适中，得到针状铁素体，冲击性能最好。

1.6 低碳钢焊接中的氧化还原反应

1.6.1 低碳钢焊接中金属的氧化反应

1.6.1.1 氧化性气体对金属的氧化

（1）自由氧对金属的氧化　包括氧原子和氧分子对低碳钢中铁、碳、硅、锰的氧化，形成 FeO、CO、SiO_2、MnO。

$$[Fe]+O = FeO \tag{1-56}$$

$$2[Fe]+O_2 = 2FeO \tag{1-57}$$

$$2[C]+O_2 = 2\{CO\} \tag{1-58}$$

$$2[Mn]+O_2 = 2(MnO) \tag{1-59}$$

$$[Si]+O_2 = (SiO_2) \tag{1-60}$$

这样，产生的 CO 气体将逸出熔池；如果来不及逸出，就会产生气孔。

形成的 SiO_2 和 MnO 进入熔渣，降低焊缝金属中硅和锰元素的含量。为了保持焊缝金属中这些基本合金元素的含量，需要补充这些元素，所以焊条药皮中要加入一定含量的铁合金。CO_2 气体保护焊时要采用合金焊丝（如 08 锰 2 硅）以补充硅和锰的氧化损失。

由于形成的 FeO 既能溶解于熔渣，又能够溶解于金属熔池，所以，产生的 FeO 一部分进入熔渣，一部分溶入金属。

（2）CO_2 气体对金属的氧化　CO_2 气体对低碳钢中的铁、硅、锰氧化而放出 CO 气体，既降低了焊缝金属中合金元素硅和锰的含量，又产生了 CO 气体。从表 1-15 可以看出，在电弧的高温下，CO_2 气体几乎全部分解为 CO 气体和氧气，氧气的分压超过了在空气中的含量。CO_2 气体保护焊实际上不能防止氧气的氧化，只是防止空气中的氮气而已，所以，CO_2 气体保护焊不能用来焊接高合金钢，如不锈钢等。如果采用 CO_2 气体保护焊焊接不锈钢，不仅会使得合金元素铬被氧化，还可以被 CO_2 气体分解出来的 CO 气体氧化而渗碳，这是不希望的。

表 1-15　纯 CO_2 对金属的氧化

温度/K		1800	2000	2200	2500	3000	3500	4000
气相成分（体积分数，%）	CO_2	99.34	97.74	93.94	81.10	44.26	16.69	5.92
	CO	0.44	1.51	4.04	12.60	37.16	55.54	62.72
	O_2	0.22	0.76	2.02	6.30	18.58	27.77	31.36
气相中氧的分压 p_{O_2} /(×101.325kPa)		2.2×10^{-3}	7.6×10^{-3}	2.02×10^{-2}	6.3×10^{-2}	18.58×10^{-2}	27.77×10^{-2}	31.36×10^{-2}
饱和时 FeO 的分解压 p_{O_2}/(×101.325kPa)		3.81×10^{-9}	1.08×10^{-7}	1.35×10^{-6}	5.3×10^{-5}	—	—	—

$$[Fe]+\{CO_2\} = \{CO\}+FeO \tag{1-61}$$

$$\lg K = \lg(CO \cdot FeO)/\{CO_2\} = -(11576/T) + 6.855 \quad (1\text{-}62)$$

温度升高，平衡常数 K 增大，使得铁氧化加剧。对不锈钢焊接，将发生如下反应，使得合金元素铬氧化损失，而且焊缝增碳。

$$2[Cr] + 3CO = (Cr_2O_3) + 3[C] \quad (1\text{-}63)$$

$$2\{CO\} = \{CO_2\} + [C] \quad (1\text{-}64)$$

(3) 水分对金属的氧化　气相中的水蒸气不仅氧化金属使得焊缝金属增氧，还能够增氢。也就是说水分不仅使得焊缝金属中金属（包括合金元素）被氧化，危害焊缝金属的力学性能，还能够增大焊缝金属中的氢含量，引起氢脆，甚至产生冷裂纹。所以，水分是对钢危害很大的气体，因此，20 世纪 50 年代风行一时的水蒸气保护焊很快就被淘汰。

$$\{H_2O\} + [Fe] = FeO + H_2 \quad (1\text{-}65)$$

其平衡常数 K 为

$$\lg K = \lg(H_2 \cdot FeO)/\{H_2O\} = -(10200/T) + 5.5 \quad (1\text{-}66)$$

温度升高，水蒸气的氧化性增强。

(4) 混合气体对金属的氧化　低碳钢的焊条电弧焊的气相不是单一的气体，而是多种气体的混合。如果忽略气相中 O、H、OH 等的存在，将会发生如下反应：

$$\{CO_2\} + \{H_2\} = \{H_2O\} + \{CO\} \quad (1\text{-}67)$$

这个反应的平衡常数为

$$\lg K = \lg(P_{H_2O} \cdot P_{CO})/(P_{CO_2} \cdot P_{H_2}) = -(1394/T) + 1.359 \quad (1\text{-}68)$$

这应该是电弧温度下各种气体的分压，但是，那种高温下的气体是无法测定的，只能测定室温下的气体分压。可以假定各种气体从电弧温度降低到室温的各种气体分压的变化为 X，则在电弧高温下的平衡常数 K 为

$$K = [(P_{H_2O} + X)(P_{CO} + X)]/[(P_{CO_2} - X)(P_{H_2} - X)] \quad (1\text{-}69)$$

这样，在测得室温下的各种气体分压的条件下，根据式（1-68）和式（1-69）就可以计算出 X，再计算出混合气体中氧的分压 P_{O_2}。计算结果在表 1-16 中给出。

表 1-16　电弧气氛中氧的分压 P_{O_2} 和 FeO 的分解压 P'_{O_2}

温度/K	钛铁矿型		低氢型	
	$\{P_{O_2}\}$	P'_{O_2}	$\{P_{O_2}\}$	P''_{O_2}
1800	2.52×10^{-10}	1.40×10^{-9}	2.12×10^{-9}	5.49×10^{-11}
2000	9.47×10^{-10}	8.42×10^{-9}	8.02×10^{-9}	3.30×10^{-10}
2500	4.98×10^{-6}	2.16×10^{-7}	6.30×10^{-5}	8.47×10^{-9}
3000	2.96×10^{-4}	1.88×10^{-6}	5.35×10^{-8}	7.38×10^{-8}

1.6.1.2 活性熔渣对金属的氧化

活性熔渣对金属的氧化有两种形式：扩散氧化和置换氧化。

(1) 扩散氧化　由于 FeO 既能溶解入熔渣，又能够溶解入金属，所以在温度不变的情况下，在熔渣中的（FeO）和金属中的［FeO］含量达到平衡时，服从分配定律，分配系数 L 为

$$L = (FeO)/[FeO] \quad (1\text{-}70)$$

在 SiO_2 饱和的酸性渣中：

$$\lg L = (4906/T) - 1.877 \quad (1\text{-}71)$$

在 CaO 饱和的碱性渣中：

$$\lg L=(5014/T)-1.980 \tag{1-72}$$

在碱性渣中，L 较大，金属中氧含量较低。

(2) 置换氧化　在钢中对氧亲和力比较大的元素可以把对氧亲和力比较小的元素置换出来，形成对氧亲和力比较大的元素的氧化物。如

$$\begin{array}{c}(FeO)\\ \uparrow \\ (SiO_2)+2[Fe]=\!=\!=[Si]+2FeO \\ \downarrow \\ [FeO]\end{array} \tag{1-73}$$

平衡常数为

$$\lg K_{Si}=\lg (FeO)^2[Si]/(SiO_2)=-(13460/T)+6.04 \tag{1-74}$$

$$\begin{array}{c}(FeO)\\ \uparrow \\ (MnO)+[Fe]=\!=\!=[Mn]+FeO \\ \downarrow \\ [FeO]\end{array} \tag{1-75}$$

平衡常数为

$$\lg K_{Mn}=\lg (FeO)[Mn]/(MnO)=-(6600/T)+3.16 \tag{1-76}$$

当然，铝、钛等对氧亲和力比较大的元素也可以从硅、锰的氧化物中把硅、锰置换出来。

1.6.1.3　焊件表面的氧化物对金属产生氧化

焊件表面的氧化物也可以对金属产生氧化，比如铁锈可以发生分解：

$$2Fe(OH)_3 =\!=\!= Fe_2O_3+3H_2O \tag{1-77}$$

水分进入气相，增加了气相中的氧化性和氢含量，能够增大金属的氢脆性。所以焊接前，一定要清除焊接材料（母材和焊丝）表面的铁锈。

钢铁表面的氧化铁皮主要成分是 Fe_3O_4，它也对铁有氧化性：

$$Fe_3O_4+[Fe]=\!=\!=4FeO \tag{1-78}$$

1.6.1.4　氧化还原方向的判据

上述气体和熔渣对金属的氧化反应，实际上就是氧化还原反应。对于一个反应体系，比如在比较复杂的氧化物系统中，有多种氧化物存在。这些氧化物也都可以发生分解，分解出氧气。在气体中存在一个氧气的分压 $\{P_{O_2}\}$，但在一定的温度下，每种氧化物都有一个固定的分解压 P_{O_2}（图 1-57）。利用这种氧化物的分解压与气相中的氧气的分压相比较，就可以判断出这个氧化物是不是被还原，或者是这个元素继续被氧化。利用这个金属氧化物系统中，气相中氧的分压 $\{P_{O_2}\}$，与这个金属氧化物的分解压 P_{O_2} 之比，就可以判断出这个金属是被还原还是被氧化，即

$$\begin{array}{l}\{P_{O_2}\}>P_{O_2}\text{，金属被氧化}\\ \{P_{O_2}\}=P_{O_2}\text{，达到平衡}\\ \{P_{O_2}\}<P_{O_2}\text{，金属被还原}\end{array} \tag{1-79}$$

① 对于纯 FeO，其分解压为

$$\lg P_{O_2} = -(26730/T) + 6.43 \quad (1\text{-}80)$$

② 如果 FeO 是溶解入熔渣中，则在熔渣中的 FeO 的分解压为 P'_{O_2}，则

$$P'_{O_2} = P_{O_2}[FeO]^2/[FeO]_{max}{}^2 \quad (1\text{-}81)$$

[FeO] 和 $[FeO]_{max}$ 分别为钢铁中和纯铁中 FeO 的质量分数。

由式（1-81）可知，由于 FeO 溶入液态铁中，使得其分解压减小，铁就更容易氧化。利用式（1-79）、式（1-80）和式（1-81）可以计算出不同温度下，液态铁中 [FeO] 的浓度与其分解压的关系，如表 1-17 所示。

③ 如果其它金属氧化物为纯物质，则其分解出来的金属就溶解入液态铁，其分解压为

$$P'_{O_2} = P_{O_2}/N_{Me} \quad (1\text{-}82)$$

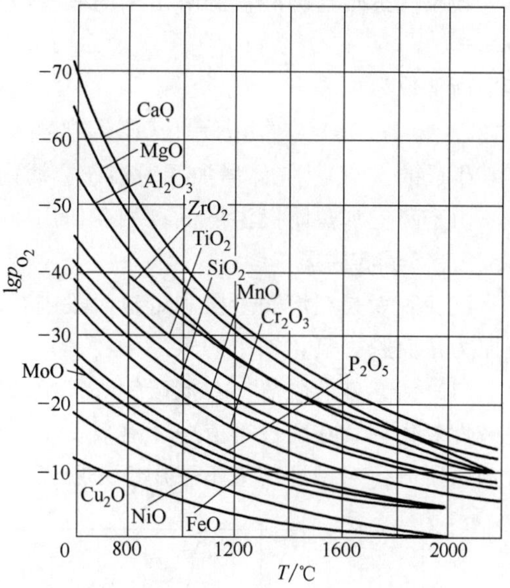

图 1-57 自由氧化物分解压与温度的关系

式中 N_{Me}——此金属在铁中的溶解度。

由于 $N_{Me}<1$，所以 $P'_{O_2}>P_{O_2}$。所以此金属在溶液中的浓度 N_{Me} 越低，分解压越高，此金属氧化物越不稳定。

表 1-17 不同温度下液态铁中 [FeO] 的浓度与其分解压 P'_{O_2}（×101.3kPa）的关系

在液态铁中含量/%		温度/℃				
$S_{[FeO]}$	$S_{[O]}$	1540	1600	1800	2000	2300
0.10	0.0222	7.4×10^{-11}	1.7×10^{-10}	1.56×10^{-9}	6.1×10^{-9}	4.8×10^{-8}
0.20	0.0444	2.9×10^{-10}	6.7×10^{-10}	6.25×10^{-9}	2.4×10^{-8}	1.9×10^{-7}
0.50	0.1110	1.8×10^{-9}	4.2×10^{-9}	3.9×10^{-8}	1.5×10^{-7}	1.2×10^{-6}
1.00	0.2220	—	—	1.5×10^{-7}	6.1×10^{-7}	4.8×10^{-6}
2.00	0.4440	—	—	—	2.4×10^{-6}	1.9×10^{-5}
3.00	0.6660	—	—	—	—	4.3×10^{-5}
$S_{[FeO]max}$	—	4.0×10^{-9}	1.5×10^{-8}	3.4×10^{-7}	4.8×10^{-6}	1.08×10^{-4}

1.6.2 低碳钢焊接中金属的脱氧反应

所谓脱氧就是从液态金属中减少氧含量的过程。脱氧的主要方法是在焊接过程中脱氧，用于脱氧的元素或者铁合金叫作脱氧剂。脱氧剂可以加入到焊丝、焊剂或者焊条药皮中。

脱氧的目的是减少焊缝金属中的氧含量，而氧在金属中的存在形式主要是氧化物（氧化铁）。从图 1-57 可以判断出，对氧的亲和力从大到小的顺序是：Ca、Mg、Al、Zr、Ti、Si、Mn、Cr 等。这些元素都可以作为低碳钢焊缝金属的脱氧剂。

作为脱氧剂的元素，其脱氧产物应当不溶于金属，密度小于金属，熔点要低于金属。这样才能够把氧从金属中排出。焊接中的脱氧是分阶段进行的。

1.6.2.1 先期脱氧

在药皮加热阶段，在固态药皮中的脱氧叫作先期脱氧。这一过程发生在药皮熔化之前，主要是药皮中铁合金中的脱氧剂 C、Si、Mn、Ti、Al 等，与药皮中高价氧化物和碳酸盐反应，生成这些脱氧剂的氧化物进入熔渣。

碳脱氧是碳与碳酸盐分解出来的氧反应生成CO气体进入电弧气氛：

$$[C]+[O]=\{CO\}\uparrow \tag{1-83}$$

其平衡常数为

$$\lg K=\lg(P_{O_2}/[C][O])=-(1070/T)+3.075 \tag{1-84}$$

生成的{CO}气体增加了对液态金属的保护。

由于药皮加热阶段温度低，相互作用条件差，所以先期脱氧不完全。

1.6.2.2 沉淀脱氧

沉淀脱氧是在熔滴阶段和熔池阶段进行的，主要是用合金元素与氧化铁反应使得氧化铁还原为铁而脱去氧化铁中的氧。

(1) 锰、硅的脱氧　在低碳钢焊接中的脱氧，主要是锰、硅的脱氧。由于锰脱氧生成的是碱性氧化物，在酸性熔渣中才有效。由于锰对氧的亲和力较小，是脱氧剂中较弱的一种脱氧剂，所以，对碱性熔渣不采用锰来脱氧。硅脱氧生成的是酸性氧化物，在碱性熔渣中才有效。虽然硅对氧的亲和力较大，但是脱氧形成的二氧化硅的熔点较高，二氧化硅与低碳钢熔池金属的表面张力较小，润湿性好，不易从熔池中脱离，容易形成夹渣。所以，对酸性熔渣也不单独采用硅来脱氧。

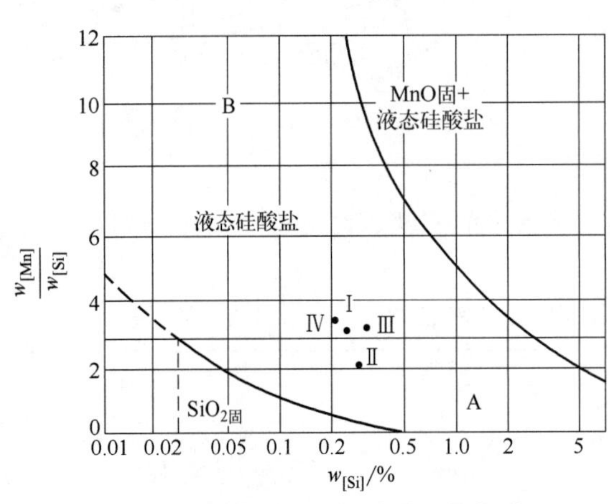

图1-58　脱氧产物形态与[Mn]/[Si]的关系(1600℃)

(2) 锰-硅联合脱氧　把锰、硅按照一定比例进行联合脱氧，可以得到良好效果。试验证明，在[Mn]/[Si]=3～7时，脱氧产物能够形成$MnO\cdot SiO_2$复合物，其密度小，熔点低(表1-18)，在钢熔液中处于液态(图1-58)，容易聚合成大颗粒(表1-19)，从液态金属中浮出，降低焊缝金属中的氧含量。

表1-18　几种化合物和复合化合物的熔点和密度

化合物	FeO	MnO	SiO_2	TiO_2	Al_2O_3	$(FeO)_2SiO_2$	$MnO\cdot SiO_2$	$(MnO)_2SiO_2$
熔点/℃	1370	1580	1713	1825	2050	1205	1270	1326
密度(20℃时)/(g/cm³)	5.80	5.11	2.26	4.07	3.95	4.30	3.60	4.10

表1-19　金属中[Mn]/[Si]比例对脱氧产物质点半径的影响

$w_{(Mn)}/w_{(Si)}$	1.25	1.98	2.78	3.60	4.18	8.70	15.90
最大质点半径/cm	0.00075	0.00145	0.0126	0.01285	0.01835	0.00195	0.0006

在CO_2气体保护焊中，就是根据锰-硅联合脱氧的原则来设计焊丝的化学成分的([Mn]/[Si]=1.5～3.0)。在CO_2气体保护焊中，熔渣主要是由MnO和SiO_2组成。焊缝金属中[Mn]/[Si]的不同，在图1-58中占有不同的位置。在[Mn]/[Si]比较小时，产生的SiO_2比较多，SiO_2以固态存在，在焊缝金属中夹渣比较多。

对于低碳钢的各种焊接方法而言，都是采用锰-硅联合脱氧。

1.6.2.3 扩散脱氧

低碳钢焊接中的扩散脱氧，就是基于氧化铁既能溶入焊缝金属，又能溶入熔渣中，在金属和熔渣中溶解量是按照分配定律（分配系数 L）进行的。减少熔渣中存在的自由氧化铁含量，就能够降低焊缝金属中氧化铁的含量，也就是降低了焊缝金属中的氧含量。从式（1-74）和式（1-76）可以看到，降低温度有利于扩散脱氧，提高温度有利于扩散氧化。因此，从这一点来说，在熔池前部是扩散氧化，在熔池尾部是扩散脱氧，所以，熔池中脱氧不彻底，熔池中会有一定的氧化。由于扩散脱氧是在熔池存在的后期进行的，所以，扩散脱氧的质量对低碳钢焊缝金属中的氧含量是非常重要的。

减少自由氧化铁在熔渣中的含量，有利于扩散脱氧。由于氧化铁具有碱性，所以，酸性熔渣能够形成复合氧化物，有利于降低自由氧化铁在熔渣中的含量，有利于扩散脱氧。

1.7 焊缝金属的脱硫、脱磷

1.7.1 硫的来源、危害及防止

（1）硫的来源　硫主要来源于焊条药皮和焊剂的原材料。

（2）硫的作用

① 硫的危害。硫在钢中主要以 MnS、FeS 的形式存在。MnS 不溶于液态铁，而浮于熔渣中，所以 S 主要以 FeS 的形式存在于熔池。由于 FeS 与 Fe 在液态可以无限互溶，而 FeS 在固态铁中的溶解度只有质量分数的 0.015%～0.02%，因此，在熔池凝固中 FeS 发生严重偏析，与铁、镍形成低熔点共晶，即 FeS＋Fe（熔点 985℃）、FeS＋FeO（熔点 940℃）和 NiS＋Ni（熔点 644℃），其熔点大大低于钢铁，所以，容易偏析于晶界，它是发生热裂纹的最重要的原因。此外，还增加了冷脆性。

② 硫含量对熔池熔深的影响。硫是钢水的活性剂，能够提高钢水的表面张力。随着钢水温度的提高，其表面张力增大；表面张力的变化，可以引起熔池液态金属对流的变化，对熔池熔深产生影响，如图 1-59 所示。

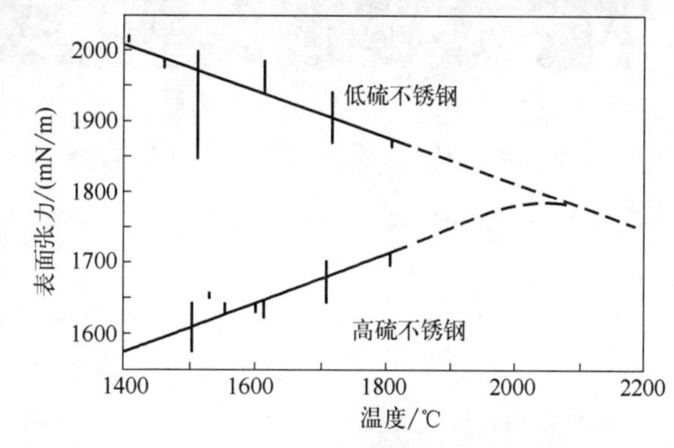

图 1-59　硫对 316 不锈钢表面张力的影响

从图 1-60（a）～(c) 可以看出，没有表面活性剂硫时，熔池表面中心较热的液态金属具有较低的表面张力，熔池边缘较冷的液态金属具有较高的表面张力，因此，中心的金属被拉向外侧。在有表面活性剂硫时［图 1-60（d）～(f)］，熔池表面中心较热的液态金属具有较高的表面张力，熔池边缘较冷的液态金属具有较低的表面张力，因此，外侧的金属被拉向中心。于是前者就减小熔深，后者就增大熔深，如图 1-61 所示。

（3）控制硫的措施

① 控制硫的来源。硫主要来源于锰矿，应当减少锰矿在焊条药皮和焊剂中的应用。或者对其预先进行焙烧处理，以降低原材料的硫含量。

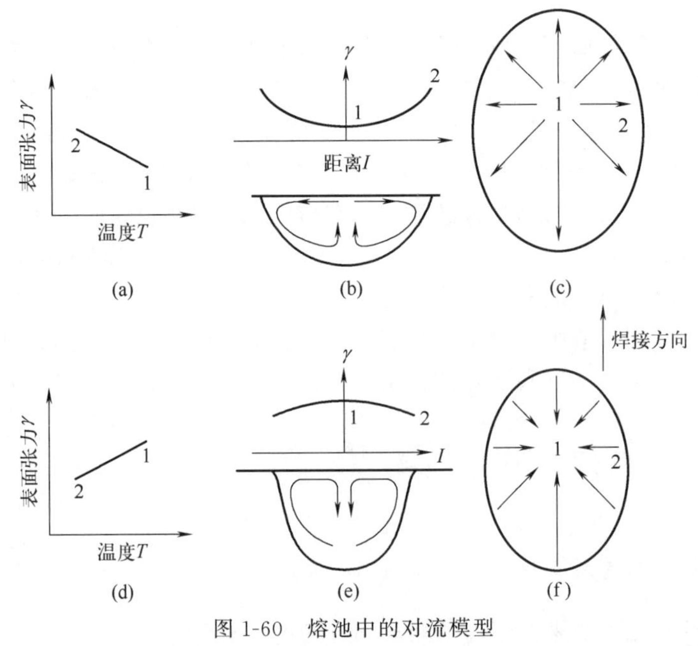

图 1-60　熔池中的对流模型

(a)～(c) 低碳钢；(d)～(f) 高硫钢

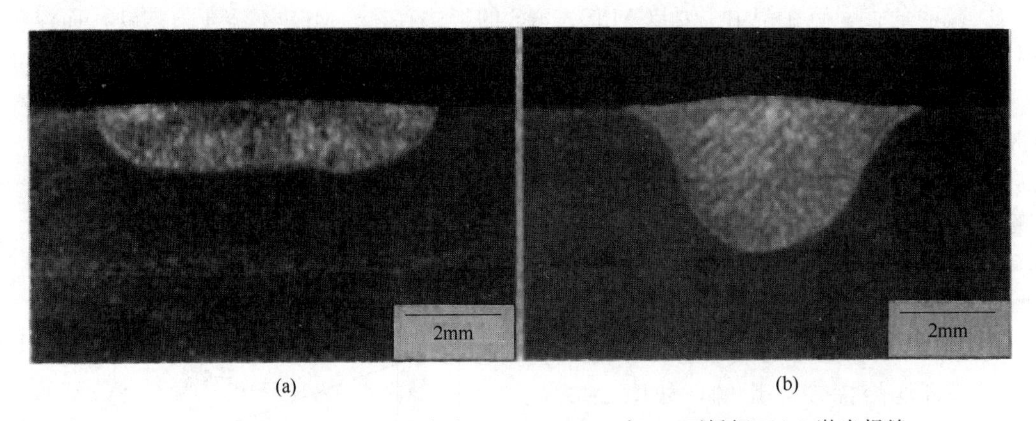

图 1-61　含硫 40ppm（a）和含硫 140ppm（b）时 304 不锈钢 YAG 激光焊缝

② 脱硫。在钢中硫一般以 FeS 的形式存在，脱硫就是选择与硫亲和力比铁大的元素进行脱硫：

$$[FeS]+[Mn] = (MnS)+[Fe] \tag{1-85}$$

$$\lg K=(8220/T)-1.86 \tag{1-86}$$

由此可知，降低温度，有利于脱硫。在熔池后部有利于脱硫，但是温度降低，冷却速度快，时间短，因此，脱硫效果不佳。

碱性氧化物（如 MnO、CaO、MgO 等）有利于脱硫：

$$[FeS]+(MnO) = (MnS)+(FeO) \tag{1-87}$$

$$[FeS]+(CaO) = (CaS)+(FeO) \tag{1-88}$$

$$[FeS]+(MgO) = (MgS)+(FeO) \tag{1-89}$$

显然，增大熔渣碱度，减少熔渣中的 FeO 有利于脱硫。实际上，熔渣的碱度不高，所以，脱硫的能力有限。因此，限制原材料的硫含量，是降低焊缝金属硫含量的有效方法。

采用稀土元素，既是脱硫的好方法，又是改善硫化物的形态、尺寸、分布的好方法，可以提高焊缝的韧性。

③ 提高熔渣的碱度。图1-62所示是CaF_2-CaO-SiO_2焊剂的碱度对低合金高强钢焊缝金属硫含量降低的影响。

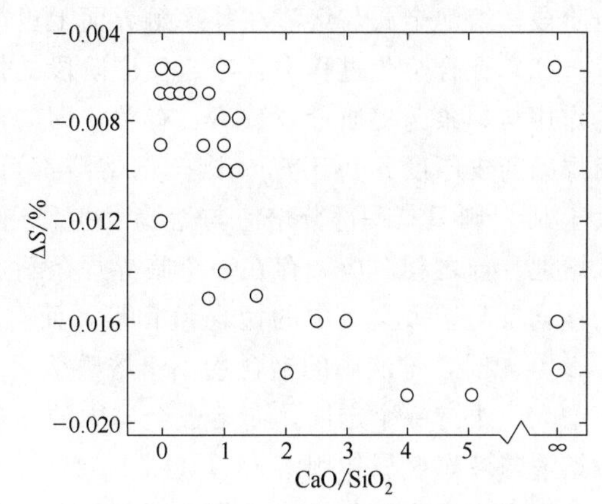

图1-62 CaF_2-CaO-SiO_2焊剂的碱度对低合金高强钢焊缝金属硫含量降低的影响

1.7.2 磷的来源、危害及防止

（1）磷的来源　磷主要来源于焊条药皮和焊剂的原材料。

（2）磷的危害　磷在钢中主要以Fe_2P、Fe_3P的形式存在。在液态铁中可以溶解较多的磷，但是在固态铁中磷的溶解度大大下降。磷与铁、镍可以形成低熔点共晶，即Fe_3P+Fe（熔点1050℃）、Ni_3P+Ni（熔点880℃），其熔点大大低于钢铁。另外，磷还容易产生偏析。由于其共晶体熔点很低，所以容易偏析于晶界，它是发生热裂纹的最重要的原因。此外，还增加了冷脆性。

（3）控制磷的措施

① 控制磷的来源。磷主要来源于锰矿，应减少锰矿在焊条药皮和焊剂中的应用。

② 脱磷。第一步是将P氧化为P_2O_5：

$$2[Fe_3P]+5(FeO)=P_2O_5+11[Fe] \tag{1-90}$$

第二步使P_2O_5与熔渣中的碱性氧化物生成稳定的磷酸盐：

$$P_2O_5+3(CaO)=((CaO)_3\cdot P_2O_5) \tag{1-91}$$

$$P_2O_5+4(CaO)=((CaO)_4\cdot P_2O_5) \tag{1-92}$$

将上式合并得到

$$2[Fe_3P]+5(FeO)+3(CaO)=((CaO)_3\cdot P_2O_5)+11[Fe] \tag{1-93}$$

$$2[Fe_3P]+5(FeO)+4(CaO)=((CaO)_4\cdot P_2O_5)+11[Fe] \tag{1-94}$$

可以看到，脱磷需要碱性熔渣和FeO，但是碱性熔渣应当减少FeO，所以，脱磷效果不理想，主要还是应减少原材料中的磷含量。

1.8 焊缝金属的合金化

1.8.1 焊缝金属合金化的目的和方法

（1）焊缝金属合金化的目的　焊缝金属合金化的目的就是通过焊接材料和焊接工艺的配合，保证焊缝金属不产生焊接接头不允许出现的缺陷，如不产生热裂纹，不产生不允许的气孔和夹渣；保证焊缝金属具有焊接接头应有的组织和性能。

（2）焊缝金属合金化的方法　应用合金焊丝、焊条药皮、药芯焊丝以及合金粉末等。

1.8.2 焊缝金属合金化

（1）合金元素过渡方式　合金化过程，主要在熔滴阶段，在熔滴与熔渣界面进行；在熔池阶段，熔池金属与熔渣在其接触界面上也能够发生合金化。

（2）在合金化过程中各冶金反应阶段的作用　焊条电弧焊合金化过程中各冶金反应阶段的作用与焊条药皮质量系数 K_b 有关，即与药皮厚度有关。存在一个临界药皮厚度 h_0，实际焊条药皮厚度 h 小于 h_0，则全部熔渣都可以与熔滴发生作用；如果实际焊条药皮厚度 h 大于 h_0，则只有一部分熔渣与熔滴发生作用，另外一部分熔渣不与熔滴发生作用，直接进入熔池。与之相对应，存在一个临界焊条药皮质量系数 K_b 为 0.4。当 $K_b<0.4$ 时，熔滴中的锰含量与熔敷金属中的锰含量相等，而且随着 K_b 的增大，熔滴中的锰含量增加；而当 $K_b>0.4$ 时，熔滴中的锰含量小于熔敷金属中的锰含量，熔滴中的锰含量不随着 K_b 的增大而增大，维持一个定值，而熔敷金属中的锰含量继续线性增大，说明有一部分锰是在熔池阶段熔渣与液态金属作用溶入的（图 1-63）。

元素合金化的临界焊条药皮厚度与合金元素的性能有关，如图 1-64 所示。

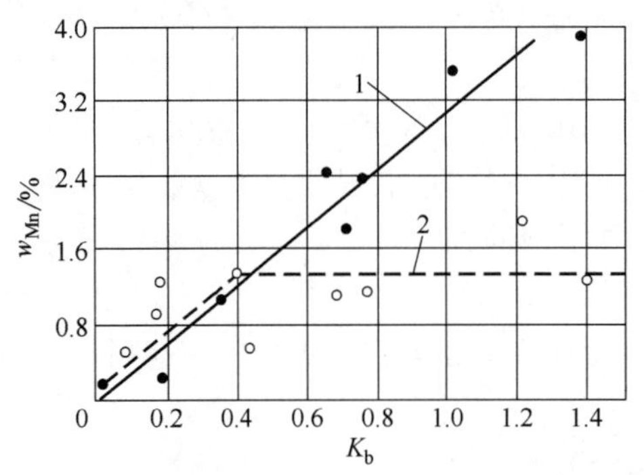

图 1-63　锰在熔滴和熔池中的含量与 K_b 的关系

1—熔敷金属中；2—熔滴中

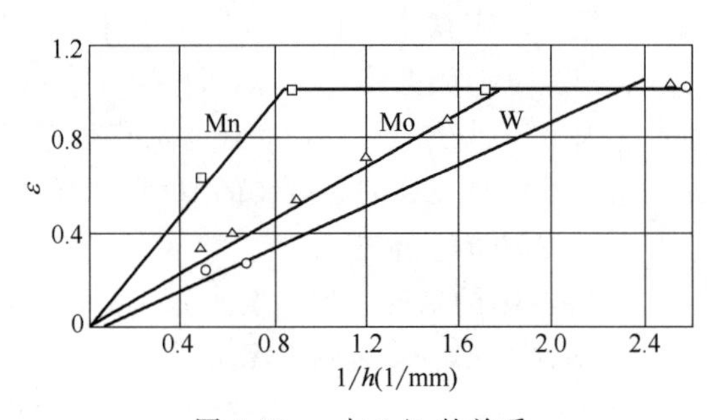

图 1-64　ε 与 $1/h$ 的关系

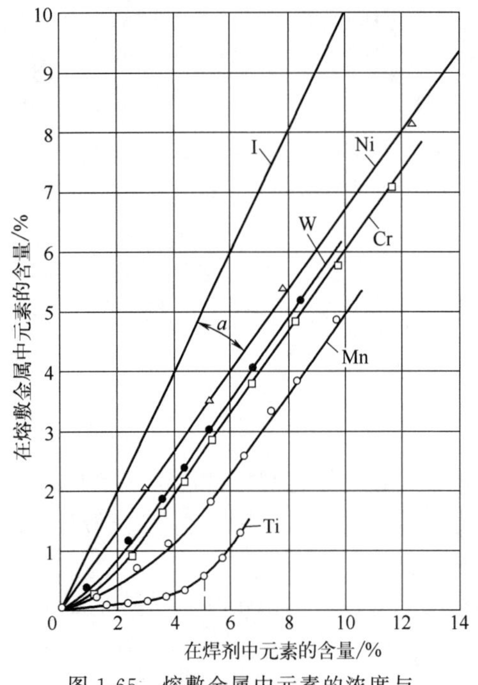

图 1-65　熔敷金属中元素的浓度与其在焊剂中含量的关系

1.8.3　合金元素的过渡系数及其影响因素

1.8.3.1　合金元素的损失

合金元素在合金化过程中会发生氧化损失和残留损失，前者是在合金化过程中发生氧化的损失，后者为没有发生合金化过程而残留在熔渣中的损失。不同的合金元素氧化损失也是不同的，取决于元素对氧的亲和力，图 1-65 为氧化镁-氧化铝-氟化钙系黏结焊剂埋弧焊的试验得到的熔敷金属中元素的浓度与其在焊剂中含量的关系。由于各种合金元素的残留损失大致相同，所以，各元素的差异就是氧化损失的差异。图中直线 I 是各种元素的原始浓度，在焊接钢铁时，由于镍在钢铁中不会发生氧化损失，因此，直线 I 与镍在熔敷金属中的浓度线之间的纵坐标之差，就是镍的残留损失。显然，在这种情况下镍的残留损失就是一个常数。其它元素的浓度线与镍的浓度线纵坐标之差，就是氧化损失。可以看到，元素不同，这个氧化损失比率不同（与Ⅰ线的夹角）；而且，焊剂中元素的损失也不同。可以看出，其依氧化损失比率由大到小，依次为钛、锰、铬、钨。但是由于焊剂的成分一定，其氧化能力就是固定的，随着在焊剂中含量的增大，氧化损失逐渐趋于定值。随后，氧化损失不再增加，其浓度线就与镍的浓度线平行。

1.8.3.2 合金过渡系数

合金过渡系数 η 等于它在熔敷金属中的实际含量 C_d 与原始含量 C_e 之比。

$$\eta = C_d / C_e \tag{1-95}$$

$$C_e = C_{CW} + K_b C_{CO} \tag{1-96}$$

式中 C_{CW}——合金元素在焊芯中的浓度；

C_{CO}——合金元素在药皮中的浓度。

得到

$$\eta = C_d / C_{CW} + K_b C_{CO} \tag{1-97}$$

可以根据式（1-95）计算出合金元素在熔敷金属中的实际含量，再用式（1-96）就可以计算出在焊缝金属中的含量。

1.8.3.3 影响过渡系数的因素

（1）合金元素的物理化学性质　合金元素的沸点越低，饱和蒸气压越大，蒸发损失越大，过渡系数越小。

合金元素对氧的亲和力越大，氧化损失越大，过渡系数越小。

依合金元素对氧的亲和力由小到大的顺序排列为：铜、镍、钴、铁、钨、钼、铬、锰、钒、硅、钛、锆、铝。焊接钢铁时铁左面的元素没有氧化损失，越靠右的元素氧化损失越大。如果同时存在几种合金元素时，靠右的元素首先氧化，就保护了左面的元素。所以，为了保护某一个元素的合金化，就加入右面的元素，用右面的元素达到左面的元素的合金化。

（2）合金元素与熔渣的酸碱度　合金元素的酸碱度对合金元素的过渡系数有明显的影响：酸性熔渣有利于形成酸性氧化物的合金元素的过渡，碱性熔渣有利于形成碱性氧化物的合金元素的过渡；碱性熔渣不利于形成酸性氧化物的合金元素的过渡，酸性熔渣不利于形成碱性氧化物的合金元素的过渡。图1-66给出了合金元素锰在不同性质熔渣中的过渡系数。锰的氧化物呈碱性，所以，在碱性熔渣中的过渡系数比在酸性熔渣中的过渡系数大。

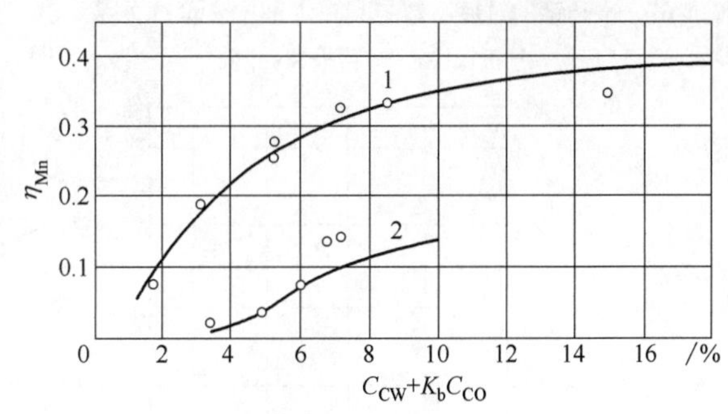

图1-66　锰的过渡系数与锰在焊条中含量的关系

1—碱性熔渣；2—酸性熔渣

（3）合金剂的含量　随着焊条药皮及焊剂中合金元素含量的增加，过渡系数逐渐增加，最后趋于一个定值。

（4）合金剂的粒度　合金剂的粒度越大，其比表面积越小，氧化损失减少，过渡系数增大（表1-20）。

表1-20　合金剂粒度与过渡系数的关系

粒度/μm	过渡系数 η			
	Mn	Si	Cr	C
＜56	0.37	0.44	0.59	0.49

续表

粒度/μm	过渡系数 η			
	Mn	Si	Cr	C
56～125	0.40	0.51	0.62	0.57
125～200	0.47	0.51	0.64	0.57
200～250	0.53	0.58	0.67	0.61
250～355	0.54	0.64	0.71	0.62
355～500	0.57	0.66	0.82	0.68
500～700	0.71	0.70	—	0.74

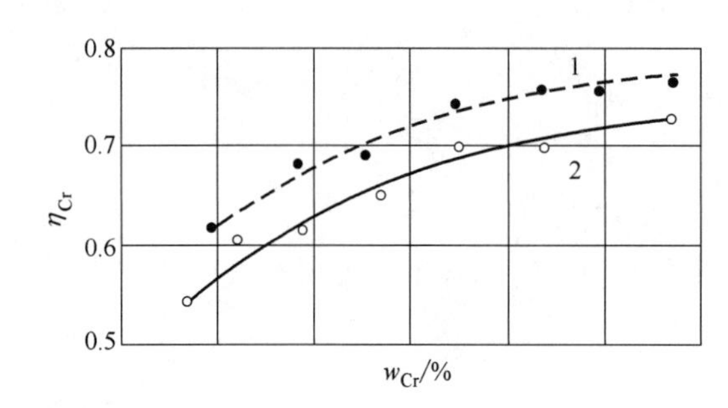

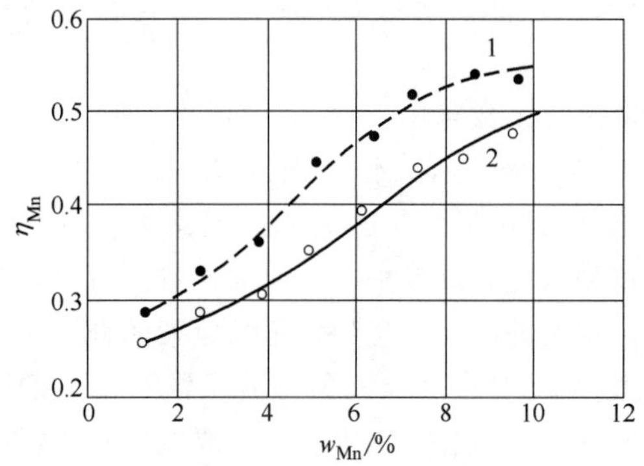

图 1-67 铬和锰的过渡系数与其在焊剂中含量的关系

1—正极性；2—反极性

（5）电源极性的影响　正极性的过渡系数比反极性高（图 1-67）。这是因为正极性的 K_f=0.45～0.55，而反极性 K_f≈1。

（6）熔渣碱度的影响　如果合金元素的氧化物是碱性，则在碱性熔渣中它的过渡系数较大，在酸性熔渣中过渡系数较小。这是因为，在酸性熔渣中能够形成复合物，减少自由碱性氧化物的存在。而如果合金元素的氧化物是酸性，则在酸性熔渣中它的过渡系数较大，在碱性熔渣中过渡系数较小。这是因为，在碱性熔渣中能够形成复合物，减少自由酸性氧化物的存在（图 1-68）。

（7）药皮质量系数的影响　在焊条药皮中合金剂含量不变的条件下，药皮质量系数 K_b 增加，合金过渡系数 η 减小（图 1-69）。这是由于药皮加厚，合金剂进入金属的路径增加，使得氧化和残留损失增加。为提高 η 值，可以采用双层药皮，把合金剂放在内层。

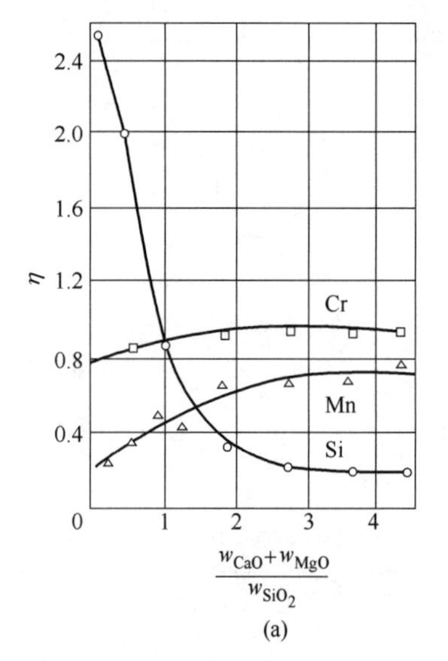

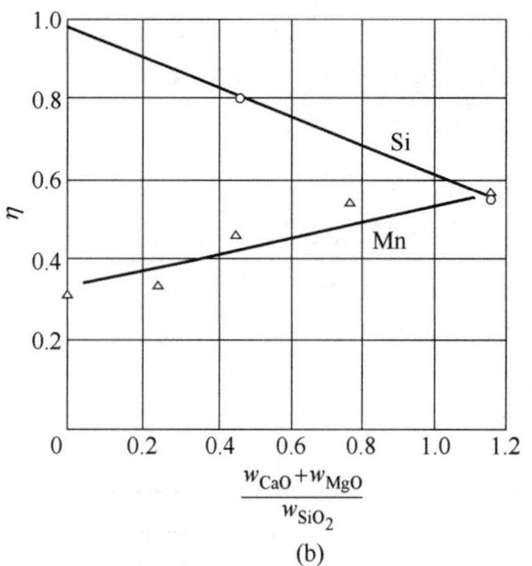

图 1-68 熔渣碱度对过渡系数的影响

对于黏结焊剂，焊剂的熔化率 K_f 取决于焊接工艺参数。但是，随着焊剂的熔化率 K_f 的增大，η 减小。在焊剂的熔化率 K_f 一定的条件下，焊丝直径小，η 也小（图 1-70）。这是因为焊丝直径小，熔池存在时间短。

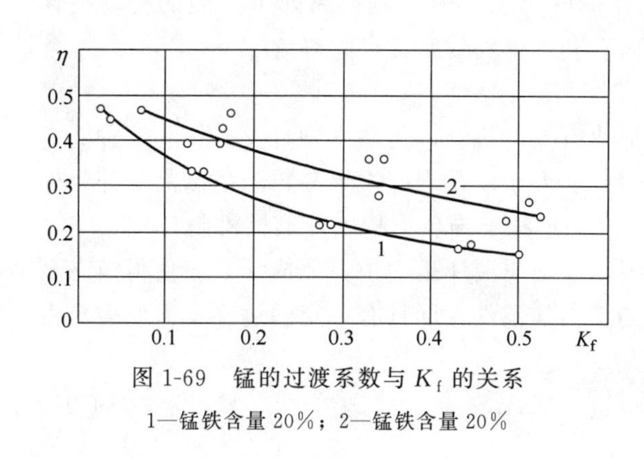

图 1-69　锰的过渡系数与 K_f 的关系

1—锰铁含量 20%；2—锰铁含量 20%

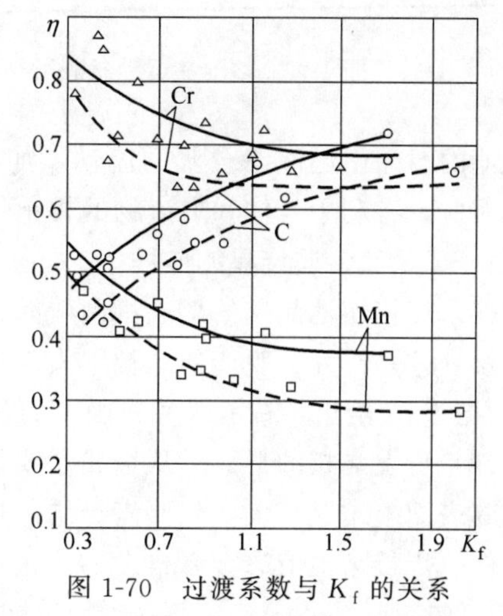

图 1-70　过渡系数与 K_f 的关系

（黏结焊剂：实线-焊丝直径 5mm，虚线-焊丝直径 3mm）

1.9　熔池金属的结晶

1.9.1　焊接熔池结晶的特点

熔池的结晶行为、过程和组织形态受到原材料（包括母材和作为填充材料的焊条和焊丝、焊剂）和焊接工艺参数的影响，决定着焊缝金属的质量和性能，决定焊缝金属产生缺陷（结晶裂纹、气孔、夹渣和偏析等）的可能性。图 1-71 为焊缝金属结晶的示意图。

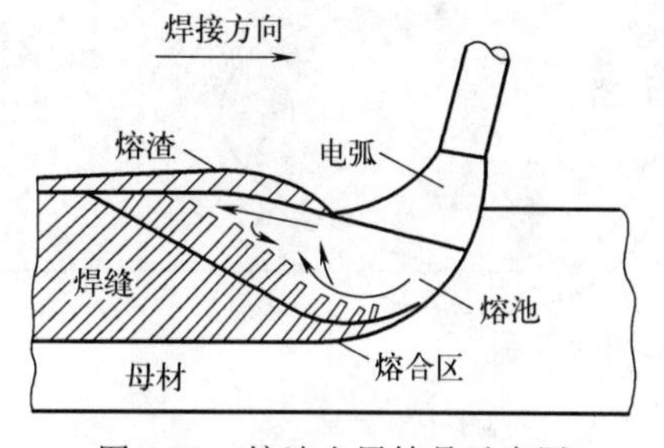

图 1-71　熔池金属结晶示意图

1.9.1.1　熔池金属结晶的特殊性

熔池金属的结晶规律与铸造钢锭的结晶规律一样，都经历晶核形成和晶核长大的过程。但是，与铸造钢锭相比，又有其特殊性。

（1）熔池体积小，冷却速度大　焊接熔池的体积很小，一般在 $30cm^3$ 以下。温度梯度很大，熔池前部处于加热状态，后部处于冷却状态，周围又被冷金属所包围。所以冷却速度很快，一般为 4～100℃/s，而铸造钢锭的冷却速度为 $(3\sim10)\times10^{-4}$℃/s。由于冷却速度快，容易导致焊缝金属化学成分不均匀；碳钢和低合金钢容易产生脆硬组织。由于温度梯度大，容易形成柱状晶。

（2）熔池中液态金属处于过热状态　在电弧的直接加热下，钢铁的熔池温度可以达到 (1770±100)℃；熔滴的温度更高，可达（2300±200)℃，而一般钢锭的浇铸温度为 1550℃。由于熔池处于过热状态，熔池中存在的非自发晶核的质点较少，熔池液态金属的结晶只能够在未熔化的熔池边缘处成长，成为从母材晶粒上成长的联生结晶晶粒，也因此容易

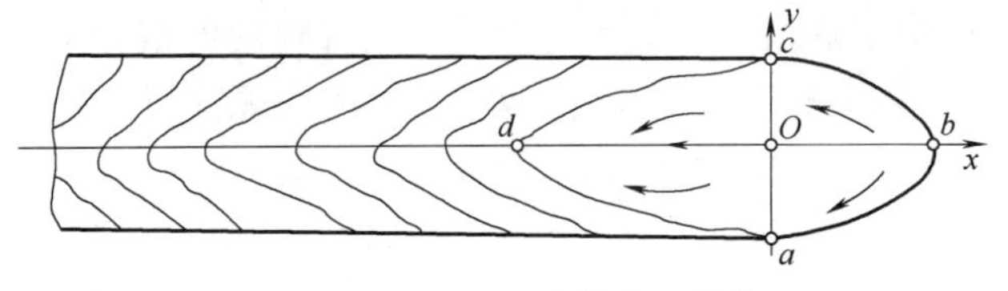

图 1-72 熔池在运动状态下结晶

形成柱状晶。

(3) 熔池是在动态下结晶 焊接熔池液态金属的结晶是与其熔化同时发生的，即焊接熔池的前部处于加热熔化和升温之中，而后部才处于冷却和结晶之中（图 1-72）。由于熔池的温差引起液态金属的流动，加之电弧的吹力，使得熔池金属处于剧烈的扰动搅拌中。因此，有利于气体和夹渣物的排出，从而有利于得到致密优良的焊缝。

1.9.1.2 熔池金属结晶的过程

(1) 焊接熔池晶核的形成机制 晶核的形成有 6 种机制，包括 1 种自发晶核和 5 种非自发晶核（枝晶碎片、脱离的晶粒、表面形核、异质形核以及焊缝边界晶粒联生结晶的外延生长），图 1-73 给出了枝晶碎片、脱离的晶粒、表面形核、异质形核 4 种形核机制。

(2) 自发晶核的形成 从金属学我们知道，在金属液体熔池中，要成为晶核使得液态金属在其表面上结晶长大，需要满足结晶过程的动力学条件，即具有一定的过冷度而使得自由能降低。焊接熔池液态金属自发的成核条件是

$$E_K=(16\pi\sigma^3)/(3\Delta F_U^2) \tag{1-98}$$

式中 E_K——自发成核的自由能；

σ——新相与液相之间的表面自由能；

ΔF_U——单位体积内液-固两相自由能之差。

在焊接熔池的高温下，自由成核的可能性很小。

(3) 非自发晶核的形成 非自发晶核的形成有如下 4 种机制（图 1-73）。

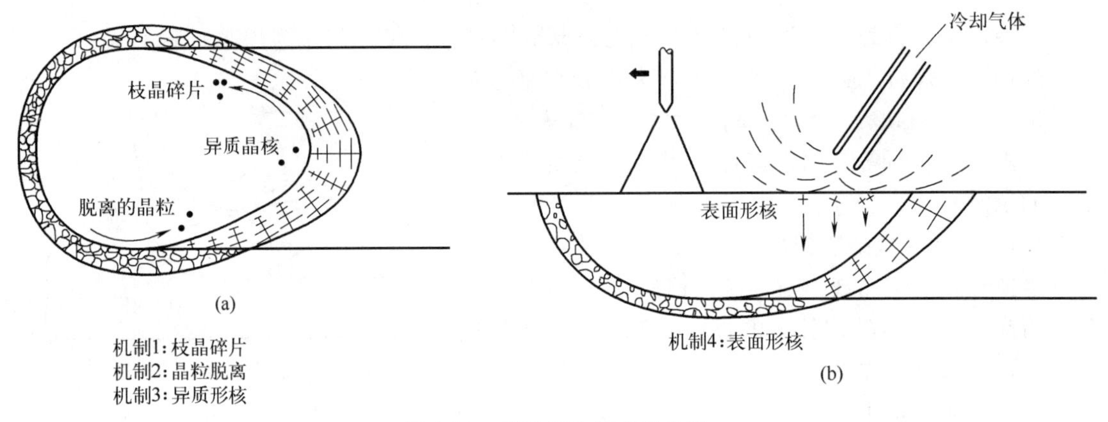

图 1-73 焊接熔池的形核机制

① 异质形核。在焊接熔池液态金属中有非自发晶核存在时，可以降低形成临界晶核所需的能量：

$$E_K'=[(16\pi\sigma^3)/(3\Delta F_U^2)](2-3\cos\theta+\cos^3\theta)/4 \tag{1-99}$$

$$E_K'=E_K(2-3\cos\theta+\cos^3\theta)/4 \tag{1-100}$$

式中 θ——非自发晶核的润湿角。

由此可知，当 $\theta=0°$ 时，$E_K'=0$，说明焊接熔池中有现成表面存在，这个现成表面就是晶核；当 $\theta=180°$ 时，$E_K'=E_K$，说明焊接熔池中没有现成表面存在；当 $\theta=0°\sim180°$ 时，

$E'_K/E_K=0\sim1$，也就是说，在有现成表面存在于焊接熔池中时，会降低形成临界晶核所需的能量。

低碳钢焊接熔池中的氧化物（如氧化锰、氧化硅）难以存在，因此，非自发晶核很少。而合金钢焊接熔池可能存在合金元素（如钼、铬、钒、钛、铌等）的氧化物固相质点，可以作为非自发晶核，使得焊缝金属晶粒细化。

② 枝晶碎片形核。焊接熔池液态金属的对流可以造成枝晶尖端的破碎，这些破碎的枝晶碎片进入熔池成为新的晶核。

③ 脱离的晶粒。焊接熔池液态金属的对流可以造成部分熔化的焊缝边缘的晶粒脱离出来，也可以成为新的晶核。

④ 表面形核。焊接熔池液态表面金属在冷却气流中产生表面过冷而引起的表面形核。

上述这 4 种非自发晶核可以形成等轴晶和打乱联生晶粒的柱状晶的生长，从而细化晶粒。

（4）焊缝熔池结晶晶粒的长大

① 联生结晶。对于同种材料的焊接来说，由于焊缝金属与母材有相同的晶体结构，焊缝金属可以以未熔化的母材作为非自发晶核。焊接熔池边缘的液态金属的温度最接近结晶温度，这里的母材存在着现成的表面，所以，熔池金属的结晶最容易在这里发生。也就是说，焊缝金属的结晶晶粒是在焊缝边缘的母材晶粒上长大的，叫作“联生结晶”，这样形成的晶粒叫作“联生晶粒”，如图 1-74 所示。

熔化边界

焊接方向

焊接熔池

母材

<100>

凝固晶界
(SGB)

固液
界面

图 1-74　联生结晶和焊缝中柱状晶粒的选择性长大

② 非联生结晶。母材金属与焊缝金属晶体结构不同时（如异种材料的熔化焊接），焊缝金属就不能在母材金属的熔池表面结晶，就不能发生联生结晶。

图 1-75 给出了联生结晶和非联生结晶的例子。

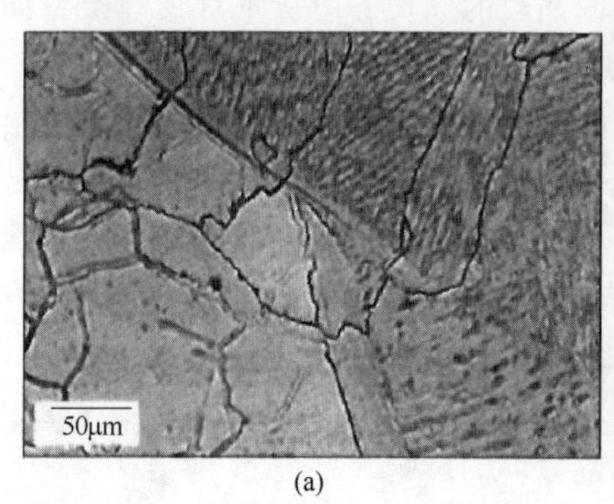

(a)

(b)

图 1-75　联生结晶和非联生结晶

（a）奥氏体不锈钢的联生结晶；（b）面心立方焊缝（蒙乃尔合金）在体心立方（409 不锈钢）上堆焊的非联生结晶

1.9.1.3　熔池金属结晶的速度和方向

（1）熔池结晶线速度　熔池金属在结晶过程中晶粒成长方向和晶粒成长线速度与焊接速度密切相关。如图 1-76 所示，一个晶粒任意一点 A 的主轴成长方向是 A 点等温线的法线方

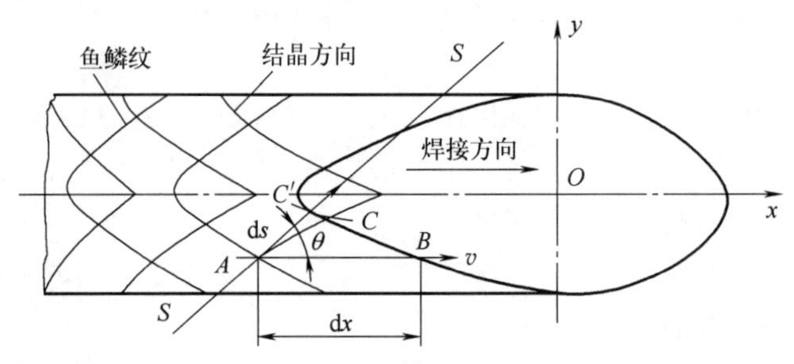

图 1-76　晶粒成长平均线速度分析图

向（S-S 线）。在这个方向与焊接中心线 x 轴之间的夹角是 θ，如果在 $\mathrm{d}t$ 时间内，晶粒沿 x 轴成长了 $\mathrm{d}x$，即结晶面前沿从 A 长到 B，晶粒主轴则从 A 成长到 C，在 $\mathrm{d}t$ 很短时间内，可以认为弧 AC 等于 S-S 线与 C 点所在的等温线的交点 C' 与 C 点重合，$\triangle ABC$ 也与 $\triangle ABC'$ 重合，这是一个直角三角形。令直线 $AC'=\mathrm{d}s$，则

$$\mathrm{d}s=\mathrm{d}x\cos\theta \tag{1-101}$$

将式（1-101）两端除以 $\mathrm{d}t$，则得到

$$\mathrm{d}s/\mathrm{d}t=\mathrm{d}x/\mathrm{d}t\cos\theta$$

即

$$v_{\mathrm{c}}=v\cos\theta \tag{1-102}$$

即晶粒成长的平均线速度 v_{c} 等于焊接速度 v 与 $\cos\theta$ 的乘积。

由于一般焊接熔池边缘（即母材熔点）等温线是椭圆形，这个等温线各点的曲率是不同的，其法线（如 S-S 线）方向也是不同的、变化的，与焊接方向 x 线的夹角 θ 也是不同的、变化的，所以，晶粒成长主轴的方向也是不同的、变化的。这个夹角 θ 是从焊缝边缘的 90°逐渐变化到焊缝中心的 0°，这样就会得到如下结论：

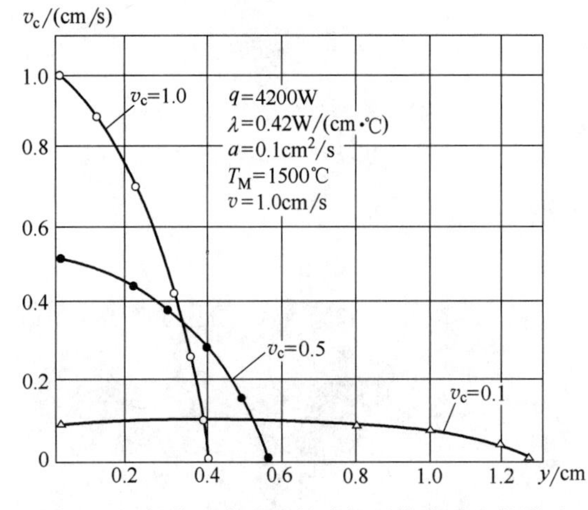

图 1-77　焊接速度对晶粒成长平均线速度的影响

① 晶粒的成长方向从垂直于焊接方向到平行于焊接方向变化。

② 晶粒的成长速度从 0 到等于焊接速度。

③ 焊接工艺参数发生变化，焊接熔池边缘的等温线就会发生变化，晶粒成长方向也会发生变化。

④ 焊接速度越大，θ 越大，晶粒成长速度也增大（图 1-77），而且晶粒趋向于与焊缝中心线垂直。图 1-78 为焊接速度对纯铝 TIG 焊缝金属结晶方向的影响。

⑤ 晶粒成长的线速度实际上是围绕着平均线速度呈现波浪式成长的，而且起伏的程度是从焊缝边缘向焊缝中心逐渐减小的（图 1-79）。

（2）焊缝金属结晶过程中温度梯度和生长速率的变化　在焊缝金属结晶过程中温度梯度 G 和生长速率 R 都是在随时的变化中，如图 1-80 所示。所以，焊缝金属结晶形态也在变化中，如图 1-81 所示。可以看到，随着焊缝金属晶粒成长的推进，其生长速率越来越大，即

边缘的生长速率 R_{FL} 小于焊缝中心的生长速率 R_{CL}。前者约为 0，后者等于焊接速度；而温度梯度则是边缘的温度梯度 G_{FL} 大于焊缝中心的温度梯度 G_{CL}；其成分过冷度则是焊缝边缘的过冷度小于焊缝中心的过冷度。

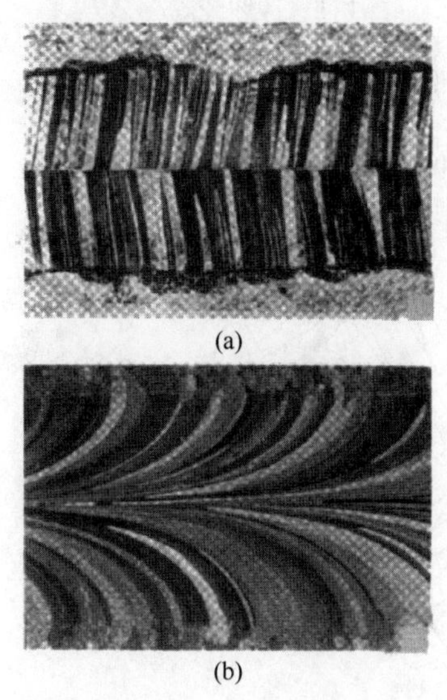

图 1-78 焊接速度对晶粒成长方向的影响

（a）焊接速度 1000mm/min；（b）焊接速度 250mm/min

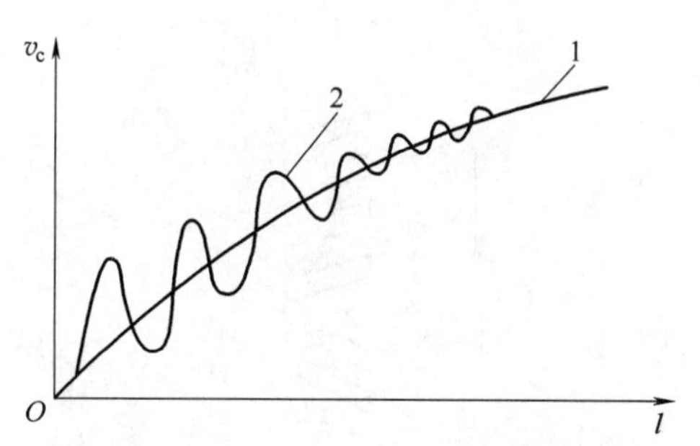

图 1-79 晶粒主轴上晶粒成长线速度的变化

1—晶粒成长平均线速度；2—晶粒成长瞬时线速度

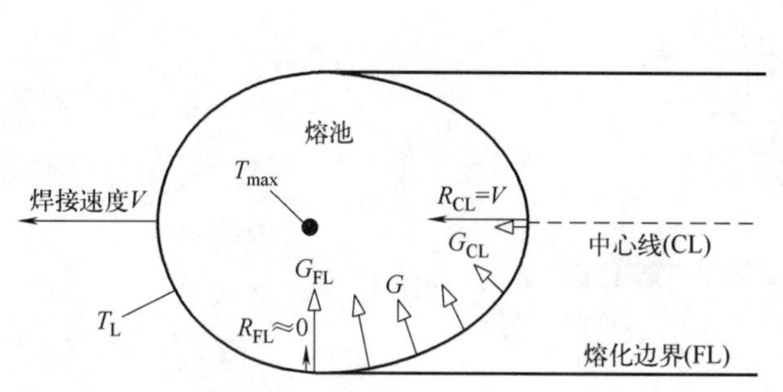

图 1-80 焊缝边缘温度梯度 G 和晶粒生长速率 R 变化

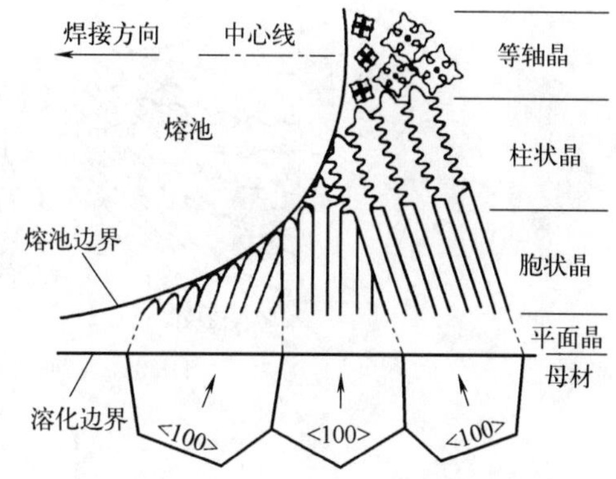

图 1-81 焊缝中结晶组织的分布

1.9.1.4 金属的结晶形态

（1）金属结晶的 4 种形态　图 1-82 为焊接熔池中可能出现的结晶形态。根据结晶条件的不同，一般来说，在平面结晶前沿，首先结晶为胞状组织。然后，在胞状组织前沿，有胞状晶、胞状树枝晶、柱状树枝晶等，结晶状态复杂。结晶形态根据成分过冷的程度而定。

（2）枝晶和胞晶间距　枝晶和胞晶间距意味着结晶晶粒的大小，枝晶和胞晶间距与冷却速度有关。随着冷却速度的增加，枝晶和胞晶间距减小，如图 1-82 所示。在焊缝边缘的冷却速度从零开始增大，所以这里的枝晶和胞晶间距较大，晶粒粗大；而焊缝中心的冷却速度则增加到最大，即达到焊接速度，所以这里的枝晶和胞晶间距较小，晶粒细小，如图 1-83 所示。图 1-84 为 6061 铝合金 TIG 的焊缝截面。

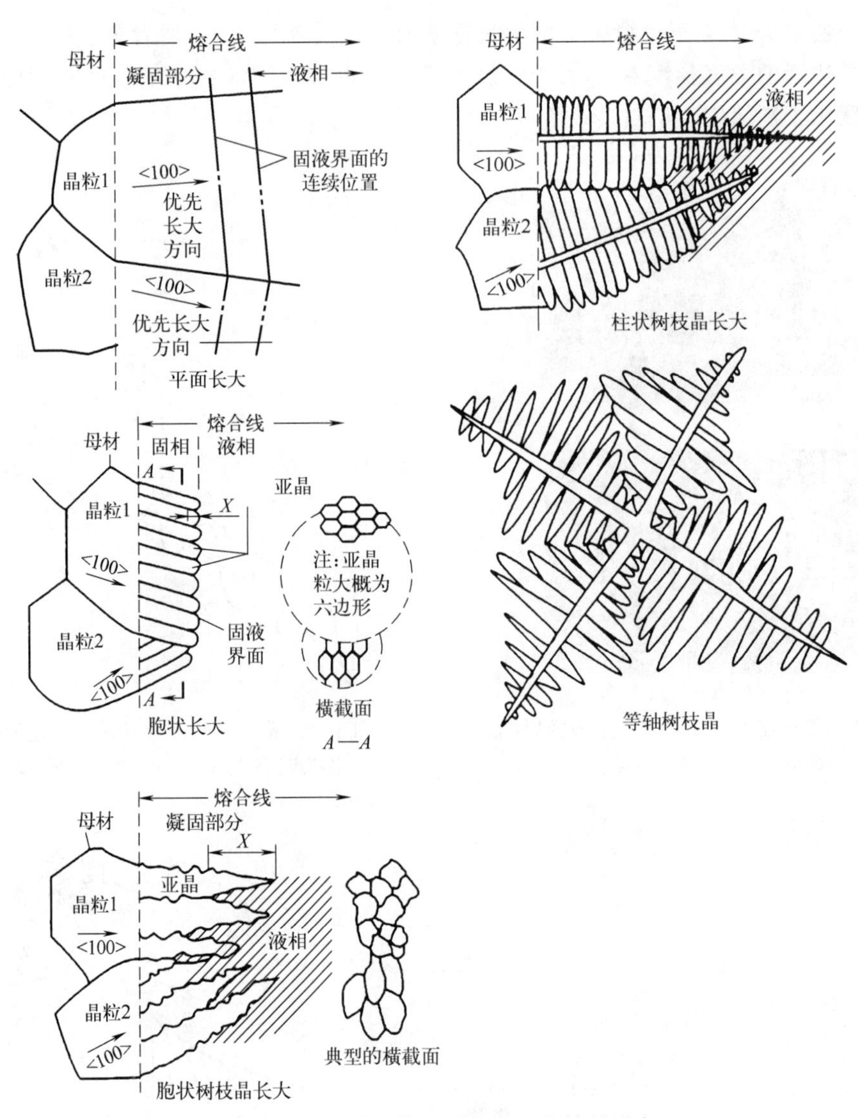

图 1-82　在焊接熔池中可能出现的结晶形态

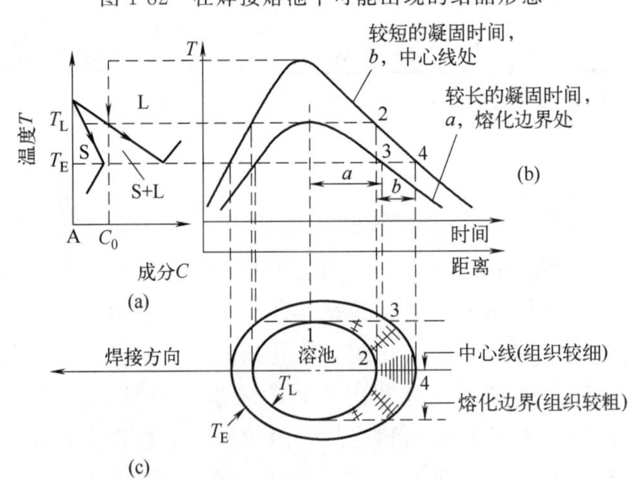

图 1-83　焊缝金属枝晶和胞晶间距变化

（a）相图；（b）热循环；（c）焊接熔池

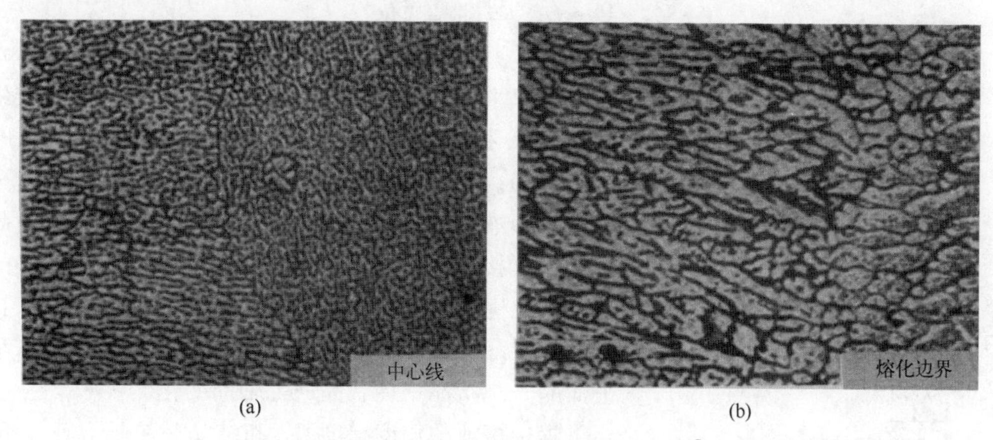

图 1-84 6061 铝合金 TIG 的焊缝截面（$10^5\times$）

（a）焊缝中心的细晶组织；（b）焊缝边缘的粗晶组织

熔池结晶的线速度受到焊接工艺参数的很大影响。晶粒结晶的方向，对焊缝金属的组织和性能以及焊接缺陷的形成都有很大影响。

1.9.1.5 影响熔池结晶的因素

（1）成分过冷的影响

① 成分过冷。所谓成分过冷，就是由于焊接熔池中化学成分的变化，引起的熔池金属实际结晶温度低于实际熔池温度的现象，从而使得焊缝金属结晶速度发生变化（图 1-85）。其中，S 曲线为由于焊接熔池中化学成分的变化，引起的熔池金属实际结晶温度的变化［图 1-85（a）］；G 线为液态金属的实际温度梯度［图 1-85（b）］；图 1-85（c）为实际液态金属温度低于熔池金属实际结晶温度的范围，即过冷度。

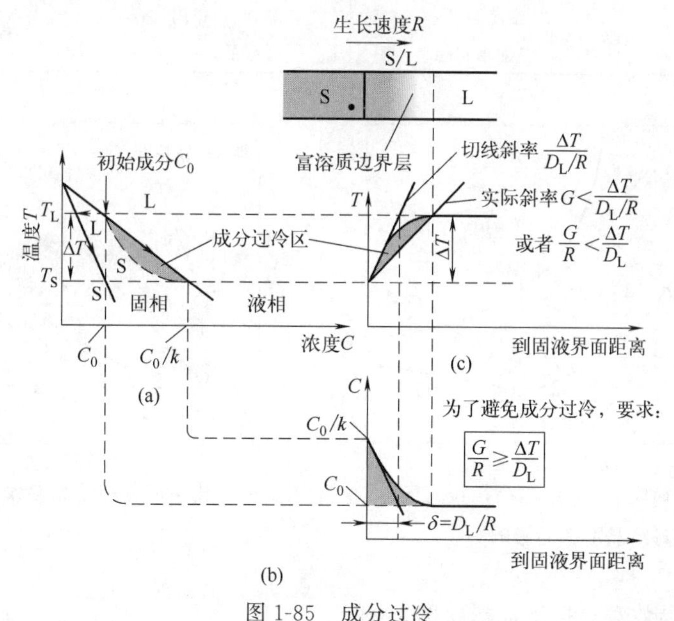

图 1-85 成分过冷

（a）相图；（b）液相的成分；（c）液相线温度

② 成分过冷对结晶形态的影响。成分过冷不同会得到不同的焊缝金属结晶形态，如图 1-86 所示。随着成分过冷的增大，结晶晶粒形态会从（a）平面晶→（b）胞状晶→（c）柱状

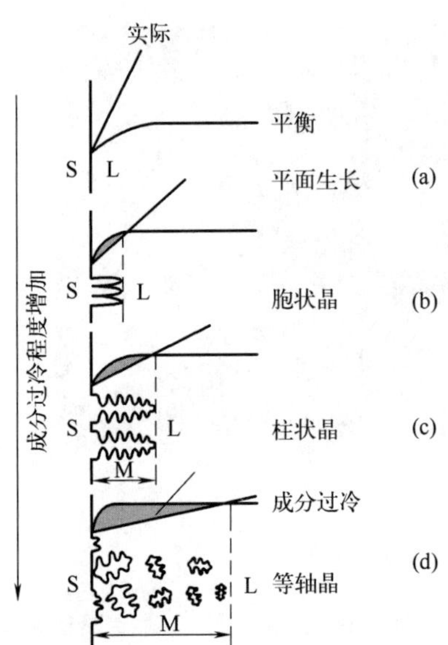

图 1-86 成分过冷对结晶晶粒状态的影响（S、L、M 分别表示固相、液相和两相区）

晶→(d) 等轴晶变化。

(2) 焊接工艺参数对熔池结晶的影响

① 焊接工艺参数对熔池结晶形态的影响。焊接线能量和焊接速度可以显著影响焊缝金属的结晶形态（表 1-21）。可以看到，随着 G/R 值的降低，焊缝金属的结晶形态呈现平面晶→胞状晶→柱状晶→等轴晶变化。在焊接热输入不变的情况下，随着焊接速度的提高，晶粒逐渐细化；在焊接速度不变，焊接热输入提高时，与 G/R 值的降低一致，焊缝金属的结晶形态呈现平面晶→胞状晶→柱状晶→等轴晶变化。

焊接熔池的温度梯度 G_L 和结晶晶粒长大速度 R 决定了结晶形态（图 1-87）。可以看到，随着焊接熔池的温度梯度 G_L 的降低或者结晶晶粒长大速度 R 的提高，结晶形态将由平面晶→胞状晶→胞状树枝晶→柱状树枝晶→等轴晶的方向发展。而焊接熔池的化学成分和结晶参数（$G_L/R^{1/2}$）对焊缝金属结晶形态的影响在图 1-88 中给出。图 1-88 中的阴影部分为多数焊缝金属的结晶形态。

表 1-21 焊接工艺参数对熔池结晶形态和枝晶和胞晶间距（晶粒尺寸）**的影响**

焊接速度/(mm/s)	150A	300A	450A
0.85	胞晶	胞状枝晶	粗大胞状枝晶
1.69	胞晶	细小胞状枝晶	粗大胞状枝晶
3.39	细小胞晶	胞晶,咬边作用较轻	严重咬边
6.67	极细小胞晶	胞晶,咬边	严重咬边

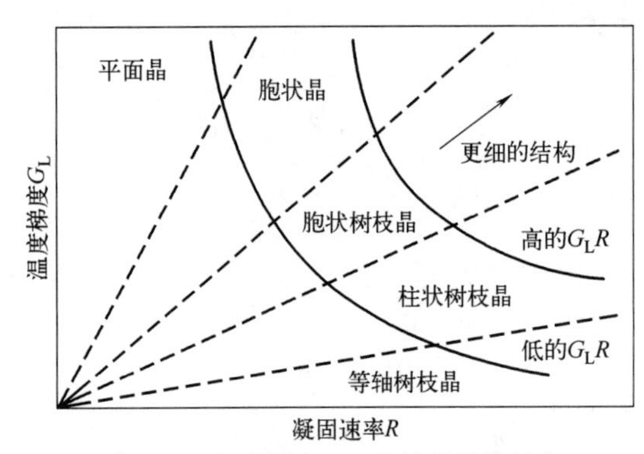

图 1-87 温度梯度 G_L 和结晶晶粒长大速度 R 对结晶形态的影响

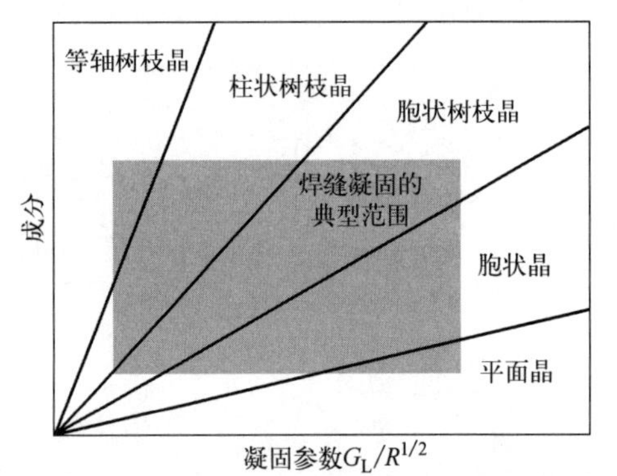

图 1-88 化学成分和结晶参数对结晶形态的影响

② 焊接工艺参数对焊接熔池形状的影响。

a. 晶粒成长主轴方向的变化。在焊接热输入不变的情况下，随着焊接速度的提高，焊接熔池形状将使其椭圆形的长轴逐渐拉长，并且逐渐由椭圆形变为泪滴形，泪滴的长度逐渐拉长（图 1-89）。焊接熔池的这种变化，将引起晶粒成长主轴方向的变化。

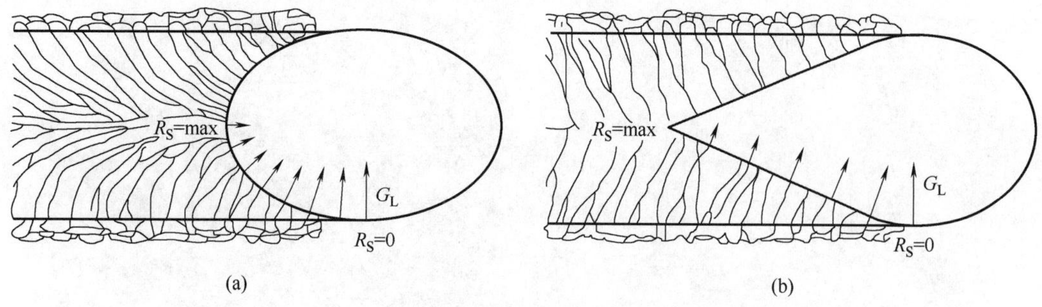

图 1-89　焊接熔池形状对结晶方向的影响

(a) 椭圆形熔池；(b) 泪滴形熔池

在焊缝金属结晶开始时，焊接熔池的温度梯度 G_L 很大，而结晶晶粒长大速度 R 接近于 0，因此是平面结晶。在离开焊缝熔化边界很短距离之后平面晶前沿就会转变为胞状晶和树枝状晶，出现这种状况是由于焊接熔池的温度梯度 G_L 的减小和结晶晶粒长大速度 R 的增加。晶粒结晶的方向取决于焊缝熔池形状，由于晶粒成长的优先方向永远是垂直于焊接熔池边界的。所以，如图 1-89（a）所示，椭圆形熔池的晶粒成长方向是随时改变的，也就是说，晶粒的中心线是弯曲的，而晶粒的成长速度是从边界的垂直于焊缝中心线的 0 到焊缝中心的焊接速度之间随时发生变化。图 1-89（b），为泪滴状焊接熔池晶粒的结晶方向进入直线部分，其晶粒成长方向就不再发生变化。这种结晶方向对焊缝金属的性能有不同的影响。

b. 晶粒长大过程中结晶形态的变化。由于随着晶粒的长大，其温度梯度 G_L 逐渐降低，而结晶晶粒长大速度 R 逐渐由 0 提高到焊接速度，所以，焊接熔池的结晶形态也发生平面晶→胞状晶→胞状树枝晶→柱状树枝晶→等轴晶的变化（图 1-90）。

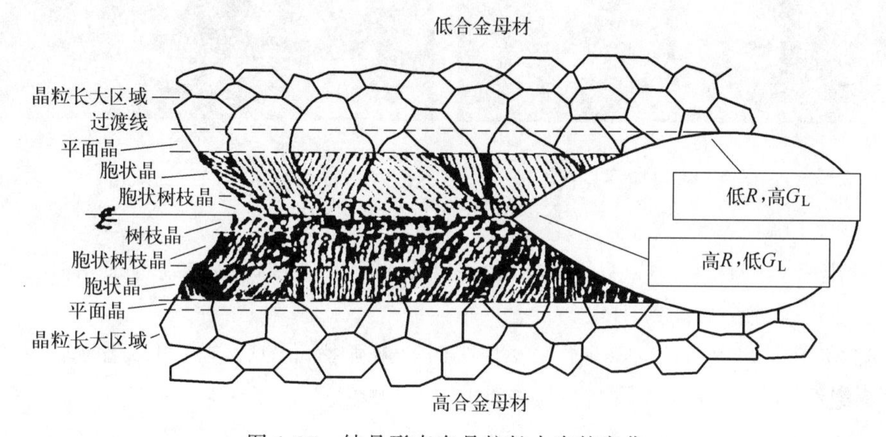

图 1-90　结晶形态在晶粒长大中的变化

1.9.1.6　熔池金属结晶的改善

（1）变质处理　在焊接熔池中加入能够形成高熔点氧化物的合金元素（如钼、铬、钒、钛、铌等），在熔池中形成氧化物固相质点，可以作为非自发晶核，使得焊缝金属晶粒细化。图 1-91 为在 2090 铝-锂-铜合金的 TIG 中，采用含有钛的 2319 铝-铜合金进行变质处理，使得焊缝金属晶粒得到细化。

（2）外力的作用

① 磁场搅拌焊接熔池。磁场搅拌焊接熔池可以使焊缝金属晶粒细化（图 1-92）。

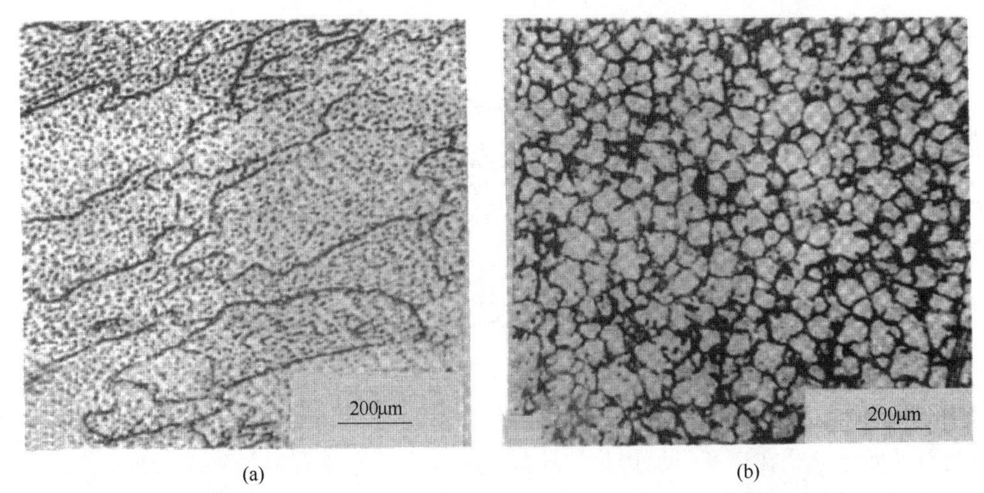

图 1-91　采用含有钛的 2319 铝-铜合金对 2090 铝-锂-铜合金的 TIG 焊缝金属进行变质处理

(a) 2319 铝-铜合金焊丝；(b) 含有钛的 2319 铝-铜合金焊丝

图 1-92　磁场搅拌焊接熔池对 409 不锈钢 TIG 焊缝金属晶粒的细化

(a) 无搅拌；(b) 有搅拌

② 摆动电弧。采用单个或者多个电弧使得弧柱发生电磁振荡；或者采用机械方法摆动电弧，可以使得焊缝金属晶粒细化。

图 1-93 和图 1-94 为 HY-180 钢 TIG 焊接时，电弧摆动的影响。可以看到，随着振动频率的增大，组织细化，焊缝金属结晶裂纹倾向得到改善。

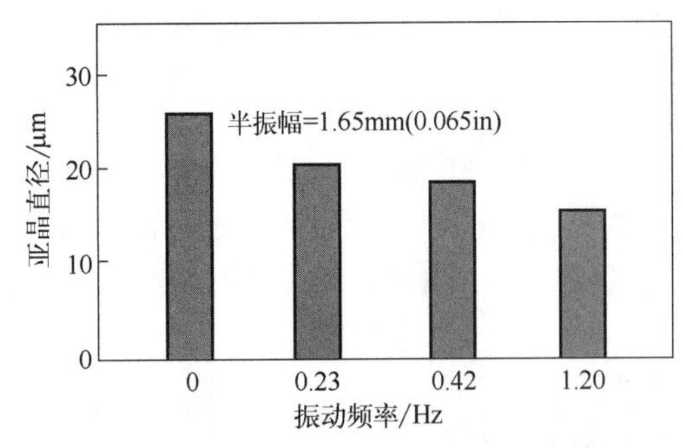

图 1-93　电弧摆动引起的组织细化

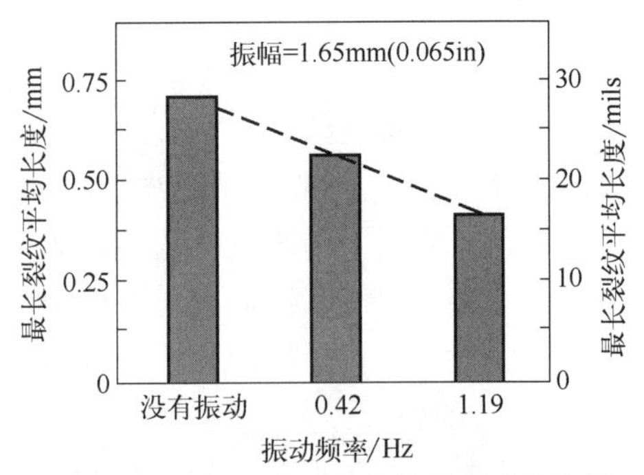

图 1-94　电弧摆动引起的结晶裂纹的降低

③ 脉冲电弧。脉冲电弧焊接中的低电流脉冲阶段，由于热输入减小而导致液态金属过冷，使得表面形核和细化晶粒（图 1-95）

④ 低频横向摆动电弧。图 1-96 为低频摆动电弧焊接 2014 铝合金（a）和 5052 铝合金（b）的焊缝组织。

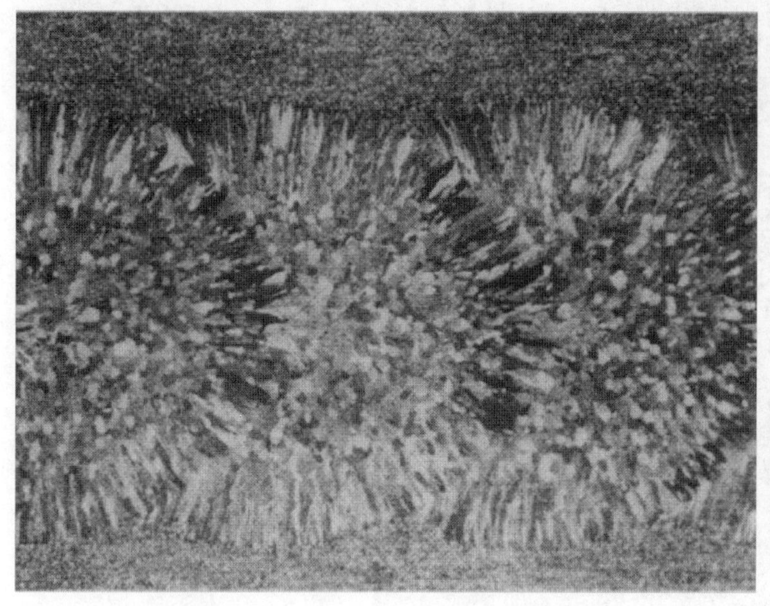

图 1-95　6061 铝合金脉冲焊接的晶粒细化

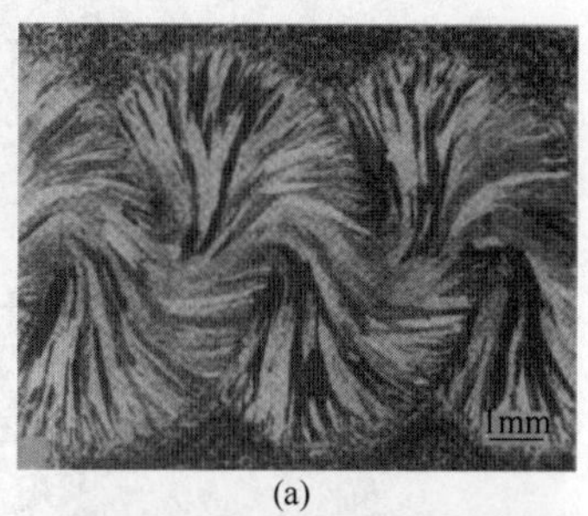

(a)

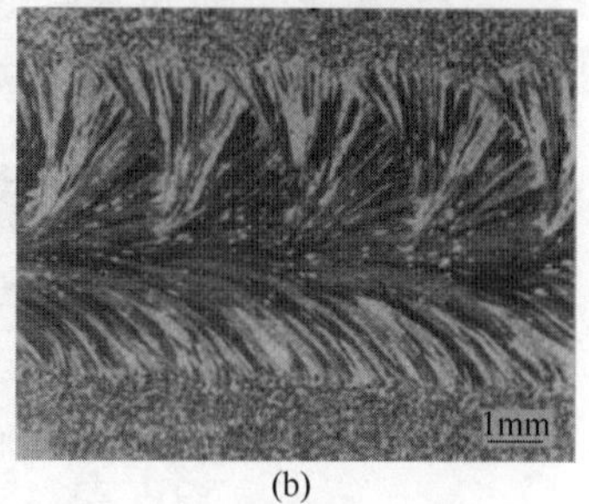

(b)

图 1-96　低频摆动电弧焊接铝合金的焊缝组织

1.9.2　奥氏体不锈钢焊缝金属结晶

1.9.2.1　奥氏体不锈钢焊缝金属的结晶类型

奥氏体不锈钢焊缝金属的结晶组织有 5 种类型，如图 1-97 所示。图中白色为奥氏体，黑色为铁素体。图中从左至右，从上至下，铁素体依次递增。虽然有 5 种形态，但可分为 4 类：

① A 型（以单相奥氏体结晶）。结晶过程自始至终只有奥氏体，没有第二相，为单相的奥氏体胞状晶，如图 1-97（a）所示。

② A-F 型（奥氏体-共晶铁素体结晶）。结晶以奥氏体开始，但是由于铬等铁素体形成元素的偏析，在奥氏体晶粒边界生成了共晶铁素体。冷却到室温，得到的是晶粒中心为奥氏体，而晶粒边界为分散的球状或棒状的共晶铁素体，如图 1-97（b）所示。

③ F-A 型（铁素体-奥氏体结晶）。结晶的初晶不是奥氏体，而是铁素体。伴随结晶的进行，由于镍等奥氏体形成元素的偏析浓化，而发生包-共晶反应，生成奥氏体。这种奥氏体在结晶中或结晶后向铁素体侧长大，使初晶铁素体逐渐缩小。最终使初晶铁素体处于晶粒中心，而形成蠕虫状或骨骼状的，或者形成花边状的 。图 1-97（c）中的铁素体比图 1-97（d）少。

④ F 型（铁素体结晶）。其结晶过程自始至终只有铁素体，而得到单相铁素体树状晶，如图 1-97（e）所示。由于合金元素能在铁素体中迅速均匀化，而不残留树枝状痕迹。结晶后，在发生固态相变中，奥氏体主要沿铁素体晶界形成，在冷却过程中向铁素体内部扩展，最终得到奥氏体＋条状铁素体。这一结晶类型所得到的就是双相不锈钢焊缝金属的结晶组织。到达室温时，仍有 20％的铁素体，习惯上还叫不锈钢。

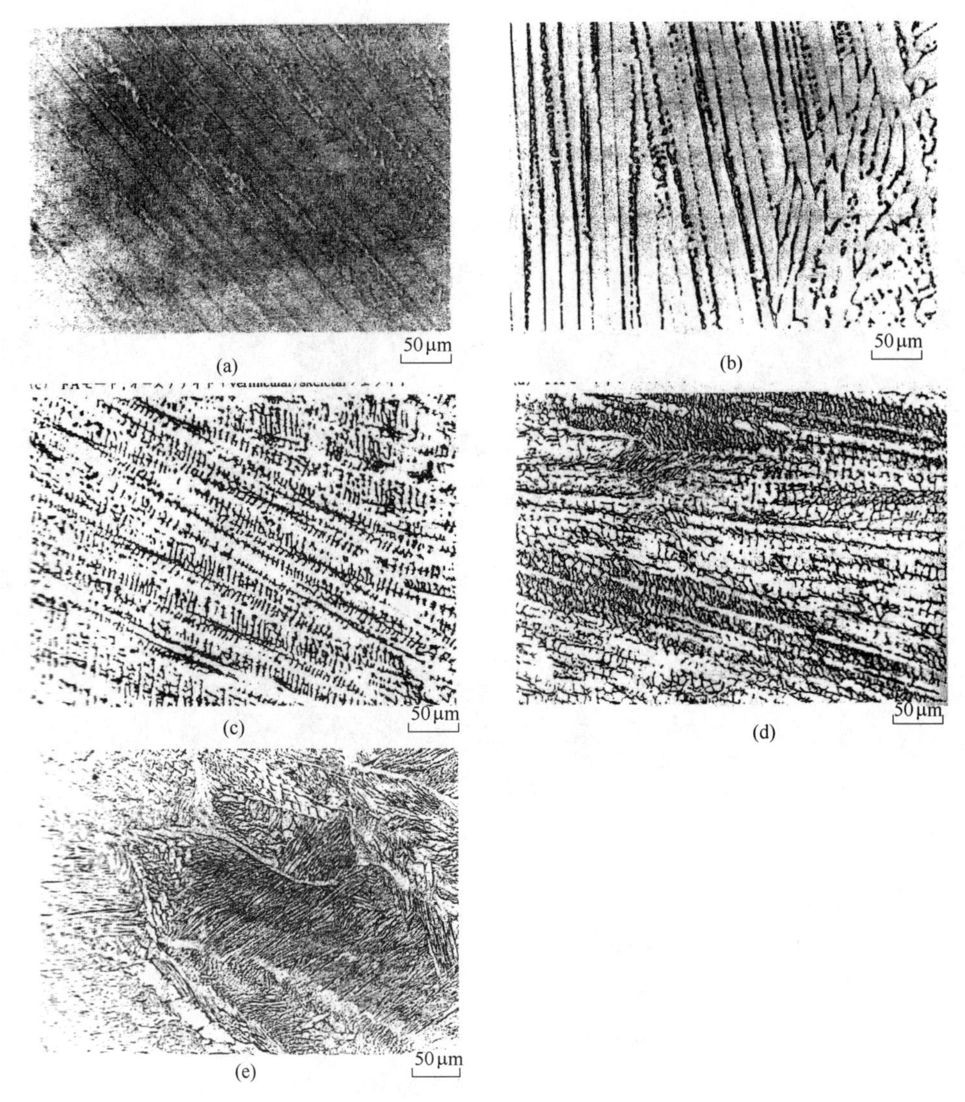

图 1-97　奥氏体不锈钢焊缝金属的结晶类型

(a) A 型 单相奥氏体；(b) A-F 型 奥氏体+共晶铁素体；(c) F-A 型 铁素体+奥氏体一；
(d) F-A 型 铁素体+奥氏体二；(e) F 型 铁素体

1.9.2.2　奥氏体不锈钢焊缝金属的结晶类型与化学成分之间的关系

图 1-98 为上述结晶类型的模式图。随着奥氏体形成元素（Ni、Mn、C、N 等）的增加，结晶类型也依 F、F-A、A-F、A 的顺序变化；相反，伴随铁素体形成元素（Cr、Si、Mo 等）的增加，结晶类型也依 A、A-F、F-A、F 的顺序变化。且铁素体的相对含量也依 A-F、F-A、F 的顺序增加，而奥氏体的相对含量也依 A-F、F-A、F 的顺序降低。

一般来说，依其奥氏体形成元素及铁素体形成元素，分别以 Ni 当量（Ni_{eq}）及 Cr 当量（Cr_{eq}）作为指标来评定不锈钢。这些当量与结晶类型的关系如下：

A-F 型：$Cr_{eq}/Ni_{eq} \leqslant 1.48$

F-A 型：$1.48 < Cr_{eq}/Ni_{eq} < 1.95$

F 型：$Cr_{eq}/Ni_{eq} \geqslant 1.95$

其中，

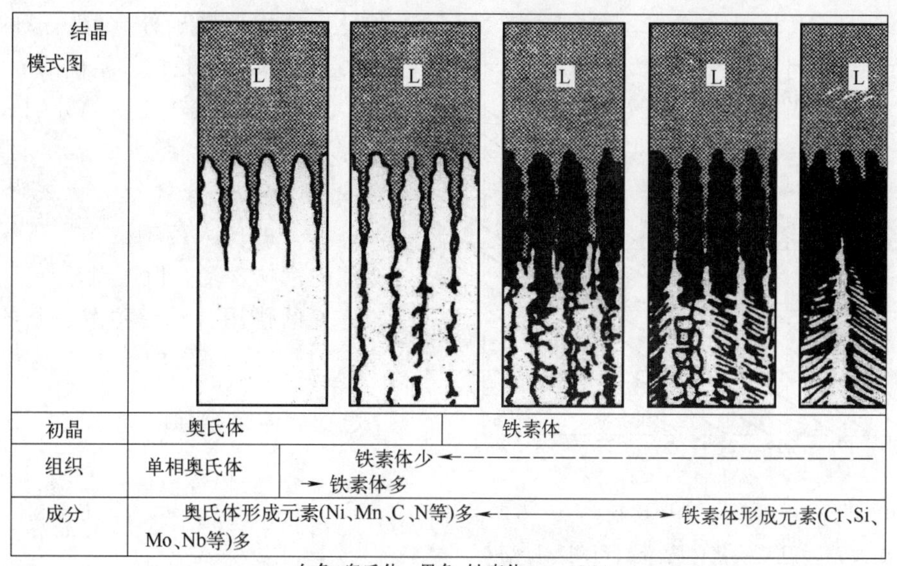

图 1-98 奥氏体不锈钢焊缝金属结晶类型的模式图

$$Cr_{eq}=wCr+1.5wSi+wMo+0.5wNb+2wTi \tag{1-103}$$

$$Ni_{eq}=wNi+0.5wMn+30wC+30(wN-0.06) \tag{1-104}$$

对多元的复杂的不锈钢焊缝金属的结晶类型与化学成分之间的关系，上式应给予修正。根据对高氮不锈钢焊缝金属的结晶组织的研究，Ni_{eq} 中氮的系数应为 18。对于已广泛使用的不锈钢，根据其成分范围，利用上式来评判其焊缝金属的结晶类型，应为 310 为 A 型；316 为 A-F 型；304、308、309 等为 F-A 型。

1.9.2.3 铁素体含量的预测

在讨论奥氏体不锈钢焊缝金属结晶与焊接接头性能之间的关系时，随后冷却到室温时铁素体含量是一个重要因素。关于铁素体含量的预测方法进行过许多研究，现在最广泛应用的方法是用图 1-99 的舍夫勒图及图 1-100 的塔龙图来预测铁素体含量。该图除对高锰不锈钢

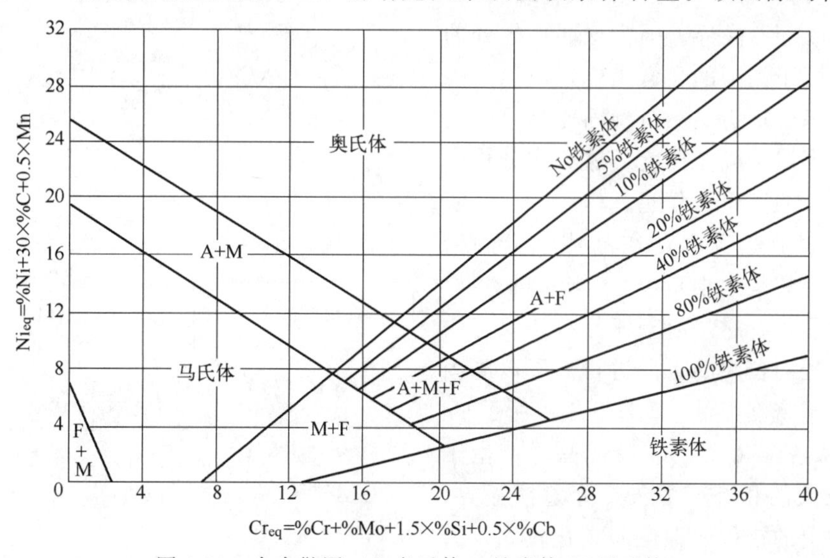

图 1-99 舍夫勒图（A-奥氏体 F-铁素体 M-马氏体）

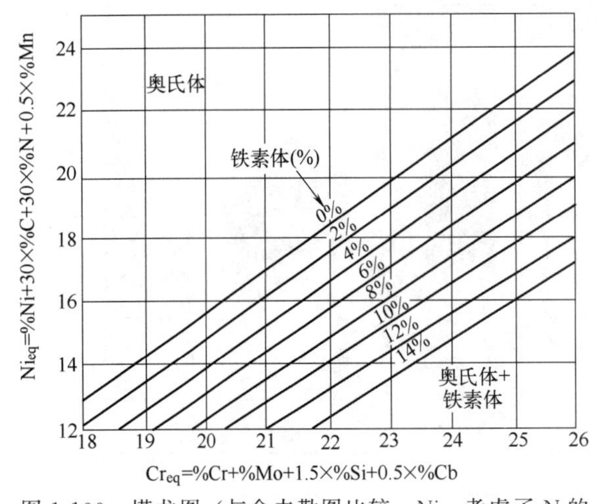

图 1-100　塔龙图（与舍夫勒图比较，Ni_{eq} 考虑了 N 的影响而改善，但其铁素体含量的预测范围缩小了）

的适用性较不准确外，对一般的不锈钢焊缝金属来讲还是比较精确的。

这些图的纵轴和横轴分别表示镍当量（Ni_{eq}）和铬当量（Cr_{eq}），都按焊缝金属的化学成分计算。舍夫勒图可在0～100％的广大范围内预测不锈钢焊缝金属铁素体含量，但镍当量（Ni_{eq}）没有考虑氮的作用。而塔龙图预测的范围较窄，但却考虑了氮的作用。

1.9.3　焊缝金属的晶界

1.9.3.1　单相焊缝

（1）单相焊缝金属的晶界　焊缝金属的晶界会在结晶中、结晶后和服役中出现很多问题，如焊接热裂纹、气孔等焊接缺陷的形成，晶界也是其它破坏（如断裂、腐蚀）的发源地。所以，研究焊缝金属结晶过程中晶界的形成规律，了解晶界的性质是很有意义的。从金属学角度，晶界至少有 3 种类型，即凝固亚晶界（Solidfication SubGrain Boundaries，SSGB）、凝固晶界（Solidfication Grain Boundaries，SGB）和迁移晶界（Migrated Grain Boundaries，MGB）。

① 凝固亚晶界（SSGB）。凝固亚晶界是显微组织中最细的可分辨的边界。亚晶界是由于凝固过程中，形成了胞状晶和树枝晶。凝固亚晶界的形成，取决于微观尺度的凝固条件，以及晶界条件的溶质再分配原理。穿过这些晶界的晶体学位向变化较小，这些晶界为小角度晶界。

在光镜下能够分辨的最细的组织结构就是凝固亚晶粒，这些亚晶粒在正常情况下代表胞状晶或者树枝晶，使得相邻亚晶粒分开的晶界叫作凝固亚晶界。因为这些晶界处的化学成分不同于周围的显微组织，所以，晶界在显微组织中很明显。在凝固亚晶界处的溶质再分配形成了成分梯度，这个成分梯度取决于微观上的溶质再分配。

穿过凝固亚晶界不存在晶体学上的错位，这种晶界只是“小角度”（典型的<5°）错位形成的晶界，它是由于亚晶粒长大优先沿着晶体学位向长大的方向进行。所以凝固亚晶界的位错密度很低，如图 1-101 所示。

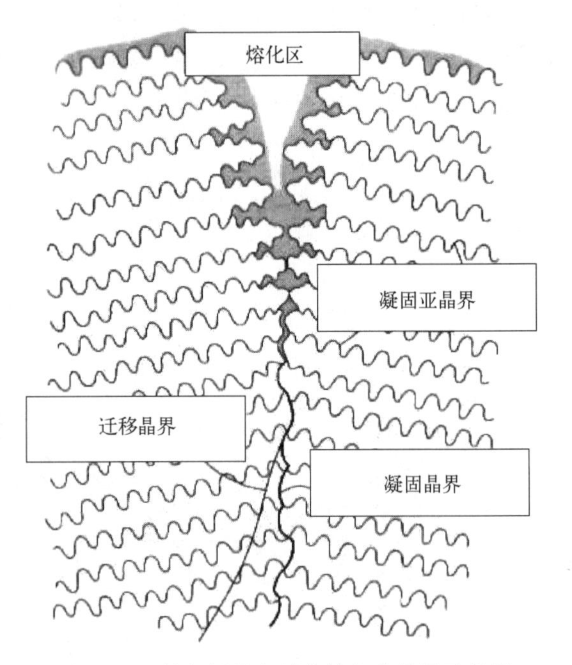

图 1-101　单相焊缝金属中的各种晶界示意图

② 凝固晶界（SGB）。凝固晶界产生于多个亚晶粒束的相互交界处，穿过该晶界，存在晶体学上的错位（即位向变化较大，为“大角度”晶界）。在凝固过程中，这种晶界

处的溶质和杂质的偏析，也取决于宏观溶质的再分配。

由于凝固晶界是多个亚晶界的相互交界处，每一束亚晶粒都具有一个变化不大的长大方向和位向，凝固晶粒之间就形成了具有“大角度”的晶界，沿着凝固晶界形成了一个位错密度较大的位错网。

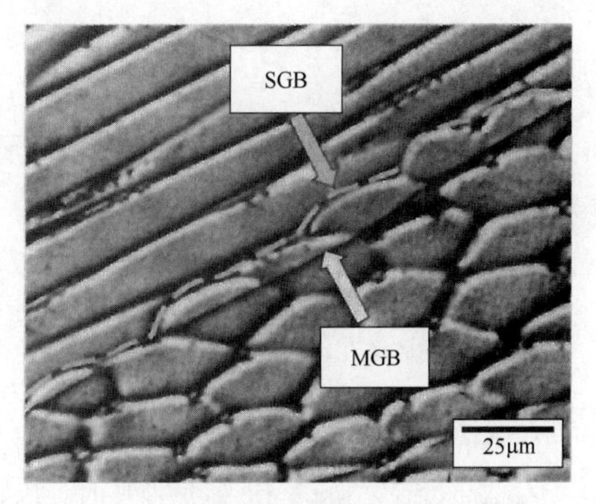

图 1-102　单相奥氏体不锈钢焊缝金属的晶界

由于凝固过程中的溶质再分配，在凝固晶界形成了一个成分组元，形成一个高浓度的溶质和杂质。在凝固结束时，这种成分再分配的结果，就是在凝固晶界形成了一个低熔点的液态薄膜，这种液态薄膜成为形成焊接热裂纹的温床。图 1-102 给出了一个凝固晶界的例子。

③ 迁移晶界（MGB）。迁移晶界是焊缝金属中真正的晶体学晶界。在焊缝金属的凝固过程中，这些迁移晶界保持与母材结晶晶界迁移时的位错。

结晶结束后，在结晶晶界存在着化学成分和晶体学位向与结晶晶粒的不同。在某种情况下，晶体学位向可能与晶界的化学成分不重合，从而形成了新晶界，叫作迁移晶界。这个晶界的迁移向着降低晶界能量的方向发展。再加热时，晶界的进一步迁移仍然有可能发生，如多层多道焊。图 1-101 也给出了迁移晶界，它是最后的晶粒边界。

（2）单相焊缝的溶质再分配　宏观的溶质再分配如图 1-103 所示。在结晶开始时，存在一个初始过渡区。熔化边界开始结晶，液态金属的浓度为 C_0，结晶时的晶体初始成分为 kC_0，而液相成分为 $C_S/k(k<1)$。随着结晶过程的进行，结晶前沿的结晶组织的成分 C_S 是变化的，逐渐达到 C_0，而液相成分达到 C_L 也是变化的，逐渐达到 C_0/k，达到稳定状态。之后在结晶前沿，固相就以 C_0 的成分结晶，而结晶前沿液相的成分则达到 C_0/k。在达到

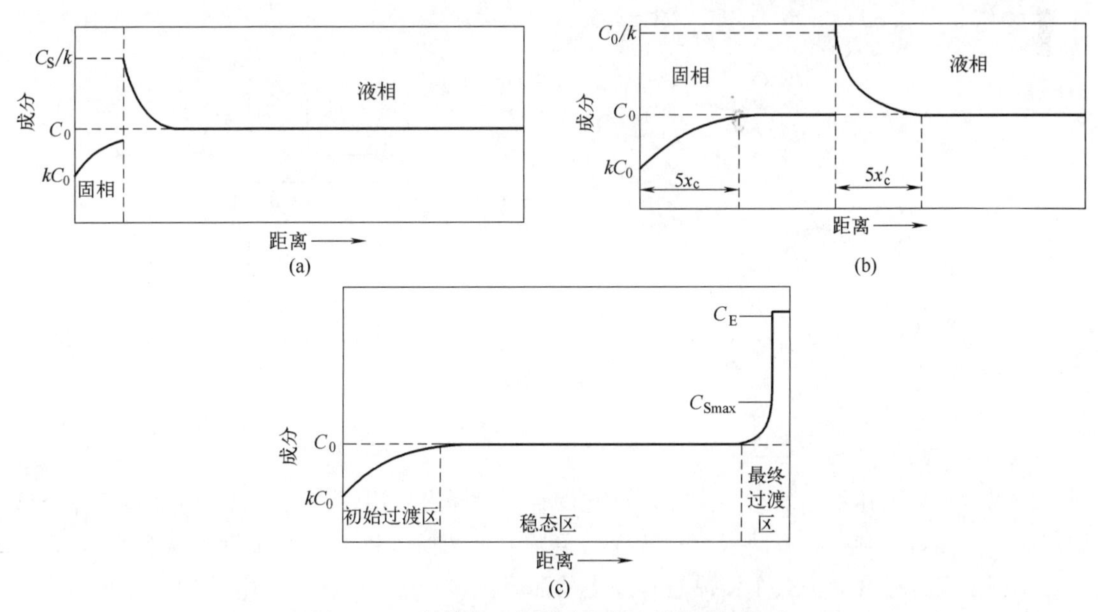

图 1-103　焊接熔池结晶时宏观上的溶质再分布

（a）初始时；（b）稳态时；（c）最终时

稳定态之前，结晶前沿固相和液相的化学成分分别为 C_S 和 C_L，其数值为

$$C_S=C_0\left[1-(1-k)\exp\left(\frac{-kRx_C}{D_L}\right)\right] \tag{1-105}$$

$$C_L=C_0\left[1+\left(\frac{1-k}{k}\right)\exp\left(\frac{-Rx'_C}{D_L}\right)\right] \tag{1-106}$$

式中　R——结晶速度；

D_L——元素在液相中的扩散系数；

x_C——元素在固相过渡区的“特征距离”（图 1-103）；

x'_C——元素在液相过渡区的“特征距离”（图 1-103）。

初始过渡区的宽度取决于元素在液相中的扩散系数 D_L 和结晶速度 R，并且近似 $x'_C=D_L/R$。可以看到，随着结晶速度 R 的提高，这个过渡区宽度降低。

在结晶过程末期，当液体被消耗时，固相中的元素含量再次提高（$k<1$ 时）。这时溶质就“堆积”在一个逐步变窄的区域，通常只有几微米的数量级。在最终阶段溶质的富集必须等于初始过渡阶段溶质的消耗。由于出现溶质的富集，这里的结晶温度将降低，在具有共晶反应的合金系统中，在富集处就会形成一个共晶组元，在共晶温度下完成结晶过程。再次加热到共晶温度时，这个共晶组元就开始熔化。

图 1-104 为在焊缝金属结晶过程中，溶质元素沿着晶界堆积（$k<1$ 时）的情况，就会在这些晶界处形成一个低熔点共晶的“液态薄膜”。这个“液态薄膜”就会成为产生结晶裂纹的潜在可能性。

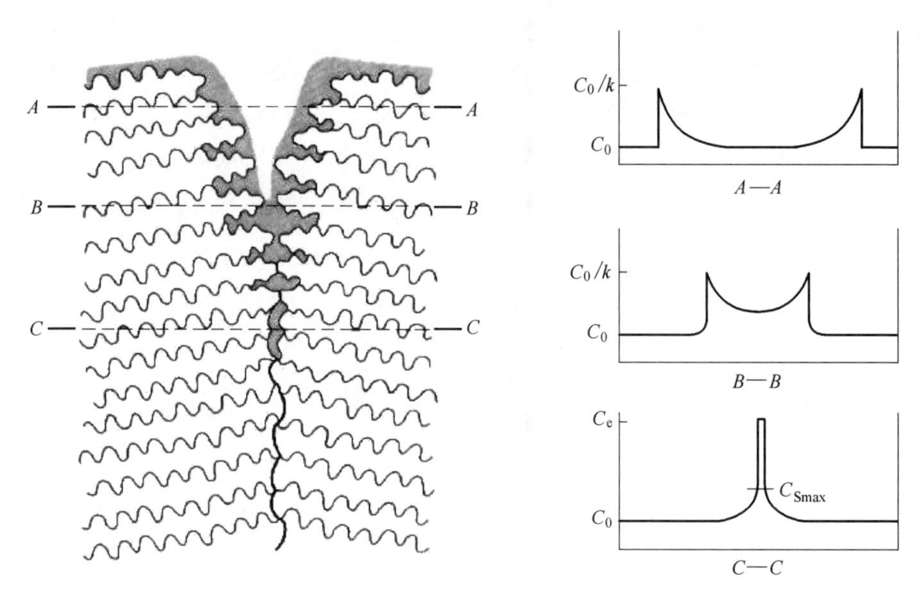

图 1-104　溶质元素沿着晶界堆积（$k<1$ 时）的情况

应当指出，上述指出的结晶晶界，只有没有发生同素异构转变的金属中（如奥氏体不锈钢焊缝）才能观察到。在有同素异构转变的金属中（如低碳钢和低合金钢、钛合金等），由于发生同素异构转变而失去了结晶过程发生的晶界。

1.9.3.2　异质焊接接头

对于异质焊接接头，在完全混合的焊缝金属与母材之间，必然存在一个过渡区。母材金

属与填充金属之间的化学成分相差不大时，这个过渡区不明显，难以观察到；但是，母材金属与填充金属之间的化学成分相差较大时，这个过渡区就明显了。如图 1-105 所示在碳钢上堆焊奥氏体不锈钢以及图 1-106 所示在钢上堆焊镍基合金的焊接接头，就明显地存在一个过渡区。

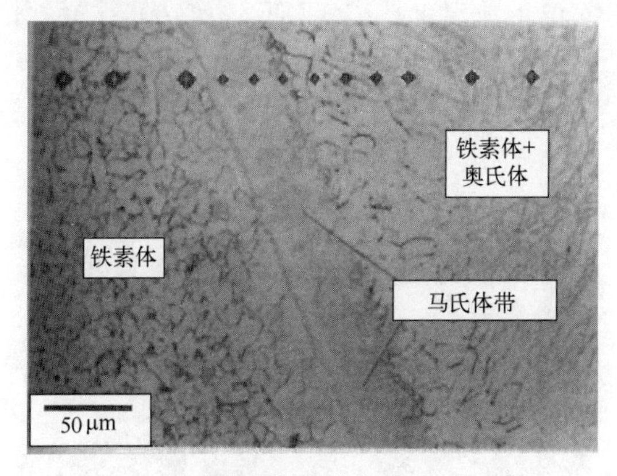

图 1-105　在碳钢上堆焊 308L 奥氏体不锈钢形成的过渡区

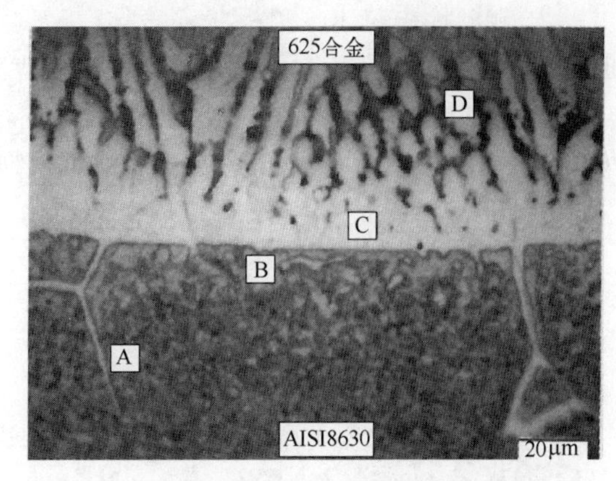

图 1-106　在 AISI9630 钢上堆焊镍基合金 625 之间的过渡区焊后热处理的组织

A—焊缝金属沿着晶界进入钢母材中；B—脱碳区；C—平面长大区；D—胞状晶长大区

可以看到，在碳钢上堆焊 308L 奥氏体不锈钢形成的过渡区形成一个马氏体带，在 AISI9630 钢上堆焊镍基合金 625 之间的过渡区焊后热处理后存在脱碳区、平面长大区和胞状晶长大区。

1.10　焊缝金属的二次转变

1.10.1　低碳低合金钢焊缝金属的二次转变

1.10.1.1　低碳低合金钢焊缝金属的二次转变组织形态

图 1-107 为低碳低合金钢焊缝金属的二次转变组织形态的示意图。

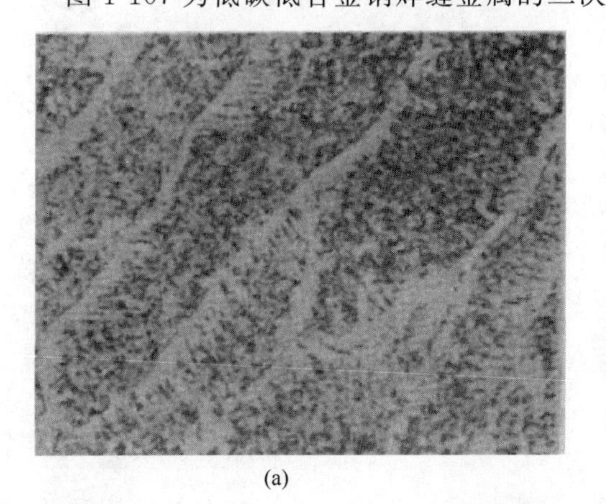

(a)

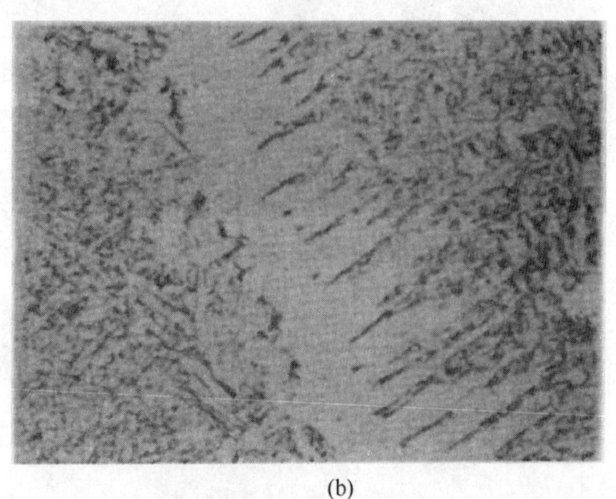

(b)

图 1-107　侧板状铁素体（E5015 焊条熔敷金属）

(a) 160×；(b) 400×

（1）铁素体转变　铁素体的形态比较复杂。

① 晶界铁素体。晶界铁素体（GBT），它是从焊缝金属的奥氏体晶界首先析出的铁素体，又叫作先共析铁素体，转变温度为770～680℃，多以块状形态出现，所以，又叫作块状铁素体。

② 侧板状铁素体。侧板状铁素体（FSP），它的形成温度比GBT低，为700～550℃，也是从奥氏体晶界开始，以板条状生长。它就是我们常说的魏式组织（图1-107）。

③ 针状铁素体。针状铁素体（AF）的形成温度更低，约在500℃。它大多在奥氏体晶内形成（图1-108），常以某些杂质（如氧化物）为晶核放射性生长（图1-109）。

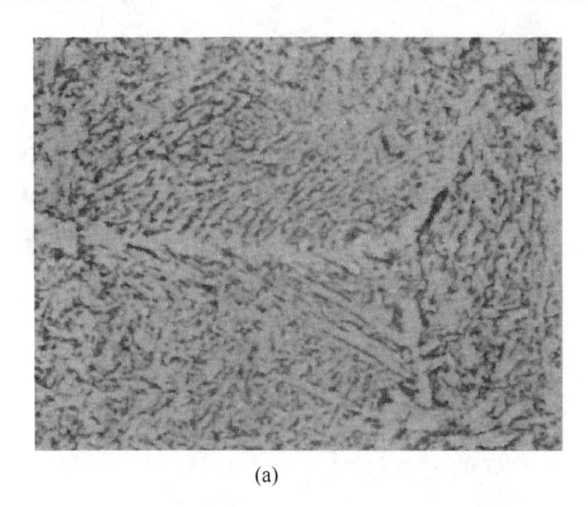

(a)

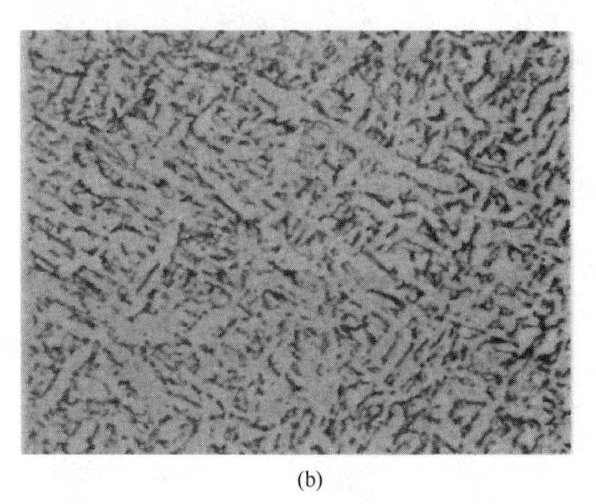

(b)

图1-108　针状铁素体

(a) 400×；(b) 800×

④ 细晶铁素体。细晶铁素体（FGF）也是在奥氏体晶内形成。一般来说，需要有细化晶粒的合金元素存在（如钛、硼等）。在细晶铁素体之间有Fe_3C析出。实际上，它是介于铁素体和贝氏体之间的产物，所以又叫作贝氏铁素体（图1-110）。

图1-109　低碳低合金钢焊缝金属中的针状铁素体与夹杂

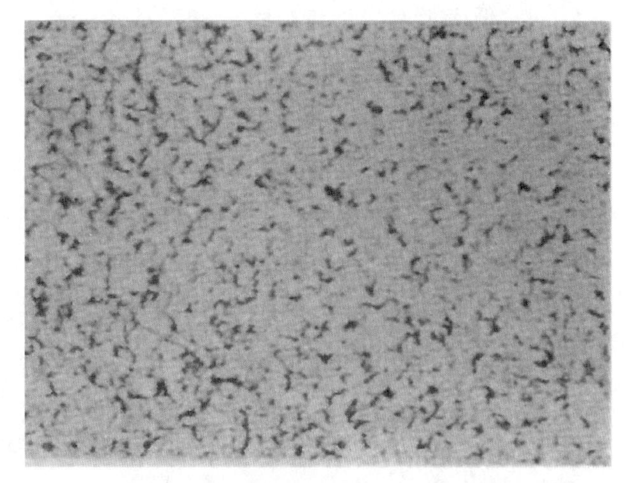

图1-110　焊缝中的细晶铁素体400×

（2）珠光体转变　珠光体转变发生在Ar_1～550℃，属于扩散型转变。在低碳钢和低合金钢的焊缝金属中，由于是处于不平衡状态下的组织转变，这种转变较少发生。只有在预热或者缓慢冷却条件下，才有可能出现珠光体转变。一般情况下，这种转变会受到抑制，扩大了铁素体转变和贝氏体转变的范围。如果焊缝金属中加入钛、硼等细化晶粒的元素，珠光体转变将完全被抑制。

（3）贝氏体转变

① 上贝氏体。上贝氏体（B_U）的光镜显微组织呈羽毛状，一般沿奥氏体晶界析出。在电子显微镜下为平行的条状铁素体之间分布有渗碳体。

② 下贝氏体。下贝氏体（B_L）的形成温度在450℃～M_S。其光镜显微组织与回火针状马氏体相似；在电子显微镜下为针状铁素体与针状渗碳体的机械混合物，针与针之间有一定的角度。由于转变温度较低，碳的扩散困难，因此，在铁素体内分布有碳化物颗粒。

③ 粒状贝氏体。粒状贝氏体是在块状铁素体形成之后，尚未转变的富碳奥氏体呈岛状分布在块状铁素体中成为岛状。这种岛状组织在一定的合金成分和冷却速度下，可能转变为高碳马氏体和残余奥氏体，故叫作“M-A组织”。由于它是分布在块状铁素体上岛状组织是以粒状分布，所以，也叫作粒状贝氏体（图1-111）。

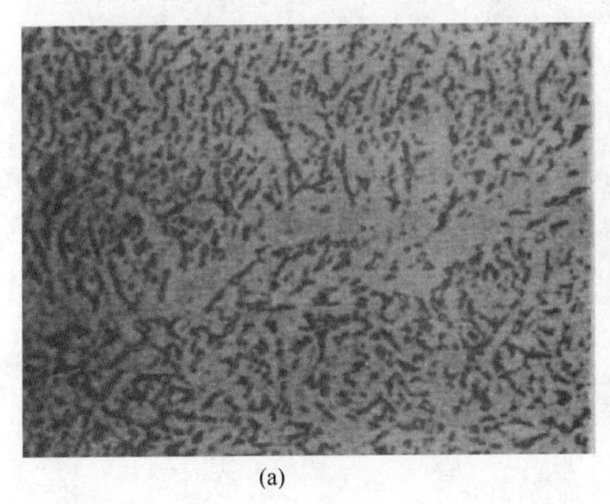
(a)

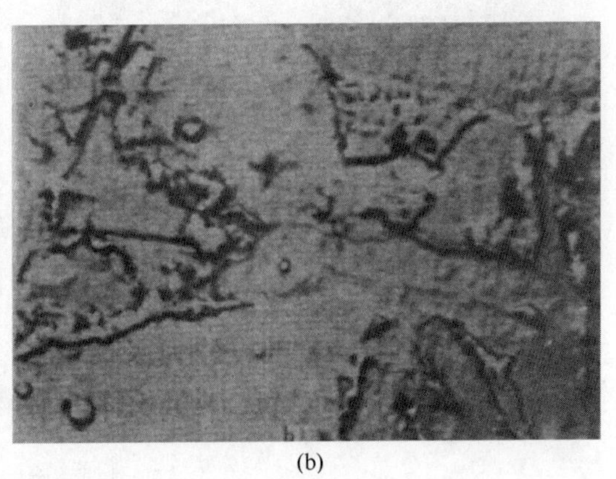
(b)

图1-111　粒状贝氏体

（a）440×；（b）4800×

（4）马氏体转变　在碳含量较高或者合金元素比较复杂时，在快冷条件下，奥氏体过冷到M_S之下，就发生马氏体转变。根据碳含量不同，可以形成不同形态的马氏体。

① 板条马氏体。低碳低合金钢的焊缝金属，在连续冷却条件下，常常产生板条马氏体。其特征是在奥氏体晶粒内部形成束状板条马氏体，束与束之间有一定的交角，如图1-112

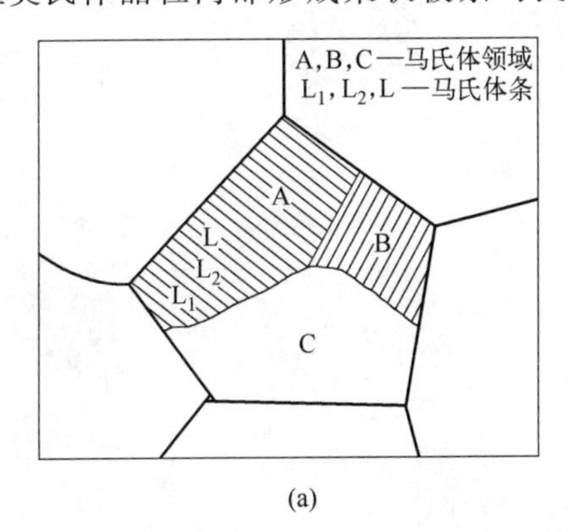

(a)

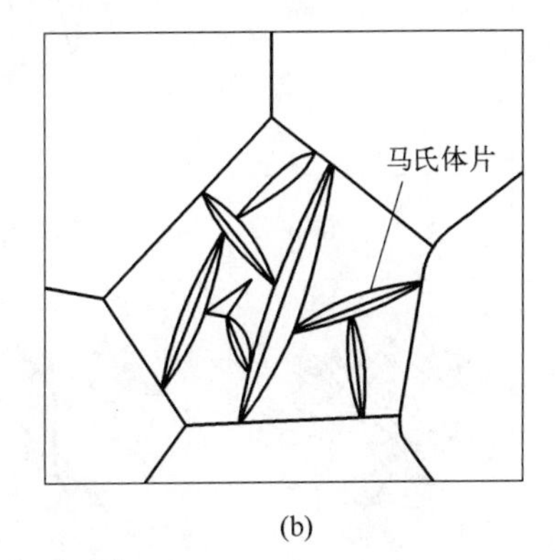

(b)

图1-112　板条马氏体

（a）和孪晶型片状马氏体；（b）示意图

(a) 所示。透射电镜分析表明，这种马氏体板条内存在许多位错（密度为 $(3\sim9)\times10^{11}$），所以又叫作位错马氏体。由于这种马氏体的碳含量很低，因此又叫作低碳马氏体。这种马氏体具有很高的强度，同时也有良好的韧性。

② 片状马氏体。片状马氏体又叫孪晶马氏体。在焊缝金属中碳含量较高时（超过质量分数 0.4%）就会出现片状马氏体，其特点是：马氏体片不互相平行，开始形成的马氏体片较大，可以贯穿整个奥氏体晶粒，如图 1-112 (b) 所示。透射电镜分析表明（图 1-113），这种马氏体片内的亚结构内存在许多细小平行的带纹，故又叫作孪晶马氏体。其碳含量很高，属于高碳马氏体，既硬又脆。可能出现的组织如图 1-114 所示。低合金钢焊缝金属一般不会出现片状马氏体。

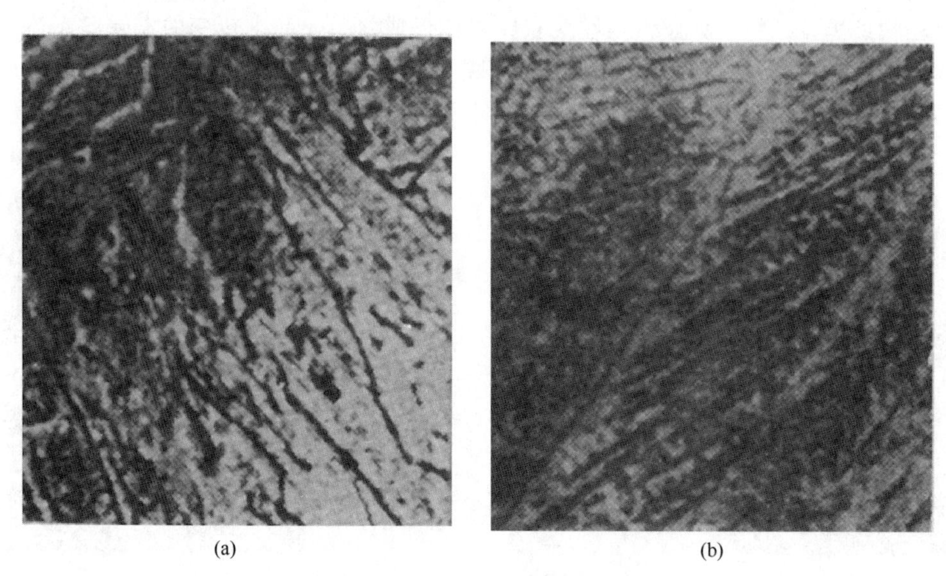

图 1-113 电镜下的马氏体

(a) 板条马氏体 8000×；(b) 片状马氏体 20000×

铁素体 (F)	粒界铁素体 (GBF)	侧板条铁素体 (FSP)	针状铁素体 (AF)	细晶铁素体 (FGF)
贝氏体 (B)	上贝氏体(B_u)	下贝氏体(B_L)	粒状贝氏体(B_g)	条状贝氏体(B_l)

	层状珠光体(P_L)	粒状珠光体(托氏体)(P_g)	细珠光体(索氏体)(P_f)
珠光体 (P)			
	板条马氏体(位错型)M_D	片状马氏体(孪晶型)M_r	岛状M-A组元
马氏体 (M)		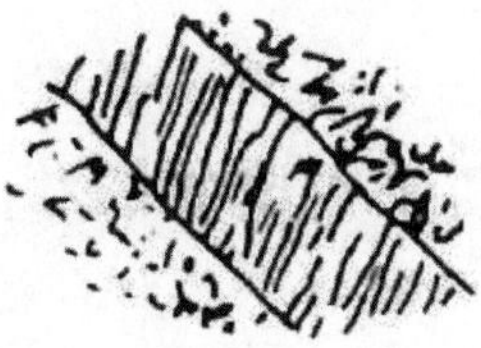	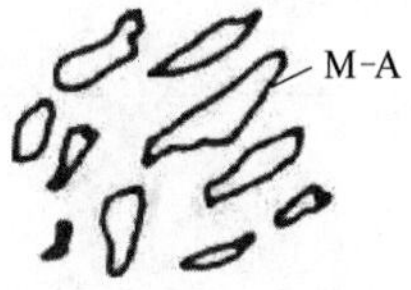 M-A

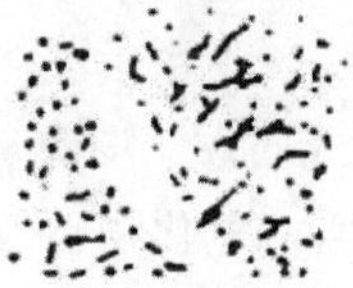

图 1-114　低碳低合金钢焊缝金属组织形态

1.10.1.2　低碳低合金钢焊缝金属的二次转变的组织

（1）低碳低合金钢焊缝金属的二次转变的组织特点　图 1-115 给出了低碳低合金钢焊缝金属连续冷却组织转变图。其特点是转变组织一般不会得到珠光体，而代之以针状铁素体和贝氏体。图中表明合金元素、奥氏体晶粒大小和焊缝金属中氧含量都会使得 WM-CCT 图发生移动，即随着合金元素的增多、奥氏体晶粒增大和焊缝金属中氧含量的减少，将使得 WM-CCT 图向右下方移动。

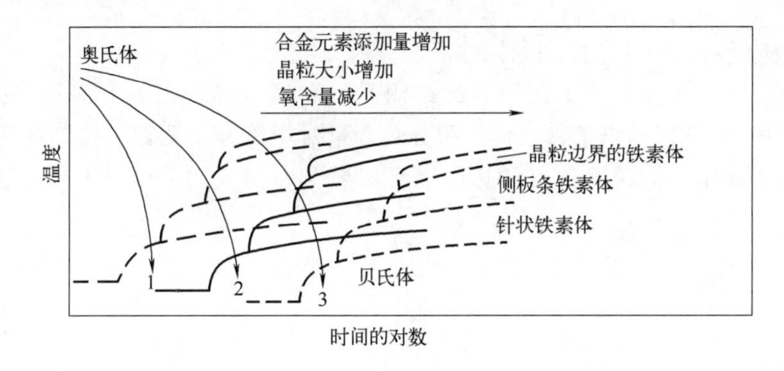

图 1-115　低碳低合金钢焊缝金属经历的连续冷却组织转变图

（2）影响组织转变的因素

① 冷却速度的影响。从图 1-115 中左边的虚线来看，冷却曲线从 1→2→3 变化，冷却速度逐渐下降，其冷却转变组织分别为以贝氏体为主、以针状铁素体为主，再到以晶界铁素体和侧板状铁素体（魏氏体）为主的转变。

② 合金成分的影响。合金元素含量增加，使 WM-CCT 曲线向右下方移动，从而使冷却转变组织向趋于淬火方向转变。

③ 原奥氏体晶粒大小的影响。原奥氏体晶粒大，使 WM-CCT 曲线向右下方移动，从而

使冷却转变组织向趋于淬火方向转变。

④ 焊缝金属氧含量的影响。焊缝金属氧含量增加，一方面使原奥氏体晶粒直径减小(图 1-116)，使得可以作为自发晶核的氧化物夹杂体积分数增多，降低夹杂平均尺寸，在焊接熔池结晶过程中，其奥氏体晶粒的成长受到氧化物的钉扎，阻止奥氏体晶粒长大；另一方面，这些氧化物质点在奥氏体向铁素体转变中也会增加铁素体的晶核，转变加速，使 WM-CCT 曲线向左上方移动，从而使冷却转变组织向趋于淬火方向转变，容易得到针状铁素体。研究表明，氧化物颗粒的尺寸在 0.2～2.0μm 适合铁素体形核，0.4μm 是最为合适的尺寸。在对 HY-100 钢的埋弧焊中，焊缝金属中氧含量为 200～300ppm（百万分之一）时，是得到针状铁素体的最佳含量。图 1-117 为熔化极 Ar+(CO_2 或者 O_2) 混合气体保护焊中，保护气体中氧当量对焊缝金属中针状铁素体含量的影响。

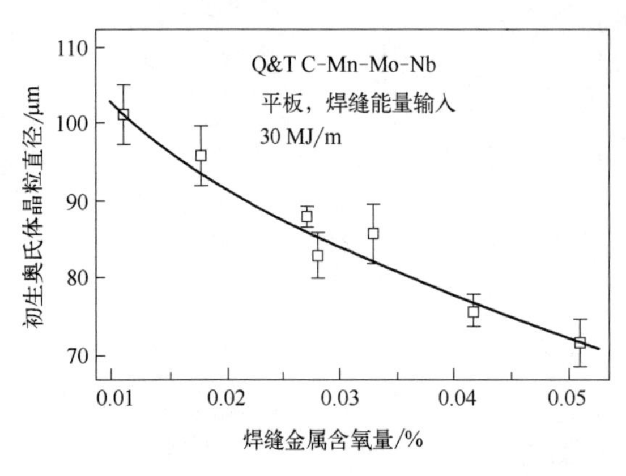

图 1-116 焊缝金属氧含量对奥氏体晶粒直径的影响

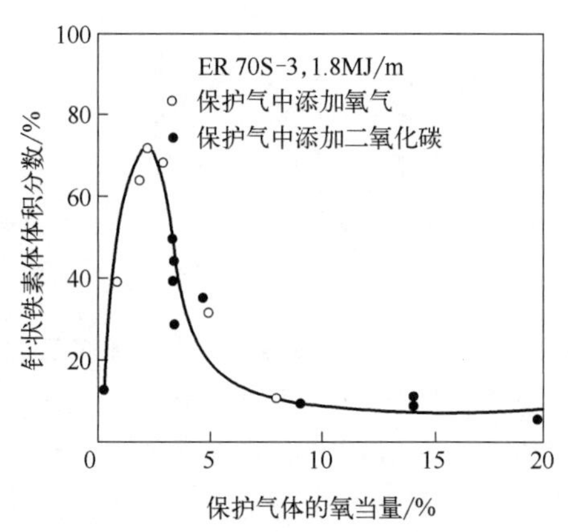

图 1-117 混合气体保护焊中氧当量与针状铁素体含量的关系

1.10.1.3 低碳低合金钢焊缝金属的韧性

低碳低合金钢焊缝金属最希望得到的组织是针状铁素体，因为它对提高强韧性有利。图 1-118 和图 1-119 分别给出了铁素体体积分数含量对焊缝金属夏比冲击韧性的影响和保护气体的氧当量对夏比冲击转变温度的影响。可以看到，图 1-119 与图 1-117 有很强烈的对应性。

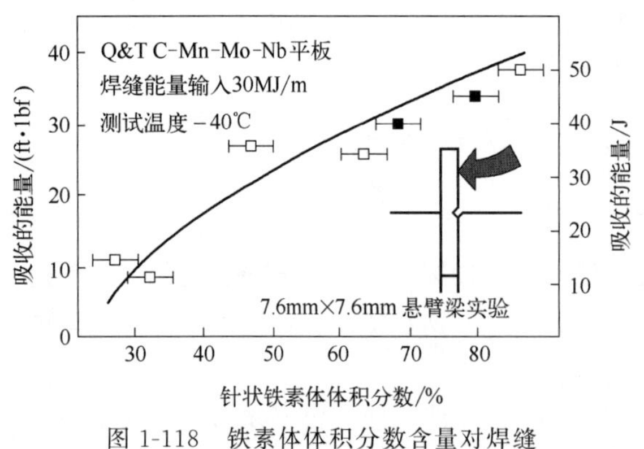

图 1-118 铁素体体积分数含量对焊缝金属夏比冲击韧性的影响

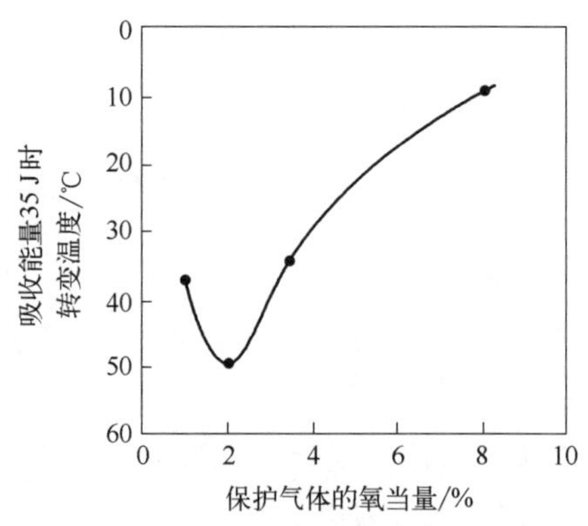

图 1-119 保护气体的氧当量对夏比冲击转变温度的影响

1.10.2 不锈钢焊缝金属的固相转变

1.10.2.1 焊缝金属的再结晶

在不锈钢焊缝金属结晶之后，已经形成的树枝状组织在进一步的冷却中，会立即发生再结晶，形成新晶界。这种新晶界，不再是树枝状晶，而是呈等轴晶或柱状晶形态。

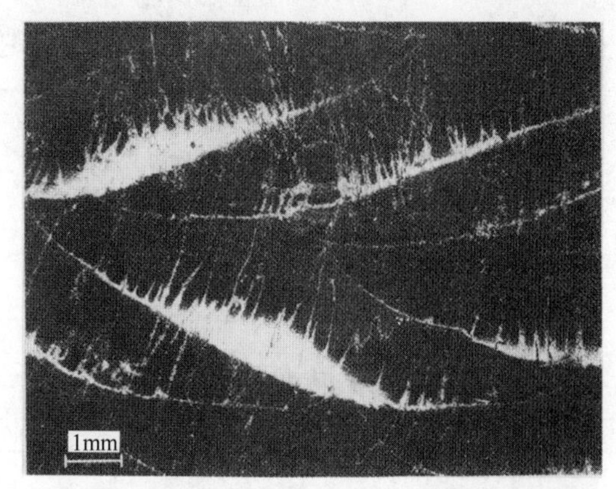

图 1-120 δ 铁素体平均含量为 55%的焊缝金属在 TIG 多层焊时发生再结晶得到的粗大晶粒

对于不锈钢焊缝金属，再结晶的开始温度通常在 500～550℃，温度较低，再结晶需要时间就长。大约从 700℃以上的温度，不锈钢焊缝金属在所有的热处理过程中都会发生再结晶。但在电弧焊那样的快速加热中，这一再结晶温度上升到约 1000℃。由于 δ(α) 铁中铁的自扩散系数较高，因此，铁素体焊缝金属比奥氏体焊缝金属更容易发生再结晶，晶粒更加粗大。图 1-120 为 δ 铁素体平均含量为 55%的焊缝金属在 TIG 多层焊时发生再结晶得到的粗大晶粒。但如果焊缝金属发生固相转变（比如 δ→γ 或者 γ→δ 转变），这一相变过程会消除再结晶过程，或者使再结晶过程减缓。

除了晶界、晶格缺陷或者细小的非金属夹杂物可作为晶核外，奥氏体焊缝金属中的 δ 铁素体也具有强烈的形核作用。因此，在奥氏体焊缝金属中通常含有 5%～10%的残留 δ 铁素体，就可以减少再结晶过程中形成粗大晶粒的现象。

在不锈钢焊缝金属中，还会出现下述现象：当温度已经低于固相线，但在新的晶粒形成之前，富集在晶粒边界的低熔点物质会导致产生液化裂纹。在长期高温工作条件下，再结晶会降低蠕变强度，并可能引起金属间化合物的析出。在 δ 铁素体含量较高的铬钢中，再结晶导致晶粒粗大，会使材料严重脆化。

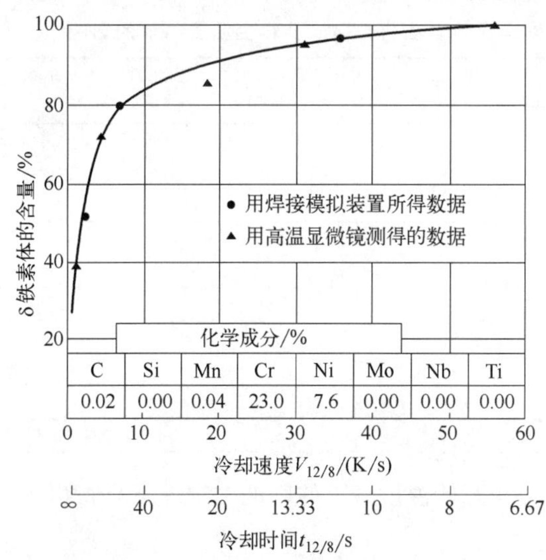

图 1-121 冷却速度 $V_{12/8}$ 和冷却时间 $t_{12/8}$ 对残留的一次 δ 铁素体含量的影响

1.10.2.2 不锈钢焊缝金属的 δ→γ 转变

在不锈钢焊缝金属中 δ→γ 转变与钢中铁素体形成元素与奥氏体形成元素（即 Cr_{eq} 和 Ni_{eq}）之间的比例存在直接的关系。Cr_{eq} 提高将延缓 δ→γ 转变，而 Ni_{eq} 提高将加速 δ→γ 转变。

冷却速度也会对 δ→γ 转变有明显的影响。随着冷却速度的提高，δ→γ 转变的起始温度逐渐降低，过冷度增加，这就导致残留的一次 δ 铁素体的增加。图 1-121 为冷却速度 $V_{12/8}$（从 1200℃冷却到 800℃的平均冷却速度）和冷却时间 $t_{12/8}$（从 1200℃冷却到 800℃的冷却时间）对残留的一次 δ 铁素体的影响。因为 δ→γ 转变主要发生在从

1200℃冷却到800℃的温度范围内。

表1-22给出了两种不同成分的不锈钢中加入合金元素（wt%）δ铁素体含量变化的平均值，由此可见合金元素对δ→γ转变的影响。

表1-22 加入合金元素（wt%）δ铁素体含量的变化

合金元素	基体为0.10C-12.0Cr		基体为0.10C-17.0Cr-4.0Ni	
	合金元素含量0.10	合金元素含量1.00	合金元素含量0.10	合金元素含量1.00
N	−22	—	−20	—
C	−21	—	−18	—
Ni	—	−20	—	−10
Co	—	−7	—	−6
Cu	—	−7	—	−3
Mn	—	−6	—	−1
Si	—	+6	—	+8
Mo	—	+5	—	+11
Cr	—	+14	—	+15
Va	—	+18	—	+19
Ai	—	+54	—	+38
W	—	—	—	+8

1.10.2.3 不锈钢的γ→α转变

γ→α转变取决于γ相的形成，所以，为了避免在室温下形成稳定的奥氏体，镍的含量不应该太高；而为了在不锈钢发生γ→α转变，必须在钢中加入C、Ni、N这类扩大γ相区的元素，要限制如Cr、Mo、Nb、Si这类缩小γ相区的元素，以免δ铁素体保留到室温。从图1-122可得出γ→α转变的范围，即该图中马氏体（M）相区。

（1）马氏体转变 不锈钢的γ→α转变主要为奥氏体向马氏体的转变。含铬为wt12%的不锈钢，在电弧焊的正常冷却速度下，冷却到室温将转变为95%～98%的马氏体和2%～5%的残留奥氏体。不锈钢中的合金元素对马氏体转变的开始温度M_s和结束温度M_f都有影响。表1-23给出了在含铬wt12%的钢中加入一些合金元素对马氏体转变开始温度M_s及转变温度A_{c1}的影响。可以看到，铬和镍对马氏体转变开始温度M_s的影响相同。18-8钢的M_s值约为−50℃。

表1-23 含铬wt12%的钢中加入一些合金元素对马氏体转变温度M_s及转变温度A_{c1}的影响

合金元素	加入wt1%合金元素时马氏体转变开始温度M_s的下降量/℃	加入wt1%合金元素时转变结束温度A_{c1}的下降量/℃
C	−474	—
Si	−11	+20～30
Mn	−33	−25
Cr	−17	—
Ni	−17	−30
Mo	−21	+25
Al	—	+30
Co	—	−5
Va	—	+50
W	−11	—

在综合考虑了C、Mn、Cr和Ni对马氏体转变开始温度M_s的影响的情况下，得出了它们对M_s的影响的计算公式：

$$M_s(℃) = 492-125wt\%C-65.5wt\%Mn-10wt\%Cr-29wt\%Ni \quad (1\text{-}107)$$

图1-122给出了含铬wt12%，含镍分别为wt1%、4%、6%的焊缝在冷却中发生的γ→

α（M）转变。阴影表示过冷δ铁素体的含量，在δ→γ转变中δ铁素体的含量没有变化。从图中可以看出，13/1的Cr-Ni焊缝金属，在约290℃时，γ→α转变为马氏体时的转变速度加快，而13/4及13/6的Cr-Ni焊缝金属，分别在约240℃及230℃时γ→α转变为马氏体碳的转变速度加快，表明了镍对M_s的影响。在焊缝金属冷却到室温，13/1的Cr-Ni焊缝金属中残留奥氏体的含量低于2%，而13/4及13/6的Cr-Ni焊缝金属中残留奥氏体的含量分别约为5%和9%。当然，其它元素也有影响，特别是碳，但对含碳量小于wt0.1%的焊缝金属影响很小。

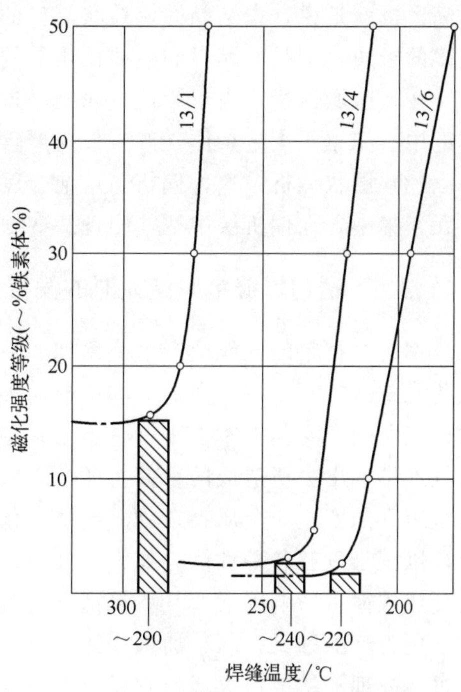

图1-122　含铬wt12%钢，含镍分别为wt 1%、4%、6%的焊缝金属在冷却中发生的γ→α转变

（2）回火过程中稳定奥氏体的形成　在表1-23给出了wt12%铬钢中加入合金元素引起的A_{c1}的变化。可以看到，在加入Ni、Mn、Co等奥氏体形成元素后，使A_{c1}移向更低的温度。该钢若在约600℃回火时，在马氏体中将形成细小弥散分布的用光学显微镜也无法分辨的奥氏体，这种奥氏体使韧性提高。这种奥氏体很稳定，即使冷却到－196℃也不会分解。现在可以看到，存在3种不同类型的奥氏体。一种是约占7%的残留奥氏体（以A_{u1}记），它是从γ→α转变为马氏体中留下来的；第二种是细小弥散分布的稳定奥氏体（以A_{u2}记），它是回火过程中形成的，在回火温度达615℃时也达到最大值；第三种是不稳定奥氏体（以A_{u3}记），它在回火温度达615℃以上时析出，并在冷却过程中转变成马氏体。图1-123给出了回火温度对12Cr-6Ni-1.5Mo钢的力学性能及奥氏体含量的影响。

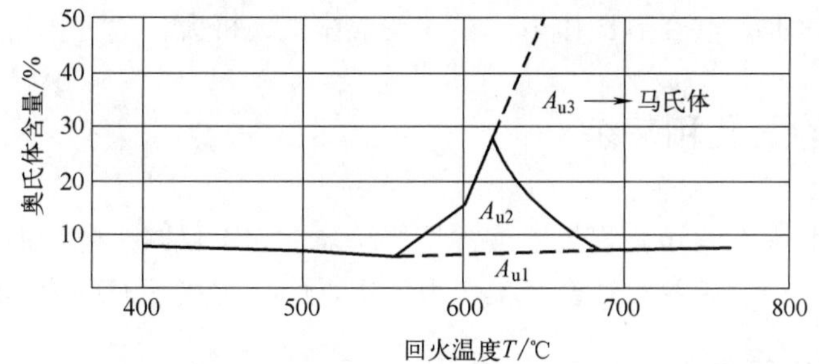

图1-123　回火温度对12Cr-6Ni-1.5Mo钢奥氏体含量的影响［化学成分（wt%）0.039C-0.35Si-0.69Mn-11.82Cr-5.23Ni-1.49Mo］

1.11 焊缝金属化学成分的不均匀性

1.11.1 低碳低合金钢焊缝金属的不均匀性

（1）显微偏析　由于冷却速度很快，处于不平衡结晶，先结晶的金属的纯度比后结晶金

属高。也就是说，先结晶的树枝状晶粒的主干的金属纯度比后结晶的枝晶高，在晶界积累了最多的杂质。细晶的晶界的杂质比粗晶的杂质少，这是由于杂质被分散了的缘故。

（2）区域偏析　由于熔池金属结晶过程中，不断地把杂质元素推向液态金属，因此，在焊缝中心积累了大量杂质，产生较为严重的区域偏析。

（3）层状偏析　这种偏析与熔池金属结晶过程的周期性有关。这种层状偏析使得一些杂质元素集中，在偏析层中往往出现一些缺陷，如气孔和夹渣等。

1.11.2　不锈钢焊缝金属结晶时的偏析

偏析对材料的性能会产生一系列的不利影响，比如：热裂纹的产生从根本上来说是由于某些元素（特别是硫、磷等）的偏析而形成低熔点物质在结晶将近终了时形成液态薄膜所致；气孔的产生从根本上来说是由于某些物质（如一些 O_2、H_2、CO 等气体）的偏析而析出气泡排不出去所造成的；偏析还会造成化学成分和组织的不均匀性；造成产生我们不希望的组织（如产生非金属夹杂物、金属间化合物等一些脆性相）；会改变组织转变的一般条件等，以至于危害各种性能（如力学性能、耐腐蚀性能等）。因此，研究焊缝金属结晶时偏析的形成规律、影响因素及其后果都是很重要的。

更为严酷的是，与普通钢相比，不锈钢焊缝金属结晶时所产生的偏析更为复杂，且不能通过热处理、扩散退火或其它任何固溶处理方法消除或减少。因此，偏析最终会存在于焊缝金属中。

不锈钢焊缝金属结晶时的偏析与其结晶类型有密切关系。结晶为单相奥氏体时，由于偏析的作用，在晶体中央铬和镍的浓度都较低，而晶界的浓度都较高；结晶为奥氏体-铁素体时，由于结晶后期结晶组织为 δ 铁素体，则偏析的晶体方向和大小都有一个大的飞跃，即铬升镍降；结晶为铁素体-奥氏体时，由于先结晶组织为 δ 铁素体，晶体中央为富铬和贫镍区，然后由于熔液中镍的富集，后期结晶为奥氏体，晶界铬和镍的浓度都较高；结晶为单相铁素体时，晶体中央为富铬贫镍区，在结晶后期，树枝状晶晶界的成分与熔液中相近，为贫铬富镍区。必须注意硫、磷、硅、硼这些元素在奥氏体中的溶解度比在 δ 铁素体中小，会导致它们在熔液中偏析，因此，其在奥氏体中比在 δ 铁素体中偏析大，危害作用也更大。

1.12　焊缝中的气孔和夹杂

焊缝中的气孔和夹杂是熔化焊焊缝最常见的缺陷，它不仅减少焊缝的有效截面，降低焊缝金属的承载能力，引起裂纹，还会产生应力集中，降低焊接接头的力学性能。

1.12.1　焊缝金属中的气孔

在材料熔化焊过程中，由于保护不良导致空气的侵入以及在化学反应产生的气体，在熔池的结晶过程中形成的气泡，或者是在焊接热影响区过热区产生的化学反应（如铝-镁合金焊接热影响区过热区）形成的气体，来不及排出焊缝之外，就形成了气孔。

1.12.1.1　气孔的种类和分布

在铸铁、低碳钢和低合金钢中气孔的种类很多。按照产生气孔的气体可以分为氢气气孔（各类材料熔化焊焊缝中都可能产生）、氮气气孔（保护不良导致空气进入熔池）和一氧化碳气孔（主要是钢铁，特别是低碳钢和铸铁焊缝）气孔。按照分布状态有单个气孔、链状气孔、密集气孔。按照分布部位来分，有表面气孔、内部气孔、根部气孔、过热区气孔等。

在钢铁之外其它材料的焊缝金属中，其气孔主要是氢气气孔。

（1）氢气气孔　在低碳钢或者低碳低合金钢的焊缝中，氢气气孔大部分形成在焊缝表面，呈螺钉状，在焊缝表面呈喇叭状，气孔四壁光滑。在焊接材料（包括母材表面、焊条药皮、埋弧焊焊剂、药芯焊丝药芯水分含量过多烘干不足）中水分含量过高，在焊接化学反应中形成的氢气，在焊缝凝固中氢气的溶解度大幅降低而析出气泡，来不及排出而留在焊缝中，就形成了气孔。焊缝凝固过程中，在树枝晶间最容易聚集大量氢气气泡。由于氢气密度较小，容易上浮，但是，这里的排出困难而难以浮出，就形成了暴露于表面的喇叭形气孔。

（2）氮气气孔　其形成机理与氢气气孔相似。这种气孔随着保护措施的完善而逐渐少见。

（3）CO 气孔　这种气孔主要在低碳钢、铸铁、低碳低合金钢及碳材料的焊接中容易发生，这是由于化学反应产生大量 CO 气体，在焊缝凝固中排不出去，就形成了气孔。形状如毛毛虫状。如下列反应能够形成大量 CO 气体：

$$[C]+[O]=CO \tag{1-108}$$

$$[FeO]+[C]=CO+Fe \tag{1-109}$$

$$[MnO]+[C]=CO+Mn \tag{1-110}$$

$$[SiO_2]+2[C]=2CO+Si \tag{1-111}$$

在焊接热源离开之后，焊接熔池凝固产生的偏析，使得［FeO］和［C］增高，更容易发生式（1-109）反应，形成 CO 气孔。

1.12.1.2　焊缝中气孔的形成机理

气孔的形成是由三个阶段所组成：气泡的形核、长大和上浮。

（1）气泡的形核　气泡形核的条件：液态熔池中有过饱和的气体，有现成表面存在，可以降低形核的能量消耗。在液态熔池中有过饱和的气体的前提下，形核消耗的能量为

$$N=C\mathrm{e}^{-[(4\pi r2\sigma)/(3kT)]} \tag{1-112}$$

式中　N——单位时间内形成气泡核的数目；

C——常数；

e——自然对数；

r——气泡核的临界半径，cm；

σ——气泡与熔池液态材料的表面张力，dyn/cm^2，$1dyn/cm^2=0.1Pa$；

k——玻耳兹曼常数，$k=1.38\times10^{-9}J/K$；

T——开氏温度。

计算表明，在正常条件下，纯金属的 $N=10^{-16.2\times1022}$。所以，纯金属的焊接熔池中形成气泡核的可能性很小。但是，在凝固中的焊接熔池中存在着大量现成表面，如在熔池中分布着不均匀的溶质质点、熔渣表面等。特别是正在成长着的树枝状晶粒表面，很容易成为气泡核。在熔池中存在着现成表面的情况下，形成气泡核所需要的能量为

$$E_p=-(p_h-p_L)V+\sigma A[1-(A_a/A)(1-\cos\theta)] \tag{1-113}$$

式中　E_p——形成气泡所需要的能量，J；

p_h——气泡内的气体压力（×101kPa）；

p_L——液体压力（×101kPa）；

V——气泡核的体积，cm^3；

σ——金属与气泡的表面张力，dyn/cm^2，1dyn/cm^2=0.1Pa；

A——气泡核的表面积，cm^2；

A_a——吸附力的作用面积，cm^2；

θ——气泡核与现成表面的润湿角，(°)。

从式（1-113）可以看出，气泡依附于现成表面时，由于降低了相间张力 σ 并提高了 A_a/A 比值而使形成气泡所需要的能量 E_p 降低。A_a/A 比值最大的地方，最容易形成气泡。可以看到，在树枝状晶的两个夹角处 A_a/A 比值最大。此外，在这个夹角处形成的气泡曲率半径最小，其气泡内的气体压力 p_h 最大。因此，这里最容易形成气泡。

（2）气泡的长大　气泡核形成之后，气泡的长大条件是

$$p_h > p_0 \tag{1-114}$$

式中　p_h——气泡内的气体压力（×101kPa），为气泡内各种气体压力之和；

p_0——阻碍气泡长大的外部压力（×101kPa）。

p_h 为气泡内各种气体压力之和，不过形成气泡的气体往往是由一种气体为主。

阻碍气泡长大的外部压力 p_0 是由大气压力（p_a）、气泡上部液态金属和熔渣的压力（p_M+p_S）以及表面张力形成的附加压力（p_C）组成，即

$$p_0 = p_a + p_M + p_S + p_C \tag{1-115}$$

其中，气泡上部液态金属和熔渣的压力（p_M+p_S）可以忽略不计，表面张力形成的附加压力为

$$p_C = 2\sigma/r \tag{1-116}$$

式中　σ——金属与气泡的表面张力，dyn/cm^2，1dyn/cm^2=0.1Pa；

r——气泡半径，cm。

于是

$$p_h > p_a + p_0 = 1 + 2\sigma/r \tag{1-117}$$

由于气泡开始形成时，体积很小，即 r 很小，就是附加压力很大（在 $r=10^{-4}$cm，$\sigma=10^{-3}$J/cm^2 时，$p_C \approx 2.1$MPa），因此，气泡很难长大。但是，在树枝状晶的两个夹角处或者在现成表面形成的椭圆处，气泡半径 r 就很大，所以在这里，气泡核既容易形成，气泡也容易长大。

（3）气泡的上浮

① 表面张力的影响。在气泡形成并长大之后，由于受到液态熔池材料的浮力而上浮，并挣脱形成气泡的现成表面向上逸出，排出熔池。形成的气泡逸出的先决条件是脱离现成表面，气泡脱离现成表面的能力同现成表面与气泡的润湿角 θ 有关：

$$\cos\theta = (\sigma_{S.g} - \sigma_{S.M})/\sigma_{M.g} \tag{1-118}$$

式中　$\sigma_{S.g}$——现成表面与气泡之间的表面张力；

$\sigma_{S.M}$——现成表面与液态金属之间的表面张力；

$\sigma_{M.g}$——液态金属与气泡之间的表面张力。

气泡脱离现成表面的能力与润湿角 θ 有关，而 θ 取决于上述三个表面张力之间的关系，如式（1-118）所示。如果 $\theta<90°$，气泡就能够完全地脱离现成表面而没有残留［图 1-124（a）］，就不容易形成气孔；如果 $\theta>90°$，气泡就不能够完全脱离现成表面而有残留［图 1-124（b）］，就容易形成气孔。

② 熔池结晶速度的影响。熔池结晶速度太快，气泡来不及逸出，就容易形成气孔；熔池结晶速度较慢，气泡来得及逸出，就不容易形成气孔。气泡逸出的速度可以用下式估算：

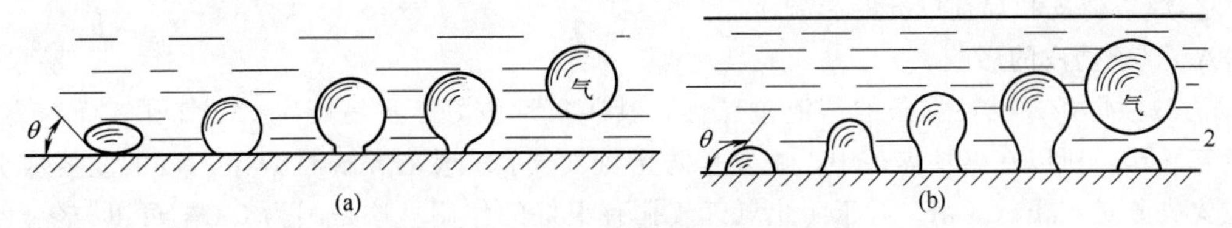

图 1-124　气泡脱离现成表面示意图

(a) $\theta<90°$；(b) $\theta>90°$

$$V=2/9[(\rho_1-\rho_2)gr^2/\eta] \tag{1-119}$$

式中　V——气泡上浮速度，cm/s；

ρ_1——液态材料的密度，g/cm^3；

ρ_2——气泡的密度，g/cm^3；

g——重力加速度，$980cm/s^2$；

r——气泡半径，cm；

η——液态金属的黏度，Pa·s。

从式（1-119）可以看到，气泡的半径越大，液态金属的密度越大，液态金属黏度越小，气泡上浮速度越快，就不容易产生气孔。所以，铝合金、镁合金和钛合金比较容易产生气孔。

1.12.1.3　形成气孔的影响因素及防治措施

（1）保护效果的影响　对焊接过程的保护不良，导致空气进入，焊缝中容易形成气孔，是其弊端之一。

（2）冶金因素的影响

① 熔渣氧化性的影响。熔渣的氧化性对焊缝气孔形成的敏感性和性质有很大影响。当熔渣的氧化性增加时，产生CO气孔的敏感性增加，形成氢气气孔的敏感性降低。适当调整熔渣的氧化性，可以有效防止这两类气孔的形成，如表1-24所示。

可以用焊缝中[C]×[O]来表示产生CO气孔的倾向。但是，不同类型的焊条，产生CO气孔的[C]×[O]的数值是不同的。对于酸性焊条来说，在[C]×[O]为31.36×10^{-4}时，还不能出现气孔；而对于碱性焊条来说，在[C]×[O]为27.30×10^{-4}时，就可能出现很多气孔。这是由于在不同的渣系中FeO的活度不同而造成的。在酸性熔渣中，FeO是碱性氧化物，与酸性氧化物易形成复合物，自由FeO降低，所以，形成气孔的[C]×[O]的数值较高；而在碱性熔渣中，FeO是碱性氧化物，不能形成复合物，自由FeO较高，所以，形成气孔的[C]×[O]的数值较低。

表 1-24　不同类型焊条的氧化性对产生气孔倾向的影响

焊条类型	焊缝中含量			氧化性	气孔倾向
	$w_{[O]}/\%$	$w_{[C]}\times w_{[O]}/\times10^{-4}\%$	$S_{[H]}/mL\cdot(100g)^{-1}$		
E4320-1	0.0046	4.37	8.80	↓增加	较多气孔(氢)
E4320-2	—	—	6.82		个别气孔(氢)
E4320-3	0.0271	23.03	5.24		无气孔
E4320-4	0.0448	31.36	4.53		无气孔
E4320-5	0.0743	46.07	3.47		较多气孔(CO)
E4320-6	0.1113	57.88	2.70		更多气孔(CO)
E5015-1	0.0035	3.32	3.90		个别气孔(氢)
E5015-2	0.0024	2.16	3.17		无气孔
E5015-3	0.0047	4.04	2.80		无气孔
E5015-4	0.0160	12.16	2.61		无气孔
E5015-5	0.0390	27.30	1.99		更多气孔(CO)
E5015-6	0.1680	94.08	0.80		密集大量气孔(CO)

② 焊条药皮和焊剂成分的影响。

A. 焊条药皮的影响。

a. 碱性焊条。碱性焊条的熔渣呈碱性，其脱氧性较好，不易产生 CO 气孔，而容易产生氢气气孔，所以在碱性焊条中，主要是防止氢气气孔。萤石是碱性焊条药皮的主要成分，其主要成分是 CaF_2，CaF_2 对于防止氢气气孔有很好的作用。这是因为 CaF_2 可以与氢气生成氟化氢而减少熔池中的氢含量：

$$CaF_2+H_2O = CaO+2HF \quad (1\text{-}120)$$

$$CaF_2+H = CaF+HF \quad (1\text{-}121)$$

$$CaF_2+2H = Ca+2HF \quad (1\text{-}122)$$

这样产生了大量 HF，HF 稳定，不易分解。所以氢气被束缚在 HF 气体中，并且被排出，避免了氢气气孔的产生。

CaF_2 虽然对消除氢气气孔很有效，但是对稳弧性不利；另外，产生的可溶性氟化物 NaF、KF 有一定的毒性，损害健康。

在碱性焊条中，其主要成分除 CaF_2 之外，还有碳酸盐 $CaCO_3$、$MgCO_3$ 等，在焊接加热过程中，能够分解出具有氧化性的 CO_2，CO_2 在电弧高温下几乎能够完全分解为 CO 和 O，能够与氢形成 OH 和 H_2O，减少氢含量，防止氢气气孔的产生。

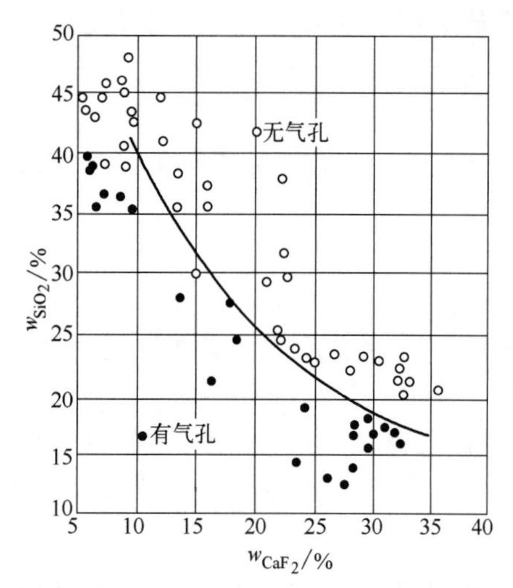

图 1-125　SiO_2 和 CaF_2 含量（质量分数）对焊缝产生气孔的影响

b. 酸性焊条。酸性焊条的熔渣，由于氧化性较强，容易产生 CO 气孔，主要是依靠药皮中加入具有较强氧化性的氧化物来防止氢气气孔。

B. 埋弧焊焊剂。

在低碳钢埋弧焊焊接的焊剂中（如 HJ431）同时含有较多的 SiO_2 和 CaF_2，它们在焊接时，可以发生如下反应，对于消除氢气孔很有效，如图 1-125 所示。

$$3SiO_2+2CaF_2 = SiF_4+2CaSiO_3 \quad (1\text{-}123)$$

$$SiF_4+2H_2O = 4HF+SiO_2 \quad (1\text{-}124)$$

$$SiF_4+3H = 3HF+SiF \quad (1\text{-}125)$$

$$SiF_4+4H+O = 4HF+SiO \quad (1\text{-}126)$$

在焊条药皮和焊剂中，适当加入氧化物（如 SiO_2、MnO、FeO 等），能够与氢生成稳定性仅次于 HF 的 OH，反应式如下：

$$SiO_2+H = SiO+OH \quad (1\text{-}127)$$

$$MnO+H = Mn+OH \quad (1\text{-}128)$$

$$FeO+H = Fe+OH \quad (1\text{-}129)$$

生成的 OH 不溶于液态金属，而且很稳定（图 1-126），所以能够消除气孔。酸性焊条没有 CaF_2，靠这种氧化物去氢，以消除氢气气孔。

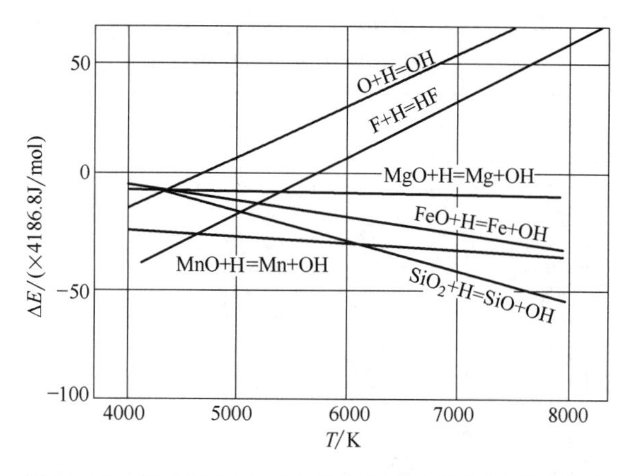

图 1-126　氧化物生成 OH 的反应自由能与温度的关系

③ 铁锈、油污和水分的影响。由于

焊前清理不彻底，在钢的表面存在铁锈、油污和水分时，也是使焊缝中产生气孔的重要原因。铁锈的成分是 $m\mathrm{Fe_2O_3} \cdot n\mathrm{H_2O}$（其质量分数为 $\mathrm{Fe_2O_3} \approx 83.28\%$，$\mathrm{FeO} \approx 5.7\%$，$\mathrm{H_2O} \approx 10.70\%$），其中绝大部分是高价铁的氧化物 Fe_2O_3 和 H_2O。对熔池金属既增氢，又增氧。加热时，会发生如下反应：

$$3\mathrm{Fe_2O_3} = 2\mathrm{Fe_3O_4} + \mathrm{O} \tag{1-130}$$

$$2\mathrm{Fe_3O_4} + \mathrm{H_2O} = 3\mathrm{Fe_2O_3} + \mathrm{H_2} \tag{1-131}$$

$$\mathrm{Fe} + \mathrm{H_2O} = \mathrm{FeO} + \mathrm{H_2} \tag{1-132}$$

由于铁锈既增氢，又增氧，所以，既可以产生氢气孔，又能够产生 CO 气孔。

水分也是既增氢，又增氧，所以，既可以产生氢气孔，又能够产生 CO 气孔。因此，焊条和焊剂必须烘干使用。碱性焊条烘干温度 350～450℃；酸性焊条由于含有有机物，烘干温度在 200℃。

（3）工艺因素的影响

① 焊接工艺参数的影响。增大焊接电流时，一方面，可以增加熔池的液态停留时间，有利于气体的逸出；另一方面，熔滴细化，有利于吸收气体，还能够增大熔深，气体排出困难。对不锈钢焊条而言，由于焊芯的电阻增大，药皮温度增高，可能导致碳酸盐提前分解，减弱保护，增大气孔倾向，甚至药皮脱落，失去保护作用。

提高电弧电压时，弧长增大，空气容易侵入电弧，导致气孔倾向增大。

提高焊接速度，一方面，熔池存在时间降低，不利于气体的排出；另一方面，熔池结晶速度提高，也不利于气体的排出。因此，导致气孔倾向增大。

② 电流种类的影响。交流电比直流电源的气孔倾向大，因为电流通过零点时，气体可以不受阻碍地溶入熔池。直流反接比直流正接的气孔倾向小，这是因为直流反接时，焊件为负极，不利于氢的正离子的溶入，气孔倾向降低。

③ 工艺操作的影响。焊条、焊剂必须烘干，焊剂也要按照说明书烘干，烘干后要放入保温装置内，及时使用。

要彻底清理焊件表面的铁锈、油污、水分等。

操作者要保持焊接过程稳定，适时采用措施。

1.12.2 焊缝中的夹杂

1.12.2.1 钢焊缝中的夹杂种类及其危害

钢焊缝中的夹杂种类有氧化物、硫化物和氮化物。

（1）氧化物　在低碳钢焊缝中的氧化物主要是由于脱氧不完全而存在的，主要有 SiO_2、MnO、TiO_2、Al_2O_3 等，一般多以硅酸盐的形式存在。这种夹杂物可能会引起热裂纹、层状撕裂等，还能够降低焊缝金属的力学性能，特别是降低塑性和韧性。

加强脱氧可以减少氧化物的存在和危害。

（2）硫化物　硫化物主要是焊条药皮和焊剂中带来的，在焊条和焊剂熔化时进入熔池。硫化物夹杂主要有 MnS 和 FeS。

硫化物的危害主要是形成热裂纹，降低焊缝金属的塑性和韧性。

净化焊条药皮和焊剂的原材料，减少硫化物是防止硫化物的根本措施。

（3）氮化物　在低碳钢和低碳低合金钢的焊接中，氮的主要来源是保护不善，使得空气侵入，保护良好是不会有氮气侵入的，其主要形式是 Fe_4N。Fe_4N 是在时效中从氮过饱和固溶体中析出脆硬的化合物，多以针状分布，或者可以贯穿晶界，大大降低焊缝金属的塑性和韧性。

氮化物具有强化作用，所以，可以用氮化物（不是 Fe_4N）来强化钢铁。如在低碳钢或者低碳低合金钢中加入合金元素钼、钒、铌、钛和铝等，形成它们弥散分布的氮化物，可以大大提高钢的强度，经过正火处理之后，具有良好的力学性能。如 15MnVN 钢、06AlNbCuN 钢等就是利用氮来强化的。

1.12.2.2 防止夹杂物的措施

① 主要是从源头防止 S、N 的侵入。净化焊条药皮和焊剂原材料，减少硫化物侵入；加强保护，防止空气侵入。

② 焊接工艺。进行良好的脱氧，采用有利于熔渣从焊接熔池浮出的工艺。

1.13 焊接结晶裂纹

1.13.1 焊接裂纹的种类和特征

熔化焊接接头中能够在接头的不同区域形成多种类型的裂纹（图 1-127）和特征（表 1-25）。在焊接接头的不同区域都有可能产生裂纹，主要是焊缝金属中的结晶裂纹，部分熔化区的液化裂纹，热影响区的延迟裂纹、液化裂纹、再热裂纹、层状撕裂和脆化裂纹等。此外，在异种钢的焊接部分熔化区还会产生剥离裂纹。

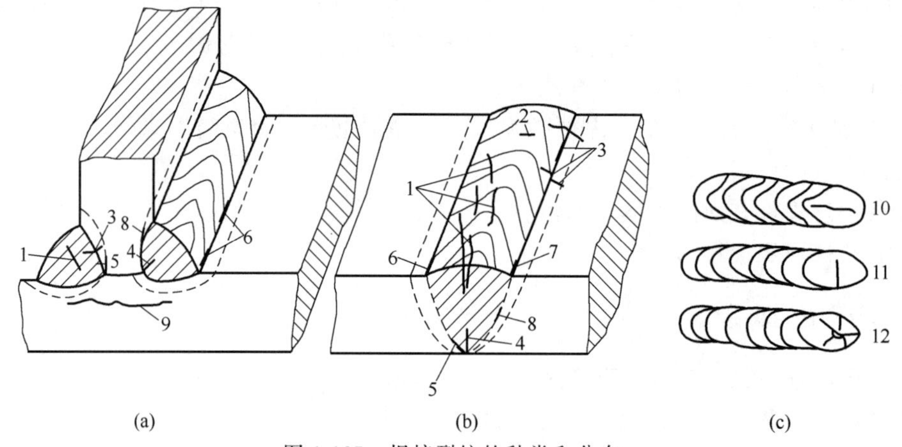

图 1-127 焊接裂纹的种类和分布

1—焊缝中的纵向裂纹；2—焊缝中的横向裂纹；3—熔合区裂纹；4—焊缝根部裂纹；5—HAZ 根部裂纹；6—焊趾纵向裂纹（延迟裂纹）；7—焊趾纵向裂纹（液化裂纹、再热裂纹）；8—焊道下裂纹（延迟裂纹、液化裂纹、多边化裂纹）；9—层状撕裂；10—弧坑裂纹（火口裂纹）；11,12—弧坑裂缝；

(a) 纵向裂纹；(b) 横向裂纹；(c) 星形裂纹

表 1-25 焊接裂纹的分类和特征

裂纹分类		基本特征	敏感的温度区间	母材	位置	裂纹走向
热裂纹	结晶裂纹	在结晶后期，由于低熔点共晶形成的液态薄膜削弱了晶粒间的联结，在拉应力作用下发生开裂	在固相线以上稍高的温度（固液状态）	杂质较多的碳素钢、低、中合金钢、奥氏体钢、镍基合金及铝合金	焊缝上，少量在热影响区	沿奥氏体晶界

续表

裂纹分类		基本特征	敏感的温度区间	母材	位置	裂纹走向
热裂纹	多边化裂纹	已凝固的结晶前沿，在高温和应力作用下，晶格缺陷发生移动和聚集，形成二次边界，它在高温处于低塑性状态，在应力作用下产生的裂纹	固相线以下再结晶温度	纯金属及单相奥氏体合金	焊缝上，少量在热影响区	沿奥氏体晶界
	液化裂纹	在焊接热循环最高温度作用下，在热影响区和多层焊的层间发生重熔，在应力作用下产生的裂纹	固相线以下稍低温度	含S、P、C较多的镍铬高强度钢、奥氏体钢、镍基合金	热影响区及多层焊的层间	沿晶界开裂
冷裂纹	延迟裂纹	在淬硬组织，氢和拘束应力的共同作用下而产生的具有延迟特征的裂纹	在Ms点以下	中、高碳钢，低、中合金钢，钛合金等	热影响区，少量在焊缝	沿晶或穿晶
	淬硬脆化裂纹	主要是由淬硬组织，在焊接应力作用下产生的裂纹	在Ms点附近	NiCrMo钢、马氏体不锈钢、工具钢	热影响区，少量在焊缝	沿晶及穿晶
	低塑性脆化裂纹	在较低温度下，由于母材的收缩应变超过了材料本身的塑性储备而产生的裂纹	在400℃以下	铸铁、堆焊硬质合金	热影响区及焊缝	沿晶及穿晶
再热裂纹（SR裂纹）		厚板焊接结构消除应力过程中，在热影响区的粗晶区存在不同程度的应力集中时，由于应力松弛所产生附加变形大于该部位的蠕变塑性，则发生再热裂纹	600～700℃回火处理	含有沉淀强化元素的高强度钢、珠光体钢、奥氏体钢、镍基合金等	热影响区的粗晶区	沿晶界开裂
层状撕裂（Lamellar Tear）		主要是由于钢板的内部存在有分层的夹杂物（沿轧制方向），在焊接时产生垂直于轧制方向的应力，致使在热影响区或稍远的地方产生"台阶"式层状开裂	约400℃以下	含有杂质的低合金高强钢厚板结构	热影响区附近	穿晶或沿晶
应力腐蚀裂纹（SCC）		某些焊接结构（如容器和管道等），在腐蚀介质和应力的共同作用下产生的延迟裂纹	任何工作温度	碳素钢、低合金钢、不锈钢、铝合金等	焊缝和热影响区	沿晶或穿晶开裂
剥离裂纹		产生在奥氏体不锈钢焊接珠光体钢的部分熔化区，低倍断口是平坦的，扫描电镜下为沿晶断口形貌	在高温高压氢环境下工作，冷却到室温之下发生的氢致延迟裂纹	母材为珠光体钢，焊缝为奥氏体不锈钢	部分熔化区	沿奥氏体不锈钢一侧平行成长的粗大奥氏体晶界的Ⅰ型（IG_{γ}）及位于碳化物层（增碳层）的Ⅱ型（IG_{C}）

1.13.2 结晶裂纹产生的机理

顾名思义，结晶裂纹是在焊缝金属的结晶过程中产生的。图 1-128 给出了焊接熔池金属的结晶过程，可以分为 4 个阶段。

第一个阶段为结晶的模糊阶段（图 1-128 阶段 1），这个阶段，焊缝金属在结晶初期，主要是液态金属为主，这个时期不会产生裂纹。

第二个阶段为凝聚范围（图 1-128 阶段 2）。在这个范围可能会形成裂纹，但是，这时仍然有足够的液态金属，一旦产生裂纹，就会有足够的液态金属填补，即所谓的“愈合作用”。

第三个阶段为裂纹形成阶段（图 1-128 阶段 3H）。这个阶段又可以分为两个阶段，即“液膜阶段”，这个阶段还存在连续的液态薄膜，是裂纹起裂和扩展阶段；泪滴阶段，这个阶段中残存的液态金属已经被晶界的固态金属分割开来，液态金属处于不连续状态。这个阶段为形成结晶裂纹的阶段，也叫作产生结晶裂纹的“临界”温度范围，即脆性温度区间，如图 1-129 所示。

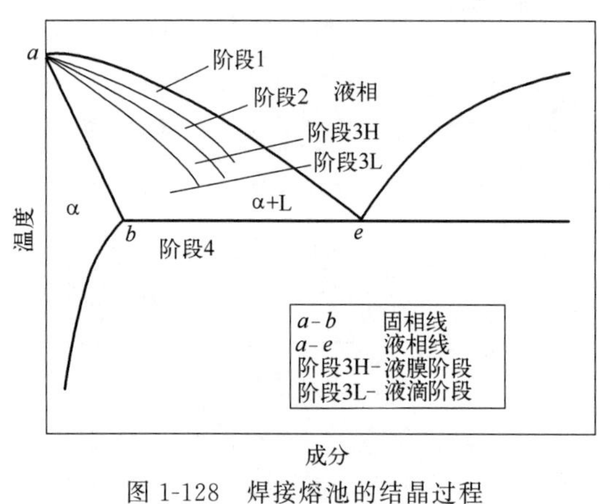

图 1-128 焊接熔池的结晶过程

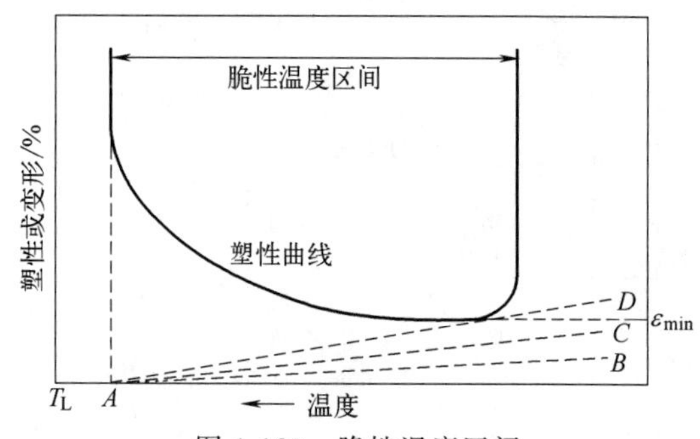

图 1-129 脆性温度区间

第四个阶段为结晶终了阶段（图 1-128 阶段 3L）。这时已经没有了液态金属，焊缝金属完全凝固，承受应力的已经是固态金属，所以不能够产生裂纹。

从上面的分析可见，产生结晶裂纹的影响因素主要取决于以下 3 个方面：

① 脆性温度区间（Brittle Temperature Range，BTR）的大小。脆性温度区间越大，就越容易产生裂纹。脆性温度区间的大小，取决于焊缝金属的化学成分，杂质成分的多少、分布，晶粒的大小和方向等。

② 脆性温度区间内的塑性。脆性温度区间内的塑性越小，越容易产生裂纹。脆性温度区间内的塑性主要取决于焊缝金属的化学成分，杂质成分的多少、分布，晶粒的大小，变形速度，液态薄膜的形态和分布等。

③ 脆性温度区间内塑性变形。随着温度的降低，变形增大，就容易产生裂纹。如图 1-129 所示，AB、AC 和 AD 分别表示不同的变形，AD 表示产生裂纹的临界变形量。如果这种塑性变形线再陡一些，与塑性曲线相交，就会产生裂纹。这个变形曲线的斜度主要取决于金属的膨胀系数、焊接接头的刚度、焊缝的位置、焊接热输入量的大小以及温度场的分布等。

这 3 个因素是相互独立又相互联系的。金属的脆性温度区间越大，脆性温度区间的塑性越低，金属在脆性温度区间的塑性变形越大，就越容易产生裂纹。

1.13.3　焊接热裂纹的断裂类型和断口形貌

焊接热裂纹根据其断裂时的结晶条件可以存在 4 种形态，如图 1-130 和图 1-131 所示。

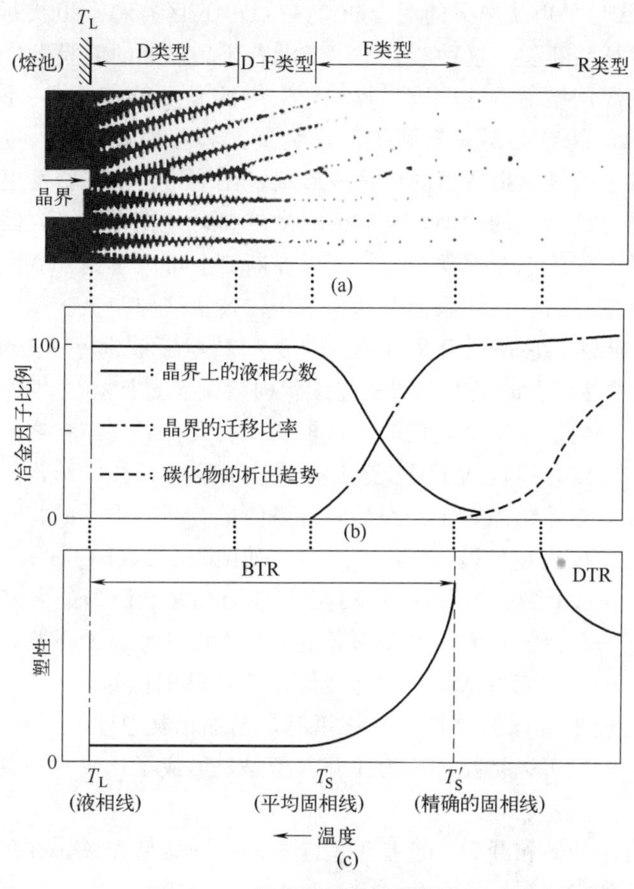

图 1-130　焊接热裂纹的断裂类型

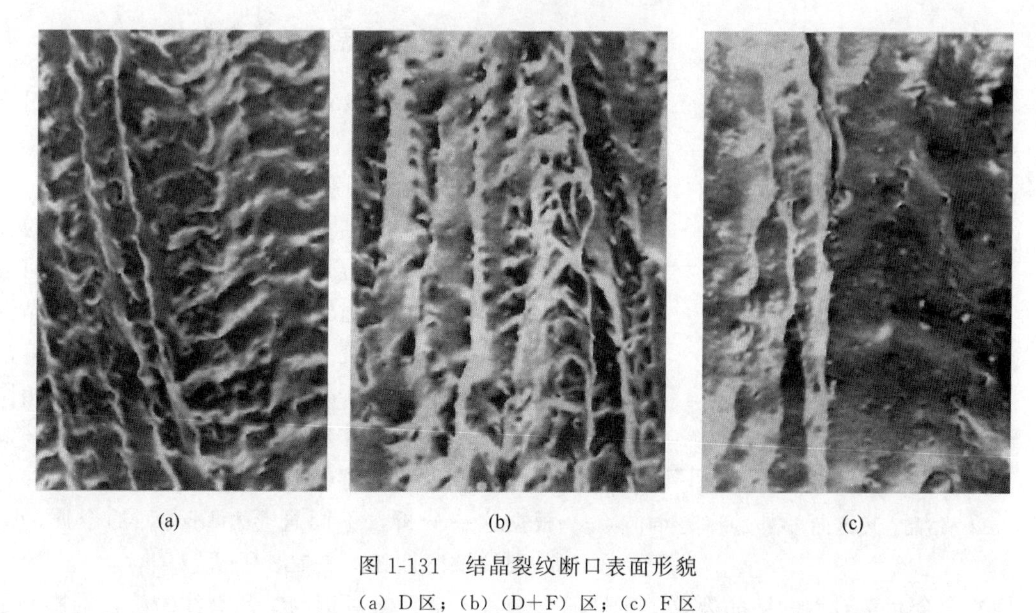

图 1-131　结晶裂纹断口表面形貌

（a）D 区；（b）（D+F）区；（c）F 区

晶界面上还存在连续液层（温度较高时）；在裂纹启动后的发展过程中，这个连续液层被拉开，裂纹的扩展就会向晶间液层较厚的区域（因为这里的温度次高，黏度较低）以及晶间液层较少而不连续（温度较低）的区域进行。因此，相对应地分别将结晶裂纹划分为树枝状断口区（D区）、树枝状与平坦状组成的混合断口区（D+F区）和平坦状断口区（F区）。

（1）D类型，树枝晶断裂　这种断裂是由于沿着亚晶界处的液膜发生分离造成的，并且表现出一个连续的液膜网络沿着这些边界形成，发生的温度较高，是在液相线之下。这时，液态薄膜还是连续的，晶界上还是充满了液态金属，其塑性还很低。断口形貌如图1-131（a）所示，这时断口表面显示出典型的树枝状形貌。在结晶裂纹开始发生时，晶界面上还存在连续液层，已经是焊缝结晶的晚期，其表面温度较高，过冷度较大，因此树枝状结构比较发达，这时裂纹表面晶间液态金属层较厚，所以在断口上可以看到开裂之后，继续沿着生长着的树枝晶结晶的现象。这一区域表面凹凸不平，树枝状结构明显。

（2）D+F类型断裂　它是混合型断裂，是从树枝状断裂向平齐断口断裂过渡的断裂[图1-131（b）]。这时晶界上的液态金属从连续状向熔滴状过渡，其塑性开始上升。随着结晶裂纹的进一步扩展，裂纹向温度较低的区域扩展，裂纹扩展到晶粒之间的液态金属层已经很薄，过冷度较小，所以，树枝状不是很发达，甚至有胞状树枝状结构。由于其液态金属层较薄，开裂之后的表面立即结晶，于是裂纹断口表面也有凹凸不平的特点，但是晶粒表面比较平滑，留下了具有树枝状和平坦状的混合断口，如图1-131（b）所示。

（3）F类型，平齐型断裂　这种断裂表面已经没有树枝状断裂的痕迹，是孤立的液滴分离导致其间固相之间的分离。这时，液相覆盖的晶界表面开始急剧下降，材料的塑性开始急剧提高。裂纹继续扩展，温度更低，是焊缝金属已经结晶的区域，二次晶轴已经不太发达，柱状晶之间的界面比较平直，裂纹扩展到这里时，结晶已经基本完成，只有少量分散的液相，晶间强度不高，仍然可以被拉伸应力拉开。于是，形成了比较平坦的表面，成为平坦断口区，如图1-131（c）所示。

（4）R类型，沿晶的固相断裂　这是失塑断裂的一种典型裂纹，在奥氏体不锈钢和镍基合金的焊缝金属中才能发生。

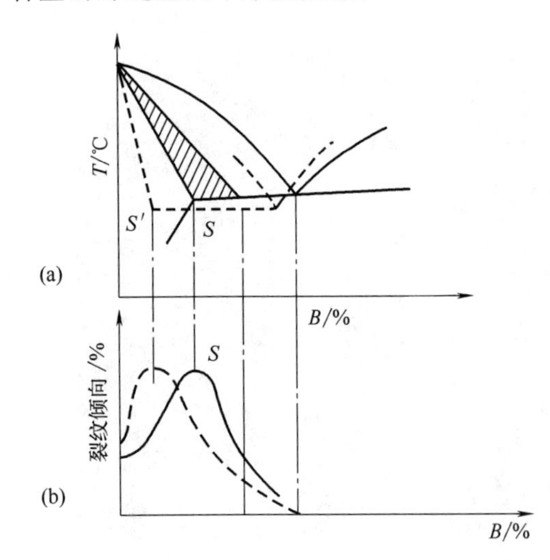

图1-132　结晶温度区间与裂纹倾向之间的关系

1.13.4　影响结晶裂纹的因素

影响结晶裂纹的因素可以归结为冶金因素和力学因素。

1.13.4.1　冶金因素

（1）金属的结晶温度区间与相图之间的关系　金属的脆性温度区间与其结晶温度区间成正比的关系，其脆性温度区间是随着其结晶温度区间的大小而变化的。但是，由于焊接熔池结晶的不平衡性，焊缝金属的结晶温度与相图相比，往左下方移动了，即最大结晶温度区间从S点向左下方移动到S′点，如图1-132所示。根据这一分析，不同合金相图类型的金属的结晶裂纹敏感性如图1-133所示。

（2）合金元素对钢的结晶裂纹敏感性的影响　合金元素对钢的结晶裂纹敏感性的影响是

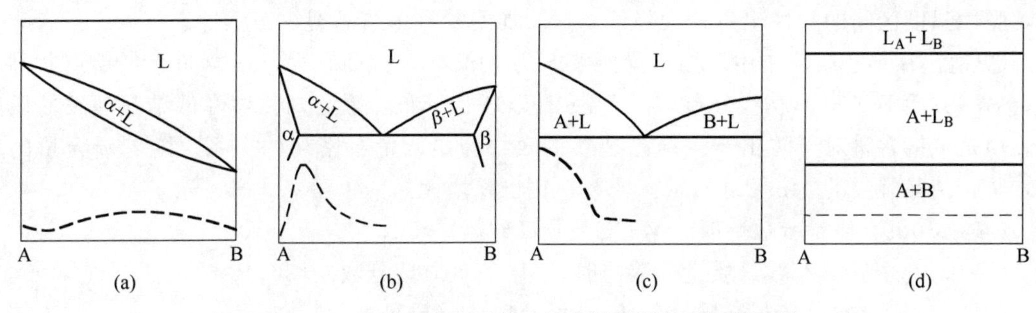

图 1-133　不同合金相图类型的金属的结晶裂纹敏感性

(a) 完全互溶；(b) 有限固溶；(c) 机械混合物；(d) 完全不互溶（虚线表示结晶裂纹倾向的变化）

非常重要的，也是十分复杂的，它是影响产生裂纹（不只是结晶裂纹）的最本质的因素，它不仅决定脆性温度区间及塑性的大小，还影响脆性温度区间的变形增长率。图 1-134 给出了钢中合金元素对其结晶温度区间的影响。

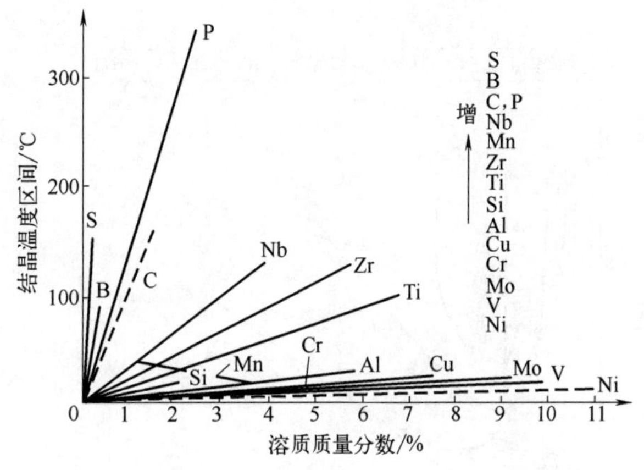

图 1-134　钢中合金元素对其结晶温度区间的影响

① 硫和磷。

a. 硫和磷能够与铁形成低熔点共晶，增大结晶温度区间。由于硫和磷与铁及镍能够形成熔点很低的共晶体，因此结晶温度区间增大；

b. 硫和磷在 γ 相中的溶解度大大低于在 δ 相中的溶解度（表 1-26）；

c. 硫和磷很容易引起偏析，它们在钢中的偏析系数最大（表 1-27），少量含量就可以形成液态薄膜。

表 1-26　硫和磷在不同钢组织中的溶解度

元素	最大的溶解度/%	
	在 δ 相	在 γ 相
硫	0.18	0.05
磷	2.8	0.25

表 1-27　各元素在钢中的偏析系数 *K*

元素	S	P	W	V	Si	Mo	Cr	Mn	Ni
K	200	150	60	55	40	40	20	15	5

② 碳。碳是影响钢焊缝金属结晶裂纹的主要元素，碳-铁二元合金在高温区发生包晶反应（δ+L→γ），其含量不同，结晶温度区间不同，结晶产物不同。随着碳含量的提高，加剧其它元素（硫和磷）的影响。这是因为碳含量的增加，包晶反应形成的 γ 相增多，液相中硫和磷的含量就增多，更容易形成液态薄膜，增大其结晶裂纹敏感性。但是，碳含量不同，对结晶裂纹倾向的影响也不同。研究表明，碳含量在质量分数 0.10%以下，结晶过程不会发生包晶反应，得到的金属只有 δ 相，没有 γ 相，因此，结晶裂纹倾向较低。

图 1-135 给出了碳钢中碳含量（质量分数%）对脆性温度区间的范围和塑性的影响。可以看到，随着碳含量的提高，脆性温度区间大大向低温侧移动，脆性温度区间范围也大大加

宽，脆性温度区间的塑性也有较大降低，这就加剧了产生结晶裂纹敏感性。

③ 锰。锰具有脱硫作用，能够置换 FeS 为 MnS，一方面减少 FeS 含量，低熔点共晶减少；另一方面 FeS 以薄膜状分布，而 MnS 是以球状分布，因此，能够降低结晶裂纹的敏感性。但是，锰含量对于防止产生结晶裂纹的效果与碳含量有密切的关系。随着碳含量的增大，防止结晶裂纹的 Mn/C（质量分数%）比也要增大：

C≤0.10%（质量分数）时，Mn/C（质量分数）≥22；

C=0.11%～0.125%（质量分数）时，Mn/C（质量分数）≥30；

C=0.125%～0.155%（质量分数）时，Mn/C（质量分数）≥59。

④ 锰-碳-硫的综合影响。图 1-136 为锰-碳-硫对结晶裂纹敏感性的综合影响。

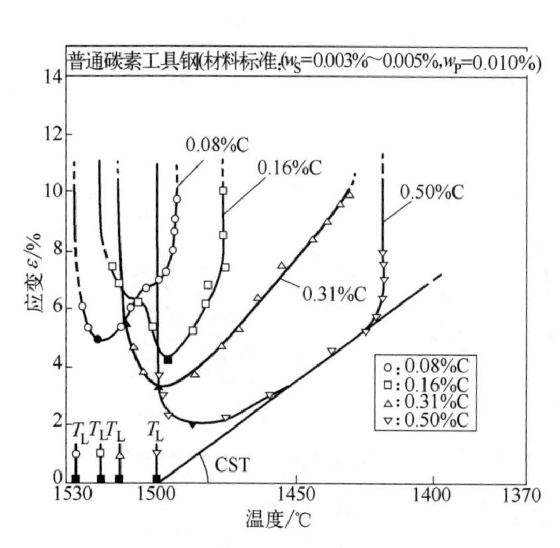

图 1-135　碳钢中碳含量（质量分数）对脆性温度区间的范围和塑性的影响

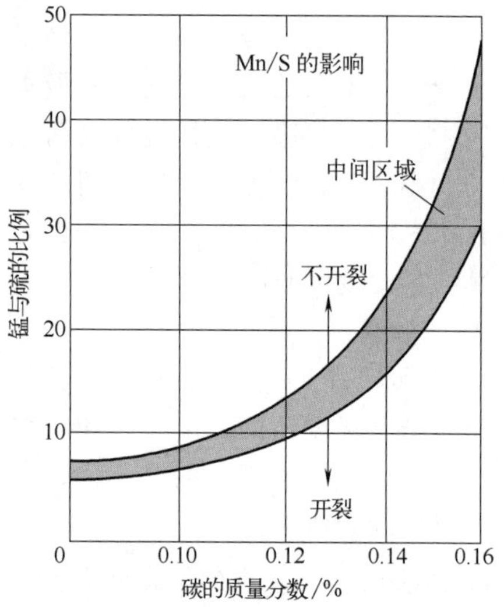

Mn/S 的影响
中间区域
不开裂
开裂
锰与硫的比例
碳的质量分数/%

图 1-136　锰-碳-硫对结晶裂纹敏感性的综合影响

⑤ 其它元素的影响。其它元素对钢中产生结晶裂纹敏感性的影响，也与碳含量有关。把其它合金元素对产生结晶裂纹的影响折合为碳的影响，以碳当量（C_{eq}）表述如下：

金属中的含碳量 0.09%～0.14%时，

$$C_{eq}=C+2S+\frac{P}{3}+\frac{Si-0.4}{10}+\frac{Mn-0.8}{12}+\frac{Ni}{12}+\frac{Cu}{15}+\frac{Cr-0.8}{15} \tag{1-133}$$

当含碳量 0.15%～0.25%时，

$$C_{eq}=C+2S+\frac{P}{3}+\frac{Si-0.4}{7}+\frac{Mn-0.8}{8}+\frac{Ni}{8}+\frac{Cu}{10}+\frac{Cr-0.8}{10} \tag{1-134}$$

当含碳量 0.25%～0.35%时，

$$C_{eq}=C+2.5S+\frac{P}{2.5}+\frac{Si-0.4}{5}+\frac{Mn-0.8}{6}+\frac{Ni}{6}+\frac{Cu}{8}+\frac{Cr-0.8}{8} \tag{1-135}$$

一般来说，钢中碳含量越高，越容易产生结晶裂纹。

（3）结晶初生相的影响　图 1-137 为 Cr_{eq} 和 Ni_{eq}（质量分数%）对结晶裂纹敏感性的影响。可以看到，Cr_{eq} 的增大能够降低结晶裂纹敏感性，而 Ni_{eq} 的增大会增大结晶裂纹敏感性。这是因为 Cr 为铁素体形成元素，Cr_{eq} 增大，提高了结晶初生相的铁素体含量，因此，能够降低结晶裂纹敏感性；而 Ni 为奥氏体形成元素，Ni_{eq} 增大，提高了结晶初生相的奥氏体含量，因此，能够增大结晶裂纹敏感性。

图 1-138 更能够说明结晶初生相对结晶裂纹敏感性的影响。可以看到，S+P 对奥氏体不锈钢结晶裂纹的影响，主要还是 Cr_{eq}/Ni_{eq} 的影响。在 $Cr_{eq}/Ni_{eq}>1.5$ 时，S+P 的含量对结晶裂纹敏感性很小；但是，$Cr_{eq}/Ni_{eq}<1.5$ 时，S+P 的含量对结晶裂纹敏感性很大。这是由于 $Cr_{eq}/Ni_{eq}\approx 1.48$ 时，结晶初生相由奥氏体转变为铁素体所致。

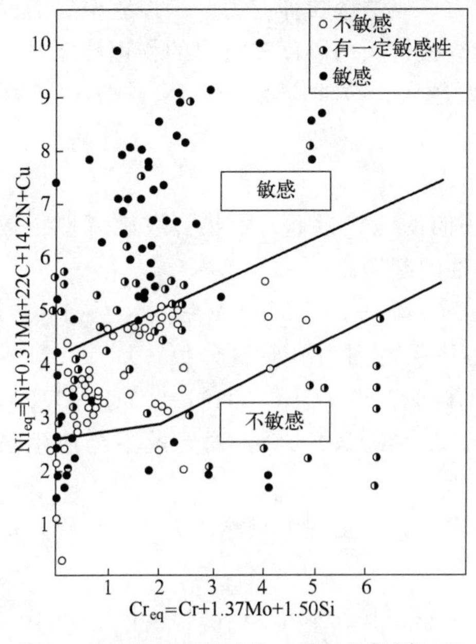

图 1-137 钢材化学成分（质量分数%）对结晶裂纹敏感性的影响

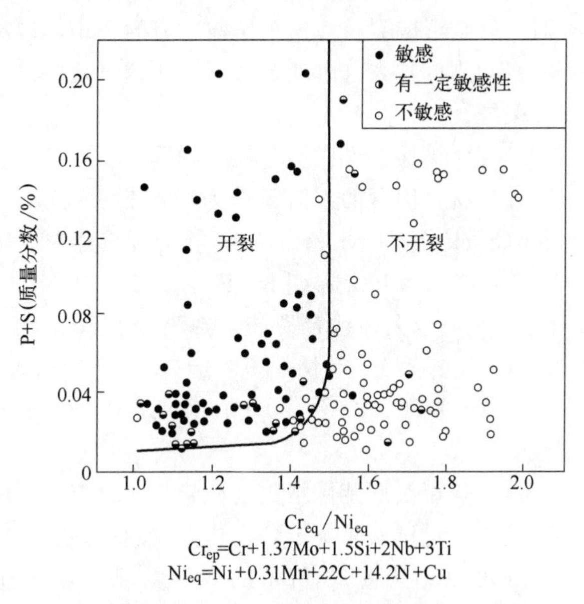

图 1-138 S+P 对奥氏体不锈钢结晶裂纹的影响

图 1-139 给出了奥氏体和双相不锈钢的 WRC-1992 图，此图可以用来确定焊缝金属产生结晶裂纹敏感性。如果焊缝金属化学成分处于 FA 和 F 区，产生结晶裂纹敏感性就低；如果

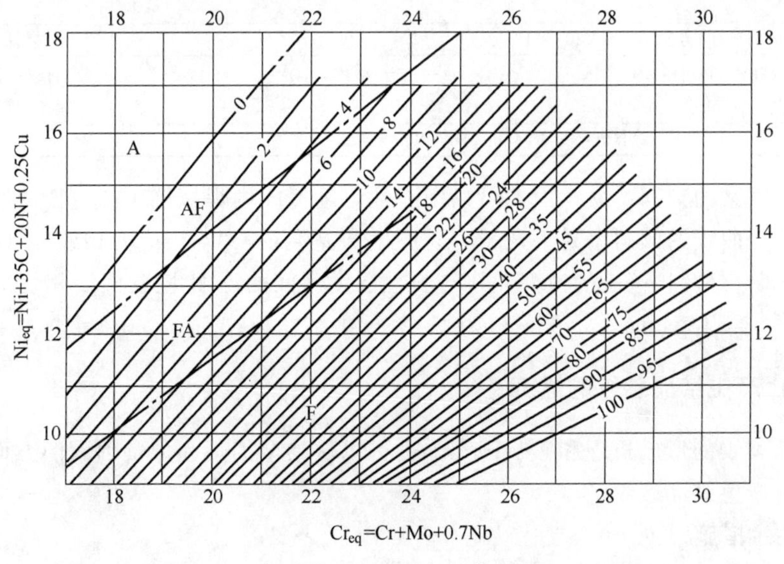

图 1-139 奥氏体和双相不锈钢的 WRC-1992 图

焊缝金属化学成分处于A和AF区，产生结晶裂纹敏感性就高。所以化学成分位于FA区的奥氏体不锈钢和通常以铁素体为结晶初生相的双相不锈钢，即使在高杂质元素（S+P）含量下，也有很强的抗结晶裂纹的能力。

1.13.4.2 力学因素

焊缝金属在结晶过程的液-固阶段存在低熔共晶，在晶界形成液态薄膜，是产生结晶裂纹的必要条件；还必须受到一定的力的作用，才能够形成结晶裂纹。在焊缝金属结晶的过程中，随着温度的降低，焊接接头将收缩，产生拉伸应力，当这个拉伸应力大于焊缝金属的强度时，就会形成裂纹。这个拉伸应力的大小，取决于焊接接头的刚度和材料的物理性能，被焊材料的刚度越大（厚度越大、尺寸越大）、线胀系数越大，拉伸应力就越大，越容易产生结晶裂纹。

1.13.4.3 焊接热裂纹敏感性的判据

（1）材料因素的判据　作为焊接热裂纹敏感性倾向的考核指标，用热裂纹敏感性指数（Hot Crack Sensitivity，HCS）作为焊接热裂纹敏感性的判据。

$$HCS=C[S+P+(Si/25)+(Ni/100)]/(3Mn+Cr+Mo+V) \tag{1-136}$$

HCS值越大，越容易产生热裂纹。HCS判据的使用范围为（质量分数%）：(0.21～0.38)C-(0.35～1.57)Mn-(0.15～1.55)Si-(0.00～0.07)S-(0.00～0.034)P-(0.12～1.90)Ni-(0.11～12.92)Cr-(0.00～1.50)Mo-(0.00～0.54)V。当 $HCS<3.6$ 时，就不会产生热裂纹。

这一热裂纹敏感性指数是经验公式，有一定的局限性，在工程上只能作为一个估算，最终还是要通过试验来决定防止热裂纹的条件。

还可以用表1-28所示的焊接结晶裂纹敏感性指数（Cracking Susceptibility Factor，CSF）作为焊接热裂纹敏感性倾向的考核指标。

表1-28　焊接结晶裂纹敏感性指数

系数	钢/焊缝类型
$CSF=[P\times(C+0.142Ni+0.282Mn+0.2Cr-0.14Mo-0.224V)+0.195S+0.0216Cu]\times10^4$	低合金钢
$CSF=42[C+20S+6P-0.25Mo-720]+19$	低合金钢
$CSF=184C+970S-188P-18.1Mn-(47.60S\times C)-(12,400S\times P)+(501P\times Mn)+(32,600C\times S\times P)+12.9$	低碳埋弧焊(SAW)焊缝金属
$CS_{TWI}=230C+190S+75P+45Nb-12.3Si-5.4Mn-1$	未规定

（2）力学因素的判据　力学因素可以用脆性温度区间内焊接接头的应变曲线的倾斜率来表示，这个应变曲线的倾斜率越大，越容易产生结晶裂纹。“临界应变切线”（Critical Strain Tangent，CST）是焊接接头的应变曲线与脆性温度区间的温度-应变曲线相切的倾斜线，如图1-140所示，$CST=\tan\theta$，θ 角越大，越容易产生结晶裂纹。

1.13.5 防止产生结晶裂纹的措施

根据结晶裂纹的形成机理和影响因素，也可以从冶金因素和力学因素两方面采取措施来防止焊缝金属产生结晶裂纹。

1.13.5.1 冶金措施

（1）限制焊缝金属中的杂质含量　对于钢焊缝金属来说，就是限制其硫、磷杂质和碳的

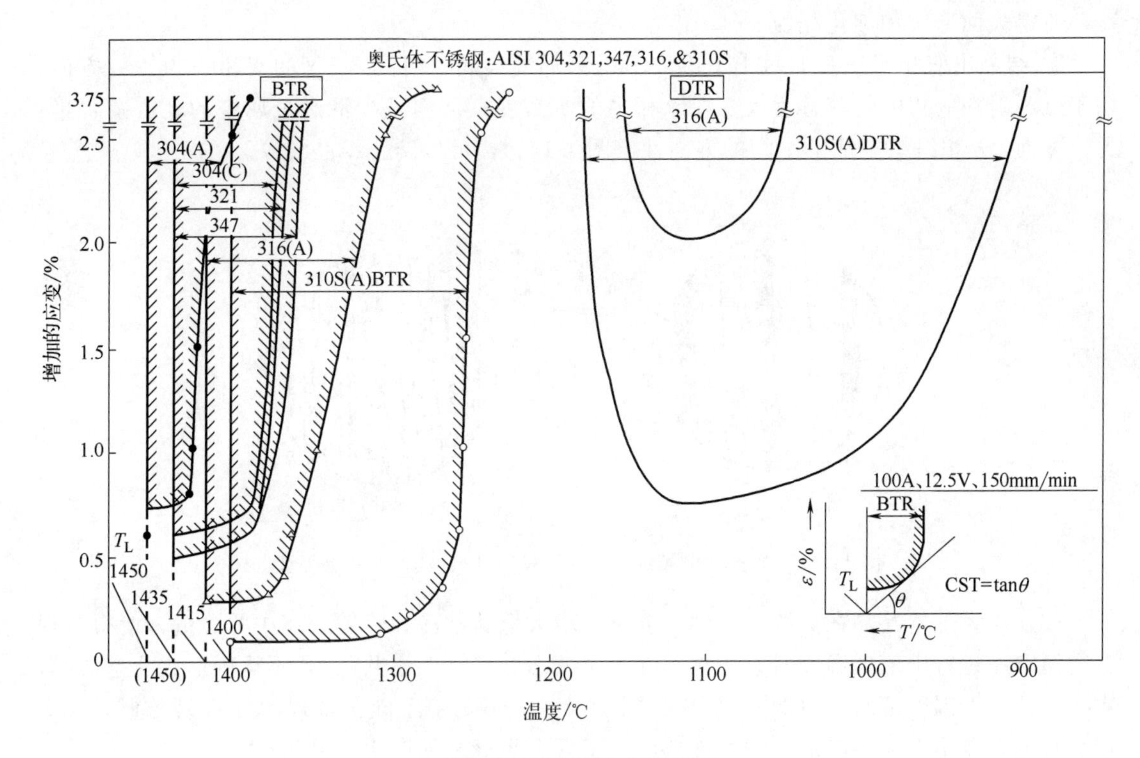

合金	BTR/℃
304(F)类型	50
321(F)类型	70
347(F)类型	75
316(A)类型	95
310(A)类型	150

图 1-140　奥氏体不锈钢的脆性温度区间范围

含量。如对于低碳钢和低合金钢的母材和焊丝中的硫、磷含量应当限制在质量分数 0.03%～0.04%，碳含量应当限制在质量分数 0.12%以下，焊丝和焊条焊芯的碳含量限制在质量分数 0.1%以下。对于高强度合金钢和高合金钢（如不锈钢）的母材和焊丝中的硫、磷含量应当限制在质量分数 0.03%以下，碳含量也应当限制，甚至可以限制在质量分数 0.03%以下。

（2）改善焊缝金属的一次结晶组织　改善一次结晶组织是防止焊接接头产生结晶裂纹的重要措施。

① 细化晶粒。

a. 对焊缝金属进行变质处理。在焊缝金属中加入细化晶粒的元素，如在钢焊缝金属中加入钼、钒、铁、铌、锆、铝及稀土元素等。由于它们能够形成高于钢焊缝金属熔点的氧化物等，能够成为焊缝金属结晶的晶核，细化晶粒，可以防止结晶裂纹的产生。

b. 磁场搅拌焊接熔池。磁场搅拌焊接熔池可以细化焊缝金属晶粒。

c. 摆动电弧。采用单个或者多个电弧使弧柱发生电磁振荡，或者采用机械方法摆动电弧，可以使焊缝金属晶粒细化。

d. 脉冲电弧。脉冲电弧焊接中的低电流脉冲阶段，由于热输入减小而导致液态金属过冷，使得表面形核和细化晶粒。

② 结晶出双相组织。如对于奥氏体不锈钢焊缝金属，得到 δ+γ 的双相组织，一方面，由于硫、磷在 δ 相中的溶解度大于在 γ 相中的溶解度，从而减少液态金属中的硫、磷含量；另一方面，δ 相组织打乱了 γ 相的方向性（图 1-141），可以防止结晶裂纹。

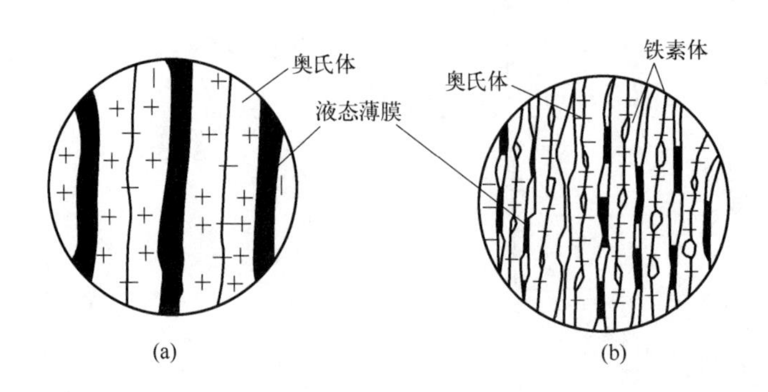

图 1-141 单相 γ 相（a）和 δ+γ 双相组织（b）不锈钢焊缝

（3）增大低熔共晶在焊缝金属中的含量 增大低熔共晶在焊缝金属中的含量，使得在焊缝金属结晶过程中最低温度时，仍然存在大量液态金属（低熔共晶），不至于形成液态薄膜，大大降低脆性温度区间，以防止结晶裂纹的产生。如采用铝-硅合金焊丝焊接铝合金，就是增大焊缝金属中低熔共晶的方法，能够防止铝合金焊缝金属产生结晶裂纹。

1.13.5.2 工艺措施

（1）接头形式 如图 1-142 所示，对接接头焊接熔池的深宽比小时，抗结晶裂纹性能高，因为这时的液态薄膜的方向与焊接应力平行，如图 1-142（a）、（b）所示。而对接接头焊接熔池的深宽比大，及搭接、丁字接、外角接时抗裂纹能力较差，如图 1-142（c）～（f）所示。

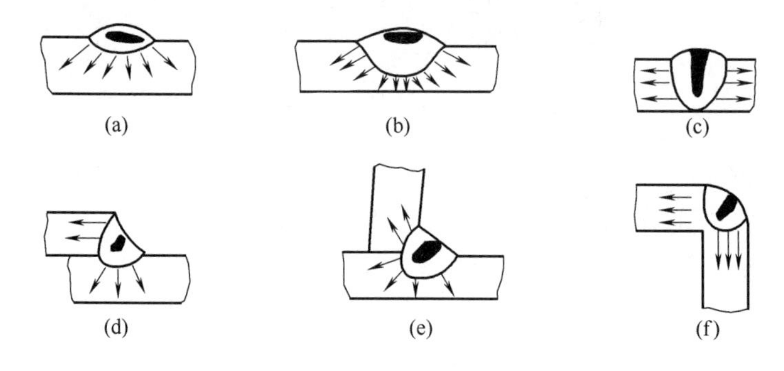

图 1-142 接头形式对结晶裂纹的影响

（2）焊缝成型系数 图 1-143 给出了焊缝成型系数 [$\phi=B$(焊缝表面宽度/H(焊缝熔深)] 对产生结晶裂纹的影响。

（3）焊接线能量 焊接线能量大，焊接冷却速度慢，抗结晶裂纹性能好；焊接线能量小，焊接冷却速度快一些，抗结晶裂纹性能好（图 1-144）。

（4）合理安排焊接顺序 合理安排焊接顺序，使焊接熔池尽可能在较小刚度条件下，抗结晶裂纹性能较高。

（5）预热 预热具有增大焊接线能量的效果，可以减慢焊接冷却速度，抗结晶裂纹性能好。

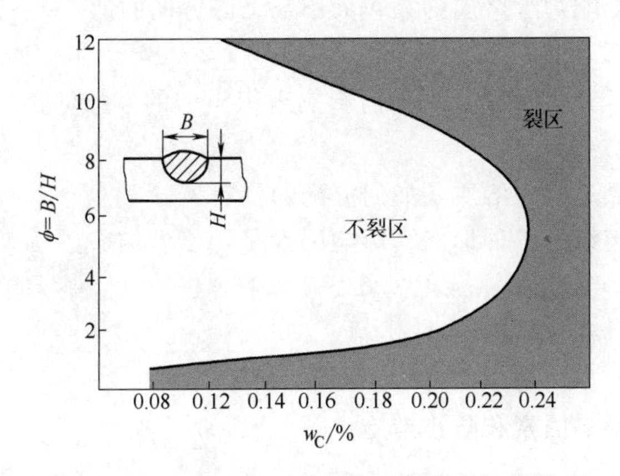

图 1-143　成型系数对碳钢焊缝结晶裂纹的影响

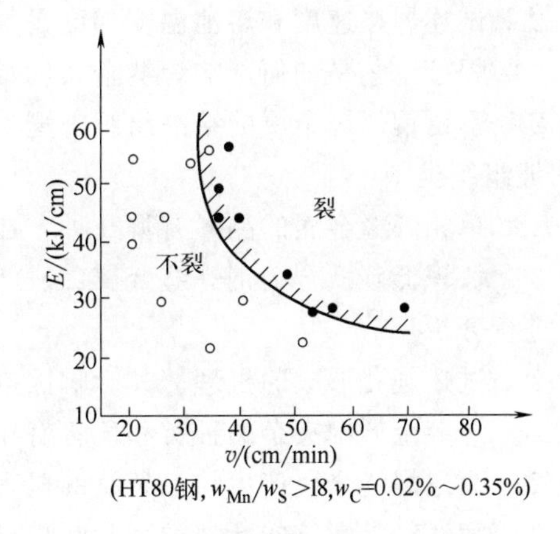

图 1-144　焊接速度与焊接热输入对焊缝结晶裂纹的影响

思　考　题

1. 电弧焊填充材料的加热方式有哪些？其熔滴过渡有哪几种？不同的焊接方法，其熔滴过渡的特点是什么？熔滴有哪些特性？

2. 焊条电弧焊熔池的形状和尺寸受哪些因素的影响？其温度分布有哪些特点？

3. 材料焊接中为什么要进行保护？有哪几种保护？

4. 分析焊条电弧焊的化学冶金反应的分区及其特点，其对焊缝金属化学成分的影响如何？

5. 焊接区的气体有哪些？来源如何？是如何与金属发生作用的？对焊接质量有何影响？如何防止？

6. 简述氢在金属中的溶解和扩散（包括液态和固态金属）。氢脆的机理如何？氢脆断口的特征有哪些？

7. 为什么说低碳钢的二氧化碳保护焊不能用 H08，必须用合金钢焊丝？

8. 试述焊接熔渣的分类和作用。

9. 用焊接熔渣的分子理论和离子理论解释熔渣的冶金行为。

10. 熔渣的性能（物理和化学）对其焊接的冶金性能和工艺性能有何影响？

11. 碱性熔渣和酸性熔渣有何特点？如何影响其焊接性能？

12. 分析焊接过程中的氧化和脱氧。

13. 选择脱氧剂的原则是什么？

14. 硫和磷的来源、对金属的影响是什么？如何防止？

15. 焊缝金属合金化的目的和方式如何？选择合金剂的原则是什么？

16. 综合分析熔渣的碱度对焊接冶金过程的影响。

17. 焊接熔池的结晶与铸锭的结晶有什么特点？

18. 何谓联生结晶？

19. 何谓自发晶核和非自发晶核？非自发晶核的形成机制是什么？

20. 熔池金属的结晶有哪几种形态？其影响因素是什么？

21. 枝晶和胞晶间距大小意味着什么？枝晶和胞晶间距与哪些因素有关？

22. 试述焊接速度和熔池温度梯度是如何影响焊缝金属的晶粒大小、结晶方向的。

23. 焊接工艺是如何影响焊缝金属的结晶形态的。

24. 不锈钢焊缝金属的结晶组织类型如何？其化学成分是如何影响组织类型的？如何预测焊缝组织类型？

25. 单相焊缝金属的晶界有哪几种？在结晶过程中溶质是如何分配的？

26. 认识低碳低合金钢焊缝金属二次转变组织的各种形态。影响因素是什么？结合图 1-115 进行分析

27. 试述气孔形成的机理。其影响因素有哪些？

28. 焊缝金属中夹杂的种类和危害有哪些？如何防止？

29. 简述焊缝金属产生结晶裂纹的机理、影响因素和防止措施。

30. 简述结晶裂纹的断裂类型和断口形貌。

第2章 焊接部分熔化区

2.1 焊接部分熔化区的现象与形成

2.1.1 焊接部分熔化区现象

焊接部分熔化区，即焊接接头加热温度在母材的液相线到固相线之间的区域（图 2-1）。

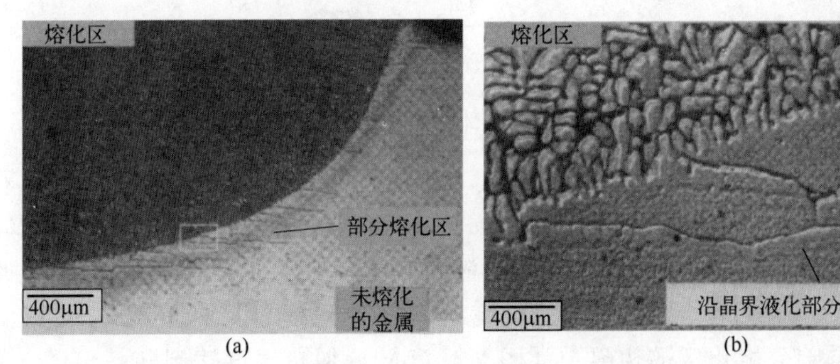

图 2-1 用 4145 焊丝 MIG 焊接 6061 铝合金的部分熔化区的形貌，(b) 为 (a) 中方框区域的放大

2.1.2 焊接部分熔化区的形成

理论上，焊接部分熔化区包括在焊接中峰值温度达到母材的液相线和固相线之间温度的区域，其宽度受到焊接加热温度梯度的影响。热源能流集中度大，焊接加热温度梯度大，焊接部分熔化区就窄；热源能流集中度小，焊接加热温度梯度小，焊接部分熔化区就宽。

图 2-2 为 2219 铝合金（其成分为质量分数 Al-6.3Cu）中焊接部分熔化区的形成过程示意图。图 2-2（a）为相图，图 2-2（b）为热循环曲线，图 2-2（c）为焊缝横截面。在焊接热循环的作用下，化学成分为 b 的金属被加热到共晶温度（T_E=548℃）与液相线温度（T_L=643℃）之间时，材料处于固-液状态（α+L），也就是说，加热到共晶温度与液相线温度之间的区域的母材处于部分熔化状态。

2.2 焊接部分熔化区的液化

2.2.1 液化机理

存在 6 种液化机制。

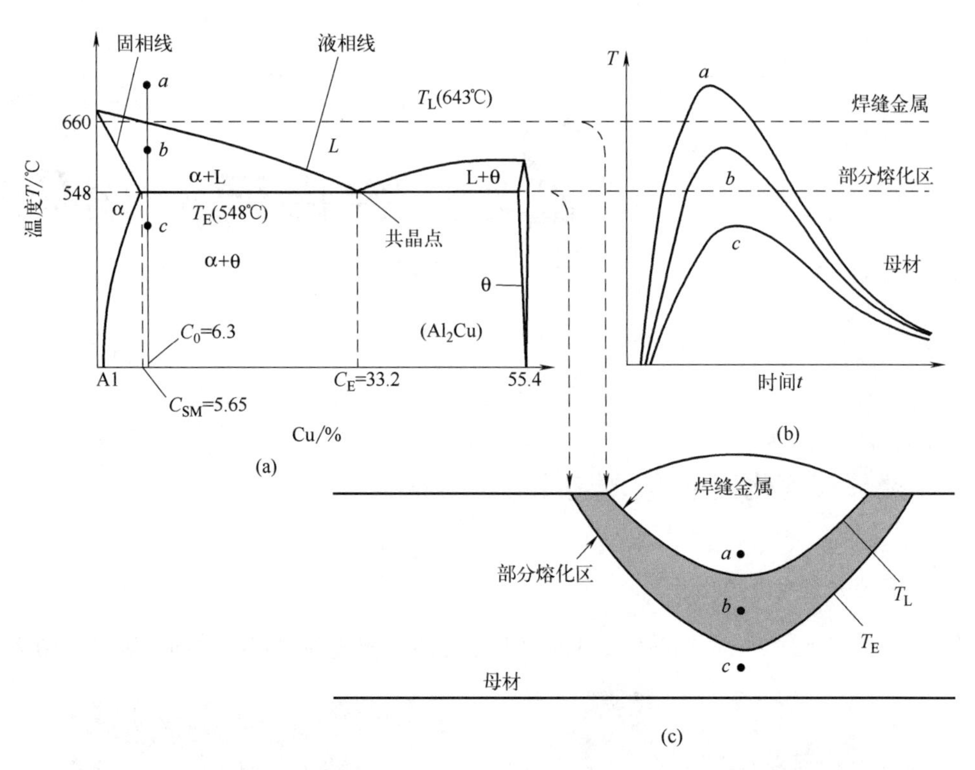

图 2-2　2219 铝合金焊接部分熔化区的形成示意图

（1）析出相（A_xB_y）与基体（α）的反应　以合金 C_2（2219 铝合金）为例，在加热到共晶温度（T_E）以上的温度，其组织都是由 α 基体和金属间化合物 A_xB_y 组成（图 2-3）。这时，就会发生 $\alpha+A_xB_y \rightarrow L_E$ 的反应，开始液化。图 2-4 可以解释 2219 铝合金的液化机制。图 2-4 上面是 2219 铝合金母材的扫描电镜组织图，母材中存在 θ 相（即 A_xB_y，这里是 Al_2Cu）。在母材与部分熔化区的边界上［图 2-4（b）］，加热温度达到共晶温度（T_E）时，就会发生共晶反应（$\alpha+\theta \rightarrow L_E$），$L_E$ 是共晶成分 C_E 的液相，液化开始。在冷却过程中，这种液相就会形成共晶体［图 2-4（c）］。

在共晶温度（T_E）以上的区域，部分熔化区的液化程度更大，共晶相周围的晶体 α 相溶解，使得液态金属体积增加［图 2-4（c）］，这会使得液相成分变为亚共晶成分（$<C_E$）。冷却过程中，亚共晶成分液相先结晶析出贫铜的 α 相，之后析出 α 相中的铜含量逐渐增多，一直到析出富铜的共晶相 C_E，如图 2-4 下方的光镜显微组织所示，从而得到晶界共晶体，是一个富铜带和在晶内围绕着大尺寸共晶颗粒的贫铜 α 相环［图 2-4（f）］。

（2）共晶体的熔化　如图 2-3（b）所示，成分为 C_2 的合金，由母材基体 α 相固相和共晶体液相组成。在加热到共晶温度（T_E）之前，共晶一直以固相存在，到达共晶温度（T_E）时，共晶熔化，开始液化。

（3）残余 A_xB_y 与基体（α）的反应　这是重要的组分液化机制［图 2-3（c）］。这里 C_1 合金的组织在达到共晶温度（T_E）之前还有残余的 A_xB_y 颗粒。对于 18 镍马氏体时效钢，这里是 TiS_2 析出物；在因科镍 718 中是 Ni_2Nb，镍基高温合金中的碳化物和铝合金中的金属间化合物就是这种残余的颗粒。

当合金 C_1［图 2-3（a）］被缓慢加热到固相线 T_V 以上时，A_xB_y 颗粒就会通过固相扩

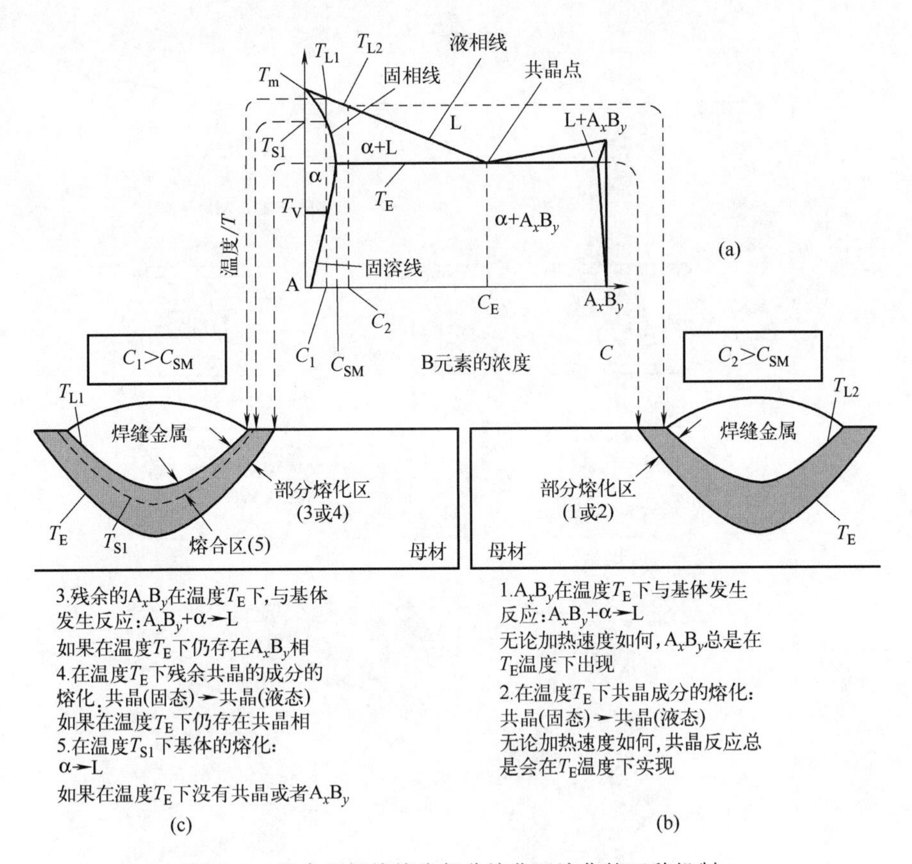

图 2-3 铝合金焊接接头部分熔化区液化的五种机制

(a) 相图;(b) 合金成分超过极限固溶度时的两种液化机制;(c) 合金成分在极限固溶度内的两种液化机制

散完全溶入到基体 α 相中，合金变为均匀的成分为 C_1 的 α 固溶体。但是在焊接过程中，由于加热迅速，在加热到固相线 T_V 以上时，A_xB_y 颗粒没有通过固相扩散完全溶入基体 α 相中，仍然有 A_xB_y 颗粒存在。结果，在合金进一步加热到共晶温度（T_E）时，残余的 A_xB_y 颗粒就会与周围的 α 基体发生反应，形成成分为 C_E 的共晶液相。当继续加热超过共晶温度（T_E）时，残余的 A_xB_y 颗粒就会继续与周围的 α 基体发生反应，形成成分为 C_E 的共晶液相。所以，即使在远低于平衡固相线 T_{S1} 时，已经出现了局部的熔化现象。

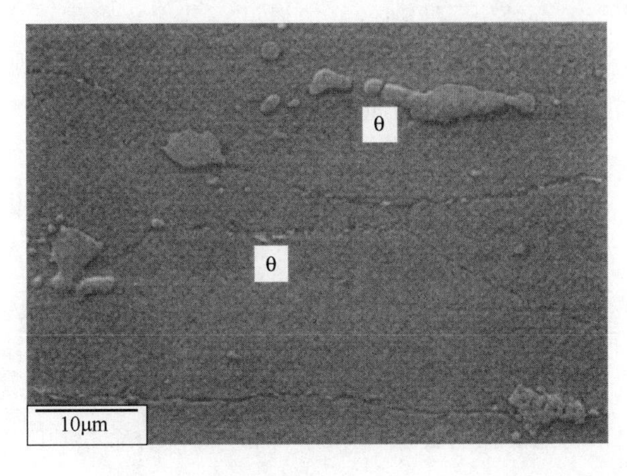

图 2-4

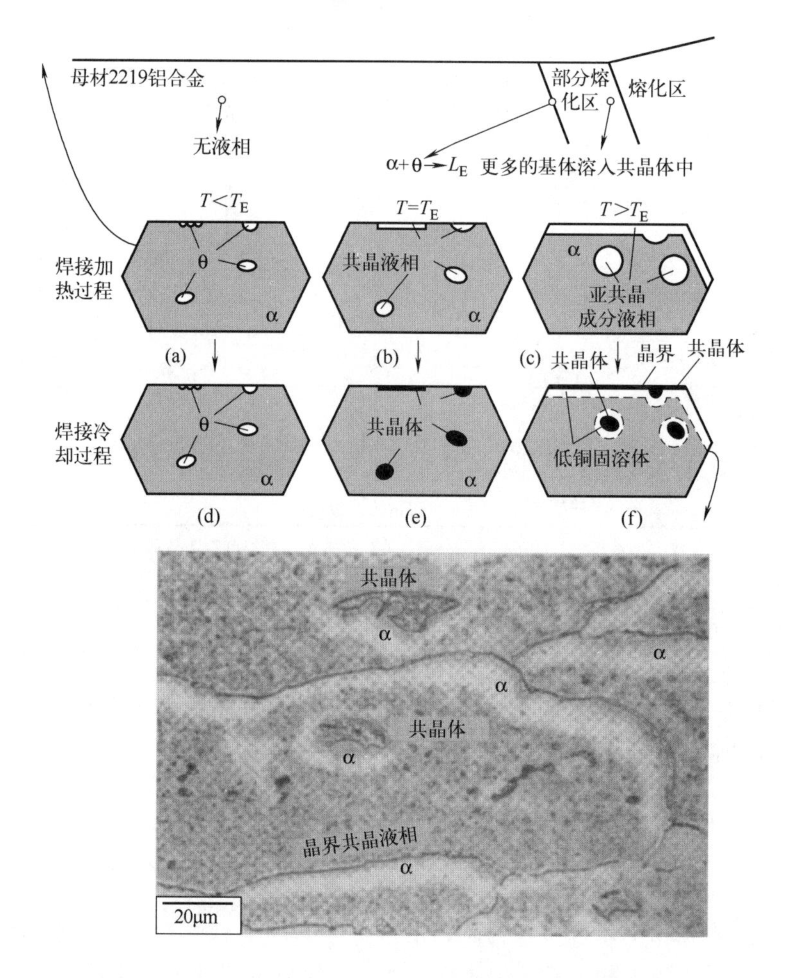

图 2-4 2219 铝合金焊接接头部分熔化区微观组织的演变过程

上图是母材的 SEM 照片，下图是部分熔化区的光学照片

图 2-5 为 18 镍马氏体时效钢电阻焊部分熔化区的显微组织。图片显示晶界液化的 4 个阶段：第一阶段，如 A 点，在棒状 TiS_2 析出物周围开始形成液态薄膜；第二阶段，如 B 点，在靠近熔化区，比 A 点经历了更高的峰值温度，其熔化范围更大，在残余的较小的灰色析出物周围形成了一个椭圆形的熔化区；第三阶段，如 C 点，更加靠近熔化区，峰值温度也更高了，其已经没有了固相物；第四阶段，如 D 点，液相已经渗透到晶界，使得晶界发生了液化。

347 不锈钢和一些镍基合金的焊接接头中也发现了液化，这些液化是由碳化物和金属间化合物与基体发生反应引起的。图 2-6 显示，因科镍 718 焊接接头部分熔化区 Laves（Ni_2Nb）相与镍基体之间的共晶反应也引起了液化。

仅仅依靠上述这种液化还不能引起部分熔化区内的液相向晶界的渗入，还伴随着晶界的迁移，即晶粒的长大，如图 2-7 所示。图中，d_0 为母材的原始组织，d_1 和 d_2 为焊接加热之后晶粒的长大。图 2-8 为 18 镍马氏体时效钢和镍基高温合金 690TIG 焊接接头熔化区边界的组织形态。

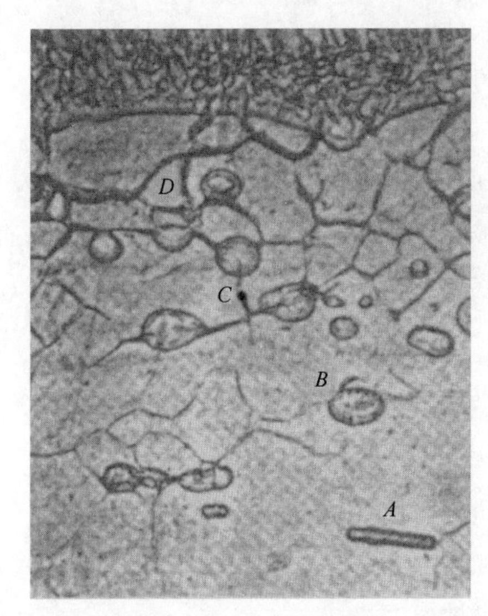

图 2-5　18 镍马氏体时效钢电阻焊部分熔化区的部分液化（上部为熔化区）

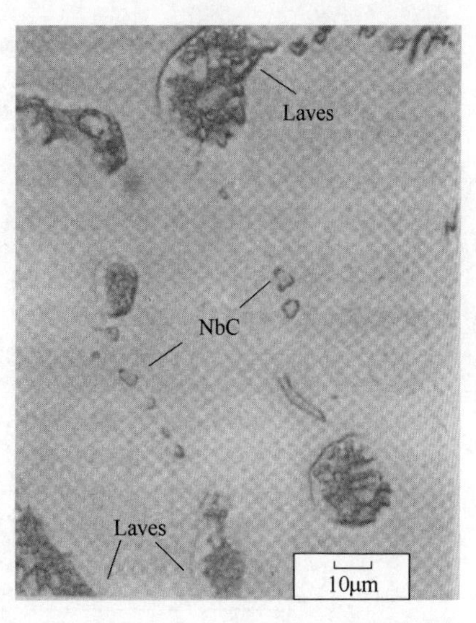

图 2-6　因科镍 718 焊接接头部分熔化区

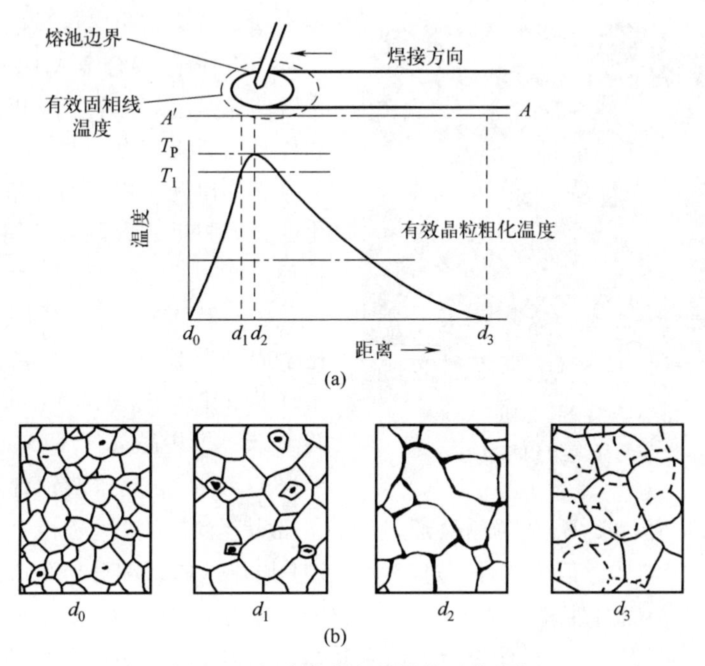

图 2-7　部分液化和晶界的迁移过程

（4）残余共晶组织的熔化　如图 2-3（a）所示，化学成分为 C_1 的合金，在被加热到共晶温度（T_E）时，其组织仍然是残余共晶 $\alpha + A_xB_y$。在缓慢加热到固相线 T_V 以上时，A_xB_y 颗粒就会通过固相扩散完全溶入到基体 α 相中，合金变为均匀的成分为 C_1 的 α 固溶体。但是在焊接过程中，由于加热迅速，在加热到固相线 T_V 以上时，A_xB_y 颗粒没有通过固相扩散完全溶入基体 α 相中，仍然有 A_xB_y 颗粒存在。结果，在合金进一步加热到共晶温度（T_E）时，残余的 A_xB_y 颗粒就会与周围的 α 基体发生反应，形成成分为 C_E 的共晶液相。在冷却过程中，共晶液相先结晶析出贫溶质的 α 相，当成分提高到共晶点 C_E 时，进一

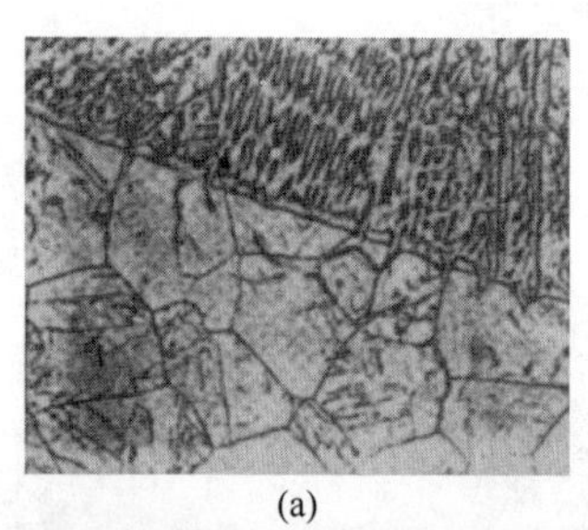

(a)

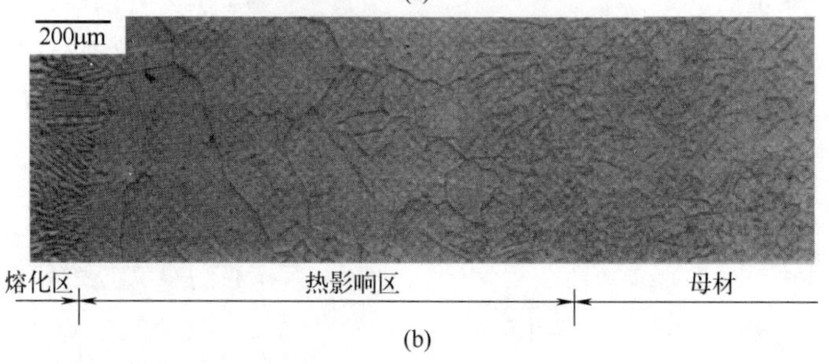

(b)

图 2-8 18镍马氏体时效钢和镍基高温合金690TIG焊接接头熔化区边界的组织形态

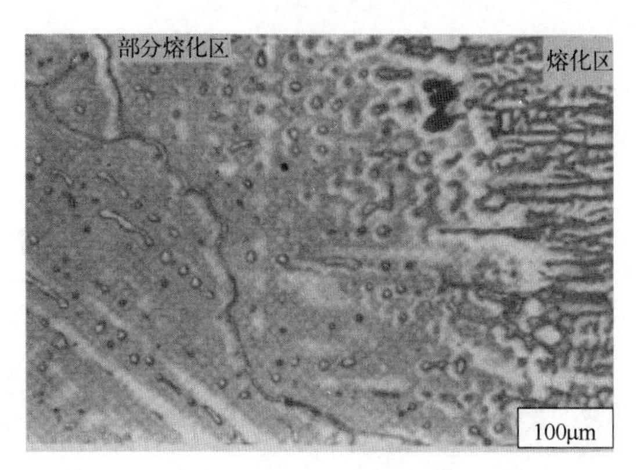

图 2-9 Al-4.5Cu铸造铝合金MIG焊接接头部分熔化区的显微组织形貌

步冷却，就会析出富溶质的α相。图2-9为Al-4.5Cu铸造铝合金MIG焊接接头部分熔化区的显微组织形貌。可以看到，沿着晶界和枝晶间原来存在的共晶处明显液化，沿着共晶晶界出现了白亮的α相带。同样，在熔化区边界附近的共晶颗粒周围也有白亮的α相环。

（5）基体的熔化　如图2-3（a）所示，化学成分为C_1的合金，在被加热到共晶温度（T_E）时，这里的C_1的组织是α相，没有A_xB_y和共晶$\alpha+A_xB_y$。对固溶处理加淬火的Al-4.5Cu铸造铝合金，在缓慢加热到共晶温度（T_E）时，A_xB_y颗粒就会通过固相扩散完全溶入基体α相中。合金变为均匀的成分为C_1的α固溶体。但是在焊接过程中，由于加热迅速，部分熔化区的范围会高于液相线温度。图2-10为固溶处理加淬火的Al-4.5Cu铸造铝合金TIG焊接接头的部分熔化区的显微组织形貌。可以看出，虽然母材中没有共晶相，但是在部分熔化区的晶界和晶内都出现了共晶。

（6）偏析诱导液化　某些能够降低熔点的合金元素或者杂质元素在晶界上偏析，降低了晶界的熔点，从而导致晶界液化。也就是说，原来的偏析造成了低熔点的晶界，在焊接加热过程中，其加热温度超过其熔点，就发生了液化。这一机制与上面提到的机制不同。

2.2.2 液化金属的结晶

（1）液化金属的结晶方向　部分熔化区基本上都是在晶界，冷却时的结晶方向都是指向焊缝表面中心的，如图2-11所示。并且，先结晶的是高熔点的固溶体，最后结晶的是共

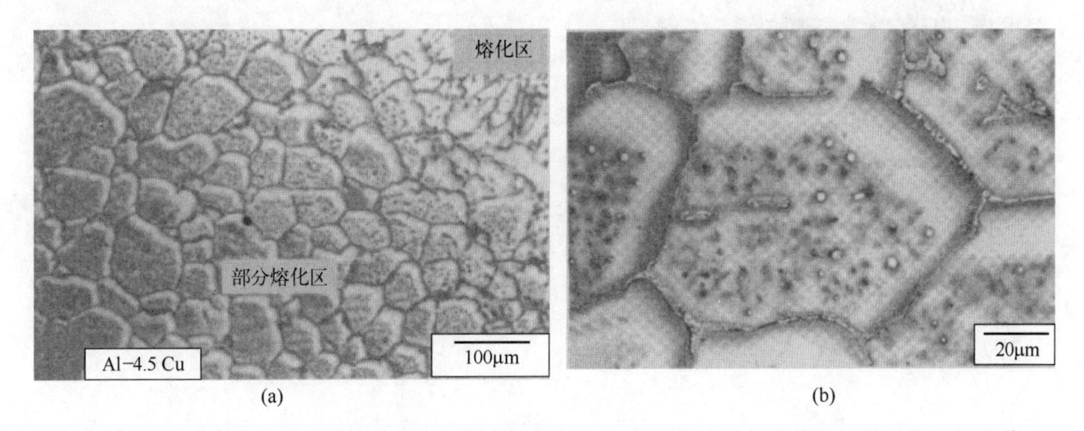

图 2-10　固溶处理加淬火的 Al-4.5Cu 铸造铝合金 TIG 焊接接头的部分熔化区的显微组织形貌

晶体。

（2）偏析　部分熔化区的结晶同样存在着偏析。图 2-12 为部分熔化区中的晶界液相结晶过程中偏析的形成过程。以 2219 铝合金为例，如果 C_0 为母材的铜的原子浓度 6.3%。理论上说，晶界共晶如果是标准的（由 α+θ 组成的共晶），其测试的浓度应该是共晶浓度 33%；如果是离异共晶（即共晶结晶是在已有的 α 基体上形核、像 θ 相单独存在的一种形态），其浓度就应该是 θ 相，即 Al_2Cu 的成分 55%。可是，在采用电子探针显微分析测得的浓度 C_e，一般都低于共晶成分 C_E。这是由于晶界太薄，小于电子探针显微分析的范围，其测得的数据包含了贫铜的 α 固溶体。

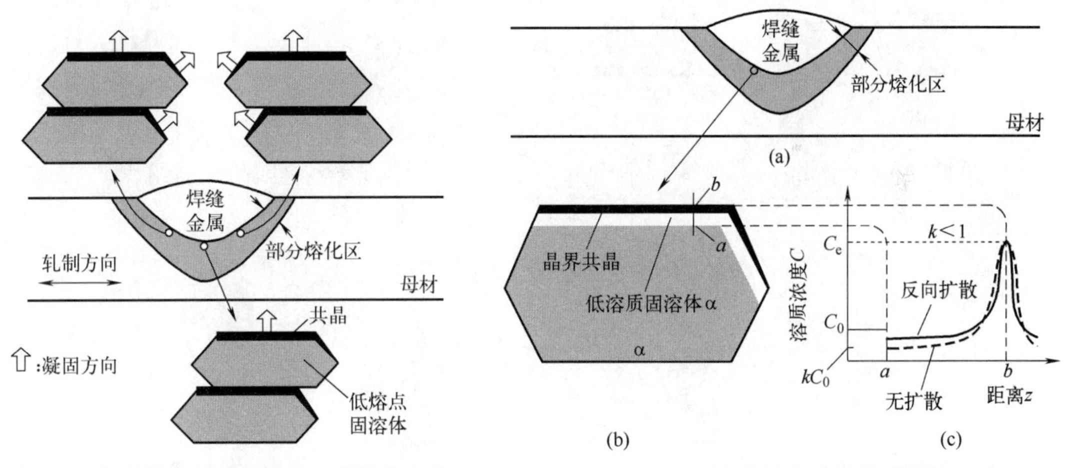

图 2-11　部分熔化区晶界液相结晶的方向性

图 2-12　部分熔化区的晶界偏析

图 2-13 是 2219 铝合金部分熔化区的晶界偏析。可以看到，其中铜的质量分数含量从 α 相凝固初期的 2%～3%变化到晶界共晶时的 30%。这里 α 相凝固初期的质量分数 2%～3% 明显低于母材的 6.7%，表明 α 相是贫铜的。但是，在 α 相凝固初期 2%～3%的质量分数铜含量明显高于 kC_0（k 是铜在固-液相中的分配系数）。这表明在凝固过程中，铜通过扩散又进入到 α 相中。

（3）晶界熔化体的凝固模式　晶界熔化体的凝固模式有两种，沿着共晶晶界生长的带状 α 相，主要是平面凝固，而不是树枝状凝固或者胞状凝固，这说明晶界液相是依平面凝固模式生长。2219 铝合金部分熔化区晶界液相的平面凝固模式的 G/R（G 为温度梯度，R 为结

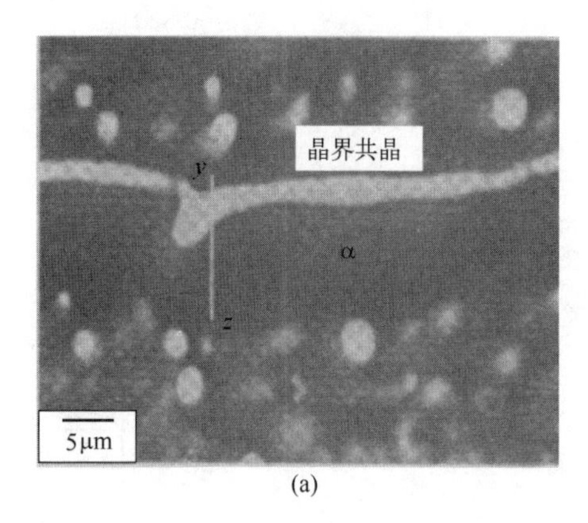

(a)

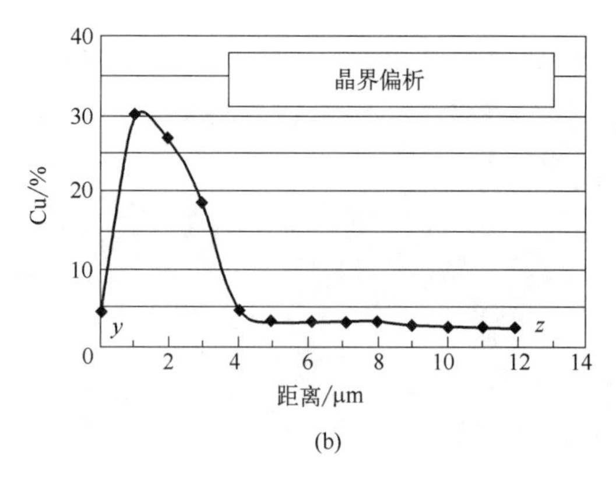

(b)

图 2-13　2219 铝合金部分熔化区的晶界偏析

(a) 扫描电镜组织；(b) 沿 Y-Z 方向的成分分布图

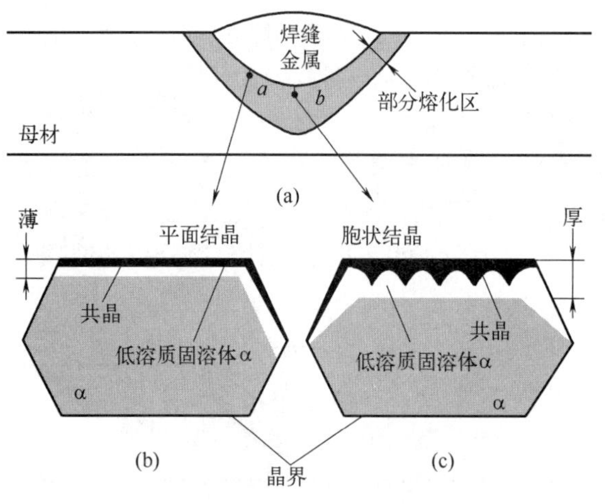

图 2-14　部分熔化区晶界液相的凝固模式

晶速率）大约为 10^5℃ · s/cm^2 的数量级。

虽然部分熔化区晶界液相的平面凝固模式是以平面凝固模式为主，但是胞状凝固模式也时有发生。这种胞状 α 带有两个特点：其位置接近于熔池底部，即部分熔化区的高温区；明显地比平面状 α 带更厚（图 2-14）。晶界液相越厚，结晶速率 R 越快，G/R 值越低，成分过冷就越大，就更容易形成胞状凝固模式。图 2-15 为 2219 铝合金熔化极惰性气体保护焊部分熔化区的显微组织。

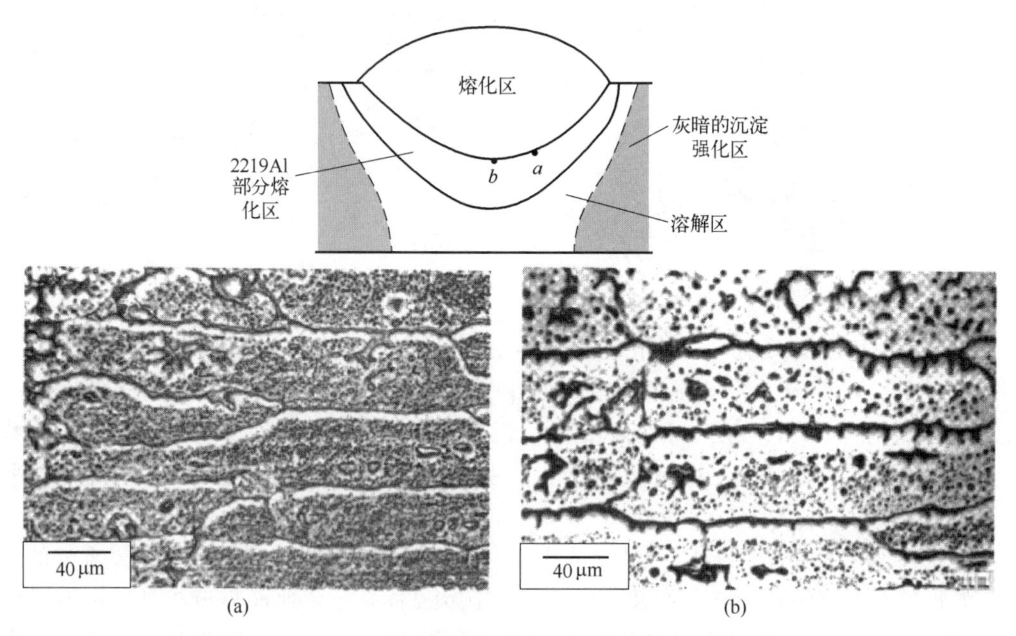

(a)　(b)

图 2-15　2219 铝合金焊缝部分熔化区晶界液相的凝固模式

部分熔化区的凝固模式受到部分熔化区厚度的影响，如果部分熔化区的厚度比较薄，就不会发生胞状凝固模式。

2.3 部分熔化区的液化裂纹

液化裂纹虽然产生于部分熔化区，但是也可能扩展到焊缝金属中（图 2-16），对焊接接头产生更大的危害。液化裂纹也可以在焊接热影响区中发生。

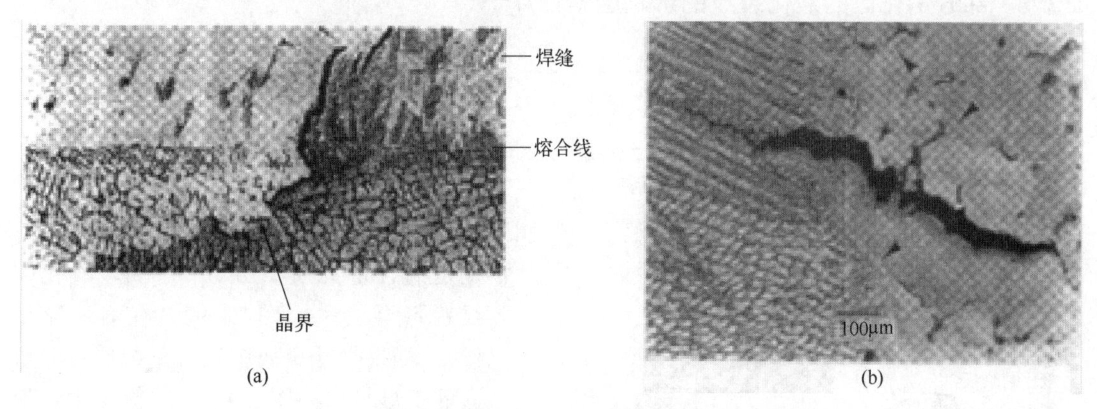

图 2-16　萌生于部分熔化区并且向焊缝金属扩展的裂纹

（a）铸造 304 不锈钢；（b）铸造奥氏体不锈钢

2.3.1 部分熔化区的液化裂纹的形态

液化裂纹总是沿着部分熔化区或者热影响区的晶界发生，也可能穿过部分熔化区进入焊缝。液化裂纹为沿晶断裂，其断口表面会有熔化过痕迹。

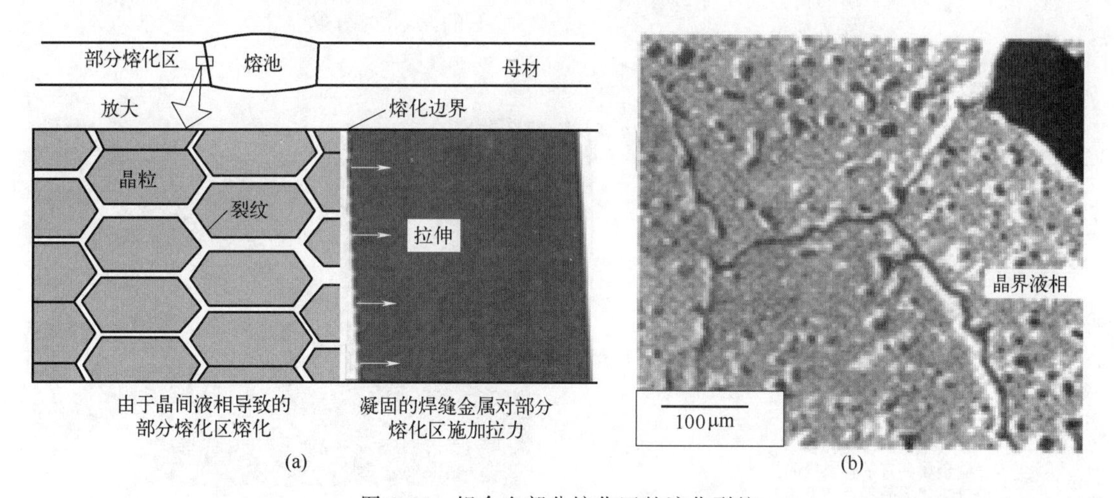

图 2-17　铝合金部分熔化区的液化裂纹

（a）裂纹形成示意图；（b）6061 铝合金部分熔化区的液化裂纹

2.3.2 产生部分熔化区的液化裂纹的机理

图 2-17 为铝合金部分熔化区的液化裂纹示意图。由于晶界液化弱化了部分熔化区，在

焊缝金属结晶收缩时，受到拉伸而产生裂纹。大多数铝合金对液化裂纹的敏感性比较高，这主要是由于铝合金具有较宽的部分熔化区（铝合金的结晶温度区间较大）、高的热导率、大的收缩能力（铝合金的固态金属密度明显大于液相金属密度），以及较大的热收缩能力（铝合金的热胀系数较高）。铝合金结晶时收缩率高达 6.6%，其热胀系数是铁的 2 倍。图 2-17（b）为 6061 铝合金的环焊缝的液化裂纹的形貌，图中晶界白亮的 α 带就是晶界液化的明显特征，这就是部分熔化区。

2.3.3 部分熔化区的液化裂纹的影响因素

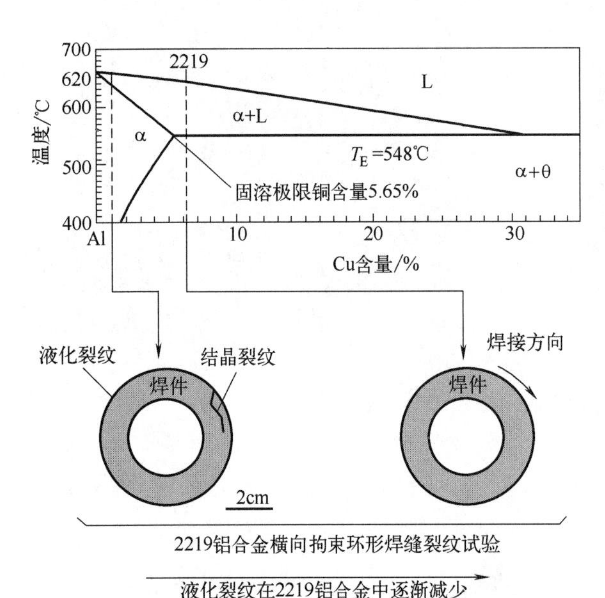

图 2-18 焊缝金属的化学成分对 2219 铝合金产生液化裂纹的影响

（1）焊缝金属化学成分对液化裂纹的影响　图 2-18 为焊缝金属的化学成分对 2219 铝合金产生液化裂纹的影响。2219 铝合金的铜含量为质量分数 6.3%，如果焊缝金属的化学成分与母材一样，也是铜含量为质量分数 6.3%，液化裂纹就不会发生（图 2-19 中右侧环形试样）。如果焊缝金属中铜含量的质量分数远低于母材，如图 2-18 中左侧所示，液化裂纹就会严重发生（图 2-19 中左侧环形试样）。

由于焊接条件下的冷却速度很快，凝固过程不是平衡过程，不应该采用平衡条件下的凝固温度区间来讨论，应当采用非平衡凝固公式，对于给定温度 T 下的液相百分数 f_L 为

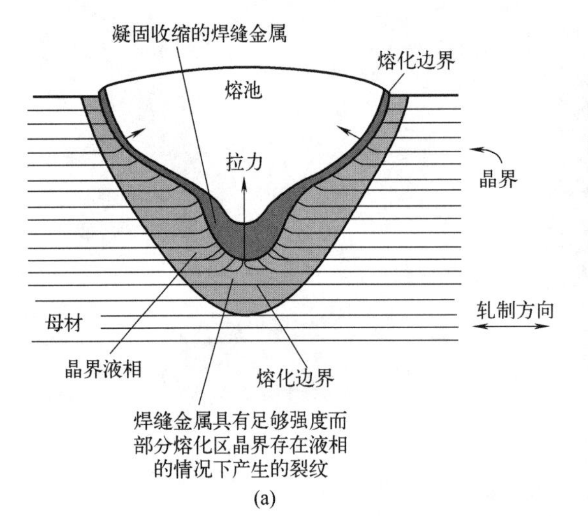

(a)

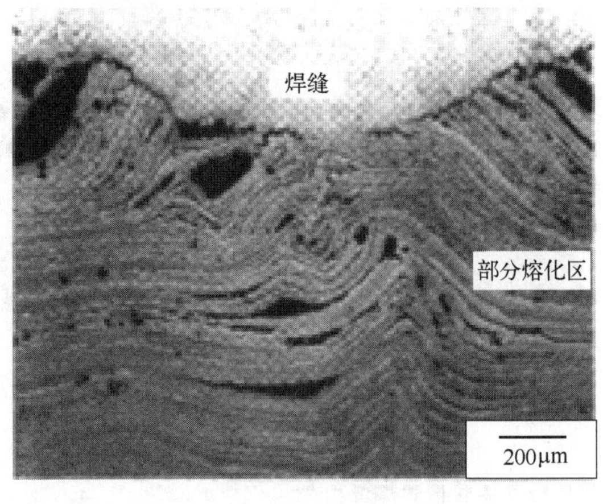

(b)

图 2-19 焊缝金属对部分熔化区金属的拉伸和撕裂作用

$$f_L = [Co(-m_L)/(T_m - T)]^{[1/(1-k)]} \tag{2-1}$$

式中　m_L——（<0），相图中液相线的斜率；

Co——合金中溶质的质量分数，%；

T_m——纯铝的熔点；

k——平衡状态的分配系数。

这样，在任何温度下，合金中溶质含量 Co 越小，则液相百分数 f_L 也越小，固相百分数就越高，这里的固-液相混合体的强度就越高。对于图 2-19 中左侧的横向拘束环形焊缝，其中焊缝金属的溶质含量为（质量分数%）铝—0.95 铜，远低于部分熔化区的溶质含量（质量分数%）铝—6.3 铜。因此可以认为，在任何温度下，焊缝金属的强度显著高于部分熔化区的强度，从而容易产生液化裂纹。相对于图 2-19 中右侧为横向拘束环形焊缝，其中焊缝金属的溶质含量与部分熔化区的溶质含量相同，都是（质量分数%）铝—6.3 铜。因此可以认为，在任何温度下，焊缝金属的强度与部分熔化区的强度相当，因而不容易产生液化裂纹。

（2）部分熔化区的受力状态　图 2-19（a）为铝合金 MIG 焊缝金属产生液化裂纹的示意图。图中指状熔深是 MIG 焊接射流所特有的形态，指状熔深中焊缝金属的凝固速度很快，金属组织非常细小。熔池金属的凝固收缩对被晶界液相弱化了的部分熔化区金属受到拉力的作用，从而为液化裂纹的产生提供了拉应力。

图 2-19（b）为采用 1100 纯铝焊丝 MIG 焊接 7075 铝合金的焊缝金属靠近焊缝底部的横截面照片。可以看到，凝固的焊缝金属对于指状熔深焊缝指尖处的部分熔化区有拉伸和撕裂作用。

（3）部分熔化区的弱化和脆化　图 2-20 是 2219 铝合金在垂直于轧制方向上 MIG 焊接接头的拉伸试验结果。从图 2-20 能够看到，无论是最大载荷还是伸长率都低于母材。断裂发生在共晶的晶界或者发生在晶内的大尺寸共晶颗粒内部。

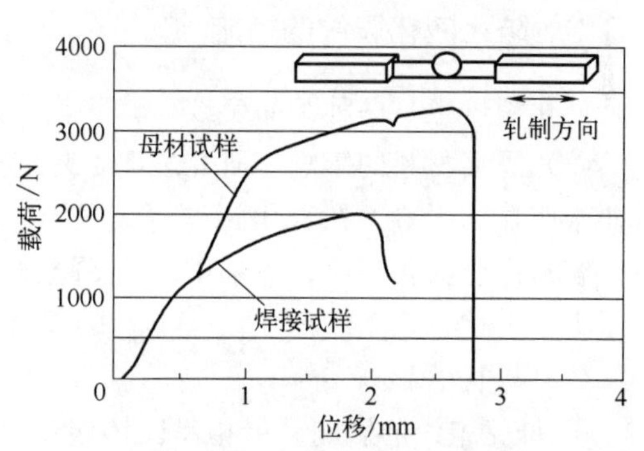

图 2-20　2219 铝合金 MIG 焊接接头的拉伸试验结果

2.3.4　产生液化裂纹的判据

研究表明，可以采用焊缝金属的固相线温度 T_{WS} 和母材的固相线温度 T_{BS} 来判断产生液化裂纹的敏感度。如果 $T_{WS}<T_{BS}$，则母材的部分熔化区金属先于焊缝金属凝固，从而能够承受焊缝金属凝固收缩所产生的拉伸应变作用，就不会产生液化裂纹。

2.3.5　对部分熔化区的液化裂纹的评价

采用高温延性试验可以用来评价材料的部分熔化区的液化裂纹的敏感性。图 2-21 为两种不同 Cabot214 镍基合金的高温延性试验结果。试验是在 Gleeble 热模拟机上进行的，测定试样在加热中的塑性随着加热温度逐渐达到峰值温度的变化曲线 OH，和从峰值温度逐渐冷却下来的塑性随着冷却温度变化的曲线 OC。如果在峰值温度之下塑性能够很快得到恢复［图 2-21（a）］，则认为高温延性好，就不容易产生部分熔化区的液化裂纹；相反，如果在峰值温度之下塑性很难得到恢复，需要冷却到较低温度才得到恢复［图 2-21（b）］，则认为高温延性不好，就容易产生部分熔化区的液化裂纹。可以用温度差的大小评价材料部分熔化区的液化裂纹的敏感性。图 2-21（a）材料的抗液化裂纹的敏感性就优于图 2-21（b）的材料。

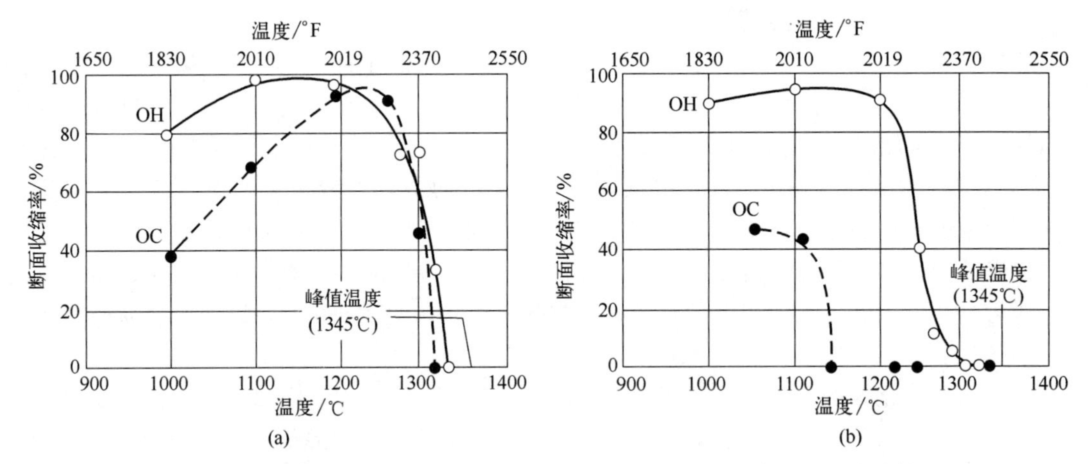

图 2-21 两种不同 Cabot214 镍基合金的峰值温度 1345℃时高温延性试验结果

2.3.6 防止液化裂纹的措施

液化裂纹也是一种结晶裂纹，其防止措施与焊缝金属中的结晶裂纹基本相似。

（1）焊接材料的影响 研究表明，焊缝金属的化学成分对于部分熔化区液化裂纹的产生有非常明显的影响。在采用铝-镁合金焊丝焊接 6061 铝合金时，如果稀释率比较高的情况下，容易产生液化裂纹；而采用铝-硅焊丝焊接 6061 铝合金就不会产生液化裂纹。

根据上述，采用满足 $T_{WS}<T_{BS}$ 的焊接材料，就可以防止部分熔化区产生液化裂纹。

（2）母材的影响

① 母材组织的影响。单相奥氏体组织对液化裂纹比较敏感，加入铁素体可以降低液化裂纹敏感性。

② 母材中杂质的影响。液化裂纹实际上也是一种结晶裂纹，部分熔化区的结晶温度区间对液化裂纹的产生也有重大影响。

对于钢铁来说，其杂质硫、磷等的存在，可以大大增大其结晶温度区间，从而大大提高产生液化裂纹的敏感性。

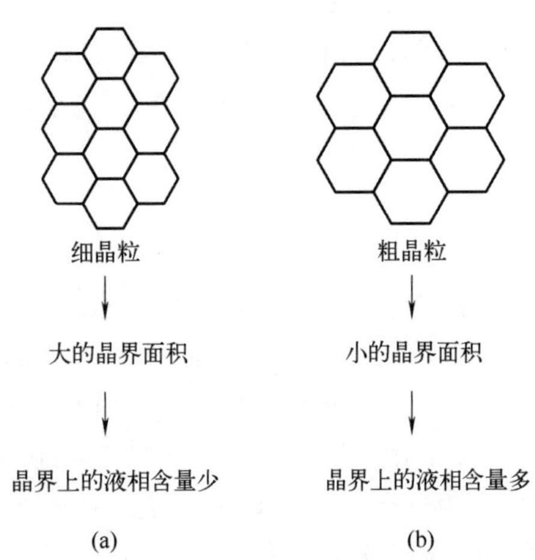

图 2-22 晶粒尺寸对晶界液相含量的影响

③ 晶粒尺寸的影响。晶粒尺寸越大，晶界越少，晶界出现杂质集中，就更容易形成低熔点物质（图 2-22），容易形成部分熔化区，从而容易形成液化裂纹（图 2-23 和图 2-24）。

④ 晶粒的方向的影响。焊接方向垂直于轧制方向时，焊接接头的部分熔化区的液化裂纹的敏感性明显高于平行于轧制方向。这是由于焊接方向垂直于轧制方向时，晶粒沿着轧制方向延长，部分熔化区的长度增大。

⑤ 母材状态。铸造材料的部分熔化区的液化裂纹敏感度明显高于轧制材料，这是因为，铸造

材料的晶界集中了更多的杂质，其熔点更低，增大了材料的结晶温度区间。

（3）焊接工艺参数的影响　焊接工艺参数主要对焊接热输入量产生影响。焊接热输入量增大，会增大部分熔化区尺寸，从而增大产生液化裂纹的危险性（图 2-25）。采用 5356 焊丝也可能产生液化裂纹，这是因为 6061 铝合金的 Al-Mg2Si-Si 三元共晶（559℃）造成的部分熔化区的液化造成的。

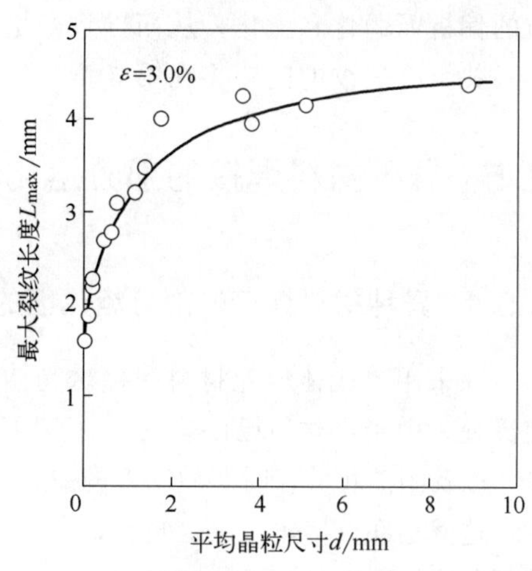

图 2-23　晶粒尺寸对 66061 铝合金 MIG 液化裂纹的影响

2.3.7　液化裂纹的断口形貌

由于液化裂纹多是由于共晶反应形成的共晶液相而形成，因此，其断口表面就主要是低熔点的共晶组织。

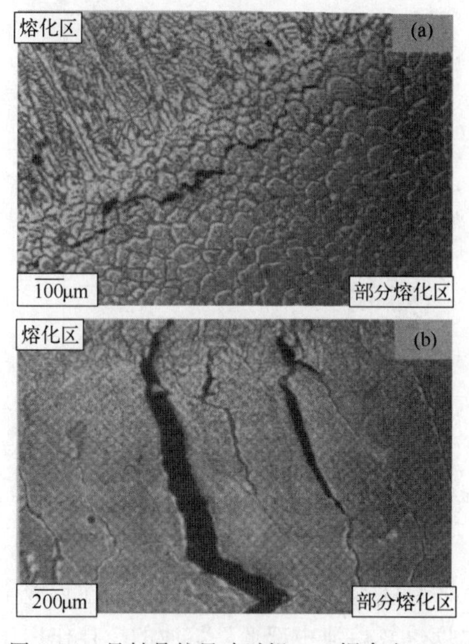

图 2-24　母材晶粒尺寸对铝-4.5 铜合金 MIG 焊接接头的液化裂纹

（a）细晶；（b）粗晶

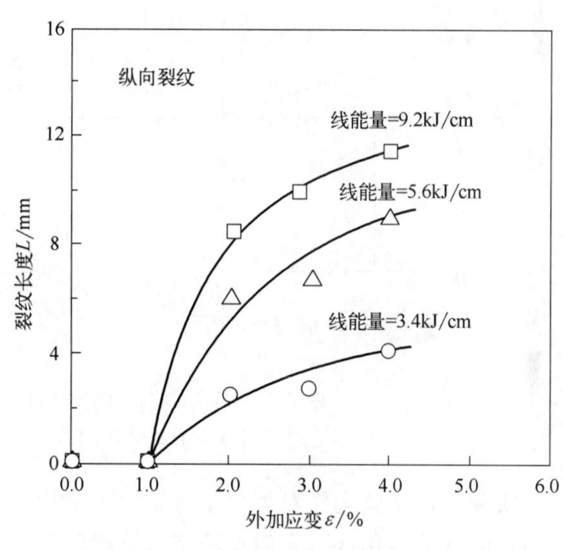

图 2-25　采用 5356 铝合金焊丝焊接 6061 铝合金时焊接热输入对可调拘束试验液化裂纹的影响

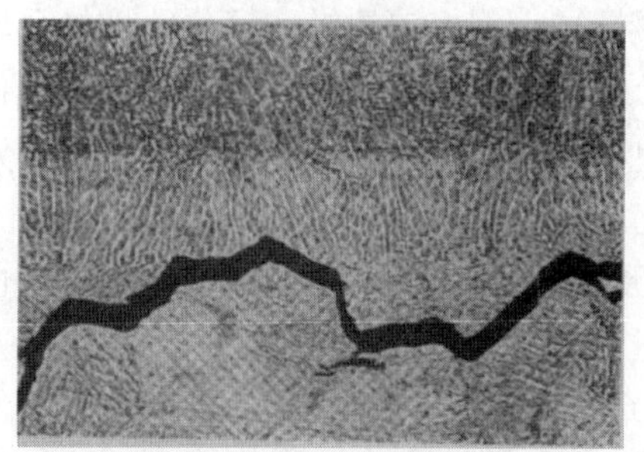

图 2-26　HY-0 钢中焊接接头部分熔化区的氢致冷裂纹

2.4　冷裂纹

如图 2-26 所示，在部分熔化区也可能产生氢致冷裂。这是因为，在部分熔化区出现的液态铁金属薄膜，为焊缝金属中氢的扩散聚集提供了空间，造成氢在这里聚集。当这个部分熔化区凝固时，就存在过饱和氢，而且这个部分熔化区凝固得到的组织，由于溶质的偏析而弱化和脆化，从而导致产生氢致冷裂纹。

关于冷裂纹的问题将在第 3 章中详细讨论。

2.5 异种材料焊接的部分熔化区

2.5.1 异种材料焊接的部分熔化区的特点

在采用奥氏体填充材料焊接珠光体钢的异种材料焊接中，在液态焊缝金属与固态母材的交界处，由于母材晶粒化学成分的不均匀性，固液相之间化学成分的不均匀性，温度梯度的存在，以及固液相共存时溶质浓度的差异，导致这个交界区处于液固交错的状态而存在一定的宽度，这就是部分熔化区（也叫作熔合线，或者熔合区）的形成原因（图 2-27）。异种材料焊接的部分熔化区在化学成分和组织上是十分复杂的，它是焊接接头过渡层的重要组成部分。

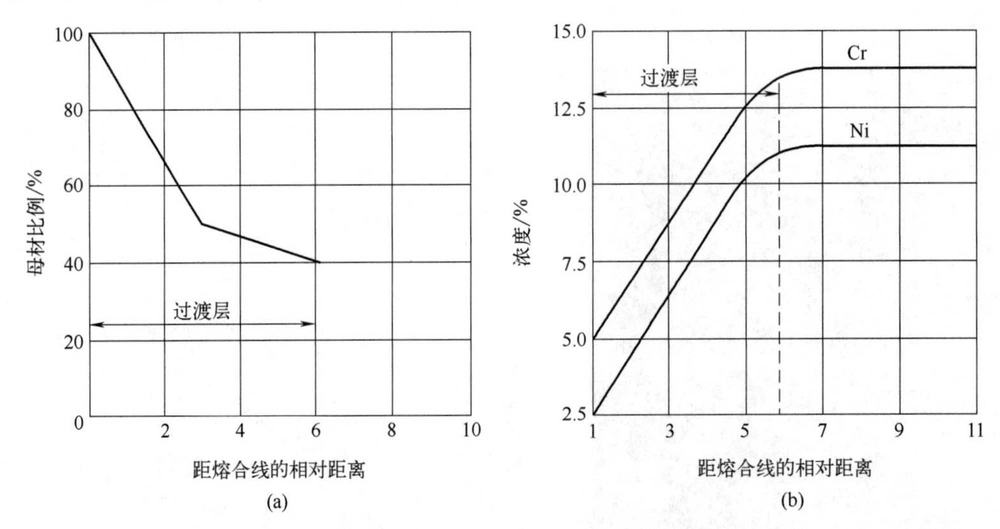

图 2-27 珠光体钢一侧奥氏体焊缝金属中的过渡层示意图

（a）母材比例的变化；（b）合金元素浓度的变化

实际上，基体金属对焊缝金属熔池的稀释程度并非是完全均匀的。众所周知，在焊缝金属边缘的部分熔化区，金属在液态持续时间最短，温度也较熔池中部低，熔池的搅拌作用比较微弱，液体金属流动性较差，熔化了的母材金属与填充金属的混合不足，形成了所谓的未完全混合区。在采用奥氏体不锈钢焊接材料焊接珠光体钢的焊接接头中，由于珠光体钢与奥氏体不锈钢焊接材料的化学成分相差悬殊，在珠光体钢母材一侧熔池边缘，熔化的母材金属和填充金属不能充分地混合，在此侧的焊缝金属中珠光体钢所占份额增大，且越靠近未熔化的珠光体钢母材稀释程度就增大。而在焊缝金属熔池中心，其稀释程度就小。这样，在珠光体钢与奥氏体不锈钢焊接时，毗邻珠光体一侧部分熔化区的焊缝金属存在一个成分梯度很大的过渡层，宽度为 0.2～0.6mm。在过渡层中存在一层马氏体组织，这是硬度很高的脆性层，有可能成为焊接接头的薄弱带，对焊接质量造成不利影响。

过渡层的厚度与焊接材料的 Ni（或 Ni_{eq}）含量有关。随 Ni（或 Ni_{eq}）含量增加，过渡层的厚度降低；随 Ni（或 Ni_{eq}）含量降低，过渡层的厚度增加。用 Ni 基合金作填充材料，这种过渡层就会很薄。从图 2-28 中可以看出，脆性层宽度 B 与焊缝中含镍量成反比。过渡层的形成与焊接线能量关系不是很大。比如，当选用大的焊接线能量进行焊接时，焊接电流很大，焊接速度慢，焊缝金属熔池边缘高温停留时间延长。增加熔池边缘高温停留时间，有助于增加熔池边缘液态金属的流动性和拌搅作用，使过渡层的宽度减小。但是，另一方面，由于焊接线能量的增大，降低了焊接区的温度梯度，又使部分熔化区加宽。同时，马氏体脆性层与过渡层里含镍量有关，当过渡层中 w_{Ni} 低于 5%～6%时，将产生马氏体组织，如图 2-28 所示。

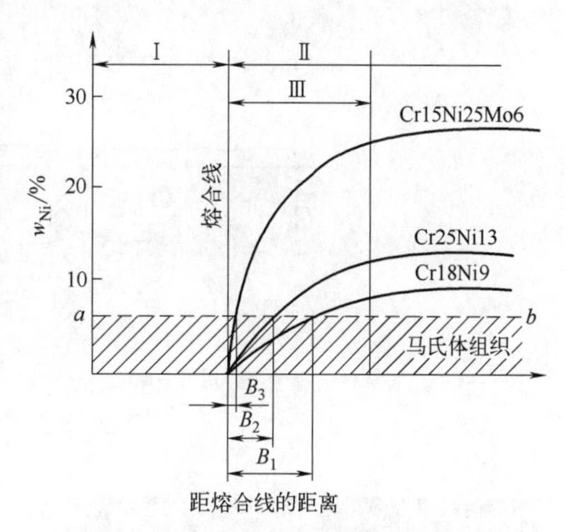

图 2-28　奥氏体焊缝金属中镍含量对脆性层宽度的影响

Ⅰ—珠光体钢母材；Ⅱ—奥氏体焊缝金属；Ⅲ—脆性层

2.5.2　部分熔化区边界的组织形态

2.5.2.1　不同的边界组织形态

在异种钢的焊缝金属（奥氏体）与铁素体母材的部分熔化区边界的组织形态和焊缝与母材具有相同组织的部分熔化区边界的组织形态有所不同，前者为Ⅱ型边界，后者为Ⅰ型边界，图 2-29 为示意图，图 2-30 为采用 309L 焊接 A508 钢（美国钢号，珠光体钢）的熔合区Ⅱ型边界的组织图。

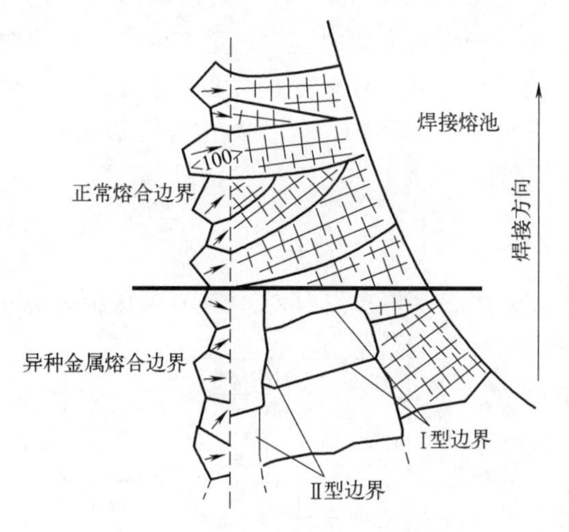

图 2-29　奥氏体焊缝与铁素体母材的Ⅱ型边界示意图

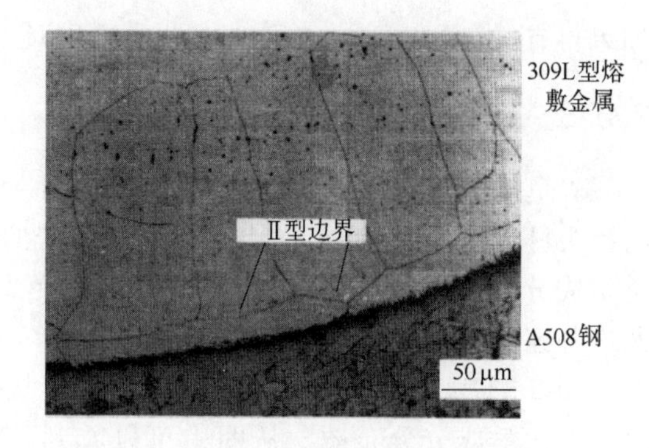

图 2-30　采用 309L 焊接 A508 钢的熔合区Ⅱ型边界的组织图

2.5.2.2　Ⅱ型边界的形成及作用

（1）Ⅱ型边界的形成机理　Ⅱ型边界是由于焊缝金属结晶组织与母材晶粒组织不同而引起的，只有当焊缝金属结晶为奥氏体（形成 FCC 结构），母材以铁素体组织存在时才能够形成Ⅱ型边界。因为如果焊缝金属结晶组织与母材晶粒组织相同，焊缝金属的结晶就以没有熔化的母材晶粒作为晶核外延生长，即所谓“联生结晶”；但是，异种钢的焊缝金属（奥氏体）结晶组织与母材（铁素体）晶粒组织不同，晶格不同，就不能够以母材晶粒作为晶核外延生长，不能形成“联生结晶”。于是，就在熔池内部自发成核，形成平行于部分熔化线的组织，之后才能在这种晶粒上进行“联生结晶”。如图 2-31 所示。

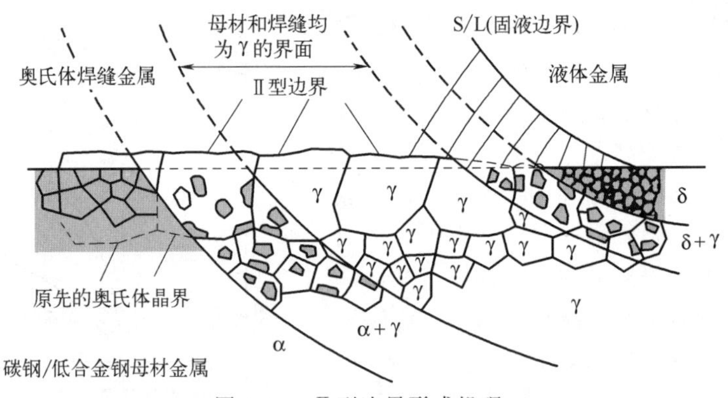

图 2-31　Ⅱ型边界形成机理

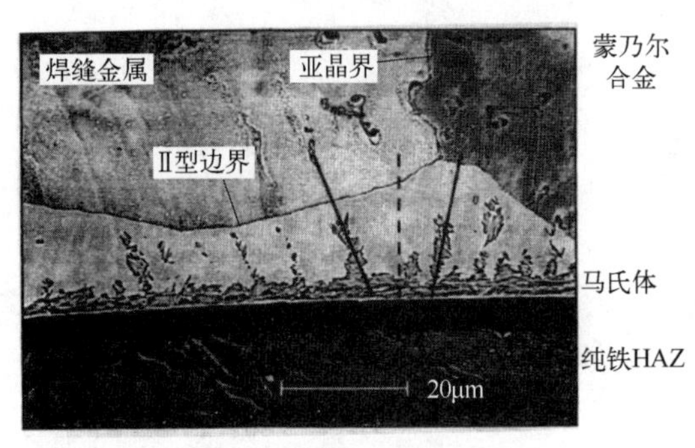

图 2-32　纯铁上堆焊蒙乃尔合金的
Ⅱ型边界形成的马氏体带

（2）Ⅱ型边界的作用　Ⅱ型边界的特点之一是在这里容易形成一个马氏体带，马氏体可以生长到Ⅱ型边界，也可以停止在它下面（图 2-32）。

另外，Ⅱ型边界是一种平行于熔合线只有几微米、穿过几个晶粒的边界，由于这里处于 FCC 晶格与 BCC 晶格的交汇处，FCC 晶格与 BCC 晶格的线胀系数不匹配，在这里会产生较大的内应力，这个内应力的方向正好与Ⅱ型边界平行，而Ⅱ型边界又是一个近似平面的界面，就成为优先开裂的位置。如果再有氢气的进入，就可能成为裂纹和剥离产生的处所。

2.5.3　部分熔化区中的马氏体带

在奥氏体不锈钢与珠光体钢焊接接头的过渡层会形成一个马氏体带，这个马氏体带的宽度与接头材料组合和焊接工艺有关，马氏体带的组织与其化学成分（铁素体形成元素/奥氏体形成元素的比例）及冷却速度（焊接工艺参数）有关。

图 2-33 为奥氏体不锈钢与珠光体钢焊接接头的过渡区的化学成分分布图。从图中可以看到，在这个过渡区中 Cr 和 Ni 的含量从 0 逐渐达到焊缝金属的含量，而 Si 和 Mn 的含量没有明显变化。当然，它还会含有 C。这个区域的组织取决于化学成分，在能够形成马氏体的区域内，其形成马氏体的动力学也取决于化学成分。但是必须是在焊接高温下形成奥氏体，然后发生马氏体相变，这是 γ→M 的相变过程。马氏体的形成取决于 γ 相的稳定性及马氏体相变温度。实际上，马氏体带的组织为马氏体＋残余奥氏体＋碳化物所组成。

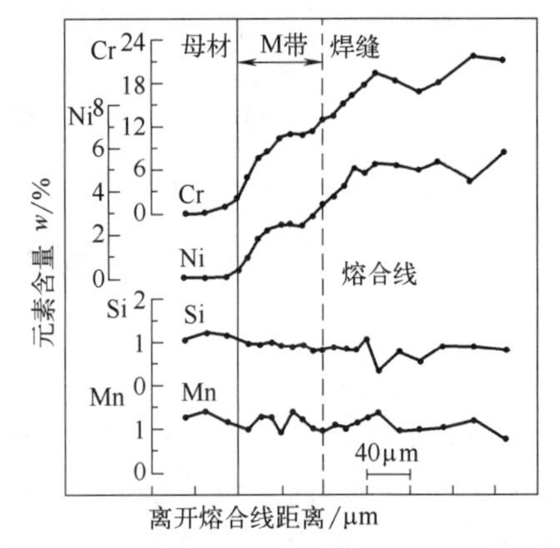

图 2-33　奥氏体不锈钢与珠光体钢焊接接头的过渡区的化学成分分布图

图 2-34 为采用 2209 钢焊接 2205 双相不锈钢与碳钢在熔合区边界形成马氏体带的显微组织，图中箭头所指即为马氏体带。

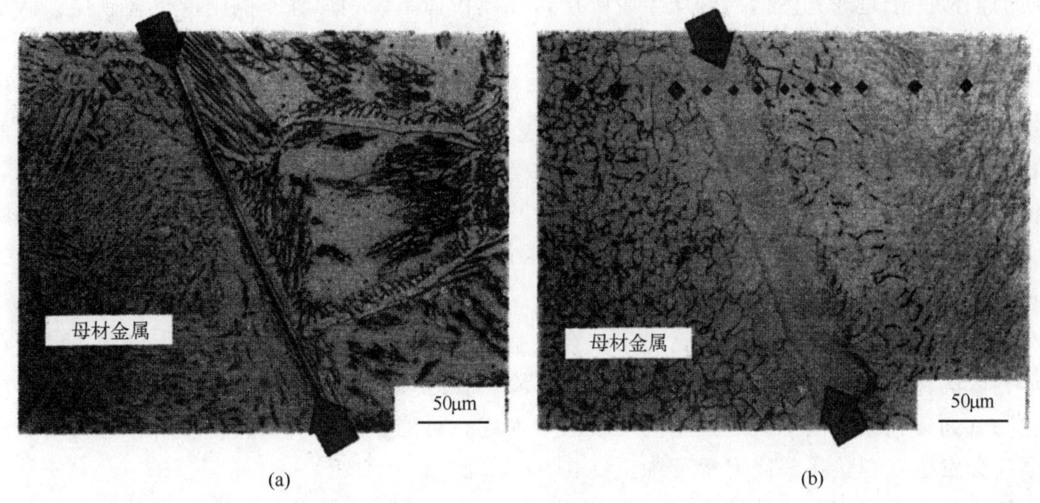

图 2-34　熔合区边界形成马氏体带的显微组织

（a）焊缝顶部；（b）焊缝底部

2.5.4　熔合区的热应力

焊态的接头通常都存在很大的残余应力，焊缝及其附近的金属处于拉应力状态，其余部分的金属受到压应力的作用。在异种钢接头中，由于奥氏体不锈钢的线胀系数比珠光体钢大，从而导致焊接接头残余应力增大。这样，异种钢接头在高温下长时间运行，更突出的表现在运行温度波动（特别是开、停车）时，焊接接头处于热疲劳状态。

如果采用 Ni 基合金作填充材料，由于 Ni 基合金的热胀系数与珠光体钢相近，在珠光体钢母材一侧，焊接残余应力就可能减小。

从以上分析可见，以奥氏体不锈钢为填充金属焊接珠光体钢异种材料焊接时，成分不均匀所导致的脆性过渡层、碳扩散问题以及膨胀系数差异所导致的温差应力和变温疲劳问题均发生在珠光体钢一侧焊缝金属的熔合区，因而成为矛盾的焦点。

关于脆性过渡层问题，在前面已经提出了解决方向。为了提高高温下工作的焊接接头的服役寿命，一个可供选择的办法是选用一个膨胀系数同珠光体钢相近的奥氏体焊缝金属的化学成分。这样，碳的扩散问题仍出现在珠光体钢熔合区，而温差应力和变温疲劳损伤则转移到焊缝金属的另一边，即奥氏体不锈钢焊缝金属熔合区一边。后者不存在特别显著的组织过渡层，更不存在脆性碳化物或纯铁素体层，其塑性良好，因此，焊接接头的高温寿命可大大延长。目前采用的 w_{Ni} 为 60％的填充合金（焊丝或焊条），其线胀系数就比较接近珠光体钢，而同 18-8 型不锈钢相差较大。看来这正是镍基焊接材料的优良性能所在。

2.6　异种钢焊接部分熔化区碳的扩散和剥离裂纹

2.6.1　异种钢焊接部分熔化区的碳扩散

2.6.1.1　不锈钢焊缝与珠光体钢母材之间发生的碳迁移

奥氏体不锈钢与珠光体钢焊成的异种钢焊接接头，在焊后热处理或高温运行中，其熔合区附近会发生碳由碳化物形成元素含量低的珠光体钢向碳化物形成元素含量高的奥氏体焊缝金属的扩散。于是珠光体钢一侧产生脱碳层，在奥氏体不锈钢焊缝一侧则产生增碳层。碳从浓度高的一侧向浓度低的一侧扩散。珠光体钢母材含碳量越高，奥氏体不锈钢焊缝含碳量越低，碳的扩散迁移越严重；珠光体钢母材的碳化物形成元素（比如 Cr）含量越低，奥氏体不锈钢焊缝碳化物形成元素（比如 Cr）含量越高，碳的扩散迁移也加剧。当然，碳的扩散迁移也与碳对碳化物形成合金元素的亲和力有关，碳总是从亲和力小的一侧向亲和力大的一侧扩散。碳扩散速率或最终的浓度分布还取决于温度和时间。在 500℃左右，保温一定时间，扩散层就开始明显地发展起来，到 600～800℃时最为强烈，800℃时达到最大值；随着加热时间大大延长，扩散层就变得更宽。

如不锈钢焊缝与珠光体钢母材之间就会发生碳从珠光体钢母材向不锈钢焊缝的扩散，在近焊缝区的珠光体母材中形成脱碳层，强度下降；在近母材的不锈钢焊缝的区域，就会形成碳化物（如碳化铬）的增碳层，这个增碳层硬而脆，可能在这里产生剥离裂纹。这种增碳和脱碳还会发生在焊接接头高温运行中。

这样，元素在熔合区的浓度分布为

$$C(x,t)=-\frac{C_0}{2}[1-\phi(x/2\sqrt{Dt})] \tag{2-2}$$

$$Dt=\int_0^t D(t)\mathrm{d}t=D_0\int_0^t \exp\frac{Q}{Rf(t)}\mathrm{d}t \tag{2-3}$$

式中　$f(t)=T(\mathrm{K})$——它是时间 t 的函数；

C，C_0——碳的瞬时浓度和脱碳层的初始浓度，%；

x——碳在增碳层上与熔合线的扩散距离（>0）及碳在脱碳层上与熔合线的扩散距离，μm；

D_0——常数；

D——扩散系数。

图 2-35 中曲线Ⅰ和Ⅱ就是根据式（2-2）和式（2-3）得到的，由浓度梯度决定的只是考虑液相扩散（曲线Ⅰ）及高温（≥900℃）固相扩散（曲线Ⅱ）的熔合线碳分布曲线。曲线

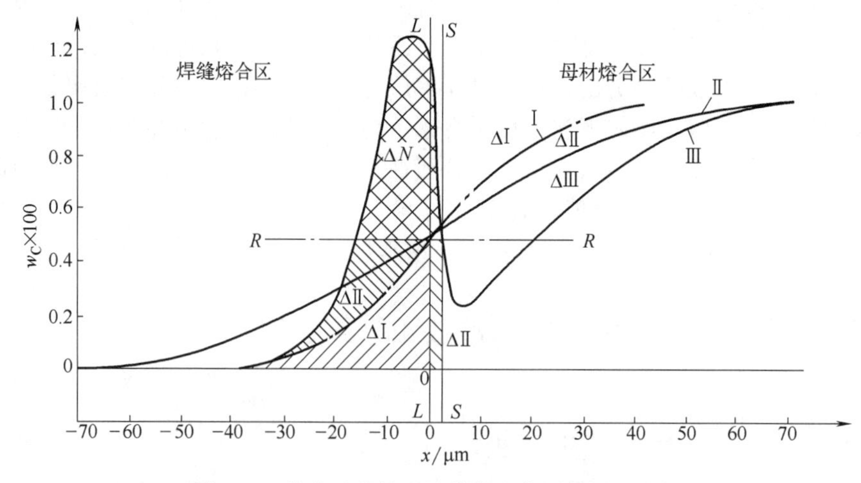

图 2-35　熔合区碳的理论分布和实测结果的比较

Ⅰ—液相扩散理论曲线；Ⅱ—考虑 900℃以上固相扩散理论曲线；Ⅲ—实测曲线；ΔⅠ—液相扩散的碳迁移量；ΔⅡ—考虑 900℃以上固相扩散的碳迁移量；ΔⅢ—900℃以下的碳迁移量；ΔN—活度引起的碳迁移量

Ⅲ为 45 钢与 Cr18Ni13 钢焊接熔合区的碳分布的实测结果。这是由于曲线Ⅰ和Ⅱ没有考虑活度扩散的缘故。

图 2-36 给出了这种脱碳层和增碳层的厚度的示意图。H_1 为在光镜下看到的奥氏体焊缝中的视在增碳层厚度，H_2 和 H_3 分别为真实增碳层厚度和真实脱碳层厚度。

2.6.1.2 焊后热处理的碳迁移

焊后热处理的碳迁移与回火参数 $P=T(\log t+10)$ 有关（T—温度，K；t—时间），根据 Fick 第二定律，可以在一定温度下对增碳层、脱碳层厚度与保温时间的关系进行数值化分析，依最佳拟合原则（相关系数 R 最大），得出下列数学模型：

$$H_1(H_2,H_3)=a\mathrm{e}^{bt^n} \tag{2-4}$$

式中 a，b——常数，与温度有关。

得出其数学表达式在表 2-1 中给出。图 2-37 为真实增碳层厚度与回火参数 P 之间的关系。

表 2-1 增碳层、脱碳层厚度与温度保温时间之间的关系

Regressive expression	R_a	R_b
$H_1=\mathrm{e}^{(2.90+8.55\times10^{-4}T)},\mathrm{e}^{-2.67\times10^{-5}\mathrm{e}^{1.10\times10^4T^{-1}}t^{0.5}}$ (μm)	99.9999%	99.9999%
$H_2=\mathrm{e}^{(-0.69+3.434\times10^{-5}T)},\mathrm{e}^{-1.50\mathrm{e}^{3.05\times10^4T^{-1.5}}t^{-0.1}}$ (mm)	99.9999%	99.9995%
$H_3=\mathrm{e}^{(-0.11+8.02\times10^{-4}T)},\mathrm{e}^{-2.51\times10^{-5}\mathrm{e}^{1.10\times10^4T^{-1}}t^{-0.5}}$ (mm)	99.9997%	99.9989%

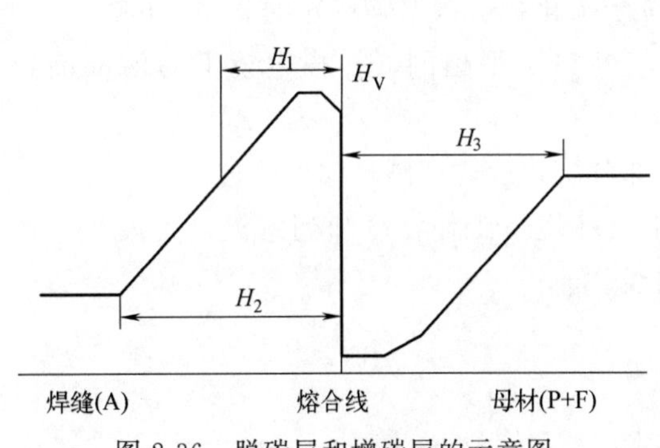

图 2-36 脱碳层和增碳层的示意图

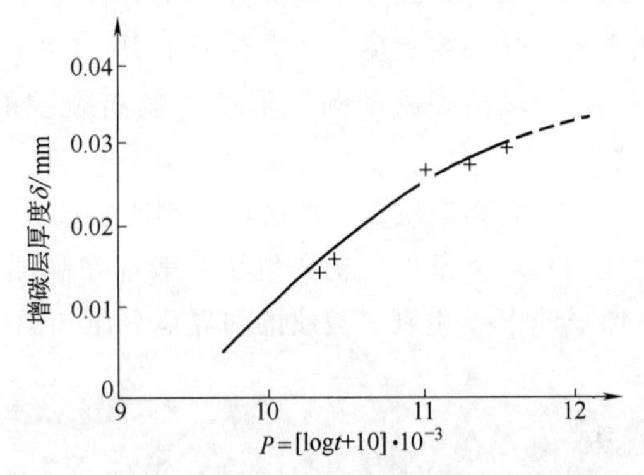

图 2-37 真实增碳层厚度与回火参数 P 之间的关系

2.6.1.3 碳迁移对焊接接头力学性能的影响

碳迁移对焊接接头力学性能的影响如图 2-38 所示。可以看到，随着保温时间的增加，

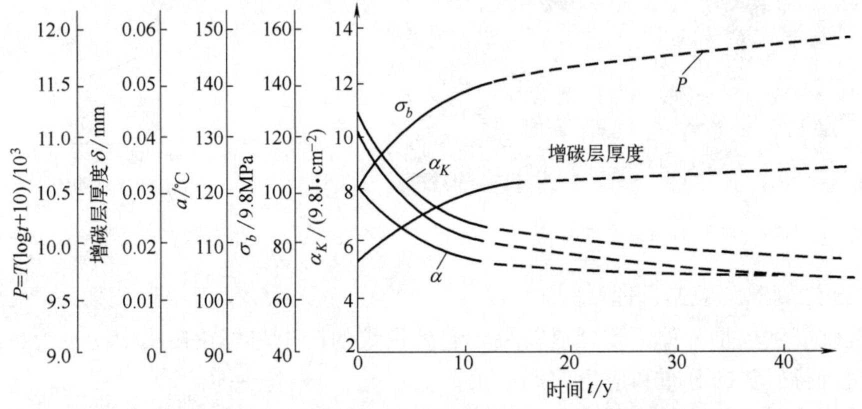

图 2-38 焊后 490℃加热对异种钢接头力学性能的影响

增碳层厚度增加，力学性能降低，逐渐趋于稳定。这种碳迁移，形成了增碳层和脱碳层。在增碳层和脱碳层会产生力学性能及热胀系数的变化，发生较大的应力变形，在氢环境下，还会引起氢在其中的溶解度和扩散系数的不同，在合适的条件下，会产生剥离裂纹，在部分熔化区裂开。

2.6.2 剥离裂纹

碳扩散的结果，熔合区的珠光体组织由于碳的含量降低转变为铁素体组织导致软化，且在高温的长时间作用下，铁素体晶粒还会显著长大；同时，增碳层的碳化物也变得粗大，硬度非常高。焊接接头这种软硬交接层的抗蠕变性能大大降低，在高温下长时间服役，交界处会出现蠕变孔洞并逐渐发展成为显微裂纹，最后导致焊接接头断裂失效。

此外，若提高奥氏体不锈钢与珠光体钢焊缝金属中的 Ni 含量，就可以减轻碳从珠光体钢母材向奥氏体不锈钢焊缝金属中的扩散迁移。若采用 Ni 基合金作填充材料，这种碳的扩散迁移就难以发生。

由于异种钢焊接接头的碳迁移引起的接头性能的降低，严重时可以引起剥离裂纹。

2.6.2.1 剥离裂纹的特征

（1）剥离裂纹发生的部位　剥离裂纹发生的部位有两个（图 2-39）：沿奥氏体不锈钢一侧平行成长的粗大奥氏体晶界的Ⅰ型（IG_{γ}）及位于碳化物层（增碳层）的Ⅱ型（IG_C）。

（2）剥离裂纹的断口形貌　剥离裂纹的低倍断口是平坦的，扫描电镜下为沿晶断口形貌。

（3）剥离裂纹发生的区域　剥离裂纹发生在部分熔化区，即碳迁移的区域。

（4）环境条件　剥离裂纹一般都在高温高压氢环境下工作，冷却到室温之下发生。图 2-40 给出了发生剥离裂纹的临界氢分压和温度曲线。

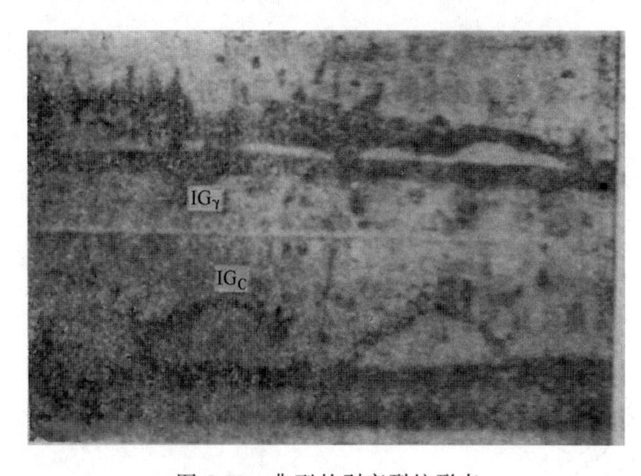

图 2-39　典型的剥离裂纹形态

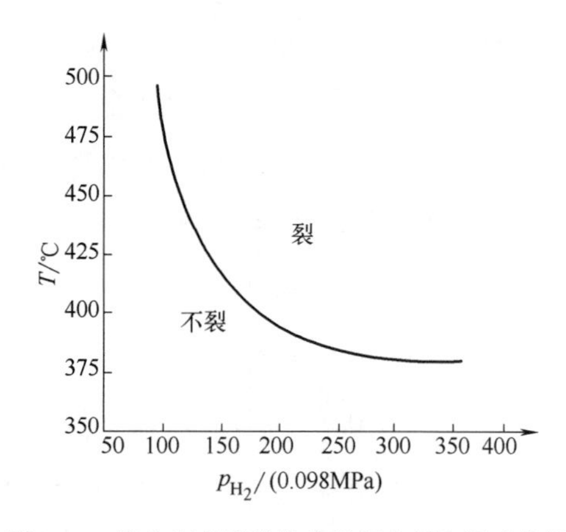

图 2-40　发生剥离裂纹的临界氢分压和温度曲线

2.6.2.2 产生剥离裂纹的机理

剥离裂纹既然也是一种氢致延迟断裂，剥离裂纹的产生与氢在接头中的行为、接头的组织以及结构运行后氢的分布和应力状态有关。

（1）部分熔化区附近氢的行为

① 氢在钢中的溶解。氢在不同钢组织中的溶解度是不同的。在 500～1400℃范围内，氢

分压为一个大气压时，氢在 α 相和 γ 相中的溶解度分别为 C_α 和 C_γ。这个溶解度与温度有关，分别为

$$\log C_\alpha = -1418T + 1.677 \quad (2\text{-}5)$$

$$\log C_\gamma = -1182T + 1.67 \quad (2\text{-}6)$$

可以看出，氢在钢中的溶解度，随着温度的提高而提高，而且，在 α-Fe 中的溶解度比在 γ-Fe 中的溶解度小。

② 氢在钢中的扩散。氢在不同钢组织中的扩散系数也是不同的，氢在 α 相和 γ 相中的扩散系数分别为 D_α 和 D_γ。这个扩散系数与温度有关，分别为：

$$\log D_\alpha = -637T - 2.663 \quad (2\text{-}7)$$

$$\log D_\gamma = -2174T - 1.971 \quad (2\text{-}8)$$

可以看出，氢在钢中的扩散系数，随着温度的提高而提高；另外，在 α-Fe 中扩散系数比在 γ-Fe 中的溶解度大。

③ 部分熔化区附近氢的扩散。

a. 稳定条件下氢的浓度分布。图 2-41 为稳定条件下，奥氏体不锈钢堆焊珠光体钢（2.25Cr-1Mo）时，氢从不锈钢一个方向溶解时氢的浓度分布（这也是实际生产中的情况，因为不锈钢总是面对含氢物质的）。这时，氢在两种材料中的溶解度和扩散系数与上述在纯铁中的不同，变化如下：

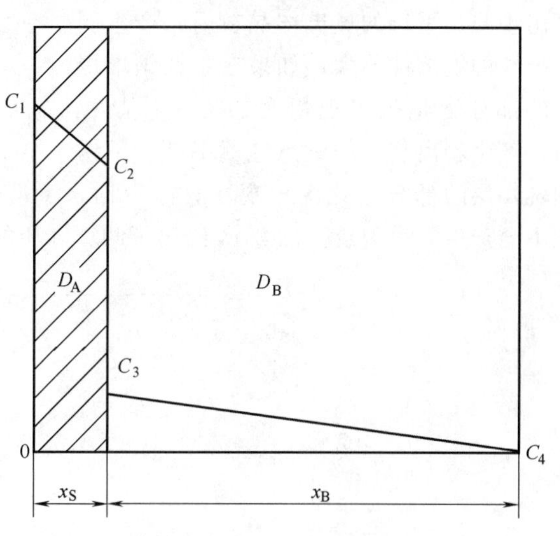

图 2-41　氢从不锈钢一个方向溶解的浓度分布

$$C_\alpha = 23.4\mathrm{e}^{-3257/T}\ (2.25\text{Cr-1Mo 钢}) \quad (2\text{-}9)$$

$$C_\gamma = 7.6\mathrm{e}^{-630/T}\ (\text{SUS309,SUS347 钢}) \quad (2\text{-}10)$$

$$D_\alpha = 2.4\times10^{-3}\mathrm{e}^{-3132/T}\ (2.25\text{Cr-1Mo 钢}) \quad (2\text{-}11)$$

$$D_\gamma = 7.1\times10^{-4}\mathrm{e}^{-4555/T}\ (\text{SUS309,SUS347 钢}) \quad (2\text{-}12)$$

由式（2-9）～式（2-12）可见，氢在奥氏体中的溶解度大大高于在 2.25Cr-1Mo（珠光体）钢中的溶解度，而氢在奥氏体中的扩散系数大大低于在 2.25Cr-1Mo（珠光体）钢中的扩散系数。

b. 介稳状态下氢的浓度分布。图 2-42 为冷却时或者冷却之后瞬间介稳状态下氢的浓度分布，这是在 500℃、14.7MPa 氢分压下，从不锈钢一侧溶解氢之后，以 120℃/h 速度冷却到室温时瞬时氢浓度分布的测定值和计算值。可以看到，部分熔化区附近的氢浓度与冷却前的变化很大。在部分熔化区不锈钢一侧，氢浓度急剧升高，而珠光体钢一侧急剧降低，$C_\gamma/C_\alpha = 2190$，而扩散系数 $D_\alpha/D_\gamma = 11485$，这样，就在熔合线奥氏体一侧聚集了大量氢。图 2-43 为在厚度 38mm 的 2.25Cr-1Mo 表面堆焊厚度 7mmSUS347 的接头中，

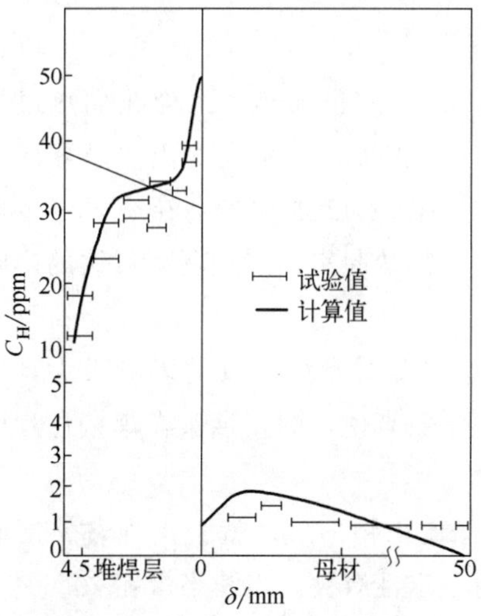

图 2-42　冷却后氢的浓度分布

在不锈钢堆焊层表面渗氢24h后，以200℃/h的速度冷却到15℃时，产生剥离裂纹时的氢浓度为220ppm（百万分之一）。这种情况下，产生剥离裂纹的临界氢浓度是固定的，与渗氢条件无关。

（2）部分熔化区的组织　部分熔化区的组织也是决定能否产生剥离裂纹的重要因素之一。当在不锈钢堆焊层的部分熔化区出现与其平行的奥氏体晶粒时，产生剥离裂纹的敏感性最大；如果在不锈钢堆焊层的部分熔化区出现粗大的奥氏体晶粒时，产生剥离裂纹的敏感性就降低；不锈钢堆焊层的部分熔化区出现γ+4%δ时，就不会产生剥离裂纹。图2-44给出了测算δ相的方法。

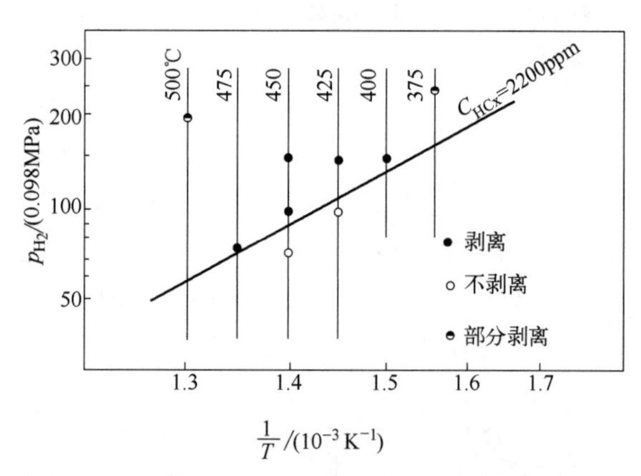

图2-43　在38mm厚2.25Cr-1Mo表面堆焊7mm SUS347的接头中，在不锈钢堆焊层产生剥离裂纹的条件

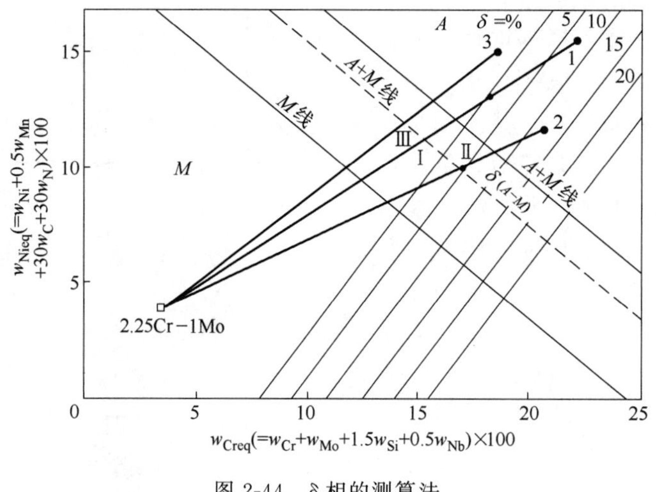

图2-44　δ相的测算法

2.6.2.3　产生剥离裂纹的影响因素及防治措施

从上面分析可知，产生剥离裂纹的前提条件是对焊接接头的再加热。因为在加热过程中，会发生碳从珠光体-铁素体一侧向部分熔化区奥氏体一侧扩散，在粗大奥氏体晶界形成脆硬的铬的碳化物，冷却后形成α′马氏体。由于降温后，如图2-42那样氢会在交界区奥氏体一侧聚集，以及熔合区存在的应力，就会产生剥离裂纹。归纳起来，产生剥离裂纹的影响因素如下。

（1）焊接方法和焊接条件　由于奥氏体焊缝金属的晶粒度对剥离裂纹的影响很大，因此，焊接方法和焊接条件对产生剥离裂纹的影响就很大。一般来说，焊接接头在焊接过程中高温停留时间越长，碳迁移就严重，就容易产生剥离裂纹。

（2）焊缝金属化学成分和组织的影响　奥氏体晶界有碳化物形成，就会出现贫铬层和α′马氏体，容易形成剥离裂纹。α′马氏体的形成与奥氏体的稳定性有关，当镍当量在20.6%～28%时，就不会产生剥离裂纹。这可以通过合理地选用焊接材料和焊接条件，以得到合适的熔合比做到。

从化学成分和组织上来说，当焊缝组织为A+M或者A+M+F时比A或者A+F的抗剥离裂纹好［图2-45（a）］。

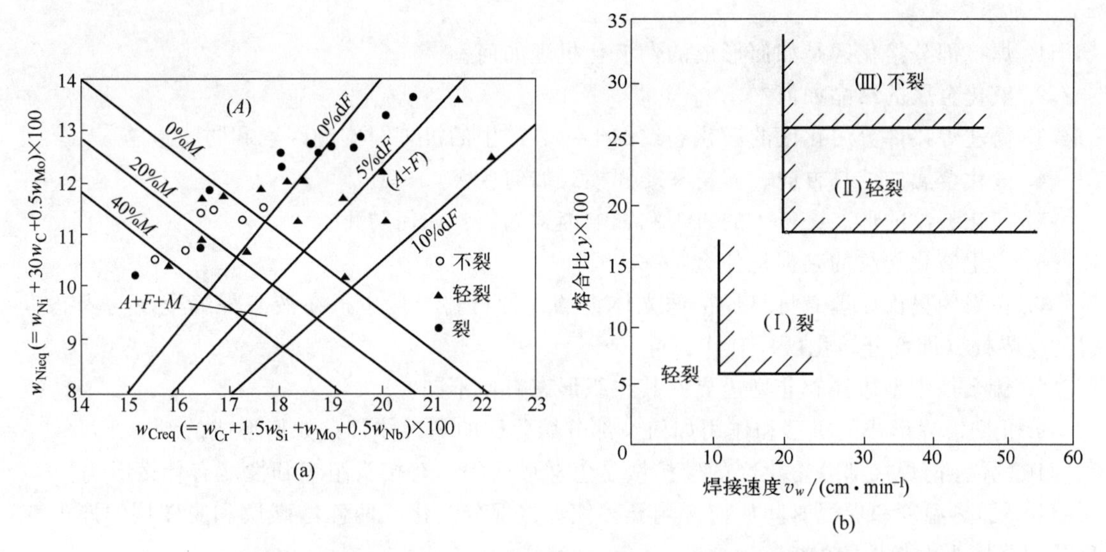

图2-45　焊缝奥氏体组织及熔合比对剥离裂纹的影响（309的焊缝680℃×16h炉冷）

（a）焊缝成分和组织的影响（○不裂，▲轻裂，●裂）；（b）熔合比和焊接速度的影响

（3）熔合比和焊接速度的影响　熔合比和焊接速度的影响如图2-45（b）所示。熔合比大，焊缝中马氏体多，产生剥离裂纹的敏感性下降。这是因为：焊缝金属中有马氏体，其与马氏体热影响区的膨胀系数差比奥氏体焊缝要小，应力变形要小；另外，焊缝金属中聚集的氢也少；也容易满足镍当量<20.6%的剥离裂纹敏感性低的要求。

（4）焊后热处理的影响　图2-46给出了焊后热处理对产生剥离裂纹的影响。焊后热处理可以有效地降低焊接接头的氢含量，也可以在正常的焊后热处理之后进行短期的热处理，就可以避免剥离裂纹的发生。

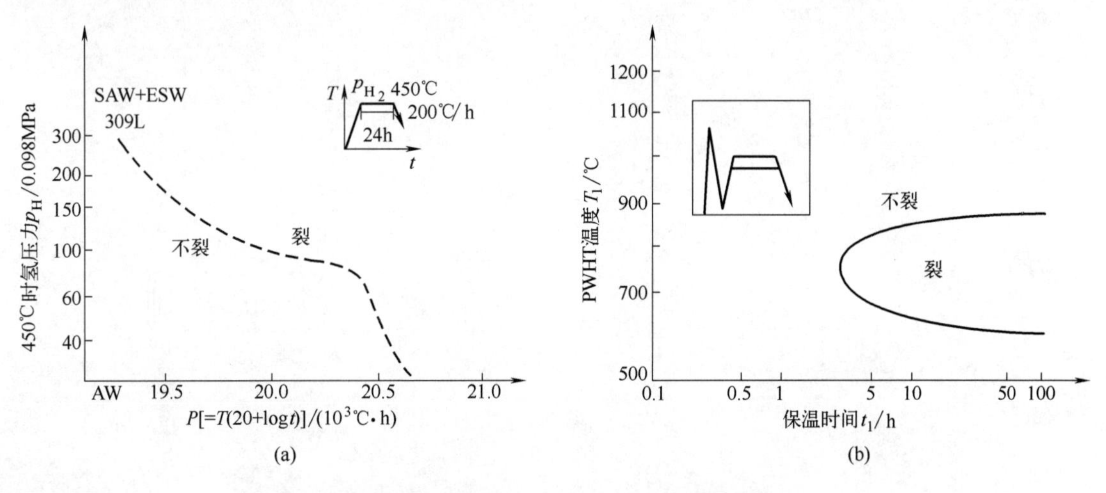

图2-46　焊后热处理对产生剥离裂纹的影响

（a）焊后热处理条件的影响；（b）产生剥离裂纹的焊后热处理条件域

（5）操作过程的影响　在设备正常工作之后，要停机之前，在工作温度下进行除氢处理，也可以避免产生剥离裂纹。

思　考　题

1. 焊接部分熔化区是如何形成的？液化机理如何？

2. 液化金属的结晶如何？

3. 简述焊接部分熔化区的液化裂纹的形态、产生的机理、影响因素和防止措施。

4. 液化金属的结晶方向、偏析和凝固模式如何？

5. 液化裂纹的形态、产生的机理和影响因素如何？如何防止？

6. 产生液化裂纹的判据是什么？

7. 在采用奥氏体填充材料焊接珠光体钢的异种材料焊接中，在液态焊缝金属与固态母材的交界处（即部分熔化区）有什么特点？

8. 什么是Ⅰ型边界和Ⅱ型边界？其组织形态有何不同？

9. Ⅱ型边界形成的机理和作用如何？部分熔化区的马氏体带是如何形成的？

10. 异种钢焊接部分熔化区的碳扩散是怎样形成的？对接头组织和性能有什么影响？

11. 加热温度和保温时间如何影响异种钢焊接部分熔化区两侧增碳层和脱碳层的厚度变化及焊接接头力学性能的？

12. 简述异种钢焊接部分熔化区产生剥离裂纹的特征、机理、影响和防治措施。

第3章 焊接热影响区

不同金属材料在经过熔化焊接中，会发生不同的过程，这样可以把材料分为两类：没有同素异构转变的材料，如铝合金、奥氏体不锈钢等；有同素异构转变的材料，如铁-碳合金（钢铁）、钛合金等。这里主要讨论铁-碳合金。

焊接热影响区是指母材被加热到发生组织和性能变化的区域。它是根据与焊缝的不同距离经过焊接加热，经历不同的加热速度、不同的最高加热温度、不同的冷却速度，即不同的热循环的组织和性能变化的区域。

3.1 焊接热循环

3.1.1 焊接热循环的主要参数

焊接热循环的主要参数为加热速度、最高加热温度、特定的高温停留时间和冷却速度（一般用某一个温度区间的冷却时间替代），如图 3-1 所示。与焊接部分熔合区不同距离的热循环曲线如图 3-2 所示。这些参数，根据母材的热物理性能、材料厚度、接头形式、坡口形式，焊接方法以及焊接热输入不同而不同。不同焊接方法的热循环曲线如图 3-3 所示。

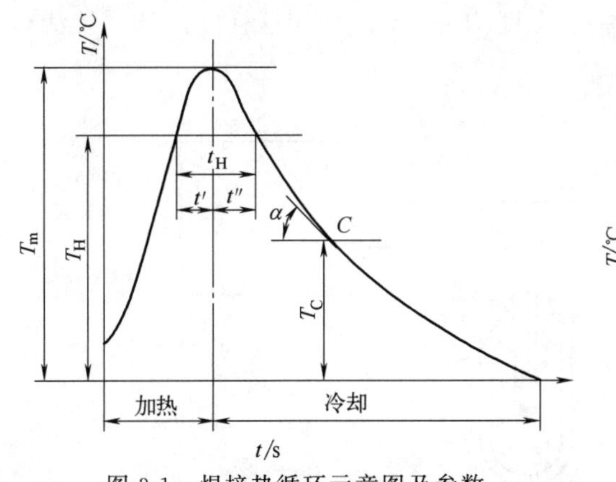

图 3-1 焊接热循环示意图及参数

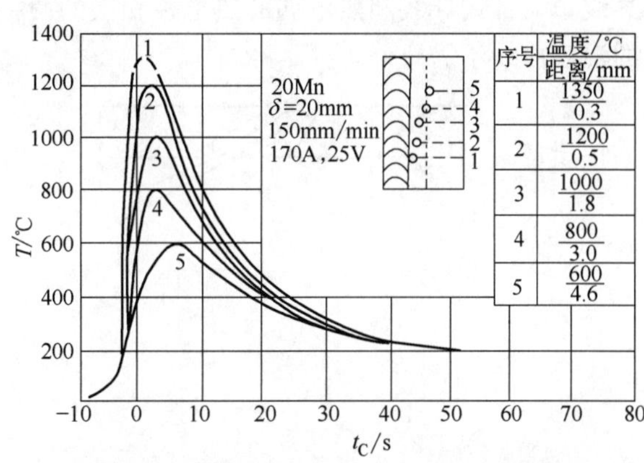

图 3-2 与焊接部分熔合区不同距离的热循环曲线

（1）加热速度（ω_H） 对钢铁的焊接来说，加热速度影响到奥氏体的均匀化以及碳化物的溶解过程和均匀化。加热速度提高，使得这些过程的温度提高。

（2）最高加热温度（T_m） 又叫作峰值温度。它是热循环的主要参数之一，对焊接热影响区的晶粒长大、碳氮化物的溶解和均匀化，以及加热相变和冷却相变都有重要影响。对于

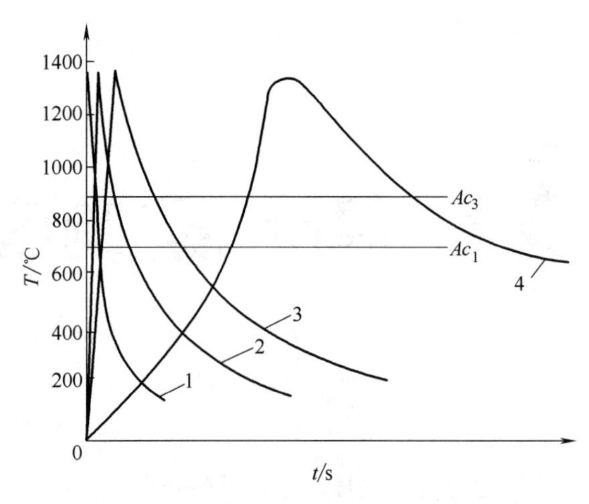

图 3-3 不同焊接方法的热循环曲线

1—CO_2 气体保护焊（板厚 1.5mm）；
2—埋弧焊（板厚 8mm）；3—埋弧焊（板厚 15mm）；
4—电渣焊（板厚 100mm）

钢铁的焊接来说，热影响区最高加热温度为 1300～1350℃。

（3）高温停留时间（t_H） 高温停留时间对于奥氏体和化学成分的均匀化、晶粒长大和冷却过程的组织转变有很大的影响。高温停留时间越长，越有利于奥氏体和化学成分的均匀化，晶粒长大，使得冷却转变向高温转变。

（4）冷却速度（ω_C）和冷却时间（$t_{8/5}$、$t_{8/3}$、t_{100}） 冷却速度（ω_C）是影响焊接接头质量的重要参数，它直接影响氢气的扩散和逸出、气孔和各种焊接裂纹的形成，以及焊接热影响区的组织和性能，以至于影响整个焊接接头的性能。

由于冷却速度的测定比较困难，因此以冷却时间（$t_{8/5}$、$t_{8/3}$、t_{100}）来代替。其中，$t_{8/5}$ 为 800～500℃的冷却时间，适用于不易淬火钢，它反映了冷却相变组织的类型；$t_{8/3}$ 为 800～300℃的冷却时间，适用于易淬火钢，它反映了冷却相变组织马氏体的数量和类型；t_{100} 为最高加热温度～100℃的冷却时间，它反映了冷裂纹产生的可能性。

3.1.2 焊接热循环的测定

利用热电偶来测定焊接热循环，采用的方法如图 3-4 所示。将热电偶的一根热电极参考端插在冰点容器中的玻璃试管的底部，并与底部有少量清洁水的水银相接触，水银上面应存放少量蒸馏水（或变压器油），最好用石蜡封结，以防止水银蒸气逸出，影响人体健康。插入水银的参考端由铜导线引出接往 x-y 记录仪（或其它温度记录仪）。温度记录仪可看作铜导线，而且铜导线和热电偶的热电极相接的两接点温度均为 0℃。采用这样的测试系统测得的温度曲线不需要修正。

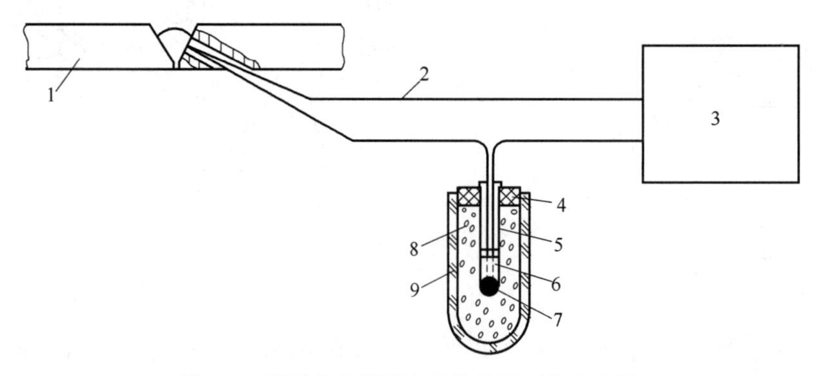

图 3-4 利用热电偶测定焊接热循环的示意图

1—焊接试样；2—热电偶；3—记录仪；4—盖；5—试管；6—水；7—水银；8—冰水混合物 9—0℃补偿器

还有一种比较简单的方法，就是直接把热电偶插入焊接熔池中，这样测得的焊接热循环的参数比焊接热影响区过热区参数高一些；但是，这种方法偏于安全。

3.1.3 多层焊接热循环

多层焊接有两种情况：一种是板厚较厚，一次难以焊透；另一种是焊接工艺措施，为改善焊接热循环。

(1) 长段多层焊焊接热循环　长段焊接热循环是在前道焊道冷却到较低温度（100～200℃以下）再焊接下一道，前层焊道对后层焊道没有预热作用，而后层焊道对前层焊道也没有后热作用。它只适合焊接不易淬火的钢种。其焊接热循环如图 3-5 所示。

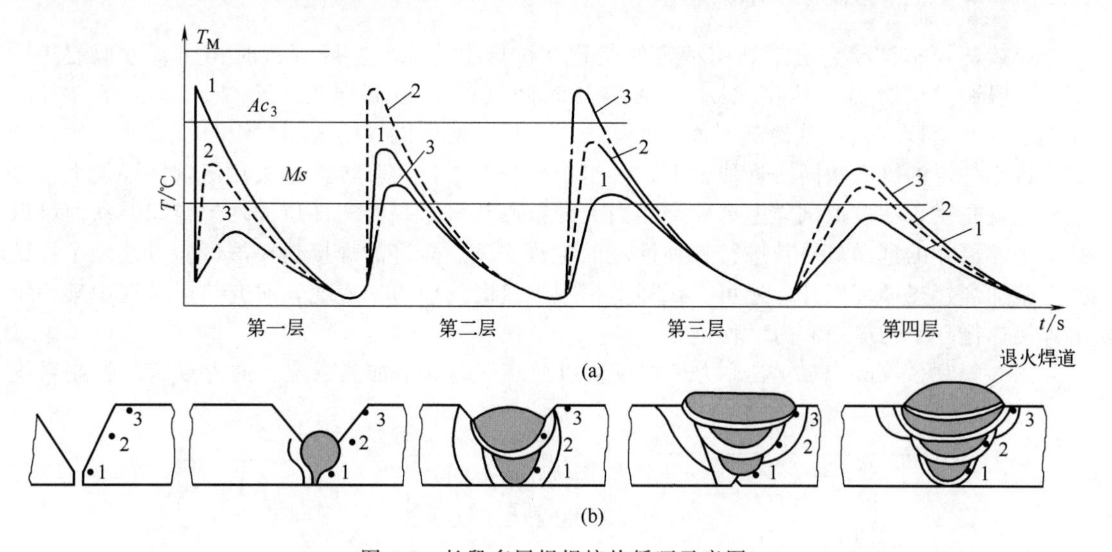

图 3-5　长段多层焊焊接热循环示意图

(a) 焊接各层时，焊接热影响区各点的热循环；(b) 各层焊缝断面示意图

(2) 短段多层焊焊接热循环　短段多层焊接是改善焊接接头性能的有效措施，是因为前层焊道对后层焊道有预热作用，而后层焊道对前层焊道有后热作用；还可以加强氢的逸出。它适合焊接易淬火的钢种，对提高焊接质量有积极的作用。其焊接热循环如图 3-6 所示。

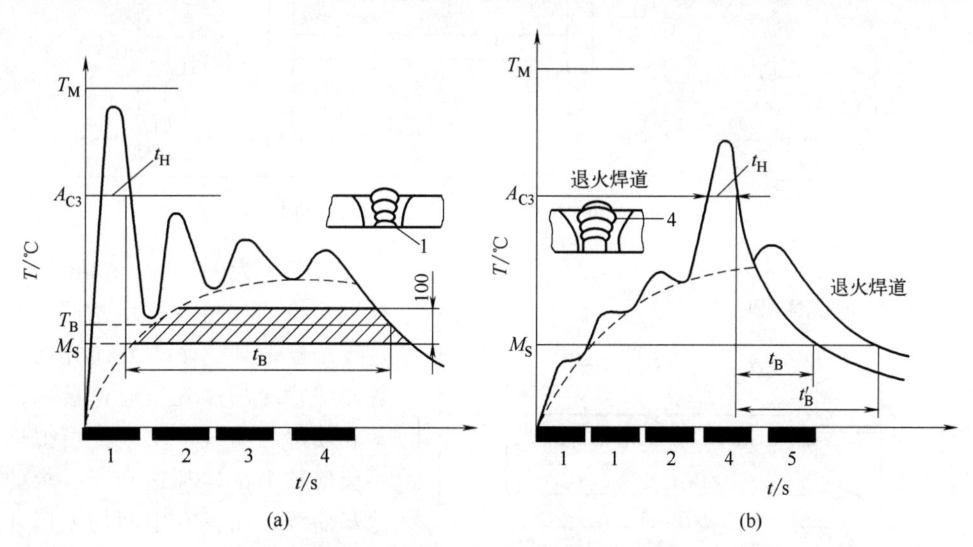

图 3-6　短段多层焊焊接热循环示意图

(a) 第一道 1 点焊接热循环；(b) 最后一道 4 点热循环 t_B-从 A_{C3} 冷却到 M_S 的时间

从图 3-6 可以看出，短段多层焊焊接热循环的特点是高温停留时间短，延长了 M_S 以上的停留时间，达到高温停留时间短，降低了晶粒长大的可能性，又延长 M_S 的时间，降低了淬硬倾向，达到了理想的热循环。

3.2 焊接热、力模拟技术

3.2.1 焊接热、力模拟技术原理

焊接热模拟试验方法是利用特定的装置在试样上造成与实际焊接时相同或近似的热循环，一般通过控制加热速度（ω_H）或加热时间（t'）、最高温度（T_m）、高温停留时间（t_H）、冷却速度（ω_c）或冷却时间（如 $t_{8/5}$）实现，使得试样的金相组织与所需研究的热影响区特定部位的组织相同或近似，但这一组织区域大小比实际焊接接头热影响区要放大很多倍。也就是说，在模拟试样上有一个相当大的范围获得这一特定部位的均匀组织，从而可以制备足够尺寸的试样，对其进行各种性能的定量测试。先进的焊接热模拟试验方法除了在试样上施加焊接热循环以外，还可在试样上模拟焊接时的应力或应变，研究热影响区中某一特定焊接热循环下的应变和力学性能。

图 3-7 为 Gleeble-1500 热、力模拟试验机原理框图，由加热系统、加力系统和控制系统三部分组成。

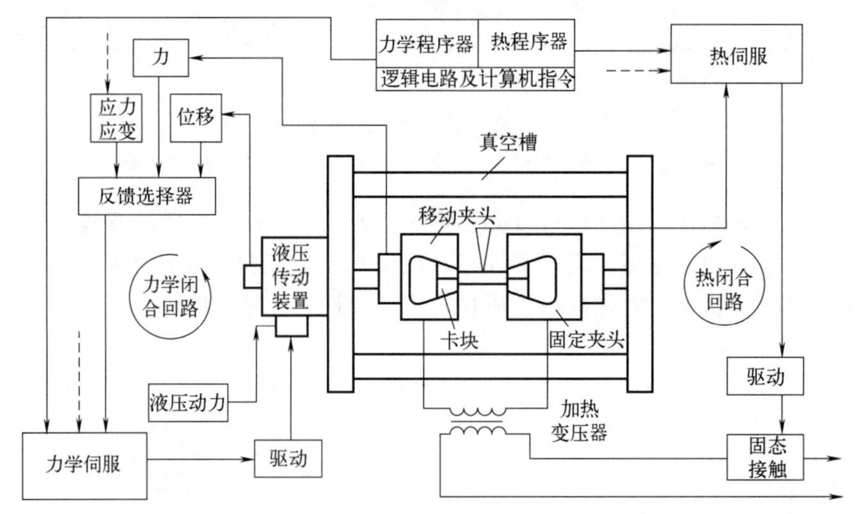

图 3-7 Gleeble-1500 热、力模拟试验机原理框图

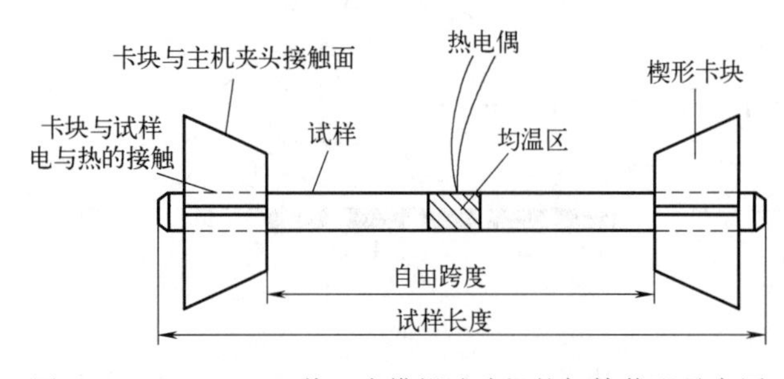

图 3-8 Gleeble-1500 热、力模拟试验机的加持装配示意图

图 3-8 为 Gleeble-1500 热、力模拟试验机的加持装配示意图，其加热过程是模拟某一个需要研究的特定加热曲线，冷却过程是通过接触传导冷却和喷水、喷气来实现。模拟试验并不能使整个试样都达到所要求的加热冷却曲线，而只有中间均温区才能够近似地接近于曲线，因此试样需要一定的长度。

3.2.2 焊接热、力模拟技术的应用

① 研究材料在特定的焊接热循环条件下的相变行为；

② 研究材料模拟焊接热影响区连续冷却组织转变图（CCT 图）；

③ 研究焊接热影响区某一个特定热循环条件下的组织性能模拟；

④ 研究各种裂纹（冷裂纹、焊缝热裂纹、再热裂纹、层状撕裂、液化裂纹）等的形成条件和机理；

⑤ 模拟应力-应变对转变和组织裂纹形成的影响规律。

3.3 焊接热循环条件下铁碳合金发生的组织转变

3.3.1 焊接热循环条件下的组织转变特点

与热处理相比，焊接的热循环有如下特点：

① 加热温度高。在热处理条件下，加热最高温度一般为 950～1050℃（A_{C3} 以上 100～200℃），而焊接时熔合线附近的加热温度通常接近于金属的熔点。焊接低碳钢和低合金钢时，一般都在 1350℃左右。所以，焊接与热处理的加热温度相差很多。

② 加热速度快。热处理时为了保证加热均匀和减少热应力，对加热速度做了较严格的限制，一般为 0.1～1℃/s。由于焊接采用的热源强烈集中，故加热速度比热处理要快得多，往往超过几十倍甚至几百倍。

③ 高温停留时间短。热处理时的保温时间可以根据需要确定，而焊接时由于热循环的特点，在 A_{C3} 以上的停留时间很短，一般焊条电弧焊为 4～20s，埋弧焊为 30～100s。

④ 自然条件下连续冷却。热处理时可以根据需要来控制冷却速度或在冷却过程的不同阶段进行保温。而焊接时，一般都是在自然条件下连续冷却，冷却速度较快，个别情况下才进行焊后保温或焊后热处理。

⑤ 局部加热。热处理时工件是在炉中整体加热，而焊接属于局部集中加热，温度分布不均匀，且随热源移动，局部加热区域也在不断地向前移动，这势必在焊接区造成一个复杂的应力-应变场，而焊接热影响区就是在这样一个复杂的应力-应变状态下进行着不均匀的组织转变。

综上所述，由于焊接热过程的上述特点，使热影响区的组织转变与热处理有着不同的规律，不能照搬热处理的理论来研究焊接热影响区的问题。

3.3.2 焊接加热的组织转变

由于快速加热时，相变温度是一个温度区间，在这个温度区间内的不同温度，其相变产物也不尽相同。对于 $w_C=0.3\%$的碳钢来说，其快速加热时，珠光体→奥氏体的转变产物，大体上有如下几个阶段：

在温度稍微高于 A_{C1S} 的温度，γ 相开始成核；温度提高，部分珠光体转变为奥氏体，但是，碳在奥氏体中的含量较高，快冷得到的是索氏体；温度再提高，在 A_{C1f} 的温度，珠光体→奥氏体的转变已经完成，但是碳的扩散还不充分，分布不均匀。快冷后，高碳部分淬火成为马氏体。这种马氏体很小，不是针状，叫作无针状马氏体。由于其碳含量很高，因此

很脆。往往会有残余奥氏体，叫作 M-A 组织。其中低碳部分的 γ 相冷却后转变为铁素体组织，所以，可以得到马氏体和铁素体的混合组织，或者 M-A 组织和铁素体的混合组织。

如果温度进一步提高，碳得到进一步扩散，高碳部分消失。冷却后，就不能得到马氏体，而得到比加热前珠光体更小的珠光体，还会有部分铁素体。它是在加热前的珠光体区域。

加热速度对渗碳体分解和碳扩散也有影响；加热速度对渗碳体开始分解的温度几乎没有影响，但是，对渗碳体分解终了的温度有影响。在加热速度大于 200℃/s 以后，就几乎没有影响了。不过加热速度对完成奥氏体化温度影响较大，随着加热速度的提高，完成奥氏体化的温度一直在提高。

焊接方法不同，加热速度也不同（表 3-1）。加热速度不仅对 A_{C1} 和 A_{C3} 温度有影响（图 3-9 和表 3-2），而且对奥氏体转变开始温度 A_S 及终了温度 A_f 也有影响，随着加热速度的提高，A_S 和 A_f 也增大。

表 3-1 不同焊接方法的加热速度

焊接方法	板厚/mm	加热速度 ω_H/(℃/s)
焊条电弧焊(包括 TIG 焊)	5～1	200～1000
单层自动埋弧焊	25～10	60～200
电渣焊	200～50	3～20

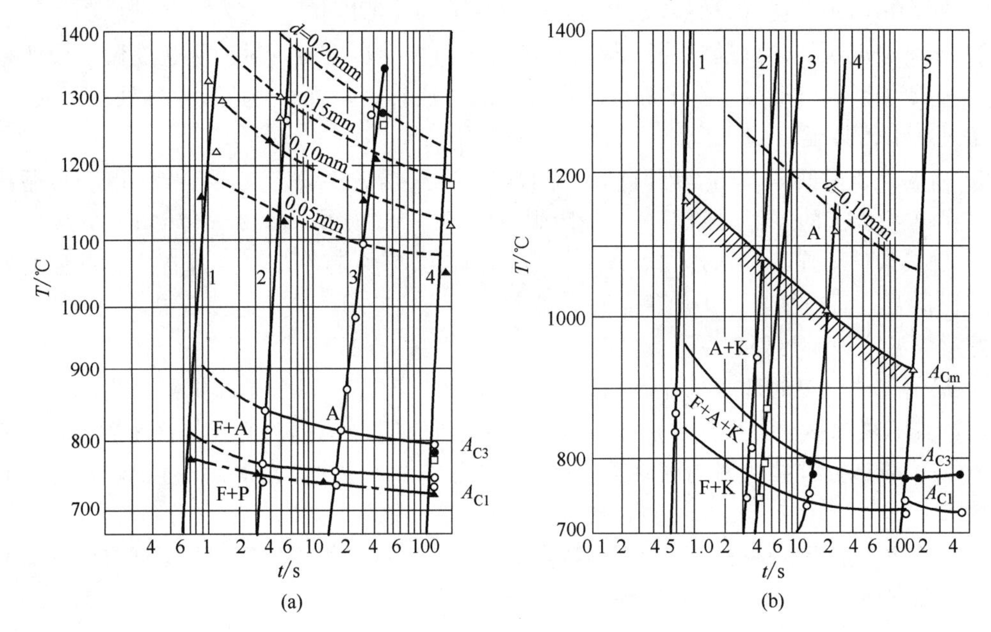

图 3-9 焊接加热速度对 A_{C1} 和 A_{C3} 温度及晶粒长大的影响

(a) 45 钢（ω_H：1—1400℃/s，2—270℃/s，3—35℃/s，4—7.5℃/s)；

(b) 40Cr 钢（ω_H：1—1600℃/s，2—300℃/s，3—150℃/s，4—42℃/s，5—7.2℃/s)

d—晶粒的平均直径；A—奥氏体；P—珠光体；F—铁素体；K—碳化物

表 3-2 加热速度对 A_{C1} 和 A_{C3} 温度的影响

钢种	相变点	平衡温度/℃	加热速度 ω_H/(℃/s)				A_{C1} 与 A_{C3} 的温差/℃		
			6～8	40～50	250～300	1400～1700	40～50	250～300	1400～1700
45 钢	Ac_1	730	770	775	790	840	45	60	110
	Ac_3	770	820	835	860	950	65	90	180

续表

钢种	相变点	平衡温度/℃	加热速度 ω_H/(℃/s)				A_{C1} 与 A_{C3} 的温差/℃		
			6～8	40～50	250～300	1400～1700	40～50	250～300	1400～1700
40Cr	A_{C1}	740	735	750	770	840	15	35	105
	A_{C3}	780	775	800	850	940	25	75	165
23Mn	A_{C1}	735	750	770	785	830	35	50	95
	A_{C3}	830	810	850	890	940	40	80	130
30CrMnSi	A_{C1}	740	740	775	825	920	35	85	180
	A_{C3}	820	790	835	890	980	45	100	190
18Cr2WV	A_{C1}	710	800	860	930	1000	60	130	200
	A_{C3}	810	860	930	1020	1120	70	160	260

3.3.3 焊接加热过程的再结晶

对被焊材料来说，都会有再结晶发生。对于没有同素异构转变的材料，其焊接热影响区的再结晶，相对于有同素异构转变的材料，过程比较简单，但是更加重要。影响再结晶的因素主要有温度、先期变形量和材料的纯度。

焊接热影响区材料的再结晶过程，也有一个成核和晶核长大的过程，图 3-10 为再结晶温度、先期变形量和原始晶粒尺寸对纯铁再结晶晶粒尺寸的影响。可以看到较小的变形量和较高的温度，可以获得较大的晶粒长大。

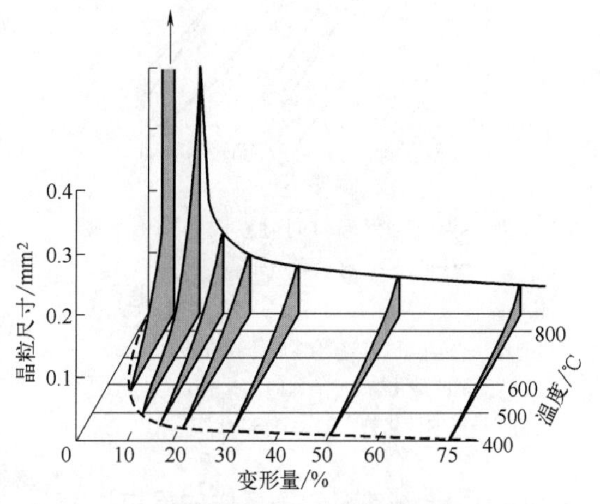

图 3-10 再结晶温度、先期变形量和原始晶粒尺寸对纯铁再结晶晶粒尺寸的影响

3.3.4 快速加热冷却中的相变

在有同素异构转变的材料（如钢铁）中，其相变温度与加热、冷却速度有关，加热冷却速度越快，相变温度提高，偏离相图上的温度越远，相变产物及其性能将发生变化。

快速加热和冷却，不仅可以改变相变温度，还可以使得在平衡状态下在一个固定温度下发生的转变，变化为一个温度区间。如珠光体→奥氏体转变的 A_{C1} 有一个开始相变温度 A_{C1S} 和终了相变温度 A_{C1f}；铁素体→奥氏体转变的 A_{C3} 有一个开始相变温度 A_{C3S} 和终了相变温度 A_{C3f}。加热速度越快，这些相变温度越高，A_{C3f} 可达 1100℃；冷却速度越快，相变温度越低，开始相变温度与终了相变温度之差越大。

3.3.5 焊接热影响区的晶粒长大与细化

3.3.5.1 碳化物和氮化物溶解和奥氏体的均匀化

刚刚转变为奥氏体的化学成分是不均匀的，在原渗碳体区域的碳含量较高，原铁素体区域的碳含量较低；另外，其它合金元素也存在分布不均匀的问题。由于加热速度较快，碳和这些合金元素还来不及扩散达到均匀化。图 3-11 为加热温度和保温时间对奥氏体中不同碳化物完全溶解的影响。

图 3-12 为 S35C 钢（日本牌号，相当于我国 35 碳钢）在热循环过程中的加热温度与晶粒直径之间的关系。可以看到，实测值与计算值高度一致。

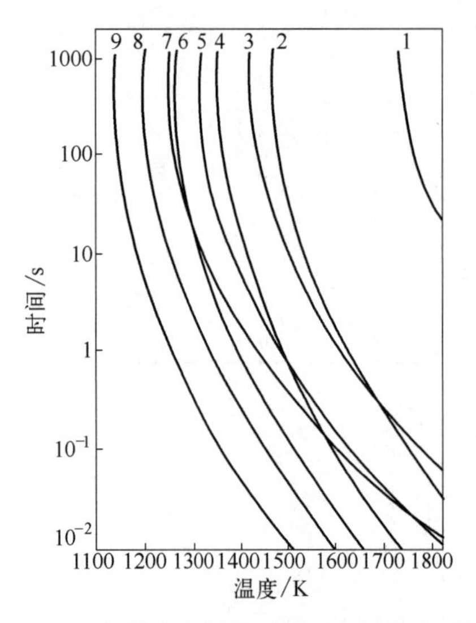

图 3-11　加热温度和保温时间对奥氏体中不同碳化物完全溶解的影响

1—钛的氮化物（溶解 26%）；2—铌的碳氮化物；3—铝的氮化物；4—铌的碳化物；5—钒的氮化物；6—钼的碳化物；7—钛的碳化物；8—钒的碳化物；9—铬的碳化物

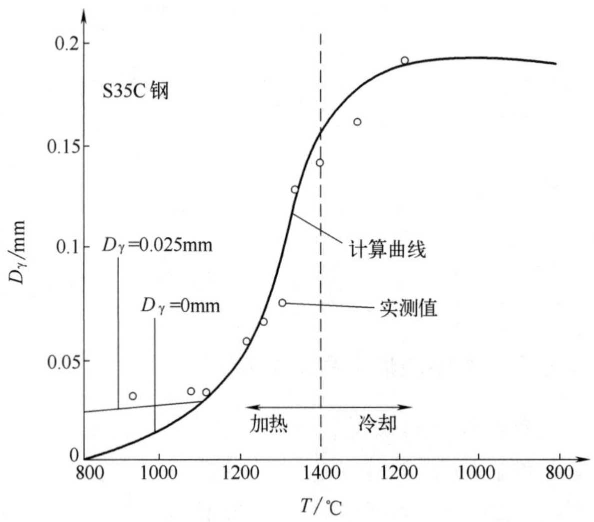

图 3-12　焊接热循环中 S35C 钢加热温度与奥氏体晶粒直径 D_γ 之间的关系

3.3.5.2　恒温加热及热循环中的晶粒长大

（1）恒温加热过程中的晶粒长大　恒温加热过程中的晶粒长大与加热温度和保温时间有关

$$D^a - D_0^a = K_0 t \exp\left(-\frac{E}{RT}\right) \tag{3-1}$$

式中　D——加热长大了的晶粒直径，mm；

D_0——加热前的晶粒直径，mm；

t——保温时间，s；

T——加热温度，K；

a——常数；

K_0——与温度无关的常数；

E——激活能，J/mol；

R——气体常数。

（2）热循环过程中的晶粒长大　把热循环曲线分为若干小段，认为每一个小段为恒温加热，然后积分之。

$$D_j^a - D_0^a = K_0 \sum_{i=1}^{j} t_i \exp\left(-\frac{E}{RT_i}\right) \tag{3-2}$$

式中　D_j——第 j 个加热阶段终了的晶粒直径，mm；

t_i——第 i 个加热阶段的加热时间，s；

T_i——第 i 个加热阶段的加热温度，K；

D_0——加热前的晶粒直径，mm；

K_0——常数；

E——激活能，J/mol；

R——常数。

3.3.5.3 焊接热影响区晶粒长大的特点

从式（3-1）和式（3-2）可以知道，晶粒长大的尺寸，与加热温度、保温时间和原始晶粒尺寸 D_0 有关。

实践证明，只有加热温度超过 1100℃之后奥氏体晶粒才开始明显长大［图 3-13（a）］，其主要是在最高加热温度附近长大。

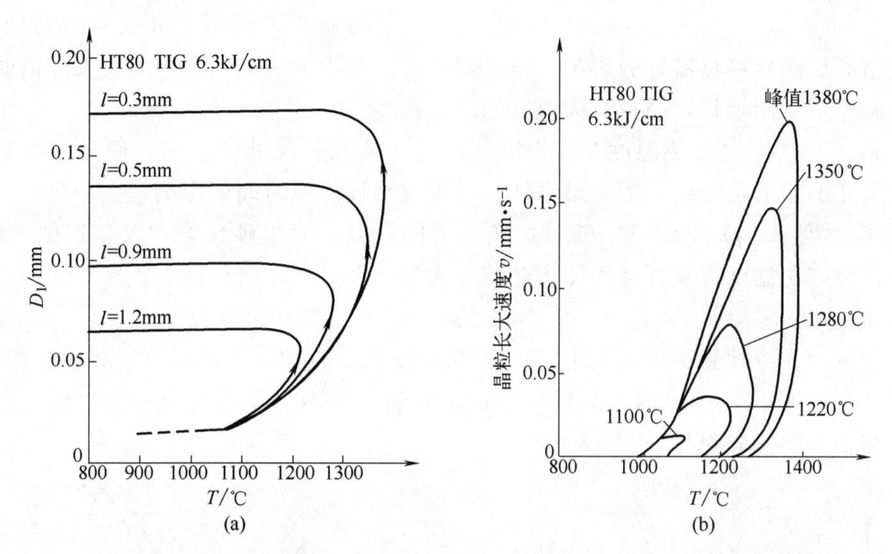

图 3-13 HT80 钢钨极氩弧焊时在焊接热循环中奥氏体晶粒长大（l—至熔合线的距离）

（a）与熔合线不同距离的晶粒长大过程；（b）不同峰值温度下晶粒长大速度

图 3-13（b）为 HT80 钢钨极氩弧焊时，在焊接热循环中奥氏体晶粒长大速度的变化与峰值加热温度的关系。

影响晶粒长大的因素：

（1）焊接线能量的影响　焊接线能量对晶粒长大有明显的影响，如下式所示：

$$\log(D^4-D_0^4)=-92.64+2\log\eta'E'+\frac{1.291\times10^{-1}}{(y'/\eta'E')+1.587\times10^{-3}} \tag{3-3}$$

式中 E'——单位板厚的焊接线能量，J/cm；

y'——至熔合线的距离，mm；

η'——换算系数。

η'相当于热效率值，对 HT80 钢的钨极氩弧焊来说，η'为 0.65，埋弧焊为 0.85，电子束焊为 0.80。在熔合线上，$D_0=0$，可以得到焊接热影响区最大奥氏体晶粒直径为

$$D_m=1.487\times10^{-3}(\eta'E')^{1/2} \tag{3-4}$$

图 3-14 给出了焊接线能量对 HT80 钢焊接热影响区奥氏体晶粒尺寸的影响。对 HT100 钢来说，奥氏体晶粒尺寸小于 0.05mm 可以改善韧性。

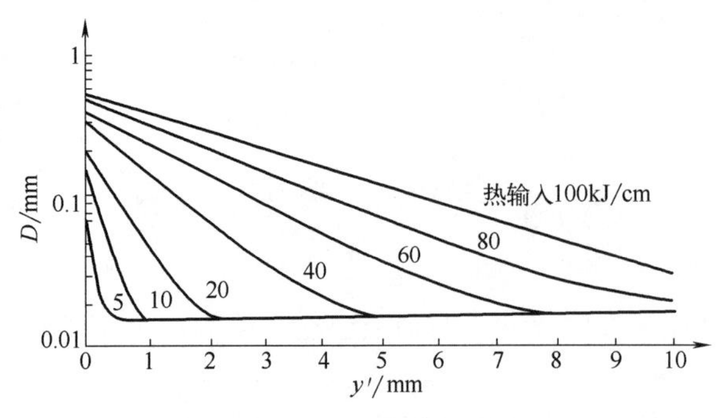

图 3-14　焊接热输入对 HT80 钢焊接热影响区奥氏体晶粒尺寸的影响

（2）焊接热循环的影响

① 最高加热温度的影响。最高加热温度（T_m）越高，晶粒长大越剧烈，在最高加热温度超过 1000℃ 时碳钢的晶粒长大就明显了；而碳化物形成元素含量比较高的合金钢，其晶粒明显长大的温度为 1100℃，这是由于碳化物阻碍了晶粒长大的进程，因为只有碳化物分解之后晶粒才能够长大。

② 高温停留时间（t_H）的影响。高温停留时间主要受到焊接方法的影响，归根结底还是焊接热输入的影响。不同焊接方法和不同热输入量，其高温停留时间是不同的。高温停留时间越长，晶粒长大越剧烈。

图 3-15 显示了最高加热温度和保温时间对奥氏体晶粒尺寸的影响。最高加热温度对奥氏体晶粒尺寸的影响是很敏感的。最高加热温度越高，保温时间的影响越大。

③ 加热速度（ω_H）的影响。随着加热速度的提高，使得碳化物和氮化物的溶解温度，以及奥氏体均匀化温度提高，从而使得晶粒长大的倾向降低。

④ 冷却速度（ω_C）的影响。奥氏体晶粒的长大，不仅在加热过程中发生，在冷却过程中也同样发生。在冷却到 1100℃以前，晶粒都在长大。冷却速度的提高，将使得铁-碳相图发生如图 3-16 那样的变化，即共晶温度降低，共晶成分不再是原来的一个数据，而是一个区间，晶粒长大的倾向降低。

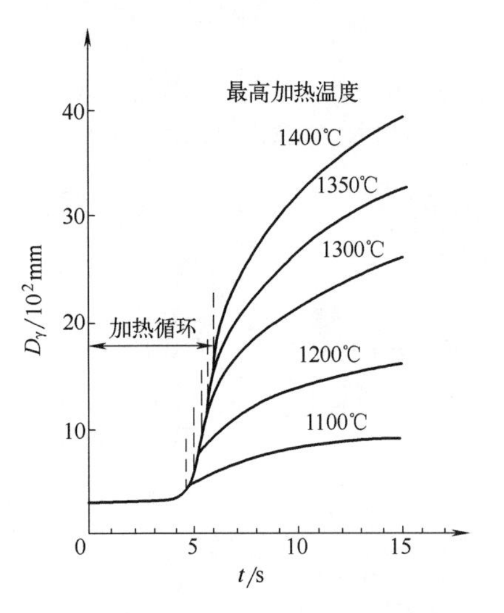

图 3-15　最高加热温度和保温时间对奥氏体晶粒尺寸的影响

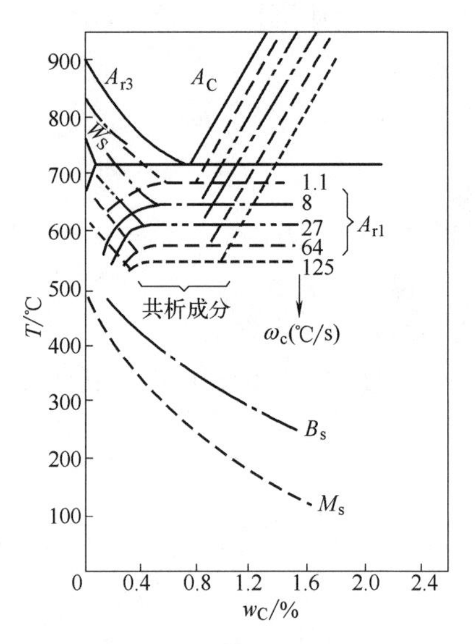

图 3-16　冷却速度 ω_C 对铁-碳相图的影响

A_{r1}—共析转变温度；B_S—贝氏体开始转变温度；M_S—马氏体开始转变温度；W_S—魏氏组织开始形成温度

⑤ 多次热循环的影响。多次热循环时，如果各次热循环相同，晶粒尺寸将随着热循环次数的增多而稍有增大，但随着次数的增多，其晶粒长大的速度降低。

（3）原始晶粒尺寸的影响　图 3-17 为原始晶粒尺寸对奥氏体晶粒长大的影响。可以看到，原始晶粒尺寸对热影响区的奥氏体晶粒尺寸有明显的影响，但是，对靠近部分熔化区的过热区几乎没有影响。

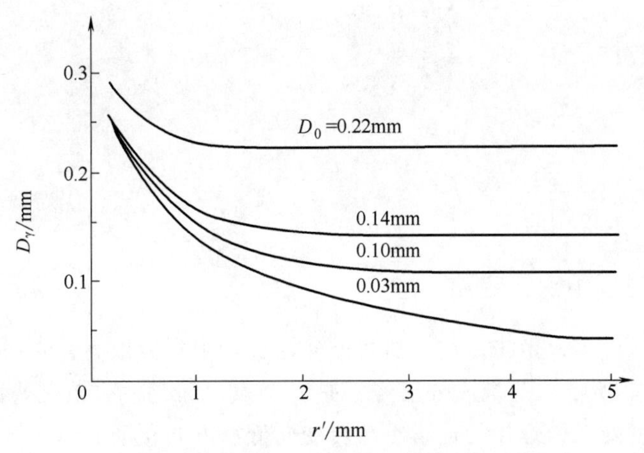

图 3-17　原始晶粒尺寸对奥氏体晶粒长大的影响

（4）析出物的影响　钛和铌的析出物 NbC、AlN 及 TiN，其析出物的数量，特别是颗粒尺寸对奥氏体晶粒长大有明显的影响。

$$R=K(r/\phi_V) \tag{3-5}$$

式中　R——奥氏体晶粒半径，μm；

K——常数，对 NbC、AlN 为 1.7，对 TiN 为 1.5；

$r=(ab)^{1/2}/2$，a 为析出物长度；b 为析出物宽度，μm；

ϕ_V——析出物体积分数，%。

$$r=C(D/T)^{1/3}t^{1/3} \tag{3-6}$$

式中　C——与时间、温度无关的常数；

D——扩散系数；

T——加热温度；

t——保温时间。

（5）溶质元素的影响

对任何合金来说，式（3-1）中的常数 a 及 E 大体上都是一样的，但是 K_0 却取决于溶质元素（合金元素）的种类及数量，即

$$\log K_0=n-P\log(r'-r)^3c \tag{3-7}$$

式中　n，P——常数；

r'——溶质的原子半径，mm；

r——溶剂的原子半径，mm；

c——溶质的浓度，L/mol。

在经过一定的热循环之后，式（3-6）表示的晶粒尺寸为

$$\log D=A-Bc\ (r'-r)^3 \tag{3-8}$$

式中　A，B——与热循环有关的常数。

3.3.5.4 晶粒的细化

由上所述，对给定的材料来说，最高加热温度和高温停留时间是决定晶粒尺寸的主要因素。如下式所示：

$$N=K_0-K_1\log(\Delta Tt) \tag{3-9}$$

式中 N——晶粒数；

K_0——常数；

K_1——常数；

ΔT——最高加热温度与 Ac_1 之差；

t——Ac_1 以上停留时间。

3.3.6 焊接冷却过程组织转变

在相同的冷却速度下，由于焊接加热温度比热处理加热温度高，它们的冷却转变组织也是不同的，如图 3-18 所示，共析成分已经不是一个点，而是一个范围，而且随着冷却速度的提高，其共析温度降低。焊接的连续冷却转变向低温方向移动。

3.3.6.1 低碳低合金钢焊接热影响区连续冷却组织转变特点

（1）相图的改变　随着冷却速度的提高，相图向左下方移动，各个相变点也会发生变化。

（2）与热处理的区别　与热处理相比，在冷却条件完全相同的条件下（图 3-18），焊接热影响区冷却组织转变比热处理更容易得到淬火组织，即焊接热影响区冷却组织转变图（SH-CCT 图）比热处理向左下方移动（图 3-19），淬透性增大。

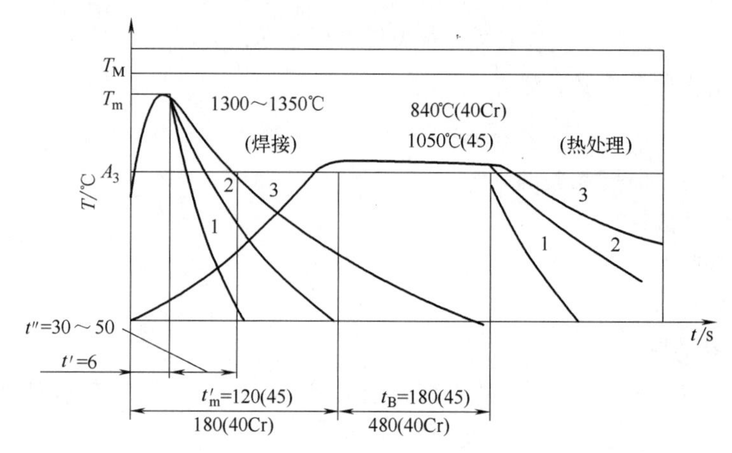

图 3-18　焊接和热处理加热及冷却过程示意图

T_M—金属熔点；T_m—焊接加热最高温度；t_B—热处理保温时间

焊接和热处理的差别在于碳化物（氮化物）的存在形态，碳化物（氮化物）只有充分溶解到奥氏体中，才能增大奥氏体的稳定性（即增大淬透倾向）。可以想象，在热处理的条件下，碳化物（氮化物）可以有充分的时间溶入奥氏体中，因此增大淬透倾向；而在焊接的条件下，由于加热速度快，高温停留时间短，碳化物（氮化物）没有充分的时间溶入奥氏体中，因此，淬透倾向较低。

3.3.6.2 影响奥氏体连续冷却转变的因素

（1）化学成分的影响　除钴之外，几乎所有能够固溶于奥氏体的合金元素都能够使奥氏体的稳定性增大，使得 CCT 图向左下方移动，降低马氏体相变点 M_S。

(2) 加热温度的影响　图 3-19 为加热温度对连续冷却组织转变的影响。加热温度越高，碳化物（氮化物）溶解越完全，奥氏体晶粒越大，奥氏体稳定性越大，SH-CCT 图向右下方移动。

(3) 加热速度的影响　加热速度提高，将使碳化物（氮化物）没有充分的时间溶入奥氏体中，因此，淬透倾向较低，CCT 图向左上方移动（图 3-20）。

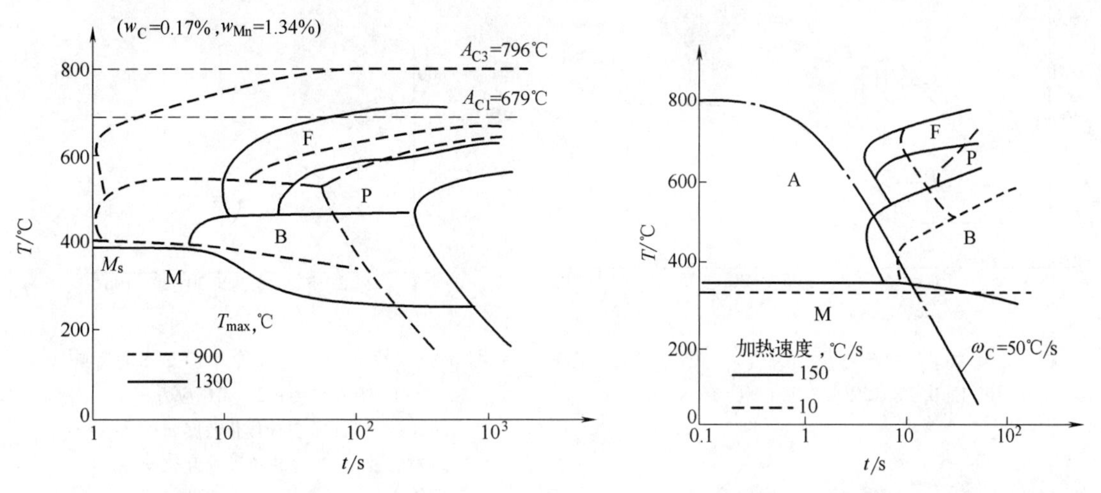

图 3-19　加热温度对连续冷却组织转变的影响

图 3-20　加热速度对连续冷却组织转变的影响（45 钢，最高加热温度 1350℃）

(4) 保温时间（高温停留时间）的影响　保温时间与加热温度对连续冷却组织转变的影响相似。保温时间增长与加热温度提高的作用相似，保温时间越长，碳化物（氮化物）溶解越完全，奥氏体晶粒越大，奥氏体稳定性越大，SH-CCT 图向右下方移动（图 3-21）。

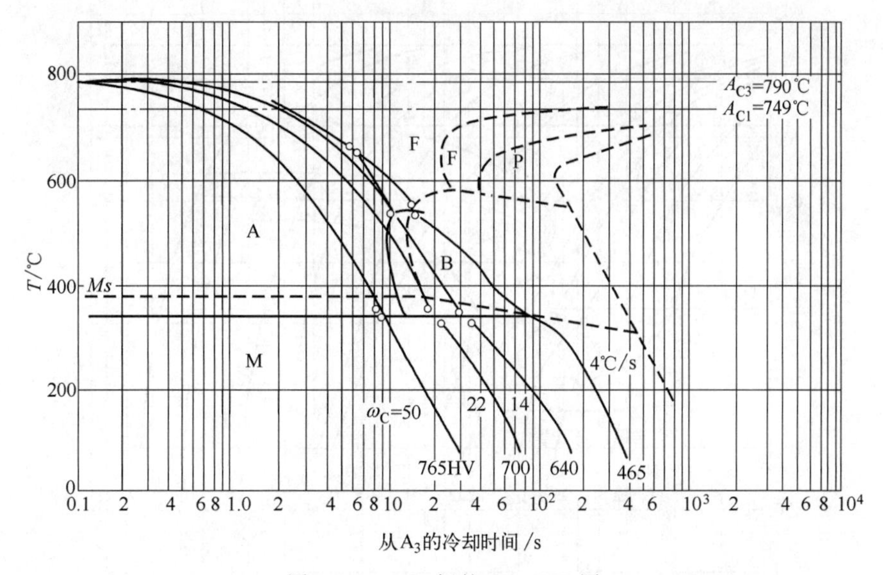

图 3-21　40Cr 钢的 SH-CCT 图

实线-焊接（峰值温度 1350℃，A_{r3} 以上停留时间 4.5s）；虚线-热处理加热温度 840℃，保温时间 8min

(5) 冷却速度的影响　冷却速度增大，奥氏体转变将放缓，更容易得到淬透性更强的组织，但是，却使得 M_s 提高。这是由于快速冷却会引起较大的内应力，为马氏体转变提供能量，促进马氏体转变（图 3-22）。

（6）应力应变的影响　拉应力及拉伸变形对连续冷却组织转变图也有影响。拉应力及拉伸变形将对相变提供能量，能够促进组织转变的发生，因此，可以使得 SH-CCT 图左移（图 3-23）。

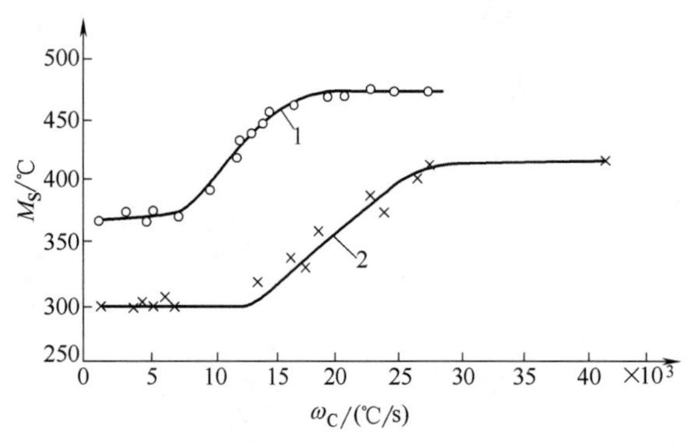

图 3-22　冷却速度对 M_S 的影响

1—Fe-0.5%C；2—Fe-0.5%C-2%Ni

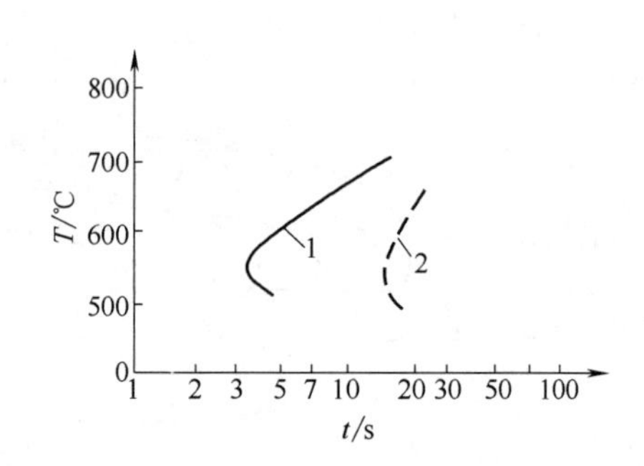

图 3-23　拉应力对连续冷却转变图的影响

1—有拉应力；2—无拉应力

（材料：GCr15 奥氏体化温度 930℃，

负荷温度 850℃，负荷拉应力 92MPa）

3.3.6.3　连续冷却组织转变图（SH-CCT 图）的应用

连续冷却组织转变图（SH-CCT 图）为我们提供了如下信息（图 3-24 和图 3-25）：

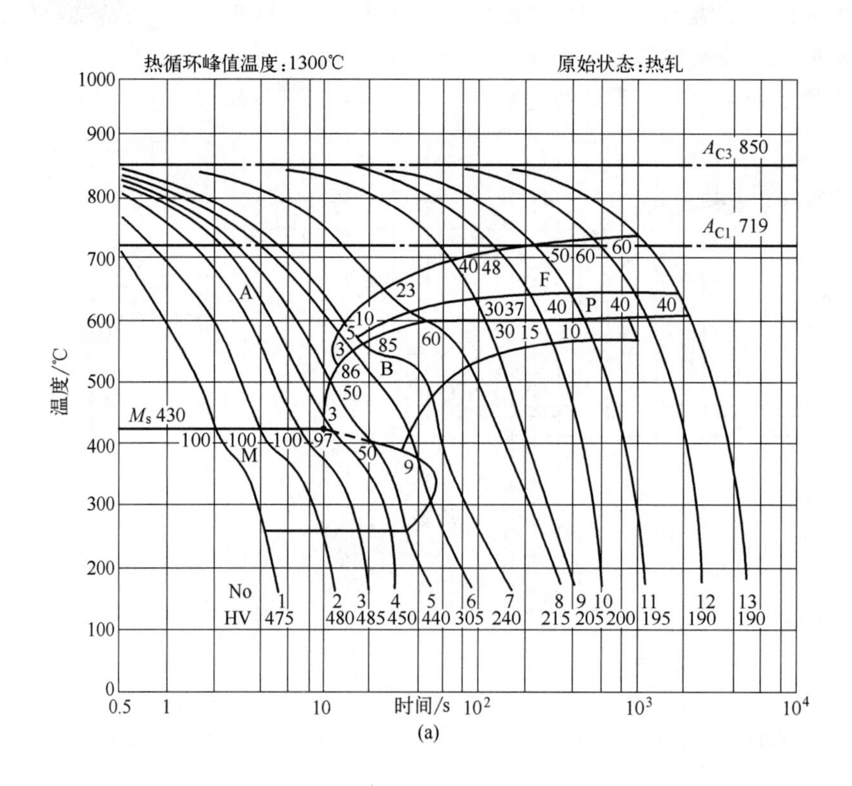

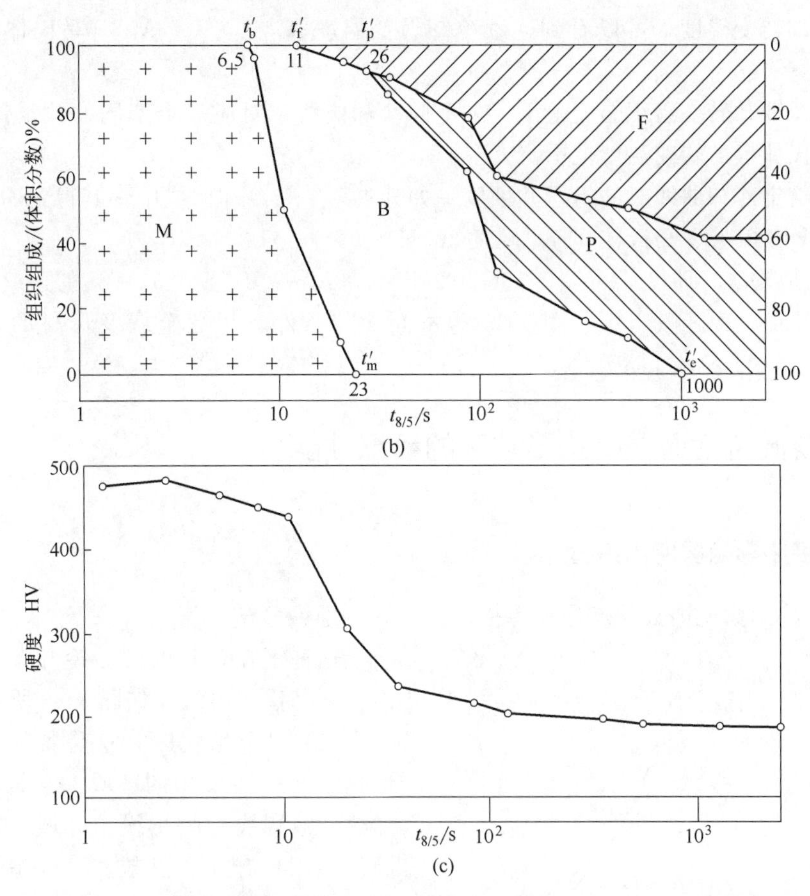

图 3-24　Q345 钢（16Mn：0.16C-0.36Si-1.53Mn-0.015S-0.014P）的连续冷却组织转变图（SH-CCT）及显微组织

(a) SH-CCT 图；(b) $t_{8/5}$ 与组织的关系；(c) $t_{8/5}$ 与硬度的关系

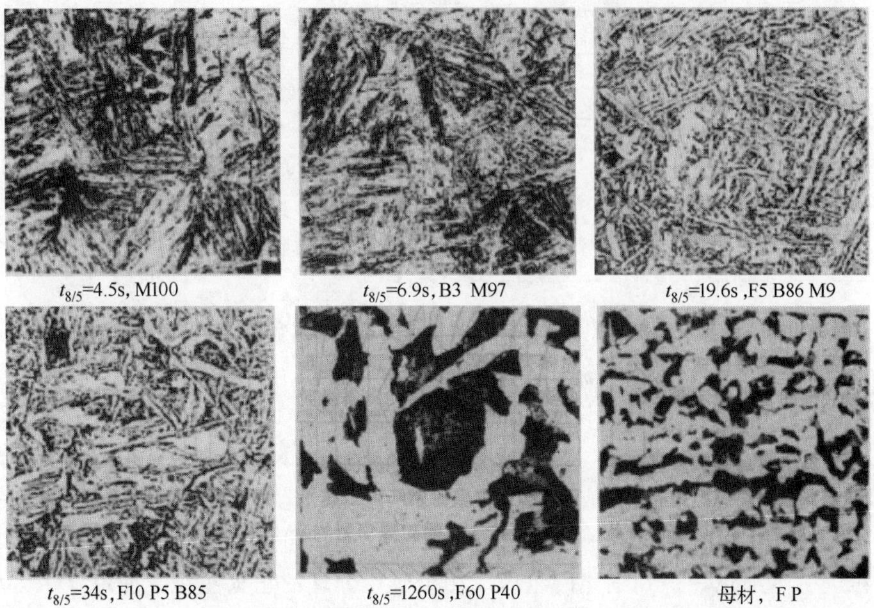

图 3-25　Q345 钢（16Mn：0.16C-0.36Si-1.53Mn-0.015S-0.014P）的不同冷却条件下焊缝金属及母材的显微组织形态图

(1) 冷却转变温度　可以看到连续冷却转变温度 A_{C1}、A_{C3}、M_S（马氏体转变开始温度）等。

(2) 连续冷却转变组织温度范围　如不同冷却曲线都对应一个不同的铁素体、珠光体、贝氏体、马氏体等的转变温度范围。

(3) 在给定冷却曲线时的组织和硬度　如其中第 6 条冷却曲线中，其得到的组织为铁素体 5%、贝氏体 86%、马氏体 9%；硬度 305HV。

图 3-24 是 Q345 钢（16Mn：0.16C-0.36Si-1.53Mn-0.015S-0.014P）的连续冷却组织转变图（SH-CCT）及显微组织，图 3-25 为不同冷却条件下焊缝金属及母材的显微组织形态图。

3.4 低碳低合金钢焊接热影响区的组织性能

3.4.1 焊接热影响区的组织分布

3.4.1.1 不易淬火钢退火状态母材焊接热影响区的组织分布

这种钢在正常的焊后冷却条件下，不容易得到马氏体组织。如图 3-26 所示。

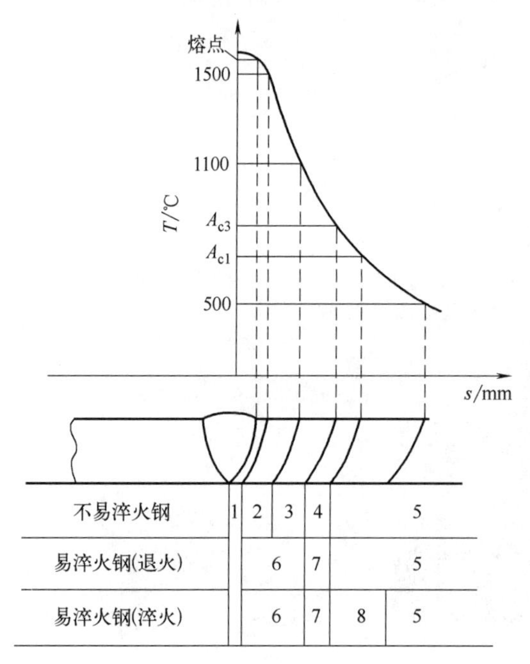

图 3-26　焊接热影响区的划分

1—部分熔化区；2—过热区；3—正火区；4—不完全重结晶区；5—母材；6—完全淬火区；7—不完全淬火区；8—回火区

(1) 部分熔化区　这是紧邻焊缝的部分熔化区（图 3-26 中的区域 1），即包括母材被加热到液相线到固相线的区域。这个区域范围很小，只有几个晶粒宽。但是，这个区域存在严重的化学成分和组织的不均匀性，对接头的力学性能影响很大，容易产生裂纹等缺陷。

(2) 过热区　包括加热到固相线以下到晶粒开始急剧长大的温度（对钢铁为大约固相线约 1100℃，一般将固相线认定为 1350℃，图 3-26 中的区域 2）的范围。由于这里加热温度高，晶粒粗大，与部分熔化区一起构成焊接接头的脆性区，韧性很低。这个区域容易产生裂纹。

(3) 相变重结晶区（正火区）　这个区域的加热温度在晶粒开始急剧长大的温度（对钢铁为大约 1100℃）到 A_{C3} 之间的温度范围（图 3-26 中的区域 3）。在这个温度范围，焊接热循环的加热过程中，虽然完成了奥氏体转变，但是碳化物（氮化物）还没有来得及完全溶解和均匀化，晶粒也还没有明显长大。在冷却过程中，可能仍然存在着非自发晶核，使得再结晶晶粒进一步细化，得到细化的组织，相当于热处理的正火组织。所以这个区域的综合力学性能较好，是焊接热影响区的组织性能最好的区域。

(4) 不完全重结晶区　这个区域的加热温度在 $A_{C3} \sim A_{C1}$ 之间（图 3-26 中的区域 4）。

原来母材的珠光体完全转变为细小奥氏体，而铁素体仅有部分转变为奥氏体，剩余的铁素体会长大。冷却时，奥氏体进一步转变为更小的铁素体和珠光体。因此，这个区域的组织不均匀，大小不一，力学性能也不均匀。

以上 4 个区是低碳钢和低碳低合金钢焊接热影响区的主要组织特征。如果是经过加工硬化的材料（如冷轧钢板），其焊后的热影响区，在再结晶温度以上的区域，还存在一个软化区，表现为强度的降低。

对于低碳钢按照热影响区经历的焊接热循环，对照铁-碳二元相图，其相应区段的组织性能在图 3-27 和表 3-3 中给出。

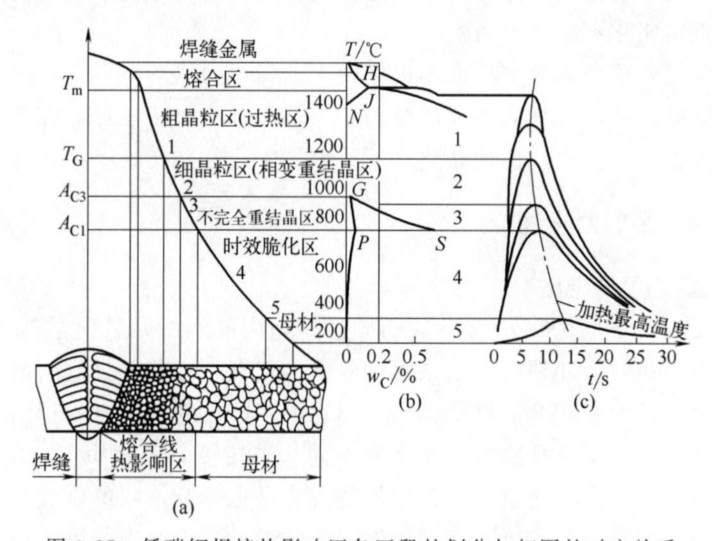

图 3-27 低碳钢焊接热影响区各区段的划分与相图的对应关系

表 3-3 低碳钢焊接热影响区各区段的组织特征和性能

部位	加热温度范围 /℃	组织特征及性能特点	在图 3-26 上的位置
焊缝	＞1500	铸造组织柱状树枝晶	—
熔合区及过热区	1400～1250	晶粒粗大，可能出现魏氏体组织，硬化后易产生裂纹，塑性不好	1
	1250～1100	粗晶与细晶交替混合，塑性差	
相变重结晶区	1100～900	细小的铁素体和珠光体，力学性能较好	2
不完全重结晶区	900～730	粗大铁素体和细小的珠光体、铁素体，力学性能不均匀，在急冷的条件下可能出现高碳马氏体	3
时效脆化区	730～300	由于热应力及脆化物析出，经时效而产生脆化现象，在显微镜下观察不到组织上的变化	4
母材	300～室温	没有受到热影响的母材部分	5

3.4.1.2 易淬火钢退火状态母材焊接热影响区的组织分布

这种钢包括低碳调质钢、中碳调质高强度钢、中碳钢等，在正常的焊后冷却条件下，容易得到马氏体组织。这些钢的焊接热影响区的组织性能与母材的焊前状态有关。如果母材处于正火或者退火状态，其热影响区只有完全淬火区和不完全淬火区；如果母材焊前处于淬火＋回火状态，其焊接热影响区的组织性能除有完全淬火区和不完全淬火区之外，还存在一个回火软化区。

(1) 完全淬火区　这个区域在固相线和 A_{C3} 之间，即图 3-26 中的区域 6（包括不易淬火钢的1、2、3区)。由于这类钢的淬硬倾向较大，冷却之后容易得到马氏体。在焊接热影响区的过热区，由于晶粒粗大而容易得到粗大的马氏体组织；而相对于不易淬火钢焊接热影响区的正火区的部位，则得到细小的马氏体组织。根据钢种和冷却速度的不同，很可能出现马氏体和贝氏体的混合组织。

(2) 不完全淬火区　这个区域在 $A_{C3}\sim A_{C1}$ 之间(图3-26的区域7)。这个区域在加热过程中的原珠光体(或者贝氏体)会全部转变为奥氏体，而铁素体将根据其最高加热温度的不同，不能完全转变为奥氏体。冷却之后，奥氏体会转变为马氏体；而没有转变的铁素体仍然保留了下来，不过，这些铁素体会有不同程度的长大，形成马氏体和铁素体的晶粒度不同的混合组织，所以也叫作不完全淬火区。

(3) 回火软化区　这个区域出现在淬火+回火的母材的热影响区，其发生软化的区域依赖于母材回火的温度。如果母材的回火温度为 T，那么，在焊接中加热温度达到 $T\sim A_{C1}$ 的部位，其组织性能将发生变化，出现软化(图3-26的区域8)。

3.4.2 焊接热影响区的力学性能

3.4.2.1 焊接热影响区的硬度

(1) 组织和硬度　不同的组织有不同的硬度，相同的组织，其化学成分(特别是碳含量)不同，硬度也不相同。其硬度受到碳含量的影响很大，随着碳含量的增大，硬度明显增大。即使相同的组织，由于其内部显微结构和形态的不同，其硬度也不相同。如上贝氏体和下贝氏体、板条马氏体和孪晶马氏体的硬度就不同。焊接接头的组织不可能是单一的组织，而是多种组织的混合组织。不同组织不同比例的混合，也具有不同的硬度，表3-4为低合金钢各个单一组织的显微硬度范围以及不同比例混合组织的最高宏观硬度。

表3-4　低合金钢各个单一组织的显微硬度范围以及不同比例混合组织的最高宏观硬度

显微硬度HV				金相组织百分比/(体积分数)%				最高宏观硬度HV
F	P	B	M	F	P	B	M	
202～246	232～249	240～285	—	10	7	83	0	212
216～258	—	273～336	245～383	1	0	70	29	298
—	—	293～323	446～470	0	0	19	81	384
—	—	—	454～508	0	0	0	100	393

(2) 化学成分与硬度之间的关系　之所以相同的组织，硬度不同，主要是其化学成分不同引起的。碳是钢铁中最重要、不可或缺的、对硬度影响最大的元素。为了便于估算和判断热影响区的硬度，通过试验的方法研究碳和各合金元素对硬度的影响，把各个合金元素对硬度的影响换算为碳的影响，得出一个叫作“碳当量”的参数，来建立“碳当量”与硬度的数值关系，用于估算和判断具体的化学成分的焊接热影响区的硬度，就是用一个能够估算和判断低合金钢焊接热影响区最高硬度 H_{max} 与碳当量 P_{cm} 和 C_E (国际焊接学会IIW)关系，如图3-28所示，可以看到，呈直线关系，回归的数学表达式：

$$H_{max}=1274P_{cm}+45 \tag{3-10}$$

其中，

$$P_{cm}=C+Si/30+(Mn+Cu+Cr)/20+Ni/60+Mo/15+V/10+5B \tag{3-11}$$

这个数学表达式适用于含碳量≤0.18%的低合金钢

$$H_{max}=559C_E+100 \tag{3-12}$$

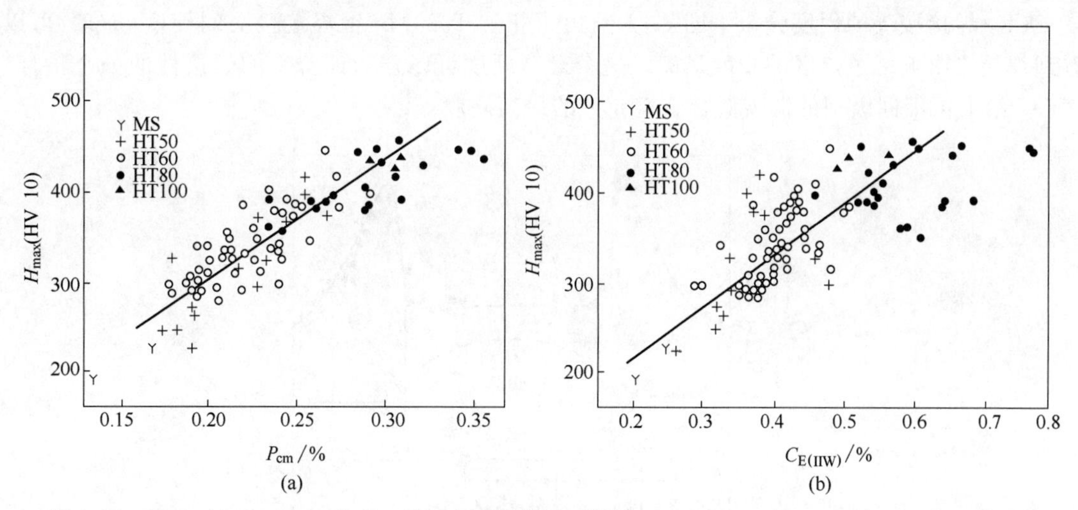

图 3-28　H_{max} 与 P_{cm}（a）和 C_E（b）之间的关系（板厚 15～50mm，$E=17$kJ/cm，$t_{8/5}=6.5$s）

其中，

$$C_E = C + Mn/6 + (Cu + Ni)15 + (Cr + Mo + V)/5 \tag{3-13}$$

这个数学表达式适用于含碳量＞0.18％的低合金钢。

日本专家用 Y 型坡口对 200 多个低合金钢进行抗冷裂纹试验建立了 P_{cm} 的经验公式：

$$P_{cm} = C + Si/30 + (Mn + Cu + Cr)/20 + Ni/60 + Mo/15 + V/10 + 5B \tag{3-14}$$

式（3-14）主要适合 $\omega_C \leqslant 017\%$，抗拉强度 400～900MPa 的低合金高强度钢。

P_{cm} 与 C_E 之间的关系为

$$P_{cm} = (2C + C_E)/3 + 0.005 \tag{3-15}$$

可以看到，碳和合金元素增加，硬度也增加。

（3）焊接工艺参数与焊接热影响区硬度之间的关系　$t_{8/5}$ 与焊接工艺参数有关，$t_{8/5}$ 与焊接热影响区硬度之间的关系（钢种固定，如质量分数 0.12％C-1.4％Mn-0.48％Si-0.15％Cu）如图 3-29 所示，图 3-30 给出了 H_{max} 与 $t_{8/5}$ 及 P_{cm} 之间的关系。

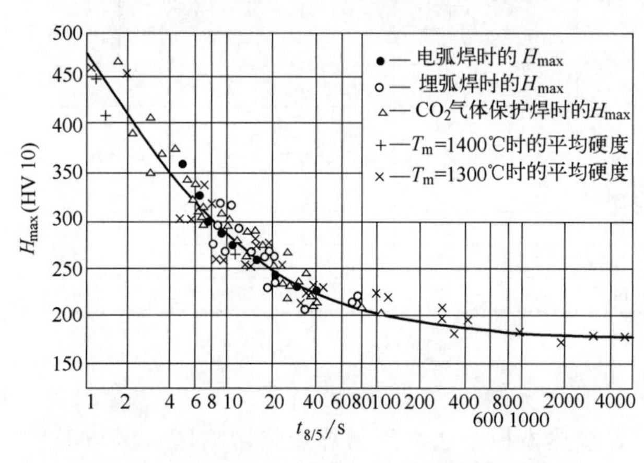

图 3-29　H_{max} 与 $t_{8/5}$ 及 P_{cm} 之间的关系（1）
（板厚 20mm，化学成分 $\omega_C=0.12\%$，$\omega_{Mn}=1.4\%$，$\omega_{Si}=0.48\%$，$\omega_{Cu}=0.15\%$）

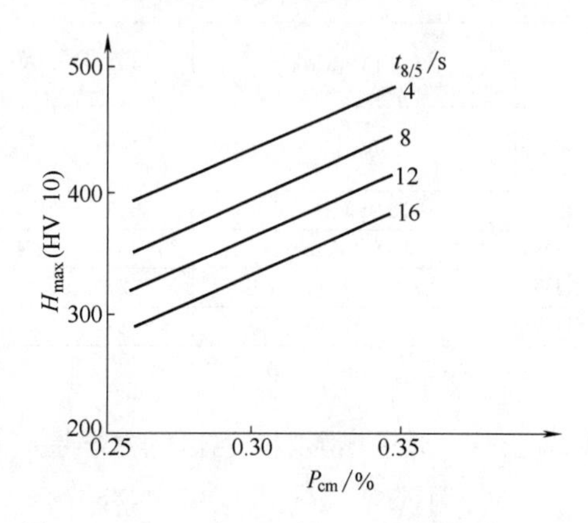

图 3-30　H_{max} 与 $t_{8/5}$ 及 P_{cm} 之间的关系（2）
（钢种：18MnMoNb、14MnMoNb、10WMoVNB12CrNi3MoV，板厚：16～36m）

(4) 焊接接头的硬度分布　图 3-31 给出了相当于 20Mn 钢焊接接头的硬度分布。可以看到焊接热影响区过热区的硬度最高，这个最高硬度可以作为评价钢的焊接性的一个指标，表 3-5 给出了不同级别的低碳低合金钢允许的最高硬度。

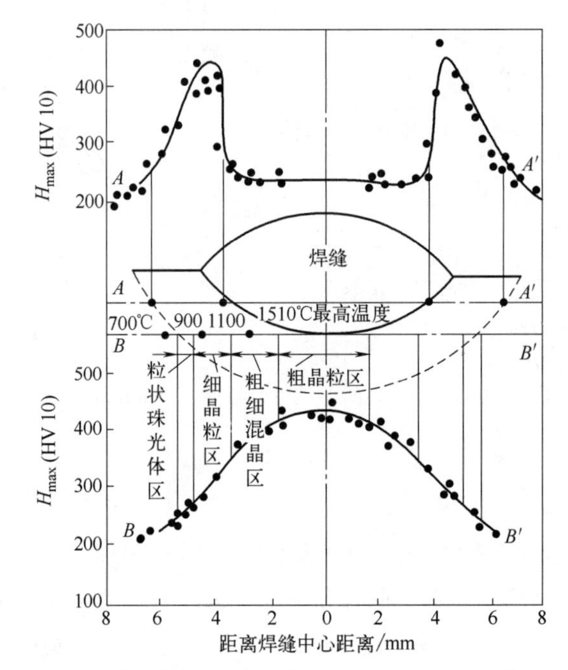

图 3-31　焊接接头的硬度分布（质量分数 0.20%C-1.38%Mn-0.23%Si，150A、25V、150mm/min，20mm）

表 3-5　不同级别的低碳低合金钢允许的最高硬度

钢种	相当于国产钢	屈服强度/MPa	抗拉强度/MPa	H_{max}(HV10)		P_{cm}		C_E	
				非调质	调质	非调质	调质	非调质	调质
HW36	Q345	353	520～637	390		0.2485		0.4150	
HW40	Q390	392	559～676	400		0.2413		0.3993	
HW45	Q420	441	588～706	410	380（正火）	0.3091		0.4943	
HW50	14MnMoV	490	608～725	420	390（正火）	0.285		0.5117	
HW56	18MnMoNb	549	668～804		420（正火）	0.3356		0.5782	
HW63	12Ni3CrMoV	617	706～843		435		0.2787		0.6693
HW70	14MnMoNbB	686	784～931		450		0.2658		0.4593
HW80	14Ni2CrMoMnVCuB	784	862～1030		470		0.3346		0.6794
HW90	14Ni2CrMoMnVCuN	882	961～1127		480		0.3246		0.6794

注：C_E、P_{cm} 见式（3-13）、式（3-14）。

3.4.2.2　焊接热影响区各区的力学性能

图 3-31 为对热轧正火钢（Q235）采用焊接热模拟方法得到的焊接热影响区各区域的硬度分布。可以看到，在峰值温度超过 A_{C1} 之后，随着加热温度的提高，硬度和强度提高，而塑性降低。但是，在不完全重结晶区的屈服强度反而降低，这是由于其晶粒大小不均匀的缘故。而在温度达到 1300℃以上，由于晶粒过分粗大，其塑性、强度都下降。

随着冷却速度的提高，其硬度、强度提高，而塑性下降。而且低碳低合金钢（Q235）的变化比低碳钢的变化更大。

3.5 高强钢的焊接延迟裂纹

3.5.1 焊接延迟裂纹的一般特征

① 产生的温度比较低。一般在高碳钢、中碳钢、低和中合金高强钢冷却到室温以后的一个温度区间才能够发生。

② 存在一个产生延迟裂纹的延迟时间，即潜伏时间。这个时间与应力有关（图 3-32）。

③ 存在一个产生延迟裂纹的敏感温度区间。高于这个温度区间，由于氢的扩散系数较大，扩散氢快速逸出，就不会产生延迟裂纹；低于这个温度区间，由于氢的扩散系数较小，扩散氢难以聚集，也不会产生延迟裂纹（图 3-33）。

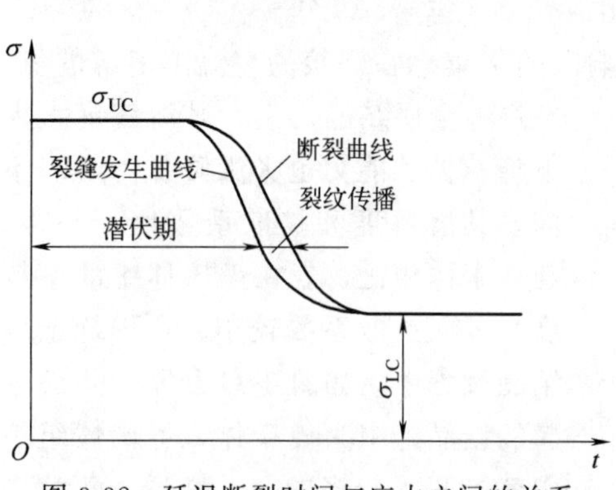

图 3-32 延迟断裂时间与应力之间的关系

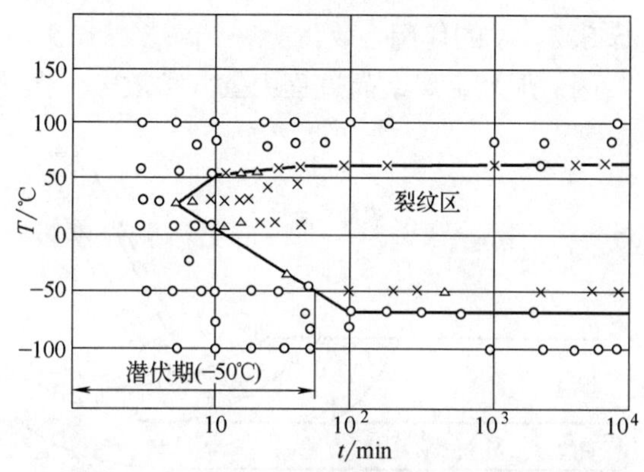

图 3-33 HT80 钢产生焊道下裂纹的温度区间和潜伏期（焊条 E4319，焊接电流 160A，焊接速度 100mm/min，扩散氢含量 22mL/100g）

○—不裂；△—微裂；×—裂

④ 具有延迟性。因为氢的扩散聚集是需要时间的，根据焊缝金属扩散氢含量的多少，延迟裂纹的产生可以在焊后几分钟至几天之后才能够发生。

⑤ 具有沿晶或者穿晶的特征。

3.5.2 高强钢焊接延迟裂纹的形态

钢焊接接头延迟裂纹的形态有如下 3 种：

① 焊趾裂纹。起源于焊缝表面和母材的交界处，向母材延伸。

② 焊道下裂纹。一般产生于焊道下过热区，与熔合线平行。

③ 根部裂纹。与焊趾裂纹相似，只不过它是起源于焊缝根部和母材的交界处，一般向焊缝发展。

3.5.3 高强钢产生焊接延迟裂纹的机理

3.5.3.1 钢的淬硬倾向

淬硬倾向是钢产生延迟裂纹的根本原因。钢的淬硬倾向取决于其化学成分及冷却速度

（焊接工艺、冷却条件及接头结构）等。淬硬倾向越大，延迟裂纹倾向越大。钢的组织对延迟裂纹的敏感性的影响按下列顺序增大：铁素体（珠光体）→下贝氏体→条状马氏体→上贝氏体→粒状贝氏体→岛状马氏体（M-A 组织）→片状马氏体（孪晶马氏体）。

在焊接部分熔化区附近的过热区，加热温度高达 1350～1400℃，使得奥氏体晶粒严重长大。快速冷却时，粗大的奥氏体将转变为粗大的马氏体，组织硬化。

另外，由于快速冷却，会产生大量的晶格缺陷，形成大量空位和位错。在应力和热力不平衡作用下，空位和位错会发生移动和聚集，达到一定程度，就会形成微裂纹，成为裂纹源，进而可能发展成为宏观裂纹。

马氏体的化学成分和形态不同，对裂纹的敏感性也不相同。马氏体的形态受到转变温度、碳和合金元素含量的很大影响。碳和合金元素含量较低，马氏体转变温度较高，容易得到板条状马氏体，转变后有自回火作用，其韧性较好，抗裂性较好。而碳和合金元素含量较高，马氏体转变温度较低，容易得到片状马氏体，转变后没有自回火作用，其韧性较差，抗裂性较差。

3.5.3.2 氢的作用

（1）焊缝金属结晶过程中氢（扩散氢）在热影响区的聚集　在焊接的高温下溶解的氢，在焊缝金属结晶之后，其溶解度大大下降，扩散能力也大大降低。组织不同，其溶解度和扩散系数也不一样。与铁素体相比，氢在奥氏体中的溶解度大，而扩散系数较小。在焊缝金属结晶过程中，如图 3-34 所示，焊缝金属的结晶组织为奥氏体，奥氏体组织中就溶解了较多的氢。之后，随着焊缝金属的冷却，焊缝金属将转变为铁素体＋珠光体，转变后的组织氢的溶解度低，扩散系数大。对高强度钢来说，焊缝金属一般碳含量较低，转变温度较高。在焊缝金属已经转变为铁素体＋珠光体时，处于热影响区过热区的组织仍然为奥氏体，焊缝金属中的氢就向热影响区过热区的奥氏体扩散、聚集，于是在这个区域就聚集了较多的氢。随着温度的降低，高强度钢的热影响区过热区发生奥氏体向马氏体的转变，氢的溶解度降低，扩散系数更小，氢就过饱和地溶解在焊接热影响区过热区的马氏体中，聚集在马氏体的晶格缺陷及应力集中处。有些氢原子在这里就复合为分子，失去扩散能力，造成应力增大，使得马氏体进一步脆化。

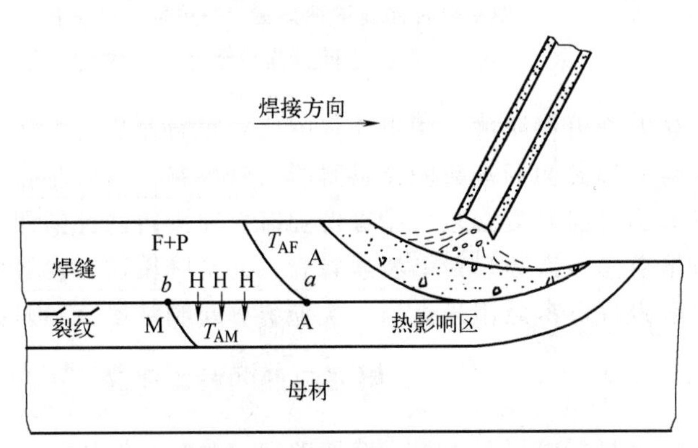

图 3-34　氢在焊缝金属结晶过程中向过热区的聚集

当氢浓度较高时，就首先在这个处于焊道下的热影响区过热区产生裂纹，即焊道下裂纹；如果氢浓度较低时，就只能在应力集中处才能够产生裂纹，这就是焊趾裂纹或者根部裂纹。

（2）氢对延迟裂纹的延迟作用　金属内部的缺陷（夹杂、微裂纹、位错等）提供了裂纹源。在这些缺陷的前沿（裂纹源尖端）形成了三向应力区，诱使氢向这里聚集，使得应力提高。氢浓度的提高，一方面会使这里的应力提高，另一方面会阻碍位错的移动，使得材料变脆。当氢浓度达到临界值之后，裂纹就会扩展。裂纹扩展到一定程度之后，氢浓度降低，裂纹扩展中止。之后，氢又在扩展后形成的裂纹尖端聚集，应力提高，又形成新一轮的裂纹扩展（图 3-35）。在氢向裂纹尖端扩展的同时，氢还会从金属中扩散逸出，降低金属中的氢含量。因此，随着时间的推移，金属中氢含量会逐渐降低，其向裂纹尖端的聚集也逐渐缓和，直到氢在裂纹尖端的聚集量不足以使裂纹再扩展为止，于是冷裂纹就发生了延迟现象。

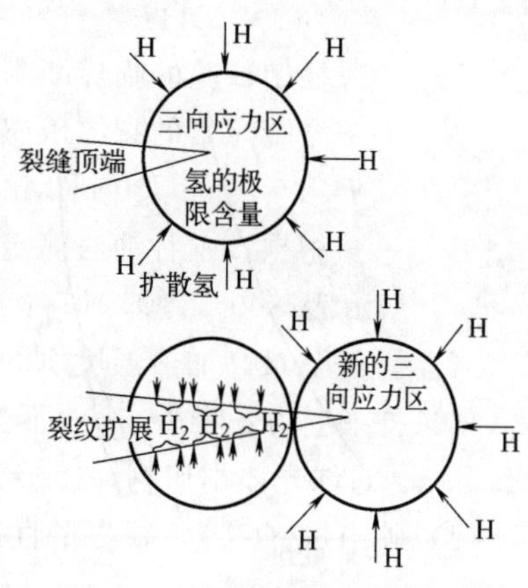

图 3-35　氢的扩散聚集引起裂纹的扩展

3.5.3.3　焊接接头的拘束应力

结构的刚度、焊缝位置、焊接顺序、构件的自重、负载情况，以及其它受热部位冷却过程中的收缩等均会使焊接接头承受不同的应力。这些应力不仅是产生冷裂纹的直接原因，而且又通过影响氢的分布，加剧了氢的不利影响。

高强度钢焊接接头产生延迟裂纹，还取决于焊接接头产生的应力状态，包括热应力、相变应力和结构所处的拘束（结构的体量和焊接顺序）产生的应力。前两种为内拘束应力，后者为外拘束应力。

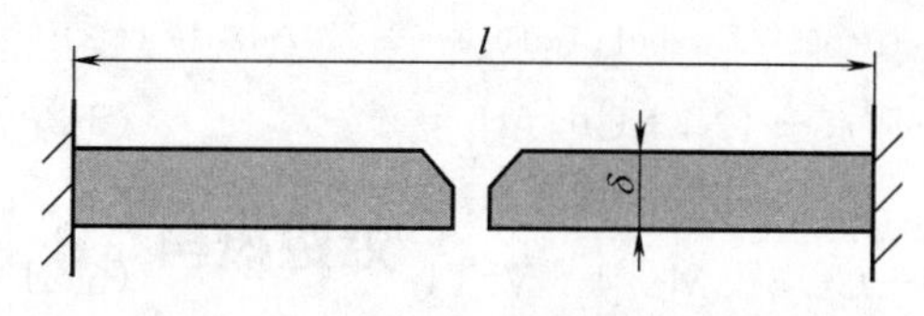

图 3-36　两端刚性固定的对接接头

两块被焊接的钢板，如果两端不固定，可以自由变形，它将加热膨胀，冷却收缩，不会产生应力。如果两端固定（图 3-36），受到完全的拘束，在焊接接头冷却的过程中就会产生拉伸应力。焊接接头产生拉伸应力的大小，决定拘束程度的大小，我们把它叫作“拘束度”，用 R 表示。

拘束度的数学表达式为

$$R=E\delta/l \tag{3-16}$$

式中　R——拘束度，N/(mm・mm)；

E——弹性模量，MPa；

δ——板厚，mm；

l——拘束长度，mm。

拘束度 R 的定义是：单位长度焊缝的根部间隙产生单位长度的弹性位移所需要的力。可以看到，拘束长度，即母材的宽度越小，母材的厚度越大，拘束度 R 就越大，即拘束应力越大，越容易产生裂纹。这就存在一个产生裂纹的临界拘束应力 σ_{cr}，对应一个临界拘束度 R_{cr}。根据 RRC 试验，得到拘束度与拘束应力之间的关系如下式所示：

$$\sigma=mR \tag{3-17}$$

式中　m——拘束系数，与材料的强度、热物理性能（热胀系数、熔点、比热容）以及接头坡口形式有关。高强钢焊条电弧焊 $m\approx(3\sim5)\times10^{-2}$。

在同种拘束度，即同种母材宽度和厚度条件下，接头形式对拘束应力的影响依下列顺序降低：半 V 型→V 型→K 型→斜 Y 型→X 型→Y 型→I 型。

应当强调指出，产生延迟裂纹的三要素缺一不可，它们是相互促进、相互制约的。

3.5.3.4　三大因素的综合影响

实际上，在钢的电弧焊接头中，上述三个因素是同时存在的。人们研究了三大因素的综合影响，建立了产生冷裂纹的临界应力的概念，综合了上述三大因素产生冷裂纹敏感性的影响。

$$\sigma_{cr}=\{86.3-211P_{cm}-28.2\lg([\mathrm{H}]_D+1)+2.73t_{8/5}+9.7\times10^{-3}t_{100}\}\times9.8 \quad (3\text{-}18)$$

式中 σ_{cr}——插销试验的临界断裂应力，MPa；

P_{cm}——合金元素的裂纹敏感系数，%；

$$P_{cm}=C+Si/30+(Mn+Cu+Cr)/20+Ni/60+Mo/15+V/10+5B; \quad (3\text{-}19)$$

$[\mathrm{H}]_D$——根据日本甘油法测定的扩散氢含量，mL/100g；

$t_{8/5}$——从 800℃冷却到 500℃的时间，s；

t_{100}——从最高加热温度 1350℃冷却到 100℃的时间，s。

如果拘束应力 σ 小于 σ_{cr} 就不会产生冷裂纹。

3.5.3.5 对珠光体耐热钢焊接接头产生冷裂纹的评价

（1）碳当量（C_E） 碳当量直接影响焊接热影响区的硬化倾向，一定程度上反映了钢材的焊接性。因此，许多国家把碳当量作为衡量钢材焊接性的重要指标之一。在使用碳当量公式时，特别要注意其适用范围。碳当量公式很多，碳当量计算是以实验为基础的，由于实验条件和实验材料的不同，提出了多种不同形式的碳当量计算式。这里列举两种较常用的碳当量计算式。

国际焊接学会推荐的碳当量公式为

$$C_E=C+Mn/6+(Cr+Mo+V)/5+(Ni+Cu)/15 \quad (3\text{-}20)$$

日本 JIS 和 WES 标准规定的碳当量公式为

$$C_E=C+Mn/6+Si/24+Ni/40+Cr/6+Mo/4+V/14 \quad (3\text{-}21)$$

在计算碳当量时，合金含量都取其标准成分范围的上限。碳当量越高，钢材淬硬性越大，热影响区的冷裂纹倾向也越大。

（2）焊接接头的最高硬度 焊接热影响区的强度、塑性、裂纹敏感性与该区的硬度有密切的关系。硬度测定又比较方便，因此，测定热影响区硬度的方法常常作为初步判断钢材焊接性好坏以及选择合适的焊接参数的方法之一。

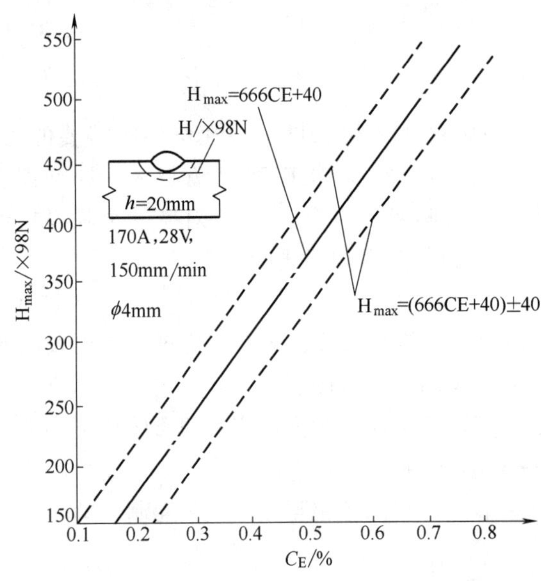

图 3-37 低碳钢和低合金钢焊接热影响区最高硬度与碳当量的关系

$C_E=C+Mn/6+Si/24+Cr/5+Mo/4+V/14+Ni/40$

最高硬度（H_{max}）与钢材的成分有关，随着碳含量和合金元素含量的增加而增高。图 3-37 所示为低碳钢和低合金钢焊接热影响区最高硬度与碳当量之间的关系。其数学表达式为

$$H_{max}=(666C_E+40)\pm40 \quad (3\text{-}22)$$

（3）冷裂纹敏感性指数 世界各国对低合金钢的冷裂纹试验做得比较多。下面讨论的所有对低合金钢焊接性的判据也可作为珠光体耐热钢判据的参考。

日本研究人员用 Y 形坡口裂纹试验，进行了 HT50 至 HT100 级钢的根部裂纹敏感性的研究，研究了钢的化学成分、试板厚度（h）或结构的拘束度（R）、扩散氢含量（H_D）与焊缝根部冷裂纹敏感性的关系，得到根部裂纹指数 P_c 和 P_W。

$$P_c=P_{cm}+H_D/60+h/600 \quad (3\text{-}23)$$

$$P_W = P_{cm} + H_D/60 + R/40000 \quad (3\text{-}24)$$

由式（3-23）、式（3-24）可见，根部裂纹指数把产生冷裂纹的三个因素，即热影响区的淬硬组织、扩散氢含量和拘束度（板厚）用一定数学表达式结合了起来。

H_D 和 h 一定时，P_c，P_W 与根部裂纹的敏感性（P_{cm}）呈线性关系。

3.5.4 高强钢防治延迟裂纹的措施

防治延迟裂纹的措施应该从产生延迟裂纹的原因上着手，可以分为两个方面。

3.5.4.1 冶金方面

（1）降低高强钢的淬硬倾向　降低高强钢的淬硬倾向是防止其产生延迟裂纹的根本措施，高强钢的淬硬倾向主要取决于其化学成分。降低碳当量是防止产生延迟裂纹的根本措施。

（2）降低焊缝金属中的氢含量　采用低氢焊接材料和低氢焊接方法是在无法改变母材化学成分条件下，防止延迟裂纹的有效措施。如采用低氢焊条，严格烘干焊条、焊剂，彻底清理焊丝和坡口处的水分、油污等。采用惰性气体保护焊、真空焊等焊接方法。

（3）采用奥氏体焊缝金属　一方面由于奥氏体的氢的溶解度大和扩散系数小，减少氢向焊接热影响区过热区的扩散聚集；另一方面由于奥氏体的屈服强度较低，可以降低过热区的拘束应力。

（4）在焊缝金属中加入微量合金元素提高其塑性、韧性　如加入钛、硼、铝、钒、铌、硒、碲和稀土元素等，可以细化晶粒，提高焊缝金属的塑性和韧性，减轻对过热区的拘束应力，以防止产生延迟裂纹。

3.5.4.2 工艺方面

（1）增大焊接热输入　增大焊接热输入，可以降低冷却速度，避免产生马氏体相变，还有利于氢的逸出，降低产生延迟裂纹的敏感性。但是，增大焊接热输入，会引起过热区的晶粒长大。

（2）焊前预热　焊前预热是防止产生延迟裂纹的有效措施。焊前预热，可以降低低温区的冷却速度，防止马氏体的产生。预热温度与碳当量有关，如图 3-38 所示，也受到焊缝金属氢含量和焊接接头拘束度的影响：

$$T_0 = 1600P_W - 408 \quad (3\text{-}25)$$

其中，

$$P_W = P_{cm} + 0.075\log[H] + R/40000 \quad (3\text{-}26)$$

式中　[H]——甘油法测定的扩散氢含量（mL/100g）。

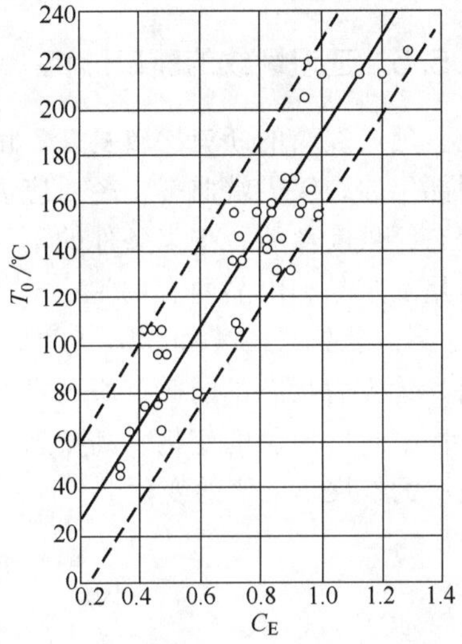

图 3-38　碳当量对预热温度的影响

（3）焊后紧急后热　焊后在焊接接头冷却到室温之前，也就是在延迟裂纹的潜伏期内，在产生延迟裂纹之前就进行后热，比如在冷却到 100℃之前后热，可以加速扩散氢的逸出，能够防止延迟裂纹的形成。一般来说，对于高强钢，后热温度为 300～350℃，保温 1h，就能够防止延迟裂纹的产生。为防止裂纹的产生，后热温度应当与保温时间有一定的配合：后热温度高，保温时间就可以短一些；后热温度低，保温时间就应该长一些，如图 3-39 所示。

（4）采用多层焊接　采用小焊接线能量配合多层焊可以使得焊接热循环接近理想的热循

环（高温停留时间短，低温冷却速度慢）。采用一定的预热温度和层间温度，最后焊一道退火层，多层焊就具有预热和后热的双重作用，能够降低接头的应力状态和降低扩散氢的不利作用，从而有利于防止延迟裂纹的产生。多层焊的预热温度除与高强钢的碳含量有关之外，还受到焊接层数的影响。同样的碳含量的钢，随着焊接层数的增加，预热温度可以降低，如图 3-40 所示。

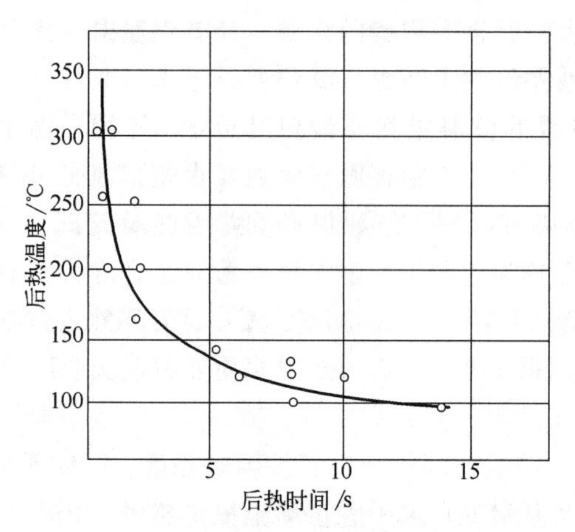

图 3-39　避免产生裂纹所需要的后热温度和保温时间

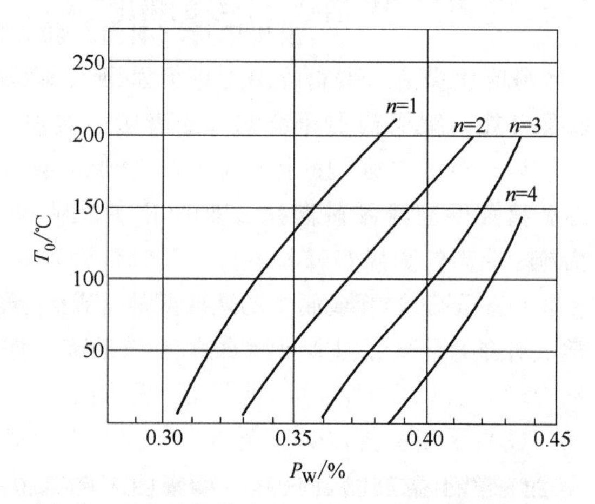

图 3-40　多层焊时为防止裂纹所需要的预热温度和层数之间的关系（层间温度 150℃）

（5）降低拘束应力和应力集中　在钢的化学成分、焊接材料和焊接工艺参数确定之后，也就是说，在碳当量、焊接接头的最高硬度及焊缝金属中扩散氢含量确定之后，就是要设法降低接头的拘束应力和应力集中。这就要从接头设计和焊接工艺上进行优化。比如，尽量减少焊缝的密集和交叉；合理地选择坡口形式，避免单边 V 形及 K 形坡口等；采用合理的焊接顺序，尽量降低焊接应力；以及采用预热和后热等。

3.5.5　延迟裂纹的断口形貌

延迟裂纹的断口比较复杂。由于延迟裂纹是分阶段扩展进行的，其扩展的不同阶段、不同部位的裂纹尖端曲率半径、应力状态、氢的聚集程度不同；另外，材料的化学成分、组织状态、强度性能、拘束条件的不同，都会影响到断口形态的不同。裂纹的扩展途径有穿晶、沿晶及穿晶和沿晶两者的混合态。低合金高强钢延迟裂纹的断口形貌主要有解理、准解理（QC）、沿晶（IG）和韧窝（DR）等形态，还会有混合形态。每种形态还会因为其面积的不同，其应力状态不同而有所区别。图 3-41 为插销试验时，低合金高强钢焊接延迟裂纹扩展过程中断口形貌的变化。其横坐标为插销试样缺口根部到试样中心的距离 r，纵坐标为随着裂纹的扩展 K_1 值的变化。

$$K_1=\frac{F}{D^{3/2}}\left(1.72\frac{D}{d}-1.27\right) \tag{3-27}$$

式中　K_1——圆周裂纹圆柱试样的应力强度因子，$N/mm^{\frac{3}{2}}$；

D——圆柱外径，mm；

d——裂纹所在截面的直径，mm；

F——载荷，N。

焊缝金属中扩散氢含量［H］对断口形貌也有影响，如图 3-42 所示。

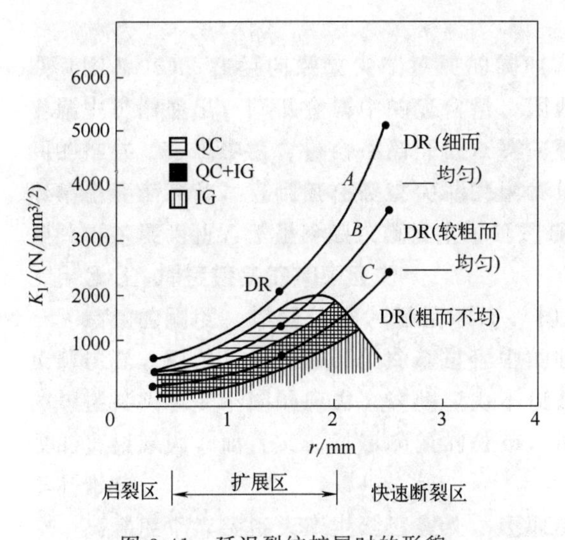

图 3-41 延迟裂纹扩展时的形貌

A—Q345（16Mn）[H]=0.94mL/100g，σ=550N/mm

B—14MnMoNbB [H]=0.84mL/100g，σ=380N/mm

C—Q390（15MnV）[H]=0.94mL/100g，σ=250N/mm

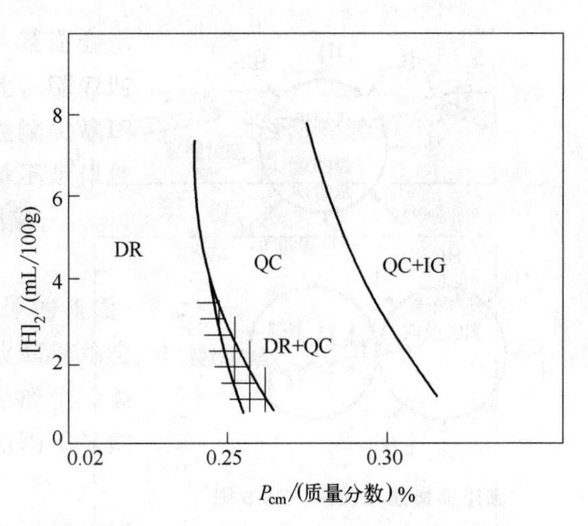

图 3-42 P_{cm} 和 [H] 对延迟裂纹扩展区断口形貌的影响

3.6 再热裂纹

再热裂纹是某些高强钢在焊后进行消除应力退火处理过程中产生的裂纹，所以又叫作“消除应力退火处理裂纹”，另外还有在高温工作中产生的裂纹，这两种都叫作再热裂纹。

3.6.1 发生再热裂纹的焊接接头

再热裂纹一般是发生在有沉淀强化材料的焊接接头热影响区中，焊后进行去除应力退火过程中发生，也可以在多层多道焊被后道焊道加热到敏感温度的前道焊接热影响区的过热区发生（图 3-43）。可以在低合金高强钢中发生，也可以在含有稳定化元素和含碳量较高的不锈钢（如 321、347、304H 和 316H 等）和可热处理的镍基合金（如 800H）的固溶＋时效时，在热影响区过热区的粗晶区发生。其母材、焊缝和热影响区细晶区不会发生再热裂纹。再热裂纹具有明显的晶间性质，其走向为沿着熔合线附近的粗晶区晶界扩展，遇到细晶组织，裂纹扩展终止，如图 3-44 所示。由于裂纹产生于高温，而且暴露在大气中，所以，一般裂纹表面都有氧化色。

还有一种“松弛裂纹”，发生在比敏感温度（800～1000℃）较低的高温（550～750℃）服役期间的不锈钢中，它也是一种再热裂纹，不过它需要较长的时间才能发生。

3.6.2 再热裂纹产生的条件

（1）能够产生沉淀强化的金属材料　再热裂纹一般容易产生于具有沉淀强化的金属材料中，如含有钒、铌、钛、钼等的高强钢、耐热钢，含有铝、钛的可热处理镍基合金，含有铌的奥氏体不锈钢。高强度合金钢的再热裂纹敏感性与合金元素之间的关系如下（质量分数%）：

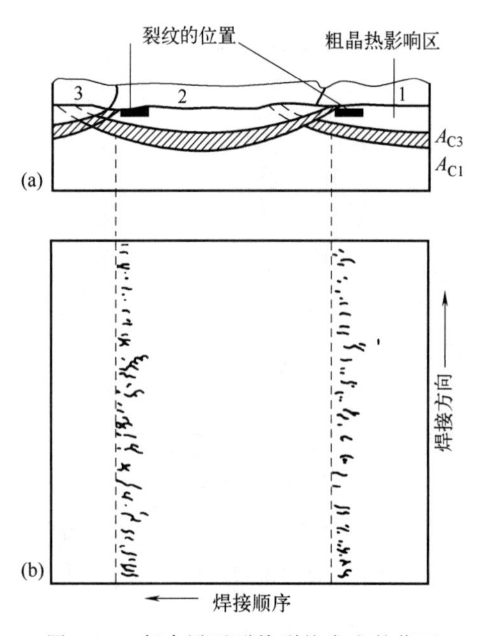

图 3-43　复合层下再热裂纹发生的位置

（a）断面图；（b）平面图

图 3-44　再热裂纹发生的部位及形态

对于高强钢，再热裂纹敏感性指数 ΔG 为

$$\Delta G = \mathrm{Cr} + 3.3\mathrm{Mo} + 8.1\mathrm{V} - 2 \tag{3-28}$$

ΔG 越大，越容易产生再热裂纹。$\Delta G \leqslant 0$，就不会产生再热裂纹。

对于铬-钼耐热钢，再热裂纹敏感性指数 P_{SR} 为

$$P_{SR} = \mathrm{Cr} + \mathrm{Cu} + 2\mathrm{Mo} + 10\mathrm{V} + 7\mathrm{Nb} + 5\mathrm{Ti} - 2 \tag{3-29}$$

其成分范围为（质量分数%）：Cr≤1.5、Cu≤1.0、Mo≤2.0、V≤0.15、Nb≤0.15、Ti≤0.15、C＝0.10～0.15。P_{SR} 越大，再热裂纹敏感性越大，$P_{SR} \leqslant 0$ 时，再热裂纹不敏感。

应该指出，并不是铬含量越大再热裂纹越敏感，当铬含量超过质量分数的 1.5%时，即使加入钒，也不一定会产生再热裂纹。因此，高铬-钼钢的再热裂纹敏感性不高，几乎不会产生再热裂纹。这也是耐热钢多为铬-钼钢的原因。

上述再热裂纹敏感性指数有一定局限性，因为它没有考虑硫、磷等杂质的有害影响。

（2）材料的塑性　当材料变形速度为 0.5mm/min 时的断面收缩率大于 20%之后，就不会产生再热裂纹。材料的断面收缩率可以作为判断其再热裂纹敏感性的一个指标：断面收缩率大于 20%时，再热裂纹不敏感；断面收缩率小于 10%，再热裂纹部分敏感；断面收缩率小于 5%，再热裂纹敏感。

（3）存在较高的残余应力和应力集中　再热裂纹一般产生于厚板和拘束度大的接头中，多起源于应力集中处，如焊趾处、角接头、焊接接头缺口等处。打磨焊缝加强高等去除应力集中，可以降低再热裂纹的产生。

（4）产生再热裂纹的敏感温度和保温时间　产生再热裂纹的敏感温度和保温时间呈现为 C 形曲线状态，如图 3-45 所示。C 形曲线包围的加热温度和保温时间就会产生再热裂纹，在 C 形曲线之外的加热温度和保温时间不会产生再热裂纹。对于低合金高强钢，其产生再

热裂纹的敏感温度为500～700℃，在600℃时最为敏感；而对可热处理的镍基合金及含有稳定化元素和含碳量较高的不锈钢的敏感温度为800～1000℃，900℃时最为敏感。

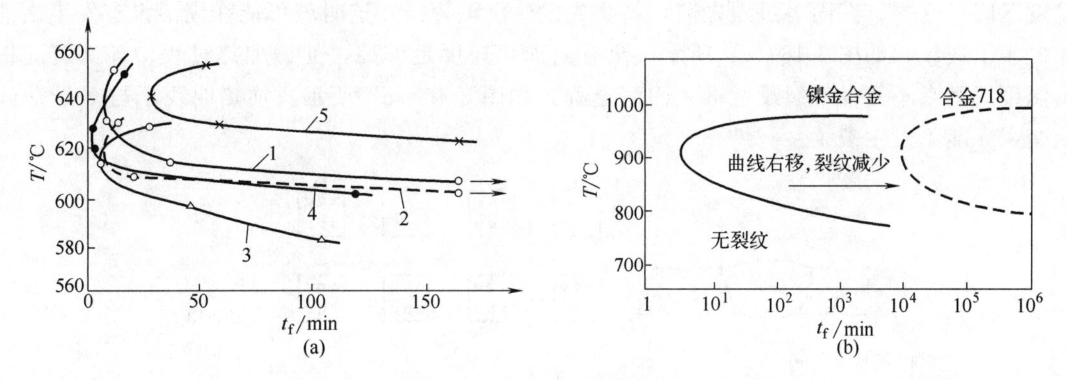

图 3-45　再热裂纹发生的温度与断裂时间之间的关系

（a）低合金钢；（b）镍基合金

1—22Cr2NiMo；2—25CrNi3MoV；3—25NiMoV；4—20CrNiMoVNbB；5—25Cr2NiMoMnV

3.6.3　产生再热裂纹的机理

能发生沉淀硬化材料的焊接接头在焊后热处理中，粗晶区将发生两个过程：晶内沉淀强化和高温下的应力松弛，应力松弛是通过蠕变变形实现的。由于晶内沉淀强化，使得蠕变变形不能在晶内发生，于是就发生在晶界。晶界承受变形的能力较小，蠕变变形产生的变形量超过晶界能够承受的变形能力时，就在晶界发生了断裂，这就是再热裂纹。

再热裂纹发生的机理虽然相同，但是其过程是有区别的。

（1）沉淀强化高强钢　含有能够形成碳化物和氮化物的沉淀强化元素铬、钼、铌、钒、钛等的高强钢和耐热钢，在加热到过热区的温度时，碳化物和氮化物将分解溶入奥氏体晶粒中；冷却时，由于冷却速度太快这些沉淀强化相来不及析出，而过饱和存在于晶粒中。在焊后二次加热进行去除应力退火时，这些过饱和的晶粒中，就会析出这种沉淀强化相，从而使得晶粒内部强化，因此晶界相对弱化。这样，高温下应力的释放要通过材料的蠕变变形（塑性变形）来实现，由于晶内的强化，使得这种蠕变变形就发生在晶界，而晶界的变形能力较小，不敌应力释放应当产生的变形，于是只有在晶界发生断裂，以补偿其变形的不足，就形成了裂纹。

这种晶界的弱化，一方面是由于合金元素含量不足，导致固溶强化不足，弱化了晶界；另一方面，硫、磷、锡、锑等杂质元素在晶界的偏析，也弱化了晶界。但是，如果材料中合金元素足够高，晶内沉淀强化相析出之后，晶界仍然具有足够的固溶强化，其蠕变变形也能够在晶内发生，就不会产生再热裂纹。这就是铬含量高时，不会发生再热裂纹的原因（如2.25Cr-1Mo钢的再热裂纹敏感性就不高）。

（2）可热处理镍基合金　可热处理镍基合金的焊接接头，往往需要在焊后进行“固溶+时效”的热处理。由于时效温度低于固溶温度，在加热到固溶温度之前，经过时效温度时，就会发生时效，导致晶内强化和晶界弱化，从而发生裂纹。这个裂纹发生在固溶处理的加热尚未达到固溶温度，而处于时效温度的过程中。这种再热裂纹也可以叫作“应变时效开裂”。

图3-46给出了可热处理镍基合金再热裂纹（应变时效开裂）的发展过程。沉淀析出的

温度范围是 $T_1 \sim T_2$［图 3-46（a）］，为了消除焊接残余应力，焊接接头应该加热到固溶温度（即沉淀析出温度）以上［图 3-46（b）］，所以在固溶处理中，加热温度会通过沉淀析出温度区间。这样，在固溶过程之前，就会先发生沉淀析出，这时就可能在固溶没有发生之前先发生了裂纹，如图 3-46（c）所示。只有当加热速度足够高，使得加热过程中，其沉淀析出温度区间来不及发生裂纹就进入固溶过程。如图 3-46（c）所示，加热曲线不与 C 形曲线相交，才能不发生裂纹。

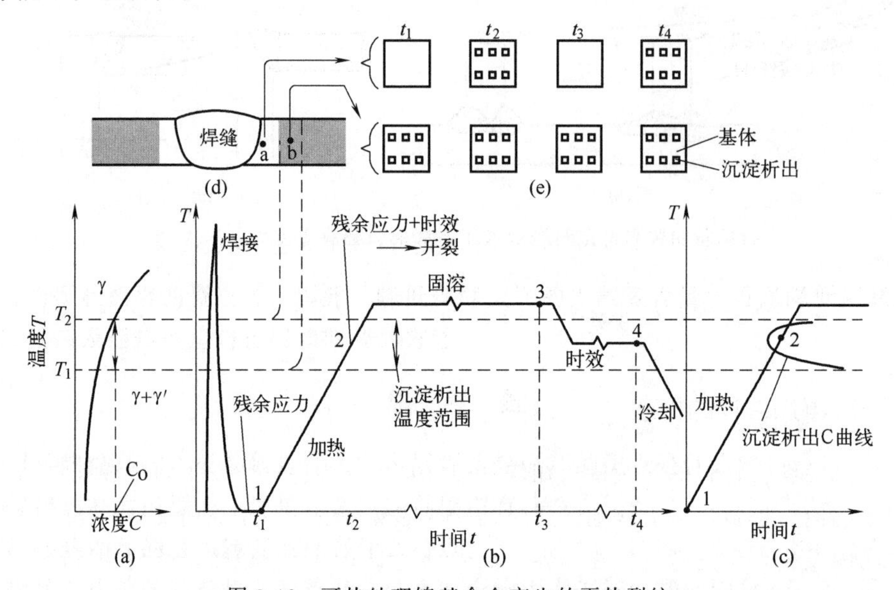

图 3-46 可热处理镍基合金产生的再热裂纹

（a）相图；（b）焊接和热处理中的热循环；（c）沉淀析出等温冷却转变曲线；（d）焊接接头截面；（e）组织的变化

（3）松弛裂纹　能够产生再热裂纹的不锈钢（如 321、347、304H 和 316H 等）和镍基合金（如 800H）在长期 550～750℃温度下服役时就能够产生松弛裂纹，它是另一种再热裂纹。

图 3-47 给出了 800H 镍基合金焊接接头在服役过程中的析出示意图。焊后状态在晶界就有微小的碳化物存在，在服役过程中在晶界就析出较大的碳化物层。在服役期间，随着碳化物在晶界的析出，其硬度也逐渐提高，如图 3-48 所示。对 800H 镍基合金来说，产生松弛裂纹的敏感温度为 550～650℃。

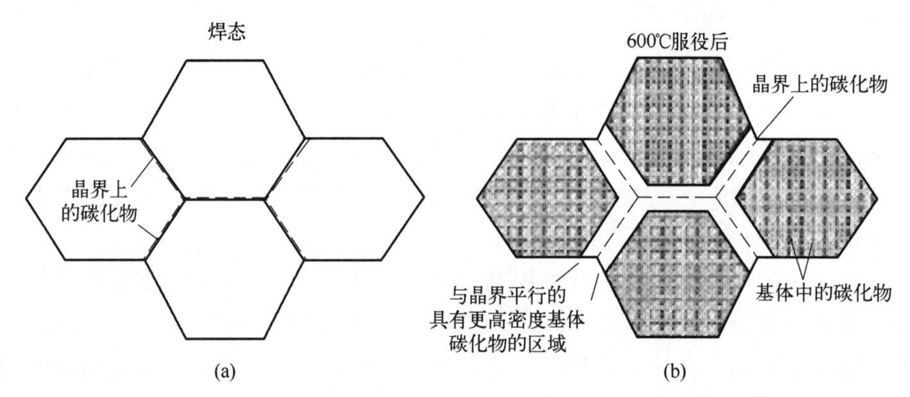

图 3-47 800H 镍基合金焊接接头在 600℃服役过程中的析出示意图

（a）焊后；（b）服役 6000h 后

3.6.4 再热裂纹的影响因素

(1) 母材的化学成分　足够含量的硬化合金元素的存在，是产生再热裂纹的根本原因。母材的化学成分决定了C形曲线的位置，即决定了产生再热裂纹的温度范围及其潜伏时间。潜伏时间越长，越不容易产生再热裂纹。从图3-49可以看到，铬、钼、钒对再热裂纹敏感性的影响还是很大的；从图3-50来看，碳含量对再热裂纹的影响有决定性的作用，碳含量低于质量分数的0.05%就不会产生再热裂纹，因为，毕竟析出的是碳化物。所以，从这里来看，上述再热裂纹敏感性指数有一定的局限性。

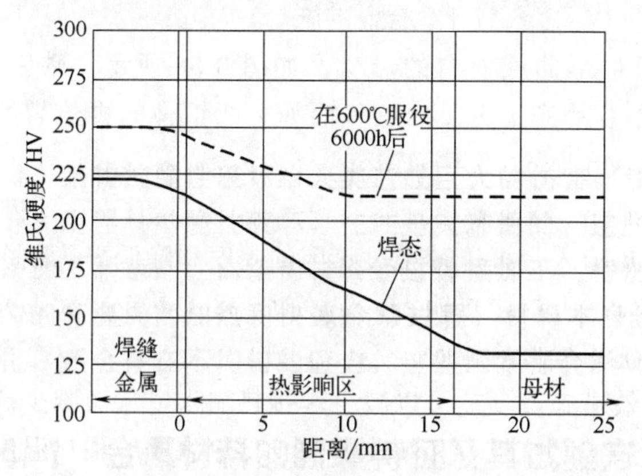

图3-48　在600℃服役后800H镍基合金的硬度变化

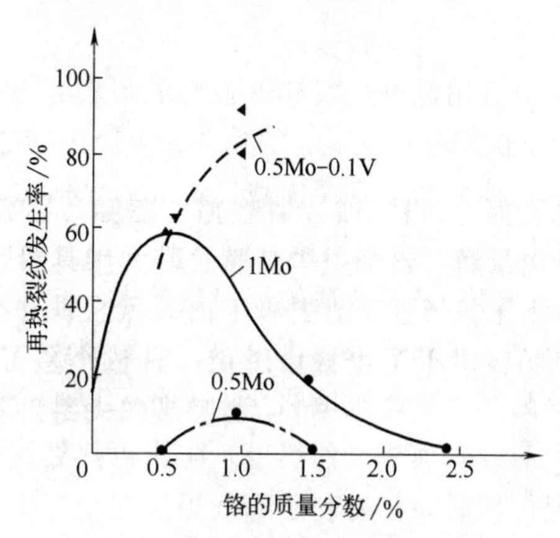

图3-49　铬含量对再热裂纹的影响

(2) 焊接接头的残余应力　焊接接头的残余应力是产生再热裂纹的力学条件。焊接接头的残余应力决定了焊后加热产生的蠕变变形量，只有这个蠕变变形超过了接头的变形能力，才能够产生再热裂纹。

(3) 焊后加热温度　再热裂纹的产生有一个敏感温度区间，在这个温度区间之外加热，是不会发生再热裂纹的。图3-51给出了焊后热处理温度与形成再热裂纹之间的关系，可以看到，500～700℃是形成再热裂纹的敏感温度，600℃时最为敏感。

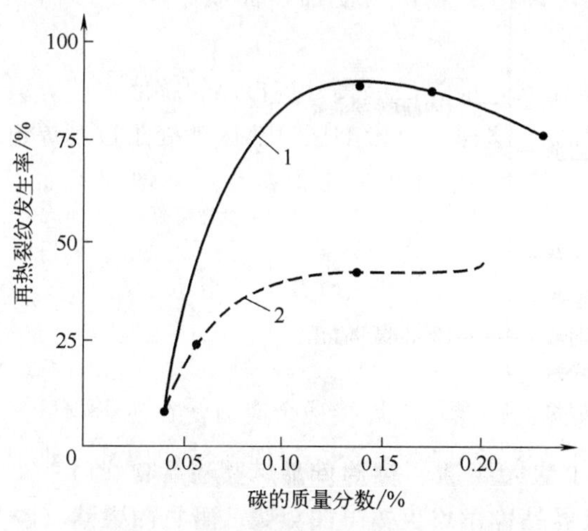

图3-50　碳含量对再热裂纹的影响

1—1Cr-0.5Mo-(0.08·0.09)V；

2—1Cr-0.5Mo-(0.04·0.05)V

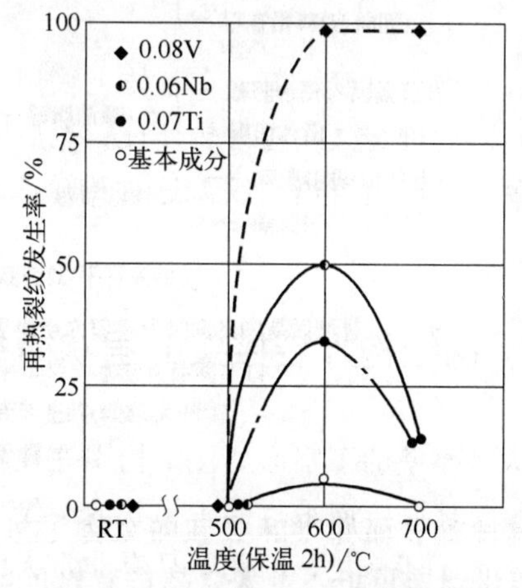

图3-51　焊后热处理与形成再热裂纹之间的关系

(钢的化学成分/质量分数%：0.16C-0.99Cr-0.46Mo-0.60Mn-0.30Si Y型坡口小铁研试验)

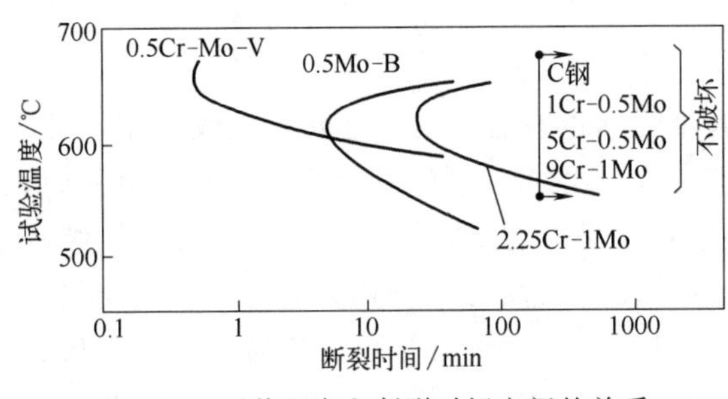

图 3-52 后热温度和断裂时间之间的关系

(4) 焊后加热的加热速度 如果加热速度足够快，加热曲线不与C形曲线相交，就不会产生再热裂纹，如图 3-52 所示。

(5) 再热裂纹的判据 再热裂纹的判据，就是再热裂纹敏感性指数 ΔG [式(3-28)] 和 P_{CR} [式 (3-29)]。

3.6.5 防止再热裂纹的措施

3.6.5.1 冶金措施

选用低再热裂纹敏感性的母材，即选用C形曲线向右的母材。如图 3-52 所示，碳钢、1Cr-0.5Mo、5Cr-0.5Mo、9Cr-1Mo 等钢就不容易产生再热裂纹，而如下的钢种的再热裂纹敏感性依如下顺序递减：0.5Cr-1Mo-V→0.5Mo-B→2.25Cr-1Mo。

3.6.5.2 工艺措施

(1) 采用合适的焊接热输入 增大焊接热输入，可以减小过热区的硬度和降低焊接残余应力，有利于降低再热裂纹的敏感性。但是，增大焊接热输入，促使过热区的晶粒粗大，又提高其再热裂纹敏感性，因此，要综合考虑选用焊接热输入。

(2) 预热 预热也是防止再热裂纹的有效措施，预热可以减少焊接热输入，从而减少高温停留时间，有利于降低焊接残余应力、过热区晶粒粗大和硬化。防止再热裂纹的预热温度应当高于防止延迟裂纹的预热温度。

(3) 后热 焊后加热可以降低焊接残余应力。

(4) 采用低匹配的焊接材料 采用低匹配焊接材料，可以降低焊缝金属强度，能够降低焊接残余应力。

(5) 采用多层焊 多层焊时，采用一定的层间温度，有预热、后热的功效。

(6) 改进接头设计和焊接工艺 改进接头坡口设计，以减小焊接残余应力和应力集中。改进焊接工艺，如焊接顺序，以降低焊接残余应力。

(7) 焊后热处理快速加热 焊后热处理时，快速加热，以使加热曲线不与C形曲线相交。

(8) 堆焊过渡焊道 在基体上采用小焊接热输入，堆焊一层具有抗再热裂纹能力的焊缝金属，随后进行去除应力热处理，然后再进行焊接。这样，热影响区过热区就处于过渡焊道内，就不会产生再热裂纹。这种措施十分有效，不过，增加了一个焊接程序，增加了加工成本。

3.7 钢结构焊接接头的层状撕裂

大型厚壁的丁字形焊接结构，往往在厚度方向上存在较大焊接残余应力，在热影响区发生与钢材轧制方向平行的阶梯状的裂纹，叫作“层状撕裂”。由于它深埋在结构内部，难以发现，也不能修复，因此，具有非常大的危害性。

3.7.1 层状撕裂的特征

(1) 发生的温度 层状撕裂发生于高于延迟裂纹发生的温度（400℃以下）。

（2）发生部位　只发生在丁字形焊接接头的焊接热影响区，焊缝金属不会发生。

（3）裂纹形态　层状撕裂是由平行于钢材轧制方向的平台和大体与平台垂直的剪切壁组成，呈阶梯状，如图 3-53 和图 3-54 所示。

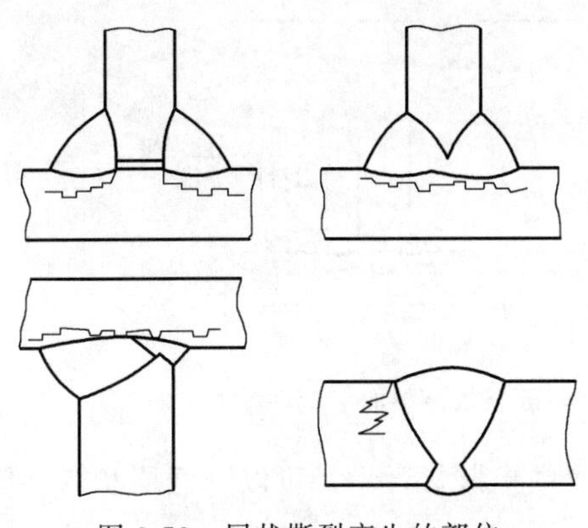

图 3-53　层状撕裂产生的部位

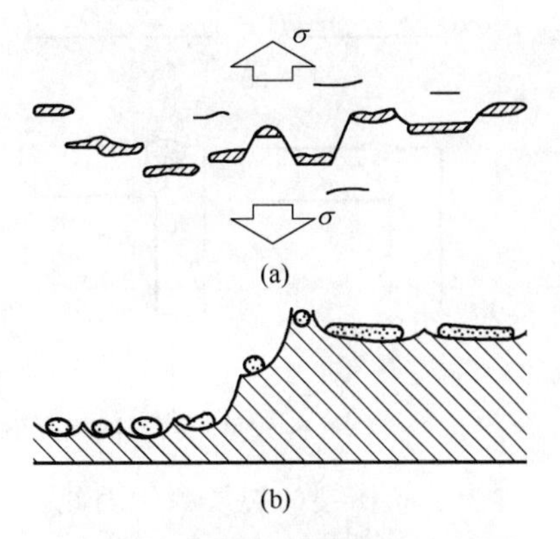

图 3-54　层状撕裂产生的示意图

（a）宏观图；（b）局部放大图

3.7.2　层状撕裂的形成机理

钢内存在非金属夹杂物（如硫化物及硅酸盐等），在轧制过程中形成与轧制方向平行的片状夹杂物，成为钢材的薄弱面，降低了材料在厚度方向上的塑性变形能力。在厚板结构的丁字形焊接时，会在接头中形成与板厚方向垂直的拉应力（图 3-54），当这个应力产生的应变超过母材沿着厚度方向的塑性变形能力时，裂纹就会在最薄弱的片状夹杂物处产生。由于这种夹杂物是断续状的，所以，这种裂纹可能同时发生于不同平台，在不同平台之间形成剪切应力，造成剪切断裂，形成剪切壁，于是就形成了阶梯状裂纹。

3.7.3　影响因素和防止措施

（1）冶金因素　钢材中存在非金属夹杂物是产生层状撕裂的根本原因。由于这些非金属夹杂物被轧制为片状，它与金属基体结合力就弱；而非金属夹杂物与金属基体的线胀系数也不相同，冷却之后，就在非金属夹杂物与金属基体之间形成空隙，成为裂纹发生的起源地。

母材中的硫极易形成 MnS，母材中硫含量越多，MnS 就越多，层状撕裂的倾向就越大。母材厚度方向（Z 向）的断面收缩率 ψ_Z 越大，发生层状撕裂的概率就越小。因此，母材厚度方向（Z 向）的断面收缩率 ψ_Z 可以作为评判层状撕裂敏感性的一个标准。一般来说，$\psi_Z \geqslant 25\%$就不容易产生层状撕裂。

另外，母材金属的晶粒度也会影响到产生层状撕裂的敏感性，因为晶粒细化也会割裂非金属夹杂物，非金属夹杂物变小，轧制之后的片状夹杂物也会变小，就降低了产生层状撕裂的敏感性。因此，细化母材晶粒，有利于防止层状撕裂的发生。

（2）力学因素　焊接接头在 Z 方向的残余应力是产生层状撕裂的力学条件。Z 向残余应力越大，越容易产生层状撕裂。而接头形式和焊接工艺可以影响 Z 方向的残余应力和应力集中的大小。要尽量不要让焊缝边界与板面平行，如图 3-55 所示。

（3）氢的作用　非金属夹杂物的存在，为氢的扩散聚集形成了一个良好的条件。非金属夹杂物片状形态的尖端，就会是氢扩散聚集之处所，在这里聚集的氢，就会加剧层状撕裂的

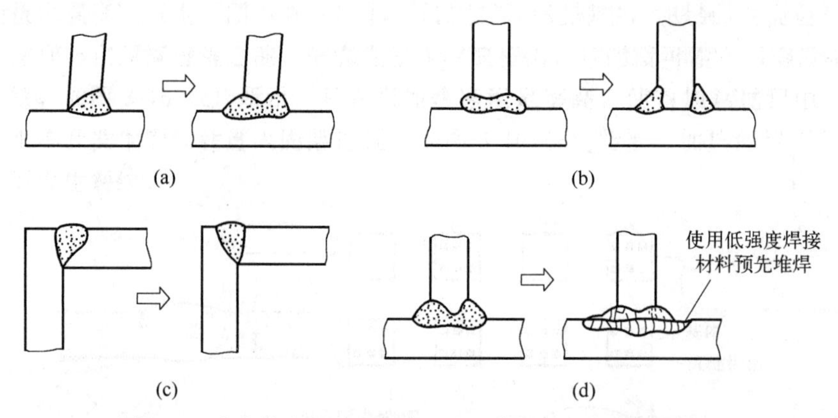

图 3-55　改变接头形式和焊接工艺以降低层状撕裂的危险性

发生，成为层状撕裂的裂纹源。因此，降低焊缝金属的扩散氢含量，可以降低层状撕裂敏感性。采取预热及后热也是防止层状撕裂的方法。

思　考　题

1. 焊接热循环的主要参数是什么？多层焊接热循环的优点是什么？
2. 焊接热和力模拟的原理是什么？这种模拟有什么作用？
3. 焊接热循环的组织转变条件有什么特点？
4. 焊接热影响区晶粒长大的特点是什么？影响因素怎样？如何细化？
5. 焊接冷却组织转变的特点是什么？影响因素怎样？
6. 认识并且能够熟练应用焊接热影响区连续冷却组织转变图（SH-CCT 图）。
7. 简述低碳低合金钢焊接热影响区的组织和性能。
8. 简述高强钢产生焊接延迟裂纹的特征和形态。
9. 简述高强钢产生焊接延迟裂纹的机理、影响因素和防止措施。
10. 简述延迟裂纹的断口形貌。
11. 简述产生再热裂纹的条件、机理、影响因素和防止措施。
12. 简述层状撕裂的特征、形成机理、影响因素和防止措施。

第4章 钢焊接接头的强韧性

结构的脆性破坏给人类造成巨大的伤害，压力容器、舰船、航空器（如飞机）、航天器等大型器具的脆性破坏，往往是灾难性的。这些大型器具绝大部分都是焊接结构，都是由焊接加工制造的。而结构材料经过焊接加工，特别是熔化焊之后，由于焊接加工是经过了不均匀的高温局部加热和快速冷却过程，材料本身经历了这个过程，组织也发生了不均匀的变化，还会存在不均匀的应力，这些因素都会影响到焊接接头的强韧性。

4.1 金属材料的断裂特征及其试验方法

4.1.1 金属材料断裂的类型

金属材料断裂的类型很多，很复杂，因此，其断口形态也很复杂，如图4-1所示。

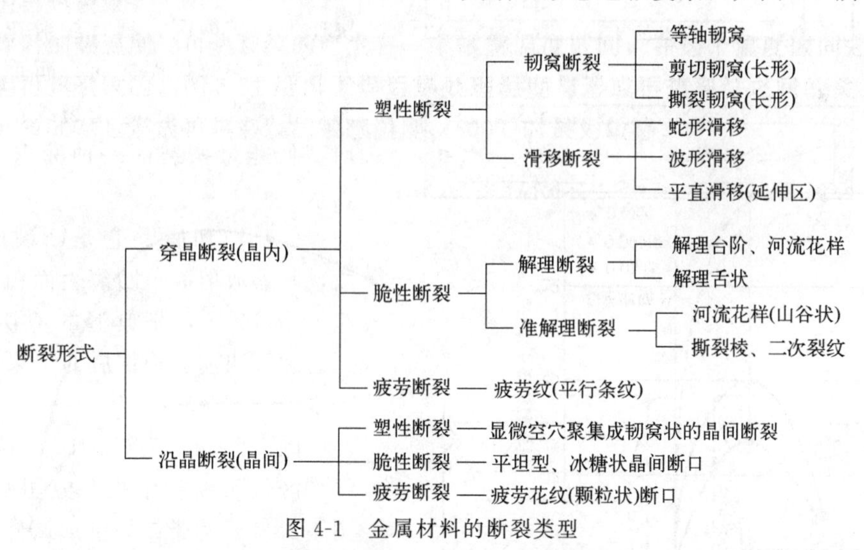

图4-1 金属材料的断裂类型

（1）穿晶断裂和晶间断裂 断裂的发生，是经过了裂纹的起裂和扩展而导致材料（结构）断裂的过程。裂纹的扩展可以沿着晶界发生；也可以穿过晶粒发生；也可以既沿着晶界发生，又穿过晶粒发生混合型断裂。

（2）延性断裂和脆性断裂 延性断裂是在材料（结构）断裂前在断裂面发生了比较明显的塑性变形，而脆性断裂则是在材料（结构）断裂前在断裂面没有发生比较明显的塑性变形。延性断裂的断口有与受力方向呈45°角的部分断面，脆性断裂表现为断口与受力方向垂直的断面。

（3）解理断裂和剪切断裂　就材料断裂的断口而言，又分为解理断裂和剪切断裂。解理断裂的断口是平面的，有明亮的金属光泽，剪切断裂的断口是灰暗的。

4.1.2　金属材料断口形貌

4.1.2.1　金属材料断口的宏观形貌

研究金属材料的断口形貌，有利于判断断裂的性质。典型的宏观断口可以分为三个区，如图 4-2 和图 4-3 所示。

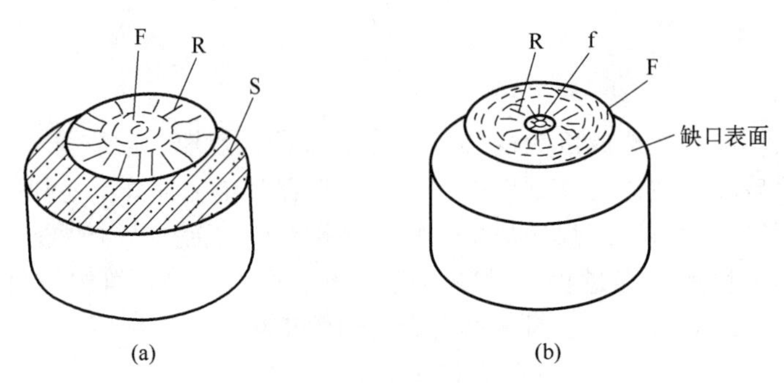

图 4-2　圆形试样拉伸断口形貌示意图

（a）光滑试样；（b）环状缺口试样

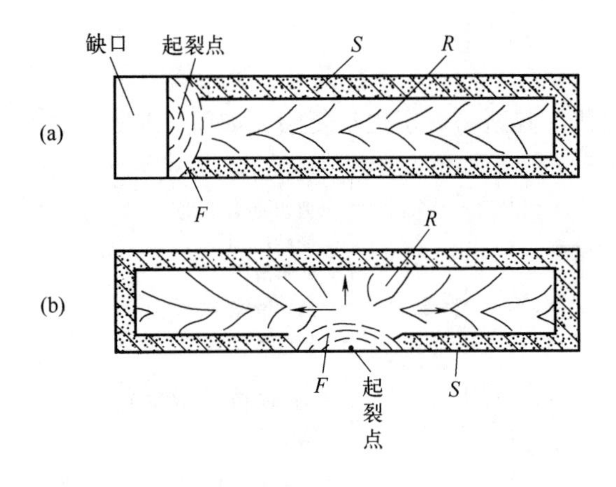

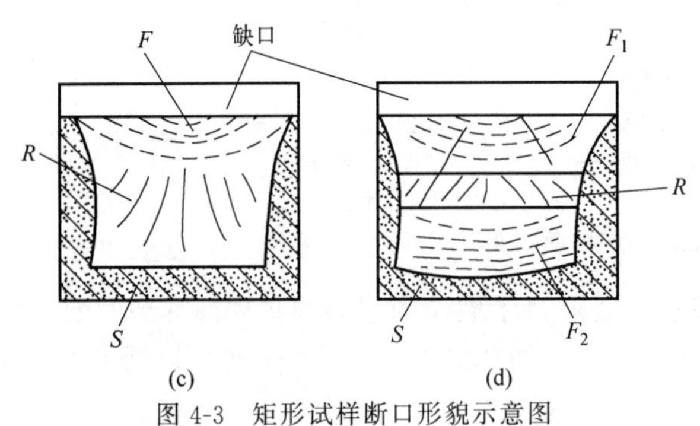

图 4-3　矩形试样断口形貌示意图

（a）断面带缺口静拉伸试样宏观断口；（b）断面不带缺口静拉伸试样宏观断口；（c）带缺口冲击试样宏观断口；（d）带缺口冲击试样有二次撕裂的宏观断口（比图（c）的韧性好）

（1）纤维区　纤维区为起裂区，呈粗糙的纤维状，以“F”表示。

（2）放射区　紧靠起裂区，是裂纹快速失稳扩展区，具有放射花样。放射方向就是裂纹扩展方向，而垂直于裂纹前沿轮廓线，并且逆指裂纹源。它是剪切型低能量撕裂的一种标志。以“R”表示。

（3）剪切唇　它是断裂的最后阶段，紧靠放射区。断裂表面粗糙，与主应力呈 45°角，是典型的剪切型断裂，也是裂纹快速失稳扩展的结果。以“S”表示。

图 4-2（a）为光滑圆形拉伸试样，纤维区位于断口中央，剪切唇在外围。图 4-2（b）为带缺口圆形试样。由于缺口处有应力集中，因此，裂纹在缺口或者其附近起裂，所以，纤维区在缺口附近。裂纹向内部扩展，产生放射区，看不到剪切唇。最后断裂处很粗糙，以“F”表示。

图 4-3（a）为带缺口的矩形静拉伸

试样宏观断口形貌。缺口是裂源，为椭圆形的纤维区，放射区为人字花样，其尖端指向裂源。

图 4-3（b）为不带缺口的矩形静拉伸试样宏观断口形貌。裂源为椭圆形的纤维区，裂纹向试样内部扩展，放射区为人字花样，其尖端指向裂源。周边为最后断裂区，呈剪切唇状。

图 4-3（c）和（d）为冲击试样断口。但是，图 4-3（d）出现两个纤维区 F_1 和 F_2。这是由于缺口一侧受拉，另外一侧受压。在受拉应力的放射区进入受压应力区时，放射区可能终止，而出现第二个纤维区 F_2。如果金属材料韧性很好，放射区可能消失。受拉区的纤维区和受压区的纤维区常常不在一个平面上，而是有一个高度差。

4.1.2.2 金属材料断口的微观形貌

（1）延性断口　延性断口呈现韧窝状形貌。它是在外力作用下，随着塑性变形的产生，形成了显微空穴；或者在析出物、夹杂物的显微颗粒处形成的微孔，由于应力的增大，微孔长大，以至于断裂，在断裂表面出现许多显微小坑。根据受力状态和材料变形方式的不同，韧窝可以分为等轴韧窝、剪切韧窝和撕裂韧窝三种类型［图 4-4（a）］。

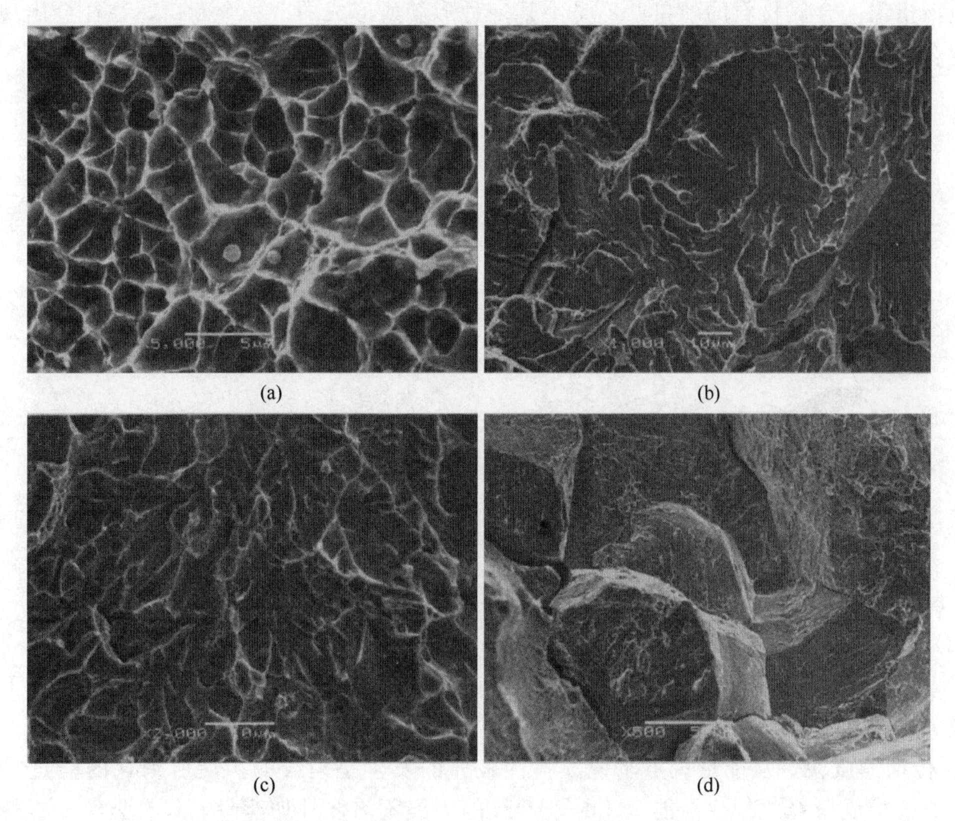

图 4-4　ASTM4130 钢（美国）的典型断口微观形貌

（a）延性断口（韧窝形貌）；（b）解理断口形貌；（c）准解理断口形貌；（d）沿晶断口形貌

（2）解理断口　它是金属在正应力作用下造成的穿晶断裂。它只在体心立方晶格（如钢的 α 相）和密排六方晶格的金属材料中发生，而面心立方晶格（如钢的 γ 相）中不会发生。其断口特征为存在河流花样和解理台阶，还可能存在舌状花样。由于实际晶体总是有晶体缺陷，不可能只是沿着一个解理面（晶面）解理，而是沿着平行的、具有不同高度的解理面解理，不同的解理面就存在台阶。众多的解理台阶的汇合，就形成了河流花样［图 4-4（b）］。

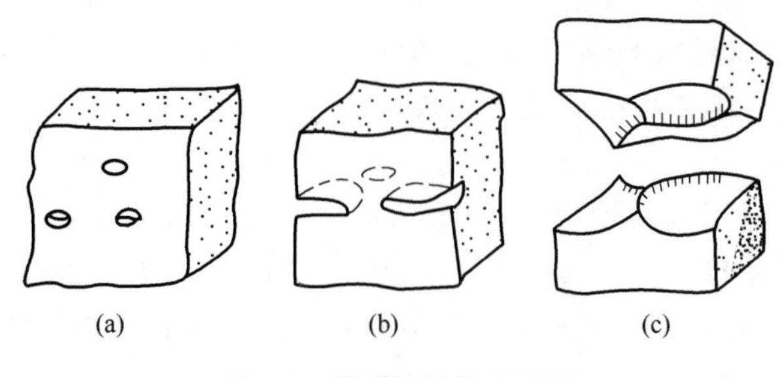

图 4-5 撕裂棱的形成过程

（a）微裂纹形成；（b）裂纹长大；（c）撕裂棱的形成

（3）准解理断口　准解理断口为不连续的断裂过程，先在局部地区形成解理裂纹，然后这些局部解理裂纹再连接起来，导致金属材料的断裂。在解理裂纹连接的过程中发生了剧烈的塑性变形，形成大量密而短的撕裂棱，甚至可能形成韧窝。由于它是由撕裂棱包围的小断面的解理面组成，所以难以看到河流花样［图 4-4（c）］。撕裂棱的形成过程如图 4-5 所示。

（4）沿晶断口　沿晶断口为晶间断裂所形成。沿晶断裂一般为脆性断裂，其形貌有两种：一类为冰糖状［图 4-4（d）］，它很脆；另一类为韧窝状，它是以晶界上的夹杂物、析出相形成的。

应该指出，金属材料的断口并不是由某一种形貌所形成的。一个断口，往往会出现多种形貌混合的断口。金属材料的微观断口必须借助电子显微镜才能够观察到。

4.1.3　金属材料脆性断裂的特点

（1）河流花样和山形花样

① 河流花样。微观上它是典型的解理断口，不同的解理面沿着裂纹扩展方向趋于一致（图 4-6）。

② 山形花样。如图 4-7 所示，山形尖端就是起裂点。

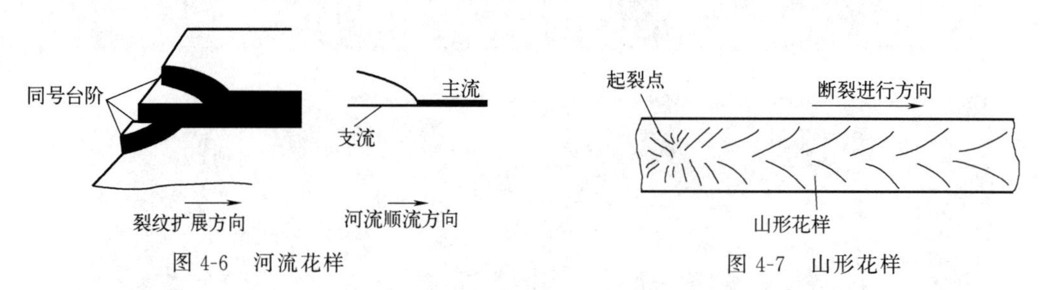

图 4-6　河流花样

图 4-7　山形花样

（2）断裂应力和裂纹传播速度

① 断裂应力低。金属材料的脆性断裂的特征之一就是低应力，断裂应力大大低于其平均拉应力，甚至低于其屈服应力的 1/3。

② 传播速度快。从能量观点来说，脆性破坏的发生是裂纹的扩展所消耗的能量等于或者低于裂纹扩展所释放的弹性能。于是，裂纹的扩展不需要外加能量，只有裂纹扩展释放的弹性能，就足以维持裂纹的扩展。裂纹的扩展可以自动进行，因此，脆性断裂裂纹的扩展速度非常快，甚至可以达到 2000m/s。

（3）缺口脆性和低温脆性　有缺口的金属材料和处于低温的金属材料容易发生脆性断裂，两者具有互相促进的关系。也就是说，既有缺口，又处于低温，就容易发生脆性破坏。所以，脆性（韧性）试验都是采用缺口试样。

（4）转变温度　从延性破坏到脆性破坏一般有一个相对温度，高于这个温度，主要发生延性断裂，而低于这个温度主要发生脆性断裂（图 4-8）。

这个温度往往是过渡性的，因此，一般取上下两个平台之间的平均温度为脆性转变温度。这个脆性转变温度受到很多因素的影响，如材料力学性能试验方法、试样形状和尺寸等。

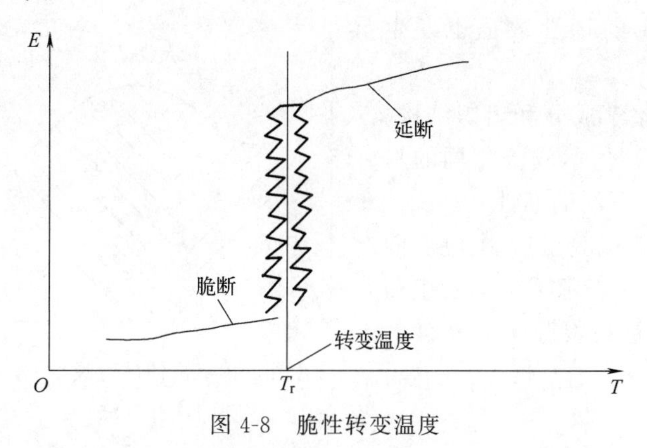

图 4-8　脆性转变温度

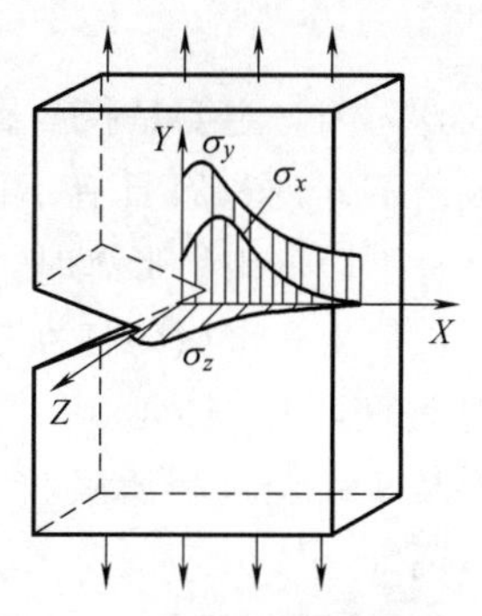

图 4-9　缺口尖端的塑性应力分布

4.1.4　影响金属材料脆性的因素

4.1.4.1　温度的影响

钢的屈服应力与温度之间的关系为

$$\sigma_S = A e^{S/T} \tag{4-1}$$

式中　A，S——材料常数（>0）；

T——开氏温度。

4.1.4.2　应力因素的影响

（1）缺口的影响　在缺口尖端附近存在塑性应力集中现象（图 4-9），最大应力在裂纹长度的中央表面附近，表面的应力为 0。

（2）变形速度的影响　变形速度与屈服应力之间的关系

$$\sigma_S = B(\mathrm{d}\varepsilon/\mathrm{d}t)^n \tag{4-2}$$

式中　$\mathrm{d}\varepsilon/\mathrm{d}t$——变形速度；

B 和 n——材料常数（>0）。

（3）试样尺寸的影响

一般来说，即使缺口尺寸一样，试样尺寸越大，脆性转变温度越高。这种影响叫作脆性断裂的尺寸因素。

4.1.4.3　冶金因素的影响

主要包括化学成分（合金元素）、晶粒尺寸和组织形态的影响等。

4.2　低碳低合金钢焊缝金属的组织和韧性

4.2.1　金属的韧性和韧化

4.2.1.1　金属的韧性

金属的韧性是一种力学性能，它是金属在断裂前吸收变形能量的能力，也是在给定外界条件下所表现的一种力学行为，又是表现金属行为和性能的一种变化。金属的韧性受到外因和内因的很大影响。

（1）外因　外因就是金属受力的外部条件，如介质、温度、压力以及受力性质和加载速度等。这些外部条件发生变化，金属的韧性数据也发生变化。

（2）内因　主要是指金属自身的化学成分和组织结构。化学成分不同的材料具有不同的韧性；化学成分相同的材料，具有不同的组织形态时，也表现出不同的韧性。

在数值上，金属的韧性就是用力学试验中应力-应变曲线所包围的面积（图 4-10）。这个面积就表示了金属发生塑性变形及断裂全过程所吸收的能量，是材料强度和塑性的综合体现。

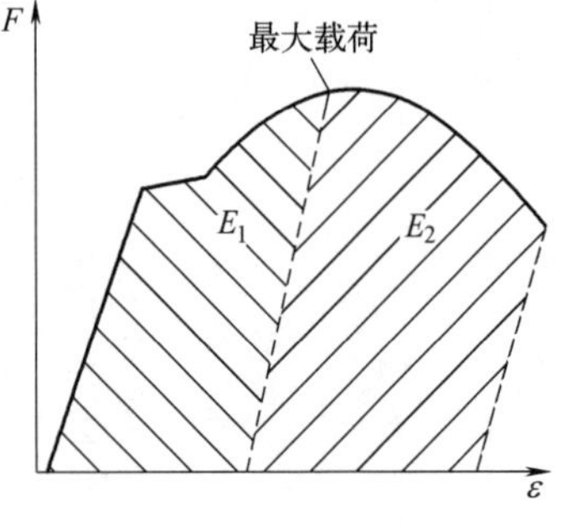

图 4-10　拉伸试验吸收功的计算方法

4.2.1.2　金属的韧化

金属的韧性定义为金属发生塑性变形及断裂全过程所吸收的能量，因此，从根本上来说，要提高金属的韧性，就是要尽量提高这个能量。这与金属本身的化学成分和组织有极为密切的关系。金属的结构，基本上可以看作由基体（基本相）和第二相所组成的多相合金。所以，金属的基体和第二相的性能以及它们之间的联系就是影响金属韧性的基本因素。

（1）金属的基体　金属的塑性变形和裂纹的扩展延伸主要是在基体中进行，因此，基体的力学行为及其组织结构特征，显然会影响金属的变形能力及裂纹扩展延伸的路径。

发生延性断裂时，随着应变硬化指数 η 及断裂应变 ε_f 的提高，吸收的能量增大，韧性提高。体心立方晶格（如钢中的 α 相）的硬化指数 η 比面心立方晶格（如钢中的 γ 相）小，因此，铁素体的韧性比奥氏体小。不仅如此，还由于奥氏体不稳定，在应变中容易发生无扩散的马氏体相变，出现切变相变的体心立方晶格的 α' 马氏体或者密排六方晶格的 ε 马氏体，可以使得奥氏体进一步硬化。由于这种相变需要消耗能量，松弛了应力，使得裂纹传播困难，因此，可以进一步提高韧性。所以，奥氏体钢的韧性比铁素体钢的韧性高。

奥氏体转变产物对钢的韧性（断裂韧度）影响很大。对于低碳低合金钢来说，低碳马氏体比珠光体的韧性高；回火马氏体的韧性远远高于回火珠光体。

随着奥氏体化学成分和冷却速度的不同，奥氏体的相变产物的顺序是：先共析铁素体或者先共析碳化物→珠光体→上贝氏体→下贝氏体→马氏体。先共析铁素体和珠光体是高温相变产物，马氏体是低温相变产物，而贝氏体则是中温相变产物。组织对韧性的影响以下列的顺序降低：低碳马氏体→下贝氏体→上贝氏体→珠光体＋铁素体。因此，提高钢的韧性的主导思想是：保持钢的淬透性，并且使其在中低温区发生相变。这就要求钢中含有足够的合金元素，减少碳含量。

金属组织晶粒的大小对韧性也有较大影响，晶粒越小韧性越高。

对于低碳低合金钢来说，细化奥氏体晶粒，避免先共析铁素体和珠光体的形成，可以提高其韧性。

（2）第二相　第二相可以是比基体组织脆的所谓脆性相，如夹杂物、金属间化合物等，它们都比基体（铁素体及奥氏体）脆性大；第二相也可以是比基体韧性好的所谓韧性相，如钢中的残余奥氏体。

① 脆性相。脆性相的几何学特性（大小、形状、分布）、力学性能（强度和塑性）、物理性能（热膨胀）、化学性能（与基体之间的结合力）及晶体学特性（作为奥氏体分解的相变晶核）等，对金属的韧性都有重要影响。

a. 几何学因素的影响。几何学因素包括脆性相厚度、脆性相颗粒的平均直径、脆性相颗粒的平均间距、脆性相的体积分数、单位面积上的脆性相颗粒数、单位体积上的脆性相颗粒数等，这些几何学因素等对材料的强度和塑性都有影响。

脆性相厚度的影响。比如脆性相的厚度 C_0 对断裂应力 σ_f 的影响可以近似地用下式表示：

$$\sigma_f \geqslant 4EE_S/[\pi(1-\nu^2)C_0] \tag{4-3}$$

式中 E——脆性相的杨氏模量；

E_S——形成裂纹的比表面能；

ν——泊松比。

由此可知，脆性相厚度增大，断裂应力降低，韧性下降。

脆性相颗粒的影响。如果脆性相是颗粒状，其断裂韧度指标 K_{IC} 可以粗略地估计为

$$K_{IC}=d_T(2E\sigma_S)^{1/2}=N_V^{-1/6}(2E\sigma_S)^{1/2}=N_S^{-1/4}(2E\sigma_S)^{1/2} \tag{4-4}$$

式中 d_T——脆性相颗粒的平均间距；

N_V——单位体积上的脆性相颗粒数；

N_S——单位面积上的脆性相颗粒数。

可以看到，d_T 增大，N_V 或者 N_S 减小，韧性提高。

脆性相形状的影响。图 4-11 为硬度相当条件下球状及片状渗碳体对共析钢性能的影响，表面球状可以显著改善韧性。实践证明，采用 Zr、稀土等球化碳化物元素来改善塑性和韧性，得到了广泛的注意和应用。

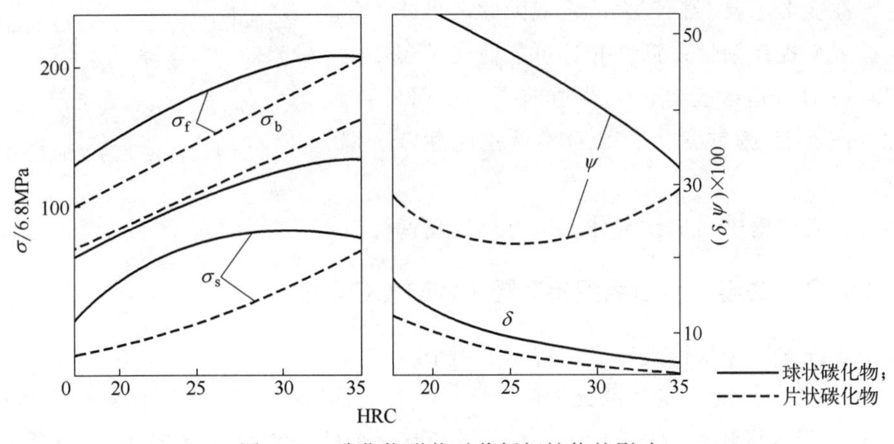

图 4-11　碳化物形状对共析钢性能的影响

脆性相颗粒尺寸的影响。脆性相颗粒尺寸对韧性有很大的影响。晶粒直径越大，韧性降低得越严重。

脆性相颗粒间距的影响。脆性相颗粒间距 d_T 的影响比较复杂。一般来说，脆性相颗粒间距增大，韧性提高；但是，解理断裂时，脆性相颗粒间距增大，韧性会降低。

b. 物理因素的影响。一个重要的物理因素是脆性相的热胀系数（α_T），如果脆性相的

热胀系数大，冷却时，脆性相收缩大，可以在脆性相与基体之间形成空隙，不存在残余应力，韧性会提高；如果脆性相的热胀系数小，冷却时，脆性相收缩小，脆性相受到基体的压迫，形成残余应力，韧性会下降。但是，如果脆性相的热胀系数大，冷却时，脆性相收缩大，可以在脆性相与基体之间形成空隙，降低了脆性相与基体的联系。另外，形成的空隙不仅降低了承载面积，这个空隙还是一个裂纹源，会造成应力集中，危害韧性。

c. 化学因素。与基体结合弱的脆性相。如非金属夹杂物，由于与基体结合比较弱，些许的应变，就会使得其界面形成空洞，降低材料的韧性。

与基体结合强的脆性相。如焊接和热处理析出的金属间化合物、碳化物、氮化物等。这种第二相，由于与基体结合比较强，对韧性的影响是有利的。但是，在这里又容易在微观上形成应力集中，对韧性又不利。

与基体结合强的韧性相。如钢中少量的残余奥氏体、β 钛合金中的 α 相，可以提高材料的韧性。

d. 晶体学因素。这种脆性相的影响也是比较复杂的，如果这种非金属夹杂物比较细小，又可以作为结晶核心，改变相变温度和晶体形态，细化组织，可以提高韧性。如一定的焊缝金属的氧含量，能够促进针状铁素体的形成，就能够提高韧性。

② 韧性相。如果在金属中引入与基体结合强的韧性相，如钢中少量的残余奥氏体、β 钛合金中的 α 相，就可以提高材料的韧性。这是由于如下的作用：裂纹扩展遇到韧性相，因为韧性相不易发生解理断裂，而且韧性相发生塑性变形还要消耗较大能量，因此，可能使得裂纹停止扩展而提高韧性；韧性相还可能使得扩展中的裂纹受到阻碍而被迫改变方向，绕道前进，从而松弛，提高韧性。图 4-12 为铁素体含量对不锈钢脆性转变温度的影响。

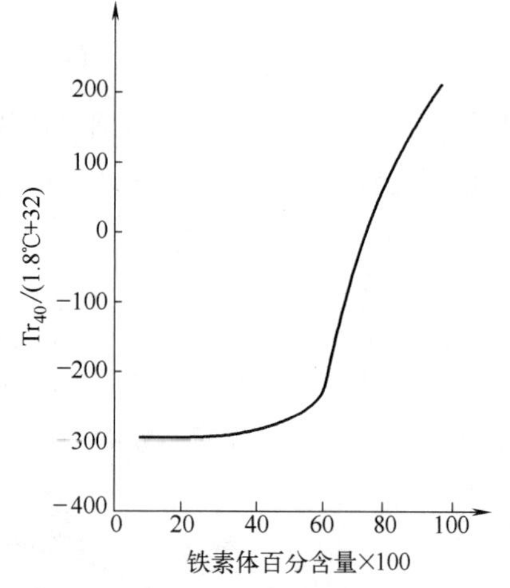

图 4-12　铁素体含量对不锈钢脆性转变温度的影响

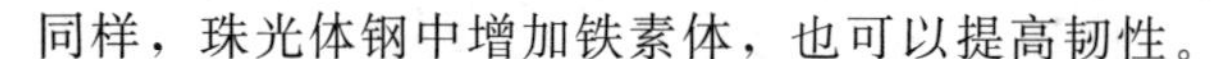

同样，珠光体钢中增加铁素体，也可以提高韧性。

4.2.2　焊缝金属的连续冷却组织转变图（WM-CCT 图）

焊缝金属的连续冷却组织转变图有如下两个特点。

（1）WM-CCT 图的铁素体区分为两个区　现在我们有了三个 CCT 图：一个是热处理的 CCT 图；一个是焊接热影响区的 SH-CCT 图；再一个就是焊缝金属的 WM-CCT 图。与前面两个 CCT 图不同的是焊缝金属的 WM-CCT 图，铁素体区分为两个区（图 4-13），即晶界铁素体（GBF）和侧板状铁素体（FCP）。但是，由于这些不同形态的铁素体是连续形成的，所以，在 WM-CCT 图上，要把它们正确分开是很困难的。

（2）在 WM-CCT 图的贝氏体区的高温区存在一个针状铁素体区　针状铁素体的本质是贝氏体化铁素体，它与被叫作贝氏体化铁素体的 B_I 铁素体不同。B_I 铁素体的板条呈平行状，而针状铁素体则是以夹杂物为中心的放射状。

4.2.3 氧对焊缝金属组织和韧性的影响

（1）氧含量对焊缝金属夏比冲击性能的影响　见1.5.4节。

（2）氧含量对WM-CCT图的影响　见1.5.4节。

（3）氧含量对奥氏体晶粒尺寸的影响　晶粒尺寸也是影响淬透性的因素之一。由于氧含量的增加，降低了钢的淬透性。但是，实践证明，氧含量对奥氏体晶粒尺寸的影响不大。如焊缝金属氧含量从110ppm增加到700ppm，奥氏体晶粒尺寸并没有明显变化。

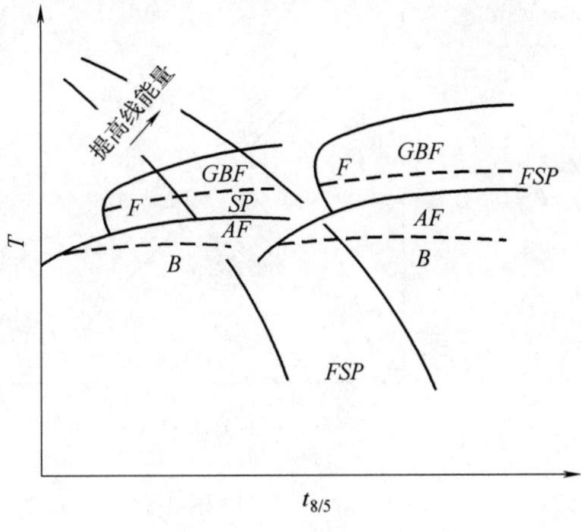

图4-13　WM-CCT图

（4）氧含量对韧性影响的机理　从氧含量对WM-CCT图的影响上看，随着焊缝金属中氧含量的提高，WM-CCT图向左上方移动，即γ→α相变温度提高，相变时间提前；使得韧性较低的高温相变组织（如晶界铁素体和侧板状铁素体）增多，韧性较好的中、低温组织（下贝氏体和低碳马氏体）减少，所以韧性降低。而氧对WM-CCT图的影响，从本质上来看，是随着焊缝金属中氧含量的提高，氧化物增多，作为γ→α相变核心增多，于是导致γ→α相变温度提高，相变时间提前。

但是，氧的影响又是复杂的。作为γ→α相变核心来说，各种氧化物的成核能力是不同的，这与氧化物与α-Fe的结晶不匹配度有关，与α-Fe的结晶不匹配度越小，成核能力越强。TiO与α-Fe的结晶不匹配度最小（3%），所以它的成核能力最强，含钛的焊缝金属对韧性的影响比不含钛的焊缝金属对韧性的影响大。

4.2.4 焊接热循环对焊缝金属组织和韧性的影响

金属的韧性与金属组织对裂纹的产生和扩展的难易程度有关，一般来说，下面两点是很重要的：裂纹扩展前进所必须消耗的能量和裂纹前进遇到的阻力，裂纹扩展前进所必须消耗的能量和裂纹前进遇到的阻力越大，韧性就越高。

4.2.4.1 焊缝金属组织与韧性的关系

（1）焊缝金属组织形态与韧性的关系　低碳低合金钢焊缝金属的组织主要是晶界铁素体和侧板状铁素体、针状铁素体、上贝氏体等，马氏体较少。

尽管影响焊缝金属韧性的因素很复杂，但是，起决定作用的还是组织。影响焊缝金属组织的因素也很多，但是归纳起来就是材料和焊接工艺参数两个方面。焊接材料决定了WM-CCT图的特征，而焊接工艺参数则决定了冷却条件 $t_{12/8}$ 和 $t_{8/5}$。$t_{12/8}$ 也对WM-CCT图有影响。$t_{12/8}$ 对奥氏体晶粒尺寸有影响，$t_{12/8}$ 越大，表明处于高温的时间长，奥氏体长大的时间长，奥氏体晶粒尺寸大，淬透性就强，WM-CCT图右移。而 $t_{8/5}$ 则决定了所得到的组织，也决定了韧性（图4-14）。

从图4-14可以看出，晶界铁素体和侧板状铁素体含量增多，脆性转变温度提高，金属韧性降低；而针状铁素体含量增多，脆性转变温度降低，金属韧性提高。

（2）焊缝金属组织的强屈比的影响　同为铁素体组织的晶界铁素体和侧板状铁素体与针状铁素体的强屈比不同，晶界铁素体和侧板状铁素体的强屈比大多在0.8以下，针状铁素体

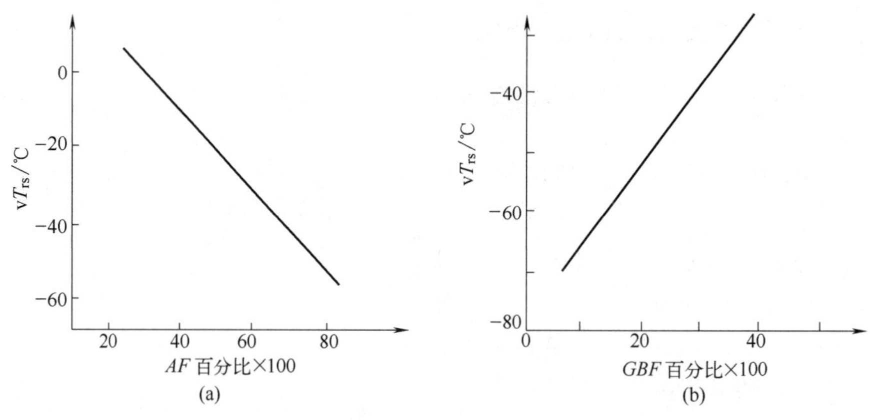

图 4-14　不同铁素体形态与 vT_{rs} 的关系

在 0.8 以上，上贝氏体都在 0.7 以下，因此还是针状铁素体的塑性好。如果晶界铁素体和侧板状铁素体多，针状铁素体少，由于晶界铁素体和侧板状铁素体强度低，形变主要集中在这里，加之它们多沿着原奥氏体晶界分布，塑性低；而针状铁素体，晶粒细小而均匀，强度又高，形变均匀，塑性好，韧性就高了。

4.2.4.2　焊缝金属结晶初次相的影响

实践证明，在有包晶反应时，焊缝金属的韧性明显降低，这是因为硫发生偏析的结果。由于硫在 α-Fe 中的溶解度为 0.18%，而在 γ-Fe 中的溶解度为 0.05%，因此，包晶反应中降低了硫在固相中的溶解度，提高了硫在液相中的溶解度，使之偏析于晶界，从而使晶界弱化，韧性降低。

此外，硫的偏析，还严重受到碳含量的影响。当焊缝金属中碳含量低于质量分数的 0.08%时，不会出现硫的偏析；当焊缝金属中碳含量达到质量分数的 0.1%时，硫的偏析可以达到 18 倍；当焊缝金属中碳含量达到质量分数的 0.12%时，硫的偏析可以达到 50 倍；当焊缝金属中碳含量达到质量分数的 0.2%时，硫的偏析可以达到 56 倍。所以，钢的焊接填充材料的碳含量一般都限制在质量分数的 0.08%以下。

另外，焊缝金属镍含量对硫的偏析也有很大影响，因为镍也能促进发生包晶反应，促使硫的偏析加重，韧性降低；同时，镍还能够降低发生包晶反应的碳含量。所以，对于含有镍的合金钢（镍基合金和不锈钢），焊接时填充材料的碳含量和硫含量要更加降低。

结晶速度也影响包晶反应。结晶速度增大（亦即冷却速度增大）时，结晶的不平衡加剧，硫的偏析加剧。一般来说，低结晶速度焊缝金属的韧性比高结晶速度焊缝金属的韧性高。

4.2.4.3　奥氏体化过程对焊缝金属组织和韧性的影响

在低碳低合金钢焊缝金属结晶完成之后，一般为 δ-Fe。在冷却过程中，会发生 δ→γ 相变，这个过程叫作奥氏体化过程。这个过程一般发生在 1200～800℃的温度区间，这个过程对焊缝金属的组织和韧性有影响。

这个奥氏体化过程的条件（连续冷却时间 $t_{12/8}$）对焊缝金属奥氏体晶粒尺寸有明显的影响（图 4-15）。

表 4-1 给出了奥氏体化过程的条件（连续冷却时间 $t_{12/8}$）对焊缝金属组织和性能的影响。从 FE3、M3、P1 3 组试样相比较，它们的连续冷却时间 $t_{8/5}$ 接近，但是，连续冷却时

间 $t_{12/8}$ 却依次增大，其奥氏体晶粒直径却分别为 80μm、160μm 和 220μm。其连续冷却组织也有很大不同，晶界铁素体和侧板状铁素体依次减少，针状铁素体依次增多，M-A 组织也依次增多，粒状贝氏体变化不大。这说明 $t_{12/8}$ 增大，材料的淬透性增大，有降低 $t_{8/5}$ 的功效。其韧性依次降低（210J/cm^2、130J/cm^2、115J/cm^2），硬度略有提高。按理说，连续冷却时间 $t_{12/8}$ 增大，晶界铁素体和侧板状铁素体减少，针状铁素体增多，韧性应当提高。但是，恰恰相反，韧性在下降，这说明 M-A 组织对韧性的破坏作用。因此连续冷却时间 $t_{12/8}$ 对韧性的影响就是晶粒长大对金属淬透性的影响。

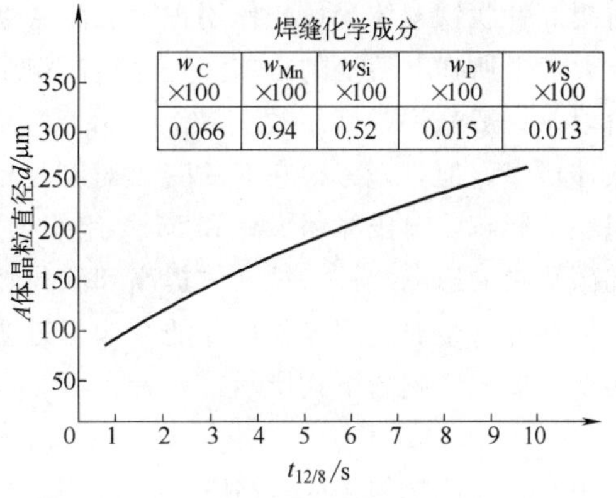

图 4-15　$t_{12/8}$ 与奥氏体晶粒直径之间的关系

表 4-1　奥氏体化过程和奥氏体分解过程对焊缝金属组织和性能的影响

试样编号	$t_{12/8}$	$t_{8/5}$	组织成分比例/%							韧性（V 形缺口）			HV
			硝酸酒精腐蚀				苦味酸腐蚀						
			GBF	FSP①	Ba	AF	F②	M-A	$C_1$③	z(J·cm^{-2})	vT_r50/℃④	vT_{rs}/℃	
FE1	0.5	1.5	26.0	7.5	24.0	43.0	81.5	18.3	0.2	140	−54	−38	250
FE2	0.6	10.5	26.0	0.5	66.5	7.0	88.0	5.8	6.2	210	−32	−23	195
FE3	0.75	21.0	64.0	1.0	30.0	5.0	90.2	3.6	6.2	210	−22	−12	185
M1	2.5	5.1	14.5	4.0	16.0	65.5	80.0	19.0	1.0	110	−54	−48	230
M2	3.1	11.0	25.0	3.0	23.5	48.5	81.0	17.0	2.0	130	−38	−23	195
M3	4.0	18.3	34.0	2.5	31.0	32.5	81.6	7.7	10.7	130	−30	−20	188
P1	7.4	19.0	24.0	2.5	23.5	50.0	84.0	15.5	0.5	115	−20	−16	196
P2	9.6	39.0	24.0	2.0	44.0	30.0	85.2	11.0	3.8	135	−20	−10	180
P3	10.1	79.0	27.0	0	61.5	11.0	86.7	5.1	8.2	135	0	+8	168

① 层状组织即 FSP；②包括贝氏体化铁素体；③碳化物；④冲击韧度为 50J/cm^2 的转变温度——编者注。

4.2.4.4　奥氏体分解过程对焊缝金属组织和韧性的影响

表 4-1 中 3 组试样都是在连续冷却时间 $t_{12/8}$ 大体相近的条件下，较大幅度地改变了 $t_{8/5}$。可以看出，随着冷却速度的降低（$t_{8/5}$ 提高），晶界铁素体和侧板状铁素体增多，针状铁素体减少，M-A 组织减少，碳化物增多，硬度降低，而韧性也降低。在这里，硬度的降低，并不带来韧性的提高，这说明组织的软化并不总是能够提高韧性的。比较 FE2 和 P3，其组织成分很接近，而后者较软，其韧性却比前者差得多。很显然，后者的晶粒尺寸比较粗大（从 60μm 增大到 250μm），其冷却转变组织必然也粗大，由此可以看出晶粒尺寸对韧性的重大影响。由于 P3 比 FE2 析出的碳化物多，因此基体组织得以软化。再比较 FE1 和 FE，其中贝氏体 Ba（包括上、下贝氏体和粒状贝氏体）相当，随着 $t_{8/5}$ 增大，晶界铁素体和侧板状铁素体增多，针状铁素体减少，硬度下降很大，转变温度提高，韧性下降。这说明针状铁素体是一种硬度较高、韧性较好的组织。再比较 FE1 和 FE2，它们的晶界铁素体和侧板状铁素体相当，而贝氏体 Ba（包括上、下贝氏体和粒状贝氏体）与针状铁素体增减相当。但是，硬度和韧性都是 FE2 比 FE1 低。这说明 M-A 组织减少，贝氏体 Ba（包括上、下贝氏体和粒状贝氏体）比针状铁素体软。如果考虑 FE2 的 M-A 组织（一般比较脆）较少，更加说明针状铁素体对提高韧性的作用更大了。再比较 FE2 和 M2，它们的 $t_{8/5}$ 相近，晶界铁素体和侧板状铁素体含量也相近，但是，M2 的针状铁素体含量比 FE2 多得多，这说明 $t_{12/8}$

对提高针状铁素体含量的作用很大。$t_{12/8}$ 提高，针状铁素体含量增大。

综上所述，熔池的冷却过程对金属组织和韧性影响很大，特别是奥氏体化和奥氏体分解阶段。一般来说，$t_{12/8}$ 提高和 $t_{8/5}$ 降低，都使得晶界铁素体和侧板状铁素体减少，针状铁素体增多。但是，考虑它们的变化对韧性的影响时，必须同时考虑奥氏体晶粒尺寸和 M-A 组织的影响，奥氏体粗大化和 M-A 组织增多，都使得韧性下降。硬度主要受到针状铁素体和碳化物的影响，针状铁素体提高和碳化物减少，将使硬度提高。

此外，金属组织晶粒尺寸的影响也是明显的，组织越粗大，韧性越差。奥氏体晶粒度对转变温度的影响如下式所示：

$$\mathrm{v}T_{\mathrm{rs}}=58\sigma_{\mathrm{b}}-13.3N-131\ (℃) \tag{4-5}$$

式中　σ_{b}——拉伸强度（MPa/9.8）；

N——奥氏体晶粒度号数（ASTM）。

4.2.5　合金元素对焊缝金属组织和韧性的影响

焊缝金属的韧性取决于两个因素：一个是外部因素，就是焊接热循环，它取决于焊接工艺；另外一个因素是内部因素，就是焊缝金属的化学成分。

（1）碳的影响　碳是钢的基本化学成分，是对钢材和焊缝金属组织和性能具有极其重要影响的元素，它的含量决定了金属组织的结晶形态。碳含量的降低，增大了焊缝金属形成平面晶和胞状晶的可能性，可以抑制包晶反应，减少硫的偏析，提高韧性。当碳的质量分数＜0.1%时，在平衡结晶状态下，就不会发生包晶反应。所以为了防止焊缝金属产生包晶反应，焊缝金属的碳含量应当低于质量分数的 0.1%。如果含有其它合金元素，碳含量还应该更低。

碳的另外一个重要作用就是提高钢的淬透性，提高金属的硬度和强度，降低塑性，也降低韧性。即使对于针状铁素体，随着碳含量的提高，韧性也降低。

（2）锰的影响　锰是钢中重要的合金元素，也是重要的淬透性元素，可以提高钢的淬透性，对焊缝金属的韧性有很大影响。当锰的质量分数＜0.05%时，焊缝金属的韧性很高，可以达到 $300\mathrm{J/cm^2}$ 以上；当锰的质量分数＞3%时，韧性又很低。实际上，在各类工业用钢中，锰含量大约为质量分数的 0.6%～1.8%。实际上锰的质量分数为 1.5%时，韧性最好。

焊缝金属的强度随着锰含量的增大而增大，与锰含量成直线关系：

$$\sigma_{\mathrm{s}}=314+108\mathrm{Mn}\%(\text{质量分数})\mathrm{MPa} \tag{4-6}$$

$$\sigma_{\mathrm{b}}=394+108\mathrm{Mn}\%(\text{质量分数})\mathrm{MPa} \tag{4-7}$$

去除应力退火之后，仍然为直线关系：

$$\sigma_{\mathrm{s}}=311+89\mathrm{Mn}\%(\text{质量分数})\mathrm{MPa} \tag{4-8}$$

$$\sigma_{\mathrm{b}}=390+98\mathrm{Mn}\%(\text{质量分数})\mathrm{MPa} \tag{4-9}$$

（3）镍的影响　众所周知，镍对钢的韧性是有利的，但必须是在低碳低硫的条件下。镍对钢的韧性的影响之一是对包晶反应的影响，铁-镍二元合金的包晶点是镍的质量分数 3.4%。包晶反应使得硫的偏析增大，而且随着硫含量的提高，镍降低韧性的作用加剧。因此，避免发生包晶反应是保证焊缝金属韧性的前提。为了不会发生包晶反应，碳、镍的含量应当限制在图 4-16 中 $ABCD$ 的左下方范围内。

镍对钢的韧性的另外一个影响是它是扩大 γ 相的元素，γ 相的韧性优于 α 相。在铁-镍二元合金中，镍含量超过质量分数的 9%就会出现 γ 相，所以，高镍的铁-镍合金（如不锈钢）和镍基合金的韧性都比较好。

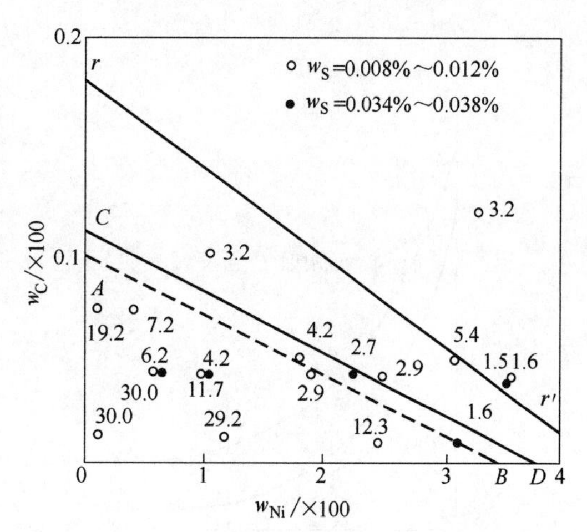

图 4-16　铁-镍-碳三元合金焊缝金属相图与 0℃夏比冲击吸收功的关系

(4) 锰和镍的综合影响　锰和镍都是扩大 γ 相区的元素，它们都可以提高淬透性，锰还能提高钢的强度。锰、镍对焊缝金属性能的综合影响的试验结果回归如图 4-17 所示。上述回归是在质量分数分别为：碳（0.11±0.02）%、硅（0.25±0.06）%、钼（0.31±0.08）%、铬（0.22±0.06）%、钒（0.03±0.01）%、铜（0.16±0.04）%、硫（0.021±0.004）%、磷（0.02±0.004）%、钛（0.03±0.01）%和硼（0.0019±0.0002）%的条件下得到的。

锰、镍合金化的焊缝金属容易得到针状铁素体（图 4-18），因此，韧性好；但是锰、镍含量太高时，可能得到马氏体，使得韧性降低。另外，这种金属还容易得到 M-A 组织。

锰、镍含量的提高，还导致锰、镍在 M-A 组织及针状铁素体等基体组织中的含量提高，使得焊缝金属脆化。锰的影响比镍大。所以，存在一个最佳锰、镍含量，如图 4-18 所示，韧性依下列顺序增大：Ⅰ→Ⅱ→Ⅲ。

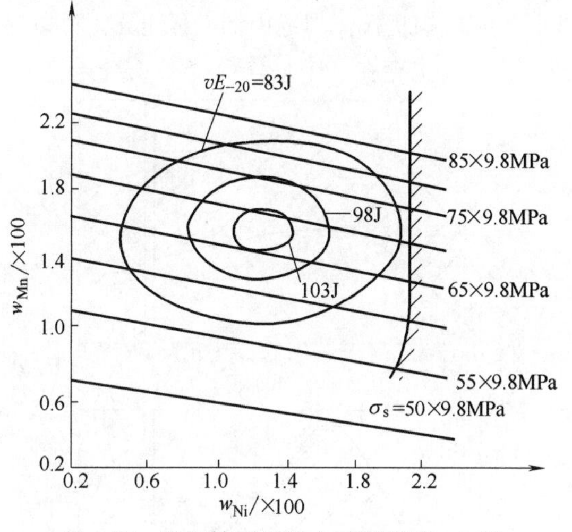

图 4-17　锰和镍对焊缝金属强度及－20℃夏比冲击吸收功影响的回归曲线

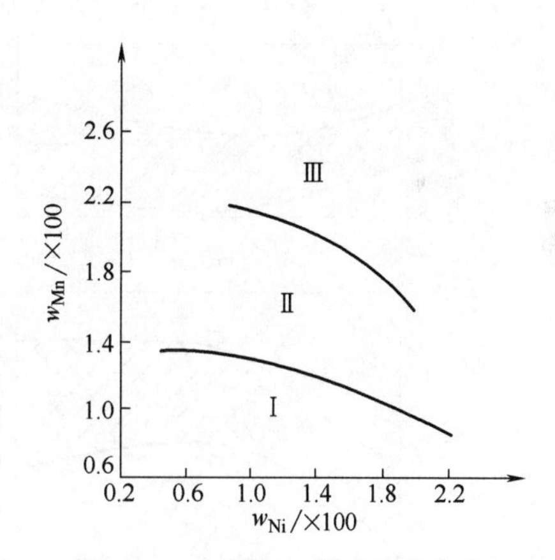

图 4-18　不同锰、镍含量的组织

Ⅰ—粗针状铁素体；Ⅱ—细针状铁素体；

Ⅲ—细针状铁素体＋贝氏体

(5) 锆的影响　锆在室温下几乎不溶解于 α 铁，它对 α 铁的硬度没有任何影响。它在金属中主要是形成碳的化合物 ZrC，ZrC 可以使得奥氏体晶粒细化，其细化作用比钛的碳化物还强，如图 4-19 所示。在质量分数为 0.04%时，其晶粒细化的作用达到最佳值，如图 4-20 所示。

锆对焊缝金属的这种影响主要是在熔池中形成了 ZrC 引起的，随着 Zr 含量的增加，ZrC 也增加，可以作为晶核的量也增加，于是就细化了晶粒。但是，当锆的质量分数含量超过 0.04%以后，由于形成的 ZrC 增加，降低了液态金属中的碳含量，降低了过冷度，提高了晶核半径反而使得晶粒变粗，韧性下降。

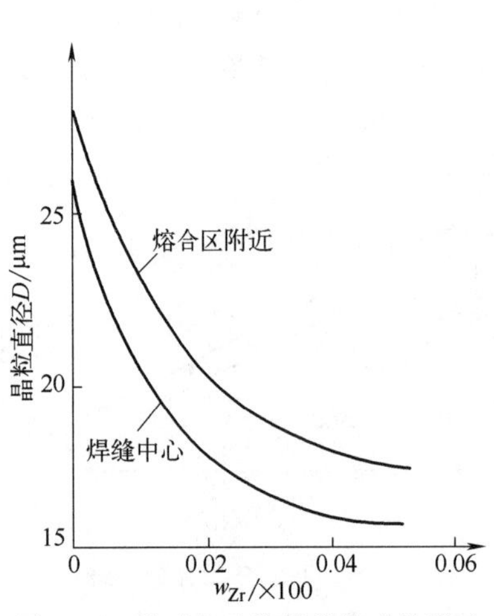

图 4-19　锆对奥氏体晶粒尺寸的影响

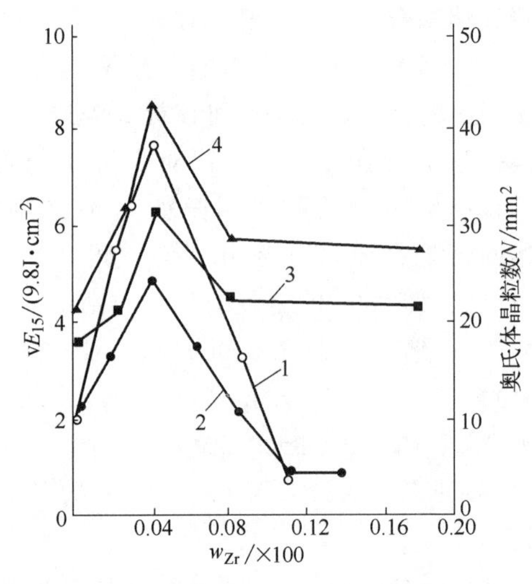

图 4-20　锆对晶粒数及 vT15 的影响质量分数（%）

1—(0.17～0.24) C-(0.27～0.34) Si-(0.41～0.48) Mn;

2—(0.28～0.31) C-(0.17～0.23) Si-(0.56～0.61) Mn;

3—合金 1 的 1200℃淬火；4—合金 11400℃淬火

应该指出，锆还容易形成魏氏组织。

(6) 稀土元素钇（Y）的影响　在焊缝金属中以不同形式加入单一或者复合的稀土元素都能够使得焊缝金属的韧性提高，特别是提高低温韧性。在铬-镍奥氏体焊缝中加入稀土元素可以提高其－196℃的韧性。稀土元素对焊缝金属韧性的改善作用，也存在一个最佳值（图 4-21），这个

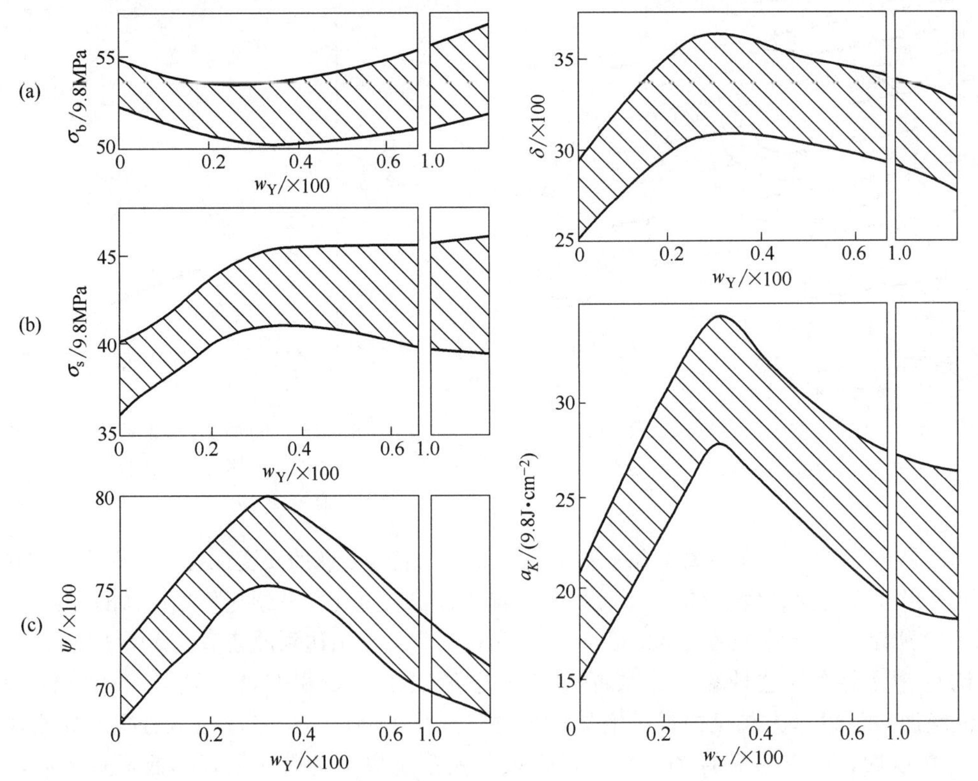

图 4-21　熔敷金属的力学性能与焊条药皮中钇含量的关系（苏联 Э50A 焊条）

最佳值为质量分数的0.3%。这时的屈服强度、伸长率、断面收缩率和冲击韧性都达到最大值，而拉伸强度为最小值。

稀土元素的有益作用，首先是对金属的净化作用。稀土元素对氧、氮、氢和硫都有很强的亲和力，可以降低焊缝金属中的杂质和非金属夹杂物含量，能够改变非金属夹杂物的数量、形态、类型、组成和性质，如减少硫化物含量等（图4-22）。

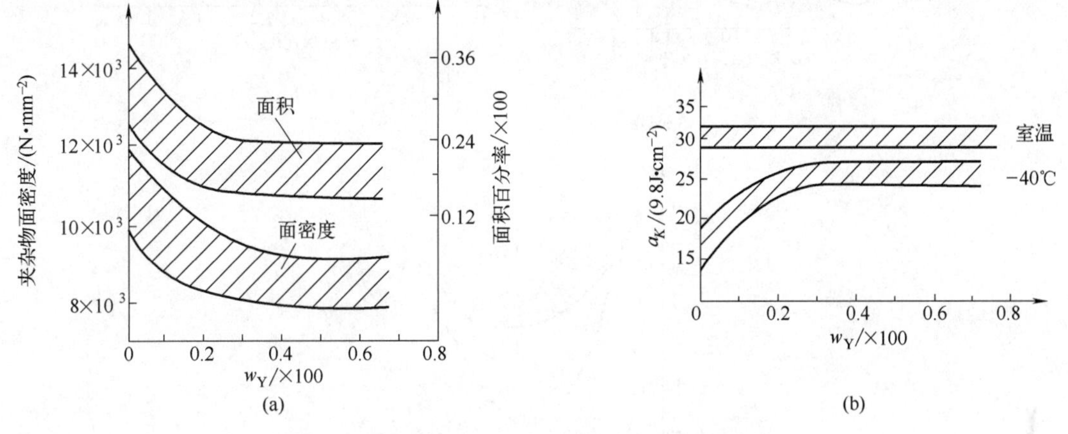

图4-22　加入稀土硅铁时焊缝中夹杂物面密度

(a)及冲击韧度；(b)随钇含量的变化（16Mn）

稀土元素的另外一个有益作用，就是对金属的表面活化作用。由于稀土元素对氧、氮和硫都有很强的亲和力，其化合物的熔点很高，能够降低固、液界面的表面张力，从而降低形核能，使得晶粒细化，合金元素分布均匀化，净化晶界。

稀土元素对焊缝金属组织也有影响。焊接一般结构钢时，珠光体可以被细化和球化；焊接奥氏体钢时，可以消除柱状晶组织，使得碳化物细化并均匀分布。

稀土元素还可以改善焊缝金属组织，减少晶界铁素体，增加针状铁素体。

焊缝中加入稀土元素，还可以保护其它合金元素不被氧化。这是因为稀土元素对氧的亲和力大，它首先氧化。

但是，稀土元素在焊缝金属中含量过高，反而增加稀土元素的氧化物夹杂，并可能形成共晶产物，污染焊缝金属，降低焊缝金属的塑性和韧性，增大产生热裂纹的可能性。

4.2.6　低碳低合金非调质钢焊缝金属的组织和韧性

4.2.6.1　硅-锰系焊缝金属的组织和韧性

（1）硅、锰含量对焊缝金属韧性的影响　图4-23为硅、锰含量（碳的质量分数0.1%～0.13%）对焊缝金属韧性的影响。可以看到，硅、锰同时加入，焊缝金属才有更好的韧性，而且存在一个最佳硅、锰含量，在硅含量为质量分数0.15%～0.25%和锰含量在1.0%左右，焊缝金属有最佳的韧性性能。

（2）硅-锰系焊缝金属的组织　硅是铁素体形成元素，焊缝金属中增加硅含量，使得晶界铁素体增加；锰是扩大γ相的元素，有推迟$\gamma\rightarrow\alpha$相变的作用。所以增加焊缝金属中的锰含量，能够减少焊缝金属中晶界铁素体的含量。另外，硅、锰含量增加，会使得焊缝金属的晶粒粗大化。当焊缝金属的硅、锰含量较低时，$\gamma\rightarrow\alpha$相变得到粗大晶界铁素体，韧性较低；当焊缝金属的硅、锰含量较高时，$\gamma\rightarrow\alpha$相变得到上贝氏体，韧性也较低。只有焊缝金属的

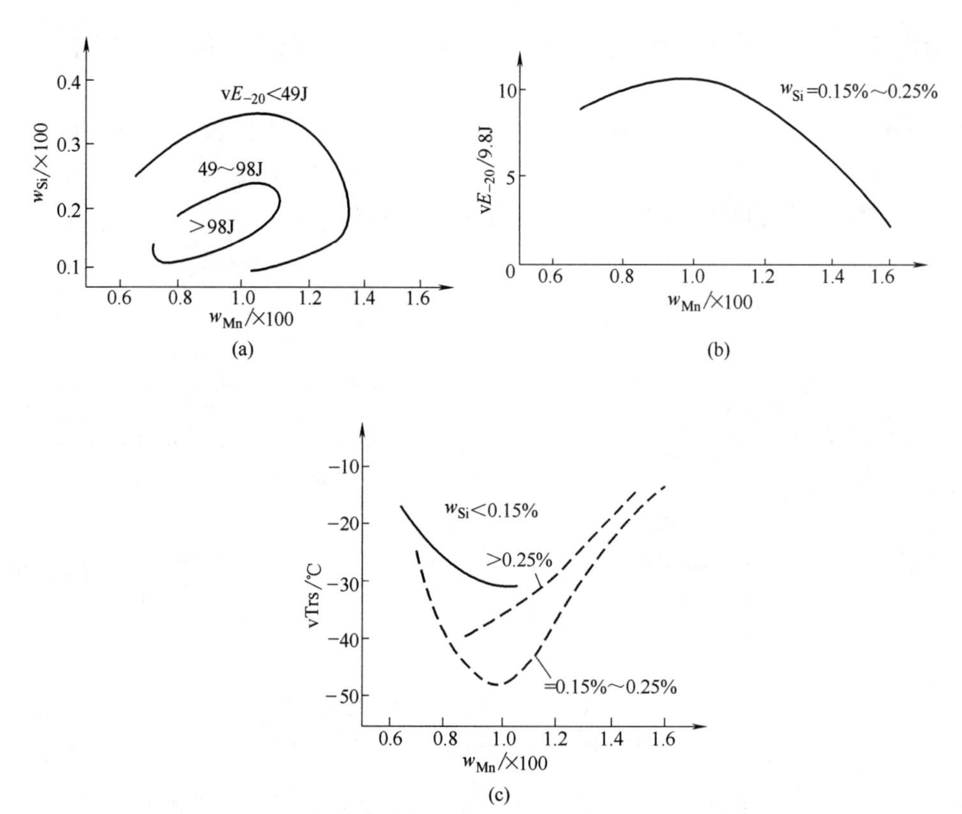

图 4-23 硅、锰含量对焊缝金属韧性的影响

（a）硅、锰复合加入的夏比冲击韧性的影响；（b）硅含量一定，锰含量对夏比冲击韧性的影响；（c）不同硅、锰含量对转变温度的影响

硅、锰含量适中时，γ→α 相变得到部分针状铁素体，韧性才较高。

图 4-24 为冷却中硅-锰系焊缝金属相变的例子，硅-锰系焊缝金属有较宽的相变温度范围，难以得到以针状铁素体为主的组织，因此，韧性难以得到较大的改善。

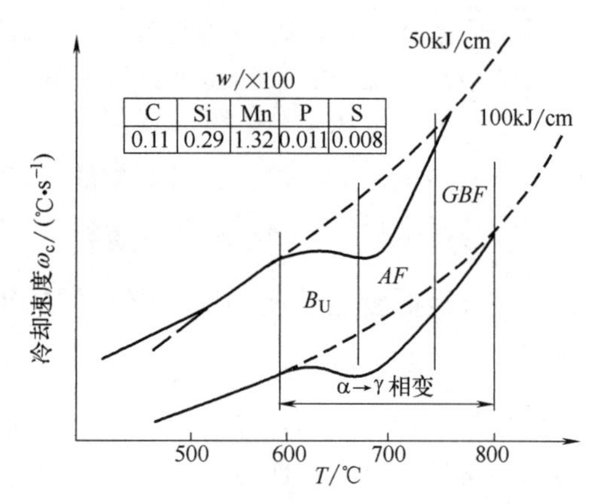

图 4-24 冷却中硅-锰系焊缝金属相变

4.2.6.2 硅-锰系焊缝金属的组织和韧性的改善

由于硅-锰系焊缝金属有较宽的相变温度范围，难以得到以针状铁素体为主的组织，因此，韧性难以得到较大的改善。为了改善硅-锰系焊缝金属的组织和韧性，应当得到以针状铁素体为主的组织，这就需要提高焊缝金属的淬透性，降低其相变温度范围，以使其相变主要在针状铁素体的相变温度范围进行。

（1）钼、钛对硅-锰系焊缝金属的组织和韧性的影响

① 钼对焊缝金属组织和韧性的影响。钼是很强的淬透性元素，钼的加入量在质量分数 0.5%以下时，随着钼含量的增加，焊缝金属相变组织以下列顺序变化：粗大的晶界铁素体→针状铁素体→上贝氏体→马氏体。韧性也会经历由低到高，再由高到低的变化。低碳低合金钢焊缝金属难以得到马氏体。在焊缝金属中钼含量较低（质量分数为 0%～0.2%）时，

得到以晶界铁素体为主的组织，韧性较低，约为 40J；将含量提高到质量分数为 0.2%～0.35%时，得到以针状铁素体为主的组织，韧性提高，达到 100J；再继续提高钼含量，达到质量分数>0.35%时，韧性降低，降低到 40J。

② 钛对焊缝金属组织和韧性的影响。钛加入熔池有细化晶粒的作用，但是，钛也是铁素体的促进剂和稳定剂，可以提高 γ→α 相变温度，容易得到晶界铁素体，降低韧性。这是由于钛对氧、氮、碳的亲和力较大，容易形成它们的化合物，起到增加相变晶核的作用，提高相变温度和降低相变温度区间。图 4-25 为钛含量对焊缝金属性能的影响。可以看到，钛能够降低焊缝金属的韧性，提高硬度及脆性转变温度。在相同钛含量的情况下，焊缝金属中锰含量提高（质量分数从 1.0%提高到 1.3%），其硬度提高，而韧性也提高。这与钛对焊缝金属的组织的影响有关，钛含量提高，容易产生晶界铁素体，因此，韧性下降；另外，又由于钛的固溶强化作用，硬度提高。

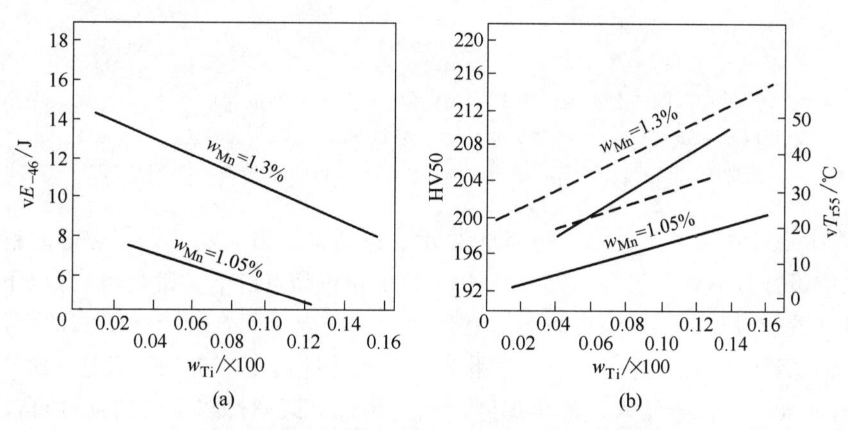

图 4-25 钛含量对焊缝金属性能的影响

(a) 钛含量与 vE-46 的关系；(b) HV50 和 vT_{r55} 之间的关系

③ 钼-钛联合加入对焊缝金属组织和韧性的影响。利用钼、钛对硅-锰系焊缝金属的组织的不同作用，相互补偿，即利用钼的降低 γ→α 相变温度和钛的 γ→α 相变温度区间的作用，而使得既降低 γ→α 相变温度，使其在针状铁素体转变温度发生 γ→α 相变，又能够缩小 γ→α 相变温度区间，使其形成以针状铁素体为主的组织，而提高韧性。图 4-26 的曲线 A 为硅-锰系焊缝金属 γ→α 相变曲线，曲线 B 为加入钼之后的焊缝金属 γ→α 相变曲线，曲线 C 为联合加入钼、钛之后的焊缝金属 γ→α 相变曲线。从图中可以看到分别单独加入和联合加入钼、钛对焊缝金属 γ→α 相变和组织改善的作用。

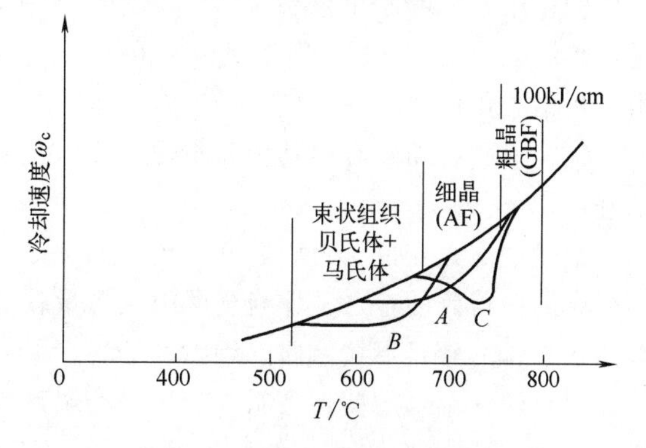

图 4-26 钼、钛对硅-锰系焊缝金属 γ→α 相变的影响

图 4-27 给出了单独加入钼和钛对焊缝金属韧性的改善作用。

(2) 适当提高淬透性以改善焊缝金属的韧性

① 碳、锰的适宜含量。碳、锰是钢的基本组成成分，也是淬透性元素。从焊缝金属的韧性考虑，以低碳高锰为佳。

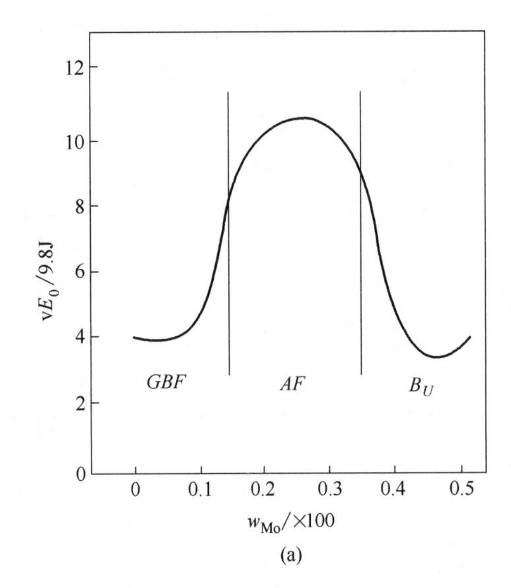

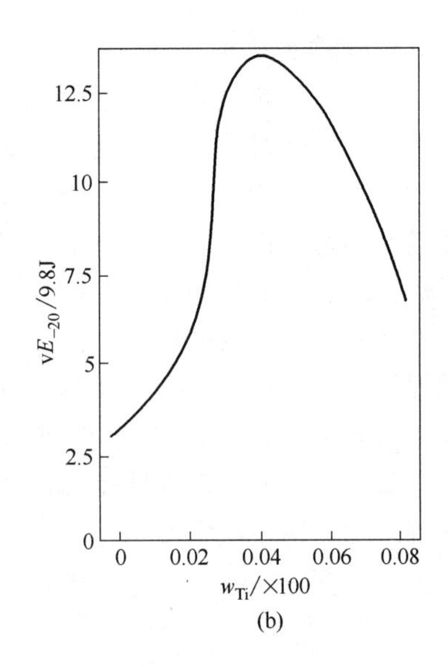

图 4-27　钼、钛对硅-锰系焊缝金属韧性的影响

(a) 钼的影响 [质量分数 (0.08%～0.1%) C-(0.33%～0.45%) Si-(1.35%～1.45%) Mn-(0.03%～0.04%) Ti];
(b) 钛的影响 [质量分数 (0.06%～0.1%) C-(0.33%～0.40%) Si-(1.3%～1.45%) Mn-(0.25%～0.35%) Mo]

② 淬透性元素的适宜含量。这些淬透性元素包括铜、铬、镍、钼、铌等。铜、铬、钼含量分别在质量分数铜<0.25%，铬≈0.20%，镍在包晶点以下，钼在0.5%以下，在这个范围内提高其含量对改善韧性是有利的。复合加入这些合金元素会产生更好的作用。用硅、锰脱氧，用铜、铬、钼合金化时，其1/2脆性断口夏比冲击吸收功 vE_s 可达146～198J。

③ 适当加入三类合金元素以改善焊缝金属的韧性　既然焊缝金属的韧性可以随着淬透性的改变而改变，那么也可以用碳当量来评估焊缝金属的韧性。实践证明，碳当量 (C_{eq}) 的质量分数在0.35%～0.40%比较合适。高于此值，焊缝金属因为硬度太高而降低韧性；低于此值，焊缝金属因为淬透性不足而降低韧性。

④ 析出硬化性元素的适宜含量

这里是指对碳、氮亲和力较大的铌和钒，它们能够形成碳、氮化合物而使得焊缝金属硬化。铌对碳、氮亲和力比钒大，当铌的质量分数从0%增大到0.01%时，vE 从100J提高到170J；再继续提高铌含量，焊缝金属的韧性反而降低。这是由于析出硬化而引起的。钒也有类似的作用，钒的质量分数从0%增大到0.04%时，vE 也提高到170J，再继续提高铌含量，焊缝金属的韧性反而降低；在钒的质量分数增大到0.1%时，vE 也降低到150J。这是由于析出硬化而引起的。

铌、钒联合加入时，其质量分数为铌0.01%、钒0.04%时 vT_{rs} 值可达－60℃，韧性最好。

上述情况是在母材为质量分数碳0.05%、硅0.2%、锰1.6%，采用烧结焊剂的硅-锰系焊缝金属中得到的，这种焊缝金属中氧含量较低。

4.2.6.3　钛-硼系焊缝金属的组织和韧性

(1) 焊缝金属的韧性　硅-锰系、锰-硼系、锰-钼系焊缝金属的 vT_{rs} 值都高于－17℃；不含硼而含钛的锰-钛系和钼-钛系焊缝金属的 vT_{rs} 值都达到－28℃以下；但是钛-硼系焊缝金属则可以达到－60℃。这说明钛、硼联合加入对焊缝金属韧性提高的良好效果。这种现象，与它们对焊缝金属组织的影响是分不开的。在不含钛的焊缝金属中，在原奥氏体晶界附近是粗大的晶界铁素体，在原奥氏体晶内是粗大的板条状铁素体；而加入钛的焊缝金属中，则是以晶内针状铁素体为主的细晶组织。钛、硼联合加入对焊缝金属韧性提高的原因在于：钛可以增加原奥氏体晶内针状铁素体组织；而硼可以降低原奥氏体晶界附近粗大的晶界铁素体。图 4-28 分别为不含、含钛的质量分数为 0.025％和 0.06％时硼对焊缝金属韧性的影响。

图 4-28 表明，不含钛时，硼不能改变焊缝金属的组织。在钛含量达到质量分数的 0.025％，硼含量达到质量分数的 15ppm 时，原奥氏体晶界附近粗大的晶界铁素体减少，晶内针状铁素体增多，这说明在焊缝金属中加入钛之后，硼有提高淬透性的作用，所以韧性最好。在焊缝金属中的钛增加到质量分数 0.06％时，随着硼含量的增加，淬透性增大，焊缝金属组织从晶界铁素体和针状铁素体的混合组织变为以贝氏体为主的组织，韧性下降。

（2）硼对淬透性的作用　硼对淬透性的作用，可以在 WM-CCT 图中显示出来。焊缝金属不含钛时，硼对 WM-CCT 图没有影响。在硼的质量分数从 9ppm 增加到 29ppm 时，贝氏体相变区大体相同，冷却时间在较大范围内（$t_{8/5}$＝7.5～75s）都形成晶界铁素体。应当指出的是，在这种情况下，虽然组织没有变化，但是，韧性却有提高，这是由于产生了氮化硼，减少了固溶氮，因此提高了韧性。

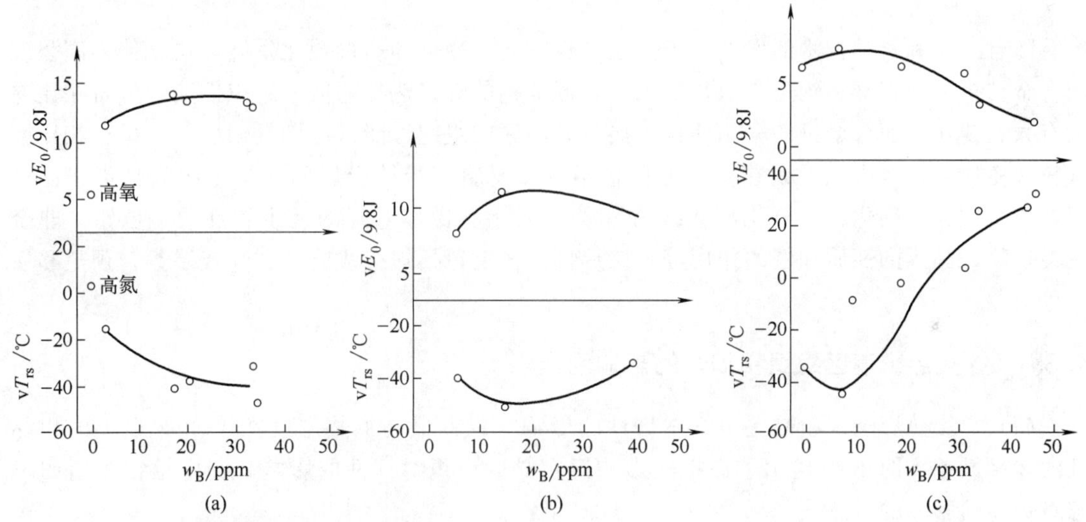

图 4-28　硼对不同合金系焊缝金属韧性的影响（线能量 84kJ，板厚 30mm，HT50～HT80）

（a）硅-锰系；（b）硅-锰-0.25 钛；（c）硅-锰-0.06 钛

焊缝金属中含有钛，硼对其 WM-CCT 图有明显影响，使得 WM-CCT 图明显右移，提高了淬透性。硼的这种提高淬透性作用，只有硼处于固溶状态才有效果。在钛存在的情况下，由于钛对氮的亲和力比硼大，容易形成 TiN，自由硼增加，才能显示出硼的提高淬透性的作用。显然，随着钛含量的提高，硼提高淬透性的作用才能提高。如果淬透性提高得太大，出现贝氏体，韧性又下降。

在钛加入焊缝金属之后，由于钛对氮的亲和力比硼大，减少了硼的氮化物，增加了自由硼，因此，淬透性增大。

上述钛的作用，与焊缝金属中氧含量有关。随着焊缝金属中氧含量的增加，钛被氧化，减少了焊缝金属中的钛含量，生成的硼化氮增多，自由硼减少，淬透性就下降。

综上所述，硼的淬透作用，与钛含量有关，也与氮含量和氧含量有关，所以减少氧和氮含量，增加钛含量，可以提高硼的淬透作用。

（3）钛的改善焊缝金属韧性的作用　前面已经提到，含钛焊缝金属原奥氏体晶内的显微组织是以针状铁素体为主，而不含钛焊缝金属原奥氏体晶内的显微组织是以晶界铁素体为主。这种差别，是由于前者含有钛的氧化物夹杂，这种钛的氧化物夹杂起到 $\gamma \rightarrow \alpha$ 相变晶核的作用，增加了相变晶核，加速了相变过程，使得相变在更高温度和更窄的温度范围内完成。在合适的硼含量使之具有合适淬透性的情况下，能够得到以针状铁素体为主的组织，从而提高了韧性。钛主要是以氧化钛的形态存在，而一氧化钛才是 $\gamma \rightarrow \alpha$ 相变的主要晶核。

（4）改善焊缝金属韧性的途径　综上所述，可以看出，改善非调质低合金钢焊缝金属韧性的途径是减少晶界铁素体，增加针状铁素体，避免上贝氏体。在焊接工艺上选取适当的冷却速度。重要的是在焊缝金属的合金化上增大其淬透性，以降低 $\gamma \rightarrow \alpha$ 相变温度；增加 $\gamma \rightarrow \alpha$ 相变晶核，以使相变温度变窄，得到以针状铁素体为主的组织。

为此，必须保证基本的化学成分，硅的质量分数在 0.2%左右，低碳高锰，及钛、硼、氧、氮合理的配合。

4.3　焊接热影响区的组织和韧性

随着工业和科学技术的发展，工业装备也在向大型化和高参数化发展，这就使得高强度低合金结构钢及特殊用钢逐步取代低碳钢，低碳钢的焊接热影响区的组织性能与母材相比并没有太大变化；而合金钢的采用使得焊接热影响区的组织性能（特别是韧性）与母材相比就有较大变化。这些影响因素在材料方面包括焊接材料和焊缝金属的显微组织和性能，晶粒度，显微颗粒（碳化物、氮化物、M-A 组织、残余奥氏体等）的大小和性质，位错，非金属夹杂物，晶界的性质和氢的作用等；在焊接工艺上包括焊接线能量和焊接层数，预热和后热等。

4.3.1　焊接热影响区组织和韧性的影响因素

（1）焊接热影响区粗晶区组织对韧性的影响　钢的最高加热温度在 1300℃以上的粗晶区的韧性最差。图 4-29 给出了焊接热影响区粗晶区组织对韧性的影响，图中给出了组织形态对韧性的影响的示意图。

（2）晶粒尺寸对韧性的影响　焊接热影响区熔合线附近的粗晶区的奥氏体晶粒直径与焊接线能量的平方根成正比，对同一种组织形态来说，其韧性与奥氏体或者铁素体直径或者断面单元有如下关系：

$$\mathrm{v}T_{\mathrm{rs}}=(10\sim25)d-1/4+K(℃) \tag{4-10}$$

式中　d——奥氏体或者铁素体直径或者断面单元；

　　K——常数。

可以看到，$\mathrm{v}T_{\mathrm{rs}}$ 值与母材的原始晶粒大小无关。晶粒尺寸对 HT80 钢焊接热影响区粗晶区韧性的影响如图 4-30 所示（ASTM 晶粒度号数在表 4-2 中给出）。

表 4-2　ASTM 晶粒度

ASTM 晶粒度号数	1	2	3	4	5	6	7	8	9
$1\mathrm{cm}^2$ 内晶粒数	1	32	64	128	256	512	1024	2048	4096

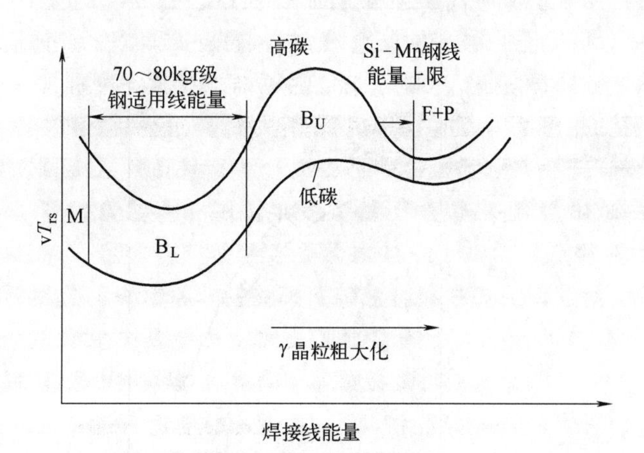

图 4-29 焊接线能量对热影响区粗晶区组织韧性的影响

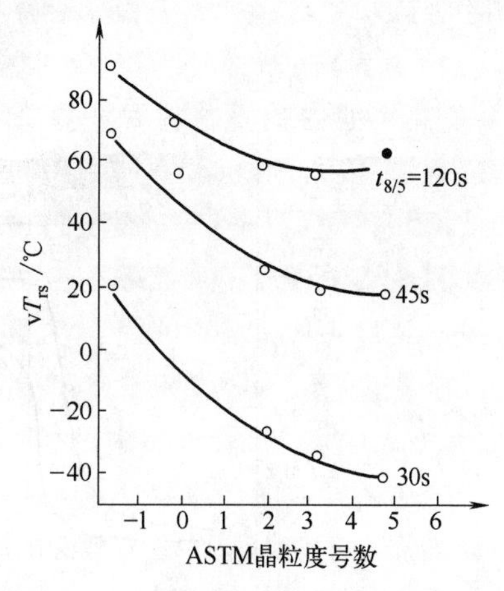

图 4-30 晶粒尺寸对 HT80 钢焊接热影响区粗晶区韧性的影响

(3) 冷却速度对韧性的影响 冷却时间对组织有明显影响，所以，对韧性就有明显影响。图 4-31 为各种高强钢部分熔化区模拟热循环冷却时间 $t_{8/5}$ 与韧性之间的关系。

(4) 焊接线能量对韧性的影响 焊接线能量能够影响焊接热循环参数，它对韧性的影响是很大的，它既影响到晶粒尺寸，又影响到冷却速度，主要是看得到什么组织。

(5) 析出物对韧性的影响 析出物对韧性的影响是很复杂的，取决于析出物自身的性质、数量、尺寸、分布，以及它们同基体的结合程度等；此外，析出物可能成为相变核心而细化奥氏体冷却分解产物，并且可能抑制 M-A 组织的形成；形成物质点可能使得扩展中的裂纹终止或者转向。

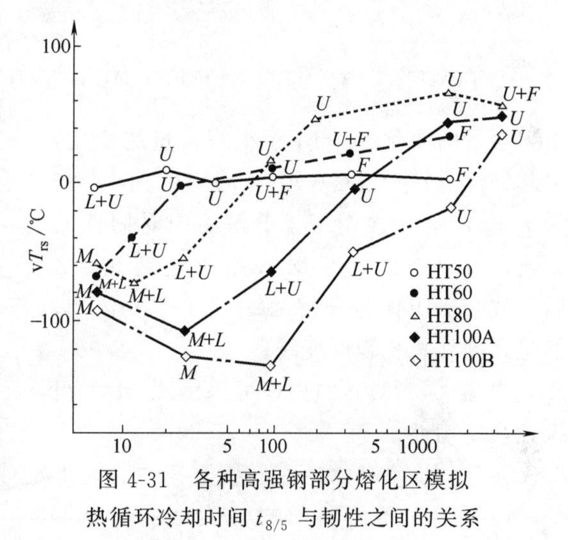

图 4-31 各种高强钢部分熔化区模拟热循环冷却时间 $t_{8/5}$ 与韧性之间的关系

4.3.2 高强钢的 M-A 组织及韧性

4.3.2.1 M-A 组织的形成结构

(1) 贝氏体化铁素体形成时未相变 γ 相中碳的浓缩 M-A 组织只有在生成上贝氏体的冷却条件下才能生成，与冷却过程中奥氏体向铁素体转变时碳的浓化有关，如图 4-32 所示。

在未相变的 γ 相中碳浓度分布是不均匀的，如图 4-33 所示。

(2) M-A 组织的形成 在未相变的 γ 相中的碳浓度分布中，会影响到马氏体相变温度的变化。γ 相中碳浓度的提高，使得马氏体相变温度 M_s、M_f 降低。M_s、M_f 可能分别降低到 200℃以下和室温以下，就会有残余奥氏体留下，于是形成 M-A 组织。

4.3.2.2 M-A 组织对韧性的影响

M-A 组织的硬度高达 700HV，是一种很脆的第二相，对韧性有很大的影响。图 4-34 为 HT80 钢 M-A 组织含量与冷却速度和韧性的关系。可以看到，冷却速度的变化，引起 M-A

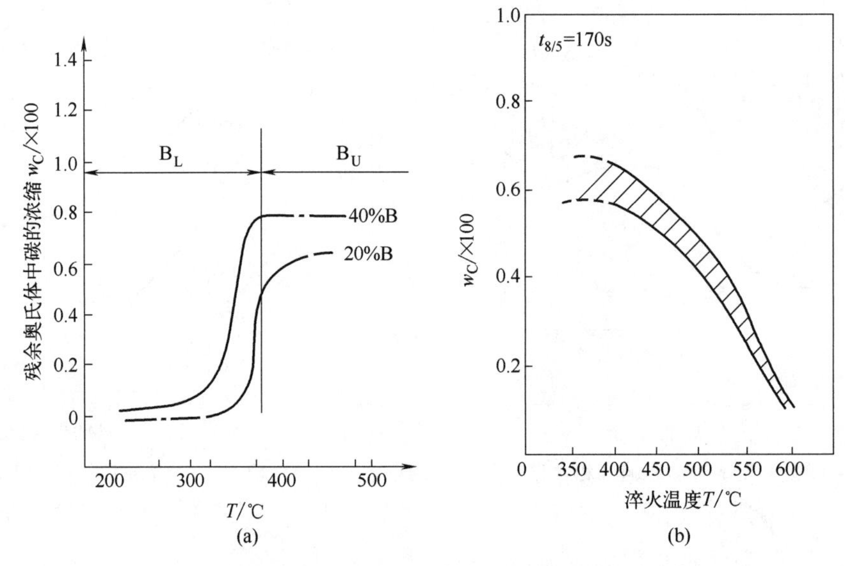

图 4-32 γ→α 相变时 γ 相中碳的浓缩

（a）恒温相变温度与未相变 γ 相中碳的浓缩；（b）HT80 钢中上贝氏体相变中未相变 γ 相中碳的浓缩

组织含量的变化，而 M-A 组织含量的变化，引起韧性（转变温度 vT_{rs}）的变化。图 4-35 为 HT80 钢 M-A 组织＋分解组织对韧性的影响，可以看到，当 M-A 组织达到 8%之后，残余奥氏体将分解为铁素体＋碳化物，但是，韧性恶化程度变缓。

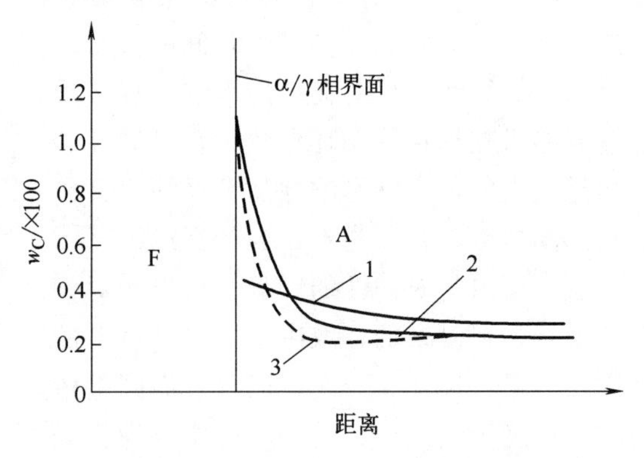

图 4-33 α/γ 相界面上碳浓度分布示意图

1—相变温度高，冷却速度低；2—相变温度中等，冷却速度中等；3—相变温度低，冷却速度高

中温（450℃）回火，可以消除 M-A 组织，恢复韧性。

4.3.2.3 影响 M-A 组织数量及韧性的因素

（1）冷却条件的影响 表 4-3 给出了 350℃以下冷却条件对断面单元、硬度韧性（即 vT_{rs}）的影响。IT（350℃＋30min＋水冷）处理，没有发现 M-A 组织；AC（350℃＋

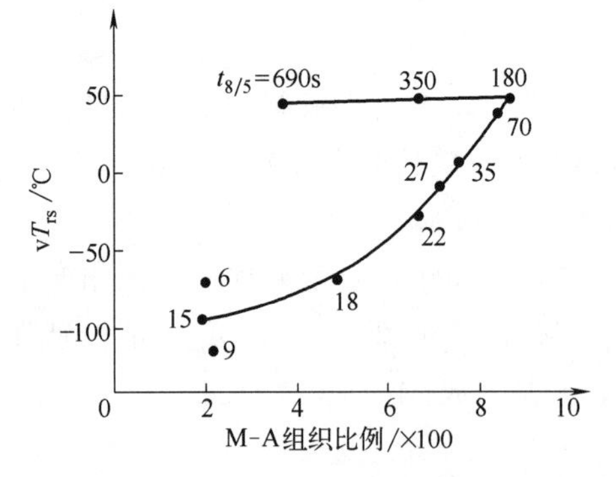

图 4-34 HT80 钢 M-A 组织含量与冷却速度和韧性的关系

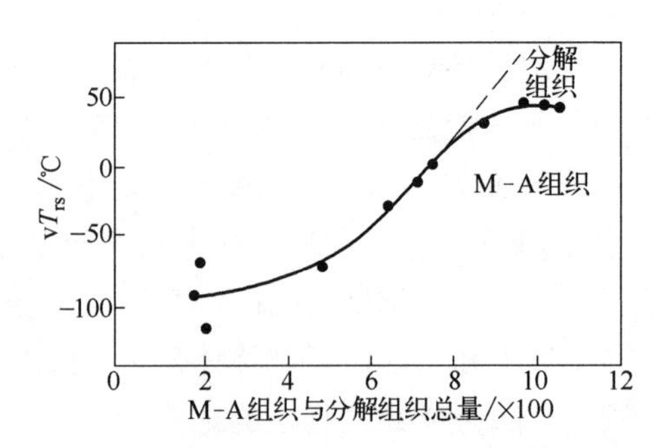

图 4-35 HT80 钢 M-A 组织＋分解组织对韧性的影响

表 4-3　350℃以下冷却条件对韧性的影响

冷却条件	vT_{rs}/℃	HV(负荷 9.8N)	断面单元
IT(350℃+30min+水冷)	32	262	22.2
AC(350℃+自然冷却)	35	255	22.6
WC(350℃+水冷)	75	268	24.2

自然冷却）处理与 WC（350℃不保温+水冷）处理的组织数量相当。三种情况的硬度（HV）及断面单元基本相同，但是 WC 处理的 vT_{rs} 比另外两种都高（韧性差）。这说明慢冷的 M-A 组织（AC 处理）和保温的分解组织（IT 处理）具有相同的脆性，而快冷的 M-A 组织（WC 处理）比慢冷的 M-A 组织（AC 处理）有更大的脆性。

（2）M-A 组织形状的影响　细长状的 M-A 组织比块状对韧性的影响更坏。

（3）合金元素的影响

① 不同钢种的影响。合金元素对韧性的影响，主要是对贝氏体开始转变温度 B_s 的影响。图 4-36 为不同钢种的模拟焊接过热区的冷却速度与 M-A 组织含量之间的关系。如前所述，这几种钢形成 M-A 组织的规律相同，都是在上贝氏体开始形成时，M-A 组织的数量急剧增加，达到最大值后又减少。合金元素含量较高（亦即强度等级较高）的钢，其 M-A 组织形成的冷却速度更低，韧性也更好。

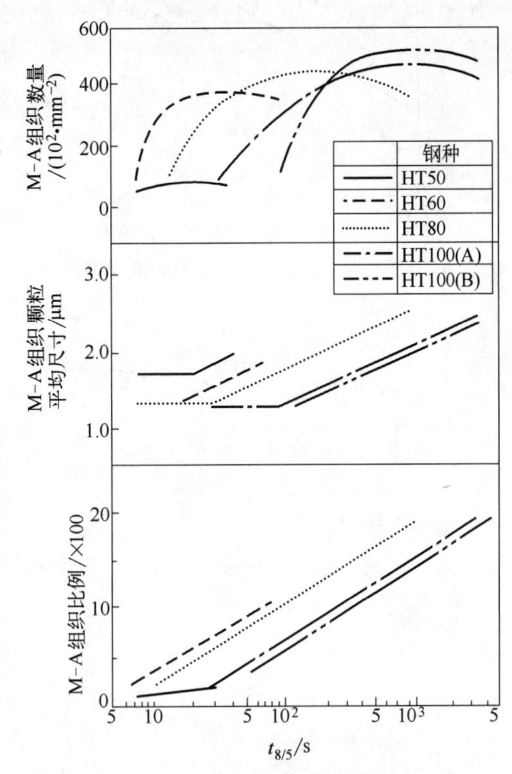

图 4-36　M-A 组织的数量、颗粒尺寸和含量与 $t_{8/5}$ 之间的关系

钢的强度越高，在相同的冷却速度之下，M-A 组织含量越少，颗粒越小，但是，单位面积（体积）内 M-A 组织的数量越多，而且开始产生 M-A 组织的冷却速度越慢。从图 4-37 可以看出 M-A 组织含量对韧性的影响，强度级别越低（合金元素越低），韧性的降低越大。

② C 含量的影响。从图 4-38 可以看出，钢中 C 含量越高，M-A 组织的脆化越严重。因为 C 含量越高，C 的浓化越剧烈。

③ N 含量的影响。N 含量对 M-A 组织的形成也有影响，降低 N 含量可以提高韧性。这是因为 M-A 组织中 N 含量较少时，可以转变为铁素体+碳化物，改善韧性。

④ Si 含量的影响。在贝氏体的相变中，Si 能延缓渗碳体的析出，从而进一步加剧没有相变的 γ 相中碳的浓化，使得产生的 M-A 组织增多，韧性下降。

（4）回火的影响　低温回火可以使得 M-A 组织的韧性得到改善，如图 4-39（a）所示，250℃+1h 回火可以改善韧性，350℃回火不能改善韧性。250℃以下回火时，是通过 M 的变化改善了韧性，这时，由于 C 的迁移，在 M 中析出六方晶的 ε 碳化物，使韧性得到改善；而在 350℃回火，这时的 M-A 组织发生分解，产生铁素体+碳化物，对韧性没有影响。

图 4-39（b）表明，450℃回火，可以大大提高韧性。这说明 M-A 组织消失，韧性改善。

（5）拘束的影响　拘束条件下，得到的 M-A 组织少，尺寸小，碳含量低，其中位错马氏体含量增多，孪晶马氏体减少，所以韧性改善。

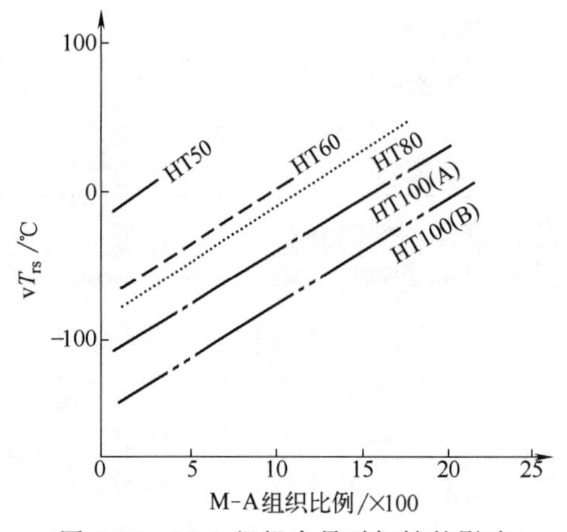

图 4-37 M-A 组织含量对韧性的影响

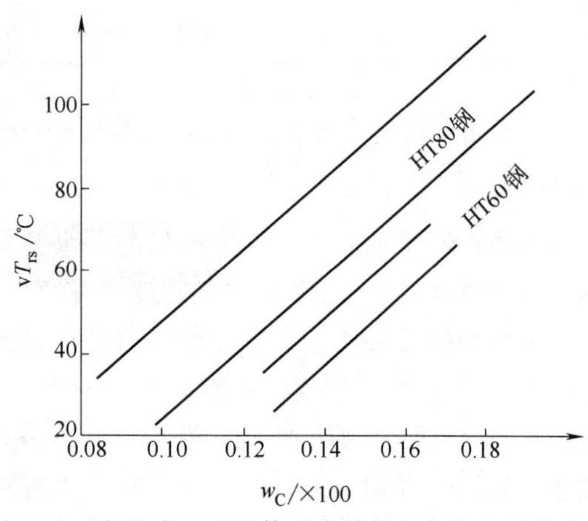

图 4-38 在形成上贝氏体时含碳量与韧性之间的关系

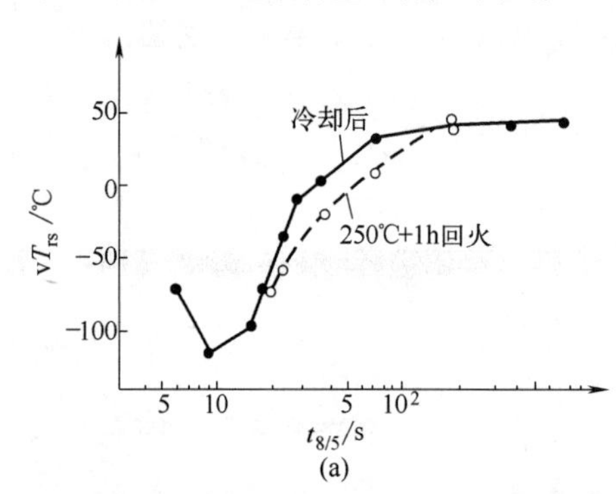

图 4-39 回火对韧性的影响

(a) 低温回火（250℃＋1h）的影响；(b) 中温回火（450℃）的影响

思 考 题

1. 金属断裂的类型有哪些？断口形貌如何？脆性断裂的特点如何？影响金属脆性断裂的因素是什么？

2. 什么是金属的韧性？如何计算金属的韧性？影响金属韧性的因素是什么？如何改善金属的韧性？

3. 低碳低合金钢各种组织的韧性如何？

4. 认识和应用焊缝金属冷却组织转变图（WM-CCT 图）。焊缝金属氧含量是怎样影响 WM-CCT 图的？

5. 焊缝金属氧含量对组织和韧性有何影响？机理如何？

6. 合金元素对焊缝金属的组织和韧性有何影响？

7. 硅-锰系焊缝金属的组织和韧性的特点如何？如何改善？为什么说硅-锰系焊缝金属韧性的改善有一定局限性？

8. 钛-硼系焊缝金属组织和韧性为什么比硅-锰系焊缝金属好？机理如何？

9. 改善低碳低合金钢焊缝金属组织和韧性都有什么途径？

10. 对焊接热影响区粗晶区组织和韧性的影响都有什么因素？

11. 解释图 4-32。

12. M-A 组织的形成、影响因素和对韧性的影响如何？

第2篇

材料组合的焊接原理

所谓组合材料的焊接，就是异种材料的焊接。这是一类化学成分不同的材料的焊接（包括两种不同母材之间的焊接和用与母材不同的填充材料的焊接）。这类材料的焊接，与基本是同类材料的焊接的不同之处是，一般不能直接进行焊接，需要采取变通措施，才能进行焊接。

① 要对其表面进行金属化，主要是指非金属材料，如碳材料（如金刚石、石墨、碳纤维、碳复合材料等），陶瓷材料（包括玻璃）等。由于它们熔点很高，难以熔化，还由于它们化学活性很强，容易发生剧烈的氧化过程（燃烧，如碳材料），不可能进行直接的焊接；另外，它们的熔点很高，不可能如同种材料那样进行熔化焊接，对其表面进行金属化，才能够在较低的温度下进行焊接。

② 采用活性金属法进行焊接。所谓活性金属法，就是采用一种含有能够与被焊材料发生反应的元素的焊接材料，使得焊接材料能够与被焊材料发生化学反应，通过这个化学反应产物，从而能够使焊接材料与被焊材料连接在一起。如 Al、Ti 等金属材料能够与碳生成碳化物或者石墨来焊接碳材料；Ti、Zr、Hf 等强氧化物形成元素能够与陶瓷材料形成置换氧化物来焊接陶瓷材料等。

③ 采用中间层。采用与被焊材料不同的一层或者多层第三种材料，以不同方法夹在被焊材料中间，使得原来不能进行焊接的一种或者两种母材能够进行焊接，使用传统的熔化焊、钎焊、扩散焊等方法来进行焊接。

由于这些焊接方法往往存在多元素共存，接头区会生成非常复杂的化合物，包括非金属化合物（如氧化物、碳化物、氮化物和复合化合物等）及十分复杂的金属间化合物（二元、三元及多元）。一方面这些化合物的形成，往往是实现焊接连接的前提；另一方面这些化合物对接头性能有非常重要的影响。由于这些化合物的形成条件（如温度、保温时间）千差万别，对焊接条件要求十分严格，必须严格控制焊接条件才能得到良好效果。

第5章 材料组合焊接概论

在材料组合的焊接接头中，包括陶瓷、碳材料以及复合材料等，特别是陶瓷、碳材料等，加工性能很差、塑性和冲击韧度很低、耐热冲击性弱。通常还需要与金属连接，如陶瓷材料与金属的原子键结构根本不同，热物理性能有较大差别，会产生较大的应力。因此，焊接性较差。

5.1 材料组合焊接的特点

5.1.1 元素之间的相互作用

所谓“材料组合”是指焊接接头具有两种以上主要元素的焊接接头，它泛指异种金属、金属与非金属、非金属自身和不同非金属之间的焊接组合。由两种以上材料组成的材料组合的焊接性肯定比同种材料要差。由于焊接接头有两种以上主要元素，这两种以上元素之间的相容性，就决定了其焊接性能。这两种或者两种以上元素的相图，就说明了其相容性。两种元素的二元相图，除少数的无限互溶二元相图之外，大部分二元相图都会出现化合物，如金属间化合物，甚至是多种金属间化合物等。不仅金属间化合物的种类很复杂，而且其数量和厚度都存在许多不确定性，这些都受到焊接材料，包括材料组合的含量、作用的程度（如焊接温度、保温时间、环境条件）的影响。另外，存在的杂质元素可能与主要元素形成化合物，如碳化物、氮化物等。这些化合物可能有利于焊接接头的形成，但是，由于这些化合物一般都具有很大的脆性，接头力学性能较差，影响其焊接性。

金属元素是构成应用材料的主体，表5-1为根据二元合金相图统计的部分金属元素间的

表5-1 部分元素间的相互作用

元素	温度/℃		形成固溶体		形成金属间化合物	形成共晶混合物	不发生作用
	熔点	同素异构转变	无限	有限			
Fe	1538	910	V、Cr、Mn、Co、Ni、Pd、Pt	Cu、Au、Al、Ti、Zr、Nb、Ta、Cr、V、Mo、Ni、Co、Mn、Pd、Pt、W	Ti、Zr、V、Nb、Ta、Cr、Mo、W、Co、Ni、Pd、Pt、Al、C、Si、Ge	C	Mg、Ag、Pb
Co	1485	417	Mn、Fe、Ni、Pd、Pt	Mg、Ti、Zr、V、Nb、Ta、Mo、Cr、W、Au、Al、Mn、Cu、Fe、C、Si、Ge	Mg、Ti、Zr、V、Nb、Ta、Mo、W、Mn、Fe、Ni、Pt、Al、Ge、Cr	Ag	Pb

续表

元素	温度/℃		形成固溶体		形成金属间化合物	形成共晶混合物	不发生作用
	熔点	同素异构转变	无限	有限			
Ni	1453	—	Mn、Fe、Co、Pd、Pt、Cu、Au	Mg、Ti、Zr、V、Nb、Ta、Cr、Mo、W、Al、Si、C、Mn、Fe	Mg、Ti、Zr、V、Nb、Ta、Cr、Mo、W、C、Mn、Fe、Co、Pt、Cu、Al、Si、Ge		Ag、Pb
Al	660	—		Ti、Zr、Nb、Mn、Cu、Ni、Mg、V、Ta、Cr、Mo、W、Fe、Co、Pd、Pt、Ag、Au、Si、Ge	Mg、Ti、Zr、V、Nb、Ta、Cr、Mo、Mn、W、Fe、Co、Ni、Pd、Pt、Cu、Ag、Au、C	Sn	Pb
Mg	650	—		Ti、Zr、Nb、Mn、Cu、Ni、Pd、Ag、Au、Al、Si、V	Cu、Ni、Pd、Pt、Ag、Au、Al、C、Si、Pb、Ge		Mo、W、Fe
Cu	1083	—	Mn、Ni、Pd、Pt	Mg、Ti、Zr、V、Nb、Cr、Fe、Co、Ag、Al、Si、Mn、Ge	Mg、Ti、Zr、Mn、Ni、Pd、Pt、Au、Al、Si、Ge		Ta、W、Mo、Pb、
Cr	1857	—	Ti、V、Mo、W、Fe	Ti、Zr、Nb、Ta、Mn、-Fe、Co、Ni、Pd、Pt、Cu、Ag、Au、Al、Si、Mo	Ti、Zr、Ta、Nb、Mn、Fe、Co、Ni、Pd、Pt、Au、Al、Si、Ge、	Th	Pb、Sn
Mo	2620	—	Ti、V、Nb、Ta、Zr、W	Ti、Zr、Mn、Fe、Co、Ni、Pd、Pt、Au、Al、C、Si、Cr	Zr、Mn、Fe、Co、Ni、Pd、Pt、Al、C、Si、Ge		Mg、Cu、Ag
W	3380	—	V、Nb、Ta、Cr	Ti、Zr、Fe、Co、Ni、Pd、Pt、C、Si	Zr、Fe、Ni、Pt、Al、Si、C	Th、	Mg、Mo、Cu、Ag、Zn、Pb
Si	1412	—	Ge	Ti、Zr、V、Nb、Ta、Cr、Mo、W、Mn、Fe、Co、Ni、Pt、Cu、Al	Mg、Ti、Zr、V、Nb、Ta、Cr、Mo、W、Mn、Fe、Co、Pt、Cu、Ni、Pd	Mg、Ag、C、Au	Zn
Mn	1245	742 1095	Fe、Co、Ni、Cu	Mg、Ti、Zr、V、Nb、Ta、Fe、Cr、Mo、Co、Pd、Pt、Ag、Au、Ni、Al、C、Si	Mg、Ti、Zr、V、Nb、Ta、Cr、Mo、W、Mn、Fe、Co、Pt、Cu、Ni、Pd、Ag、Au、C		W、Pb
V	1919	—	Ti、Nb、Mo、Ta、W、Cr、Fe	Zr、Mn、Cu、Ni、Cr、Pd、Pt、Fe、Al、Au、C、Si、Ge	Cu、Pd、Pt、Ag、Au、Al、C、Si、Ge、Pb		Ag、Hg
Nb	2468	—	Ti、V、Mo、Zr、W、Ta	Mg、Cr、Mn、Ti、Fe、Co、Ni、C、Zr、Pd、Pt、Cu、Al、Si	Ti、Zr、Ta、Nb、Mn、Fe、Co、Ni、Pd、Au、Al、C、Si		
Ti	1668	882	Zr、V、Nb、Ta、Cr、Mn	Mg、V、Nb、Ta、Co、Pd、Fe、Mn、Ni、W、Zr、Pd、Pt、Ag、Mo、C、Au、Al、Ge、Si、Pb	Mg、Zr、Mn、Ni、Pd、Pt、Au、Al、Si、Ge		

相互作用。可以看到它们之间大部分都是有限互溶，从而形成多种金属间化合物。此外，还有少量构成应用材料主体的非金属元素，如碳元素的金刚石、石墨等。

5.1.2 焊接接头界面反应的复杂性

材料组合的焊接，顾名思义，是将不同的材料焊接为一个整体，会在焊接接头，特别是在焊接界面产生十分复杂的界面反应（溶解、固溶、共晶、化合、分解、置换等）。

5.2 材料组合之间的焊接性

在材料组合的焊接接头中，一般来说，必须有金属的参与，在陶瓷和碳材料之间是不可能实现焊接连接的。下面来分析这种材料组合的焊接性。

5.2.1 材料组合焊接之间的润湿性

材料组合之间能够润湿是实现焊接的前提，但是金属材料对陶瓷能不能润湿？研究发现，钎料的润湿铺展有三个过程：首先是快速的非反应铺展过程；其次是反应过程，这个阶段钎料的润湿铺展加快，比如 AgCuTi 钎料在氧化铝陶瓷上的润湿铺展与在界面生成的钛的氧化物有关；最后阶段，仍然处在反应过程中，AgCuTi 钎料在氧化铝陶瓷上的润湿铺展由生成 Cu_3Ti_3O 化合物决定。影响润湿铺展的条件是加热温度、保温时间、反应产物、活性元素 Ti 的含量等。

5.2.1.1 钎焊温度和保温时间对润湿性的影响

以原子分数（%）Au-40Ni 在陶瓷 ZrB_2 上的润湿为例，在 980℃生成 Ni 的硼化物的情况下，润湿角及液滴半径随着时间的变化如图 5-1（a）所示，呈缓慢抛物线关系。而当温度升高到 1170℃时，Ni 的硼化物已经不能稳定存在，这时 Zr_2B 则剧烈地向 Au-40Ni 钎料中溶解，其润湿角及液滴半径随着时间的变化如图 5-1（b）所示。可以看出，保温时间的影响，也随着钎焊温度的变化而发生影响。可以认为，这实际上也是反应产物的影响。

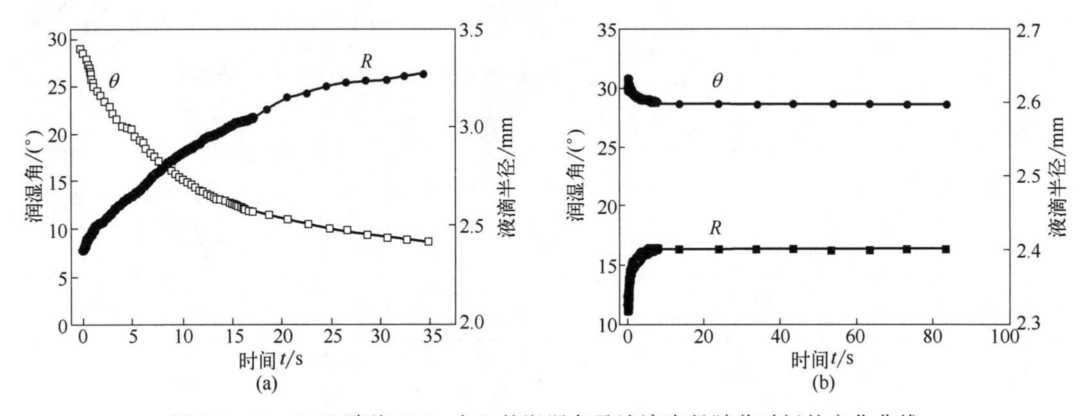

图 5-1 Au-40Ni/陶瓷 ZrB_2 在上的润湿角及液滴半径随着时间的变化曲线

（a）980℃；（b）1170℃

5.2.1.2 活性元素含量的影响

（1）活性元素含量对润湿性的影响 所谓“活性元素”就是在材料组合的焊接中，能够与被焊材料产生界面反应的元素。如在采用 AgCu-Ti/Al_2O_3 的 AgCu-Ti/Al_2O_3 润湿体系中，钎料中的 Ti 是能够与 Al 和 O 反应的元素，Ti 就是“活性元素”，这种反应使得钎料能够在 Al_2O_3 陶瓷上润湿。在 AgCu（共晶合金）中添加原子分数 3%的 Ti，其稳定的接触角就降低为 10°。而 Ti 含量较低时，界面只生成 $Ti_{1.75}O$ 时，其稳定的润湿角就升高为 60°～65°。这说明活性元素含量提高有利于改善润湿性。

（2）反应产物的影响

① 反应产物中活性元素含量的影响。NiPd-Ti合金（钎料）在单晶氧化铝表面平衡接触角与钎料中Ti的摩尔分数有关，在1300℃的条件下，这个关系在图5-2中给出。可以看出，Ti在氧化物中的摩尔分数越高，接触角越小，表明润湿性越好。

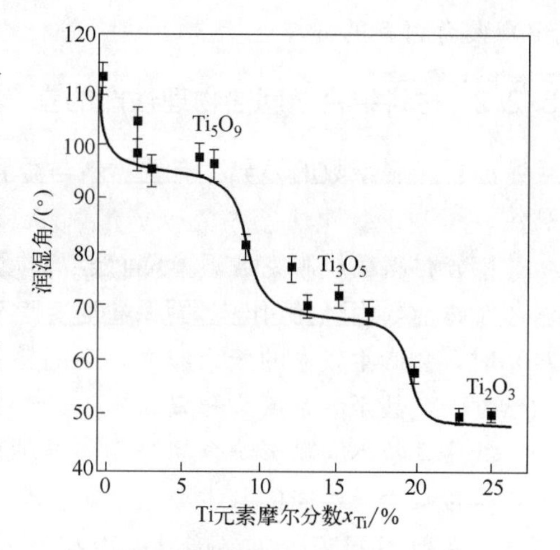

图5-2　1300℃时Ni-PdTi合金（钎料）在单晶氧化铝表面润湿角与Ti的摩尔分数的关系

② 反应产物中形成固溶体的影响。采用AgCuZn钎料在TiC-Ni陶瓷表面进行润湿性研究中发现，Zn有利于促进陶瓷中的Ni向钎料中发生溶解反应，而与钎料中的Cu形成（Cu，Ni）固溶体，使之由非润湿转变为润湿状态。

钎料在陶瓷表面的润湿铺展与钎焊温度、保温时间、钎料和陶瓷成分有关，是这些因素综合作用的结果，是一个相当复杂的过程。

图5-3给出了AgCuZn钎料对SiO_2/SiO_2复合材料进行钎焊时连接面产物及接头连接机理。在SiO_2/SiO_2复合材料侧产生两个反应层，优先生成的是靠近陶瓷的TiO＋TiSi反应层，随后在靠近AgCuZn钎料侧产生的CuTiO。这两个反应层实现了AgCuZn钎料对SiO_2/

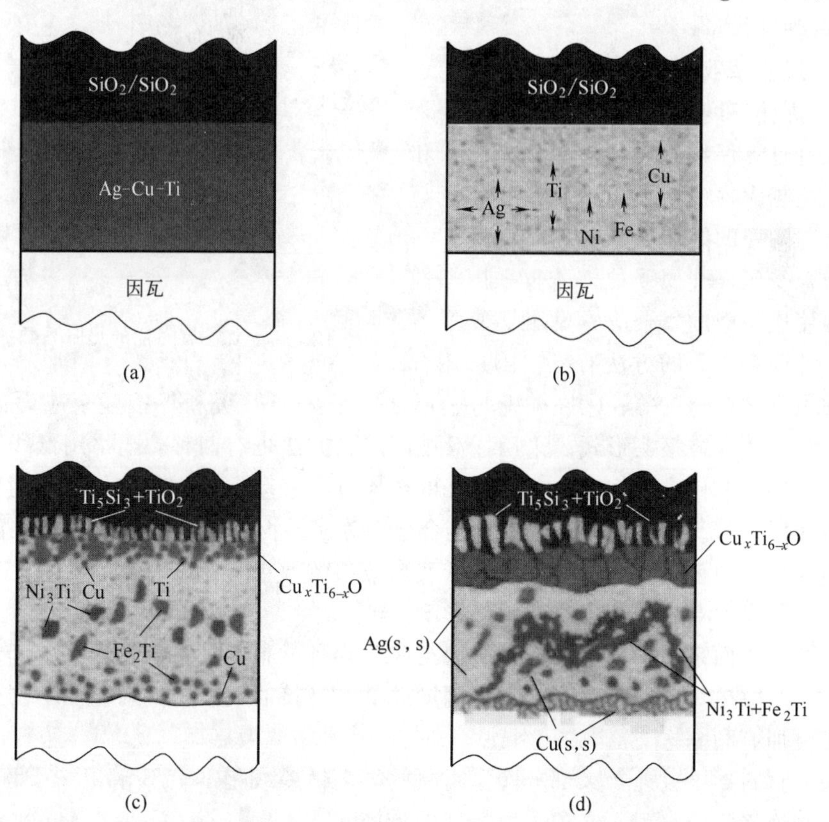

图5-3　AgCuZn钎料对SiO_2/SiO_2复合材料进行钎焊时的界面组织演变过程

（a）装配结构；（b）AgCuTi钎料熔化与Fe、Ni原子溶解；（c）反应层初始形成；（d）反应层最终形成

SiO_2 复合材料的钎焊连接。

5.2.2 材料组合之间热物理性能的差异

（1）线胀系数的差异　有些材料与金属之间的线胀系数之差大，残余应力大，容易产生裂纹。

陶瓷材料的线胀系数很小，而金属的线胀系数较大（图 5-4），通过加热来连接陶瓷材料与金属（或用金属作中间层来连接陶瓷材料）时，会产生较大的残余应力，削弱接头的力学性能，甚至导致接头开裂。

线胀系数不同是影响金属与陶瓷异种材料的焊接接头力学性能的基本要素之一。由于两者线胀系数不同，在从焊接温度冷却下来时，将会产生较大的残余应力。

在弹性范围内线胀系数不匹配时，两材料之间将产生的残余应力可用下式给出：

$$\sigma_i = -\sigma_j = [E_i E_j / (E_i + E_j)](\alpha_i - \alpha_j)\Delta T \tag{5-1}$$

式中　σ——残余压力；

E——弹性模量；

α——线胀系数；

ΔT——焊接温度与室温之差。

由上式可见，焊接温度与室温之差 ΔT 和线胀系数之差越大，残余应力也越大。陶瓷与金属焊接时，陶瓷的线胀系数较小，因此，一般来说，陶瓷受压，金属受拉。若再采用塑性中间层，则使接头中的残余应力更加复杂。

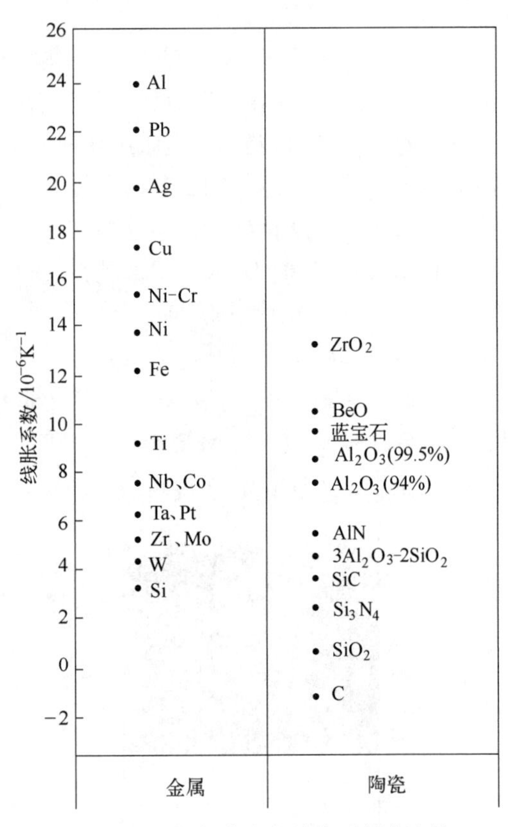

图 5-4　金属与陶瓷的热胀系数的比较

降低这种残余应力的方法有三：①选用合理的表面加工及结合角度等；②在陶瓷与金属之间插入能够缓和焊接残余应力的过渡中间层；③设计合理的焊接接头形式。采用过渡中间层的方法也有两种：①采用低线胀系数的金属作过渡中间层；②使高残余应力向韧性好的金属方面移动，使较软的过渡中间层金属发生塑性变形而降低应力。前者以 W、Mo 及其合金箔为多，但它们的线胀系数也无法与陶瓷材料一致；作为后者的金属为无氧铜，其降低残余应力的效果与厚度有关。

接头的形状尺寸对残余应力也有很大影响。

从上面两个方面来考虑，它们都是金属与陶瓷异种材料的焊接温度较高引起的。与钎焊和扩散焊相比，摩擦焊与阳极结合的加热温度较低和焊接时间较短，对金属与陶瓷异种材料的焊接可能更加有利。

（2）陶瓷材料导电性差　大部分陶瓷材料的导电性差或基本上不导电，因此，很难采用电焊的方法来连接陶瓷材料，必须采取特殊的措施。

（3）陶瓷材料的熔点高、硬度和强度高　陶瓷材料的熔点高、硬度和强度高，不易变形，陶瓷材料之间以及陶瓷材料与金属之间的扩散焊接时都比较困难。扩散焊接时要求被连接表面非常平整（要求表面粗糙度小于 0.1μm）和清洁，稳定要求高，焊接时间长。

当集中加热时（比如熔化焊时），在接头的陶瓷一侧容易产生高的残余应力，此处很容易产生裂纹。

5.2.3 陶瓷材料与金属的结合界面

由于陶瓷材料与金属之间的焊合不能通过加热、熔化、结晶的方式进行，只能通过扩散及（或）反应形成的过渡层来实现连接。这个界面反应通过以下几种途径而发生：①由于陶瓷材料一般是由烧结而成，存在一定的空隙，将会发生渗透现象；②元素的扩散和元素之间发生化学反应，这个过程对于陶瓷材料与金属接头的形成和性能有决定性的影响。因此，研究这个界面反应对于陶瓷材料的焊接有重要意义。

5.3 材料组合的焊接方法

由于材料组合焊接的复杂性，不少材料是不可能进行熔化焊接的，如陶瓷材料、碳材料、复合材料等，一般只适用固相焊接。但是，某些金属材料的组合也可以采用熔化焊。

5.3.1 材料组合焊接适用的焊接方法

见附录 3。

5.3.2 材料组合焊接的一些典型案例

5.3.2.1 熔化焊

材料组合接头适应熔化焊的情况是比较少的。

由于非金属材料（如陶瓷、玻璃、碳材料等）不能采用熔化焊，能够采用熔化焊的材料，只能是少量（不是全部）的金属材料。这些金属材料之间的焊接，除具有无限溶解的少数金属材料之外，大多为共晶型二元合金。这种共晶型二元合金多数会形成多种金属间化合物，这些金属间化合物的形成，往往受到材料之间的熔合比、焊接条件（焊接温度、保温时间等）、环境条件等因素的影响。这些金属间化合物的数量、分布、颗粒尺寸、比例、存在形态、与基体材料的结合等，都对焊接接头性能产生很复杂的影响。

（1）金属间化合物生成动力学　以 Al-Cu 金属间化合物为例，其生成条件也需要一定的加热温度和保温时间。Al-Cu 金属组合之间的焊接，在 400℃＋30min 时，就能够生成 3～4μm 厚的金属间化合物层。金属间化合物的生成也需要一个过程，存在一个孕育期，在这个孕育期就形成了牢固的焊接接头。这样，就可以将焊接加热时间限制在这个孕育期之内，避免金属间化合物的形成，从而也就避免了接头的脆化。这个孕育期也符合指数规律，可以用下式表示：

$$t_H = t_0 \exp Q^{-RT} \tag{5-2}$$

式中　t_0——晶核开始形成的时间；

Q——激活能；

R——气体常数；

T——加热温度。

形成的金属间化合物的厚度为

$$\delta^2 = Kt - t_H \tag{5-3}$$

式中 δ——形成的金属间化合物的厚度；

t——加热时间；

t_H——孕育时间；

K——常数。

对一定的二元合金，这些数据是特定的，比如，对 Al-Cu 二元合金来说，$t_H = 3.8\times 10^{-8}\exp(130/RT)$，$K = 9.1\times 10^5\exp(-100/RT)$，则其金属间化合物生成的厚度与加热温度和保温时间之间的关系如图 5-5 所示。

（2）控制金属间化合物的方法 控制焊缝金属中 Cu 的含量，从 Al-Cu 二元合金相图可知，在焊缝金属中 Cu 低于质量分数的 15%，或者高于质量分数的 70%就不会形成金属间化合物。其方法有：

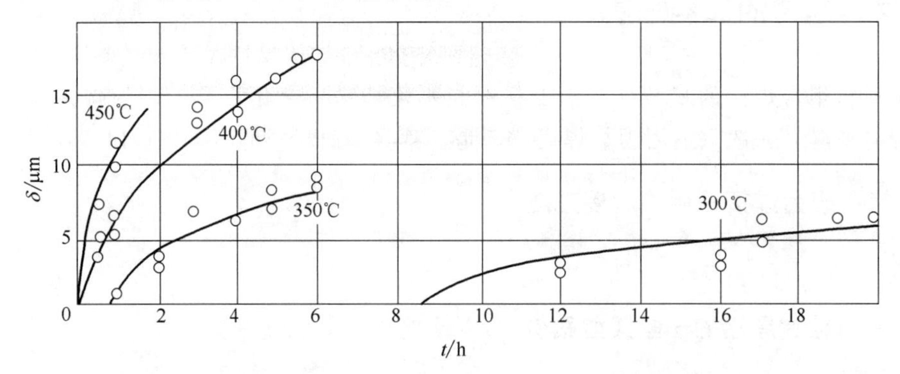

图 5-5 Al-Cu 二元合金金属间化合物生成的厚度与加热温度和保温时间之间的关系

① 采用合理的坡口形式及电弧位置，在坡口内添加其它材料，以降低焊缝金属中的 Cu 含量，防止产生 Al-Cu 金属间化合物，如图 5-6 所示。

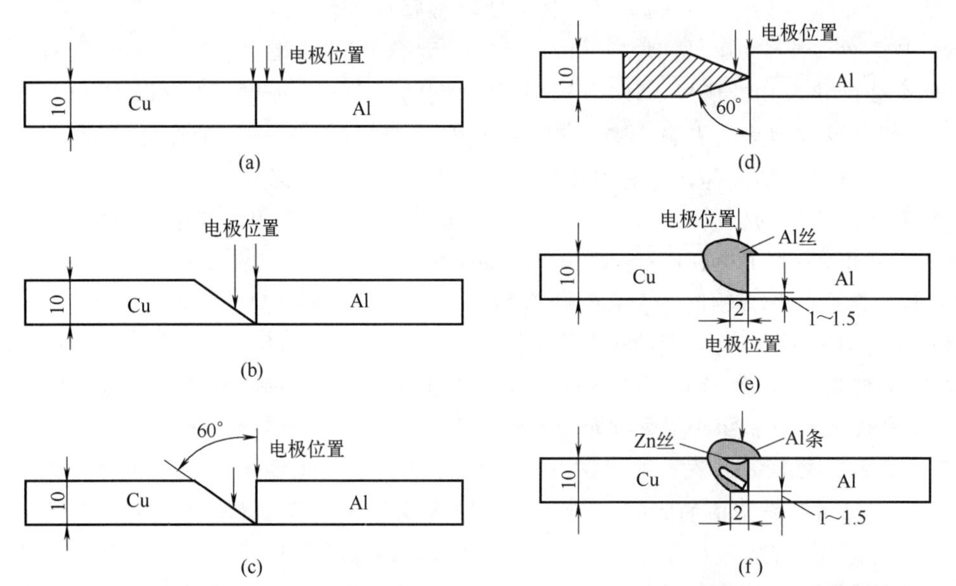

图 5-6 Al-Cu 埋弧焊时为避免产生金属间化合物的接头形式电弧位置和在坡口内添加其它材料

（a）不开坡口的对接；（b）有钝边的单面斜坡口；（c）无钝边的单面坡口；

（d）无钝边的双面斜坡口；（e）坡口内填铝丝；（f）坡口内填铝条和锌条

② 在焊缝金属中加入其它元素以降低产生金属间化合物。如在 Al-Cu 的异种金属焊缝金属中加入 Zn、Si、Ag、Sn 以降低产生金属间化合物；如对 Al-Cu 的异种金属的焊接中在 Cu 坡口表面镀 Zn 层厚度 60μm，Cu 两面都开 75°坡口，可以将焊缝金属中的 Cu 含量降低到质量分数的 12%以下。

③ 电弧位置偏离。如图 5-6 所示，电弧偏离的目的是减少 Cu 在焊缝金属中的占比。

④ 提高焊接速度。提高焊接速度可以降低形成金属间化合物温度时的停留时间，减少金属间化合物的析出。

⑤ 采用搅拌摩擦焊。采用搅拌摩擦焊，配比 Al∶Cu=15∶85 之内，焊接接头就不会产生金属间化合物，而是 Cu 的固溶体。

5.3.2.2 钎焊

钎焊是利用熔点低于被焊材料的钎料的熔化，在被焊材料形成润湿，并且与被焊材料发生冶金反应，温度降低凝固而形成牢固接头的方法。钎料的选择是能否得到牢固接头的关键。采用活性钎料，可以大大改善其焊接性能。此外，由于可能存在钎料与被焊材料之间以及被焊材料之间（如金属与陶瓷、金属与碳材料）的线胀系数之间的差异，从而产生较大的内应力。

（1）改善润湿性　材料组合的钎焊，其材料品种很多，化学成分很复杂，可能产生很多的金属间化合物。钎料能够润湿被焊材料是进行钎焊的前提，而有些被焊材料很难被钎料润湿，如碳材料、陶瓷等。因此，改善钎料对这些材料的润湿性，就是进行钎焊的前提。

① 采用活性钎料。在钎料中加入能够与被焊材料中的某种元素发生化学反应，如 Ti、Zr、Pd、Hf 等，它们的化学性质比较活泼，能够与被焊材料中的某元素发生化学反应而形成接头。但是，这样一来，接头元素更加复杂，可能形成更加复杂的化合物（包括非金属化合物和金属间化合物），以及渗透、溶解、产生共晶等的合金元素。

如碳材料（碳的复合材料，石墨，金刚石），采用能够与碳形成碳化物的钛（活性元素）就能够形成碳化钛化合物而实现焊接结合。

② 对被焊材料进行表面金属化。采用涂镀等方法对被焊材料进行表面金属化，以改善钎料对被焊材料的润湿性。

（2）降低热应力

① 采用低强度的中间层材料，以缓和钎料与被焊材料之间因线胀系数的巨大差异而导致的较大的内应力，对改善钎焊接头的性能是有利的。

② 降低材料线胀系数差。采用复合中间层，即在金属钎料（中间层）中加入陶瓷以降低金属钎料（中间层）的线胀系数，来降低材料线胀系数差，以达到减小残余应力的目的。

a. 采用 AgCuTi 钎料＋TiN 陶瓷形成复合钎料来钎焊 Si_3N_4 和 42CrMo，当添加 TiN 陶瓷的体积分数为 5%时，接头的剪切强度达到 376MPa。

b. 采用 AgCuTi 钎料＋B_4C 陶瓷形成复合钎料来钎焊 SiC 时，接头的剪切强度达到 140MPa，提高了 52%。

c. 采用梯度中间层材料。如图 5-7 所示，梯度钎料（中间层）钎焊 Al_2O_3 和 Si_3N_4 时，可以得到没有裂纹的接头。

还可以采用线胀系数居于钎料和被焊材料之间的中间层，对缓解内应力也是有效的。

③ 降低脆性反应生成物。

a. 采用 AgCuTi/Cu/AgCu 作为复合钎料钎焊 SiO_2 和 BN 时，随着钎料中 Cu 的增加，

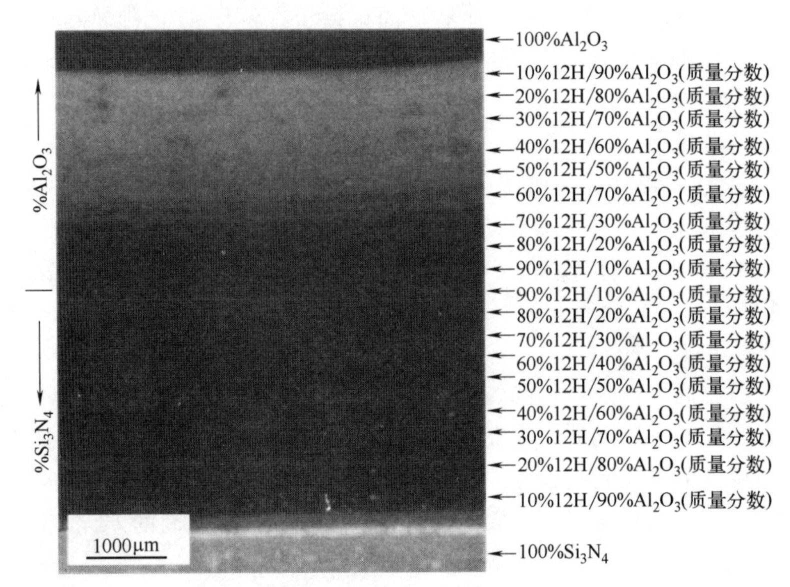

图 5-7　采用梯度中间层材料的焊接接头

接头中的 Fe_2Ti 和 Ni_3Ti 脆性金属间化合物逐渐得到抑制，接头的剪切强度比采用单一的 AgCuTi 钎料提高 207%。

b. 采用 AgCuTi 钎料钎焊 C/C 复合材料和 Ni 基高温合金时，由于接头残余应力太大，并且生成了 Ni-Ti 金属间化合物，陶瓷侧容易出现裂纹。改为采用 AgCu/Al_2O_3/AgCu 复合钎料钎焊 C/C 复合材料和 Ni 基高温合金之后，一方面 Al_2O_3 阻断了高温合金中的 Ni 向 C/C 复合材料扩散，另一方面抑制了 Ni-Ti 金属间化合物的生成，可以得到致密的钎焊接头。

5.3.2.3　扩散焊

扩散焊是在加压的条件下，加热焊件到一定温度，使得被焊材料发生相互扩散而进行的固相焊接。这种扩散焊可以直接进行，也可以在两种被焊材料之间加入中间层进行。这种中间层可以是单层，也可以是多层；中间层可以熔化，也可以不熔化，还可以发生相互反应形成低熔点相而熔化。

（1）材料组合焊接中中间层的作用

① 改善焊接性。在扩散连接过程中，很多熔化的金属在陶瓷表面不能润湿。因此，在陶瓷连接过程中，往往在陶瓷表面用物理或化学的方法涂上一层金属，称为陶瓷表面的金属化，而后再进行陶瓷与其它金属的连接。实际上就是把陶瓷与陶瓷或陶瓷与其它材料（包括金属）的连接变成了金属之间的连接，这也是常用连接陶瓷的方法。但是，这种方法有一点不足，即接头的结合强度不高，主要用于密封的焊缝。对于结构陶瓷，如果连接界面要承受较高的应力，扩散连接时必须选择一些活性金属作中间层，或让中间层材料中含有一些活性元素，以改善和促进金属在陶瓷表面的润湿过程。

② 降低内应力。金属与陶瓷之间的材料组合连接时，由于陶瓷与金属线胀系数不同，在扩散连接或使用过程中，加热和冷却必然产生热应力，容易在接头处由于残余内应力的作用而破坏。因此，常加入中间层缓和这种内应力，或者通过韧性好的中间层变形吸收这种内应力。选择连接材料时，应当使两种连接材料的线胀系数差小于 10%。

a. 降低材料线胀系数差。采用复合中间层，即在金属钎料（中间层）中加入陶瓷以降低金属钎料（中间层）的线胀系数，从而降低材料线胀系数差，以达到减小残余应力的目的。

b. 采用复合中间层材料和梯度中间层材料。

c. 优化焊接工艺参数。降低接头应力的方法之一是尽可能地减少焊接接头的温度梯度，降低加热速度和冷却速度。另一种办法是采用塑性材料或者线胀系数与陶瓷材料相接近的金属材料作为中间层，采用塑性材料是通过塑性材料的塑性变形来减少陶瓷材料附近的应力；而采用线胀系数与陶瓷材料相接近的金属材料作为中间层则是将陶瓷中的应力转移到中间层。这种中间层可以采用两层：用镍作为塑性材料；用钨作为低线胀系数材料使用。

③ 降低脆性反应生成物。

a. 采用 AgCuTi/Cu/AgCu 作为复合中间层材料焊接 SiO_2 和 BN 时，随着中间层材料中 Cu 的增加，接头中的 Fe_2Ti 和 Ni_3Ti 脆性金属间化合物逐渐得到抑制。

b. 采用 AgCuTi 复合中间层材料焊接 C/C 复合材料和 Ni 基高温合金时，由于接头残余应力太大，并且生成了 Ni-Ti 金属间化合物，陶瓷侧容易出现裂纹。改为采用 AgCu/Al_2O_3/AgCu 复合中间层材料焊接 C/C 复合材料和 Ni 基高温合金之后，一方面 Al_2O_3 阻断了高温合金中的 Ni 向 C/C 复合材料扩散，另一方面抑制了 Ni-Ti 金属间化合物的生成，可以得到致密的钎焊接头。

所以，中间层的选用对改善扩散焊接头性能有很重大的意义。

（2）选择中间层的原则

① 用活性材料或这种材料生成的能与被焊接材料进行反应的物质，改善润湿和结合情况。

② 用塑性较好的金属作中间层，以缓解接头内应力。

③ 在冷却过程中发生相变，使中间层体积膨胀或缩小，来缓和接头的内应力。

④ 用作中间层或连接的材料必须有良好的真空密封性，在很薄的情况下也不能泄漏。

⑤ 必须有较好的加工性能。

实际上很难找到完全满足上述要求的材料，有时为了满足综合性能的要求，可采用两层或更多层不同金属组合的中间层。

常用的中间层合金材料有不锈钢（1Cr18Ni9Ti）、可伐合金等，用作中间层的纯金属主要有铜、镍、钽、钴、钛、锆、钼及钨等。

（3）材料焊接中的中间层的应用

① 用活性金属作中间层的连接。这种方法的原理是活性金属在高温下与被焊材料发生化学反应，生成化合物（金属间化合物、非金属化合物），使被焊材料与反应生成物层形成可靠结合，最后形成材料间的可靠连接。

常用的活性金属主要有铝、钛、锆、铌及铪等，这些都是很强的氧化物、碳化物及氮化物形成元素，它们可以与氧化物、碳化物、氮化物反应，从而改善金属对连接界面的润湿、扩散和连接性能。活性金属与陶瓷的典型反应如下：

$$Si_3N_4 + 4Al \rightarrow 3Si + 4AlN$$

$$Si_3N_4 + 4Ti \rightarrow 3Si + 4TiN$$

$$3SiC + 4Al \rightarrow 3Si + Al_4C_3$$

$$4SiC + 3Ti \rightarrow 4Si + Ti_3C_4$$

$$3SiO_2 + 4Al \rightarrow 2Al_2O_3 + 3Si$$

$$Al_2O_3 + 4Al \rightarrow 3Al_2O$$

$$Si_3N_4 + 4Zr \rightarrow 3Si + 4ZrN$$

等等。

② 用复合中间层的扩散焊。可以用线胀系数相近的材料为中间层，或在接头结构设计、连接工艺上想办法加以解决，以保证得到满足工程要求的优质接头，其中一个有效的方法就是用复合中间层来保证接头性能。

在 Al_2O_3 与铜之间加入钼、金属陶瓷、钛及铌作中间层，由于材料线胀系数的差异，在接头处产生的内应力大小与中间层厚度有关。

（4）材料组合焊接接头的界面反应　金属与陶瓷材料组合焊接接头的界面反应是实现其牢固连接的先决条件，这种界面反应生成物种类及厚度受到接触面处各元素的性能、焊接温度、保温时间、元素的扩散的影响，又是影响接头性能的重要因素。

以 SiC 陶瓷与金属 Nb 的界面反应为例。

① 界面反应的动力学。图 5-8 给出了 SiC/Nb/SiC 陶瓷与金属在 1517℃温度下真空扩散焊时，不同保温时间下接合界面组织结构示意图，两边的反应生成物是等效的，只不过位置相反而已。可以看到，在靠近 SiC 陶瓷的界面上生成 $Nb_5Si_3C_x$ 相，而在靠近金属 Nb 的界面上则生成 Nb_2C 相。随保温时间的延长，$Nb_5Si_3C_x$ 相增厚迅速，而 Nb_2C 相增厚缓慢，这是受 C 的扩散的控制的缘故，因为 C 通过 $Nb_5Si_3C_x$ 相才能生成 Nb_2C 相。分析发现，在 $SiC/Nb_5Si_3C_x$ 和 $Nb_5Si_3C_x/Nb_2C$ 的界面上还存在着块状的 NbC。如果金属 Nb 很薄，则随保温时间的延长，金属 Nb 将消失，会产生高 Si 含量的 $NbSi_2$ 相，形成 $SiC/NbC/NbSi_2/NbC/NbSi_2/NbC/SiC$ 的层状结构。

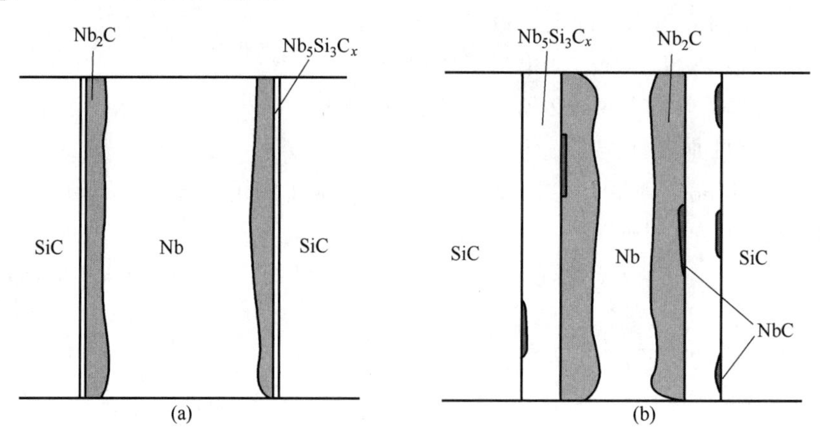

图 5-8　SiC/Nb/SiC 真空扩散焊接合界面组织结构示意图（1517℃）

（a）1.2ks；（b）36ks

当然也可以用钛代替铌进行 Al_2O_3 与 SiO_2 陶瓷和不锈钢的连接，再加镍作复合中间层，也得到类似的结果。

图 5-9 给出了反应相的生成规律，其反应生成相的厚度由下式给出：

$$X^2 = kt \tag{5-4}$$

$$k = k_0 \exp(-Q/RT) \tag{5-5}$$

式中　X——反应生成相的厚度，m；

k——反应生成相的成长速度，m^2/s；

k_0——反应生成相的成长常数，m^2/s；

Q——反应生成相的成长激活能，kJ/mol；

t——保温时间，s；

T——加热温度，℃；

R——气体常数，$R=8.314J/(K\cdot mol)$。

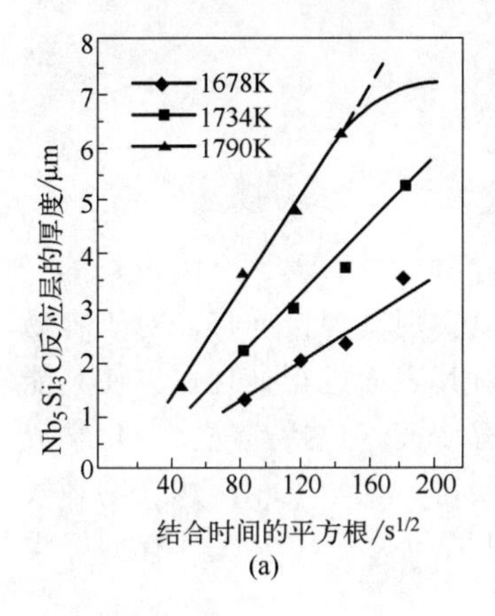

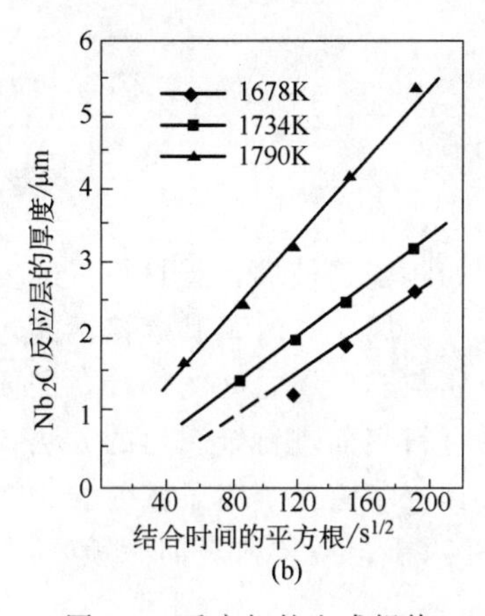

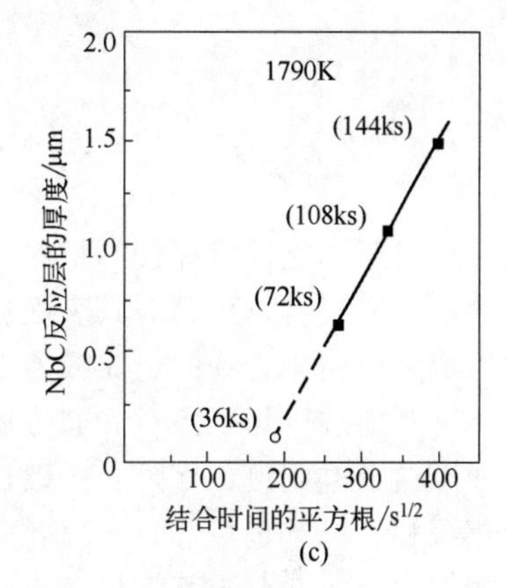

图 5-9 反应相的生成规律

(a) Nb_5Si_3C；(b) Nb_2C；(c) NbC

其结果为

$Nb_5Si_3C_X$ 相：$X^2=1.57\times10^{-5}\exp(-535\times10^3/RT)$

Nb_2C 相：$X^2=1.91\times10^{-4}\exp(-382\times10^3/RT)$

SiC/Nb 系：$X^2=1.48\times10^{-5}\exp(-359\times10^3/RT)$

因此，容易形成 $Nb_5Si_3C_x$ 相。

② 界面反应产物对接头强度的影响。界面反应产物的性能、厚度等都会对接头强度产生极其重要的影响。如当 NbC 薄层在 SiC 侧形成而尚未出现 $NbSi_2$ 相时，抗剪强度最高，可达 187MPa。

思 考 题

1. 奥氏体钢和铁素体钢的材料组合的焊接接头的碳迁移的机理以及对接头组织和性能的影响如何？

2. 认识界面反应的复杂性，如何对其进行控制？

3. 材料组合焊接为什么容易产生金属间化合物？金属间化合物对材料组合焊接质量有何影响？

4. 材料组合的固相焊接有哪些方法？

第6章 材料表面改性焊接

对于不能进行焊接的材料，如陶瓷、玻璃、碳材料（碳复合材料、石墨、金刚石）等一些非金属材料，可以对其表面进行金属化，改善其焊接性能，以实现其焊接连接；对于容易形成金属间化合物的金属或者金属与非金属之间的焊接，需要对其表面进行处理，以使其能够顺利地进行焊接。对其非金属材料表面进行金属化的方法，有涂镀（包括热喷涂、化学镀加电镀、电刷镀、熔敷、浸镀、真空蒸镀、等离子溅射、磁控溅射、化学气相沉积、物理气相沉积、机械包覆等），烧结等；对于金属材料表面涂镀一层可以与另一种金属具有良好焊接性的金属以改善其焊接性。

6.1 材料表面金属化

6.1.1 热喷涂表面金属化

热喷涂技术最先应用于装饰和简单的防护，发展到今天的制备各种功能性涂层；由工件维修发展到工件的制备；由制备单一涂层发展到表面预处理、涂层材料研究、涂层系统设计、涂层后加工及涂层失效分析等。目前，热喷涂已经成为材料表面工程的重要学科之一，也是改善材料焊接性的重要方法之一。

所谓热喷涂就是利用热源将喷涂材料加热到熔化或者塑性状态，再以一定的速度喷射沉积到预制表面形成涂层，赋予工件表面以特殊性能的方法。

6.1.1.1 涂层形成的机理

（1）喷涂过程　在喷涂过程中，被加热到熔化或者塑性状态的微粒，以很高的速度喷射撞击到处于一定状态（温度及表面加工度）的工件表面上，发生变形（图6-1），形成相互重叠的鳞片状结构（图6-2）。

将雾化加速后处于熔化或者塑性状态的微粒，以很高的速度撞击工件表面，将微粒的动能和热能转变为热能和变形能。微粒撞击工件表面时，工件会迅速吸收其热量，微粒在变形的瞬间，被冷却凝固成为扁平状，并且发生一定的冶金反应（溶解、扩散、化学反应），而与工件材料结合在一起。这个过程极短，只有 $10^{-7}\sim 10^{-5}$/s。

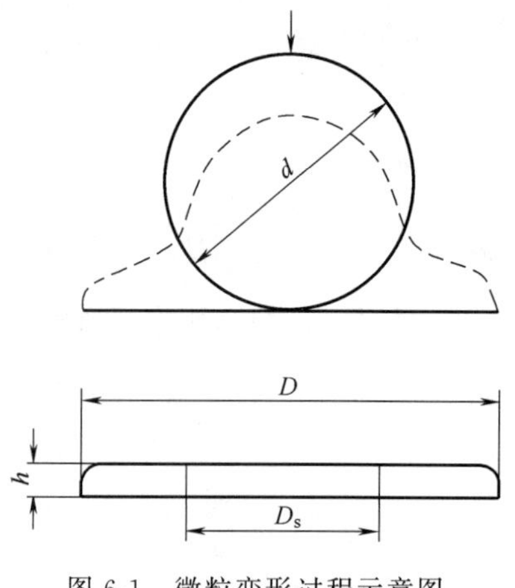

图6-1　微粒变形过程示意图

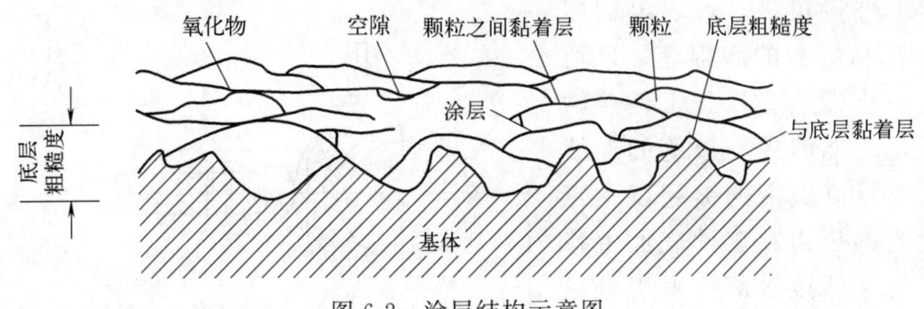

图 6-2　涂层结构示意图

在喷涂过程中，如果微粒飞行速度不高、温度较低或者喷距太长，微粒很难与基体完全黏附，或者后来的微粒难以与先前的已经凝固在基体上的微粒粘固，造成微粒之间的空隙，形成多孔涂层。这种多孔涂层对于抗磨损性能影响不大，特别是对于滑动摩擦。多孔涂层良好的储油能力，可以大大提高涂层的耐磨性，提高工件的寿命。但是，降低了工件的密封性能和耐腐蚀性能。

涂层的结合强度包括涂层与基体表面的结合强度和涂层之间的结合强度，一般来说，涂层与基体表面的结合强度比涂层之间的结合强度低。

（2）涂层的结合机理

① 机械结合。喷涂的微粒撞击基体表面产生变形、镶嵌、填补和咬合等形成喷涂的微粒与基体的机械结合。这种结合方式是涂层结合的重要方式。

② 物理结合。微粒对基体表面的结合是由范德华力和次价键组成的结合。

③ 冶金-化学结合。冶金-化学结合比机械结合和物理结合的结合强度大得多。这种结合由三部分组成：范德华力（在洁净的工件表面上，涂层粒子与基体材料表面接触或者涂层相互接触的粒子之间的原子距离接近到形成原子之间的引力）、化学键力（涂层粒子与基体材料表面接触或者涂层相互接触的粒子之间的原子距离接近到原子晶格常数的距离所形成的化学键结合力）和微扩散力（涂层粒子与基体材料表面粒子之间或者涂层粒子之间的相互扩散作用）。

（3）残余应力　涂层微粒冲击到基体材料上以及后来的涂层微粒冲击到前层的涂层上，由于涂层微粒的冷却收缩，以及相变发生的体积变化，都会形成残余应力，残余应力将随着涂层的加厚而增大，这是造成涂层裂纹和剥落的原因。所以要合理地确定涂层的厚度。

6.1.1.2　喷涂方法

热喷涂技术根据热源、喷涂材料和操作方法的不同，可以如图 6-3 那样的分类。

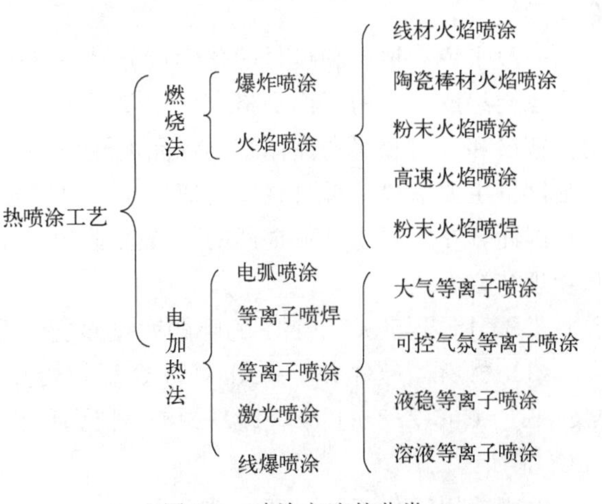

图 6-3　喷涂方法的分类

6.1.2　材料表面进行电刷镀金属化

6.1.2.1　电刷镀原理

电刷镀是以专用的直流电源为电源，通过浸有镀液的镀笔在被镀工件表面做相对运动，镀液中的金属粒子在被镀工件表面放电结晶而形成镀层。

图 6-4 为电刷镀基本原理示意图。镀

笔接正极，工件接负极。石墨电刷阳极包裹上棉花和耐磨的涤棉套，以便储存镀液，防止镀笔直接与工件接触而产生电弧，也能够提高镀笔的连续工作时间。当浸满镀液的镀笔以一定的速度和适当的压力在工件表面上移动时，镀笔与工件接触部位由于电场力的作用，镀液中的金属离子过渡到工件表面，在工件表面得到电子之后还原成为金属原子。这些金属原子在工件表面沉积结晶，就形成了镀层。

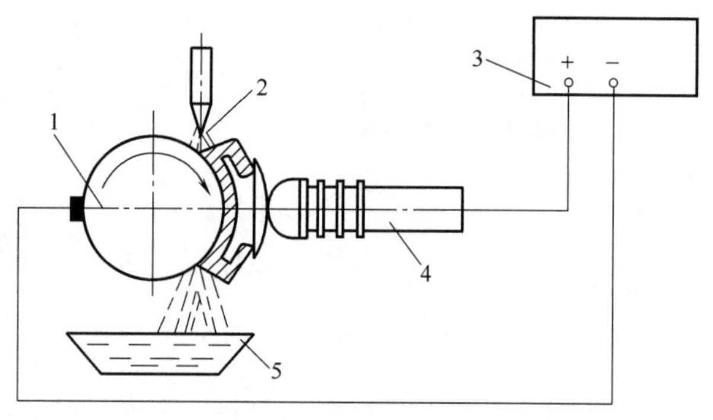

图 6-4　电刷镀基本原理示意图

1—工件；2—镀液；3—电源；4—镀笔；5—盘子

电刷镀的基本原理可以用下式表示：

$$M^{n+}+ne\rightarrow M \tag{6-1}$$

6.1.2.2　镀层的结合机理

镀层与母材金属之间的结合强度是反映它们之间结合的牢固程度的重要指标。根据镀层从母材金属表面剥离的难易程度也可以判断镀层与母材金属之间结合的牢固程度。这些都与镀层与母材金属之间的结合机理有关。镀层与母材金属之间的结合主要有三种形式：

（1）机械结合　机械结合是利用金属母材表面的不平整而形成的镶嵌作用来实现镀层与金属母材的结合的。它是通过镀液的分散能力和均镀能力把由于机械加工或者电化学刻蚀形成的痕迹和小孔填补起来，使镀层整体牢固地镶嵌在金属母材表面上。

（2）物理接触产生的结合　当作用物质之间距离极其接近时，可以在接触面上产生电子相互交换而形成物理结合。镀层金属通过电化学反应沉积在金属母材表面时，由于其两种金属的外层电子之间发生相互作用，产生范德华力，它对于物理接触产生的结合强度起到重要作用，也就是镀层与金属母材表面之间的接近程度达到了原子之间的结合。

应当指出的是，由于温度很低，镀层金属与母材金属之间的扩散极其微弱，所以，扩散对结合强度的贡献很小。

（3）电化学行为产生的结合　镀液中大量的金属离子通过电化学反应还原成金属原子，形成金属镀层，并且与母材金属牢固地结合在一起，叫作电化学行为产生的结合，它主要是金属键结合。

一般来说，镀层和母材的化学成分是不同的，在它们的界面上，镀层原子和母材金属的原子也会组成各自的不同晶格。伴随着原子中电子的得失，在它们之间会发生强烈的相互作用。镀层和母材金属的晶体结构和晶面性质决定了金属键合的强度，而镀层与母材金属的结合强度也主要取决于母材金属的镀层与金属键合的强度。

因此，在镀层与母材金属的结合强度上，占主导作用的是电化学行为产生的结合，机械和物理结合次之。

6.1.2.3　LF3 与 0Cr18Ni9 的电刷镀过渡层钎焊

（1）材料　母材 LF3（Al-Mg3 合金，熔点 625℃）与 0Cr18Ni9，钎料为质量分数 Al-Mg6-Si10-Cu6-Zn8 的铝基钎料，钎剂为质量分数 LiCl25-KCl42-$ZnCl_2$10-NaF12-$SnCl_2$5-$CdCl_2$6。

电刷镀用活化液：浓度为 36%～38%的盐酸溶液 20～30g/L+氯化钠 130～150g/L+少

量添加剂，pH 值 0.2～0.8，室温活化 30～40s；电净液为 NaOH 20～30g/L＋Na_3PO_4・$12H_2O$40～60g/L＋$Na_2CO_3$20～30g/L；特殊镍液为 $NiSO_4$・$7H_2O$ 396g/L＋$NiCl_2$・$6H_2O$ 150g/L＋浓度 36～38%的盐酸 21g/L＋羧酸 89g/L；高速铜液为 $CuNO_3$・H_2O 430g/L＋$CuSO_4$・$5H_2O$ 40g/L。

(2) 钎焊工艺　采用 STD-200-C 电刷镀设备对不锈钢待焊表面进行电净和活化处理之后进行电刷镀，流程为打磨→电净→活化→电刷镀镍、铜→清洗→钎焊。

(3) 连接机理　钎料中加入了一定量的 Mg，提高了钎料的自保护作用并降低了钎料的熔点。在加热过程中 Mg 的挥发破坏了钎料的氧化膜；挥发的 Mg 与空气中的氧和水分反应，消除了它们与 Al 的作用：

$$2Mg + O_2 \rightarrow 2MgO \tag{6-2}$$

$$Mg + H_2O \rightarrow MgO + H_2 \uparrow \tag{6-3}$$

$$3Mg + Al_2O_3 \rightarrow 3MgO + 2Al \tag{6-4}$$

上述反应也破坏了铝合金母材表面的氧化膜，能够使钎料与母材铝合金很好地结合。分析表明，在不锈钢与涂层之间没有 Fe 向 Cu 的扩散，这说明 Ni 阻断了 Fe 向钎料的扩散，从而避免了 Fe-Al 之间脆性化合物的产生，改善了接头性能。

(4) 接头组织和力学性能　接头组织致密，钎缝组织晶粒细小。从剪切试样不锈钢侧界面组织衍射图谱可以看到，基本上是铝合金的成分为 Al-Si 共晶合金、Al、Cu、Mg、Zn、Cu-Mg-Zn、$AlCu_3$ 等，没有 Ni 的存在，这说明一方面断裂是发生在钎料中或者是在钎料与 Cu 镀层的界面上；另一方面也说明 Ni 没有越过 Cu 镀层渗入到钎料中。$AlCu_3$ 的衍射峰很低，说明生成量很小，而且不连续。图 6-5 给出了钎焊温度对接头剪切强度的影响。

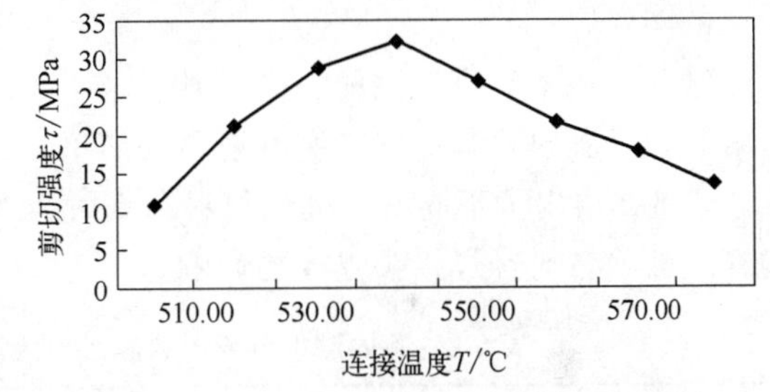

图 6-5　钎焊温度对接头剪切强度的影响

6.1.3　其它表面涂镀金属化法

(1) 感应重熔　感应重熔是利用电磁感应加热涂层使其熔化，以达到涂层与基体材料熔合提高结合强度的目的。

电磁感应加热的原理是利用电磁感应的“集肤效应”来加热涂层使其达到熔化状态，然后经过冷却结晶形成的结合强度是很高的。

(2) 蒸气附着法　蒸气附着法是在真空（4×10^{-3}Pa）条件下先将陶瓷焊件预热（300～400℃保温 10min)，再在陶瓷材料表面用金属蒸气或离子气使陶瓷材料表面金属化。可以作为蒸发材料的有如 Mo、Ti、Al 等的单层蒸发和 Ti/Mo/Cu 的多层蒸发。多层蒸发是先蒸镀钛，再蒸镀钼，在钛、钼镀层上再镀 0.2μm 厚度的镍。最后在真空炉中用厚度 0.5m 的无氧紫铜片或者 AgCu28 钎料与陶瓷进行钎焊。这种方法已经用于制造高密度陶瓷容器或陶瓷超声波发生器波导杆。陶瓷超声波发生器波导杆是在陶瓷材料表面用蒸气附着法附着铝之后用低熔点铝钎料将硬铝（杜拉铝即 A2024）钎焊上去。

蒸气附着法的优点是金属化温度低，适于各种不同陶瓷的金属化，陶瓷不会有变形及破裂的危险。表 6-1 给出了部分金属材料的蒸发温度。

(3) 溅射沉积法　溅射沉积法是将陶瓷放入真空容器中并充以一定压力的氩气，然后在电极之间加上直流电压，形成气体辉光放电，利用气体辉光放电产生的正离子轰击靶面，把

表 6-1 部分金属材料的蒸发温度

金属	熔点/℃	沸点/℃	蒸发温度(气压 1.33322×Pa)/℃	金属	熔点/℃	沸点/℃	蒸发温度(气压 1.33322×Pa)/℃
Mg	648.8	1090	443(升华)	Cu	1083.4	2567	1237
Sb	630.74	1750	678	Au	1064.43	2807	1465
Bi	271.3	1560	698	Ti	1660	3287	1546
Pb	327.5	1740	718	Ni	1453	2732	1510
In	156.61	2080	952	Pt	1772	3827	2090
Ag	961.93	2212	1094	Mo	2617	4612	2533
Ga	29.78	2403	1093	Ta	2996	5425	2820
Al	660.37	2467	1143	W	3410	5660	9309
Sn	231.97	2270	1189	Zn	420	—	896(升华)
Cr	1857	2672	1205	Cd	320.9	—	814(升华)

靶面材料溅射到陶瓷表面上形成金属薄膜，从而实现金属化。在溅射沉积前，可以先用正离子轰击陶瓷表面，以得到清洁的陶瓷表面，提高溅射金属层与陶瓷的结合强度。溅射沉积时，可以旋转工件。使陶瓷金属化面溅射不同的金属，依次沉积所需要的金属膜。沉积到陶瓷的第一层金属化材料是钼、钨、钛、钽或铬等；第二层金属化材料是铜、镍、银或金。在溅射过程中，陶瓷的沉积温度应保持在 150～200℃。

与蒸镀法相比，溅射法操作简单，涂层厚度均匀，与陶瓷结合牢固，可涂覆大面积的金属膜，还能制造合金或氧化物薄膜，能在降低的沉积温度下沉积高熔点金属层，可适合任何种类的陶瓷。

溅射沉积法有直流溅射、高频溅射、磁控溅射等；直流溅射又可以分为二级溅射、三级溅射和四级溅射，其中，二级溅射最为简单，也最为常用。

表 6-2 给出了不同溅射沉积材料和溅射金属化层厚度对钎焊接头强度的影响，表 6-3 为陶瓷表面状态对钎焊接头强度的影响。

表 6-2 不同溅射沉积材料和溅射金属化层厚度对钎焊接头强度的影响

溅射金属及其厚度/nm	抗拉强度/(N/cm^2)	气密性
Ti 129,Mo 225	10450	气密性好 $\varphi \leqslant 1\times10^{-8}Pa\cdot L/s$
Ti 129,Mo 356	12050	
Ti 129,Mo 675	10900	
Ti 129,Mo 900	10600	
Ti 251,Mo 675	10750	
Ti 129,Ta 675	11250	$\varphi \leqslant 1\times10^{-8}Pa\cdot L/s$
Ti 129,Nb 475	6790	
Ti 129,Pt 500	5190	1/3 漏气
Zr 129,Mo 675	8170	气密性好 $\varphi \leqslant 1\times10^{-8}Pa\cdot L/s$
Zr 129,Ta 675	8240	
Zr 129,Nb 475	7210	
Mo 450	810	气密性好 $\varphi \leqslant 1\times10^{-8}Pa\cdot L/s$
Mo 900	915	
Mo 135	930	
Ti 430	823	气密性好 $\varphi \leqslant 1\times10^{-8}Pa\cdot L/s$
Ta 900	980	
Zr 430	817	
Nb 475	606	
Pt 500	246	漏气

表 6-3　陶瓷表面状态对钎焊接头强度的影响

陶瓷表面抛光方法	F320 白刚玉粉	F280 金刚砂	F120 SiC 粉	自然表面
陶瓷表面粒径/μm	4.1	5.7	6.7	4.0,6.3,11.0,6.0
采用 Ag-Cu-Ti 钎料 R_m/(N/cm^2)	8930	8180	6470	8480
溅射金属化 R_m/(N/cm^2)	10460	12180	11160	10390

(4) 离子涂覆法　图 6-6 为低真空离子涂覆法装置原理图。作业时，将陶瓷放在阴极上，涂覆材料作为阳极，成为蒸发源，通以 3Pa 的氩气，加上 1～5kV 的高压。先轰击工件 5～15min，使之表面光滑清洁，然后再蒸发活性金属 Ti、Al 等进行离子涂覆，达到 250～500nm 之后，再蒸发一层 Cu 或者 Ni，达到一定厚度时，对表面进行处理后，就可以进行钎焊工序。

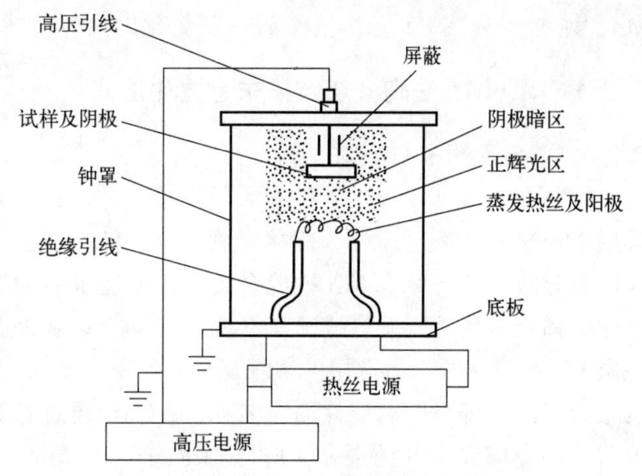

图 6-6　低真空离子涂覆法装置原理图

(5) 离子注入法　由于活性钎料中的活性元素一般是 Ti，它会使钎料变硬、变脆，另外，接头中也会出现脆性相。为克服这些缺点，可采用 MEVVA 直接将活性元素 Ti 注入陶瓷（如 Al_2O_3 陶瓷）中，使陶瓷形成可以被一般钎料润湿的表面。以高纯 Al_2O_3 陶瓷为母材，MEVVA 离子源的发射电压为 40kV，离子注入范围为 $2\times10^{16}\sim3.1\times10^{17}$ ions/cm^2 时，Ti 的注入深度可达 50～100nm。经过离子注入后的陶瓷表面显著改善了非活性钎料的润湿性，用 Ag-Cu 非活性钎料对陶瓷表面的润湿性可以达到活性钎料相同的程度。离子注入后的陶瓷表面改善非活性钎料的润湿性的原因有三个：①离子注入 Al_2O_3 陶瓷表面更金属化，导电性提高，并呈现金属光泽，减少了陶瓷与金属之间的电子不连续性；②离子注入在陶瓷表面产生缺陷，使陶瓷表面能提高，可以促进润湿；③离子注入在陶瓷表面形成了改善导电性及促进润湿的新相。

(6) 离子溅射涂覆表面金属化　离子溅射涂覆表面金属化的结合强度如表 6-4 所示。

表 6-4　对 Al_2O_3 陶瓷进行离子溅射涂覆表面金属化后与 Cu 的钎焊时不同涂覆金属的种类的接头强度

涂敷层金属	钎料及温度/℃	接头的抗拉强度/(N/cm^2)
Ti-Cu①	Ag-Cu-Ni(NiCuSi13)(795℃)	5488±686
Ti-Au	Ag-Cu-Ni(NiCuSi13)(795℃)	3430±411
Cr-Cu	Ag-Cu-Ni(NiCuSi13)(795℃)	2450±274
Cr-Au	Ag-Cu-Ni(NiCuSi13)(795℃)	2156±205
Al-Au	Ag-Cu-Ni(NiCuSi13)(795℃)	2450±343
Al-Cu	Ag-Cu-Ni(NiCuSi13)(795℃)	686±343
Al-Cu②	Pb-Sn(60Pb-40Sn)(260℃)	2744±98
Al-Au②	Pb-Sn-In(37.5P-37.5Sn-25In)(140℃)	1960±34.3

① 试件断在陶瓷。
② 试件断在钎料。

(7) 浸镀　将材料需要进行焊接的部分浸入到熔化的液态金属中，使被焊接表面镀上一层金属，以改善材料的焊接性能。

6.2 烧结粉末金属化法

陶瓷烧结粉末金属化法种类繁多，采用较多的是 Mo-Mn 法。此外，还有 Mo-Fe 法、MoO_2 法、Mo-Ti 法、W-Fe 法、WO_2-MnO_2-Fe_2O_3 法和 MoO_3-MnO_2-Cu_2O 法，以及纯 Mo、纯 W、W-Y_2O_3、溶液金属法及氧化铜法等。

6.2.1 Mo-Mn 法陶瓷烧结粉末金属化法

6.2.1.1 金属粉末的配制

这种方法就是在陶瓷材料表面预先进行金属化的方法，也是最古老的一种方法。一般是采用 Mo-Mn、W-SiO_2 作为焊接材料。Mo-Mn 法陶瓷烧结粉末金属化法是先在 Mo 粉中加入质量分数 10%～25%Mn 粉混合后，加入适量的硝棉溶液、醋酸丁酯或草酸二乙酯等，经过球磨稀释后用毛刷刷涂或喷涂在陶瓷表面上，在高温氢气流中进行烧结，以使其表面形成一层 Mo 层，表 6-5 为常用的 Mo-Mn 法陶瓷烧结粉末金属化法的配方和烧结工艺参数。然后，为了改善钎料的润湿性而电镀 Ni 或 Cu，再进行钎焊。镀镍层厚度一般为 4～6μm，镀镍后的陶瓷应在氢气炉中在 1000℃保温 15～25min 而进行金属化。采用陶瓷烧结粉末金属化法进行陶瓷表面金属化的工艺流程如图 6-7 所示。

表 6-5 常用的 Mo-Mn 法陶瓷烧结粉末金属化法的配方和烧结工艺参数

序号	配方组成/%								适用陶瓷	涂层厚度/μm	金属化温度/℃	保温时间/min
	Mo	Mn	MnO	Al_2O_3	SiO_2	CaO	MgO	Fe_2O_3				
1	80	20	—	—	—	—	—	—	75%Al_2O_3	30～40	1350	30～60
2	45	—	18.2	20.9	12.1	2.2	1.1	0.5	95%Al_2O_3	60～70	1470	60
3	65	17.5	95%Al_2O_3 粉 17.5						95%Al_2O_3	35～45	1550	60
4	59.5	—	17.9	12.9	7.9	1.8 ($CaCO_3$)	—	—	95%Al_2O_3 (Mg-Al-Si)	60～80	1510	50
5	50	—	17.5	19.5	11.5	1.5	—	—	透明刚玉	50～60	1400～1500	40
6	70	9	—	12	8	1	—	—	99%BeO	40～50	1400	30
									95%Al_2O_3		1500	60

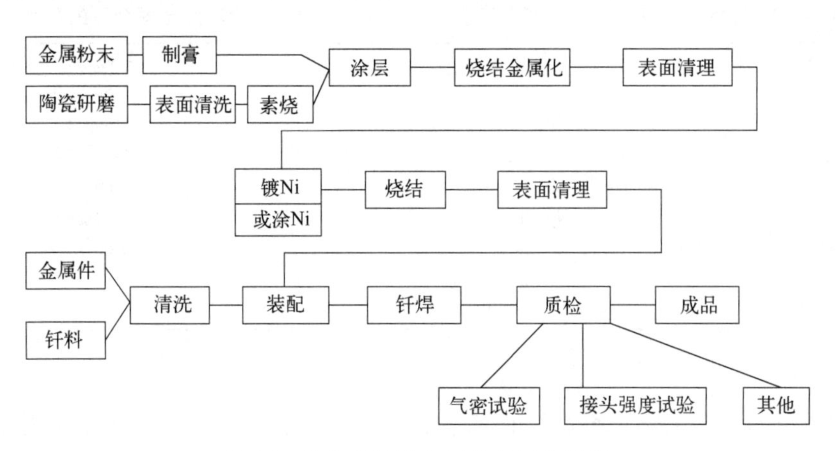

图 6-7 陶瓷表面的金属化的工艺流程

6.2.1.2 粉末配方的调整

(1) 提高 Mn 含量　提高 Mn 含量可以降低烧结温度或者缩短保温时间。如将 Mn 含量从质量分数 20%提高到 50%，可以将烧结温度降低 100℃。

(2) 加入 Ti　加入 Ti 可以降低 Mn 含量，也可以取代 Mn 而成为 Mo-Ti 法。Ti 可以 TiO 或者 TiH 的形式加入。由于 Ti 是一种活性元素，它可以提高钎焊过程的润湿性和接头强度。

(3) 以 Ni 代替部分 Mn　以 Ni 代替部分 Mn，可以降低烧结温度或者缩短保温时间。

(4) 以 Si 代替部分 Mn　可以加入 SiO_2，其配方如表 6-6 所示。

表 6-6　Mo-Mn-Si 法陶瓷烧结粉末金属化法

序号	配方组成(质量分数)/%	金属化温度/℃	保温时间/min	应用
1	Mo 78+Mn 15+SiO_2 7	1215～1370	30	99BeO
2	MoO_3 80+MnO 9+SiO_2 11	1200～1300	—	99.49BeO 99.8BeO
3	Mo 78+Mn 6.8+SiO_2 14.8	1300～1500	—	96Al_2O_3 99.1Al_2O_3

Mo 粉也可以 MoO_3 的形式加入。

金属化烧结条件也是影响金属化质量的重要因素。图 6-8 给出了表 6-6 中 2、3 号配方的金属化条件的曲线。

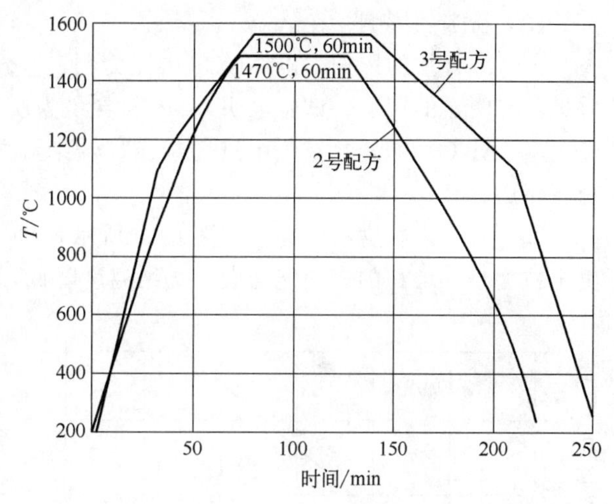

图 6-8　表 6-6 中 2、3 号配方的金属化条件的曲线

6.2.1.3 涂（镀）Ni

涂（镀）Ni 是金属化烧结之后很重要的一个工序，其主要作用是改善钎焊时的润湿性及缓解接头的残余应力。

镀 Ni 的方法很多，电镀、化学镀皆可，其中电镀比较方便。

常用的电镀液配方为 $NiSO_4 \cdot 7H_2O$ 140g/L、$Na_2SO_4 \cdot 10H_2O$ 50g/L、$MgSO_4 \cdot 7H_2O$ 30g/L、H_3BO_3 20g/L 和 NaCl 5～8g/L。镀 Ni 液的 pH 值一般为 5～6，如果偏离此值，可以加入 3%的 H_2SO_4 溶液或者 3% NaOH 溶液进行调整。阳极采用 99.9%的纯 Ni 板。电流密度 0.5A/cm^2，时间 40～50min，陶瓷零件电镀厚度为 4～6μm，金属零件电镀厚度为 10～20μm。

电镀 Ni 之后就可以进行钎焊。

6.2.1.4 影响 Mo-Mn 法金属化层质量的因素

金属化层质量直接关系到陶瓷材料钎焊接头的质量。影响金属化层质量的因素很多，除了金属化过程的条件之外，金属化粉末质量和陶瓷材料的质量也有明显的影响。

(1) 陶瓷的影响

① 陶瓷晶粒度的影响。以 Al_2O_3 陶瓷为例，其晶粒度在一定范围内，随着晶粒度的增大，烧结比较容易，钎焊接头强度提高。但是随着晶粒度的继续增大，钎焊接头强度又下降，存在一个最佳晶粒度。

② 陶瓷成分的影响。在晶粒度大体不变的情况下，陶瓷成分对接头强度也有明显的影响。图 6-9 给出了这种影响，表 6-7 为其化学成分。

表 6-7 Al_2O_3 陶瓷成分/(质量分数)%和粒度

陶瓷试验号	Al_2O_3	SiO_2	CaO	MgO	晶粒尺寸/μm
1	94	4.5	0.5	1.0	6.3
2	94	3.0	2.0	1.0	7.1
3	94	1.5	1.5	3.0	6.1

③ 金属化温度的影响。如图 6-9 所示，在一定温度范围内，金属化温度提高，接头强度也提高。

④ 陶瓷表面状态的影响。陶瓷表面状态对金属化层质量有很大的影响。表 6-8 给出了表面状态对 Al_2O_3 陶瓷接头强度的影响。

表 6-8 表面状态对 Al_2O_3 陶瓷接头强度的影响

磨料号	未研磨	100	120	280	320	W-1 抛光膏
表面粗糙度/μm	3、4、6、11	8.6	6.7	5.7	4.1	0.8
接头强度/MPa	74.12	68.4	72.52	87.12	90.16	95.46

(2) 粉末的影响

① Mo 含量的影响。以 Al_2O_3 陶瓷为例，Mo-Mn 法烧结金属化中 Mo 含量对金属化层质量具有明显的影响。试验表明，Mo 粉含量为质量分数 56%，其它含量在 44%（MnO50-$SiO_2$30- $Al_2O_3$20），在空气中进行烧结，烧结温度 1400℃，保温 45min，可以得到满意的金属化层。

② Mo 粉末粒度的影响。如图 6-10 所示，Mo 粉末粒度越小，接头强度越高。这可能是由于粒度小，堆积的表面能增大，烧结温度降低，有利于提高接头强度。

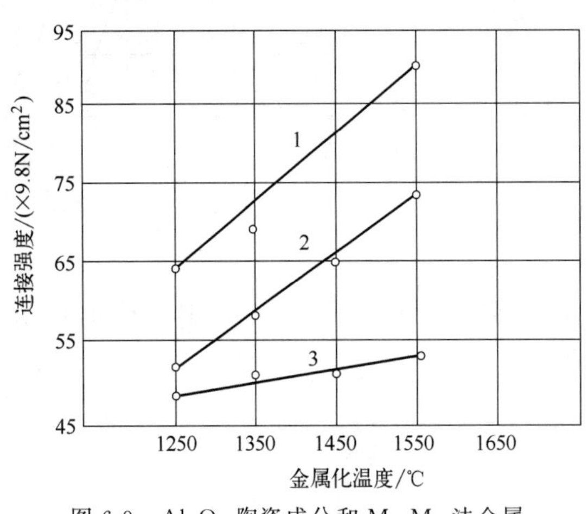

图 6-9 Al_2O_3 陶瓷成分和 Mo-Mn 法金属化温度对钎焊接头强度的影响

1～3—陶瓷试验号

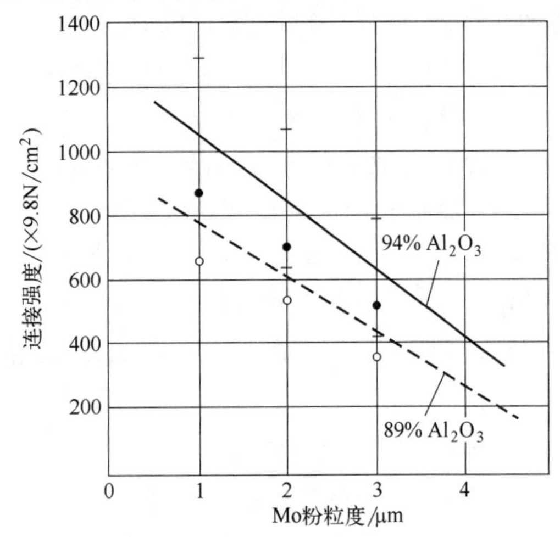

图 6-10 Mo 粉末粒度对接头强度的影响

③ 烧结前粉末涂层厚度的影响。图 6-11 给出了烧结前粉末涂层厚度对 Al_2O_3 陶瓷钎焊接头强度的影响。

(3) 金属化烧结温度的影响 图 6-12 为质量分数为 94%的 Al_2O_3 陶瓷金属化烧结温度对钎焊接头强度的影响（图中烧成温度为 Al_2O_3 陶瓷的烧成温度）。

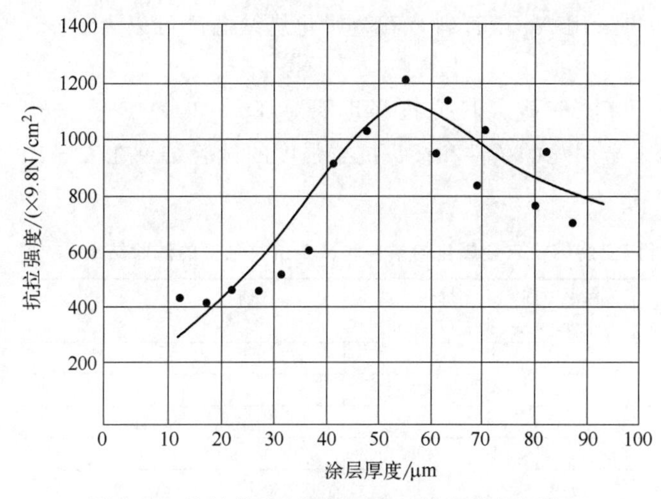

图 6-11 烧结前粉末涂层厚度对接头强度的影响

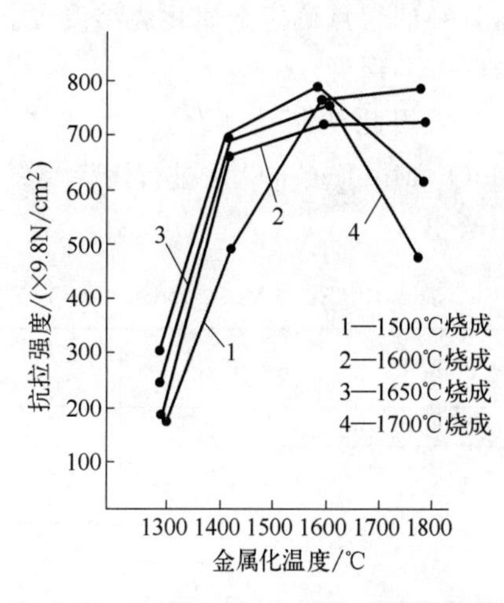

图 6-12 94%的 Al_2O_3 陶瓷金属化烧结温度对钎焊接头强度的影响

6.2.2 其它烧结粉末金属化技术

(1) Mo-Fe 法陶瓷烧结粉末金属化技术　此法可以用于滑石陶瓷、镁橄榄石陶瓷和 Al_2O_3 陶瓷等的金属化，其配方有 Mo98-Fe2、Mo96-Fe4、Mo70-Fe30 等。表 6-9 给出了 Mo-Fe 法陶瓷烧结粉末金属化技术配方及烧结工艺参数。

表 6-9 Mo-Fe 法陶瓷烧结粉末金属化技术配方及烧结工艺参数

陶瓷种类	金属化配方/%		涂层厚度/μm	金属化温度/℃	保温时间/min	气氛
	Mo	Fe				
滑石陶瓷(含 ZrO_2)	98	2	25～35	1315～1345	45	N_2 800L/h,H_2 150L/h,空气 63L/h
镁橄榄石陶瓷	98	2	15～20	1240～1250	20	N_2 : H_2=72 : 28,微量 O_2
滑石陶瓷(含 B_2O_3)	98	2	35～45	1290～1310	45	N_2 500L/h,H_2 100L/h,空气 110L/h
95% Al_2O_3 陶瓷	96～100	4～0	—	1500～1600	30	N_2+H_2,含氧 O_2 0.25%

在这个配方中还可以加入 Mn、TiO_2、MgO 等。

(2) W-Fe 法陶瓷烧结粉末金属化技术　W-Fe 法陶瓷烧结粉末金属化技术是在 Mo-Mn 法陶瓷烧结粉末金属化技术基础上发展起来的，其金属化工艺程序也与 Mo-Mn 法基本相同。W-Fe 法配方比较简单，主要是 W90-Fe10，再配以硝棉、醋酸乙酯等，混合后涂于陶瓷表面，厚度 25～50μm。

(3) WO_2-MnO_2-Fe_2O_3 法陶瓷烧结粉末金属化技术　采用配方 $WO_2$92.7-$MnO_2$6.2-$Fe_2O_3$1.1 折算为 W94g-Mn5g-Fe1g，进行陶瓷烧结粉末金属化时，可以制成膏剂，配方折算为 $WO_2$100g-$MnO_2$6.7g-$Fe_2O_3$1.2g，配以硝棉溶液 2.5mL，环烷酸 2.5mL，再加入丁基溶液（分子量 118.7，沸点 170.6℃）65mL。将此膏剂研磨成 2μm 的微粒在氢气环境中进行 900～1150℃的烧结，无须镀镍，就可以直接进行钎焊。

(4) MoO_3-MnO_2-Cu_2O 法陶瓷烧结粉末金属化技术　采用此法的材料配方为 $MoO_3$95g-$MnO_2$5g-Cu_2O0.1g，MoO_3 研磨成 4μm、MnO 为 1μm，混合后加入硝棉溶液及草酸二乙酯制成膏剂，涂在陶瓷表面，厚度 35～50μm。可以将选择的钎料直接加在这一涂层上。根据钎料的熔点确定金属化烧结温度。如果采用 Ag 基钎料，其金属化烧结温度可以为 900～1150℃，保温 1～1.5h。

采用此法钎焊 94%～99.5%的 Al_2O_3 陶瓷，其抗拉强度可达 80～100MPa。采用 MoO_3-MnO_2-Cu_2O 法进行陶瓷烧结粉末金属化的条件和接头抗拉强度的试验结果在表 6-10 中给出。

表 6-10　采用 MoO_3-MnO_2-Cu_2O 法进行陶瓷烧结粉末金属化的条件和接头抗拉强度的试验结果

陶瓷	钎料	金属化温度/℃	保温时间/min	抗拉强度/(N/mm^2)	备注
75% Al_2O_3	Ag	1000	60	9470	
95% Al_2O_3	Ag	1000	60	9230	
	Ag	1000	60	9200	用聚乙烯醇代替硝棉
		1000	30	2960	
	Ge-Cu	1000	60	8300	
95% Al_2O_3	Ag	1000	60	8510	
96% Al_2O_3	Ag	1000～1040	60	8730①	用 MnO
99% Al_2O_3	Ag	1000	60	12670	
石墨陶瓷	Ag-Cu	900	60	1270	多孔性陶瓷
95% Al_2O_3	涂 Ag-Cu 粉单独金属化	900	60	5060	金属化后，Ag-Cu 810℃ 2min 钎焊
96% Al_2O_3	涂 Ag_2O 粉单独金属化	1020～1040	40	8950①	MoO_3 80%，MnO 20%，Cu_2O 0.1%金属化后进行 Ag 钎焊
95% Al_2O_3，SiC 衰减瓷	单独金属化	1170	60	耐 750℃热冲击 3 次以上	MoO_3 85.4%，MnO_2 4.26%，Li_2CO_3 8.54%，Cu_2O 1.9%

① 抗拉件本身断裂值。

(5) 氧化铜法　将 Cu_2O94.2g-$Al_2O_3$5.8g 的粉末在空气中加热 1250℃保温 0.5h 进行烧结，冷却后粉碎，然后喷涂到陶瓷表面上，再与金属化涂层一样，加热到涂层熔点以上的温度在氧化性气氛中进行烧结，冷却凝固后，在还原性气氛中加热到 1000℃，便在陶瓷表面形成一层铜的金属化层，可以直接进行钎焊。

(6) 硫化铜法　将硫化铜+高岭土制成膏剂，涂在陶瓷表面，在空气中加热到 1200～1300℃。在加热过程中还可以在涂层上添加 Ag_2CO_3，使表面银化，其钎焊接头强度可达 48MPa。

(7) 纯 Mo、W 法　纯 Mo、W 粉末烧结法是一种采用纯金属 Mo 粉、W 粉对陶瓷进行金属化的方法。

以 Mo 为例，将纯金属 Mo 粉加入硝棉溶液和醋酸乙酯混合后涂在 Al_2O_3 陶瓷表面，在露点 40℃的氮气+氢气氛围下，加热到 1450～1500℃，保温 1h，就可以得到牢固的金属化层。镀镍后，采用 Ag-Cu 共晶钎料，在氢气中加热 790℃，保温 5min，可以得到强度达到 47MPa 的接头。

(8) MoO_3 法　MoO_3 法工艺比较简单。钎焊 Al_2O_3 陶瓷时，将 MoO_3 用黏结剂调和后涂在陶瓷表面，在氢气中加热到 1750℃、保温 5min 的烧结，可以获得多孔的 Mo 金属层，镀镍后，即可进行钎焊。

采用 MoO_3 法进行陶瓷表面金属化比用纯 Mo 的效果好。

(9) WO_3 法　此法与 MoO_3 法相似，在氢气中进行 1850℃、保温更长时间的烧结，其效果也比采用纯 W 的效果好。

6.2.3 烧结金属化层的缺陷

金属化层缺陷的特征、原因和解决措施如表 6-11 所示。

表 6-11 金属化层缺陷的特征、原因和解决措施

缺陷	特征	原因	解决措施
金属化层出现裂纹	龟形裂纹	粉末膏的黏结剂太多，搅拌不均匀，涂覆层不均匀，干燥过程中黏结剂分解、挥发收缩不匀所致	调整黏结剂含量，搅拌均匀；涂覆厚度要均匀；烧结加热要缓慢
金属化层起泡	发生局部凸起，表面不平滑，影响镀镍	陶瓷表面有杂质，烧结过程中发生氧化而起泡；涂层质量不合格或者配方不当，而造成烧结时有化学反应而起泡	提高涂层质量和调整配方；涂层中要限制 Mn 含量，因为过多的 Mn 可以使陶瓷表面与金属化层发生反应而发生气泡
金属化层掉粉	烧结之后用陶瓷片刮擦发生掉粉或者金属化层部分脱落	金属化烧结温度低，气氛氧化性小，金属化粉末配方不合理或者材料性能和成分不合格	适当提高烧结温度，调节气氛氧化性，调整配方，采用优质材料
金属化层表面氧化	表面呈现氧化色（棕红色或者蓝紫色）	金属化后，在高温下发生的氧化	金属化后，降低出炉温度，同时用氢气保护，或者出炉后将零件立即浸入酒精中
金属化层起皮	金属化层局部鼓起，甚至脱离陶瓷表面	涂层的黏结剂太多，太黏，与陶瓷表面润湿性不好；涂覆层太厚；涂覆不均匀；或者烧结时升温太快	调整黏结剂；提高对陶瓷的润湿性；均匀涂抹涂层；降低升温速度
出现渗透裂纹	在陶瓷与可伐合金（Fe-Co-Ni 合金）采用 Ag-Cu 钎料或者 Cu 基钎料钎焊时，在可伐合金附近钎缝中会产生 Cu 的渗透裂纹	首先可伐合金是单相奥氏体组织，在钎焊的高温下会发生晶粒长大；在钎焊温度下，钎料熔化后，流动性较好，可能沿可伐合金晶界渗透和扩散，从而在可伐合金中产生裂纹。Cu 和 Sn 特别是 Cu 容易产生这种裂纹 （图：纵轴 渗透深度/μm，1.6、3.2、4.8、6.4、8.0；横轴 温度/℃，600、700、800、900、1000、1100；曲线 Ag-Cu-Sn、Ag-Cu、Au-Ni）	尽量选用渗透裂纹倾向小或者不容易产生渗透裂纹的钎料，最好不采用含 Cu 的钎料，如左图所示，选用 Au-Ni 钎料可以大大降低其扩散深度，大大降低渗透裂纹产生的可能性； 在钎焊之前在可伐合金表面镀上一层镍，然后再钎焊，就可以避免产生渗透裂纹，因为 Ni-Cu 无限互溶，可以防止 Cu 沿可伐合金晶界渗透 合理选用钎焊条件，使得钎焊温度不要太高，保温时间不要太长，也可以减少和防止渗透裂纹的发生
烧结中陶瓷变形和开裂		陶瓷太薄，或者薄厚不均而且局部厚度变化太大，组装时放置不平，烧结温度过高或者保温时间太长，就容易产生变形；涂层质量低劣，构件结构复杂，烧结时受热不均温差较大，或者升温和降温速度太快，都可能发生陶瓷开裂	装配时根据结构形状和复杂程度，适当夹紧和安放；改变设计，避免采用太薄的陶瓷工件及厚度变化太大的陶瓷工件；选择合适的烧结工艺：合理的烧结温度和保温时间，减缓加热和冷却速度。一旦出现变形和开裂，就要报废

思考题

1. 为什么要对有些被焊材料进行表面金属化处理？表面金属化处理的方法有哪些？
2. Mo-Mn 法陶瓷烧结粉末金属化技术及其对焊接接头性能的影响如何？
3. 金属化层缺陷的特征、原因和解决措施都是什么？

第7章 表面活性化焊接

7.1 活性金属法焊接的机理

Cr、V、Nb、Ti、Zr 等ⅣA 族及ⅤA 族金属或它们的合金，能够显著改善材料的润湿性，从而改善材料的焊接性，提高接头的结合强度。这些金属或者合金的作用在于能够与材料表面发生溶解或者化学反应而形成牢固的冶金结合，并且这种金属或者合金还能够与待焊的另一种材料具有良好的焊接性，从而可以形成良好的焊接接头。我们把这些金属或者合金叫作活性金属，采用这种方法来改善材料焊接性的方法，叫作活性金属焊接法。

这种活性金属或者合金可以是焊接材料（如钎焊的钎料）、中间层材料、表面金属化（喷涂或者烧结在待焊材料表面）的材料等。表 7-1 给出了液态金属在典型陶瓷表面的润湿角。

表 7-1 液态金属在典型陶瓷表面的润湿角

分类	化合物	金属	温度/℃	气氛	润湿角/(°)
碳化物	TiC	Fe	1550	真空	45
		Co	1450	真空	30
		Ni	1500	真空	38
	WC	Fe	1490	真空	～0
		Co	1420	真空	～0
		Ni	1380	真空	～0
氮化物	BN	Cu	1100	真空	
		Al	850～1000	真空	146
		Fe	～熔点	Ar	142
		Co	～熔点	Ar	118
		Ni	1100	Ar	134
	TiN	Fe	1550	真空	～100
		Co	1550	真空	104
		Ni	1550	真空	～70
	Si_3N_4	Cu	1100	真空	60
		Fe	～熔点	Ar	90
		Co	～熔点	Ar	90
		Ni	1550	真空	120
硼化物	TiB_2	Cu	1120	真空	142
		Al	1000	真空	114
		Fe	1450～1550	Ar	100
		Co	1500～1600	Ar	100～64
		Ni	1500	真空	0

续表

分类	化合物	金属	温度/℃	气氛	润湿角/(°)
氧化物	Al_2O_3	Cu	1200	真空	138
		Al	940	Ar	170
		Fe	1550	真空	～90
		Co	1550	真空	＞90
		Ni	1450	真空	～45
	SiO_2	Cu	1100	真空	148
		Fe	1550	N_2	115
		Ni	1550	N_2	125
	TiO_2	Fe	1550	真空	72
		Ni	1500	真空	104
	ZrO_2	Fe	1550	真空	92
		Ni	1500	真空	118

活性金属的特征是对被焊材料的元素有很强的亲和力，从而在较低的焊接（一般多为钎焊或扩散焊）加热温度下，被焊材料能与这些活性金属之间发生化学反应形成一个反应层或者溶解层，作为媒介将被焊材料和金属连接为一体。这个反应层或者溶解层的晶体结构、力学性能、厚度对金属与被焊材料的焊接接头强度有重要影响。其反应层厚度过大，反而会降低接头强度。如果产生的是脆性化合物，将对其结合强度产生不良影响。但减薄其厚度，就可以减轻这种不良影响。

Co虽然不是活性金属，但它与Si的化合物却具有良好的韧性。在陶瓷材料SiC的钎焊中，采用Co-Si合金作钎料，可以取得良好的效果。在1327℃以上的高温下，可得到高强度、耐热性、耐腐蚀性都很好的金属与陶瓷异种材料的焊接接头。

活性金属钎焊法，用得最多的是Ag-Cu系钎料。银钎料中加入Ti或Zr作为活性金属，尤其是以Ti用得最多，它对于氧化铝、碳化硅、氮化硅、氮化铝等类陶瓷，碳材料（如石墨、金刚石）以及一些复合材料有良好的润湿性，可以用于多种金属与陶瓷、碳材料和复合材料的钎焊。这里就以银钎料钎焊碳化硅或氮化硅与金属的结合进行简单的说明。

活性金属法焊接陶瓷是一种化学接合，它是利用活性金属在界面上发生扩散、固溶、化学反应等形成一种新物质，使之形成高强度的接合界面的一种材料连接方法。

钎焊焊接接头的高温强度受到钎料熔点的支配，为了提高焊接接头的高温强度，应当选用Ni或Pd（钯）的高熔点钎料，或者不用液相而用固相焊接。

元素向陶瓷的扩散对焊接工艺和焊接质量也有一定的影响，图7-1给出了一些元素在某些陶瓷中的扩散系数。

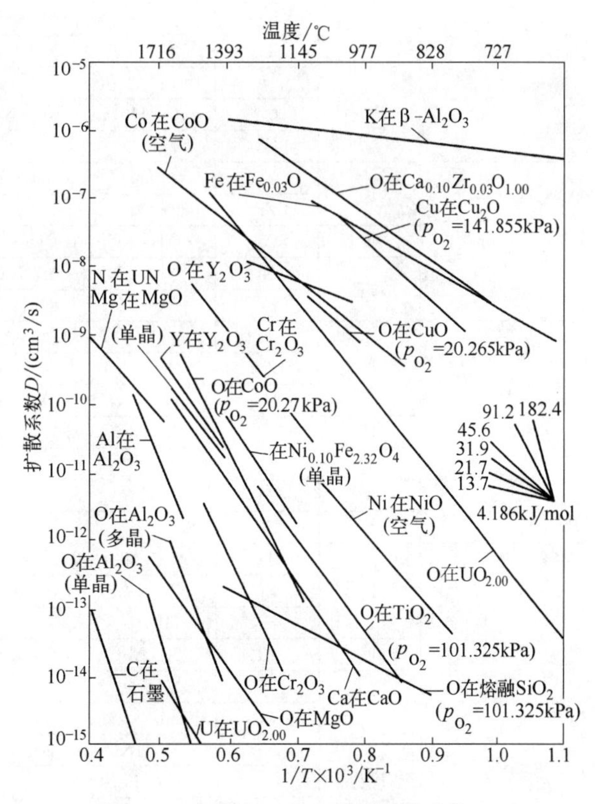

图7-1 陶瓷中一些元素的扩散系数

7.2 焊接中的活性金属

7.2.1 焊接适用的活性金属的种类

最初以焊接 Al_2O_3 陶瓷为代表的氧化物陶瓷采用活性金属法焊接，后来随着氮化物和碳化物等非氧化物陶瓷的应用，开发出不少相应的活性金属。焊接陶瓷所适用的活性金属，根据对陶瓷的分类列入表 7-2。从表 7-2 可以看到，元素周期表中第Ⅳ族，特别是含 Ti 的活性金属占大多数，并加入 Cu-Ag 共晶成分以降低熔点（如质量分数 2% Ti-Cu-Ag 为 780℃），一般是作为硬钎焊的钎料，其次第Ⅲ族 Al 及其合金也较多。另外，第Ⅴ族元素和少数其它元素也作为活性金属得到应用。这些活性金属元素在焊接材料中扩散，并在与陶瓷材料的交界面上与陶瓷发生反应而形成反应产物以达到牢固的连接。

表 7-2 陶瓷连接适用的活性金属

陶瓷种类	陶瓷连接使用的活性金属		
	族	系	活性金属举例
Si_3N_4	Ⅳ	Ti	Ti*, Ti-Cu, Ti-Cu-Ag, Ti-Ag, Ti-Cu-Ni, Ti-Cu-Au, Ti-Cu-Be, Ti-Cu-Be+Zr, Ti-Ni, Ti-Ni-P, Ti-Ni-TiH_2, Ti-Al, Ti-Al-V, Ti-Al-Cu
		Zr	Zr*, Zr-Cu, Zr-Cu-Ni, Zr-Ni
		Hf	Hf*
	Ⅲ	Al	Al, Al-Cu, Al-Ag, Al-Ni, Al-Ti, Al-Zr, Al-Si, Al-Mg, Al-Mg-Cu-Si, Al-Cu-Mg-Mn, Al-Si-Mg,
	Ⅴ	V	V*
		Nb	Nb*, Nb-Cu-Al
		Ta	Ta*
	其它	Ni	Ni*, Ni-Cr*
		Cu	Cu-Mn, Cu-Cr, Cu-Nb, Cu-V, Cu-Al-V
		Co	Co
Sialon	Ⅳ	Ti	Ti-Cu, Ti-Cu-Ag, TiH_2+Cu-Ag, TiH_2+Al-Ni, TiH_2+Al, Ti-Al
		Zr	Zr-Cu
	Ⅲ	Al	Al, Al-Cu, Al-Cr
	其它	Ni	Ni-Cr, Ni-Cr-Pd, Ni-Cr-Pd-Si
		Fe	Fe-Cr-Ni
AlN	Ⅳ	Ti	Ti*, Ti-Cu, Ti-Cu-Ag, Ti-Ag, Ti-Cu-Sn
		Zr	Zr*, Zr-Cu
		Hf	Hf-Cu, Hf-Cu-Ag
	Ⅲ	Al	Al, Al-Cu, Al-Li, Al-Cu-Li
	Ⅴ	Ta	Ta*
BN	Ⅳ	Ti	Ti-Cu-Ag
	Ⅴ	Ta	Ta*
SiC	Ⅳ	Ti	Ti*, Ti-Cu, Ti-Cu-Ag, Ti-Cu-Ag-Sn, Ti-Ni, Ti-Al, Ti-Al-V
		Zr	Zr*, ZrH_2+Ni, Zr-Ni-Si-Cr, Zr-Al
		Hf	Hf-Al
	Ⅲ	Al	Al, Al-Cu, Al-Si, Al-Si-Cu, Al-Ti, Al-Mo, Al-W, Al-Cr, Al-V, Al-Nb, Al-Ta
	Ⅴ	V	V**
		Nb	Nb*
	其它	Ni	Ni*, Ni*-Cr, -Mo, -Ti, -W, -Nb, Ni-Si-Cr-Zr
		Cu	Cu, Cu-Mn
		Ge*	

续表

陶瓷种类	陶瓷连接适用的活性金属		
	族	系	活性金属举例
B_4C	Ⅲ	Al	Al
ZrB_2	Ⅳ	Ti	Ti-Cu,Ti-Cu-Ag,Ti-Al
		Zr	Zr-Cu,Zr-Al
		Hf	Hf-Cu,Hf-Al
Al_2O_3	Ⅳ	Ti	Ti*,Ti-Cu-Ag,Ti-Cu-Ag-In,Ti-Cu-Ag+Cu+Cu_2O,Ti-Cu-Ag-Sn,Ti-Cu-Be,Ti-Cu-Fe,Ti-Cu-Ge,Ti-Cu-Ni,Ti-Cu-Sn,Ti-Cu-Au,Ti-Cu-Au-Ni,Ti-Zr-Cu,Ti-Zr-Cu-Ni,Ti-Ni,Ti-Ni-Ag,Ti-Ni-Au,Ti-Ni-Al-B,Ti-Fe,Ti-Al-Si,Ti-Sn
		Zr	Zr*,Zr-Cu-Ag,Zr-Al,Zr-Al-Si,Zr-Ni,Zr-Fe
		Hf	Hf*
	Ⅲ	Al	Al,Al-Cu,Al-Si,Al-Si-Cu,Al-Si-Mg,Al-Ni,Al-Ni-C,Al-Li,Al-Cu-Li
	Ⅴ	V	V*,V-Ti-Cr
		Nb	Nb*,Nb-Al-Si
	其它	Ni	Ni*,Ni-Cr,Ni-Y
		Cu	Cu,Cu_2O,CuS+Kaolin
		Cr-Pd	
ZrO_2	Ⅳ	Ti	Ti-Cu,Ti-Cu-Ag,Ti-Cu-Ag-Sn
		Zr	Zr-Cu
	Ⅲ	Al	Al-Cu,Al-Mg
	其它	Ni	Ni*,Ni
		Cu	Cu*,Cu,Cu_2O+C
		Pt	Pt*,Pt-Ni*,Pt-Pd*
		Sn	
MgO	Ⅲ	Al	Al
	其它	Ni*,Cu	
BeO_2	Ⅳ	Ti	Ti-V-Zr,Ti-Zr-Be-V
$2MgO \cdot SiO_2$	Ⅳ	Ti	Ti*
V_2O_3	Ⅳ	Ti	Ti-Cu-Ag
		Zr	Zr-Cu-Ag
	Ⅲ	Al	Al-Cu-Ag
$Ba_2Cu_3O_{7\sim X}$	其它	Ag*,Ag_2O^*	

注："*"为固相连接，其余为硬钎焊。

7.2.2 活性金属中间层材料的形态

表 7-2 所给出的活性金属会被制作不同形态的中间层，表 7-3 为这些活性金属被制成中间层材料的形态的例子，一般都是以箔片状、粉末状以及与其它金属混合的方法。这些活性金属的含量可以根据需要随意控制，以得到最适宜的化学成分。

表 7-3 活性金属中间层材料的形态

形态				活性金属举例
箔片	一层	合金	晶体	Ti-Cu-Ag 合金,Al-Si 合金等
			非晶体	Ti_{50}-Cu_{50} 等
		复层		Ti/Cu-Ag,Ti/Cu,Ti/Ni 等
	多层	箔状合金组合	晶体	Ti/Cu-Ag,Ti/Cu/Ag,Ti/Cu/Ni 等
			非晶体	Ti/Ni-P 等
粉末	匀质	合金粉		Ti-Cu-Ag 合金等
		超微颗粒		Nb
	混合	粉体组合		Ti/Cu 等
		氢化物		ZrH_2/Ni 等

续表

形态			活性金属举例
箔片+粉末	上述组合		Ti-Cu-Ag/Cu+Cu_2O，Ti-Ni/TiH_4-Ni，Al，Al-Si/Ti，Zr，Hf 等
复合	PVD	喷涂	Ti，Ni 等
		离子镀	Ti/Cu/Ag
	IVD		Ti 蒸气附着+N^+注入
	等离子喷涂		

7.2.3 活性金属化的应用

表 7-4 给出了活性金属化的应用。

表 7-4 一些活性金属化的应用

方法	活性金属	主要成分/%	连接温度/℃	保温时间/min	陶瓷材料	金属材料	钎料	接头质量及应用
生产中常用的方法	Ti-Ag-Cu	Ti 粉，3-7Ti 箔片，20～40μm	820/850	3～5	高 Al_2O_3，蓝宝石，透明 Al_2O_3，镁橄榄石，微晶，石墨	Cu、Ti、Nb、Kovar 等	Ag-Cu(0.1～0.2g/cm^2)或 Ti-Ag-Cu 合金	接合强度高，气密、95% Al_2O_3+Cu 应用广，钎料蒸气压较高，陶瓷绝缘下降
	Ti-Ni	71.5Ti-28.5Ni	990±10	3～5	高 Al_2O_3，镁橄榄石	Ti	Ni 箔(10～12μm)	润湿性好，接合性强，熔点虽高，但蒸气压低，多适应 Ti-镁橄榄石连接，应用广
	Ti-Cu	25-30Ti	900/1000	2～5	高 Al_2O_3，镁橄榄石	Cu、Ti、Mo、Ni-Cu、Ta、Nb 及 Kovar	Ti-Cu 箔或粉状	熔点高，接合性好，蒸气压低，多适用于高强度陶瓷及管件的连接
其它活性金属法	Ti-Ni-Cu	28.5Ni，10Cu，(或 33Ni)	900/980	5	高 Al_2O_3 陶瓷	Ti	10～12μm Ni 箔，镀 Cu 重量比 3.8～1.9	接合性较好，连接温度介于 Ti-Ni 与 Ti-Ag-Cu 之间。合金比 Ti-Ni 软，接头强度高于 Ti-Nb
	Ti-Au-Cu	Ti 粉，30～40μm 箔片	970/980	5	高 Al_2O_3	Cu	80Au20Cu	连接温度高，蒸气压低，合金扩散不易控制
	Ti-Ni-Ag	—	1000	7	高 Al_2O_3	Ni	2μmTi 箔+100μmAg 箔	连接温度高蒸气压高，特殊情况下使用应用范围不广
	Ti-Ag，Zr-Ag	15Ti85Ag 15Zr85Ag	1000 1000	—	高 Al_2O_3，镁橄榄石	Ni，Mo	Ag	润湿性差，接合性一般，蒸气压高，很少应用
	Zr-Nb-Be Zr-Ti-Be Zr-V-Ti Ti-Cu-Be	19Nb，6Be 48Ti，4Be 28V，16Ti 49Cu，2Be	1050 1050 1250 ≥1000	10	高 Al_2O_3，蓝宝石，透明 Al_2O_3，UO_2，石墨，BeO 高温陶瓷	Ta，Nb 及其合金，不锈钢等	各种相应的钎料	连接温度高，耐高温，耐腐蚀，多用于原子能、特殊光源、导弹、火箭等领域

续表

方法	活性金属	主要成分/%	连接温度/℃	保温时间/min	陶瓷材料	金属材料	钎料	接头质量及应用
其它活性金属法	Ti-V-Cr Ti-Zr-Ta Ti-Zr-Ga Ti-Zr-Nb	21V,25Cr — — —	1550/1650 1650/2100 1300/1600 1600/1700	—	高 Al_2O_3,石墨 高 Al_2O_3,石墨 石墨 石墨	W、Mo Nb,Ta W、Mo Nb,Ta W、Mo Nb,Ta W、Mo Nb,Ta	各种相应的钎料	由于连接温度非常高,只能在特殊情况下应用
	Pb-Sn-Zn-Sb	1Zn,2-3Sb	143～297	—	陶瓷,玻璃	Kovar,Cu Fe-Ni合金	相应适合的钎料	连接温度低,多用于半导体集成电路焊接、加压和超声波连接等
	Pb-Sn(-Zn-Sb-Si-Ti-Cu)	—	170～300	—	陶瓷,玻璃,Si,Ge等	Kovar,Cu	相应比例的钎料	连接温度低,多用于半导体集成电路焊接、加压和超声波焊接等

7.3 活性金属焊接法焊接接合界面的显微结构

7.3.1 被焊材料与金属焊接接合界面的显微结构

如前所述，采用活性金属来焊接陶瓷与金属，在被焊材料与活性金属界面上将会形成一种反应生成物而形成强固的结合。如采用 Ag-Cu-2.2Ti 活性金属作为中间层来焊接 Si_3N_4 陶瓷，Ti 原子将在中间层熔液中扩散而偏析于 Si_3N_4 陶瓷侧，从而形成 Ti 的化合物（TiN、Ti_5Si_3、$TiSi_4$ 等）、Ag、Cu，已经没有了 Ti，完全成为化合物，接头强度 245MPa，可能是发生了如下反应而形成化合物：

$$Si_3N_4 + 9Ti \rightarrow 4TiN + Ti_5Si_3 \qquad (7\text{-}1)$$

高分辨电子显微镜像表明，在与液相反应结合界面上有波纹状，为直径 10～20nm 的 TiN 微粒外延生长在 Si_3N_4 陶瓷晶格上，从而形成高强度的结合。图 7-2 给出了 Si_3N_4/Ti-Cu 结合界面显微结构示意图，TiN 微粒在 Si_3N_4 上形成，且为共同晶粒，这一点与钎料内的组织是有些区别的。TiN 微粒的存在也会降低残余应力而使接合强度提高。这个界面与靠扩散结合（如 Al_2O_3/Nb）得到的平坦界面在结构上是有差异的。

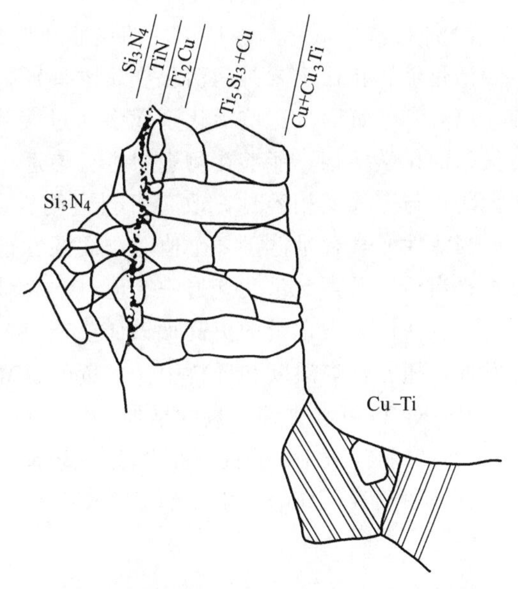

图 7-2 Si_3Ni_4/Ti-Cu 结合界面显微结构示意图

7.3.2 反应生成物的成长动力学

了解了活性金属与反应生成物的成长动力学就能够把握焊接过程，使反应生成物的种类和厚度最合适而得到高强度的焊接接头。表 7-5 给出了一些活性金属在界面反应生成物的成长动力学数据。一般来说，反应生成物厚度的变化服从抛物线法则，结合元素的扩散控制因素，可以从活化能数据的比较中推出。例如，在 Si_3N_4/Ti-Cu 结合中，TiN 中 N 的扩散在 TiN 的成长中处于支配地位。

表 7-5　活性金属法反应生成物的成长动力学

陶瓷	活性金属	反应生成物	活化能/(kJ · mol^{-1})	支配因素
Si_3N_4	Ti-Cu	TiN, Ti_5Si_3	206	TiN 中的 N
	Ti-Cu	TiN, Ti_5Si_3	318	Ti
	Zr-Cu	ZrN, Zr_5Si_3	191	Zr
	Cu-Cr	CrN, CrN, $CrSi_2$	501, 541	Cr
	Cu-Nb	NbN, Nb_3Si	394, 492	Nb
	Cu-V	VN, V_6Si_5	366, 317	V
SiC	Ti-Al-V	TiC	307	—
Al_2O_3	Ti	Ti_3Al, TiAl	142	—
	Ti-Al-V	Ti_3Al, $(Ti, Al)_2O_3$	216, 211	Ti_3Al 中的 Al
	Zr	ZrO_2, $ZrAl_2$	334	

7.4　活性金属焊接加工工艺

（1）活化金属化法的特点　活化金属化法有如下特点：

① 液态活化金属对各类陶瓷都有很强的化学亲和力，对陶瓷的变更不敏感。

② 工序少，焊接周期短。

③ 焊接温度低，易保持工件的尺寸和形状。

活化金属化法主要是用活化金属改善钎料对陶瓷基增强复合材料工件的被焊表面的润湿性，以有利于钎焊。这些活化金属多为过渡族金属（如 Ti、Zr、Hf、Nb、Ta 等），它们具有很强的化学活性，能够在陶瓷中进行渗透、扩散及化学反应来改变陶瓷的表面状态，从而增大陶瓷与金属的相容性，改善钎料对陶瓷的润湿性。但是并不是活性元素的含量越多越好。当活性元素含量低于某个值时，润湿性很差，然后，随着活性元素含量的增加，润湿性改善；当活性元素含量达到另一个值时，润湿性最好；再继续增加活性元素含量，其润湿性不再随着活性元素含量的提高而改善。有些钎料，比如采用 Cu-Ni-Ti 钎料钎焊 Si_3N_4 陶瓷时发现，随着钎焊温度和钎料中钛含量的提高，Cu-Ni-Ti 钎料对 Si_3N_4 陶瓷的润湿性下降；随着 Cu-Ni-Ti 钎料中镍含量的增加，钎料对 Si_3N_4 陶瓷的润湿性也下降。

（2）钎料　表 7-6 为能直接用于陶瓷基增强复合材料活化金属法钎焊的钎料。钎料中不应含有饱和蒸气压高的元素（如 Zn、Cd、Mg 等），以免这些元素在钎焊过程中被蒸发而污染焊件。

表 7-6　能直接用于陶瓷基增强复合材料活化金属法钎焊的钎料

钎料	熔化温度/℃	钎焊温度/℃	用　　途
92Ti-8Cu	790	820～900	陶瓷基复合材料-金属
75Ti-25Cu	870	900～950	陶瓷基复合材料-金属
72Ti-28Ni	942	1140	陶瓷基复合材料-陶瓷基复合材料，陶瓷基复合材料-石墨，陶瓷基复合材料-金属
50Ti-50Cu	960	980～1050	陶瓷基复合材料-金属的焊接

续表

钎料	熔化温度/℃	钎焊温度/℃	用途
50Ti-50Cu(原子比)	1210～1310	1300～1500	陶瓷基复合材料-蓝宝石,陶瓷基复合材料-锂
7Ti-93(BAg72Cu)	779	820～850	陶瓷基复合材料-钛
100Ge	937	1180	自粘接碳化硅-金属(σ_b=400MPa)
49Ti-49Cu-2Be	—	980	陶瓷基复合材料-金属
48Ti-48Zr-4Be	—	1050	陶瓷基复合材料-金属
68Ti-28Ag-4Be	—	1040	陶瓷基复合材料-金属
85Nb-15Ni	—	1500～1675	陶瓷基复合材料-铌(σ_b=145MPa)
47.5Ti-47.5Zr-5Ta	—	1650～2100	陶瓷基复合材料-钽
54Ti-25Cr-21V	—	1550～1650	陶瓷基复合材料-陶瓷基复合材料,陶瓷基复合材料-石墨,陶瓷基复合材料-金属
75Zr-19Nb-6Be	—	1050	陶瓷基复合材料-金属
56Zr-28V-16Ti	—	1250	陶瓷基复合材料-金属
83Ni-17Fe	—	1500～1675	陶瓷基复合材料-钽(σ_b=140MPa)
69Ag-26Cu-5Ti	—	850～880	高氧化铝、蓝宝石、透明氧化铝、镁橄榄石、微晶玻璃、云母、石墨以及非氧化物陶瓷基复合材料

思考题

1. 活性金属法焊接的机理是什么?
2. 活性金属焊接法焊接接合界面的显微结构是怎么样的?
3. 简述活性金属法焊接的作用和特点。

第8章 加中间层的焊接

8.1 材料焊接中中间层的意义

对于焊接性能不好的材料，往往不能够直接进行焊接，而需要采取添加另外一种或者多种材料，以改善其焊接性，从而实现这种材料的焊接。在两种材料待焊侧中间添加一层（种）或者多层（种）材料，然后将这种另外添加的材料置于两种材料待焊侧中间，分别或者同时进行焊接。采用这种方法可以实现很多不能焊接的材料的焊接。

8.1.1 焊接材料之间的适应性

异种材料焊接，往往需要借助于中间层材料，有时可能不只一层中间层，而可能是二层以上的中间层。这就不仅要求第一层中间层材料要与同侧母材有合适的配合，还要求不同层次的中间层材料之间及与另一侧母材或其中间层材料也要匹配得当，不能出现严重的缺陷。碳钢和不锈钢与铜及铜合金异种金属熔化焊时就有这种情况，不仅铜或钢需要中间层，而且有时也需要两层以上的中间层，这就需要中间层材料之间的合理配合。表8-1给出了这些材料相配合的适宜性。

表 8-1 各种焊接材料相配合的适宜性

焊接材料	YCu（TG990）	YCuSiA（TG960）	YCuAl（TG900）	YCuAlNi（TG860）	YCuNi-1（TG910）	YCuNi-3（TG700）	YNiCu-7（TGML）	Yni-1（TGNi）
YCu(TG990)	○	○	○	○	○	○	○	○
YCuSiA(TG960)	○	○	○	○	○	○	○	○
YCuAl(TG900)	○	○	○	○	○	●	●	●
YCuAlNi(TG860)	○	○	○	○	○	●	●	●
YCuNi-1(TG910)	○	○	○	○	○	○	○	○
YCuNi-3(TG700)	○	○	●	●	○	○	○	○
YNiCu-7(TGML)	○	□	●	●	○	○	○	○
YNi-1(TGNi)	○	□	●	●	○	○	○	○

注：○—不裂；
□—不一定产生裂纹，但产生裂纹的可能性较大；
●—产生裂纹。

8.1.2 材料焊接中的中间层

（1）材料焊接中中间层的作用

① 改善焊接性。在扩散连接（或钎焊）过程中，很多熔化的金属在被焊材料表面不能

润湿。如，在陶瓷连接过程中，往往在陶瓷表面用物理或化学的方法涂上一层金属，这也称为陶瓷表面的金属化，而后再进行陶瓷与其它金属的连接。实际上就把陶瓷与陶瓷或陶瓷与其它金属的连接变成了金属之间的连接，这也是过去常用连接陶瓷的方法。但是，这种方法有一点不足，即接头的结合强度不太高，主要用于密封的焊缝。对于结构陶瓷，如果连接界面要承受较高的应力，扩散连接时必须选择一些活性金属作中间层，或让中间层材料中含有一些活性元素，以改善和促进金属在陶瓷表面的润湿过程。

② 降低内应力。金属与陶瓷材料连接时，由于陶瓷与金属线胀系数不同，在扩散连接或使用过程中，加热和冷却必然产生热应力，在接头处由于残余内应力的作用而容易破坏。因此，常加入中间层缓和这种内应力，通过韧性好的中间层变形吸收这种内应力。选择连接材料时，应当使两种连接材料的线胀系数差小于10%。

(2) 材料组合连接中间层的选择原则

① 用活性材料或这种材料生成的能与被焊件进行反应的物质，改善润湿和结合情况。

② 用塑性较好的金属作中间层，以缓解接头内应力。

③ 在冷却过程中发生相变，使中间层体积膨胀或缩小，来缓和接头的内应力。

④ 用作中间层或连接的材料必须有良好的真空密封性，在很薄的情况下也不能泄漏。

⑤ 必须有较好的加工性能。

实际上很难找到完全满足上述要求的材料，有时为了满足综合性能的要求，可采用两层或多层不同金属组合的中间层。

常用的中间层合金材料有不锈钢（1Cr18Ni9Ti）、可伐合金等，用作中间层的纯金属主要有铜、镍、钽、钴、钛、锆、钼及钨等。

8.2 材料焊接中中间层的应用

8.2.1 用活性金属作中间层

这种方法的原理是活性金属（能够与被焊材料如陶瓷发生化学反应）在高温下与被焊材料中的结晶相发生化学反应，生成新的氧化物、碳化物或氮化物，使陶瓷与反应生成物层形成可靠的结合，最后形成材料间的可靠连接。

常用的活性金属主要有铝、钛、锆、铌及铪等，这些都是很强的氧化物、碳化物及氮化物形成元素，它们可以与氧化物、碳化物、氮化物陶瓷反应，从而改善金属对连接界面的润湿、扩散和连接性能。活性金属与陶瓷相的典型反应如下：

$$Si_3N_4 + 4Al \rightarrow 3Si + 4AlN$$

$$Si_3N_4 + 4Ti \rightarrow 3Si + 4TiN$$

$$3SiC + 4Al \rightarrow 3Si + Al_4C_3$$

$$4SiC + 3Ti \rightarrow 4Si + Ti_3C_4$$

$$3SiO_2 + 4Al \rightarrow 2Al_2O_3 + 3Si$$

$$Al_2O_3 + 4Al \rightarrow 3Al_2O$$

$$Si_3N_4 + 4Zr \rightarrow 3Si + 4ZrN$$

以这种反应为基础，可以用活性金属作中间层连接陶瓷。钛、锆金属也可以与其它陶瓷很好地结合。

8.2.2 用氧化物组成复合盐作为中间层

这种连接形式是通过在金属表面生成一定的氧化物，而后在一定温度下，使带有氧化物的连接表面与陶瓷连接，造成金属表面氧化物与陶瓷中的氧化物形成共晶反应，组成新的复合盐，从而达到连接的目的。

在用铜作中间层连接陶瓷与石英玻璃时，就有这种反应。如用铜作中间层连接 Al_2O_3，焊前通过氧化铜变成低价的氧化亚铜，而后与 Al_2O_3 反应，则可以得到如下化合反应：

$$Cu_2O+Al_2O_3 \rightarrow CuAl_2O_4 \tag{8-1}$$

Cu_2O 与基体结合较好，同时它的线胀系数与石英玻璃相近。因此，也可以用这种方法连接石英玻璃。

这种方法的加工工艺是在真空中把铜加热到 950℃，保温 3min，而后冷却，当温度降至 300～400℃时通入空气，在铜的表面生成玫瑰色的致密氧化膜。为了避免 Cu_2O 在真空中分解升华，扩散连接应在 $1.3\times10^{-1}\sim1.7\times10^{-2}$Pa 较低的真空度下进行，生成的 $CuAl_2O_4$ 可以连接铜和 Al_2O_3，但铜表面的氧化膜不能太厚，氧化膜的厚度应控制在 3～10μm，图 8-1 及图 8-2 给出了铜与 Al_2O_3 连接时，铜表面氧化膜厚度与接头强度和韧性的关系。

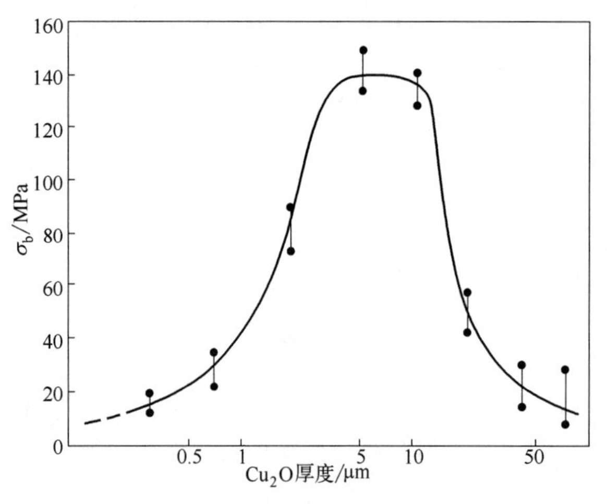

图 8-1 用铜连接 Al_2O_3 接头 Cu_2O 膜厚度与接头抗拉强度的关系（T=1070K，t=2min）

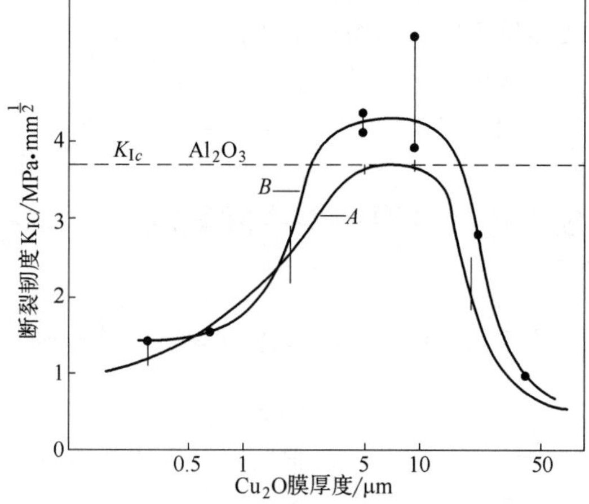

图 8-2 用铜连接 Al_2O_3 接头 Cu_2O 膜厚度与接头断裂韧度的关系

A—缺口开在铜箔上；B—缺口开在界面

由图 8-1 和图 8-2 可以看出，铜表面的氧化膜厚度必须控制在适当的范围。当铜表面的 Cu_2O 膜太薄时，由于生成共晶太少，不足以改善对 Al_2O_3 表面的润湿性，连接不良；而当 Cu_2O 膜太厚时，则由于生成的 $CuAl_2O_4$ 太厚，又很脆，使接头性能变差。

8.2.3 用复合中间层的扩散焊

可以用线胀系数相近的材料为中间层或在接头结构设计、连接工艺上想办法加以解决，以保证得到满足工程要求的优质接头，其中一个有效的方法就是用复合中间层来保证接头性能。

在 Al_2O_3 与铜之间加入钼、金属陶瓷、钛及铌作中间层，通过有限元计算，由于材料线胀系数的差异，在接头处产生的内应力大小与中间层厚度的关系如图 8-3 所示。表 8-2 给出了几种物质的线胀系数。

表 8-2　几种物质的线胀系数

材料	钢	Nb	Ti	Mo	Fe	Al_2O_3
线胀系数/($\times10^{-6}C^{-1}$)	8.1	13.0	8.1	11.0	5.7	11.5

由图 8-3 及表 8-2 中的数据可以看出，由于 Al_2O_3 与铌的线胀系数相同，因此用铌作中间层接头内应力最小。但用铌作中间层与钢连接时，铌可以与钢中的碳形成脆性的碳化物(NbC) 使接头性能变差。因此，又加入 Mo 来防止铌与钢的直接作用，则形成 Al_2O_3/Nb/Mo/钢接头。钼层的厚度也直接影响接头内应力的大小，钼的线胀系数较小，钼层厚度对该接头内应力的影响如图 8-4 所示。

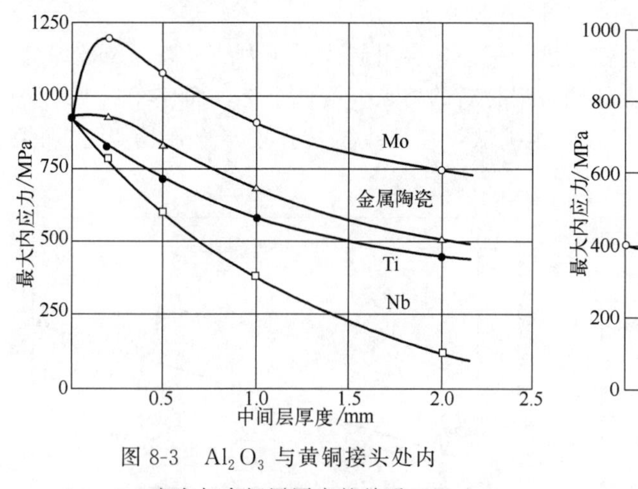

图 8-3　Al_2O_3 与黄铜接头处内应力与中间层厚度的关系

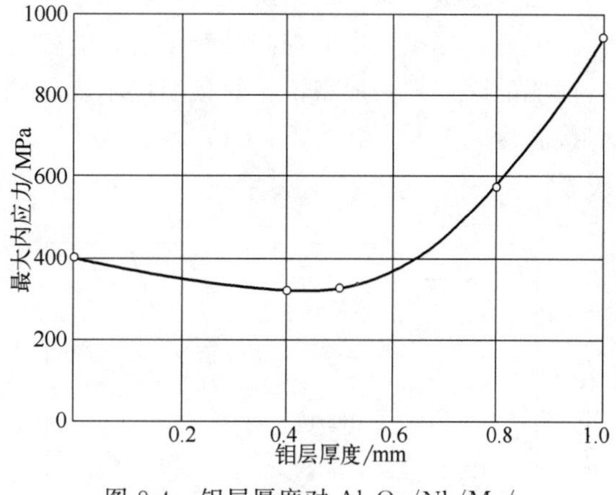

图 8-4　钼层厚度对 Al_2O_3/Nb/Mo/钢接头内应力的影响

当然也可以用钛代替铌进行 A_2O_3 与 SiO_2 陶瓷和不锈钢的连接，再加镍作复合中间层也得到类似的结果。

8.3 采用中间层方法进行固相扩散焊接质量的影响因素

8.3.1 焊接温度的影响

焊接温度是固相扩散焊接的重要参数，一般来说，焊接温度应达到金属或陶瓷熔点(开氏温度 K) 的 60%以上。固相扩散焊接时，通常将发生化学反应，才能得到有效的结合，反应层的厚度对接头强度有十分重要的影响。

例如，用 0.5mm 厚的 Al 作为中间层来固相扩散焊接钢和 Al_2O_3 陶瓷时，反应层的厚度与焊接温度之间的关系如图 8-5 所示。

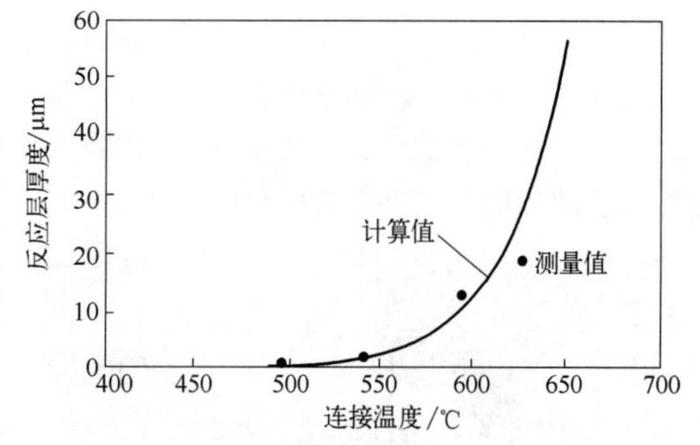

图 8-5　固相扩散焊接钢和 Al_2O_3 陶瓷时反应层的厚度与焊接温度之间的关系

焊接温度对接头抗拉强度的影响也有相同的趋势，研究表明焊接温度与接头抗拉强度（σ_b）之间存在如下关系：

$$\sigma_b = B_0 \exp(-Q_{app}/RT) \tag{8-2}$$

式中 B_0——常数；

Q_{app}——表观激活能，可以是各种激活能的总和。

例如，用 0.5mm 厚的 Al 作为中间层来固相扩散焊接钢和 Al_2O_3 陶瓷时，接头抗拉强度与焊接温度之间的关系如图 8-6 所示。

应当指出，图 8-5 和图 8-6 给出的资料还是有限的，它是在反应层厚度不太大的范围内。事实上，当焊接温度超过某一个温度后，由于高温下界面反应的加剧，反应层厚度增大。由于反应产物一般为脆性物质，因此，反应层厚度太大，接头强度反而下降。这个事实，已经为很多研究结果所证实（如图 8-1 和图 8-2 所示）。

但是，焊接温度的提高是有限的，焊接温度的提高，会引起残余应力的提高以及被焊材料性能的改变。一般来说，焊接温度不应达到被焊材料的熔点，应低于它，而存在一个最佳焊接温度。图 8-7 给出了 Al_2O_3 陶瓷与金属固相扩散焊接接头抗拉强度与金属熔点之间的关系。

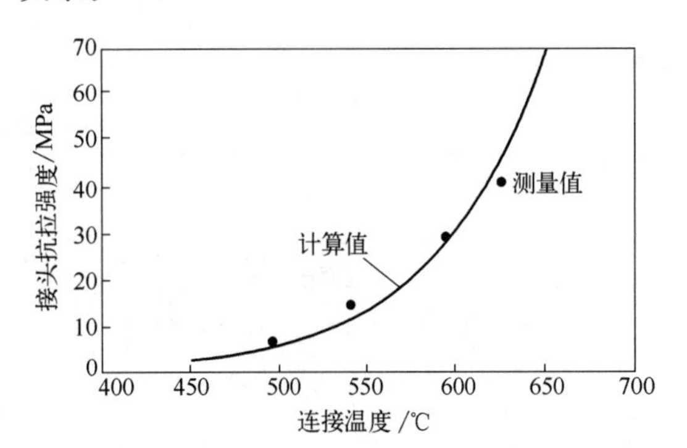

图 8-6 固相扩散焊接钢和 Al_2O_3 陶瓷时接头抗拉强度与焊接温度之间的关系

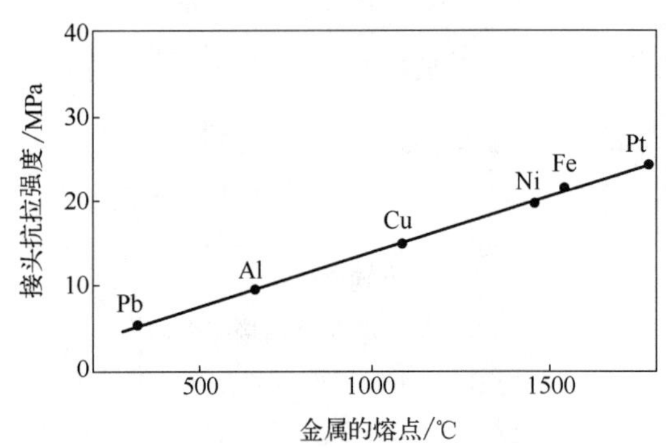

图 8-7 Al_2O_3 陶瓷与金属固相扩散焊接接头抗拉强度与金属熔点之间的关系

8.3.2 焊接时间的影响

焊接时间（t）也同样影响到反应层的厚度（X），反应层的厚度与焊接时间之间呈抛物线关系，如式（5-4）、式（5-5）所示。

图 8-8 给出了 SiC 陶瓷与 Nb 固相扩散焊接时反应层的厚度与焊接时间之间的关系。同样，固相扩散焊接时焊接时间对接头抗拉强度的影响也有相同的趋势，研究表明焊接时间与接头抗拉强度（σ_b）之间存在如下关系：

$$\sigma_b = B_0 t^{1/2} \tag{8-3}$$

式中 B_0——常数。

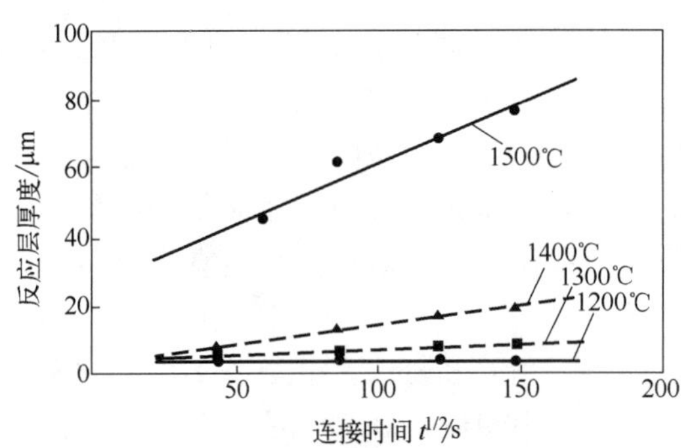

图 8-8 SiC 陶瓷与 Nb 固相扩散焊接时反应层的厚度与焊接时间之间的关系

在一定的温度下，焊接时间对接头抗拉强度的影响存在一个最佳值。图 8-9 给出了

Al_2O_3 陶瓷与金属 Al 进行固相扩散焊接时焊接时间对接头抗拉强度的影响。

在以 Nb 为中间层进行 SiC 陶瓷-SUS304 不锈钢的固相扩散焊接时，焊接时间对接头抗剪强度（τ_b）的影响也存在一个最佳值，如图 8-10 所示。焊接时间太长，会产生线胀系数与 SiC 陶瓷相差很大的 $NbSi_2$ 相，因而接头抗剪强度降低。用 Al 作为中间层来固相扩散焊接 Si_3N_4 陶瓷和 Invar 接头及用 V 作为中间层来固相扩散焊接 AlN 时，焊接时间太长，也由于产生 V_5Al_8 脆性相而接头抗剪强度降低。

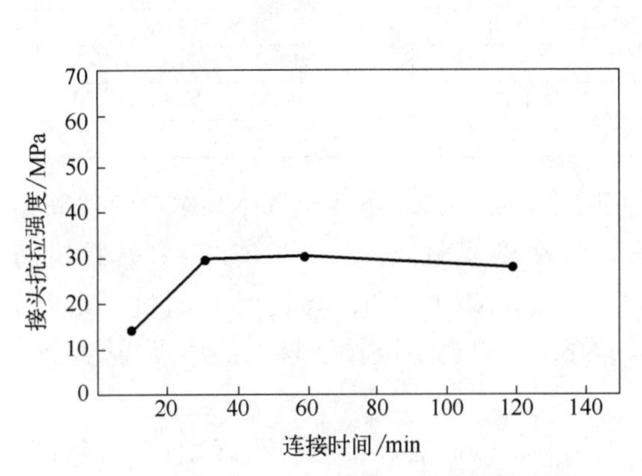

图 8-9　Al_2O_3 陶瓷与金属 Al 进行固相扩散焊接时焊接时间对接头抗拉强度的影响

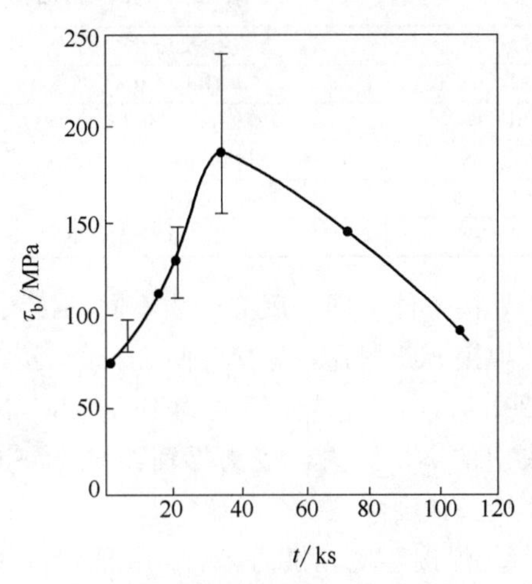

图 8-10　SiC 陶瓷-SUS304 不锈钢的固相扩散焊接时焊接时间对接头抗剪强度的影响

8.3.3　压力的影响

固相扩散焊接时，施加压力是为了使工件产生塑性变形，减小表面不平整和破坏表面氧化膜，增加表面接触，为扩散创造条件。用 Cu 或 Ag 焊接 Al_2O_3 陶瓷、用 Al 焊接 SiC 陶瓷时，施加压力对接头抗剪强度的影响如图 8-11 所示。用贵金属（如 Au、Pt）焊接 Al_2O_3 陶瓷时，金属表面的氧化膜非常薄，随着压力的提高，接头强度可以提高到一个稳定值，如图 8-12 所示。有时也存在一个接头最高抗剪强度值，如用 Al 固相扩散焊接 Si_3N_4 陶瓷和用 Ni 焊接 Al_2O_3 陶瓷，其最佳压力分别为 4MPa 和 15～20MPa。可见压力的影响还与材料的类型、厚度及表面状态有关。

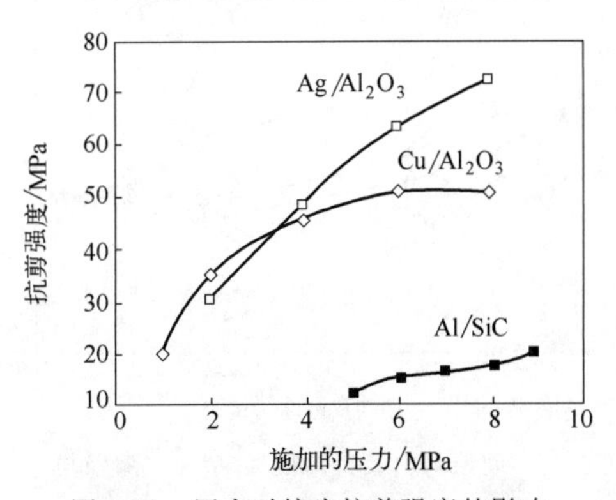

图 8-11　压力对接头抗剪强度的影响

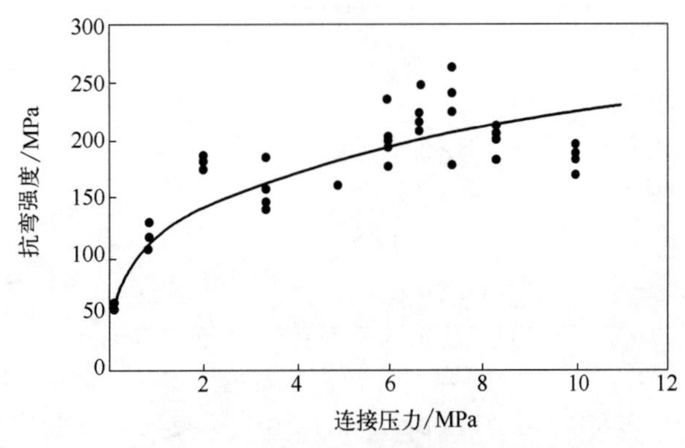

图 8-12　Pt-Al_2O_3 陶瓷固相扩散焊接时施加压力对接头抗剪强度的影响

8.3.4 其它因素的影响

(1) 化学反应的影响

① 界面反应形成的化合物。在用金属中间层进行陶瓷与陶瓷或金属与陶瓷固相扩散焊接时，会发生各种化学反应，形成不同的化合物，表 8-3 给出了几个例子。

表 8-3 各种固相扩散焊接组合中可能出现的化合物

焊接组合	化学反应化合物	焊接组合	化学反应化合物
Al_2O_3-Cu	$CuAlO_2$, $CuAl_2O_4$	Si_3N_4-Al	AlN
Al_2O_3-Ni	$NiO \cdot Al_2O_3$, $NiO \cdot SiAl_2O_3$	Si_3N_4-Ni	Ni_3Si, Ni(Si)
SiC-Nb	Nb_5Si_3, $NbSi_2$, Nb_2C, $Nb_5Si_3C_x$, NbC	Si_3N_4-Fe-Cr 合金	Fe_3Si, Fe_4N, Cr_2N, CrN, Fe_xN
SiC-Ni	Nb_2Si	AlN-V	V(Al), V_2N, V_5Al_8, V_3Al
SiC-Ti	Ti_5Si_3, Ti_3SiC_2, TiC		

焊接条件不同，反应产物不同，接头性能也不同。如 1517℃下用金属 Nb 作中间层固相扩散焊接 SiC 陶瓷，焊接时间 2h 时，接头界面组成为 SiC/$Nb_5Si_3C_x$/Nb_2C/Nb；焊接时间 2～20h 时，接头界面组成为 SiC/NbC/$Nb_5Si_3C_x$/NbC/Nb_2C/Nb；焊接时间超过 20h 后，接头中的 Nb 消失，接头界面组成为 SiC/NbC/$NbSi_2$/NbC/$NbSi_2$/NbC/SiC，出现 $NbSi_2$ 后，接头强度降低。

② 焊接环境气氛的影响。一般情况下，在真空中固相扩散焊接的接头强度比在氩气和空气中的高。用 Al 作中间层固相扩散焊接 Si_3N_4 时，其接头强度依下列顺序降低：氩气，氮气，空气。

(2) 线胀系数的影响　在弹性范围内因线胀系数不匹配时，两材料之间将产生残余应力。焊接温度与室温之差和线胀系数之差越大，残余应力也越大。陶瓷与金属焊接时，陶瓷的线胀系数较小，因此，一般来说，陶瓷受压，金属受拉。若再用塑性中间层，则使接头中的残余应力更加复杂。图 8-13 给出了用 Al 作中间层进行 Al_2O_3 陶瓷与金属焊接时，线胀系数不匹配对抗拉强度的影响。因此，应当选用线胀系数与陶瓷相差较小的金属，就可以降低接头的残余应力。

(3) 中间层材料的影响　固相扩散焊接使用中间层是为了降低焊接温度、减少焊接时间和降低焊接压力，以及促进扩散和去除杂质，同时也可以降低残余压力。图 8-14 给出了中间层材料及其厚度对 Al_2O_3 陶瓷与铁素体不锈钢（AISI405）固相扩散焊接接头残余压力的

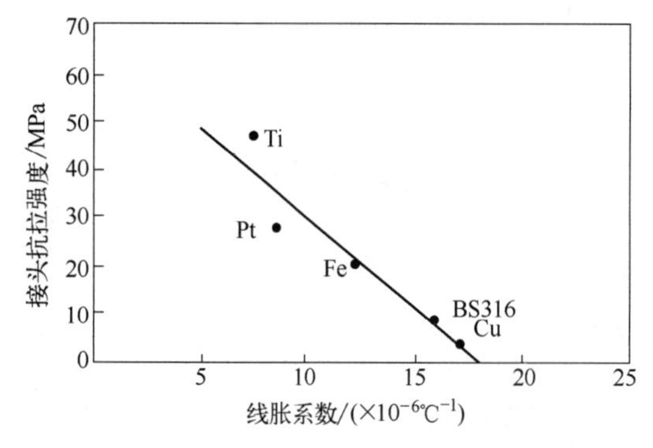

图 8-13　用 Al 作中间层进行 Al_2O_3 陶瓷与金属焊接时线胀系数的不匹配对抗拉强度的影响（BS316 为英国 316 不锈钢）

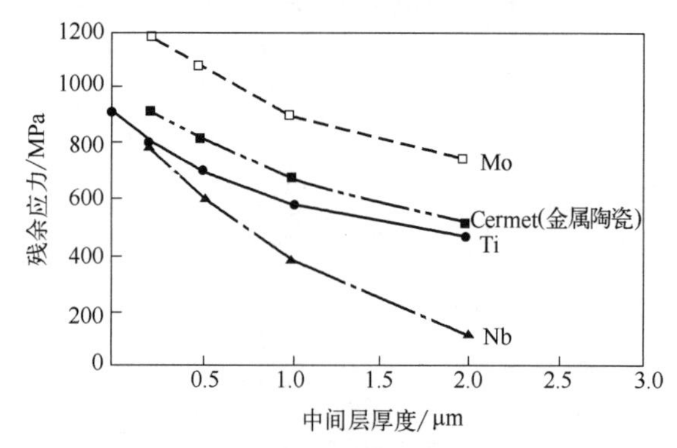

图 8-14　中间层材料及其厚度对 Al_2O_3 陶瓷与 AISI405 固相扩散焊接接头残余压力的影响

影响。但是，正如前面所述，中间层材料将使接头中的残余应力更加复杂。

(4) 表面状态的影响　表面状态对固相扩散焊接接头强度有十分重要的影响，表面粗糙将使接头强度降低。

(5) 焊后退火的影响　Si_3N_4 陶瓷在加热 1500℃、加压 21MPa、保温 60min，在 1MPa 的氮气中进行直接固相扩散焊接时，界面不会完全消失。但是，焊后经过 1750℃保温 60min 的退火处理后，可显著改善界面组织，提高接头强度，使接头的室温抗弯强度从 380MPa 提高到 1000MPa 左右，达到陶瓷母材的强度。

8.4 用超塑性陶瓷作中间层焊接陶瓷

陶瓷之间的连接自古以来都是采用粘接或机械连接，近年来开发出利用涂布（电镀、喷镀）及活性金属以得到化学结合的方法。但是，这些方法的高温强度及质量的稳定性还不能令人满意，因为中间层多是采用热压或 HIP 等直接连接的方法，当连接面积增加时，就需要采用提高温度和加大压力，这样工件就会发生塑性变形，从而影响产品的精度。

8.4.1 超塑性陶瓷作中间层焊接陶瓷的特性

最近发现 3Y-TZP（含 3mol% Y_2O_3 正方晶的 ZrO_2 多晶体）等几种陶瓷具有与金属一样的超塑性，其特性是有很高的塑性及很低的变形抗力，且几乎没有弹性。在进行陶瓷之间的焊接时，使用这种超塑性陶瓷作中间层，被焊接的陶瓷完全不需要发生塑性变形，只要超塑性陶瓷中间层在被连接陶瓷之间发生超塑性流动，在中间层陶瓷的超塑性温度下发生扩散，与被连接陶瓷发生原子之间的结合。也就是说，被焊接陶瓷不需要发生任何塑性变形就可以进行焊接。另外，由于中间层也是陶瓷，它仍然具有陶瓷所具有的耐热性、耐磨性、耐腐蚀性。

采用超塑性陶瓷作中间层焊接陶瓷的方法有如下一些特点。

① 由于中间层处于超塑性状态，变形抗力非常小，被连接材料几乎不变形就可以进行焊接。由于它能产生极大的塑性，被连接陶瓷的结合面即使不发生任何滑动，仅靠中间层的超塑性流动就可以布满整个结合面间隙。

② 超塑性陶瓷颗粒平均直径一般在微米级以下，而且以超塑性变形形式在晶间滑动，变形后仍然保持微细状态的组织。因此，被焊接材料与作为中间层的超塑性陶瓷接触时，如果接触存在空隙，由于超塑性陶瓷中间层颗粒极小，能够向空隙处扩散，这些空隙很快就会消失。由于接合时间很短，不会析出有害的脆性相。

③ 在陶瓷焊接完成后，利用超塑性陶瓷中间层的超塑性变形，可以使中间层陶瓷变得很薄，从而降低残余热应力。

④ 由于中间层材料 3Y-TZP 或 3Y-20A［80%（3Y-TZP）+20% Al_2O_3］是以正方晶的 ZrO_2 多晶体为主体，比被焊接陶瓷（如 Al_2O_3、Si_3N_4、SiAlON）的热胀系数还小，发生 ZrO_2 正方晶→单斜晶应力诱发马氏体相变而使 ZrO_2 膨胀，使残余热应力减小。

⑤ 由于中间层材料也是陶瓷，因此，陶瓷的特征不会损失。

8.4.2 用超塑性陶瓷作中间层焊接陶瓷的焊接机理

从 Al_2O_3 与 ZrO_2 状态图知道，在 1500℃以下的温度既不会熔化，也不会出现新的化合物相，但对结合面附近的X射线分析表明，几乎看不到Zr、Y、Al等元素的扩散。这是由于它们各自被束缚在Al_2O_3与3Y-TZP中的缘故。因此，它们之间的结合过程如下。

由于中间层材料3Y-TZP主要在晶界流动，3Y-TZP等轴状颗粒微细组织将布满Al_2O_3陶瓷材料的不平处，如图8-15所示。这时Al_2O_3颗粒与3Y-TZP颗粒之间接触后，又在焊接加压应力作用下以图8-16那样的模式运行。也就是说，最初是点和线状的接触，在外加压应力作用下，局部产生很大应力，中间层材料3Y-TZP产生塑性变形，这个应力还促进体扩散及表面扩散而形成颈项并结合在一起。其驱动力即外加压应力。虽然Al_2O_3与3Y-TZP之间的线胀系数存在较大差异，但并没有产生裂纹或龟裂，而获得了良好的焊接接头。

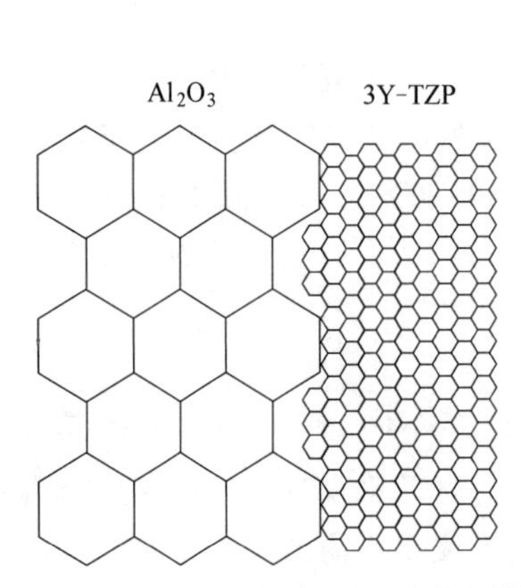

图8-15　Al_2O_3与3Y-TZP最初接触模型

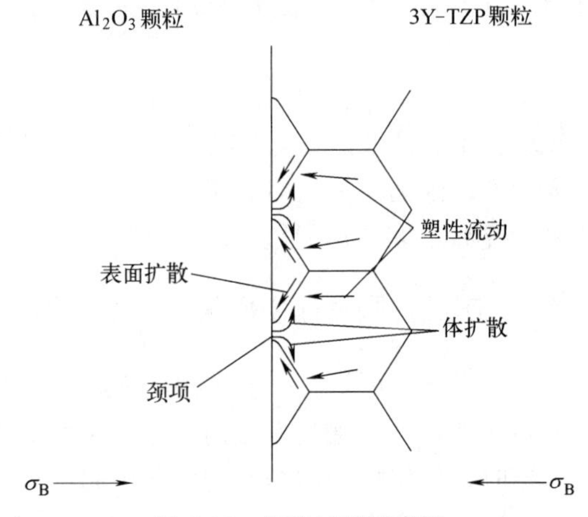

图8-16　焊接过程示意图

思　考　题

1. 材料焊接中中间层的作用是什么？

2. 采用中间层方法进行固相扩散焊接质量的影响因素有哪些？

3. 分析采用铜、钒作为梯度复合中间层的Ti60钛合金与因科耐尔3128镍合金电子束焊。

第9章 过渡液相扩散焊接

9.1 过渡液相扩散焊接概述

过渡液相扩散焊接（也叫瞬时过渡液相焊接）是指利用液相在两材料之间的渗透、反应、结晶，而将两种材料连接在一起。这种液相的产生，可以是两材料之间的直接接触，也可以采用加中间层材料而产生；这种中间层可以是一层，也可以是多层；这种液相可以是在焊接面全部，也可以是部分。如果是部分液相就叫作部分过渡液相扩散焊接。

这是一种以液相为中间媒介的焊接方法。在焊接温度下，这个液相可以是填充材料熔化而得到的，也可以是母材之间或者与加入的中间层发生反应、中间层与中间层相互作用而形成的低熔物。这种方法可以进行难以焊接的同种材料或者异种材料之间的焊接，并且已经实现了金属、陶瓷、碳材料、金属间化合物等其它材料以及它们之间的焊接。

9.1.1 过渡液相扩散焊接的分类

过渡液相扩散焊接根据中间层熔化形成的过渡液相的形态可以分为两类：中间层全部熔化和中间层部分熔化。前者叫作过渡液相扩散焊接，后者叫作局部（部分）过渡液相扩散焊接。后者是在前者的基础上发展而来的。

9.1.2 过渡液相扩散焊接

9.1.2.1 过渡液相扩散焊接的机理

过渡液相焊接是指利用熔化形成的液相在两材料之间的渗透、反应、结晶，而将两种材料连接在一起。这种液相的产生有两种方法：不加中间层和加中间层。

（1）不加中间层　两材料之间不加中间层，由被焊材料直接接触发生冶金反应形成液相。被焊材料可以是同种材料，也可以是不同材料。但是，它们相接触，必须能够有两种元素（A、B，两种母材各自提供一种）发生冶金反应，形成低于母材中熔点较低一方的熔点的液相，利用这个液相凝固而使被焊材料焊接在一起。要使两块被焊材料接触，产生低于母材中熔点较低一方的熔点的液相，应该是两种母材之间能够形成低熔点共晶，如图 9-1 所示。

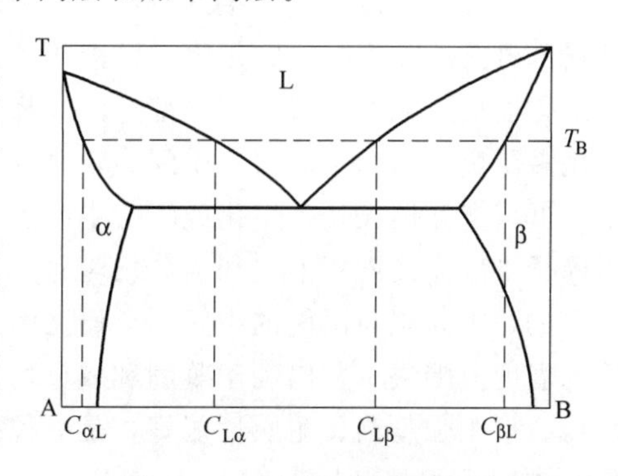

图 9-1　二元共晶相图示意图

（2）加中间层　如果被焊材料之间接触不能够产生熔点低于母材的液相，就可以采用加中间层材料，由中间层材料的熔化而产生的液相与母材发生冶金反应，凝固之后将被焊材料焊接在一起（图 9-2）。这种加中间层的方法，可能获得高熔点的焊缝材料，所以适合获得高温焊接接头。

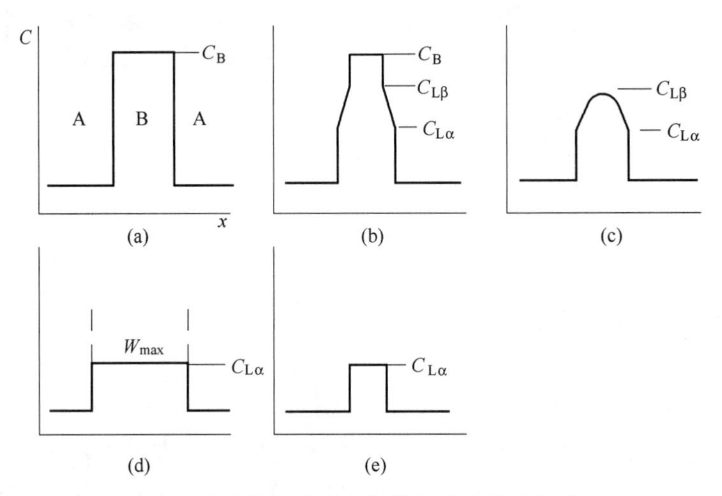

图 9-2　金属过渡液相焊接的过程的示意图

（a）初始状态；（b）B 元素熔化；（c）B 元素全部熔化；（d）液相区达到最大宽度；（e）等温凝固

9.1.2.2　过渡液相焊接（TLPB）的过程

以二元共晶相图为例（图 9-1），母材为 A，中间层为 B，焊接温度为 T_B，它分为如下四个阶段。图 9-2 给出了金属过渡液相焊接的过程的示意图。

第一阶段，中间层 B 材料的快速熔化，其化学成分在 $C_{L\beta}$ 和 $C_{L\alpha}$ 之间［图 9-2（b）］。

第二阶段，液相继续扩大，化学成分达到液相线。液层宽度可以根据中间层厚度由平衡相图计算得出。这一阶段既有液相扩散，又有固相扩散，而且，固相扩散更重要［图 9-2（c）］。

第三阶段，中间层已经全部熔化，液相层达到最厚，开始液相结晶阶段，过程由固相扩散控制。结晶时间取决于液相宽度并反比于互扩散系数［图 9-2（d）］。

第四阶段，固相均匀化阶段［图 9-2（e）］。

9.1.3　局部过渡液相焊接

（1）局部过渡液相焊接的机理　用于焊接陶瓷（不限于陶瓷）与陶瓷及金属与陶瓷之间的局部过渡液相焊接，它是由过渡液相焊接发展而来的。过渡液相焊接温度是使材料发生完全熔化而形成完全的液相。局部过渡液相焊接是在过渡液相焊接的基础上发展起来的，它是采用多层金属作为中间层，中间为较厚的耐热金属，两侧为很薄的低熔点金属。在焊接温度下，低熔点金属先发生熔化或者与中间层的金属作用产生低熔共晶而熔化，此后在保温中通过原子扩散而使液相消失和成分均匀化，从而实现焊接。在这种方法中中间层的选择是非常重要的，中间层与两侧的中间层金属之间无论在固态或者液态都应该完全固熔，最好液态存在的温度范围狭窄，以利于凝固和成分均匀化。这种方法兼具钎焊和扩散焊的优点，焊接温度低、接头强度高、耐热性能好，是一种很有发展前途的方法。已经实现了采用 Cu/Nb/Cu 作为中间层焊接 Al_2O_3/Al_2O_3、采用 Ti/Cu/Ni/Cu/Ti 作为中间层焊接 Si_3N_4/Si_3N_4 以及采用 Sn 基钎料/CuTi/Sn 基钎料作为中间层焊接 Al_2O_3/AISI304 等，得到的接头强度分别为 250MPa（弯曲）、260MPa（弯曲）和 90MPa（剪切）。

（2）金属局部过渡液相焊接的过程　在陶瓷局部过渡液相焊接中，图 9-3 给出了陶瓷局部过渡液相焊接过程的示意图，其中液态金属是由金属 B 的熔化而成。采用 B/A/B 中间层进行陶瓷的焊接就属于这一过程。它通常在界面形成一个反应层，这个反应层对于焊接过程和接头质量有重大影响。

用于焊接陶瓷（不限于陶瓷）与陶瓷及金属与陶瓷之间的局部过渡液相焊接，以二元共晶相图为例（图 9-1），分为如下四个阶段。焊接温度为 T_B。

第一阶段，中间层 B 材料的快速熔化［图 9-3（b）］。

第二阶段，液相继续扩大，化学成分达到液相线。液层宽度可以由平衡相图计算得出。这一阶段既有液相扩散，又有固相扩散，而且固相扩散更重要［图 9-3（c）］。

第三阶段，中间层已经全部熔化，液相层达到最厚，开始液相结晶阶段，由固相扩散控制。结晶时间取决于液相宽度并反比于互扩散系数［图 9-3（d）］。

第四阶段，固相均匀化阶段［图 9-3（e）］。

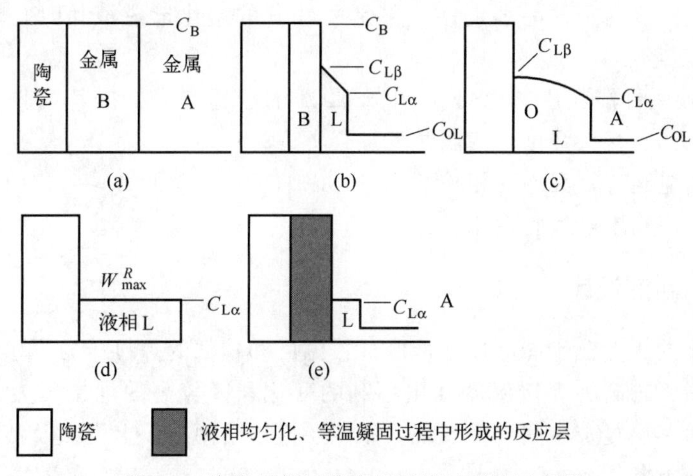

图 9-3　陶瓷局部过渡液相焊接过程的示意图

（3）陶瓷材料局部过渡液相扩散焊接的特点　陶瓷材料局部过渡液相焊接的特点在于：它具有钎焊（中间层与陶瓷）和扩散焊的优点，它的液态金属起到钎料的作用。由于液态金属参与焊接过程，不但加快了焊接进程，还降低了对工件表面加工的要求，消除了固相焊接中难以完全消除的界面空洞；与活性钎焊不同，在液态金属的等温凝固和随后的均匀化过程中又具有扩散焊的特征。

9.2 中间层材料

9.2.1 中间层材料的选择

（1）利用非金属作为局部过渡液相扩散焊接中间层材料　非金属中间层材料的熔点要低于被焊材料的熔点。焊接时，将中间层材料夹在被焊工件之间，加热到中间层材料的熔点以上使之熔化，并向工件中扩散（图 9-3），从而引起工件表面层的熔化，形成一层成分可变的“合金”。当中间层充分熔化后，“合金”中高熔点组元的含量增高，最后形成高熔点材料的连接区，低熔点材料就填充间隙，从而把两种高熔点的工件焊合在一起。

采用软化点较低的玻璃可以实现对含有硅酸盐的陶瓷基复合材料的过渡液相扩散焊。由于硅酸盐的软化点在很大程度上取决于其中碱或者碱土金属的类型及含量，因此，在玻璃熔化后，随着碱或者碱土金属向玻璃或者玻璃陶瓷基体的扩散而使其黏度增大，产生结晶，而获得耐高温的连接层。

（2）利用金属作为局部过渡液相扩散焊接中间层材料　金属中间层为一种或者几种熔点不同的金属材料构成的复合金属中间层，熔点较低的金属位于两侧而与工件表面接触。焊接过程中，低熔点金属熔化并润湿陶瓷，形成高熔点的合金或者反应产物，这种焊接兼有扩散焊及钎焊的优点。薄层液相的存在使其类似钎焊，而核心中间层与液相的反应形成高熔点的合金，使这种接头可以工作在温度很高的环境条件下。

中间层材料的选择的原则，以 B/A/B 形式的多层中间层为例：

① B 熔化或者 B/A 形成液态合金应该能够润湿陶瓷，因此，必须有一种是活性材料；

② 如果是由 B/A 形成液态合金时应该有合适的共晶温度，这个共晶温度决定了焊接温度，就是要求焊接温度高于共晶温度；如果是通过 B 的熔化形成液相时，焊接温度应当高于它的熔点；

③ 为了保证接头性能（比如耐热性），金属 A 的选择应当根据其线胀系数和弹性模量（影响接头残余应力）、接头强度、耐腐蚀性综合考虑；

④ A、B 之间应当有较高的互相扩散系数，以缩短焊接时间；

⑤ A、B 之间应当不产生脆性相。

9.2.2　中间层材料的设计

过渡液相焊接的优点在于能够用较低的焊接温度和较低的焊接压力下形成接头，有利于避免母材组织性能因较高的焊接温度发生不利的变化和因较高的焊接压力而发生过大的变形。这一过程可由多层复合中间层来实现，中间层应当由两层以上熔点及活性不同的金属组成，且必须具备如下条件：

① 在较低温度下，能够通过低熔点层的熔化或者复合中间层之间的相互反应形成一薄层液态金属，这个液态金属要能够与陶瓷反应形成牢固的结合面；

② 在焊接温度下，这个液态金属要能够与高熔点层快速相互扩散并形成以高熔点层原始成分为主的均匀组织；

③ 接头焊缝的熔点比焊接温度高，且高温性能好。

这个多层复合中间层通常是由一薄层低熔点材料（或可以通过反应来形成低熔点物质）熔敷在较高熔点的其它中间层上，由低熔点材料熔化形成过渡液相，这个过渡液相要能够与高熔点物质发生反应而形成合适的高熔点物质，从而消耗掉低熔点物质。例如，用 Cu/Nb/Cu 作为复合中间层焊接 Al_2O_3 陶瓷时，过渡液相可以与 Al_2O_3 陶瓷发生反应而在界面上形成不连续的 Cu-Al-O 相，反应的结果既消耗了 Cu，又形成了难熔化合物；用 Ti/Ni/Ti 作为复合中间层焊接 Si_3N_4 陶瓷时，Ti-Ni 在 942℃存在一个共晶点，若在 1050℃焊接时，共晶液相与 Si_3N_4 陶瓷接触，Ti 与 Si_3N_4 陶瓷反应在界面上形成 TiN，同时，过渡液相还与 Ni 能够反应，形成熔点在 1378℃的 Ni_3Ti，这些都是高熔点化合物。这就是由低熔点材料熔化（此处是 Ti-Ni 共晶相）形成过渡液相，这个过渡液相与高熔点物质发生反应而形成合适的高熔点物质，从而消耗掉低熔点物质。

还有一种情况就是在较低温度下过渡液相与难熔金属发生反应形成一层高熔点物质（比如，难熔的金属间化合物）。采用Sn/Nb/Sn作为复合中间层焊接陶瓷时，Sn作为低熔点材料熔化形成过渡液相，Nb和Sn可以形成三种金属间化合物，其中，Nb_3Sn可以在高温下稳定存在，选择合适的焊接温度就可以得到稳定的Nb_3Sn相。其接头经过1500℃退火后的室温强度可达母材的70%。

如果有必要，在焊后还可以进行不加压的高温退火。

在选择多层复合中间层时，要考虑中间层材料之间的二元相图或多元相图；还要考虑中间层材料与陶瓷之间的反应，可能形成的新相及其力学性能。

9.2.3 中间层添加的形式

中间层可以是箔状、片状、粉状、丝状、糊状、粉末状等。添加方法可以是夹入，也可以是电镀、喷涂、喷溅、涂镀、电刷镀、蒸镀等。

中间层可以是一层，也可以是多层。

9.2.4 多层复合中间层的应用

表9-1给出了一些陶瓷局部过渡液相焊接时的中间层材料及其厚度和焊接参数。

表9-1 一些陶瓷局部过渡液相焊接时的中间层材料及其厚度和焊接参数

陶瓷	金属中间层/μm	连接条件	接头强度/MPa[①]
Al_2O_3	Cu/Pt/Cu 3/127/3	1150℃,6h	233[③]
Al_2O_3	Cu/Ni/Cu 3/100/3	1150℃,6h	160[②]
Al_2O_3	Cu/80Ni-20Cr/Cu 25/125/25	1150℃,6h	137[②]
Al_2O_3	Ti/Cu/Ti 5,10,20,30,40/8000/5,10,20,30,40	1273K,0.5h	
Si_3N_4	Ti/Ni/Ti 5/1000/5	1323K,5.4ks	234[②]
Si_3N_4	Ti/Ni/Ti 20/800/20	1323K 0.9ks,1.8ks,3.6ks,7.2ks	138.6[③]
Si_3N_4	Au/Ni-22Cr/Au 2.5,0.9/125,25/2.5,0.9	960～1100℃ 0.5～9h	272[②]
Si_3N_4	Ti/Cu/Ni/Cu/Ti 2/30/800/30/2	(1323K,3.6ks)+ (1393K,1.8ks)	260[③]

① 四点抗弯强度。
② 平均接头强度。
③ 最高接头强度。

（1）用Cu/Nb/Cu复合中间层焊接Al_2O_3陶瓷　Nb作为高熔点材料，其不仅熔点高，而且线胀系数与Al_2O_3陶瓷相近。从相图上看不出它与Cu能够形成脆性相，在Cu的熔点以上Nb在Cu中的平衡溶解度很低，但少量的Nb溶入液态Cu中，可以降低作为过渡液相的Cu合金的接触角，有利于形成强的金属与陶瓷的结合。

采用气相沉积法在Al_2O_3陶瓷表面沉积3μm左右的Cu作为过渡液相，用99.99%的纯Nb作为高熔点中间相。焊接条件与用Cu/Pt/Cu复合中间层焊接Al_2O_3陶瓷相同，则焊接接头四点弯曲强度可达 119～255MPa，平均强度可达 181MPa。其断口在金属与陶瓷的界面上，大部分断口还拽出一些陶瓷来。拽出的陶瓷越多，强度越高。还发现在金属与陶瓷的界面上有 Cu 以及析出的第二相，这种第二相的成分为 Cu-Al-O，可能是 Cu 的铝酸盐。大部分析出的第二相中还有 Si，其呈现两种形态：一种析出在 Nb 的晶粒边界，勾画出 Nb 的晶粒轮廓，显示 Nb 的平均晶粒直径为 60μm 左右；另一种则分散析出在 Nb 的晶粒内部。这种析出相与金属和陶瓷结合得很好，断裂穿过析出相。

用 Cu/Nb/Cu 复合中间层焊接 Al_2O_3 陶瓷的接头，经过 1000℃下退火 10h，接头强度会提高。

（2）用 Cu/Ni/Cu、Cr/Cu/Ni/Cu/Cr 和 Cu/Ni80-Cr20/Cu 复合中间层焊接 Al_2O_3 陶瓷 Ni 是相对于作为过渡液相 Cu 的熔点较高的元素，把它作为高熔点的元素，它也是高温合金的基本元素，因此，用它来焊接陶瓷是可以将接头使用于高温条件的。

① 用 Cu/Ni/Cu 作为复合中间层。Cu 与 Ni 可以无限互溶，用 Cu/Ni/Cu 作为复合中间层可以更容易地均匀化。用厚度 100μm 左右的镍片和厚度 3μm 左右的铜片作为复合中间层形成过渡液相在 1150℃×6h 下焊接 Al_2O_3 陶瓷，形成的中间层已经均匀化，此中间层为 Cu6Ni94 的合金，其液相线为 1430℃，接近纯镍的熔点 1453℃。

用 Cu/Ni/Cu 作为复合中间层进行过渡液相焊接，其接头抗弯强度为 61～267MPa，平均强度可达 160MPa。其最高强度高于陶瓷。其高强度接头的断裂在陶瓷中。

② 用 Cr/Cu/Ni/Cu/Cr 作为复合中间层。用 Cr/Cu/Ni/Cu/Cr 作为复合中间层进行过渡液相焊接时，是先在 Al_2O_3 陶瓷表面涂覆一层 10nm 的 Cr，Cr 可以降低富 Cu 相对 Al_2O_3 陶瓷的润湿角。Cr-Cu 之间不产生金属间化合物。

③ 用 Cu/Ni80-Cr20/Cu 作为复合中间层。采用同样的条件以 Cu/Ni80-Cr20/Cu 作为复合中间层焊接 Al_2O_3 陶瓷时，虽然均匀化后仍有少量未完全扩散，但其固相线仍高于 Cu 的熔点 1150℃。用这种材料作为复合中间层焊接 Al_2O_3 陶瓷时，由于 Cr 含量的提高，中间层的屈服强度提高，不利于降低接头的残余应力，但其接头强度分布较为均匀，平均抗弯强度可达 230MPa。

（3）用 Cu-Au-Ti/Ni/Cu-Au-Ti 复合中间层焊接 Si_3N_4 陶瓷　用 Cu48％、4μm 的 Au 和 Ti4％作为复合中间层的低熔点合金，其熔点为 910～920℃。加 Ti 是为了改善其对 Si_3N_4 陶瓷的润湿性，用厚 25μm 的 Ni 作为高熔点的材料。在焊接过程中，焊接温度要略高于 910～920℃，使 Cu-Au-Ti 熔化而作为过渡液相，而后 Ni 熔入其中，形成 Ni80-Cu10-Au10 的中间层，其熔点为 1300～1350℃。在冷却过程中温度低于 970℃，将出现 Ni 与 Cu-Au 的分离，形成富 Ni 相和富 Cu-Au 相，这样对接头的高温性能不利。这种接头耐高温性能较差。

9.2.5 中间层对接头性能的影响

（1）焊接工艺参数对接头力学性能的影响

① 加热速度的影响。焊接过程中产生液相层的厚度会随着加热速度的减小而减小，当液相程度低于某一个值时，接头在焊后就会产生裂纹。

② 保温时间的影响。随着保温时间的延长，共晶反应区不断扩大，中间层不断缩小乃至消失，接头强度也不断增加。当保温时间超过某一数值后，接头强度又逐渐下降，这时中间层已经消失，在接头中心有少量小尺寸的增强纤维偏聚。

③ 焊接压力的影响。焊接压力过小，中间层与被焊材料表面接触不紧密，造成界面结合不良，产生空洞；压力过大，接头中液态金属被挤出，增加增强纤维偏聚和引起空洞。

对于其它材料，有中间层的瞬间液相扩散焊也具有相似的规律。

图 9-4 和图 9-5 分别为以铜为中间层铝基复合材料有中间层瞬间液相扩散焊接时焊接温度和保温时间对接头抗剪强度的影响。增强相偏聚区是接头的薄弱区，是裂纹的起源点。

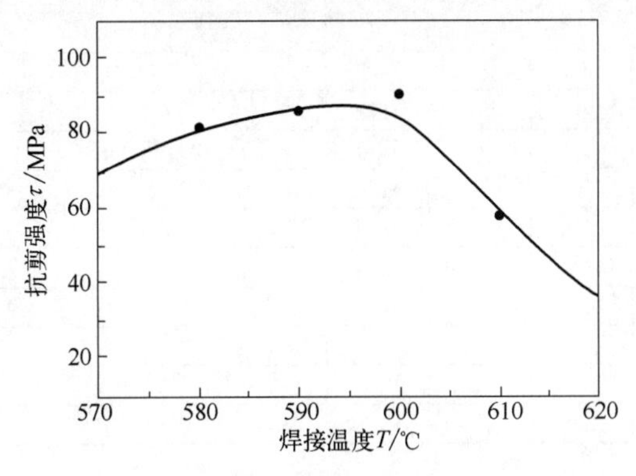

图 9-4　焊接温度对接头抗剪强度的影响

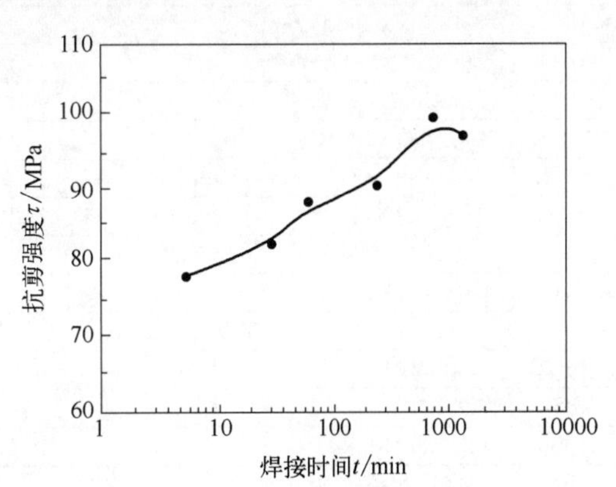

图 9-5　保温时间对接头抗剪强度的影响

剪切试样断口分析表明，焊接温度降低时（570℃），可以看到明显裸露的 Al_2O_3 颗粒，颗粒间基体金属较少，存在大量空隙。因为温度低液态基体金属流动性较差，而同时 Al_2O_3 颗粒偏聚，进一步妨碍了液态基体金属的流动，使得 Al_2O_3 颗粒间无法被液态基体金属填充，凝固后留下较多空隙，减小了承载面积，因此，接头强度较低。

焊接温度提高到 600℃时，由于液态金属温度较高，其流动性增强，容易填充 Al_2O_3 颗粒间空隙，凝固后留下空隙较少，增大了承载面积，因此，接头强度较高。

保温时间的长短与焊接温度的高低具有类似的功效。

（2）中间层厚度对接头力学性能的影响　中间层厚度对接头力学性能（特别是复合材料的焊接）具有明显的影响。当中间层厚度较厚时，接头强度不稳定，较厚的中间层使得过多的基体发生液化，接头区域有较多增强颗粒偏聚和空隙。当中间层厚度较薄时，在连接界面看不到有液相出现。研究发现，母材中增强颗粒的平均间距和中间层厚度对增强颗粒偏聚的影响较大。采用小于或等于某一个厚度的中间层，产生的液态薄膜厚度小于或等于母材中增强颗粒间距时，可以避免增强颗粒的偏聚；如果中间层厚度超过这一个厚度时，产生的液态薄膜厚度大于母材中增强颗粒间距，液相中就包含较多的增强颗粒，就会有增强颗粒被推挤到移动的固-液界面前沿，产生偏聚。

Ag 中间层厚度从 100μm 减小到 10μm，试样就裂开了，不能承受拉力，这是由于在加热到共晶温度之前 Ag 已经向母材扩散，随后产生的液相量不足以去除连接表面的氧化膜。在采用 Ag 作为中间层焊接体积分数为 15%Al_2O_{3P}/6061Al 纤维增强铝基复合材料时，Ag 中间层厚度小于 7.5μm，形成的接头也不能承受拉力；而中间层厚度为 25μm 时，接头的剪切强度达到 172MPa，达到母材的 98%。

但是，如果形成的液相太厚，液态金属被挤出，也会残留过多的增强纤维，造成增强纤维偏聚，使得接头强度下降。

以 Ag 作为中间层进行 Al_2O_{3P}/6061Al 纤维增强铝基复合材料的瞬间液相扩散焊时，在焊接温度 590～610℃、保温时间 40～70min、中间层厚度 20～40μm 的条件下，接头抗剪强度为 86～109MPa。

表 9-2 给出了过渡液相焊接接头的接头强度。

表 9-2 不同条件下过渡液相扩散焊法焊接的各种陶瓷焊接接头的四点弯曲强度

陶瓷	连接材料	温度/℃	时间/h	压力/MPa	环境	抗弯强度/MPa
Al_2O_3	3μmCu/127μmPt/3μmCu	1150	6	5.1	真空	160±60
Al_2O_3	3μmCu/Nb/3μmCu	1150	6	5.1	真空	181
Al_2O_3	3μmCu/100μmNi/3μmCu	1150	6	—	真空	160±63
Al_2O_3	Cu/Ni80-Cr20/Cu	1150	6	—	真空	230±19
Si_3N_4	4μmAu-Cu-Ti/25μmNi/4μmAu-Cu-Ti	950	2	—	真空	770±200,380(650℃)
Si_3N_4	4μmAu-Cu-Ti/25μmNi/4μmAu-Cu-Ti	1000	4	—	真空	770±200
Si_3N_4	2.5μmAu/25μm 或 125μmNi/2.5μmAu	1000	4	0.5,5	真空	272
SiC	Cu-Au-Ti/Ni/Cu-Au-Ti	950	—	—		260±130
Si_3N_4	2.5μmAu/125μmNi-Cr22/2.5μmAu	1000	4	—	真空	272
RBSiC	0.4mmAl	1000	0.5			270±50
RBSiC	0.4mmAl	800	1.5			250±50
RBSiC	0.4mmAl	1000	1.5			230±100,220±10(700℃)

注：连接材料栏中数值为厚度。

（3）有无中间层的比较

① 接头强度的比较。有无中间层复合材料的焊接的影响非常明显。对颗粒直径 0.4μm、体积分数 30%的 SiC_P/6061Al 复合材料进行了无中间层的瞬间液相扩散焊和采用与复合材料的基体材料相同的 6061 铝合金作为中间层进行同一材料的有中间层瞬间液相扩散焊进行比较，图 9-6 为它们的焊接接头强度与焊接温度之间的关系。

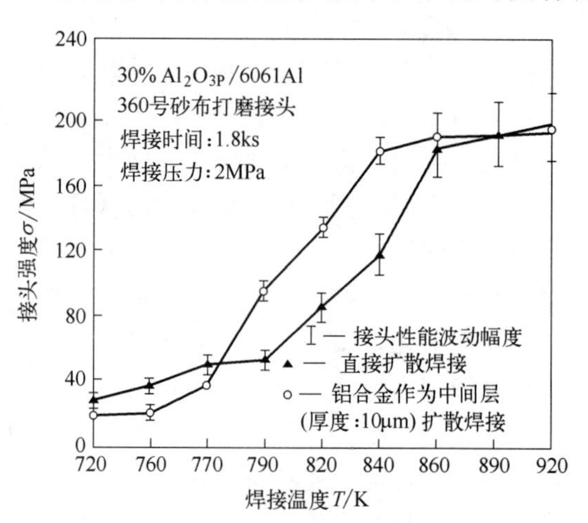

图 9-6 SiC_P/6061Al 复合材料瞬间液相扩散焊有无中间层时焊接温度与接头强度的关系

从图 9-6 可以看到，无中间层的直接瞬间液相扩散焊时，接头强度随着焊接温度的提高而提高，特别是焊接温度超过基体材料的固相线（760K）时，接头强度显著提高。焊接温度具有明显的门槛值特征，较高的接头强度往往伴随着较大的接头变形量。同时可以看到，无中间层的直接瞬间液相扩散焊时，接头强度波动较大；而在同一焊接温度下，加入 6061 铝合金作为中间层时，其接头强度提高，比较稳定，波动较小。

在无中间层的直接瞬间液相扩散焊时，由于在结合面上存在三种结合方式：基体金属-基体金属（M-M）；基体金属-增强相（M-P）；增强相-增强相（P-P）。基体与增强相的熔点相差很大，在焊接过程中，增强相不会熔化，因此，在增强相-增强相结合处，不会产生结合，就不能承受载荷，还为裂纹的萌生和扩展提供了裂源。

但是，在无中间层的直接瞬间液相扩散焊时，焊接温度超过基体金属的固相线之后，在其接触面上会出现一层基体材料的液态薄膜，基体原子通过这层液态薄膜，使得基体材料发生塑性流动。借助基体的塑性流动，使得增强相也发生移动，导致界面上的增强相重新分布，使得液态基体能够渗入增强相之间的结合处，从而使增强相-增强相接触变为增强相-金属基体的接触，接头强度提高。

② 最佳焊接工艺参数的适用范围。对于有无中间层这两种焊接工艺上的差别，在于其最佳工艺参数的适用范围，如图 9-7 所示，有铝中间层时，其最佳工艺参数的适用范围比无中间层宽。

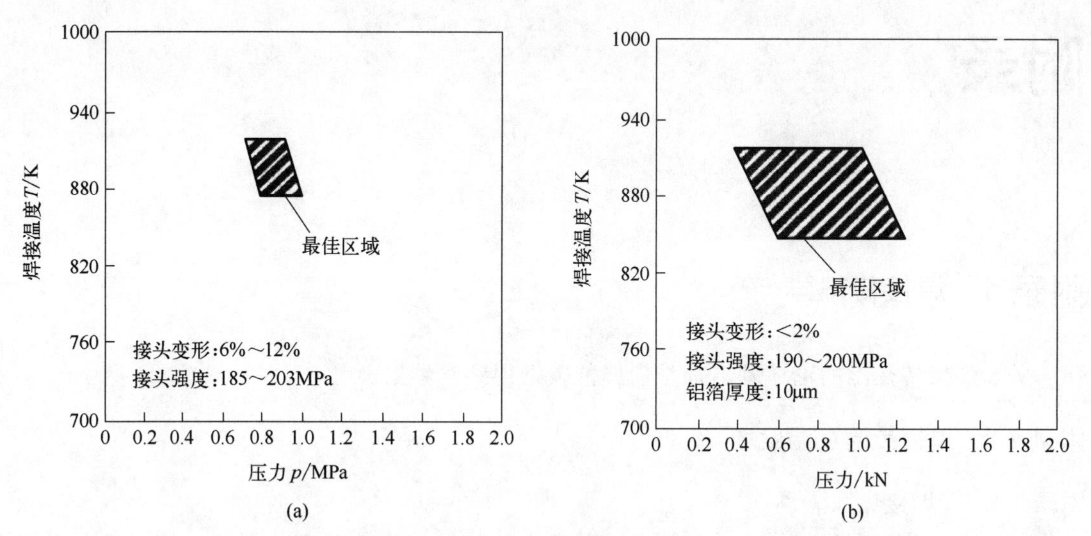

图 9-7 有无中间层的直接瞬间液相扩散焊的最佳工艺参数的适用范围

（a）直接扩散焊；（b）有铝合金中间层扩散焊

在以铝合金作为中间层时，中间层厚度大于 10μm 之后，接头强度就开始明显下降。这是由于中间层太厚，在接头中存在明显看不到增强相存在的区域，因此，接头强度下降。

思 考 题

1. 简述过渡液相扩散焊接的分类、机理。
2. 中间层材料选择的原则及条件有哪些？
3. 中间层添加的方法有哪些？
4. 为何要采用多层中间层？
5. 中间层对接头性能的影响是怎样的？

附录

附录 1　焊接传热学

关于焊接传热学的论述基本都是依据低碳钢得到的数据。

附录 1.1　焊接热源及温度场

附录 1.1.1　焊接热源

（1）电弧热　利用气体介质的放电过程产生的热能作为热源进行焊接，如焊条电弧焊、埋弧焊及气体保护焊（包括非熔化极和熔化极惰性气体保护焊，实心和药芯焊丝 CO_2 气体保护焊）等。

（2）化学热　利用可燃性气体（如乙炔、天然气、液化石油气）与氧气发生化学反应的燃烧热的气焊、铝及镁热剂发生化学反应产生的热量作为热源的热剂焊以及利用材料之间发生化学反应产生的热量进行焊接的自蔓延高温合成焊接等。

（3）高能束焊　包括等离子弧焊、电子束焊和激光焊等。其特点是加热面积很小、功率密度很大、热源温度很高。

① 等离子弧焊：利用电弧放电或者高频放电产生的高度电离的离子流作为热源进行焊接。

② 电子束焊：在真空中，利用高速运动的电子猛烈轰击被焊材料表面，将动能转化为热能作为焊接热源进行焊接。

③ 激光焊：通过受激辐射增强的光束，经过聚焦而产生的能量高度集中的激光束作为焊接热源。

这些能源的一般特性在附表 1-1 中给出。

附表 1-1　各种能源的主要特性

热　源	最小加热面积/cm^2	最大功率密度/(W/cm^2)	温度/K
乙炔火焰	10^{-2}	2×10^3	3.5×10^3
金属极电弧焊	10^{-3}	10^4	6×10^3
钨极氩弧焊(TIG)	10^{-3}	1.5×10^4	8×10^3
自动埋弧焊	10^{-3}	2×10^4	6.4×10^3
电渣焊	10^{-2}	10^4	2.3×10^3
熔化极氩弧焊(MIG)、CO_2 气体保护焊	10^{-4}	$10^4\sim10^5$	9×10^3
等离子弧	10^{-5}	1.5×10^5	$(1.8\sim2.4)\times10^4$
电子束	10^{-7}	$10^7\sim10^9$	$(1.9\sim2.5)\times10^4$
激光	10^{-8}	$10^7\sim10^9$	—

附录 1.1.2 各种能源的热效率和焊件上的能流密度分布

（1）各种能源的热效率 焊接能源的热效率可以用下式表示：

$$\eta = Q/Q_0 \tag{附 1-1}$$

式中 η——热效率，在一定条件下是常数；

Q_0——能源产生的热量；

Q——加热焊件的热量。

不同的能源的热效率是不同的，附表 1-2 给出了不同的电弧焊方法的电弧热效率。电渣焊的热效率可达 80%以上，电子束焊和激光焊的热效率可达 90%以上。

附表 1-2 不同的电弧焊方法的电弧热效率

焊接方法	碳弧焊	焊条电弧焊	自动埋弧焊	电渣焊	TIG	MIG		电子束焊、激光焊
						钢	铝	
η	0.5～0.65	0.77～0.87	0.77～0.90	0.83	0.68～0.85	0.66～0.69	0.70～0.85	>0.9

（2）能流密度分布

① 焊件上的能流密度分布：焊接能源供给焊件的热量是通过焊件上的一定面积来实现的。以电弧焊为例，这个面积称为加热区，其能量分配如附图 1-1 和附图 1-2 所示。

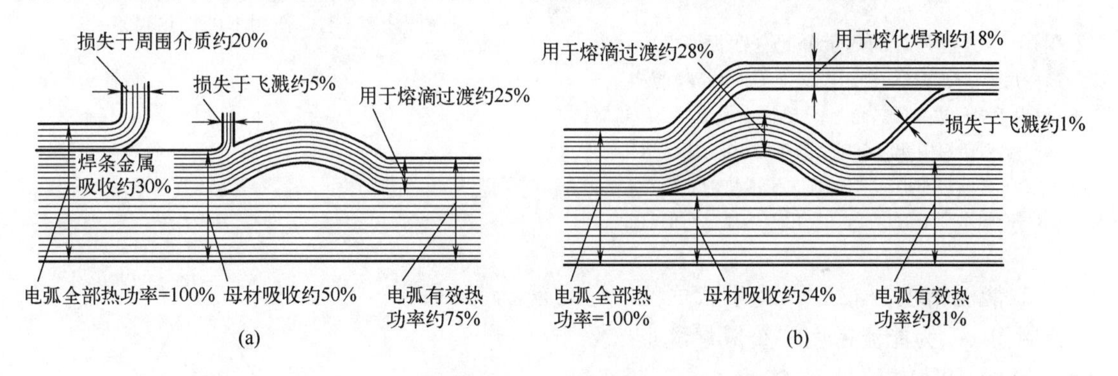

附图 1-1 电弧焊的热量分配

（a）焊条电弧焊（I=150～250A，U=35V）；

（b）自动埋弧焊（I=1000A，U=36V，v=36m/h）

这个加热区（附图 1-3）又可以分为活性斑点区（d_A）和加热斑点区（d_H）。加热斑点上的比热流可以用下式表示：

$$Q_r = Q_m e^{-Kr^2} \tag{附 1-2}$$

式中 Q_r——加热斑点上任何一点的比热流，J/(cm^2·s)；

Q_m——加热斑点上最大的比热流，J/(cm^2·s)；

K——热能集中系数（cm^{-2}），取决于焊接方法、焊接工艺参数和被焊材料的热物理性能，对低碳钢而言，焊条电弧焊时 $K \approx 1.2 \sim 1.4$ cm^{-2}，埋弧焊时 $K \approx 6.0$cm^{-2}，气焊时 $K \approx 0.17 \sim 0.39$cm^{-2}；

r——计算点与加热斑点中心（最大的比热流点）的距离（cm）。

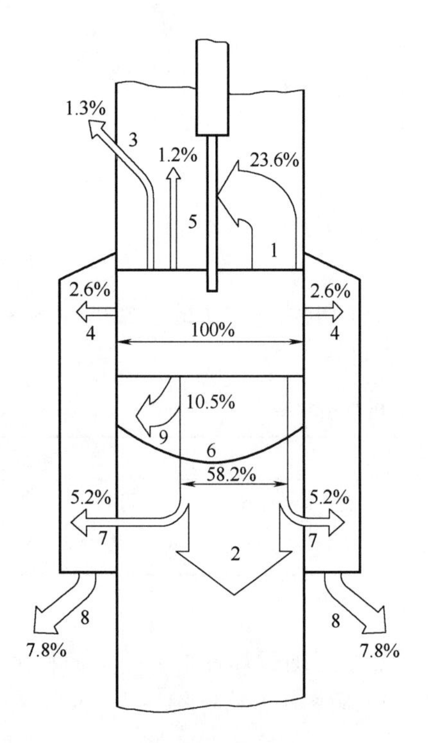

附图 1-2　电渣焊的热量分配（钢板厚 90mm）

1—用于熔化焊丝的热能；2—向母材传导的热能；3—辐射于焊件边缘的热能；4—渣池损失于滑块的热能；5—辐射于周围介质而损失的热能；6—用于熔化母材的热能；7—熔池损失于滑块的热能；8—冷却水带走的热能；9—用于熔池过热的热能

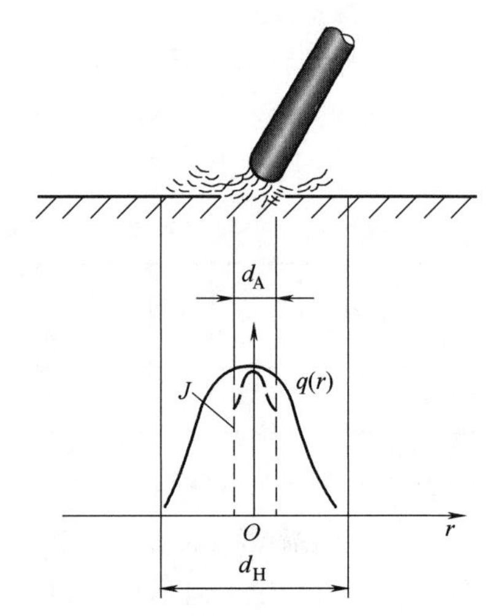

附图 1-3　电弧作用下的加热斑点

② 能流密度分布对焊缝形状的影响：附图 1-4 为能流密度分布对焊缝形状的影响，图中的能流密度分布依(a)→(b)→(c)→(d) 的方向降低。

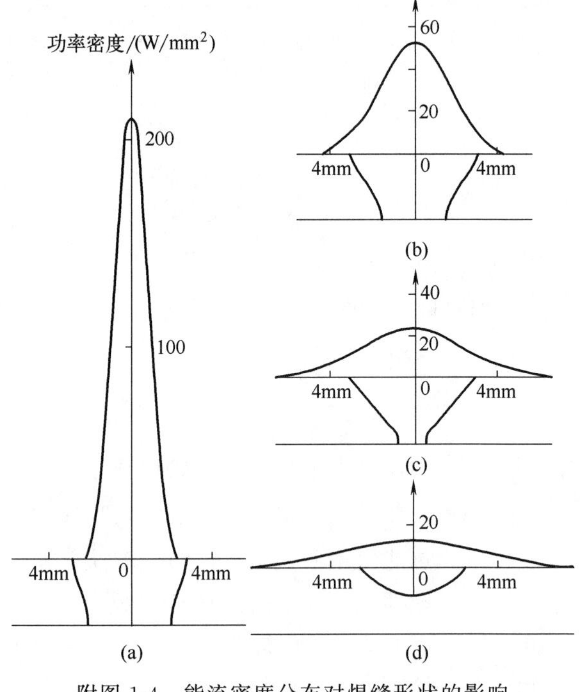

附图 1-4　能流密度分布对焊缝形状的影响

附录 1.2　焊接温度场

焊接温度场是指某一个瞬间在焊件体积内的温度分布。

附录 1.2.1　焊接温度场的分类

（1）根据焊接热源相对于焊件的状态划分　根据焊接热源相对于焊件的状态，可以将焊接温度场分为三维温度场、二维温度场和一维温度场（附图 1-5）。

① 三维温度场：对于厚大焊件的堆焊，可以看作三维温度场，它的导热有 5 个方向，即前、后、左、右和向下。可以看作作用在一个无限大物体中

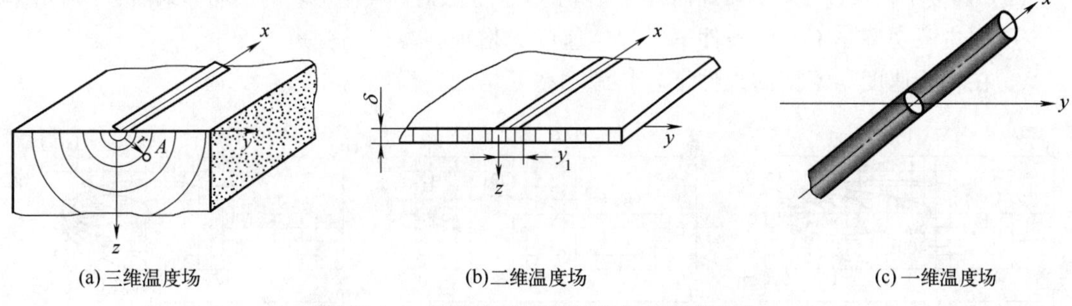

附图 1-5　焊接热源相对于焊件的状态分类

心的热源加热一半的物体，即所谓半无限大体。可以看作两倍的热源加热一个无限大体。

② 二维温度场：对于薄焊件，一次能够焊透的焊接，可以看作二维温度场，它的导热有 4 个方向，即前、后、左、右，向下没有导热。

③ 一维温度场：对于杆件、棒件的电阻焊、摩擦焊和焊条、焊丝的燃烧，都可以看作一维温度场。杆件、棒件的电阻焊和摩擦焊的导热有两个方向；焊条、焊丝的燃烧的导热只有一个方向，可以看作 2 倍热源向两个方向导热。

(2) 根据温度场的稳定性划分　应该说，相对于焊件的温度都是在变化中的、不稳定的。在焊接进行过程中，严格地说，焊件上每一点的温度都是在变化中的，处于升温和降温，即所谓热循环之中。

但是，相对于恒定的热源来说，在经过一段时间之后焊件上的温度相对于热源就可以达到相对的稳定，称为稳定的温度场。也就是说，在经历了一定时间之后，相对于恒定的移动的热源，焊件上的温度场不再变化。虽然焊件上的温度和温度场在变化，但是，相对于移动的热源，焊件的温度场就是稳定的。正是这个相对稳定的温度场的存在，才能够得到对焊件的稳定的加热、稳定的熔化区域和加热区域，从而得到稳定的焊接接头的质量。

附录 1.2.2　焊接温度场的表示方法

温度场用等温线（焊件的某一个面上相同温度的连线）或者等温面（焊件上相同温度连成的面）以及温度梯度（焊件上单位距离的温度变化）表示，如附图 1-6 所示。

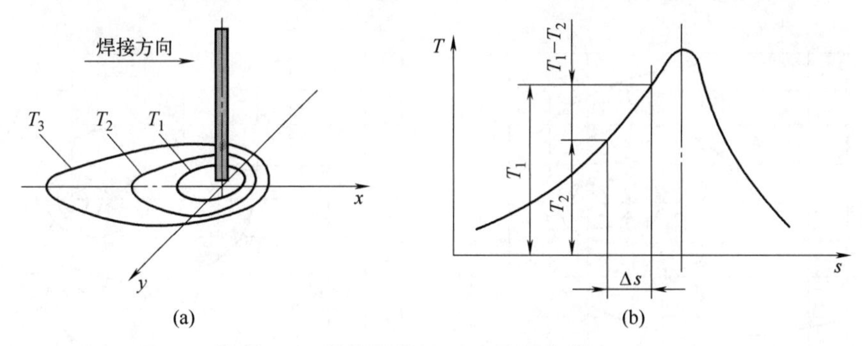

附图 1-6　焊接温度场（a）和温度梯度（b）

附录 1.2.3　影响焊接温度场的因素

(1) 热源的性质　主要是热源的集中程度（热源的集中系数 K）。热源的集中系数 K 大，加热焊件的范围就小。如在热源功率相同的条件下，其加热范围从小到大依次为高能焊（等离子焊、电子束焊、激光焊等）、埋弧焊、焊条电弧焊、气焊等。

（2）焊接工艺参数　就电弧焊而言，其焊接工艺参数对焊接温度场的影响如附图 1-7 所示。

① 在热源功率 q 不变的条件下，焊接速度 v 增加，温度场变短、变窄；

② 在焊接速度 v 不变的条件下，热源功率 q 增加，温度场变长、变宽。

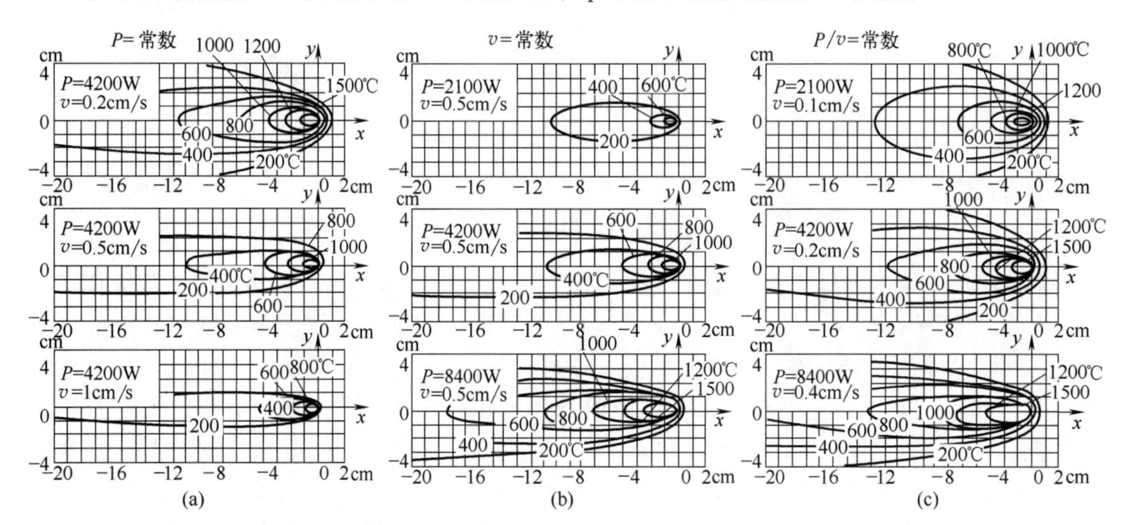

附图 1-7　焊接热源功率和焊接工艺参数对板厚 1cm 低碳钢的温度场

（a）q＝常数，v 的影响；（b）v＝常数，q 的影响；（c）（q/v）＝常数，q 和 v 同时变化的影响

（3）被焊材料热物理常数　被焊材料热物理常数：热导率、比热容等。附表 1-3 给出了某些金属材料热物理常数的平均值，附图 1-8 给出了金属热物理常数对温度场的影响。

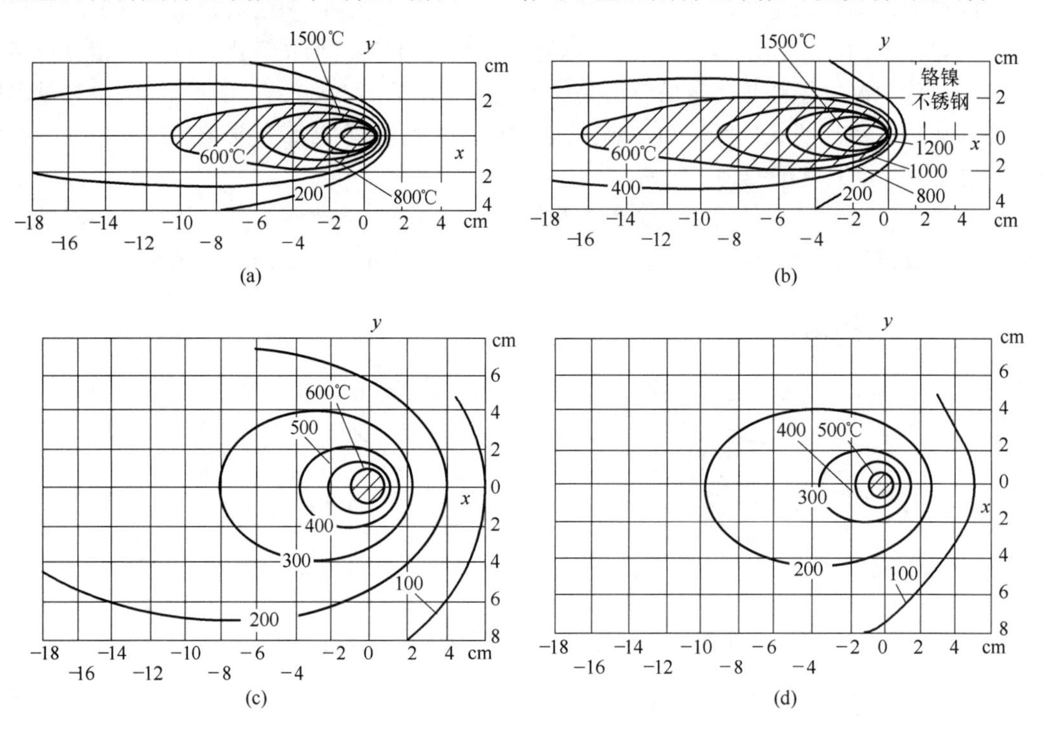

附图 1-8　金属热物理常数对温度场的影响

E＝21kJ/cm（P＝4200W，v＝0.2cm/s），δ＝1cm

（a）低碳钢；（b）铬镍不锈钢；（c）铝；（d）纯铜

附表 1-3　某些金属材料热物理常数的平均值

热物理常数	量纲	焊接条件下选取的平均值			
		低碳钢、低合金钢	不锈钢	铝	纯铜
λ	W/(cm·℃)	0.378～0.504	0.168～0.336	2.65	3.78
c	J/(g·℃)	0.625～0.756	0.42～0.50	1.0	1.32
$c\rho$	J/(cm³·℃)	4.83～5.46	3.36～4.2	2.63	3.99
$a=\frac{\lambda}{c\rho}$	cm²/s	0.07～0.10	0.05～0.07	1.00	0.95
α	J/(cm²·s·℃)	(0～1500℃) $(0.63\sim37.8)\times10^{-3}$	—	—	—

(4) 其它　被焊材料的厚度及形状、环境温度、预热温度、空气流速、多层焊层间温度等，都会对焊接温度场有影响。

附录 1.2.4　焊接温度场的计算

根据焊接传热理论，在稳定焊接温度场中焊件各点温度为

点热源（厚大件，低碳钢厚度大于 25mm）

$$T=[E/(2\pi\lambda t)]\cdot e^{-[r_0^2/(4at)]} \qquad (附\ 1\text{-}3)$$

线热源（薄板，低碳钢厚度小于 8mm）

$$T=\{(E/h)/[2(\pi\lambda c\rho t)^{1/2}]\}\cdot e^{-[y_0/(4at)]} \qquad (附\ 1\text{-}4)$$

式中　E——焊接线能量，J/cm；

λ——热导率，W/(cm·℃)；

c——比热容，J/(g·℃)；

ρ——密度，g/cm³；

a——热扩散率（$=\lambda/c\rho$），cm²/s；

h——板厚，cm；

r_0——厚大焊件上计算点与热源运动轴线的垂直距离，$r_0=(y_0^2+z^2)^{1/2}$(cm)；

y_0——薄板上计算点与热源运动轴线的垂直距离，cm；

t——热源到达计算点所在截面之后的传热时间，s。

附录 2　焊接材料

附录 2.1　焊条

焊条是由焊芯和药皮组成的，具有通电、引弧、电弧燃烧、保护、熔化、填充、合金化及传递能量的功能，是完成材料（主要是钢铁）焊接任务的最基本的材料。

附录 2.1.1　焊条的分类

(1) 按照焊条的用途分类

① 结构钢焊条。主要用于焊接碳钢及低合金高强度钢。

② 钼和铬钼耐热钢焊条。主要用于焊接珠光体耐热钢及马氏体耐热钢。

③ 不锈钢焊条。主要用于焊接不锈钢及热强钢，它可分为铬不锈钢焊条及铬镍不锈钢焊条两类。

④ 堆焊焊条。主要用于堆焊，以获得具有热硬性、耐磨性及耐蚀性的堆焊层。

⑤ 低温钢焊条。主要用于焊接在低温条件下工作的钢结构，其熔敷金属具有不同的低温工作性能。

⑥ 铸铁焊条。主要用于焊补铸铁构件。

⑦ 镍及镍合金焊条。主要用于焊接镍及高镍合金，也可用于异种金属的焊接及堆焊。

⑧ 铜及铜合金焊条。主要用于焊接铜及铜合金，其中包括纯铜焊条及青铜焊条。

⑨ 铝及铝合金焊条。主要用于焊接铝及铝合金构件。

⑩ 特殊用途焊条。用于水下焊接、水下切割等特殊工作需要的焊条。

(2) 按照焊接熔渣的碱度分类

① 酸性焊条。在焊条药皮中含有多量酸性氧化物的焊条。这类焊条的特点是，工艺性能好、焊缝表面成型美观、波纹细密。由于该类焊条药皮中含有较多的 FeO、TiO_2、SiO_2 等成分，所以熔渣的氧化性较强。酸性焊条一般均可采用交、直流电源施焊。典型的酸性焊条型号为 F4303 (牌号为 J422)。

② 碱性焊条。在焊条药皮中含有多量碱性氧化物，同时含有氟化钙的焊条。由于该类焊条药皮中含有较多的大理石、萤石等成分，它们在焊接冶金反应中生成 CO_2 和 HF，因此降低了焊缝中的含氢量。所以碱性焊条又称为低氢型焊条。采用碱性焊条焊成的焊缝金属具有较好的塑性和冲击韧性。承受动载荷的焊件或刚性较大的重要结构均采用碱性焊条施工。典型的碱性焊条型号为 E5015 (牌号为 J507)。

(3) 按照焊条药皮的类型分类

按照焊条药皮的类型可分为氧化钛型焊条、钛钙型焊条、钛铁矿型焊条、氧化铁型焊条、纤维素型焊条和低氢型焊条等。

附录 2.1.2 焊条的型号和牌号

(1) 焊条型号　焊条型号是在我国标准或权威性国际组织（例如 ISO）的有关技术标准及法规中，根据焊条特性指标进行明确划分及规定的。焊条型号的有关规定是焊条生产、使用、管理及研究等相关单位必须遵照执行的。

我国现行有关焊条的国家标准，主要有以下各项：

GB/T 5117—2012 非合金钢及细晶粒钢焊条；

GB/T 5118—2012 热强钢焊条；

GB/T 32533—2016 高强钢焊条；

GB/T 983—2012 不锈钢焊条；

GB/T 3965—2012 熔敷金属中扩散氢测定方法；

GB/T 13814—2008 镍及镍合金焊条；

GB/T 10044—2022 铸铁焊条及焊丝；

GB/T 984—2001 堆焊焊条；

GB/T 3669—2001 铝及铝合金焊条；

GB/T 5117—2012 规定了非合金钢及细晶粒钢焊条的型号、技术要求、试验方法及检验规则等内容；

GB/T 5117—2012 适用于抗拉强度低于 570MPa 的非合金钢及细晶粒钢焊条；

GB/T 5117—2012 明确规定了焊条型号按熔敷金属力学性能、药皮类型、焊接位置、电流类型、熔敷金属化学成分和焊后状态等进行划分。

GB/T 5117—2012 规定的非合金钢及细晶粒钢焊条型号由以下五部分组成：

① 第一部分用字母“E”表示焊条；

② 第二部分为“E”后面紧邻两位的数字，表示熔敷金属的最小抗拉强度代号，如“43、50、55、57”，分别代表熔敷金属的最小抗拉强度值为“430MPa、490MPa、550MPa、570MPa”。

③ 第三部分为“E”后面的第三和第四两位数字，表示药皮类型、焊接位置和电流类型，见附表 2-1。

附表 2-1 非合金钢及细晶粒钢焊条药皮类型及代号

代号	药皮类型	焊接位置	电流类型	简要说明
03	钛型	全位置	交流和直流正、反接	包含二氧化钛和碳酸钙的混合物，所以同时具有金红石焊条和碱性焊条的某些性能
10	纤维素	全位置	直流反接	含有大量可燃有机物，尤其是纤维素，由于强电弧特性特别适用于向下立焊。由于钠影响电弧稳定性，因此通常使用直流反接
11	纤维素	全位置	交流和直流反接	含有大量可燃有机物，尤其是纤维素，由于强电弧特性特别适用于向下立焊，采用钾增强电弧稳定性，适用于交直流两用及直流反接
12	金红石	全位置	交流和直流正接	含有大量二氧化钛（金红石），由于柔软电弧特性适用于在简单装配条件下对大的根部间隙进行焊接
13	金红石	全位置	交流和直流正、反接	含有大量二氧化钛（金红石）和增强电弧稳定性的钾，与 12 相比，可在低电流条件下产生稳定电弧，特别适用于薄板焊接
14	金红石＋铁粉	全位置	交流和直流正、反接	此药皮类型和 12、13 类似，但添加了少量铁粉。加入铁粉可以提高电弧承载能力和熔敷效率，适用于全位置焊接
15	碱性	全位置	直流反接	此药皮碱度较高，含有大量的氧化钙和萤石，由于钠影响电弧稳定性，因此只适用于直流反接；焊条含氢量低，能改善焊缝冶金性能
16	碱性	全位置	交流和直流反接	此药皮碱度较高，含有大量的氧化钙和萤石，由于钾增强电弧稳定性，因此适用于交流焊接；焊条氢含量低，能改善焊缝冶金性能
18	碱性＋铁粉	全位置	交流和直流反接	此药皮类型和 16 相似，含有大量铁粉，药皮略厚，所含铁粉能提高电弧承载能力和熔敷效率
19	钛铁矿	全位置	交流和直流正、反接	包含钛和铁的氧化物，通常在钛铁矿获取。虽然不属于碱性药皮，但可制造出高韧性的焊缝金属
20	氧化铁	PA、PB	交流和直流正接	包含大量的铁氧化物。熔渣流动性好，主要在平焊和横焊中使用。主要用于角焊缝和搭接焊缝
24	金红石＋铁粉	PA、PB	交流和直流正、反接	此药皮类型和 14 类似，含有大量铁粉，药皮略厚，通常只在平焊和横焊中使用。主要用于角焊缝和搭接焊缝
27	氧化铁＋铁粉	PA、PB	交流和直流正、反接	此药皮类型和 20 类似，含有大量铁粉，药皮略厚，增加了铁氧化物，主要用于高速角焊缝和搭接焊缝的焊接

续表

代号	药皮类型	焊接位置	电流类型	简要说明
28	碱性＋铁粉	PA、PB、PC	交流和直流反接	此药皮类型和18类似，含有大量铁粉，药皮略厚，通常只在平焊和横焊中使用。氢含量低，冶金性能好
40	不做规定	由制造商确定		此药皮类型不属于本表的任何类型，由供应商和购买商协议确定
45	碱性	全位置	直流反接	此药皮类型和15类似，主要用于向下立焊
48	碱性	全位置	交流和直流反转	此药皮类型和18类似，主要用于向下立焊

注：1. “全位置”并不一定包含向下立焊，由制造商确定。

2. PA为平焊，PB为平角焊，PC为横焊，PG为向下立焊。

④ 第四部分为熔敷金属的化学成分代号，可以作为“无标记”或者短画“-”后的字母、数字或者字母和数字组合，见附表2-2。

附表2-2 非合金钢及细晶粒钢焊条熔敷金属化学成分分类代号

分类代号	主要化学成分的名义含量(质量分数，%)				
	Mn	Ni	Cr	Mo	Cu
无标记、-1、-P1、-P2	1.0	—	—	—	—
-1M3	—	—	—	0.5	—
-3M2	1.5	—	—	0.4	—
-3M3	1.5	—	—	0.5	—
-N1	—	0.5	—	—	—
-N2	—	1.0	—	—	—
-N3	—	1.5	—	—	—
-3N3	1.5	1.5	—	—	—
-N5	—	2.5	—	—	—
-N7	—	3.5	—	—	—
-N13	—	6.5	—	—	—
-N2M3	—	1.0	—	0.5	—
-NC	—	0.5	—	—	0.4
-CC	—	—	0.5	—	0.4
-NCC	—	0.2	0.6	—	0.5
-NCC1	—	0.6	0.6	—	0.5
-NCC2	—	0.3	0.2	—	0.5
-G	其它成分				

⑤ 第五部分为焊后状态代号，其中，“无标记”表示焊态，“P”表示热处理状态，“AP”表示焊态和焊后热处理两种状态均可。

除以上强制分类代号外，根据供需双方协商，可在型号后依次附加可选代号：

① 字母“U”，表示在规定试验温度下，冲击吸收能量可以达到47J以上。

② 扩散氢代号“HX”，其中，X代表15、10或5，分别表示每100g熔敷金属中扩散氢含量的最大值为15mL、10mL或5mL。

GB/T 5117—2012规定的焊条型号举例如下：

示例 1：

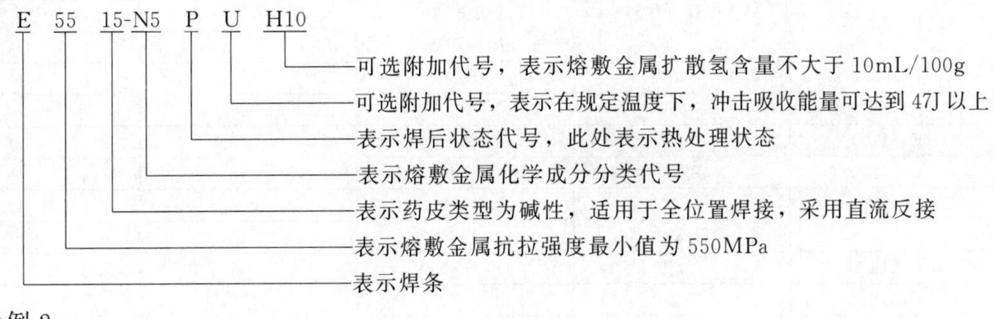

示例 2：

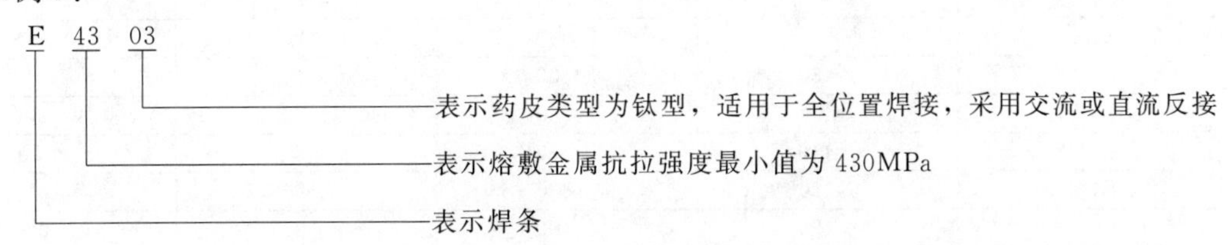

GB/T 5117—2012 规定了焊条熔敷金属化学成分应当符合附表 2-3 的规定；关于焊条的力学性能，该标准还规定了焊条熔敷金属拉伸试验结果应该符合附表 2-4 的规定。

附表 2-3 非合金钢及细晶粒钢焊条熔敷金属化学成分

焊条型号	化学成分(质量分数/%)									
	C	Mn	Si	P	S	Ni	Cr	Mo	V	其它
E4303	0.20	1.20	1.00	0.040	0.035	0.30	0.20	0.30	0.08	—
E4310	0.20	1.20	1.00	0.040	0.035	0.30	0.20	0.30	0.08	—
E4311	0.20	1.20	1.00	0.040	0.035	0.30	0.20	0.30	0.08	—
E4312	0.20	1.20	1.00	0.040	0.035	0.30	0.20	0.30	0.08	—
E4313	0.20	1.20	1.00	0.040	0.035	0.30	0.20	0.30	0.08	—
E4315	0.20	1.20	1.00	0.040	0.035	0.30	0.20	0.30	0.08	—
E4316	0.20	1.20	1.00	0.040	0.035	0.30	0.20	0.30	0.08	—
E4318	0.03	0.60	0.40	0.025	0.015	0.30	0.20	0.30	0.08	—
E4319	0.20	1.20	1.00	0.040	0.035	0.30	0.20	0.30	0.08	—
E4320	0.20	1.20	1.00	0.040	0.035	0.30	0.20	0.30	0.08	—
E4324	0.20	1.20	1.00	0.040	0.035	0.30	0.20	0.30	0.08	—
E4327	0.20	1.20	1.00	0.040	0.035	0.30	0.20	0.30	0.08	—
E4328	0.20	1.20	1.00	0.040	0.035	0.30	0.20	0.30	0.08	—
E4340	—	—	—	0.040	0.035	—	—	—	—	—
E5003	0.15	1.25	0.90	0.040	0.035	0.30	0.20	0.30	0.08	—
E5010	0.20	1.25	0.90	0.035	0.035	0.30	0.20	0.30	0.08	—
E5011	0.20	1.25	0.90	0.035	0.035	0.30	0.20	0.30	0.08	—
E5012	0.20	1.20	1.00	0.035	0.035	0.30	0.20	0.30	0.08	—
E5013	0.20	1.20	1.00	0.035	0.035	0.30	0.20	0.30	0.08	—
E5014	0.15	1.25	0.90	0.035	0.035	0.30	0.20	0.30	0.08	—
E5015	0.15	1.60	0.90	0.035	0.035	0.30	0.20	0.30	0.08	—
E5016	0.15	1.60	0.75	0.035	0.035	0.30	0.20	0.30	0.08	—
E5016-1	0.15	1.60	0.75	0.035	0.035	0.30	0.20	0.30	0.08	—
E5018	0.15	1.60	0.90	0.035	0.035	0.30	0.20	0.30	0.08	—
E5018-1	0.15	1.60	0.90	0.035	0.035	0.30	0.20	0.30	0.08	—

注：表中单值均为最大值。

附表 2-4　非合金钢及细晶粒钢焊条熔敷金属拉伸性能

焊条型号	抗拉强度 $R_{p0.2}$/MPa	屈服强度[①] R_{eL}/MPa	断后伸长率 A /%	冲击试验温度 /℃
E4303	≥430	≥330	≥20	0
E4310	≥430	≥330	≥20	−30
E4311	≥430	≥330	≥20	−30
E4312	≥430	≥330	≥16	—
E4313	≥430	≥330	≥16	—
E4315	≥430	≥330	≥20	−30
E4316	≥430	≥330	≥20	−30
E4318	≥430	≥330	≥20	−30
E4319	≥430	≥330	≥20	−20
E4320	≥430	≥330	≥20	—
E4324	≥430	≥330	≥16	—
E4327	≥430	≥330	≥20	−30
E4328	≥430	≥330	≥20	−20
E4340	≥430	≥330	≥20	0
E5003	≥490	≥400	≥20	0
E5010	490～650	≥400	≥20	−30
E5011	490～650	≥400	≥20	−30
E5012	≥490	≥400	≥16	—
E5013	≥490	≥400	≥16	—
E5014	≥490	≥400	≥16	—
E5015	≥490	≥400	≥20	−30
E5016	≥490	≥400	≥20	−30
E5016-1	≥490	≥400	≥20	−45
E5018	≥490	≥400	≥20	−30
E5018-1	≥490	≥400	≥20	−45

① 当屈服发生不明显时，应测定塑性延伸强度 $R_{p0.2}$。

（2）焊条牌号　焊条牌号是对于焊条产品的命名，是由焊条生产厂家制定的。由于各厂家自行制定的焊条牌号编制方法互不相同，对于焊条用户在选用、采购时造成许多不便。同时，对于各厂家的焊条产品的销售与宣传也不利。因此，自 1968 年起我国焊条行业采用统一牌号，对于符合相同的焊条型号、性能，并且属于同一药皮类型的焊条产品，共同命名为统一的牌号，并且标注“符合 GB/T ××××型”或“相当 GB/T ××××型”，以便于用户根据焊条性能、按照国家标准进行采购及选用。

焊条牌号的编制方法如下：

① 焊条牌号最前面的字母表示焊条类别；

② 接下来的第一、二位数字表示各大类焊条中的若干小类。例如，对于结构钢焊条则表示熔敷金属抗拉强度等级；

③ 第三位数字表示焊条药皮类型和焊接电源种类。

焊条牌号举例如下：

示例 1：

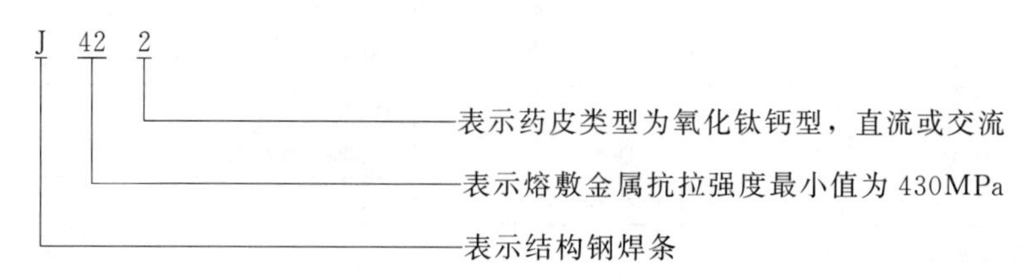

牌号为J422焊条，符合GB/T 5117—2012　E4303型。该焊条可用于抗拉强度最小值为430MPa级别的结构钢（例如Q235钢）的焊接施工。

示例2：

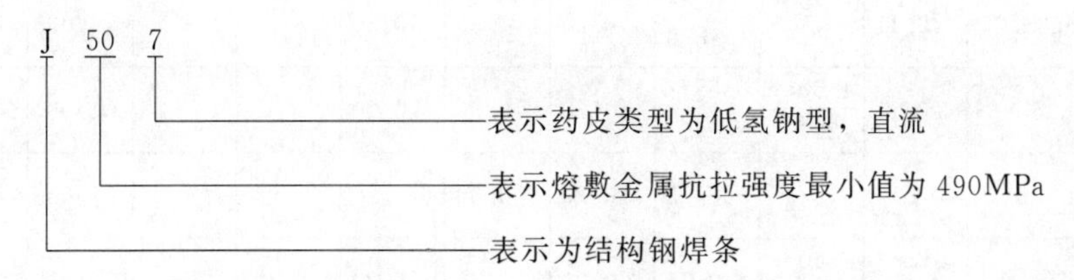

牌号为J507焊条，符合GB/T 5117—2012 E5015型。该焊条可用于抗拉强度最小值为490MPa的低合金高强度结构钢（例如Q345钢）的焊接施工。

附录2.1.3　焊条的组成

焊条是由药皮和焊芯两部分组成的。焊条药皮是压涂在焊芯表面上的涂料层。在焊条制造过程中，由各种粉料和黏结剂按一定比例配制的、待涂压的药皮原材料，称为涂料。焊芯是焊条中被药皮包覆的金属芯。焊条药皮和焊芯（不包括无药皮夹持端）的质量比，称为药皮质量系数K_b。现代工业生产中通常使用的焊条，其药皮质量系数K_b=30%～50%。

（1）焊芯　进行焊条电弧焊时，在焊接回路中焊芯起着导电作用，在焊条端部与焊件之间形成电弧；当焊芯受焊接热的作用熔化形成熔滴进入熔池，作为填充金属与熔化了的母材液体金属共同组成焊缝。因此，焊芯的化学成分和性能对于焊缝金属的质量具有重要的影响。根据焊件的材料，选择相应牌号的焊丝金属作为焊芯。焊接碳素钢、低合金钢时，通常选用碳素钢焊丝作为焊芯，通过药皮过渡合金元素。常用的焊芯牌号为H08A、H08E等。焊芯牌号中，“H”表示焊接用钢丝的“焊”字汉语拼音的第一个字母；“08”表示焊接用钢丝的平均碳含量为0.08%（质量分数）；“A”表示优质钢；“E”表示特级钢，即对于硫、磷等杂质的限量更加严格。焊芯的化学成分在附表2-5中给出。

附表2-5　常用焊芯的化学成分

类别	牌号	化学成分(质量分数/%)										
		C	Mn	Si	Cr	Ni	Cu	Mo	V	S	P	其它
非合金钢	H08A	≤0.10	0.30～0.60	≤0.03	≤0.20	≤0.30	≤0.20	—	—	≤0.030	≤0.030	—
	H08E	≤0.10	0.30～0.60	≤0.03	0.20	≤0.30	≤0.20	—	—	≤0.020	≤0.020	—
	H08C	≤0.10	0.30～0.60	≤0.03	≤0.10	≤0.10	≤0.20	—	—	≤0.015	≤0.015	—
	H08MnA	≤0.10	0.80～1.10	≤0.07	≤0.20	≤0.30	≤0.20	—	—	≤0.030	≤0.030	—
	H15A	0.11～0.18	0.35～0.65	≤0.03	≤0.20	≤0.30	≤0.20	—	—	≤0.030	≤0.030	—
	H15Mn	0.11～0.18	0.80～1.10	≤0.03	≤0.20	≤0.30	≤0.20	—	—	≤0.035	≤0.035	—
低合金钢	H08MnSi	≤0.11	1.20～1.50	0.40～0.70	≤0.20	≤0.30	≤0.20	—	—	≤0.035	≤0.035	—
	H10MnSi	≤0.14	0.80～1.10	0.60～0.90	≤0.20	≤0.30	≤0.20	—	—	≤0.035	≤0.035	—
	H11MnSiA	0.07～0.15	1.00～1.50	0.65～0.95	≤0.20	≤0.30	≤0.20	—	—	≤0.025	≤0.035	—

续表

类别	牌号	化学成分(质量分数/%)										
		C	Mn	Si	Cr	Ni	Cu	Mo	V	S	P	其它
合金钢	H08Mn2Si	≤0.11	1.70～2.10	0.65～0.95	≤0.20	≤0.30	≤0.20	—	—	≤0.035	≤0.035	—
	H08Mn2SiA	≤0.11	1.80～2.10	0.65～0.95	≤0.20	≤0.30	≤0.20	—	—	≤0.030	≤0.030	—
	H08MnMoA	≤0.10	1.20～1.60	≤0.25	≤0.20	≤0.30	≤0.20	0.30～0.50	—	≤0.030	≤0.030	Ti0.15
	H08Mn2MoA	0.06～0.11	1.60～1.90	≤0.25	≤0.20	≤0.30	≤0.20	0.50～0.70	—	≤0.030	≤0.030	Ti0.15
	H08Mn2MoVA	0.06～0.11	1.60～1.90	≤0.25	≤0.20	≤0.30	≤0.20	0.50～0.70	0.06～0.12	≤0.030	≤0.030	Ti0.15
	H08CrMoA	≤0.10	0.40～0.70	0.15～0.35	0.80～1.10	≤0.30	≤0.20	0.40～0.60	—	≤0.030	≤0.030	—

最后的字母 A 表示为优质，E 表示为特优，C 表示为超优。

焊芯中化学成分的作用：

① 碳：碳能够提高焊缝金属的强度和硬度，降低塑性和韧性，扩大产生热裂纹的倾向，降低焊接过程的稳定性，增大飞溅。在保证焊缝金属强度的条件下，应该尽量减少碳含量，一般应该控制在质量分数的 0.1%以下。

② 锰：锰具有固溶强化作用，还能够对焊缝金属进行脱氧、脱硫，降低焊缝金属的热裂纹倾向。锰含量一般控制在质量分数的 0.30%～0.55%，过高或者过低都会降低焊缝金属的韧性。

③ 硅：硅也有固溶强化作用，还能够对焊缝金属进行脱氧；但是，脱氧产物 SiO_2 容易造成夹杂，对焊缝金属的韧性不利。因此，其含量较低。

④ 硫、磷：硫和磷为有害杂质，能够增大焊缝金属的脆性，特别是增大焊缝金属的热裂纹倾向。应当严格限制硫、磷含量，应当分别低于质量分数的 0.03%和 0.04%。

⑤ 其它元素：镍、铬、铜等是低碳钢焊芯的杂质元素，尤其是镍能增大焊缝金属的热裂纹倾向，应该严格加以限制。

（2）药皮　焊条药皮具有造气、造渣、保护、稳弧和合金化的功能，一般分为两类：一类是氧化性药皮，这一类药皮参与焊芯和母材的化学反应，用于低碳钢、低碳低合金钢和镍基合金等的焊接，它还具有合金化的功能；另一类为以卤化物为主要成分的药皮，它的作用主要是保护焊缝金属不被氧化损失，如焊接铝合金的焊条等。但是，随着新型焊接方法（如惰性气体保护焊和真空焊接）的广泛采用，这种焊条药皮逐渐被淘汰。

① 药皮的作用。

a. 机械保护作用。药皮在电弧热作用下熔化为熔渣，覆盖在液态金属表面形成保护，形成渣保护；还会产生气体，形成气体保护和气-渣联合保护，避免空气对焊缝金属的危害。

b. 冶金处理作用。在焊接过程中，药皮通过化学反应能够去除氧、氢、硫、磷等有害元素，还可以进行合金化，保证焊缝金属的化学成分和性能。

c. 改善工艺性能。合理的焊条药皮组分，可以改善电弧的引燃和稳定燃烧，能够降低飞溅，提高脱渣性，改善焊缝表面成型，增强全位置焊接的适应性以及交、直流电源的适应性。

② 焊条药皮的化学成分和功能。

a. 焊条药皮的种类和化学成分。焊条药皮是由具有不同物理和化学性能的多种材料混合而成（附表 2-6）。

附表 2-6　焊条药皮的种类和化学成分

药皮类型	SiO_2	TiO_2	Mn	MgO	Al_2O_3	CaO	FeO	CaF_2	石墨	挥发成分
钛型	15～31	24～48	5～7	≈5	4～6	≤12	4～22	—	—	<12
钛钙型	10～30	20～35	6～9	1～5	5～8	8～12	5～25	—	—	<10
钛铁矿型	23～38	10～18	10～19	1～8	3～9	4～8	7～25	—	—	2～10
氧化铁型	35～40	<1	16～18	<5	<4	<3	30～35	—	—	<2
低氢型	5～25	<22	2～7	<5	<12	8～26	2～20	10～23	—	<20
纤维素型	20～26	11～15	6～8	3～5	9～10	<2	2～12	—	—	2～10
石墨型	<10	<10	<5	<5	—	8～25	BaO 5～20	8～20	15～30	<20

b. 药皮的功能。焊条药皮具有如下功能（附表 2-7）。

附表 2-7　焊条药皮材料的功能

材料	主要成分	造气	造渣	脱氧	合金化	稳弧	黏结	成型	增氮	增硫	增磷	氧化
金红石	TiO_2		A			B						
钛白粉	TiO_2		A			B		A				
钛铁矿	TiO_2,FeO		A			B						B
赤铁矿	Fe_2O_3		A			B				B	B	B
锰矿	MnO_2		A								B	B
大理石	$CaCO_3$	A	A			B						B
菱苦土	$MgCO_3$	A	A			B						B
白云石	$CaCO_3+MgCO_3$	A	A			B						B
石英砂	SiO_2		A									
长石	SiO_2,Al_2O_3,K_2O+Na_2O		A			B						
白泥	SiO_2,Al_2O_3,H_2O		A					A	B			
云母	SiO_2,Al_2O_3,H_2O,K_2O		A			B		A	B			
滑石	SiO_2,Al_2O_3,MgO		A					B				
萤石	CaF_2		A									
碳酸钠	Na_2CO_3		B			B		A				
碳酸钾	K_2CO_3		B			A						
锰铁	Mn,Fe		B	A	A						B	
硅铁	Si,Fe		B	A	A							
钛铁	Ti,Fe		B	A	B							
铝粉	Al		B	A								
钼铁	Mo,Fe		B	B	A							
木粉		A		B		B		B	B			
淀粉		A		B		B		B	B			
糊精		A		B		B		B	B			
水玻璃	K_2O,Na_2O,SiO_2		B			A	A					

注：A—主要作用；B—附带作用。

稳弧：含有能够易于引弧和提高电弧燃烧稳定性的物质，一般含有电离电位比较低的元素，含有金属元素的物质，具有稳弧功能。如碳酸钾、水玻璃、大理石、长石、金红石等。

造气：含有能够燃烧、分解出气体的物质，如碳酸盐有机物等。

造渣：含有能够熔化形成具有一定物理化学性质的熔渣，这是焊条药皮和埋弧焊焊剂的重要成分和基本性能，主要是矿石。

脱氧：含有能够通过化学反应降低焊缝金属中氧含量的对氧的亲和力比铁大的金属

元素。

合金化：含有用于补偿合金元素的烧损和向焊缝金属过渡某些合金元素的物质，如铁合金、金属粉末等。

黏结：由于药皮成分多为矿石，所以需要加入黏结剂才能够涂覆到焊芯上制成焊条的物质，如水玻璃等。

成型：能够使得药皮有一定的塑性、弹性和流动性。

(3) 焊条药皮的种类

① 钛型。这类焊条药皮的主要组成物是钛白粉和硅酸盐，熔渣的主要成分是二氧化钛、二氧化硅，典型牌号有 E4312。熔渣具有良好的流动性，凝固温度区间较小（1320～1420℃），电弧稳定，再引弧容易，熔深较浅，熔渣呈酸性，脱渣容易，焊缝表面美观，适于全位置焊接，可以交、直流两用。

② 钛钙型。这类焊条药皮的主要组成物是钛白粉、碳酸盐和硅酸盐，熔渣的主要成分是二氧化钛、氧化钙和二氧化硅等，性能与钛型焊条相似。牌号有 E4303、E5003 等。

③ 钛铁矿型。这类焊条药皮的主要组成物是钛铁矿、碳酸盐和硅酸盐等，熔渣的主要成分是二氧化钛、氧化钙和二氧化硅等。熔渣凝固温度为 1130～1260℃。熔渣流动性好，电弧强、挺度大，熔深较大，熔渣覆盖性好，熔渣呈酸性，脱渣容易，适于全位置焊接，可以交、直流两用。但是，这类焊条的氧化性强，需要加强脱氧能力，牌号有 E4301、E5001 等。

④ 氧化铁型。这类焊条药皮的主要组成物是赤铁矿和硅酸盐等，熔渣的主要成分是氧化钙和二氧化硅等。熔渣凝固温度为 1180～1350℃。熔渣流动性好，电弧强、挺度大，熔深较大，熔渣覆盖性好，熔渣呈酸性，脱渣容易，适于全位置焊接，可以交、直流两用。但是，这类焊条的氧化性强，需要加强脱氧能力，牌号有 E4320 等。这类焊条对水分、铁锈、油污不敏感是其优点。

⑤ 纤维素型。这类焊条药皮的主要组成物是有机物、钛铁矿和硅酸盐等，熔渣的主要成分是二氧化钛和二氧化硅等。熔渣凝固温度为 1200～1290℃。这类焊条有大量气体产生，电弧吹力大，熔深较深，熔渣较少，熔渣呈酸性，脱渣容易，采用直流反接。焊条牌号有 E4310（钠型）、E4311 和 E5311（钾型）等。

⑥ 低氢型。这类焊条药皮的主要组成物是大理石、萤石和硅酸盐等，熔渣的主要成分是氧化钙、氟化钙和二氧化硅等。这类焊条的熔渣呈碱性，焊缝金属氢含量低，抗冷裂纹好，适于焊接合金钢、高合金钢等。其工艺性能不如酸性焊条，其飞溅较大，焊缝表面成型不如酸性焊条，脱渣性也较差，电弧的稳定性也不如酸性焊条。只能采用直流反接。

⑦ 石墨型。这类焊条药皮组成的特点是加入了石墨，用来焊接铸铁。可以交、直流两用。

⑧ 盐基型。这类焊条的药皮组成主要是卤化物，主要用于焊接铝合金。现在很少应用。

附录 2.1.4　焊条的性能

焊条的性能包括工艺性能和冶金性能两个方面。

(1) 焊条的工艺性能　焊条的工艺性能是指焊条的操作性能，是衡量焊条性能的重要指标。焊条的工艺性能主要包括如下性能（附表 2-8）。

① 焊接电弧的稳定性。是指电弧稳定燃烧的程度，受到焊条类型、焊接电源的特性以及焊接工艺参数等因素的影响。

附表 2-8 不同药皮类型结构钢焊条的主要工艺性能

焊条型号		E4313	E4303	E4301	E4320	E5011	E5016	E5015
药皮类型		钛型	钛钙型	钛铁矿型	氧化铁型	纤维素型	低氢钾型	低氢钠型
熔渣性质		酸性短渣	酸性短渣	酸性较短渣	酸性长渣	酸性短渣	碱性短渣	碱性短渣
焊接电弧的稳定性		柔和稳定	稳定	稳定	稳定	稳定	较差	较差
焊接位置的适应性	平焊	易	易	易	易	易	易	易
	立向上焊	易	易	易	不可	极易	易	易
	立向下焊	易	易	难	不可	易	易	易
	仰焊	稍易	稍易	易	不可	极易	稍难	稍难
焊缝成型	焊缝外观	纹细美观	美观	美观	美观	粗糙	稍粗	稍粗
	焊脚形状	凸	平	平或稍凸	平	平	平或凹	平或凹
	熔深	小	中	中	稍大	大	中	中
	咬边	小	小	中	小	大	小	小
焊接飞溅与熔敷效率	焊接飞溅	少	少	中	中	多	较多	较多
	熔敷效率	中	中	稍高	高	高	中	中
脱渣性		好	好	好	好	好	较差	较差
焊接烟尘		少	少	稍多	多	少	多	多

焊条类型的影响主要是药皮成分的影响。药皮中加入电离电位低的物质，焊接电弧的稳定性就高，加入含有金属元素的矿石及采用钾、钠的水玻璃等就能够提高焊接电弧的稳定性；药皮中加入电离电位高且具有负电离电位（如氟）的物质，焊接电弧的稳定性就差。如果药皮的熔点太高或者药皮太厚，就会形成太长的套筒，导致电弧太长而熄灭。

直流电源电弧的稳定性比交流电源电弧的稳定性高，因为交流电源要频繁地经过零点，需要重新点燃电弧。

增大焊接电流和电弧电压，可以提高电弧的稳定性。

② 焊接位置的适应性。焊接位置的适应性受到电弧吹力和熔渣性能的影响。电弧吹力大，熔渣的表面张力较大，熔渣的凝固温度略低于焊缝金属，熔渣的凝固温度范围较小，很快凝固的性能，就能够适用于立焊和仰焊。

合适的熔渣的熔点、黏度和表面张力，可以保持住焊缝液态金属不外流，可以进行全位置焊接。

③ 焊缝成型。焊缝成型包括外观光滑美观，没有表面缺陷以及保证合适的尺寸和几何形状。熔渣的物理性能，如凝固温度、浓度、表面张力等，都会影响焊缝成型。

a. 熔渣凝固温度。熔渣的凝固温度高于焊缝金属，会造成挤压液态金属，不仅影响焊缝成型，还可能造成气体难以排除而形成气孔。因此，要求熔渣的凝固温度要略低于焊缝金属 30～50℃。

b. 熔渣的黏度。

熔渣的黏度太大，同样会造成挤压液态金属，不仅影响焊缝成型，还可能造成气体难以排除而形成气孔；如果熔渣的黏度太小，可能导致熔渣覆盖焊缝金属不良，失去保护作用。因此，要求熔渣的黏度适中，一般要求 1500℃时在 0.1～0.2Pa·s。

c. 熔渣的表面张力。与熔渣黏度的影响类似，熔渣表面张力太大或者太小，都不利于焊缝成型，一般要求熔渣的表面张力在 0.3～0.4N/m。

④ 焊接飞溅。焊接飞溅是指在焊接过程中从熔滴或者熔池中飞出的金属颗粒，它不仅降低了熔敷效率，还会污染焊缝表面附近，不仅恶化了焊缝成型，还影响接头的表面质量，降低接头的力学性能和耐腐蚀性，还增大了焊后的清理工作量，也可能造成电弧不稳。

影响飞溅的因素有电源种类（交流的飞溅大于直流）、焊接工艺参数（电弧电压过高和过低导致飞溅加大）、焊条类型（药皮成分气体过多及过渡熔滴太大的碱性焊条）、焊条药皮偏心等。

⑤ 脱渣性。脱渣性是指从焊缝表面去除渣壳的难易程度。脱渣的难易程度，不仅影响焊后的工作效率，在多层焊中，很可能造成夹杂。影响熔渣脱渣性的主要是熔渣的物理性能，如熔渣的线胀系数、熔渣的氧化性、熔渣的松脆性等。

a. 熔渣的线胀系数。熔渣的线胀系数与焊缝金属的线胀系数相差越大，冷却时，它们之间形成的剪切应力越大，有利于熔渣与焊缝金属的脱离。附图 2-1 给出了几种焊条熔渣与低碳钢的线胀系数，可见，酸性焊条熔渣的线胀系数与焊缝金属的线胀系数相差较大，所以酸性焊条容易脱渣。

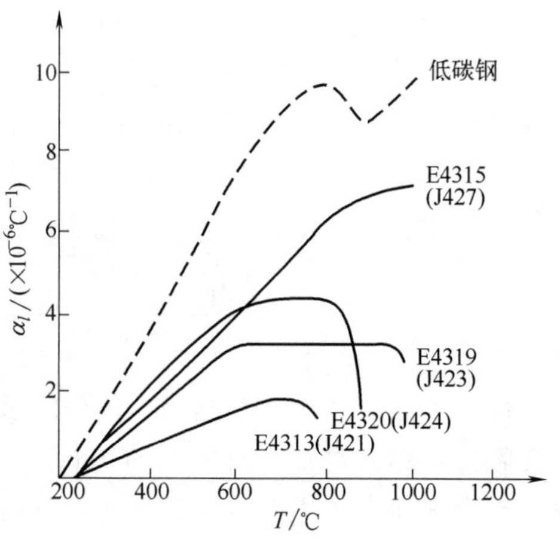

附图 2-1　几种焊条熔渣与低碳钢的线胀系数

b. 熔渣的氧化性。熔渣的氧化性较强时，其中的氧化铁含量较高。氧化铁是体心立方晶格，与 α 铁形成冶金结合，难以脱离，所以脱渣性较差。

c. 熔渣的松脆性。熔渣的松脆性较大时，熔渣容易与金属脱离，脱渣性较好。酸性熔渣，特别是钛及钛钙型焊条的熔渣的松脆性较大，所以脱渣性较好；碱性熔渣的松脆性较小，所以脱渣性较差。

⑥ 焊接烟尘。焊接烟尘是在电弧高温作用下，产生的焊条组成物及其反应生成物的蒸发物及其被氧化的产物，在冷却凝固之后形成的细小的固态颗粒。焊接烟尘严重危害工作人员的健康，有的焊接烟尘还含有毒性物质（如碱性焊条的氟化物）。碱性焊条的焊接烟尘比酸性焊条多，毒性大。

⑦ 焊条药皮发红。焊条药皮发红是指在焊条熔化的后段，由于电阻热而导致药皮发红，使得有机物和碳酸盐过早分解，失去气体保护。焊条药皮发红还可以使药皮开裂和脱落，使焊条失去其应有的各种功能。

焊条药皮发红主要是不锈钢焊条的问题。由于不锈钢焊芯的电阻率高，比电容小，导热性差，因此，不锈钢焊条药皮特别容易发红。

（2）焊条的冶金性能　焊条的冶金性能是指焊条对金属的化学成分、力学性能和抗焊接缺陷的能力，主要表现在对焊缝金属化学成分中杂质元素的减少和有益合金元素的保护和加入上。附表 2-9 列出了不同药皮类型结构钢焊条的主要冶金性能。

① 减少氧、氢、氮、硫、磷等杂质元素含量。如上所述，碱性焊条对减少氧、氢、氮、硫、磷等杂质元素含量的作用都优于酸性焊条。

② 有益合金元素的保护和加入。由于碱性熔渣的氧化性较弱，合金元素的氧化损失较少，所以，有益合金元素的保护和加入都优于酸性熔渣。

综上所述，可以看到，酸性焊条的工艺性能优于碱性焊条，而碱性焊条的冶金性能又优于酸性焊条。所以，一般来说，重要结构要采用碱性焊条，而一般结构要采用酸性焊条。

附表 2-9　不同药皮类型结构钢焊条的主要冶金性能

焊条型号		E4313	E4303	E4301	E4320	E4311	E4316	E4315
药皮类型		钛型	钛钙型	钛铁矿型	氧化铁型	纤维素型	低氢钾型	低氢钠型
熔渣碱度 B_1 的理论值		0.40～0.50	0.65～0.76	1.06～1.30	1.02～1.40	1.10～1.34	1.60～1.80	1.60～1.80
焊缝金属的化学成分(质量分数)/%	C	0.07～0.10	0.07～0.08	0.07～0.10	0.08～0.10	0.08～0.10	0.07～0.10	0.07～0.10
	Si	0.15～0.20	0.10～0.15	<0.10	约 0.10	0.06～0.10	0.35～0.45	0.35～0.45
	Mn	0.25～0.35	0.35～0.50	0.40～0.50	0.52～0.80	0.25～0.40	0.70～1.10	0.70～1.10
	S	0.018～0.030	0.015～0.025	0.016～0.028	0.018～0.025	0.016～0.022	0.015～0.025	0.012～0.025
	P	0.020～0.032	0.020～0.030	0.022～0.035	0.030～0.050	0.025～0.035	0.025～0.028	0.020～0.025
焊缝中氧、氮的质量分数/%	O	0.06～0.08	0.06～0.10	0.08～0.11	0.10～0.12	0.06～0.09	0.025～0.035	0.025～0.035
	N	0.025～0.030	0.024～0.030	0.025～0.030	0.020～0.025	0.010～0.020	0.010～0.022	0.007～0.020
氢含量	H/(mL/100g)	25～30	25～30	24～30	26～30	30～40	8～10	6～8
焊缝金属力学性能	σ_b/MPa	430～490	430～490	420～480	430～470	430～490	470～540	470～540
	δ/%	20～28	22～30	20～30	25～30	20～28	22～30	24～35
	ψ/%	60～65	60～70	60～68	60～68	60～65	68～72	70～75
	A_{KV}/J	常温 50～75	0℃ 70～115	0℃ 60～110	常温 60～110	−30℃ 100～130	−30℃ 80～180	−30℃ 80～180
锰对硫的质量比		8～12	13～16	12～18	14～28	8～14	30～38	30～38
锰对硅的质量比		1.5～1.8	2.5～3.0	4～5	6～8	3.5～4.0	2.0～2.5	2.0～2.5
夹杂物总质量分数/%		0.109～0.131		0.134～0.203		−0.10	0.028～0.090	
抗裂性能		一般	尚好	尚好	较好	一般	良好	良好
抗气孔性能		一般			较好	一般		
对铁锈和水分敏感性		不太敏感			不敏感	不太敏感	非常敏感	
备注		以锰脱氧为主		氧化性强		造气保护	正接时易出现气孔	

附录 2.2　焊丝

附录 2.2.1　焊丝的种类和国家标准

（1）焊丝的种类

① 按适用的焊接方法划分，可以分为钨极氩弧焊焊丝、熔化极氩弧焊焊丝、二氧化碳焊焊丝、埋弧焊焊丝、电渣焊焊丝、堆焊焊丝、气焊焊丝和自保护焊焊丝等。

② 按适用的被焊焊接材料划分，可以分为碳钢焊丝、合金钢焊丝、不锈钢焊丝、铸铁焊丝、硬质合金焊丝、铝及铝合金焊丝、铜及铜合金焊丝和镍及镍合金焊丝等。

③ 按焊丝的形状结构划分，可以分为实芯焊丝和药芯焊丝。

（2）国家标准　我国有关焊丝的现行国家标准主要有以下各项：

GB/T 5293—2018 埋弧焊用碳钢焊丝和焊剂；

GB/T 12470—2018 埋弧焊用低合金钢焊丝和焊剂；

GB/T 8110—2010 气体保护电弧焊用碳钢、合金钢焊丝；

GB/T 9460—2008 铜及铜合金焊丝；

GB/T 10858—2008 铝及铝合金焊丝；

GB/T 15620—2008 镍及镍合金焊丝；

GB/T 30562—2014 钛及钛合金焊丝；

GB/T 10044—2022 铸铁焊条及焊丝；

GB/T 10045—2018 碳钢药芯焊丝；

GB/T 17493—2018 低合钢药芯焊丝。

附录 2.2.2 实心焊丝

实心焊丝一般是经过拉拔而成，为防止生锈，一般表面要镀铜。

(1) 实心焊丝的牌号

例如：

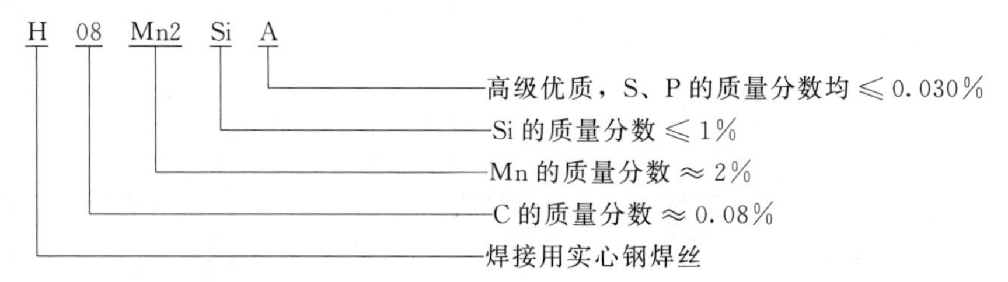

① 首位的“H”表示焊丝。

②“H”之后的数字表示焊丝含碳量，如 08 表示含碳量为质量分数的 0.08%。

③ 碳含量数字之后的字母表示为合金元素，其后的数字为该元素的质量分数的百分含量。如果是 1%含量就省略这个数字。

④ 最后的字母“A”表示“优质”，其 S、P 含量比较低；“E”表示“更优质”，其 S、P 含量更低；“C”表示其 S、P 含量比“E”还低。见附表 2-10。

附表 2-10 焊丝的化学成分（质量分数%）

<table>
<tr><th>焊丝牌号</th><th>C</th><th>Mn</th><th>Si</th><th>Cr</th><th>Ni</th><th>Cu</th><th>S</th><th>P</th></tr>
<tr><td colspan="9">低锰焊丝</td></tr>
<tr><td>H08A</td><td rowspan="3">≤0.10</td><td rowspan="3">0.30～0.60</td><td rowspan="4">≤0.03</td><td rowspan="2">≤0.20</td><td rowspan="2">≤0.30</td><td rowspan="4">≤0.20</td><td>≤0.030</td><td>≤0.030</td></tr>
<tr><td>H08E</td><td>≤0.020</td><td>≤0.020</td></tr>
<tr><td>H08C</td><td>≤0.10</td><td>≤0.10</td><td>≤0.015</td><td>≤0.015</td></tr>
<tr><td>H15A</td><td>0.11～0.18</td><td>0.35～0.65</td><td>≤0.20</td><td>≤0.30</td><td>≤0.030</td><td>≤0.030</td></tr>
<tr><td colspan="9">中锰焊丝</td></tr>
<tr><td>H08MnA</td><td>≤0.10</td><td rowspan="2">0.80～1.10</td><td>≤0.07</td><td rowspan="2">≤0.20</td><td rowspan="2">≤0.30</td><td rowspan="2">≤0.20</td><td>≤0.030</td><td>≤0.030</td></tr>
<tr><td>H15Mn</td><td>0.11～0.18</td><td>≤0.03</td><td>≤0.035</td><td>≤0.035</td></tr>
<tr><td colspan="9">高锰焊丝</td></tr>
<tr><td>H10Mn2</td><td>≤0.12</td><td>1.50～1.90</td><td>≤0.07</td><td rowspan="3">≤0.20</td><td rowspan="3">≤0.30</td><td rowspan="3">≤0.20</td><td rowspan="2">≤0.035</td><td rowspan="2">≤0.035</td></tr>
<tr><td>H08Mn2Si</td><td rowspan="2">≤0.11</td><td>1.70～2.10</td><td rowspan="2">0.65～0.95</td></tr>
<tr><td>H08Mn2SiA</td><td>1.80～2.10</td><td>≤0.030</td><td>≤0.030</td></tr>
</table>

注：1. 如存在其它元素，则这些元素的总量不得超过 0.5%（质量分数）。

2. 当焊丝表面镀铜时，铜含量应不大于 0.35%（质量分数）。

3. 根据供需双方协议，也可生产其它牌号的焊丝。

4. 根据供需双方协议，H08A、H08E、H08C 非沸腾钢允许硅含量不大于 0.10%（质量分数）。

5. H08A、H08E、H08C 焊丝中锰含量按 GB/T 3429。

(2) 气体保护焊焊丝

① 钨极氩弧焊（TIG）焊丝：钨极氩弧焊焊丝只是作为焊缝的填充金属使用，常常使用与母材成分相同的焊丝。

② 熔化极氩弧焊（MIG）焊丝：熔化极氩弧焊焊丝不仅只是作为填充材料使用，还有导电和电弧燃烧的作用。由于在电弧斑点的高温作用下，合金元素可能会有损失，焊接低碳钢时，焊丝的锰含量应当比母材高，碳和硅含量应当低。

③ 混合气体（或者氧化性气体 MAG，如 Ar+CO_2.，Ar+CO_2+O_2.，Ar+O_2）保护焊焊丝。混合气体保护焊（MAG）是为了改善电弧特性，而在 Ar 气中加入一定量的氧化

性气体（CO_2、O_2）。混合气体保护焊（MAG）焊丝中的合金元素应当比熔化极氩弧焊（MIG）焊丝高一些，以弥补氧化性气体的氧化损失。

④ 二氧化碳气体保护焊焊丝。由于二氧化碳气体保护焊具有比大气更强的氧化性，合金元素容易被烧损，故焊丝中应当含有脱氧元素。焊接低碳钢时，一般采用硅-锰联合脱氧（附表 2-11）。

附表 2-11　二氧化碳气体保护焊焊丝的化学成分和用途

焊丝牌号	合金元素/%								用途
	C	Si	Mn	Cr	Ni	Mo	S 不大于	P 不大于	
H10MnSi	≤0.14	0.60～0.90	0.8～1.10	≤0.20	≤0.30	—	0.030	0.040	焊接低碳钢，低合金钢
H08MnSi	≤0.10	0.70～1.0	1.0～1.30	≤0.20	≤0.30	—	0.030	0.040	焊接低碳钢，低合金钢
H08MnSiA	≤0.10	0.60～0.85	1.40～1.70	≤0.02	≤0.25	—	0.030	0.035	焊接低碳钢，低合金钢
H08Mn2SiA	≤0.10	0.70～0.95	1.80～2.10	≤0.02	≤0.25	—	0.030	0.035	焊接低碳钢，低合金钢
H04Mn2SiTiA	≤0.04	0.70～1.10	1.80～2.20	—	—	钛 0.2～0.40	0.020	0.025	焊接低合金高强度钢
H04MnSiAlTiA	≤0.04	0.40～0.80	1.40～1.80	—	—	钛 0.95～0.65 铝 0.20～0.40	0.025	0.025	焊接低合金高强度钢
H10MnSiMo	≤0.14	0.70～1.10	0.90～1.20	≤0.02	≤0.30	0.15～0.25	0.030	0.040	
H08Cr3Mn2MoA	≤0.10	0.30～0.50	2.00～2.50	2.5～3.0	—	0.35～0.50	0.030	0.030	焊接贝氏体钢
H18CrMnSiA	0.15～0.22	0.90～1.10	0.80～1.10	0.80～1.10	<0.30	—	0.025	0.030	焊接高强度钢
H1Cr18Ni9	≤0.14	0.50～1.0	1.0～2.0	18～20	8.0～10.0	—	0.020	0.030	焊接 1Cr18Ni9Ti 薄板
H1Cr18Ni9Ti	≤0.10	0.30～0.70	1.0～2.0	18～20	8.0～10.0	0.50～0.80	0.020	0.030	焊接 1Cr18Ni9Ti 薄板

GB/T 8110《气体保护电弧焊用碳钢、低合金钢焊丝》规定了气体保护电弧焊用碳钢、低合金钢实心焊丝和填充丝的分类和型号、技术要求、试验方法、检验规则、包装、标志及品质证明书。

该标准适用于熔化极气体保护电弧焊、钨极气体保护电弧焊及等离子弧焊等焊接用碳钢、低合金钢实心焊丝和填充丝（以下简称焊丝）。

• 焊丝分类。焊丝按化学成分分为碳钢、碳钼钢、铬钼钢、镍钢、锰钼钢和其它低合金钢六类。

• 型号划分。焊丝型号按化学成分和采用熔化极气体保护电弧焊时熔敷金属的力学性能进行划分。

• 型号编制方法。焊丝型号由三部分组成：第一部分用字母“ER”表示焊丝；第二部分用两位数字表示焊丝熔敷金属的最低抗拉强度；第三部分为短画“-”后的字母或数字，表示焊丝化学成分代号。根据供需双方协商，可在型号后附加扩散氢代号 H×，其中×为 15、10 或 5，分别代表熔敷金属扩散氢含量为 15mL/100g、10mL/100g 或 5mL/100g。

焊丝型号示例如下：

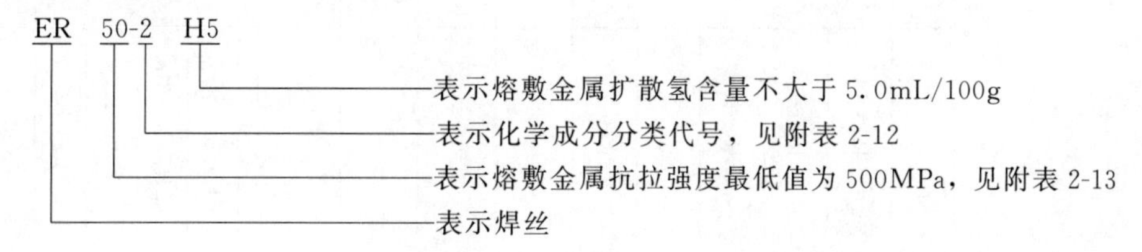

附表 2-12 焊丝的化学成分

<table>
<tr><th>焊丝型号</th><th>C</th><th>Mn</th><th>Si</th><th>P</th><th>S</th><th>Ni</th><th>Cr</th><th>Mo</th><th>V</th><th>Ti</th><th>Zr</th><th>Al</th><th>Cu①</th><th>其它元素总量</th></tr>
<tr><td colspan="15">碳钢</td></tr>
<tr><td>ER50-2</td><td>0.07</td><td rowspan="2">0.90～1.40</td><td>0.40～0.70</td><td rowspan="5">0.025</td><td rowspan="5">0.025</td><td rowspan="5">0.15</td><td rowspan="5">0.15</td><td rowspan="5">0.15</td><td rowspan="5">0.03</td><td>0.05～0.15</td><td>0.02～0.12</td><td>0.05～0.15</td><td rowspan="6">0.50</td><td rowspan="6">—</td></tr>
<tr><td>ER50-3</td><td rowspan="3">0.06～0.15</td><td>0.45～0.75</td><td rowspan="5">—</td><td rowspan="5">—</td><td rowspan="5">—</td></tr>
<tr><td>ER50-4</td><td>1.00～1.50</td><td>0.65～0.85</td></tr>
<tr><td>ER50-6</td><td>1.40～1.85</td><td>0.80～1.15</td></tr>
<tr><td>ER50-7</td><td>0.07～0.15</td><td>1.50～2.00②</td><td>0.50～0.80</td></tr>
<tr><td>ER49-1</td><td>0.11</td><td>1.80～2.10</td><td>0.65～0.95</td><td>0.030</td><td>0.030</td><td>0.30</td><td>0.20</td><td>—</td><td>—</td></tr>
<tr><td colspan="15">碳钼钢</td></tr>
<tr><td>ER49-Al</td><td>0.12</td><td>1.30</td><td>0.30～0.70</td><td>0.025</td><td>0.025</td><td>0.20</td><td>—</td><td>0.40～0.65</td><td>—</td><td>—</td><td>—</td><td>—</td><td>0.35</td><td>0.50</td></tr>
<tr><td colspan="15">铬钼钢</td></tr>
<tr><td>ER55-B2</td><td>0.07～0.12</td><td rowspan="2">0.40～0.70</td><td rowspan="2">0.40～0.70</td><td rowspan="2">0.025</td><td rowspan="8">0.025</td><td rowspan="2">0.20</td><td rowspan="2">1.20～1.50</td><td rowspan="2">0.40～0.65</td><td rowspan="2">—</td><td rowspan="9">—</td><td rowspan="9">—</td><td rowspan="7">—</td><td rowspan="7">0.35</td><td rowspan="9">0.50</td></tr>
<tr><td>ER49-B2L</td><td>0.05</td></tr>
<tr><td>ER55-B2-MnV</td><td rowspan="2">0.06～0.10</td><td>1.20～1.60</td><td rowspan="2">0.60～0.90</td><td rowspan="2">0.030</td><td rowspan="2">0.25</td><td>1.00～1.30</td><td>0.50～0.70</td><td>0.20～0.40</td></tr>
<tr><td>ER55-B2-Mn</td><td>1.20～1.70</td><td>0.90～1.20</td><td>0.45～0.65</td><td rowspan="5">—</td></tr>
<tr><td>ER62-B3</td><td>0.07～0.12</td><td rowspan="4">0.40～0.70</td><td rowspan="2">0.40～0.70</td><td rowspan="4">0.025</td><td rowspan="2">0.20</td><td rowspan="2">2.30～2.70</td><td rowspan="2">0.90～1.20</td></tr>
<tr><td>ER55-B3L</td><td>0.05</td></tr>
<tr><td>ER55-B6</td><td>0.10</td><td rowspan="2">0.50</td><td>0.60</td><td rowspan="2">4.50～6.00</td><td>0.45～0.65</td></tr>
<tr><td>ER55-B8</td><td>0.10</td><td>0.50</td><td>0.80～1.20</td><td rowspan="2">0.04</td><td rowspan="2">0.20</td></tr>
<tr><td>ER62-B9③</td><td>0.07～0.13</td><td>1.20</td><td>0.15～0.50</td><td>0.010</td><td>0.010</td><td>0.80</td><td>8.00～10.50</td><td>0.85～1.20</td><td>0.15～0.30</td></tr>
</table>

续表

焊丝型号	C	Mn	Si	P	S	Ni	Cr	Mo	V	Ti	Zr	Al	Cu①	其它元素总量
镍钢														
ER55-Ni1						0.80～1.10	0.15	0.35	0.05					
ER55-Ni2	0.12	1.25	0.40～0.80	0.025	0.025	2.00～2.75	—	—	—	—	—	—	0.35	0.50
ER55-Ni3						3.00～3.75	—	—	—					
锰钼钢														
ER55-D2	0.07～0.12	1.60～2.10	0.50～0.80			0.15		0.40～0.60		—				
ER62-D2				0.025	0.025		—		—		—	—	0.50	0.50
ER55-D2-Ti	0.12	1.20～1.90	0.40～0.80			—		0.20～0.50		0.20				
其它低合金钢														
ER55-1	0.10	1.20～1.60	0.60	0.025	0.020	0.20～0.60	0.30～0.90	—	—	—	—	—	0.20～0.50	
ER69-1	0.08	1.25～1.80	0.20～0.55			1.40～2.10	0.30	0.25～0.55	0.05					0.50
ER76-1	0.09	1.40～1.80		0.010	0.010	1.90～2.60	0.50		0.04	0.10	0.10	0.10	0.25	
ER83-1	0.10		0.25～0.60			2.00～2.80	0.60	0.30～0.65	0.03					
ER××-G	供需双方协商确定													

① 如果焊丝镀铜，则焊线中 Cu 含量（质量分数）和镀铜层中 Cu 含量之和不应大于 0.50%（质量分数）。

② Mn 的最大含量可以超过 2.00%（质量分数），但每增加 0.05%（质量分数）的 Mn，最大含 C 量应降低 0.01%（质量分数）。

③ Nb（Cb）：0.02%～0.10%（质量分数）；N：0.03%～0.07%（质量分数）；(Mn+Ni)≤1.50%（质量分数）。

注：表中单值均为最大值。

附表 2-13　熔复金属的拉伸性能

<table>
<tr><th>焊丝型号</th><th>保护气体</th><th>抗丝强度① R_m /MPa</th><th>屈服强度② $R_{p0.2}$ /MPa</th><th>伸长率 A/%</th><th>试样状态</th></tr>
<tr><td colspan="6">碳钢</td></tr>
<tr><td>ER50-2</td><td rowspan="6">CO_2</td><td rowspan="5">≥500</td><td rowspan="5">≥420</td><td rowspan="5">≥22</td><td rowspan="6">焊态</td></tr>
<tr><td>ER50-3</td></tr>
<tr><td>ER50-4</td></tr>
<tr><td>ER50-6</td></tr>
<tr><td>ER50-7</td></tr>
<tr><td>ER49-1</td><td>≥490</td><td>≥372</td><td>≥20</td></tr>
<tr><td colspan="6">碳钼钢</td></tr>
<tr><td>ER49-Al</td><td>Ar+(1%～5%)O_2</td><td>≥515</td><td>≥400</td><td>≥19</td><td>焊后热处理</td></tr>
<tr><td colspan="6">铬钼钢</td></tr>
<tr><td>ER55-B2</td><td rowspan="2">Ar+(1%～5%)O_2</td><td>≥550</td><td>≥470</td><td rowspan="3">≥19</td><td rowspan="9">焊后热处理</td></tr>
<tr><td>ER49-B2L</td><td>≥515</td><td>≥400</td></tr>
<tr><td>ER55-B2-MnV</td><td rowspan="2">Ar+20%CO_2</td><td rowspan="2">≥550</td><td rowspan="2">≥440</td></tr>
<tr><td>ER55-B2-Mn</td><td>≥20</td></tr>
<tr><td>ER62-B3</td><td rowspan="4">Ar+(1%～5%)O_2</td><td>≥620</td><td>≥540</td><td rowspan="4">≥17</td></tr>
<tr><td>ER55-B3L</td><td rowspan="3">≥550</td><td rowspan="3">≥470</td></tr>
<tr><td>ER55-B6</td></tr>
<tr><td>ER55-B8</td></tr>
<tr><td>ER62-B9</td><td>Ar+5%O_2</td><td>≥620</td><td>≥410</td><td>≥16</td></tr>
<tr><td colspan="6">镍钢</td></tr>
<tr><td>ER55-Ni1</td><td rowspan="3">Ar+(1%～5%)O_2</td><td rowspan="3">≥550</td><td rowspan="3">≥470</td><td rowspan="3">≥24</td><td>焊态</td></tr>
<tr><td>ER55-Ni2</td><td rowspan="2">焊后热处理</td></tr>
<tr><td>ER55-Ni3</td></tr>
<tr><td colspan="6">锰钼钢</td></tr>
<tr><td>ER55-D2</td><td>CO_2</td><td>≥550</td><td>≥470</td><td>≥17</td><td rowspan="3">焊态</td></tr>
<tr><td>ER62-D2</td><td>Ar+(1%～5%)O_2</td><td>≥620</td><td>≥540</td><td>≥17</td></tr>
<tr><td>ER55-D2-Ti</td><td>CO_2</td><td>≥550</td><td>≥470</td><td>≥17</td></tr>
<tr><td colspan="6">其它低合金钢</td></tr>
<tr><td>ER55-1</td><td>Ar+20%CO_2</td><td>≥550</td><td>≥450</td><td>≥22</td><td rowspan="4">焊态</td></tr>
<tr><td>ER69-1</td><td rowspan="3">Ar+2%O_2</td><td>≥690</td><td>≥610</td><td>≥16</td></tr>
<tr><td>ER76-1</td><td>≥760</td><td>≥660</td><td>≥15</td></tr>
<tr><td>ER83-1</td><td>≥830</td><td>≥730</td><td>≥14</td></tr>
<tr><td>ER××-G</td><td colspan="5">供需双方协商</td></tr>
</table>

① 本表分类时限定的保护气体类型，在实际应用中并不限制采用其它保护气体类型，但力学性能可能会产生变化。

② 对于 ER50-2、ER50-3、ER50-4、ER50-6、ER50-7 型焊丝，当伸长率超过最低值时，每增加 1%，抗拉强度和屈服强度可减少 10MPa，但抗拉强度最低值不得小于 480MPa，屈服强度最低值不得小于 400MPa。

⑤ 埋弧焊焊丝。

a. 对于碳钢埋弧焊主要采用锰含量较低的焊丝，如 H08A、H15A、H08MnA 等，配合高硅高锰焊剂使用。

b. 合金结构钢埋弧焊使用合金钢焊丝，可以使用与母材成分相同或者相近的焊丝，如锰-硅系、锰-钼系、铬-钼系等。

焊接 500MPa 以下的合金钢时，可以采用硅-锰系焊丝，如 H08Mn2SiA 等；焊接 590MPa 的合金钢时，可以采用锰-钼系焊丝，如 H08MnMo2A 等；焊接 590～780MPa 的合金钢时，多采用铬-钼系焊丝，如 H08CrNi2MoA 等。

⑥ 电渣焊焊丝。电渣焊主要用于低碳钢和低合金钢焊接，焊丝起到填充和合金化作用，

采用 H08MnA、H10Mn2、H10MnSi、H08Mn2Si 及 H10Mn2SiVA 等。

附录 2.2.3　药芯焊丝

药芯焊丝是由包有一定成分（药粉、金属粉等）的不同截面形状的钢管或者钢带经过拉拔加工而成。

（1）药芯焊丝的特点　药芯焊丝优点：

① 调整其熔敷金属的冶金性能（也就是化学成分和各种性能）比较方便、容易。

② 调整其工艺性能也比较容易、方便。成型好，飞溅少，可以在药芯中加入稳弧剂而使得电弧稳定燃烧。

③ 可以进行全位置焊接，可以采用更大的焊接电流，直径 1.2mm 的药芯焊丝，就可以采用 280A 的电流。

④ 效率高，熔敷效率是焊条电弧焊的 3～5 倍，也高于实心焊丝。

缺点：

① 制造加工比较复杂。

② 焊丝表面容易生锈，药芯容易吸潮，保存要求严格。

③ 焊接时，送丝比实心焊丝困难。

（2）药芯焊丝分类　药芯焊丝的分类，如附图 2-2 所示。

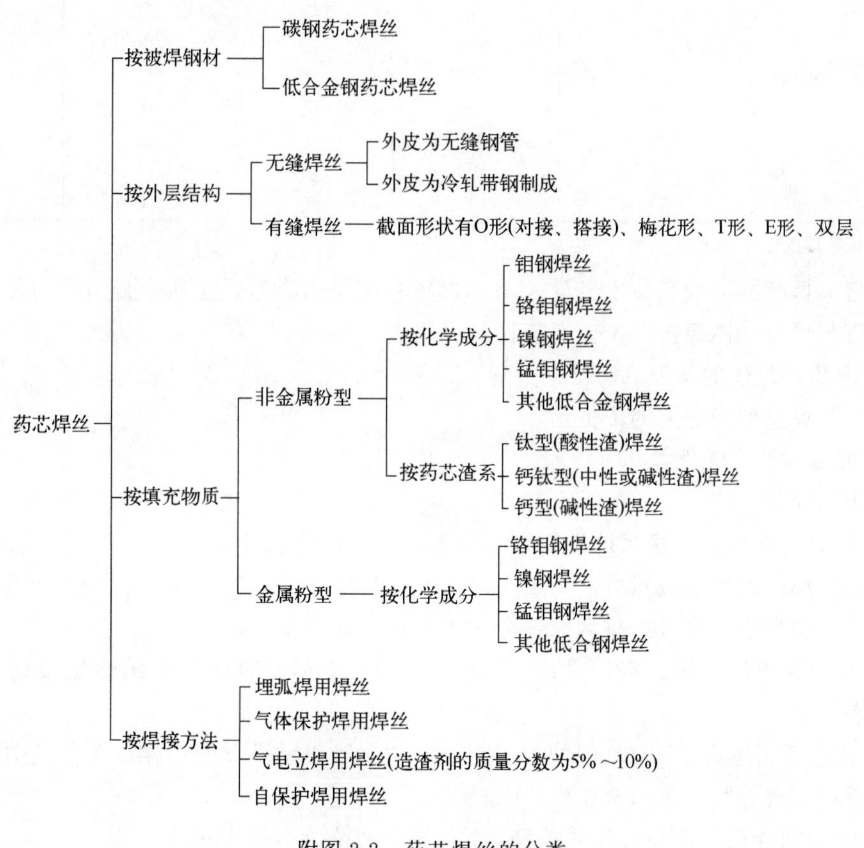

附图 2-2　药芯焊丝的分类

（3）药芯焊丝的断面形状　药芯焊丝的断面形状如附图 2-3 所示。

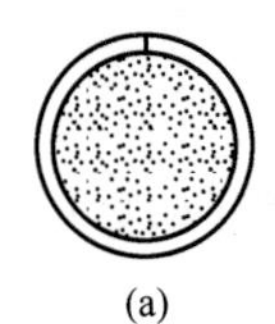
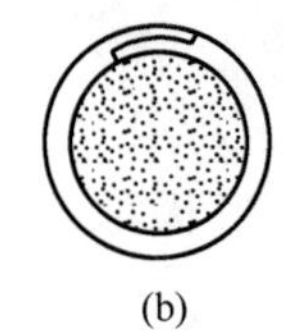
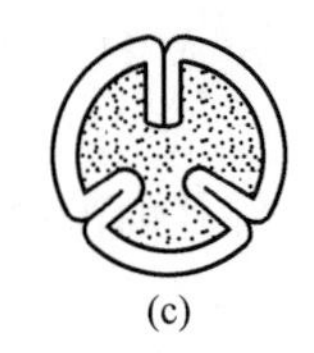
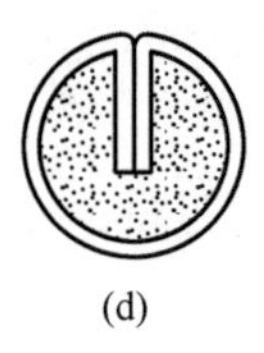
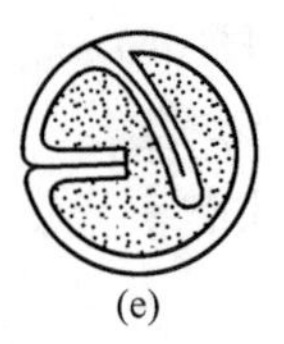
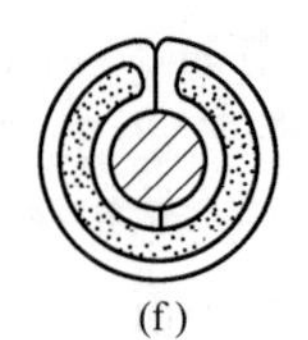

(a)　(b)　(c)　(d)　(e)　(f)

附图 2-3　药芯焊丝的截面形状

(a) 对接 O 形；(b) 搭接 O 形；(c) 梅花形；(d) T 形；(e) E 形；(f) 双层药芯

附表 2-14　实芯焊丝与药芯焊丝气体保护焊工艺性能比较

焊接工艺性能			实心焊丝		药芯焊丝，CO_2 焊接	
			CO_2 焊接	$(Ar+CO_2)$焊接	熔渣型	金属粉型
焊接操作性	平焊	超薄板($\delta \leqslant 2mm$)	稍差	优	稍差	稍差
		薄板($\delta < 6mm$)	一般	优	优	优
		中板($\delta > 6mm$)	良	良	良	良
		厚板($\delta > 25mm$)	良	良	良	良
	横角焊	单层	一般	良	优	良
		多层	一般	良	优	良
	立焊	向上	良	优	优	稍差
		向下	良	良	优	稍差
焊缝外观		平焊	一般	优	优	良
		横角焊	稍差	优	优	良
		立焊	一般	优	优	一般
		仰焊	稍差	良	优	稍差
电弧稳定性			一般	优	优	优
飞溅			稍差	优	优	优
脱渣性			—	—	优	稍差
咬边			优	优	优	优
熔深			优	优	优	优

注：δ 为板材厚度。

(4) 药芯焊丝的型号和技术条件　药芯焊丝有碳钢的药芯焊丝和合金钢的药芯焊丝。实心焊丝与药芯焊丝气体保护焊工艺性能比较见附表 2-14。

① 碳钢药芯焊丝的型号。

碳钢药芯焊丝型号分类的依据：

- 熔敷金属的力学性能。
- 焊接位置。
- 焊丝类别特点，包括保护类型、电流类型、渣系特点等。

碳钢药芯焊丝型号的表示方法为 E×××T-×ML，字母“E”表示焊丝，字母“T”表示药芯焊丝。型号中的符号按排列顺序分别说明如下：

- 熔敷金属力学性能。字母“E”后面的前两个符号“××”表示熔敷金属的力学性能，见附表 2-15。
- 焊接位置。字母“E”后面的第三个符号“×”表示推荐的焊接位置。其中，“0”表示平焊和横焊位置，“1”表示全位置。
- 焊丝类别特点。短画后面的符号“×”表示焊丝的类别特点。
- 字母“M”表示保护气体为（75%～80%）$Ar+CO_2$。当无字母“M”时，表示保护气体为 CO_2 或为自保护类型。

• 字母“L”表示焊丝熔敷金属的冲击性能在−40℃时，其V型缺口冲击吸收能量不小于27J。当无字母“L”时，表示焊丝熔敷金属的冲击性能符合一般要求，见附表2-15。

碳钢药芯焊丝型号举例如下：

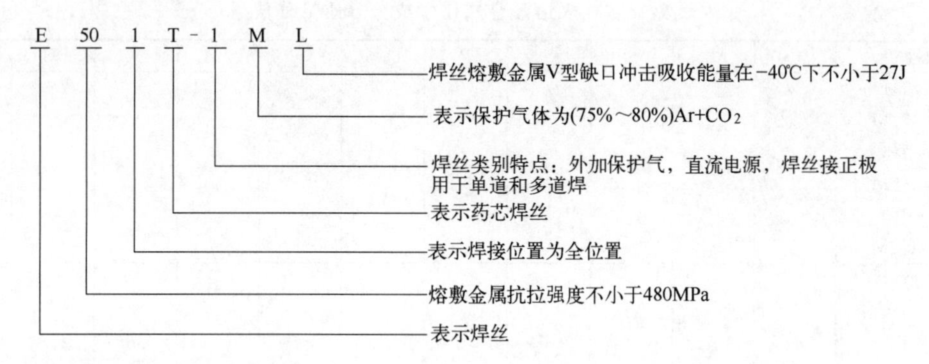

② 碳钢药芯焊丝的技术条件。

a. 焊丝熔敷金属拉伸试验和V型缺口冲击试验结果以及单道焊丝对接接头横向拉伸试验结果应符合附表2-15规定。

附表2-15　碳钢药芯焊丝熔敷金属力学性能

型号	抗拉强度 R_m /MPa	屈服强度 R_{eL} 或 $R_{p0.2}$ /MPa	伸长率 A_5 /%	V型缺口冲击性能	
				试验温度/℃	冲击吸收能量/J
E50×T-1,E50×T-1M①	480	400	22	−20	27
E50×T-2,E50×T-2M②	480	—	—	—	—
E50×T-3②	480	—	—	—	—
E50×T-4	480	400	22	—	—
E50×T-5,E50×T-5M①	480	400	22	−30	27
E50×T-6①	480	400	22	−30	27
E50×T-7	480	400	22	—	—
E50×T-8	480	400	22	−30	27
E50×T-9,E50×T-9M①	480	400	22	−30	27
E50×T-10②	480	—	—	—	—
E50×T-11	480	400	20	—	—
E50×T-12,E50×T-12M①	480～620	400	22	−30	27
E43×T-13②	415	—	—	—	—
E50×T-13②	480	—	—	—	—
E50×T-14②	480	—	—	—	—
E43×T-G	415	330	22	—	—
E50×-G	480	400	22	—	—
E43×T-GS②	415	—	—	—	—
E50×T-GS②	480	—	—	—	—

① 型号带有字母“L”的焊丝，其熔敷金属冲击性能应满足以下要求：

型号	V型缺口冲击性能要求
E50×T-1L,E50×T-1ML E50×T-5L,E50×T-5ML E50×T-6L E50×T-8L E50×T-9L,E50×T-9ML E50×T-12L,E50×T-12ML	−40℃,≥27J

② 这些型号主要用于单道焊接而不用于多道焊接。因为只规定了抗拉强度，所以只要求做横向拉伸和纵向辊筒弯曲(缠绕式导向弯曲)试验。

注：表中所列单值均为最小值。

b. 单道焊丝对接接头纵向辊筒弯曲（缠绕式导向弯曲）试验，试样弯曲后，在焊缝上不应有长度超过 3.2mm 的裂纹或其它表面缺陷。

c. 焊丝熔敷金属化学成分应符合附表 2-16 规定。

附表 2-16 要求熔敷金属化学成分（质量分数%）

型号	C	Mn	Si	S	P	Cr④	Ni①	Mo②	V	Al	Cu③
E50×T-1 E50×T-1M E50×T-5 E50×T-5M E50×T-9 E50×T-9M	0.18	1.75	0.90	0.03	0.03	0.20	0.50	0.30	0.08	—	0.35
E50×4 E50×T-6 E50×T-7 E50×T-8 E50×T-11	⑤	1.75	0.60	0.03	0.03	0.20	0.50	0.30	0.08	1.8	0.35
E×××T-G⑥	⑤	1.75	0.90	0.03	0.03	0.20	0.50	0.30	0.08	1.8	0.35
E50×-12 E50×T-12M	0.15	1.60	0.90	0.03	0.03	0.20	0.50	0.30	0.08	—	0.35
E50×T-2 E50×T-2M E50×T-3 E50×T-10 E43×T-13 E50×T-13 E50×T-14 E×××T-GS	无规定										

① 应分析表中列出值的特定元素。

② 单值均为最大值。

③ 这些元素如果是有意添加的，应进行分析并报出数值。

④ 只适用于自保护焊丝。

⑤ 该值不做规定，但应分析其数值并出示报告。

⑥ 该类焊丝添加的所有元素总和不应超过 5%（质量分数）。

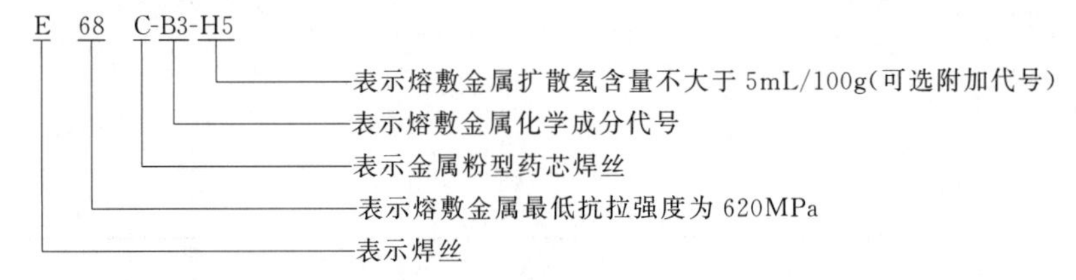

d. 焊缝金属射线探伤应符合 GB/T 3323 中Ⅱ级规定。

e. 焊丝直径为 0.8mm、1.0mm、1.2mm、1.4mm、1.6mm 时，极限偏差为±0.5mm；焊丝直径为 2.0mm、2.4mm、2.8mm、3.2mm、4.0mm 时，极限偏差为±0.8mm。

f. 焊丝的药芯应填充均匀，以使焊接工艺性能和熔敷金属力学性能不受影响。

g. 焊丝应适合在自动或半自动焊接设备上均匀、连续地送进。

③ 低合金钢的型号和技术要求。

焊丝分类：

a. 焊丝按药芯类型分为非金属粉型药芯焊丝和金属粉型药芯焊丝。

b. 非金属粉型药芯焊丝按化学成分分为钼钢、铬钼钢、镍钢、锰钼钢和其它低合金钢五类；金属粉型药芯焊丝按化学成分分为铬钼钢、镍钢、锰钼钢和其它低合金钢四类。

型号划分：非金属粉型药芯焊丝型号按熔敷金属的抗拉强度和化学成分、焊接位置、药芯类型和保护气体进行划分；金属粉型药芯焊丝型号按熔敷金属的抗拉强度和化学成分进行划分。

型号编制方法：

a. 非金属粉型药芯焊丝型号为E×××T×-××（-J H×），其中字母“E”表示焊丝，字母“T”表示非金属粉型药芯焊丝，其它符号说明如下：

• 熔敷金属抗拉强度以字母“E”后面的前两个符号“××”表示熔敷金属的最低抗拉强度。

• 焊接位置以字母“E”后面的第三个符号“×”表示推荐的焊接位置，见附表 2-17。

附表 2-17　低合金钢药芯焊丝的类型、焊接位置、保护气体及电流种类

焊丝	药芯类型	药芯特点	型号	焊接位置	保护气体①	电流种类
非金属粉型	1	金红石型，熔滴呈喷射过渡	E××0T1×C	平、横	CO_2	直流反接
			E××0T1×M		Ar+(20%～25%)CO_2	
			E××1T1×C	平、横、仰、立向上	CO_2	
			E××1T1×M		Ar+(20%～25%)CO_2	
	4	强脱硫、自保护型，熔滴呈粗滴过渡	E××0T4-×	平、横	—	
	5	氧化钙-氟化物型，熔滴呈粗滴过渡	E××0T5-×C		CO_2	
			E××0T5-×M		Ar+(20%～25%)CO_2	
			E××1T5-×C	平、横、仰、立向上	CO_2	直流反接或正接②
			E××1T5-×M		Ar+(20%～25%)CO_2	
	6	自保护型，熔滴呈喷射过渡	E××0T6-×	平、横	—	直流正接
	7	强脱硫，自保护型，熔滴呈喷射过渡	E××0T7-×			
			E××1T7-×	平、横、仰、立向上		
	8	自保护型，熔滴呈喷射过渡	E××0T8-×	平、横		
			E××1T8-×	平、横、仰、立向上		
	11	自保护型，熔滴呈喷射过渡	E××0T11-×	平、横		
			E××1T11-×	平、横、仰、立向下		
	×②	③	E××0T×-G	平、横		③
			E××1T×-G	平、横、仰、立向上或向下		
			E××0T×-GC	平、横	CO_2	
			E××1T×-GC	平、横、仰、立向上或向下		
			E××0T×-GM	平、横	Ar+(20%～25%)CO_2	不规定
			E××1T×-GM	平、横、仰、立向上或向下		
	G	不规定	E××0TG-×	平、横	不规定	
			E××1TG-×	平、横、仰、立向上或向下		
			E××0TG-G	平、横		
			E××1TG-G	平、横、仰、立向上或向下		

续表

焊丝	药芯类型	药芯特点	型号	焊接位置	保护气体[1]	电流种类
金属粉型		主要为纯金属和合金，熔渣极少，熔滴呈喷射过渡	E××C-B2,-B2L E××C-B3,-B3L E××C-B6,-B8 E××C-Ni1,-Ni2,-Ni3 E××C-D2	不规定	Ar+(1%～5%)O_2	不规定
			E××C-B9 E××C-K3,-K4 E××C-W2		Ar+(5%～25%)CO_2	
		不规定	E××C-G	不规定		

① 为保证焊缝金属性能，应采用表中规定的保护气体，如供需双方协商也可采用其它保护气体。

② 某些 E××1T5-×C、-×M 焊丝，为改善立焊和仰焊的焊接性能，焊丝制造厂也可能推荐采用直流正接。

③ 可以是上述任一种药芯类型，其药芯特点及电流种类应符合该类药芯焊丝相对应的规定。

• 药芯类型以字母“T”后面的符号“×”表示药芯类型及电流种类，见附表 2-17。

• 熔敷金属化学成分以第一个短划“-”后面的符号“×”表示熔敷金属化学成分代号。

• 保护气体以化学成分代号后面的符号“×”表示保护气体类型；“C”表示 CO_2 气体，“M”表示 Ar+(20%～25%) CO_2 混合气体，当该位置没有符号出现时，表示不采用保护气体，为自保护型，见附表 2-17。

• 更低温度的冲击性能（可选附加代号）以型号中如果出现第二个短划“-”及字母“J”时，表示焊丝具有更低温度的冲击性能。

• 熔敷金属扩散氢含量（可选附加代号）以型号中如果出现第二个短划“-”及字母“H×”时，表示熔敷金属扩散氢含量，×为扩散氢含量最大值。

b. 金属粉型药芯焊丝型号为 E××C-×（-H×），其中字母“E”表示焊丝，字母“C”表示金属粉型药芯焊丝，其他符号说明如下：

• 熔敷金属抗拉强度以字母“E”后面的两个符号“××”表示熔敷金属的最低抗拉强度。

• 熔敷金属化学成分以第一个短划“-”后面的符号“×”表示熔敷金属化学成分代号。

• 熔敷金属扩散氢含量（可选附加代号）以型号中如果出现第二个短划“-”及字母“H×”时，表示熔敷金属扩散氢含量，×为扩散氢含量最大值。

低合金钢药芯焊丝型号示例如下：

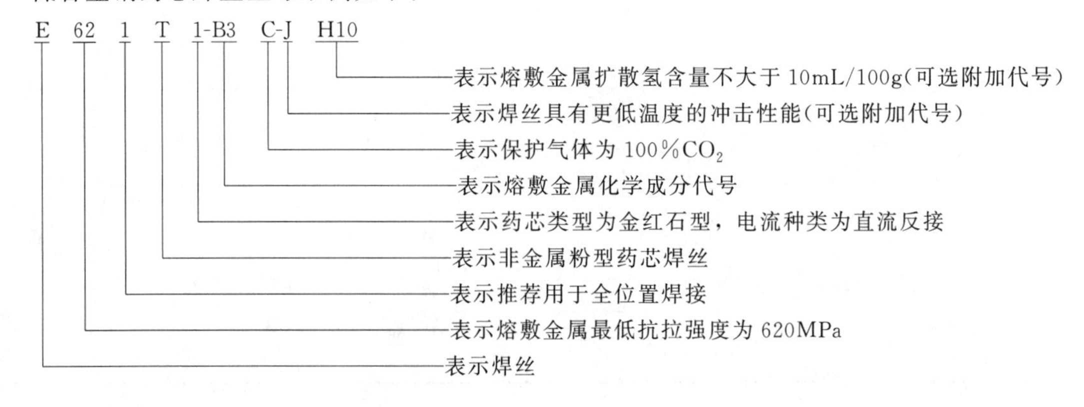

（5）药芯焊丝的牌号

① 牌号的第一个字母“Y”表示药芯焊丝；

② 牌号的第二个字母表示药芯焊丝适应的母材类型；

③ 牌号的前两位数字表示药芯焊丝熔敷金属的拉伸强度；

④ 牌号杠前的一个数字表示药芯类型和适用的电极特性；

⑤ 牌号杠后的一个数字表示适用的保护方法：“1”为气保护，“2”为自保护，“3”为气保护、自保护两用，“4”为其它保护。

如：

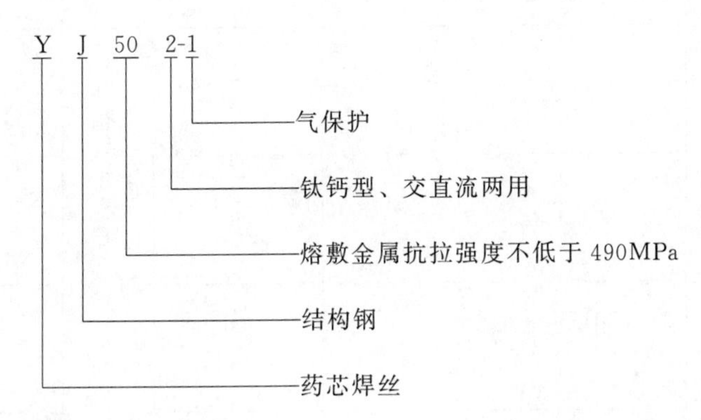

（6）低合金钢药芯焊丝的技术要求

① 熔敷金属化学成分应符合附表 2-18 的规定。

② 熔敷金属拉伸试验结果及 V 形缺口冲击试验结果应符合附表 2-19 的规定。

③ 焊缝射线探伤应符合 GB/T 3323 中附录 C 的Ⅱ级规定。

④ 焊丝尺寸应符合附表 2-20 的规定。

⑤ 焊丝质量：焊丝表面应光滑，无毛刺、凹坑、划痕、锈蚀、氧化皮和油污等缺陷，也不应有其它不利于焊接操作或对焊缝金属有不良影响的杂质；焊丝的填充粉应分布均匀，以使焊接工艺性能和熔敷金属力学性能不受影响。

⑥ 焊丝送丝性能：缠绕的焊丝应适于在自动和半自动焊机上连续送丝；焊丝接头处应适当加工，以保证均匀连续送丝。

⑦ 熔敷金属扩散氢含量：根据供需双方协商，如在焊丝型号后附加扩散氢代号，熔敷金属扩散氢含量应符合附表 2-21 的规定。

附表 2-22 给出了几种药芯焊丝的焊接性能。

附录 2.3 焊剂

焊剂是焊接时能够熔化形成熔渣（有的也产生气体），对熔化金属起保护和冶金作用的一种颗粒状物质。本节仅就埋弧焊用焊剂，讲述焊剂的种类、组成、性能、用途及配用焊丝等，为焊接生产及科研工作打下基础。

埋弧焊及电渣焊所使用的焊接材料是焊剂和焊丝（或板极、带极）。焊丝的作用相当于焊条中的焊芯，焊剂的作用相当于焊条中的药皮。在焊接过程中焊剂的作用是：隔离空气、保护焊接区金属使其不受空气的侵害，以及进行冶金处理。因此，焊剂与焊丝配合使用是决定焊缝金属化学成分和力学性能的重要因素。

附表 2-18 部分低合金钢药芯焊丝熔敷金属化学成分

型号	C	Mn	Si	S	P	Ni	Cr	Mo	V	Al	Cu	其它元素含量
非金属粉型 钼钢焊丝												
E49×T5-A1C,-A1M E55×T1-A1C,-A1M	0.12	1.25	0.80	0.030	0.030	—	—	0.40～0.65	—	—	—	—
非金属粉型 铬钼钢焊丝												
E55×T1-B1C,-B1M	0.05～0.12	1.25	0.80	0.030	0.030		0.40～0.65	0.40～0.65	—	—	—	—
E55×T1×B1LC,-B1LM	0.05											
E55×T1-B2C,-B2M E55×T5-B2C,-B2M	0.05～0.12						1.00～1.50					
E55×T1-B2LC,-B2LM E55×T5-B2LC,-B2LM	0.05											
E55×T1-B2HC,-B2HM	0.10～0.15											
E62×T1-B3C,-B3M E62×T5-B3C,-B3M E69×T1-B3C,-B3M	0.05～0.12						2.00～2.50	0.90～1.20				
E62×T1-B3LC,B3LM	0.05											
E62×T1-B3HC,-B3HM	0.10～0.15											
E55×T1-B6C,-B6M E55×T5-B6C,-B6M	0.05～0.12		1.00		0.040	0.40	4.0～6.0	0.45～0.65			0.50	
金属粉型 镍钢焊丝												
E55C-Ni1	0.12	1.50	0.90	0.030	0.025	0.80～1.10	—	0.30	0.03	—	0.35	0.50
E49C-Ni2	0.08	1.25				1.75～2.75		—				
E55C-Ni2	0.12	1.50										
E55C-Ni3						2.75～3.75						
金属粉型 锰钼钢焊丝												
E62C-D2	0.12	1.00～1.90	0.90	0.030	0.025	—	—	0.40～0.60	0.03	—	0.35	0.50

注：除另有注明外，所列单值均为最大值。

附表 2-19　部分低合金钢药芯焊丝熔敷金属力学性能

型号[1]	试样状态	抗拉强度 R_m /MPa	规定塑性延伸强度 $R_{p0.2}$/MPa	伸长度 A /%	冲击性能[2]	
					吸收能量 KV/J	试验温度 /℃
非金属粉型						
E49×T5-A1C,-A1M	焊后热处理	490～620	≥400	≥20	≥27	−30
E55×T1-A1C,-A1M	焊后热处理	550～690	≥470	≥19	—	
E55×T1-B1C,-B1M,-B1LC,-B1LM	焊后热处理	550～690	≥470	≥19	—	
E55×T1-B2C,-B2M,-B2LC,-B2LM,-B2HC,-B2HM E55×T5-B2C,-B2M,-B2LC,-B2LM	焊后热处理	550～690	≥470	≥19	—	
E62×T1-B3C,-B3M,-B3LC,-B3LM,-B3HC,-B3HM E62×T5-B3C,-B3M	焊后热处理	620～760	≥540	≥17	—	
E69×T1-B3C,-B3M	焊后热处理	690～830	≥610	≥16	—	
E55×T1-B6C,-B6M,-B6LC,-B6LM E55×T5-B6C,-B6M,-B6LC,-B6LM E55×T1-B8C,-B8M,-B8LC,-B8LM E55×T5-B8C,-B8M,-B8LC,-B8LM	焊后热处理	550～690	≥470	≥19	—	
E62×T1-B9C,-B9M	焊后热处理	620～830	≥540	16	—	
E43×T1-Ni1C,Ni1M	焊态	480～550	≥340	≥22	—	−30
E49×T1-Ni1C,Ni1M	焊态	490～620	≥400	≥20	—	−30
E49×T6-Ni1	焊态	490～620	≥400	≥20	—	−30
E49×T8-Ni1	焊态	490～620	≥400	≥20	—	−30
E55×T1-Ni1C,Ni1M	焊态	550～690	≥470	≥19	—	−30
E55×T5-Ni1C,Ni1M	焊后热处理	550～690	≥470	≥19	—	−50
E49×T8-Ni2	焊态	490～620	≥400	≥20	—	−30
E55×T8-Ni2	焊态	550～690	≥470	≥19	—	−30
E55×T1-Ni2C,Ni2M	焊态	550～690	≥470	≥19	—	−40
E55×T5-Ni2C,Ni2M	焊后热处理	550～690	≥470	≥19	—	−60
E62×T1-Ni2C,Ni2M	焊态	620～760	≥540	≥17	—	−40
E55×T5-Ni3C,Ni3M	焊后热处理	550～690	≥470	≥19	—	−70
E62×T5-Ni3C,Ni3M	焊后热处理	620～760	≥540	≥17	—	−70

① 在实际型号中“×”用相应的符号替代。

② 非金属粉型焊丝型号中带有附加代号“J”时，对于规定的冲击吸收能量，试验温度应降低 10℃。

注：1. 对于 E×××T×-G、-GC，-GM、E×××TG-×和 E×××TG-G 型焊丝，熔敷金属冲击性能由供需双方商定。

2. 对于 E××C-G 型焊丝，除熔敷金属抗拉强度外，其它力学性能由供需双方商定。

附表 2-20　低合金钢药芯焊丝尺寸

焊丝直径	极限偏差
0.8,0.9,1.0,1.2,1.4	+0.02 −0.05
1.6,1.8,2.0,2.4,2.8	+0.02 −0.06
3.0,3.2,4.0	+0.02 −0.07

注：根据供需双方协商，可生产其它尺寸的焊丝。

附表 2-21 低合金钢药芯焊丝熔敷金属扩散氢含量

扩散氢可选附加代号	扩散氢含量(水银法或色谱法)/(mL/100g)
H15	≤15.0
H10	≤10.0
H5	≤5.0

附表 2-22 几种药芯焊丝的焊接性能

性能及项目		钛型焊丝	钛钙型焊丝	$CaO-CaF_2$ 型	金属粉型焊丝
焊接工艺性能	电弧稳定性	良	良	良	良
	熔滴过渡形式	细小滴状过渡	滴状过渡	滴状过渡	滴状过渡(低电流时短路过渡)
	飞溅	细小、极少	细小、极少	颗粒大、多	细小、极少
	熔渣敷盖	良	稍差	差	渣极少
	脱渣性	优	优	良	—
	焊接烟尘量	一般	稍多	多	少
	熔敷效率/%	70～85	70～85	70～85	90～95
焊缝检测及性能	焊道外观	美观	一般	稍差	一般
	焊道形状	平滑	稍凸	稍凸	稍凸
	扩散氢含量/(mL/100g)	2～10	2～6	1～4	1～3
	氧含量/$\times10^{-2}$%	6～9	5～7	4.5～6.5	6～7
	冲击韧性	一般	良	优	良
	X 射线检测	良	良	良	良
	抗气孔性	稍差	良	良	良
	抗裂性	一般	良	优	优

附录 2.3.1 焊剂的分类

焊剂的分类，可以按照焊剂的用途和制造方法、焊剂的化学成分、化学性能、颗粒结构等进行分类。附图 2-4 给出了焊剂的分类方法。

(1) 按制造方法分类

① 熔炼焊剂。将一定比例的各种配料放在炉内熔炼，然后经过水冷粒化、烘干、筛选而制成的焊剂。

② 非熔炼焊剂。根据焊剂烘焙温度不同又分为黏结焊剂与烧结焊剂。

a. 黏结焊剂：将一定比例的各种粉状配料加入适量黏结剂，经混合搅拌、粒化和低温(400℃以下)烘干而制成的焊剂(原称陶质焊剂)。

b. 烧结焊剂：将一定比例的各种粉状配料加入适量黏结剂，混合搅拌后经高温(400～1000℃)烧结成块，经过粉碎、筛选而制成的焊剂。

(2) 按用途分类

① 根据被焊材料，可分为钢用焊剂和有色金属用焊剂。钢用焊剂又可分为碳钢、合金结构钢及高合金钢用焊剂。

② 根据焊接工艺方法，可分为埋弧焊焊剂和电渣焊焊剂。

(3) 按化学成分分类

① 根据所含主要氧化物性质，可分为酸性焊剂、中性焊剂和碱性焊剂。

② 根据 SiO_2 含量，可分为高硅焊剂、中性焊剂和低硅焊剂。

③ 根据 MnO 含量，可分为高锰焊剂、中锰焊剂、低锰焊剂和无锰焊剂。无锰焊剂中的 MnO 是混入的杂质，其质量分数一般应小于 2%。

④ 根据 CaF_2 含量，可分为高氟焊剂、中氟焊剂和低氟焊剂。

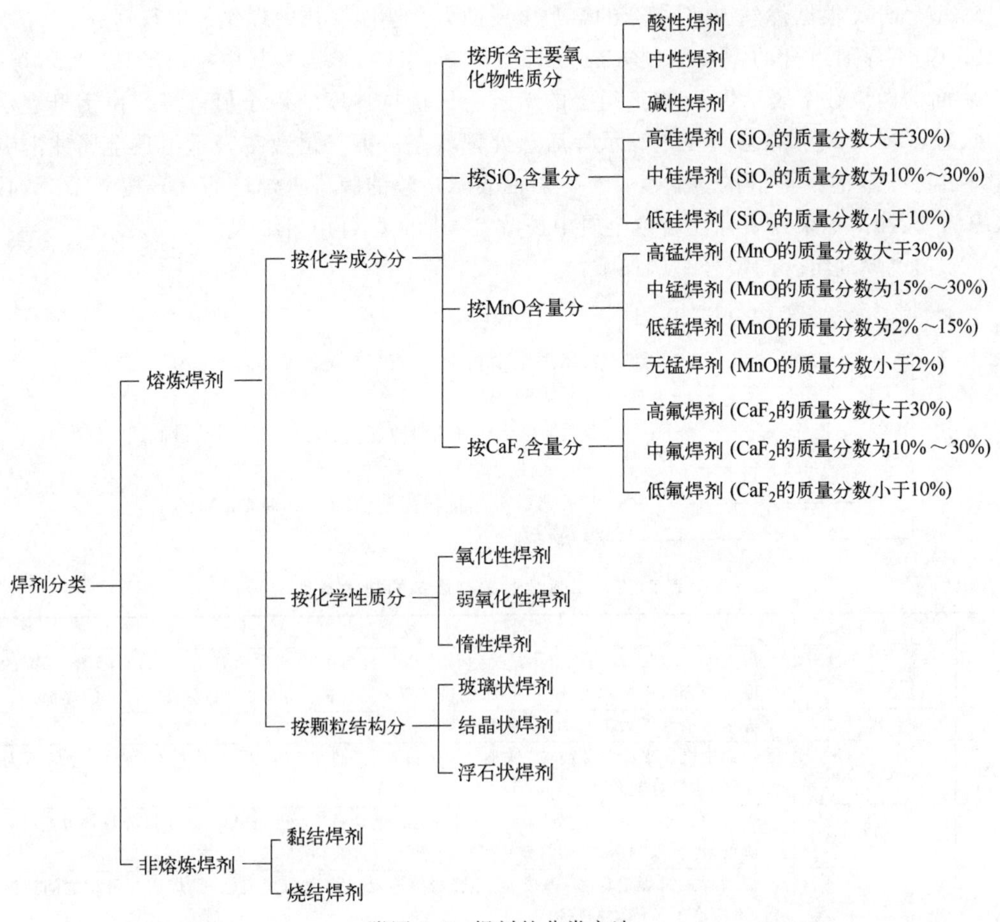

附图 2-4　焊剂的分类方法

（4）按化学性质分类

① 氧化性焊剂。焊剂对被焊金属有较强的氧化作用。氧化性焊剂可分为两种类型：一种是含有大量 SiO_2、MnO 的焊剂；另一种是含有较多 FeO 的焊剂。

② 弱氧化性焊剂。焊剂中含 SiO_2、MnO、FeO 等活性氧化物较少，因此对金属有较弱的氧化作用。这种情况下的焊缝金属含氧量比较低。

③ 惰性焊剂。焊剂中基本不含 SiO_2、MnO、FeO 等氧化物，所以对于被焊金属没有氧化作用。此类焊剂的成分由 Al_2O_3、CaO、MgO、CaF_2 等组成。

（5）按颗粒结构分类　按焊剂颗粒结构，可以分为三种：玻璃状焊剂，呈透明状颗粒；细晶状焊剂，其颗粒具有结晶体的特点；浮石状焊剂，呈泡沫状颗粒。玻璃状焊剂和结晶状焊剂的结构比较致密，其松装密度为 1.1～1.8g/cm^3；浮石状焊剂的结构比较疏松，松装密度为 0.7～1.0g/cm^3。

附录 2.3.2　焊剂型号

① GB/T 5295《埋弧焊用碳钢焊丝和焊剂》规定了型号分类要根据焊丝-焊剂组合的熔敷金属的力学性能、热处理参数进行划分，并且规定了焊丝-焊剂组合的型号编制方法。如 F2A2-H08A。其中的技术要求在附表 2-23 中给出。

② GB/T 12470《埋弧焊用低合金钢焊丝和焊剂》中规定：

a. 型号分类根据焊丝-焊剂组合的熔敷金属的力学性能、热处理参数进行划分。

b. 焊丝-焊剂组合的型号编制方法为 F××××-H×××。其中字母“F”表示焊剂；“F”后面的两位数字表示焊丝-焊剂组合的熔敷金属抗拉强度的最小值；第二位字母表示试件的状态，“A”表示焊态，“P”表示焊后热处理状态；第三位数字表示熔敷金属冲击吸收能量不小于 27J 时的最低试验温度；“-”后面表示焊丝的牌号、焊丝的牌号按 GB/T 14957 和 GB/T 3429。如果需要标注熔敷金属中扩散氢含量时，可用后缀“H×”表示。

③ 焊丝-焊剂组合的型号举例如下：

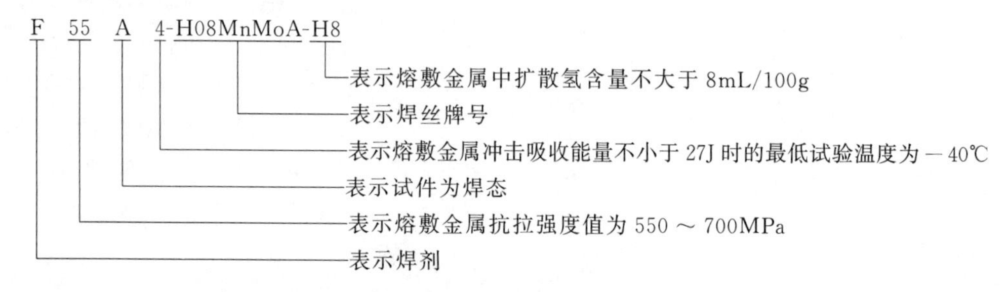

附表 2-23 埋弧焊对碳钢焊剂的技术条件

序号	项目	技术要求
1	颗粒度要求	焊剂为颗粒状，焊剂能自由地通过标准焊接设备的焊剂供给管道、阀门和喷嘴，焊剂的颗粒度应符合附表 2-24 的规定，但根据供需双方协议的要求，可以制造其它尺寸的焊剂
2	含水量	焊剂含水量不大于 0.10%（质量分数）
3	机械夹杂物	焊剂中机械夹杂物（碳粒、铁屑、原材料颗粒、铁合金凝珠及其它杂物）的含量不大于 0.30%（质量分数）
4	硫、磷含量	焊剂的硫含量不大于 0.060%（质量分数），磷含量不大于 0.080%（质量分数），根据供需双方协议，也可以制造硫、磷含量更低的焊剂
5	焊道要求	焊剂焊接时焊道应整齐，成型美观，脱渣容易。焊道与焊道之间、焊道与母材之间过渡平滑，不应产生较严重的咬边现象
6	焊缝射线探伤	焊丝-焊剂组合焊缝金属射线探伤应符合 GB/T 3323《金属熔化焊焊接接头射线照相》中Ⅰ级
7	力学性能	熔敷金属拉伸试验结果应符合附表 2-25 的规定
8	冲击试验	熔敷金属冲击试验结果应符合附表 2-26 的规定

附表 2-24 焊剂的颗粒度

普通颗粒度		细颗粒度	
＜0.450mm(40 目)	≤5.0%	＜0.280mm(60 目)	≤5.0%
＞2.50mm(8 目)	≤2.0%	＞2.00mm(10 目)	≤2.0%

附表 2-25 熔敷金属的拉伸性能

焊剂型号	抗拉强度 R_m/MPa	屈服强度 R_{eL}/MPa	伸长率 A_5(%)
F4××-H×××	415～550	≥330	≥22
F5××-H×××	480～650	≥400	≥22

附表 2-26 熔敷金属的冲击性能

焊剂型号	冲击吸收能量/J	试验温度/℃
F××0-H××× F××2-H××× F××3-H××× F××4-H××× F××5-H××× F××6-H×××	≥27	0 −20 −30 −40 −50 −60

④ 低合金钢部分埋弧焊焊丝的化学成分在附表 2-27 中给出。

附表 2-27 低合金钢部分埋弧焊焊丝的化学成分

序号	焊丝牌号	化学成分(质量分数)/%									
		C	Mn	Si	Cr	Ni	Cu	Mo	V、Ti、Zr、Al	S	P
										≤	
1	H08MnA	≤0.10	0.80～1.10	≤0.07	≤0.20	≤0.30	≤0.20	—	—	0.030	0.030
2	H15Mn	0.11～0.18	0.80～1.10	≤0.03	≤0.20	≤0.30	≤0.20	—	—	0.035	0.035
3	H05SiCrMoA	≤0.05	0.40～0.70	0.40～0.70	1.20～1.50	≤0.20	≤0.20	0.40～0.65	—	0.025	0.025
4	H05SiCr2MoA	≤0.05	0.40～0.70	0.40～0.70	2.30～2.70	≤0.20	≤0.20	0.90～1.20	—	0.025	0.025
5	H05Mn2Ni2MoA	≤0.08	1.25～1.80	0.20～0.50	≤0.30	1.40～2.10	≤0.20	0.25～0.55	V≤0.05 Ti≤0.10 Zr≤0.10 Al≤0.10	0.010	0.010
6	H08Mn2Ni2MoA	≤0.09	1.40～1.80	0.20～0.55	≤0.50	1.90～2.60	≤0.20	0.25～0.55	V≤0.04 Ti≤0.10 Zr≤0.10 Al≤0.10	0.010	0.010
7	H08CrMoA	≤0.10	0.40～0.70	0.15～0.35	0.80～1.10	≤0.30	≤0.20	0.40～0.60	—	0.030	0.030
8	H08MnMoA	≤0.10	1.20～1.60	≤0.25	≤0.20	≤0.30	≤0.20	0.30～0.50	Ti:0.15 (加入量)	0.030	0.030
9	H08CrMoVA	≤0.10	0.40～0.70	0.15～0.35	1.00～1.30	≤0.30	≤0.20	0.50～0.70:	V: 0.15～0.35	0.030	0.030

⑤ 低合金钢部分埋弧焊焊剂的技术条件在附表 2-28 中给出。

附表 2-28 低合金钢部分埋弧焊焊剂的技术条件

序号	项目	技术要求
1	颗粒度	焊剂为颗粒剂,焊剂能自由地通过标准焊接设备的焊剂供给管道、阀门和喷嘴、焊剂的颗粒度应符合附表 2-29 的规定,但根据供需双方协议,也可以制造其它尺寸的焊剂
2	含水量	焊剂含水量不大于 0.10%(质量分数)
3	机械夹杂物	焊剂中机械夹杂物(碳粒、铁屑、原材料颗粒、铁合金凝珠及其它杂物)不大于 0.30%(质量分数)
4	硫、磷含量	焊剂的硫含量不大于 0.060%(质量分数),磷含量不大于 0.080%(质量分数)。根据供需双方协议,也可制造硫、磷含量更低的焊剂
5	焊道要求	焊剂焊接时焊道应整齐、成型美观,脱渣容易。焊道与焊道之间、焊道与母材之间过渡平滑、不应产生较严重的咬边现象
6	金属射线探伤	焊缝金属射线探伤应符合 GB/T 3323《金属熔化焊焊接接头射线照相》中Ⅰ级
7	熔敷金属力学性能	熔敷金属拉伸试验结果应符合附表 2-30 的规定;熔敷金属冲击试验结果应符合附表 2-31 的规定
8	熔敷金属扩散氢含量	熔敷金属中扩散氢含量应符合附表 2-32 的规定

附录 2.3.3 焊剂的牌号

(1) 熔炼焊剂

① 牌号前"HJ"表示埋弧焊及电渣焊用熔炼焊剂。

② 牌号的第一位数字:表示焊剂中氧化锰的含量,见附表 2-33。

③ 牌号的第二位数字:表示焊剂中二氧化硅、氟化钙的含量,见附表 2-34。

④ 牌号的第三位数字：表示同一类型焊剂的不同牌号，按0、1、2、…、9顺序排列。对同一牌号生产两种不同颗粒度的焊剂时，在细颗粒度焊剂牌号后面加“x”字母。

附表 2-29　低合金钢用埋弧焊焊剂的颗粒度

普通颗粒度		细颗粒度	
<0.450mm(40 目)	≤5.0%	<0.280mm(60 目)	≤5.0%
>2.50mm(8 目)	≤2.0%	>2.00mm(10 目)	≤2.0%

附表 2-30　埋弧焊低合金钢熔敷金属的拉伸性能

焊剂型号	抗拉强度 R_m/MPa	屈服强度 $R_{p0.2}$ 或 R_{eL}/MPa	伸长率 A_5(%)
F48××-H×××	480～660	400	22
F55××-H×××	550～700	470	20
F65××-H×××	620～760	540	17
F69××-H×××	690～830	610	16
F76××-H×××	760～900	680	15
F83××-H×××	830～970	740	14

注：表中单值均为最小值。

附表 2-31　埋弧焊低合金钢熔敷金属的冲击性能

<table>
<tr><th>焊剂型号</th><th>冲击吸收能量/J</th><th>试验温度/℃</th></tr>
<tr><td>F×××0-H×××</td><td rowspan="8">≥27</td><td>0</td></tr>
<tr><td>F×××2-H×××</td><td>−20</td></tr>
<tr><td>F×××3-H×××</td><td>−30</td></tr>
<tr><td>F×××4-H×××</td><td>−40</td></tr>
<tr><td>F×××5-H×××</td><td>−50</td></tr>
<tr><td>F×××6-H×××</td><td>−60</td></tr>
<tr><td>F×××7-H×××</td><td>−70</td></tr>
<tr><td>F×××10-H×××</td><td>−100</td></tr>
<tr><td>F×××Z-H×××</td><td colspan="2">不要求</td></tr>
</table>

附表 2-32　熔敷金属中扩散氢含量

焊剂型号	扩散氢含量/(mL/100g)
F××××-H×××-H16	16.0
F××××-H×××-H8	8.0
F××××-H×××-H4	4.0
F××××-H×××-H2	2.0

注：1. 表中单值均为最大值。

2. 此分类代号为可选择的附加性代号。

3. 如标注熔敷金属扩散氢含量代号时，应注明采用的测定方法。

附表 2-33　熔炼焊剂牌号中第一位数字的含义

焊剂牌号	焊剂类型	氧化锰(MnO)含量(质量分数)/%
HJ1××	无锰	<2
HJ2××	低锰	2～15
HJ3××	中锰	15～30
HJ4××	高锰	>30

如：

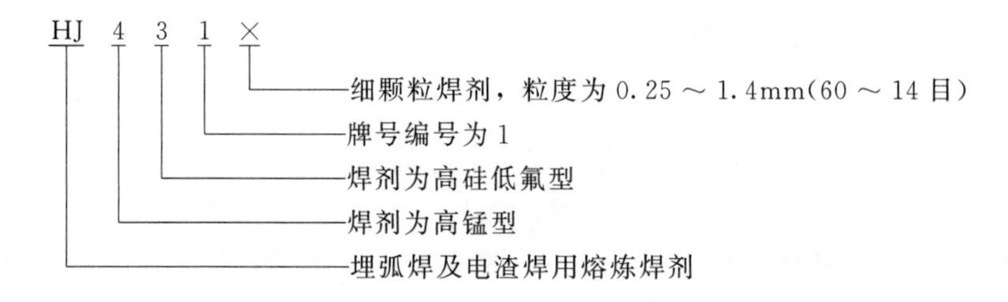

(2) 烧结焊剂

① 牌号前“SJ”表示埋弧焊用烧结焊剂。

② 牌号中第一位数字：表示焊剂熔渣的渣系，见附表 2-35。

附表 2-34　熔炼焊剂牌号中第二位数字的含义

焊剂牌号	焊剂类型	二氧化硅(SiO_2)及氟化钙(CaF_2)含量(质量分数)/%	
		SiO_2	CaF_2
HJ×1×	低硅低氟	<10	<10
HJ×2×	中硅低氟	10～30	<10
HJ×3×	高硅低氟	>30	<10
HJ×4×	低硅中氟	<10	10～30
HJ×5×	中硅中氟	10～30	10～30
HJ×6×	高硅中氟	>30	10～30
HJ×7×	低硅高氟	<10	>30
HJ×8×	中硅高氟	10～30	>30

附表 2-35　烧结焊剂牌号中第一位数字的含义

焊剂牌号	熔渣渣系类型	主要组分范围(质量分数)/%
SJ1××	氟碱型	$CaF_2 \geqslant 15, CaO+MgO+MnO+CaF_2>50, SiO_2 \leqslant 20$
SJ2××	高铝型	$Al_2O_3 \geqslant 20, Al_2O_3+CaO+MgO>45$
SJ3××	硅钙型	$CaO+MgO+SiO_2>60$
SJ4××	硅锰型	$MnO+SiO_2>50$
SJ5××	铝态型	$Al_2O_3+TiO_2>45$
SJ6××	其它型	不规定

③ 牌号中第二位、第三位数字：表示同一渣系类型焊剂中的不同牌号焊剂，按 01、02、…、09 顺序编排。

例如：

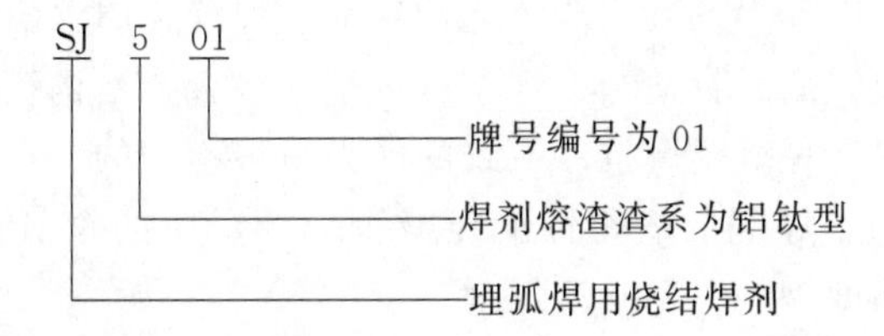

附录 2.3.4　焊剂的性能和用途

(1) 熔炼焊剂　熔炼焊剂的化学成分在附表 2-36 中给出。熔炼焊剂有如下三类：

① 高硅焊剂。高硅焊剂是以硅酸盐为主的焊剂，焊剂中 SiO_2 含量>30%，因为 SiO_2 含量高，焊剂有向焊缝过渡硅的作用。

附表 2-36　熔炼焊剂的化学成分（质量分数）/%

焊剂类型	焊剂牌号	SiO_2	Al_2O_3	MnO	CaO	MgO	TiO_2	CaF_2	NaF	ZrO_2	FeO	S	P	R_2O①
无锰高硅低氟	HJ130	35～40	12～16	—	10～18	14～19	7～11	4～7	—	—	2	≤0.05	≤0.05	
无锰高硅低氟	HJ131	34～38	6～9	—	48～55	—	—	2～5	—	—	≤1	≤0.05	≤0.08	≤3
无锰中硅低氟	HJ150	21～23	28～32	—	3～7	9～13	—	25～33	—	—	≤1	≤0.08	≤0.08	≤3
无锰低硅高氟	HJ172	3～6	28～35	1～2	2～5	—	—	45～55	2～3	2～4	≤0.08	≤0.05	≤0.05	≤3
低锰高硅低氟	HJ230	40～46	10～17	5～10	8～14	10～14	—	7～11	—	—	≤1.5	≤0.05	≤0.05	
低锰中硅中氟	HJ250	18～22	18～23	5～8	4～8	12～16	—	23～30	—	—	≤1.5	≤0.05	≤0.05	≤3
低锰中硅中氟	HJ251	18～22	18～23	7～10	3～6	14～17	—	23～30	—	—	≤1.0	≤0.08	≤0.05	
低锰高硅中氟	HJ260	29～34	19～24	2～4	4～7	15～18	—	20～25	—	—	≤10	≤0.07	≤0.07	

续表

焊剂类型	焊剂牌号	SiO_2	Al_2O_3	MnO	CaO	MgO	TiO_2	CaF_2	NaF	ZrO_2	FeO	S	P	R_2O①
中锰高硅低氟	HJ330	44～48	≤4	22～26	≤3	16～20	—	3～6	—	—	≤1.5	≤0.08	≤0.08	≤1
中锰中硅中氟	HJ350	30～35	13～18	14～19	10～18	—	—	14～20	—	—		≤0.06	≤0.07	
中锰高硅中氟	HJ360	33～37	11～15	20～26	4～7	5～9	—	10～19	—	—	≤1.5	≤0.10	≤0.10	
高锰高硅低氟	HJ430	38～45	≤5	38～47	≤6	—	—	5～9	—	—	≤1.8	≤0.10	≤0.10	
高锰高硅低氟	HJ431	40～44	≤4	34～38	≤6	5～8	—	3～7	—	—	≤1.8	≤0.10	≤0.10	
高锰高硅低氟	HJ433	42～45	≤3	44～47	≤4	—	—	2～4	—	—	≤1.8	≤0.15	≤0.10	≤0.5

① R_2O 是指 K_2O 和 Na_2O 之和。

根据焊剂含 MnO 量的不同，高硅焊剂又可分为高硅高锰焊剂、高硅中锰焊剂、高硅低锰焊剂和高硅无锰焊剂四种。含 MnO 量较高的焊剂具有向焊缝金属中过渡锰的作用。研究结果表明：当焊剂中 MnO 的质量分数<10%时，焊缝中的含锰量低于焊丝的含锰量。随着 MnO 含量的增加，锰的损耗相应减少。当 MnO 的质量分数>10%时，焊缝中锰的含量是增加的。MnO 的质量分数达到 35%左右时，焊缝金属中的含锰量不再增加。锰的过渡与焊丝含锰量有很大关系。焊丝含锰量越低，通过焊剂过渡锰的效果越好。

由于高硅焊剂能够向焊缝金属过渡硅，因此焊丝中就可以不必特意加硅。高硅焊剂以如下的方法配合焊丝来焊接低碳钢或者某些低合金钢。

a. 高硅无锰或低锰焊剂应配合高锰焊丝（Mn 的质量分数为 1.5%～1.9%）。

b. 高硅中锰焊剂应配合含锰焊丝（Mn 的质量分数为 0.8%～1.1%）。

c. 高硅高锰焊剂应配合低碳钢焊丝或含锰焊丝。这是国内目前应用最广泛的一种配合方式，多用于焊接低碳钢或某些低合金钢。由于采用高硅高锰焊剂的焊缝金属含氧量及含磷量较高，韧脆转变温度高，不宜用于焊接对于低温韧性要求较高的结构。

② 中硅焊剂。由于焊剂中含 SiO_2 量较少，碱性氧化物 CaO 和 MgO 的含量较多，所以焊剂的碱度较高。大多数中硅焊剂属于弱氧化性焊剂，焊缝金属含氧量较低，所以焊缝的韧性更高一些。因此，这类焊剂配合适当的焊丝可用于焊接合金结构钢。但是中硅焊剂的焊缝金属含氢量较高，对于提高焊缝金属抗冷裂纹的能力是很不利的。在中硅焊剂中，如加入相当含量的 FeO，由于提高了焊剂的氧化性就能减少焊缝金属的含氢量。这种焊剂属于中硅氧化性焊剂，是焊接高强度钢的一种新型焊剂。

③ 低硅焊剂。这类焊剂是由 CaO、Al_2O_3、MgO、CaF_2 等组成的。焊剂对于金属基本上没有氧化作用。HJ172 属于这种类型的焊剂，配合相应焊丝可用来焊接高合金钢，如不锈钢、热强钢等。

附表 2-37 给出了熔炼焊剂与焊丝的配合及用途。

附表 2-37　熔炼焊剂与焊丝的配合及用途

焊剂牌号	焊剂类型	配用焊丝	焊剂用途
HJ130	无锰高硅低氟	H10Mo2	焊接低碳结构钢及低合金钢，如 Q345 等
HJ131	无锰高硅低氟	配 Ni 基焊丝	焊接镍基合金薄板结构
HJ230	低锰高硅低氟	H08MnA，H10Mn2	焊接低碳结构钢及低合金结构钢
HJ260	低锰高硅中氟	Cr19Ni9 型焊丝	焊接不锈钢及轧辊堆焊
HJ330	中锰高硅低氟	H08MnA，H08Mn2，H08MnSi	焊接重要的低碳钢结构和低合金钢，如 Q235、15g、20g、Q345、15MnVTi 等
HJ430	高锰高硅低氟	H08A，H10Mn2A，H10MnSiA	焊接低碳钢结构及低合金钢
HJ431	高锰高硅低氟	H08A，H08MnA，H10MnSiA	焊接低碳结构钢及低合金钢
HJ433	高锰高硅低氟	H08A	焊接低碳结构钢

续表

焊剂牌号	焊剂类型	配用焊丝	焊剂用途
HJ150	无锰中硅中氟	配 20Cr13 或 3Cr2W8，配铜焊丝	堆焊轧辊，焊铜
HJ250	低锰中硅中氟	H08MnMoA，H08Mn2MoA	焊接 15MnV、14MnMoV、18MnMoNb 等
HJ350	中锰中硅中氟	配相应焊丝	焊接锰钼、锰硅及含镍低合金高强度钢
HJ172	无锰低硅高氟	配相应焊丝	焊接高铬铁素体热强钢（15Cr11CuNiWV）或其他高合金钢

（2）烧结焊剂　烧结焊剂有低温烧结和高温烧结，前者又叫作黏结焊剂，它们并无本质区别，都是非熔炼焊剂。

① 烧结焊剂的特点：

a. 可以连续生产、劳动条件较好。成本低，一般为熔炼焊剂的 1/3～1/2。

b. 焊剂碱度可在较大范围内调节。熔炼焊剂的碱度最高为 2.5 左右。烧结焊剂当其碱度高达 3.5 时，仍具有良好的稳弧性及脱渣性，并可交、直流两用，烟尘量也很小。目前各国研究与开发的窄间隙埋弧焊都是采用高碱度烧结焊剂。

c. 由于烧结焊剂碱度高，冶金效果好，因此能获得较好的强度，塑性和韧性的配合。

d. 焊剂中可加入脱氧剂及其它合金成分，具有比熔炼焊剂更好的抗锈能力。

e. 焊剂的松装密度较小，一般为 $0.9 \sim 1.2 g/cm^3$，焊接时焊剂的消耗量较少。可以采用大的焊接电流（可达 2000A），焊接速度可高达 150m/h，适用于多丝大电流高速自动埋弧焊工艺。

f. 烧结焊剂颗粒圆滑，在管道中输送和回收焊剂时阻力较小。

g. 烧结焊剂的缺点是吸潮性较大，焊缝成分易随焊接参数变化而波动。

② 烧结焊剂的种类：

a. SJ101：是氟碱型烧结焊剂，属于碱性焊剂，为灰色圆形颗粒状。其成分（质量分数）：$(SiO_2+TiO_2)=25\%$，$(CaO+MgO)=30\%$，$(Al_2O_3+MnO)=25\%$，$CaF_2=20\%$。配合 H08MnA、H08MnMoA、H08Mn2MoA、H10Mn2 等焊丝可焊接多种低合金结构钢。焊接产品为锅炉、压力容器以及管道等重要结构，其焊缝金属具有较高的低温冲击韧度。它可用于多丝埋弧焊，特别适用于大直径容器的双面单道焊。

b. SJ301：是硅钙型烧结焊剂，属于中性焊剂，为黑色圆形颗粒状。其成分（质量分数）：$(SiO_2+TiO_2)=40\%$，$(CaO+MgO)=25\%$，$(Al_2O_3+MnO)=25\%$，$CaF_2=10\%$。配合 H08MnA、H08MnMoA、H10Mn2 等焊丝可焊接普通结构钢、锅炉钢及管线钢等。这种焊丝可用于多丝快速焊接，特别适用于双面单道焊。由于它属于短渣，因此可以焊接小直径的管线。

c. SJ401：是硅锰型烧结焊剂，属于酸性焊剂，为灰褐色到黑色圆形颗粒状。其成分（质量分数）：$(SiO_2+TiO_2)=25\%$，$(CaO+MgO)=10\%$，$(Al_2O_3+MnO)=40\%$。配合 H08A 焊丝可以焊接低碳钢及某些低合金钢，多应用于矿山机械及机车车辆等金属结构的焊接。其焊接工艺性能良好，具有较高的抗气孔性能。

d. SJ501：是铝钛型烧结焊剂，属于酸性焊剂，为深褐色圆形颗粒。其成分（质量分数）：$(SiO_2+TiO_2)=30\%$，$(Al_2O_3+MnO)=55\%$，$CaF_2=5\%$。配合 H08A、H10MnA 等焊丝可焊接低碳钢及 Q345、Q390 等低合金钢，多应用于船舶、锅炉、压力容器的焊接施工中。该焊剂具有较强的抗气孔能力，对少量铁锈及高温氧化膜不敏感。

e. SJ502：是铝钛型烧结焊剂，属于酸性焊剂，为灰褐色圆形颗粒状。其成分（质量分数)：$(MnO+Al_2O_3)=30\%$，$(TiO_2+SiO_2)=45\%$，钢 $(CaO+MgO)=10\%$，$CaF_2=5\%$。配合 H08A 焊丝可以焊接重要的低碳钢及某些低合金的重要结构，例如锅炉、压力容器等。当焊接锅炉膜式水冷壁时，焊接速度可达 70m/h 以上，焊接质量良好。

总之，烧结焊剂由于具有松装密度比较小、熔点比较高等特点，适用于大热输入焊接。此外，烧结焊剂较容易向焊缝中过渡合金元素。因此，在焊接特殊钢种时宜选用烧结焊剂。

③ 熔炼焊剂与烧结焊剂的比较，如附表 2-38 所示。

附表 2-38 熔炼焊剂与烧结焊剂的比较

比较项目		熔炼焊剂	烧结焊剂
焊接工艺性能	高速焊接性能	焊道均匀,不得产生气孔和夹渣	焊道无光泽,易产生气孔、灰渣
	大电流焊接性能	焊道凸凹显著,易黏渣	焊道均匀,易脱渣
	吸潮性能	比较小,使用前可不必再烘干	比较大,使用前必须再烘干
	抗锈性能	比较敏感	不敏感
焊缝性能	韧性	受焊丝成分和焊剂碱度影响大	比较容易得到较好的韧性
	成分波动	焊接参数变化时成分波动小、均匀	成分波动大,不容易均匀
	多层焊性能	熔敷金属的成分变动小	熔敷金属成分波动比较大
	合金剂的添加	几乎不可能	容易
	脱氧能力	较差	较好

附录 3 材料组合的焊接方法

由于材料组合焊接的材料的复杂性，有不少材料是不可能进行熔化焊接的，如陶瓷材料、碳材料、复合材料等，一般只适用固相焊接。但是，某些金属材料的组合也可以采用熔化焊。附表 3-1 给出了陶瓷材料之间和陶瓷材料与金属之间适用的主要焊接方法。

附表 3-1 陶瓷材料之间和陶瓷材料与金属之间适用的主要焊接方法

连接方法		原理	适用材料	说明
钎焊法	Mo-Mn 法	以 Mo 或 Mo-Mn 粉末(粒度为 3～5μm)同有机溶剂混合成膏剂作为钎料,涂于陶瓷表面,在水蒸气气氛中加热进行钎焊	陶瓷-金属连接	广泛用于 Al_2O_3 等氧化物系陶瓷与金属的连接,如各种电子管和电气机械中陶瓷与金属连接部位的密封
	活性金属法	对氧化性的金属(Ti、Zr、Nb、Ta 等)添加某些金属(如 Ag、Cu、Ni 等)配置成低熔点合金作为钎料(这种钎料熔融金属的表面张力和黏性小,润湿性好),加到被连接的陶瓷与金属的间隙中,在真空或 Ar 等惰性气氛炉内加热钎焊	陶瓷-金属连接	所连接的工件形状可任意,适合于产量大的场合,Al_2O_3 与金属连接时,钎料可用 Ti-Cu、Ti-Ni、Ti-Ni-Cu、Ti-Ag-Cu、Ti-Au-Cu 等合金;要求良好高温强度的场合,钎料可用 Ti-V 系和 Ti-Zr 系添加 Ta、Cr、Mo、Nb 等的合金,钎焊温度为 1573～1923K
	陶瓷熔接法	采用熔点比陶瓷和金属低的混合型氧化物玻璃质钎料,用有机胶黏剂调成膏状,嵌入接头中,在氢气中加热熔接	陶瓷-金属连接	Al_2O_3 CaO-MgO-SiO_2 钎料用于陶瓷与耐热金属的连接,加热温度在 1200℃ 以上。Al_2O_3-MnO-SiO_2 钎料用于陶瓷与铁系合金、耐热金属的连接,加热温度在 1400℃ 以上

续表

连接方法		原理	适用材料	说明
钎焊法	氧化铜法	用氧化铜(CuO)粉末(粒度为 2～5μm)作为中间材料,在真空或氧化性气氛中加热,借熔融铜在 Al_2O_3 陶瓷面上的良好润湿性,与氧化物反应进行钎焊	氧化物系陶瓷(Al_2O_3、MgO、ZrO_2)之间的连接,氧化物系与金属的连接	通常在钎焊条件是:在真空度 6.67×10^{-5}Pa 的真空炉中,约 773K 温度下加热 20min
	非晶体合金法	用厚约 40～50μm、宽约 10μm 的非晶体二元合金(Ti-Cu、Ti-Ni 或 Zr-Cu、Zr-Ni)箔作为钎料,置于结合面中,然后在真空或 Ar 气氛炉中加热钎焊	Si_3N_4、SiO 等陶瓷-陶瓷连接,Si_3N_4 或 SiC 与金属连接	活性金属法的变种。用 Cu-Ti 合金箔作为钎料连接 Si_3N_4-Si_3N_4 或 SiC-SiC 等非氧化物系陶瓷,可获得较高的接头强度
	超声波钎焊法	利用超声波振动的表面摩擦功能和搅拌作用,同时用 Sn-Pb 合金软钎料(通常添加 Zn、Sb 等)进行浸渍钎焊	玻璃、Al_2O_3 陶瓷等的连接	质量分数在 99.6%的 Al_2O_3 难以用本法钎焊。质量分数为 96%的 Al_2O_3 用 Sn-Pb 钎料加 Zn 进行钎焊,可大大提高接头强度
	激光活化钎焊法	用氢氧化物系耐热玻璃作为中间层置于接头中,在 Ar 或 N_2 气氛下边加热边用激光照射,使之活化,进行钎焊	玻璃、Al_2O_3 陶瓷等的连接	—
熔化焊法	激光焊法	这是利用高能量密度的激光束照射陶瓷接头区进行熔化连接的方法,激光器采用输出功率峰值大的脉冲振荡方式。焊前工件需预热,以防止激光集中加热因热冲击而产生裂纹	氧化物系陶瓷(Al_2O_3、莫来石等)、Si_3N_4、SiC 与陶瓷之间的连接	对于 Al_2O_3 来说,预热温度为 1300K。因不采用中间层,可获得与陶瓷本身强度接近的接头强度。预热时可利用非聚焦的激光束。为增大熔深,焊接速度宜慢,但过慢会使晶粒粗大
	电子束焊接法	利用高能量密度的电子束照射接头区进行熔化连接	与激光焊法相同。此外还可连接 Al_2O_3 与 Ta、石墨与 W	同激光焊法。但需在真空室内进行焊接
	电弧焊接法	用气体火焰加热接头区,到温度上升至陶瓷具有某种导电性时,通过气体火焰炬中的特殊电极在接头处加上电压,使结合面间电弧放电并产生高热,以进行熔化连接	某些陶瓷-陶瓷连接,陶瓷与某些金属连接(如 ZrB_2 与 Mo、Nb、Ta,ZrB_2、SiC 与或 Ta)	具有导电性的碳化物陶瓷和硼陶瓷可直接焊接。焊接时需控制电流上升速度和最大电流值
固相连接法	气体-金属共晶法	在陶瓷与金属的连接面处覆以金属箔,在稍具氧化性气氛(氧或磷、硫等)炉中加热至低于金属熔点(对于 Cu 为 1065℃),利用气体与金属反应后的共晶作用实现连接	陶瓷与 Cu、Fe、Ni、Co、Ag、Cr 等金属的连接,尤其适用于 Al_2O_3 与 Cu 的连接	—
	各向同时加压法(HIP 法)	将连接表面加工到近似网状,把连接件组合后封入真空(133×10^{-3}Pa)容器中,在适当温度下于各个方向同时施加静水压(50～250MPa),在较短时间内即形成连接(为促进界面连接,有时在界面上放置金属粉末或 TiN 等陶瓷粉末作为中间层)	陶瓷-陶瓷连接,陶瓷-金属连接,尤其适合于 Al_2O_3、Zr_2O、SiC 等与金属的连接	由于各向同时加压,在连接区塑性变形小的情况下使界面密切接触,接头强度较高。陶瓷粉末覆盖于金属表面,能形成较厚且致密的表面层

续表

连接方法		原理	适用材料	说明
固相连接法	附加电压连接法	在将接头区加热至高温的同时，通以直流电压使结合界面极化，通过金属向陶瓷扩散进行直接连接。通常在连接区附加 0.1～1.0kV 直流电压，于温度 773 ～ 873K 下持续 40～50min	玻璃与金属、Al_2O_3 与 Cu、Fe、Ti、Al 等金属连接，也适用于陶瓷与半导体的连接	如同时施加外压力，则在较低的电压和温度下就能实现连接
	反应连接法	借陶瓷与金属接触后进行反应而直接连接的方法。又分为非加压方式和加压方式两种	氧化物系陶瓷与贵金属(Pt、Pd、Au 等)和过渡族金属(如 Ni)的连接，陶瓷-金属连接	非加压方式：在大气(有时在 Ar 或真空)中加热至金属熔点(热力学温度)的 90%，仅施加使结合面产生物理接触的压力进行连接 加压方式：在氢气中加热(温度为金属熔点的 90%)的同时再施加外压力使金属产生变形并形成连接
	扩散连接法	在接头的间隙中央以中间层(钎料)于真空炉中加热并加压	陶瓷-金属连接	在柴油机排气阀中用于镍基耐热合金与 Si_3N_4 的连接

(1) 胶接　胶接是一种古老的连接方法，它是依靠黏结剂把陶瓷与陶瓷或者陶瓷与金属连接在一起的。但是接头的强度很低，而且仅限于 300℃以下的温度使用。

(2) 熔化焊

① 高能束焊接。事实上，采用高能束焊接陶瓷与金属时经常不使陶瓷熔化，只是部分金属熔化，使其润湿陶瓷，以达到连接的目的。

a. 电子束焊接。电子束焊接可以在真空中进行，也可以在非真空中进行。焊接环境对熔深的影响很大，这是因为在非真空条件下，电子束会受到气体分子的碰撞而损失能量，还能够产生散焦，降低功率密度，因此熔深减小。

b. 激光焊接。激光焊接是以激光器产生的激光束为热源，使得被焊材料瞬间熔化而实现焊接，其光束直径很小，可以小到微米级。当激光功率增大到一定程度时（比如大于 $10^3 W/mm^2$），材料就会被蒸发，产生附加压力，从而排开液态材料，露出固态材料而凹陷，熔深增加。功率密度增加到一定程度时，就会形成很深的小孔，甚至穿透整个厚度，从而实现焊接。

② 传统熔化焊。可以采用焊条电弧焊、惰性气体保护焊等。对于一些金属之间的材料组合焊接，可以采用这种焊接方法。如奥氏体不锈钢和珠光体钢之间的焊接，就可以采用这些熔化焊。

(3) 摩擦焊　摩擦焊是一种固相焊接方法，陶瓷与金属的待焊表面在转动力矩和轴向力的作用下发生相对运动，产生摩擦热。当金属表面达到塑性状态后停止转动，并施加较大的顶锻力，从而使陶瓷与金属连接在一起。摩擦焊是一种高效率的焊接方法，但是，焊件必须是棒状，而且金属必须能够润湿和黏附陶瓷。目前这种方法已经实现了陶瓷与铝的焊接。

(4) 超声波焊　超声波焊是一种室温焊接方法，它是在静压的作用下，依靠超声振动使陶瓷与金属的接触表面相互作用，发生往返移动而产生摩擦热，这样加热接触表面使得接触表面附近温度升高而局部塑性变形，同时大压力作用下，实现陶瓷与金属之间的连接。其特点是操作简单，连接时间很短（小于1s）。超声波焊对工件表面的清理要求不高，但是要想得到质量良好的接头，必须选择合适的焊接工艺。目前，超声波焊已经能够焊接陶瓷与铝的接头，可以采用中间层，也可以不采用中间层，接头的抗剪强度为20～50MPa。

(5) 微波焊接　微波焊接是一种内部产生热量的焊接方法，这种方法是以陶瓷在微波辐射场中分子极化产生的热量为热源，并在一定压力下完成焊接过程。其特点是节省能源、升温速度快、加热均匀、接头强度高，如 Al_2O_3/Al_2O_3 接头的强度可以达到420MPa。但是不易精确控制温度，对于介质损耗小的陶瓷还需要采用耦合剂来提高产热。现在，这种方法还只能进行陶瓷与陶瓷之间的焊接。

(6) 表面活化焊接　表面活化焊接也是一种室温焊接方法，它是利用惰性气体（如氩）的中性低能原子束照射陶瓷与金属连接表面，使得表面清洁并且发生原子活化，之后在压力作用下通过表面之间的相互作用而实现陶瓷与金属的连接。这种方法可以用于高强度结构陶瓷或者高温超导陶瓷与金属之间的连接，也可以用于超大规模集成电路与电路基板的焊接，焊接面之间的电阻极小。表面活化焊接的 Si_3N_4/Al 接头的抗拉强度为110MPa。

(7) 活性金属法焊接　这些金属或者合金的作用在于能够与材料表面发生溶解或者化学反应而形成牢固的冶金结合，并且这个金属或者合金还能够与待焊的另外一种材料具有良好的焊接性，从而可以形成良好的焊接接头。我们把这些金属或者合金叫作活性金属，采用这种方法来改善材料焊接性的方法，叫作活性金属焊接法。

(8) 场助扩散焊　它是在电场辅助作用下的固相扩散焊接。利用高压电场的作用，使陶瓷内的电介质发生极化，并使负离子向金属一侧迁移，从而在靠近金属的陶瓷表面层内充满正离子。由于正、负离子之间的相互吸引，使得陶瓷和金属的相邻表面达到紧密接触，再通过原子扩散使陶瓷和金属连接在一起。这种方法只适合可以产生分子极化的陶瓷和薄膜金属的连接，同时要求待焊表面清洁而平整。其特点是焊接温度低、变形小、时间短、操作简单。这种方法已经用于如 $Al_2O_3/0.15\mu m Al$ 箔的焊接。

(9) 加中间层的焊接

① 加中间层的扩散焊。扩散焊接是焊接陶瓷与陶瓷及金属与陶瓷的常用和重要的方法之一，可以直接焊接，也可以采用中间层进行焊接。其主要的接头形式有：陶瓷与陶瓷的直接焊接；金属与陶瓷的直接焊接，用中间层焊接陶瓷与陶瓷；用中间层焊接金属与陶瓷。

与熔化焊相比，陶瓷与陶瓷及金属与陶瓷之间固相扩散焊接的主要优点是：强度高；变形小，尺寸易于控制。其主要缺点是：需要较高的温度；较长的时间；通常需要在真空中进行；设备昂贵；成本高；尺寸受限制。

固相扩散焊接的过程包括：塑性变形、扩散（包括表面扩散、体扩散、晶界扩散、两工件界面扩散）、蠕变、再结晶和晶粒长大等。影响固相扩散焊接质量的因素有：焊接温度、焊接时间、焊接压力、环境因素、工件的表面状态、两工件间的化学和物理性能等。

② 自蔓延高温合成焊接。自蔓延高温合成焊接也是一种加中间层的焊接。

自蔓延高温合成焊接（SHS）是由制造难熔化合物（如碳化物、氮化物和硅化物）的方法发展起来的。它是首先在陶瓷与金属之间放置能够燃烧并放出大量生成热的固体粉末，然后用电弧或者辐射把粉末局部点燃而发生化学反应，并由放出的热量自发地推动反应继续向前推进，最后由化学反应生成物将陶瓷与金属牢固地连接在一起。这种方法的优点是能耗低、生产率高、对母材的热影响小、通过合理选用反应产物还可以降低接头的残余应力。但是，燃烧时可能产生有害气体及杂质，从而产生气孔及降低接头强度。最好在保护气体中进行，并在焊接过程中对其加压。

焊接时还可以配制梯度材料，以利用其在焊缝中形成功能梯度材料来克服母材之间物理性能、化学性能和力学性能的不匹配；可以在反应物中加入增强颗粒、短纤维、晶须等，形成复合材料。如用 Ti、Ni、C 粉的简化钎料焊接 SiC 陶瓷与 GH128Ni 高温合金，结合良好。

目前自蔓延高温合成焊接（SHS）已经成功地用于 Mo/W、Mo/石墨、Ti/不锈钢、石墨/石墨、石墨/W 的焊接。自蔓延高温合成焊接（SHS）的配方、压力、气氛容易控制，反应时间短（一般只有几秒），显著节约能源及加工时间。但是，由于反应太快，连接过程难以控制。

③ 过渡液相焊接。过渡液相焊接（TLPB）是一种以液相为中间媒介的焊接方法。在焊接温度下，这个液相可以是通过填充材料熔化而得到的；也可以是母材与周围气体或者加入的中间层发生反应、中间层与中间层相互作用而形成的低熔共晶。这种方法已经实现了 Cu 与 Al_2O_3 及 Si_3N_4 陶瓷的焊接。

④ 局部过渡液相焊接。(PTLPB) 与过渡液相焊接（TLPB）的区别在于，前者的中间层局部熔化，后者的中间层全部熔化。局部过渡液相焊接（PTLPB）是采用多层金属作为中间层，中间为较厚的耐热金属，两侧为很薄的低熔点金属，在焊接温度下，低熔点金属先发生熔化或者与中间层的金属作用产生低熔共晶而熔化，此后在保温过程中通过原子扩散而使液相消失和成分均匀化，从而实现焊接。在这种方法中，中间层的选择是非常重要的，中间层与两侧的中间层金属之间无论在固态还是液态，都应该完全固溶，最好液态存在的温度范围狭窄，以利于凝固和成分均匀化。这种方法兼具钎焊和扩散焊的优点，焊接温度低、接头温度高、耐热性能好，是一种很有发展前途的方法。已经实现了采用 Cu/Nb/Cu 作为中间层焊接 Al_2O_3/Al_2O_3、采用 Ti/Cu/Ni/Cu/Ti 作为中间层焊接 Si_3N_4/Si_3N_4 以及采用 Sn 基钎料/CuTi/Sn 基钎料作为中间层焊接 Al_2O_3/AISI304 等，得到的接头强度分别为 250MPa（抗弯）、260MPa（抗弯）和 90MPa（抗剪强度）。

（10）钎焊　钎焊是焊接陶瓷常用的方法，陶瓷的钎焊以钎料在陶瓷表面能够润湿为前提，但是一般来说陶瓷很难为钎料所润湿。可以采用以下两种方法促使钎料在陶瓷表面能够润湿。一是先使陶瓷表面金属化，然后再使用钎料进行钎焊，称为间接钎焊，实际上它是熔化的钎料与陶瓷表面的金属接触，是在钎料与陶瓷表面的金属之间进行钎焊，所以比较容易实现。这种方法不仅可以改善非活性钎料对陶瓷的润湿性，还可以保护在高温钎焊时陶瓷材料不会发生分解和产生空洞。二是采用活性钎料进行钎焊，称为直接钎焊。它是在钎料中加入活性金属元素在陶瓷表面产生渗透、扩散和反应而改变陶瓷的表面状态，从而增大陶瓷与钎料的相容性，形成可润湿的表面。

使陶瓷表面金属化的方法已如上述。采用活性钎料的直接钎焊，重要的是选用合理的钎料，正确地说是合理使用活性元素。这些活性元素主要是 Ti、Zr、V 和 Cr 等。在钎焊过程中，这些活性元素会与陶瓷发生化学反应形成反应层。一方面反应层中的反应物与金属（钎料）具有相同或者相似的结构，能够被液态金属（钎料）所润湿；另一方面，界面反应物在金属（钎料）与陶瓷之间形成了化学键，实现了金属（钎料）与陶瓷之间的冶金结合。附表 3-2 和附表 3-3 分别给出了陶瓷焊接常用的钎料及高温活化钎料。

附表 3-2　陶瓷焊接常用的钎料

钎料	成分(质量分数)/%	熔点/℃	沸点/℃	钎料	成分(质量分数)/%	熔点/℃	沸点/℃
Co	100	1083	1083	Ag-Cu	Ag 50,Cu 50	779	850
Ag	>99.99	960.5	960.5	Ag-Cu-Pd	Ag 58,Cu 32,Pd 10	824	852
Au-Ni	Au 82.5,Ni 17.5	950	950	Au-Ag-Cu	Au 60,Ag 20,Cu 20	835	845
Cu-Ge	Ge 12,Ni 0.25,Cu 余量	850	965	Ag-Cu	Ag 72,Cu 28	779	779
Ag-Cu-Pd	Ag 65,Cu 20,Pd 15	852	898	Ag-Cu-In	Ag 63,Cu 27,In 10	685	710
Au-Cu	Au 80,Cu 20	889	889				

附表 3-3　陶瓷焊接常用的高温活化钎料

钎料	熔化温度/℃	钎焊温度/℃	用途及接头性能
92Ti-8Cu	790	820～900	陶瓷-金属的连接
75Ti-25Cu	870	900～950	陶瓷-金属
72Ti-28Ni	942	1140	陶瓷-陶瓷,陶瓷-石墨,陶瓷-金属
50Ti-50Cu	960	980～1050	陶瓷-金属的连接
50Ti-50Cu(原子比)	1210～1310	1300～1500	陶瓷与蓝宝石,陶瓷与锂的连接
7Ti-93(BAg72Cu)	779	820～850	陶瓷-钛的连接
5Ti-68Cu-26Ag	779	820～850	陶瓷-钛的连接
100Ge	937	1180	自粘接碳化硅-金属(R_{eL}=400MPa)
49Ti-49Cu-2Be	—	980	陶瓷-金属的连接
48Ti-48Zr-4Be	—	1050	陶瓷-金属
68Ti-28Ag-4Be	—	1040	陶瓷-金属
85Nb-15Ni	—	1500～1675	陶瓷-铌(R_{es}=145MPa)

(11) 混合氧化物焊接　实际上这是一种以混合氧化物为钎料的钎焊。混合氧化物焊接是采用类似于涂层烧结时所用的混合氧化物材料，在一定温度下，使这些氧化物熔化，并通过化学反应使陶瓷与金属焊接在一起。这种混合氧化物与被焊接的陶瓷有很好的相容性，其显著特点是接头强度高，特别是高温强度高。可以用于焊接的混合氧化物很多，见附表 3-4。例如，$Al_2O_3$44～50-CaO35～40-BaO12～16-SrO1.5～5（均指质量分数），其钎焊温度一般在 1500℃左右。附表 3-5 给出了这两种混合氧化物钎料的主要性能。还可以采用 Y_2O_3-Al_2O_3-SiO_3 系和 Al_2O_3-CaO-MgO-SiO_2 混合氧化物钎料，用它来焊接 Si_3N_4/Si_3N_4，前者其接头强度在 1000℃温度下抗弯强度高达 555MPa；采用 Al_2O_3-CaO-MgO-SiO_2 焊接 Si_3N_4/Si_3N_4 时，可以在 1200℃以上的温度下进行陶瓷与耐热金属的焊接。

附表 3-4　常用混合氧化物钎料的组成

系列	序号	配方组成(质量分数)/%			钎焊温度/℃	线胀系数/$10^{-7}K^{-1}$
Al-Ca		Al_2O_3	CaO			—
	1	50	50		1400	
	2	66.5	33.5		1590	
Al-Ca-Mg		Al_2O_3	CaO	MgO		—
	3	73	26	1.0	1483	
	4	54	38.5	7.5	1345	
	5	51.8	41.5	6.7	1455	
	6	49	42.7	8.3	1513	
	7	46	45.2	8.8	1513	
	8	42.3	51.5	6.2	1450	

续表

系列	序号	配方组成(质量分数)/%					钎焊温度/℃	线胀系数/$10^{-7}K^{-1}$
Al-Ca-B		Al_2O_3	CaO	B_2O_3			—	—
	9	30	30	40				
Al-Mn-Si		Al_2O_3	MnO	SiO_2				—
	10	24	41	35			1200(920～930)	
	11	19	52	29			1200(1150～1160)	
	12	13	52	35			1160(1070～850)	
	13	11	62	27			1150(1190～1130)	
	14	7	46	47			1200(1070～890)	
Al-Dy-Si		Al_2O_3	Dy_2O_3	SiO_2				
	15	15	65	20			—	76～82
	16	20	55	25			—	76～82
Al-Y-Si		Al_2O_3	Y_2O_3	SiO_2			—	—
	17	31	42.5	25.5				
Al-Ba-B		Al_2O_3	BaO	B_2O_3				—
	18	30	30	40			1450	
Al-Ca-Mg-Ba		Al_2O_3	CaO	MgO	BaO			
	19	50	35	3	12			
	20	49	36	11	4		1550	
	21	45	36.4	4.7	13.9		1410	88
	22	40.4	14	5.3	40.3			
Al-Ca-Mg-B		Al_2O_3	CaO	MgO	B_2O_3			—
	23	46	44.1	6.1	3.8			
	24	41.8	49.2	7.5	1.5		1500	
Al-Ca-Mg-Sr		Al_2O_3	CaO	MgO	SrO		—	—
	25	46.1	16	6	31.9			
Al-Ca-Mg-Si		Al_2O_3	CaO	MgO	SiO_2			—
	26	40.2	46	6.9	6.9		1450	
Al-Ca-Ba-B		Al_2O_3	CaO	BaO	B_2O_3			
	27	46	36	16	2		1325	94～98
Al-Ca-Ba-Y		Al_2O_3	CaO	BaO	Y_2O_3			—
	28	44.4	33.3	11.1	11.1		1405	
Al-Ca-Ba-Sr		Al_2O_3	CaO	BaO	SrO			
	29	44～50	35～40	12～16	1.6～5		1500(1310～1350)	77～91
	30	47	34.4	15	3.6			
	31	40	35	15	10		1500	95
Al-Ca-Ta-Y		Al_2O_3	CaO	Ta_2O_3	Y_2O_3			
	32	45	49	3	3		1380	75～85
Al-Ca-Mg-Ba-B		Al_2O_3	CaO	MgO	BaO	B_2O_3	—	—
	33	40	45	3	2	10		
	34	20	69.4	3.5	6.1	1.0		

续表

系列	序号	配方组成(质量分数)/%	钎焊温度/℃	线胀系数/$10^{-7}K^{-1}$
Al-Ca-Mg-Ba-Sr	35	Al_2O_3 33.5，CaO 11，MgO 4.5，BaO 30.2，SrO 20.8	1590	—
Al-Ca-Mg-Ba-Y	36	Al_2O_3 40～50，CaO 30～40，MgO 3～8，BaO 10～20，Y_2O_3 0.5～5	1480～1560	67～76
Al-Ca-Mg-Sr-Si	37	Al_2O_3 38，CaO 42，MgO 8，SrO 5，SiO_2 7，K_2O 0.3，Na_2O 0.6		—
	38	Al_2O_3 37.1，CaO 43，MgO 6，SrO 1.5，SiO_2 11	1500	
Al-Ca-Mg-Ba-B-Si	39	Al_2O_3 44，CaO 38，MgO 6，BaO 9，B_2O_3 2，SiO_2 1		—
	40	Al_2O_3 32.6，CaO 50.4，MgO 10.3，BaO 4.2，B_2O_3 1.8，SiO_2 0.5	1450	
Al-Ca-Sr-Ba-B-Si	41	Al_2O_3 25，CaO 18，SrO 18，BaO 14，B_2O_3 5，SiO_2 20	—	—
Al-Ca-Sr-Ba-Mg-Y	42	Al_2O_3 44～50，CaO 35～40，SrO 1.5～5，BaO 12～16，MgO 0.5～1.5，Y_2O_3 0.5～1.5	1500	—
Si-Zn-Al	43	SiO_2 30～60，ZnO 25～35，Al_2O_3 2.5～10	1000	
Zn-B-Si-Li-Al	44	ZnO 29～57，B_2O_3 19～56，SiO_2 4～26，Li_2O 3～5，Al_2O_3 0～6	1000	49
Si-B-Al-Na-K-Ba	45	SiO_2 70～75，B_2O_3 20，Al_2O_3 4～8，Na_2O 4～7，K_2O 6，BaO 0～2	1000	
Si-Ba-Al-Li-Co-P	46	SiO_2 55～65，BaO 25～32，Al_2O_3 0～5，Li_2O 6～11，CoO 0.5～1，P_2O_5 1.5～3.5	950～1100	104
Si-Al-K-Na-Ba-Sr-Ca	47	SiO_2 63～68，Al_2O_3 3～6，K_2O 8～9，Na_2O 5～6，BaO 2～4，SrO 5～7，CaO 2～4；还含有少量的 Li_2O、MgO、TiO_2、B_2O_3	1000	85～93

附表 3-5 两种混合氧化物钎料的主要性能

项目	Al_2O_3+CaO+BaO+SrO 44～50+35～40+12～16+1.5～5	Al_2O_3+CaO+MgO+BaO+Y_2O_3 40～50+30～40+3～8+10～20+0.5～5
钎焊温度/℃	1500	1480～1550
熔化保温时间/h	1.5～2	1～2
转变温度/℃	828①	—
析晶温度/℃	900～950	920～970
最高工作温度/℃	730～820	—
线胀系数 $\alpha/10^{-7}K^{-1}$	(室温至100～800℃)76.7～91.1	(20～300℃)66.6 (20～400℃)72.4 (20～500℃)76.4
半透明 Al_2O_3 陶瓷润湿角	(室温至100～900℃)56.9～79.2	(20～300℃)65.2 (20～400℃)68.3 (20～500℃)71.4

续表

项　　目	$Al_2O_3+CaO+BaO+SrO$ 44～50+35～40+12～16+1.5～5	$Al_2O_3+CaO+MgO+BaO+Y_2O_3$ 40～50+30～40+3～8+10～20+0.5～5
钎料对 Nb 润湿角/(°)	18	21.24
半透明 Al_2O_3 陶瓷润湿角	12	—
析出的主要晶相	$BaO \cdot Al_2O_3$、$12CaO \cdot 7Al_2O_3$ 多量 $3CaO \cdot Al_2O_3$ 少量	$3CaO \cdot Al_2O_3$ 多量 $CaO \cdot Al_2O_3$ 少量
耐 Na 腐蚀性	Na 灯燃 10000h 未见漏 Na	Na 灯燃 10000h 未见漏 Na。800℃下经 1000h，Na 渗透深度为 80～90μm
半透明 Al_2O_3 陶瓷+Nb 的接头抗拉强度/(N/cm^2)	—	5760(夹 Nb 片) 3165(与陶瓷直接结合)
钎料的流动温度/℃	1266②	1301②

① 膨胀仪测定值。

② 着热分析仪测定值。

(12) 搅拌摩擦焊

① 搅拌摩擦焊原理：搅拌摩擦焊（FAW）是固相连接的一种方法，如附图 3-1 所示。它是将两块母材不开坡口对接起来，用一个长度与被连接板厚度相当的圆棒状搅拌头，流动，两块板发生搅拌混合，依靠扩散、重结晶作用，使之溶为一体而形成牢固的连接。

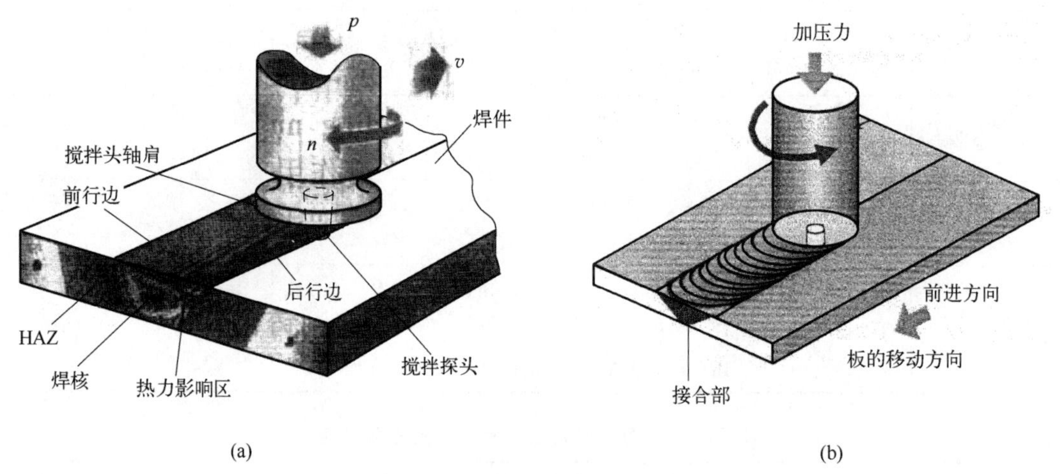

附图 3-1　搅拌摩擦焊的示意图

(a) 顺时针方向旋转；(b) 逆时针方向旋转

它是利用非耗损的较硬的搅拌头，旋转着压入被焊零件的接头部，搅拌头与被焊零件的摩擦，使得搅拌头附近材料的温度升高而塑性化。搅拌头沿着被焊零件的接头部向前移动时，在搅拌头高速摩擦以及挤压下，并且在轴肩和搅拌头的牵引、搅拌之下向后流动、填充、挤压，塑性化材料从搅拌头前部向后部移动，在热-机械的联合作用下，依靠扩散、重结晶作用，冷却之中发生再结晶，而形成致密的焊缝和焊接接头。

附图 3-2 为搅拌摩擦焊接头分区的示意图。搅拌摩擦焊接头宏观断面分为 4 个不同的区域，D 是焊核区，由于在焊接过程中材料在高温变形下发生了动态再结晶，所以又称为动态再结晶区，C 是热机影响区，B 是热影响区，A 为没有受到影响的母材。从图中可以看出，焊缝区上宽下窄，呈 V 字形。

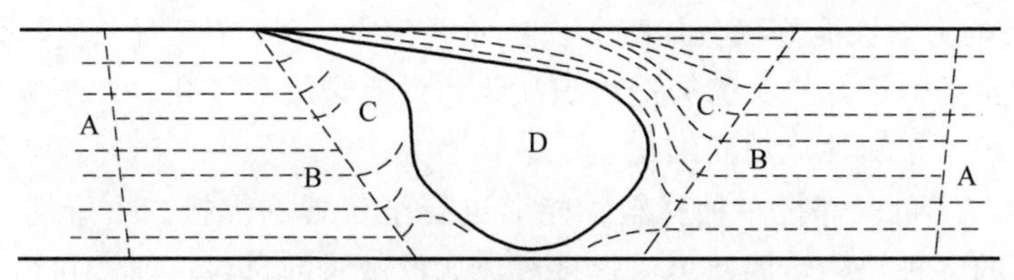

附图 3-2　搅拌摩擦焊接头的分区示意图

搅拌头的外形轮廓与其转速、压力焊件与搅拌头的相对移动速度就是主要的工艺参数。要求搅拌头相对于焊件有足够的高温硬度、高温强度和高温耐磨性。搅拌摩擦焊已经成功应用于铝、镁、铜等低熔点、低硬度材料的异种材料的焊接，也逐步可以应用于这些低硬度材料与钢、镍基合金的异种材料的焊接。随着搅拌头材料性能的改善（硬度和韧性的提高），可以采用搅拌摩擦焊的材料必将进一步扩大，适用于各种焊接接头形式，并且显著提高了接头性能。

搅拌摩擦焊作为一项新型焊接方法，在短时间内就完成了从发明到工业化应用的历程。搅拌摩擦焊所用到的主要描述性术语定义如下：

搅拌头（Pin Tool）：搅拌摩擦焊的施焊工具；

搅拌头轴肩（Tool Shoulder）：搅拌头与工件表面接触的肩台部分，主要作用是在焊接过程中产生热量和防止材料溢出，并帮助材料移动到工件周围；

搅拌针（Tool Pin）：搅拌头插入工件的部分，主要作用是使搅拌针周围的材料变形，产生塑性流动，次要功能是产生热量；

前进侧（Advancing Side）：焊接方向与搅拌头旋转方向一致的焊缝侧面；

后退侧（Retreating Side）：焊接方向与搅拌头旋转方向相反的焊缝侧面；

轴向压力（Down or Axial Force）：向搅拌头施加的使搅拌针插入工件和保持搅拌头轴肩与工件表面接触的压力，可以用压入量来代替。

焊核区金属在搅拌头的强烈搅拌摩擦作用下发生显著的塑性变形和完全动态再结晶，形成细小、均匀的等轴晶；邻近焊核区的外围区域为热机影响区，此区金属在搅拌头的热-机作用下发生不同程度的塑性变形和部分再结晶，形成由弯曲而拉长晶粒组成的微观组织；在热机影响区以外的部分区域为热影响区，该区金属没有受到搅拌头的机械搅拌作用，只在热循环的作用下发生了晶粒长大现象；热影响区以外的金属未受任何热机影响的母材。

铝、镁、钛、铜、钢铁等多种材料组合都可以采用搅拌摩擦焊进行焊接，可以用对接、搭接、丁字接等。

搅拌摩擦焊（FAW）比较适合于铝、镁及一部分铜合金，即易于发生塑性流动的所谓的软金属的连接，而连接钢铁等金属就比较困难，这与搅拌头材质有关。对软金属来讲，其接合区的温度较低，如铝，只有 450～500℃，用现有的工具钢（如 SKD61 等）来制造搅拌头就足够了。但是，若对钢铁材料进行搅拌摩擦焊（FAW）连接，其连接温度将达到 1000～1200℃这样高的温度，采用钢制搅拌头时，高温强度就不够用。而作为耐高温的多晶体的氮化硼（PCBN）陶瓷尚在试验研究之中。

② 搅拌摩擦焊技术特点。搅拌摩擦焊作为一种新型的固相连接技术，具有普通熔焊所不具有的优点，主要表现在以下几个方面：

a. 焊接温度低，焊后应力和变形小。搅拌摩擦焊焊接温度较低，热影响区小，焊接后工件的残余应力和变形量都比传统熔化焊小很多。

b. 焊接接头的力学性能好（包括疲劳、拉伸、弯曲），焊缝表面平整，无焊缝凸起，不变形，接头不产生类似熔焊接头的铸造组织缺陷，没有裂纹、气孔、夹杂等熔焊常见的焊接缺陷，并且其组织由于塑性流动而细化。

c. 适用范围广，可以焊接多种材料，能够进行全位置的焊接。由于搅拌摩擦焊可以减少熔焊过程常见的多种缺陷，因此可以焊接对热比较敏感的材料，如镁和铝等；可以实现不同材料的连接，如铝和银的连接；可以取代传统的氩弧焊实现铝、铜、镁、锌、铅等合金材料的对接、搭接、T 字形等多种接头形式的焊接，甚至可以焊接厚度变化的结构和多层材料的连接，另外这种焊接方法特别适合于高强铝合金、铝锂合金、钛合金等宇航材料的焊接。可以取代熔化焊接。

d. 焊接适应性好，效率高，成本低。搅拌摩擦焊具有适合于自动化和机器人操作的优点。焊前及焊后处理简单，焊接过程中不需要保护气体、填充材料。焊接过程中无烟尘、辐射、飞溅、噪声及弧光等有害物质产生，是一种环保型工艺方法。

e. 可以按比例分配两块材料的比例，以控制焊缝金属的化学成分。

f. 可以焊接不导电的材料

搅拌摩擦焊的不足：

a. 焊接时需要夹具和垫板，防止工件移动和被焊穿。不同形式的接头类型需要不同的工装夹具，灵活性较差。

b. 由于其利用摩擦生热进行连接，速度上受到限制，比一些熔焊方法焊接速度低。

c. “匙孔”问题，焊接结束后搅拌针所处的位置会留下一个小孔，称为“匙孔”。解决这个问题，可以通过增加引出板，焊后切除；或是在“匙孔”处用其它材料填满，也可以用其他焊接方法填满。还有一种方法就是设计搅拌针长度可调整的搅拌头，这样不仅可以解决“匙孔”问题，还可以实现变厚度材料的焊接。

附录 4　采用金属粉末烧结法进行陶瓷表面金属化的配方和工艺

序号	配方组成（质量分数）/%	金属化温度/℃ 保温时间/min	金属化气氛	适用瓷件	二次金属化	焊料	钎焊条件	连接金属	连接强度 σ_b/×9.8 N/cm^2	注
1	Mo 100	1600～1650		Al_2O_3						
		1450～1500	H_2/N_2，+40℃	（含 MnO_3 %）Al_2O_3	镀 Ni，900℃，15min，干 H_2	Ag-Cu	790℃，5min	可伐	470	
		1470	干、湿 H_2	99.5%氧化铍	Ni				133	
2	W100(25.4μm)	1600 45	湿 H_2	94%氧化铝	镀 Cu，Ni	Ag-Cu			872	金属化带涂敷
		1650～1700 30	干 H_2	95%氧化铝生瓷	镀 Ni，1000℃，H_2	Ag-Cu	850℃，5min	可伐	1820（抗折）	瓷烧结与金属化一次完成

续表

序号	配方组成（质量分数）/%	金属化温度/℃保温时间/min	金属化气氛	适用瓷件	二次金属化	焊料	钎焊条件	连接金属	连接强度 $\sigma_b/\times 9.8$ N/cm^2	注
3	MoO_3 或 WO_3 100	1750 或 1850 5	−50℃ H_2 或 +20℃ H_2	高 Al_2O_3，MgO 尖晶石	Re_2O_2，干 H_2，1000℃，5min	Co/Pd 35/65				耐 Cs 蒸气 500h；金属化，焊接可一次完成
					Ru_2O/MoO_3 40/60，H_2，1950℃，3min	Ru_2O/MoO_3	1950℃			
					Ru/Mo 共熔 1000℃，H_2	Pd-Co 共熔	1235℃	Mo		
					Rh/Mo					
4	W98+Y_2O_3 2	1650 45	+35℃，H_2	99.5%氧化铝	不镀	Cu	1100℃，(−60℃)H_2		1397	可用水调膏，注意蚀穿
						Pd	1570	Nb	1000	
	W80+Y_2O_3 20	1575～1675	H_2，H_2/N_2	96%～100%氧化铍	Ni，Cu，Au					
5	W90+Mo10	1620～1650 30	干 H_2	（含 3% TiO_2）95%氧化铝生瓷	镀 Ni，1000℃，H_2	Ag-Cu	850℃，5min	可伐	1450（抗折）	瓷烧结与金属化一次完成
6	Mo80+Y_2O_3 10+Al_2O_3 10	1800 90	净化 Ar	Al_2O_3		Y_2O_3/Al_2O_3 38/62	1800℃，60min	Mo		耐 Cs，用水调膏
7	Mo69.13+Mn 11.77+(95% Al_2O_3)瓷粉 19.10	1680 20	氨发 H_2	95%氧化铝生瓷	镀 Ni	Ag-Cu				瓷烧结与金属化一次完成
8	Mo(70～80)+Cr_2O_3(30～20)	1500～1650 10～20	湿 H_2	高 Al_2O_3		Cu-Pt	1250℃			耐熔融 Cu 1150℃，30min 作用
9	MoO_3 100	1300～1400 60	湿 H_2	95%氧化铝	涂 Cu_2O，1075℃ 90min，烧 H_2，镀 Cu	Cu	1125℃	Fe-Ni-Co Fe-Ni		一定时间耐熔融 Na
10	Mo90+Mn10	1300±20	+20℃ H_2	镁橄榄石						
	MoO_3 90+Mn10	1250	还原	镁橄榄石						

续表

序号	配方组成(质量分数)/%	金属化温度/℃保温时间/min	金属化气氛	适用瓷件	二次金属化	焊料	钎焊条件	连接金属	连接强度 σ_b/×9.8 N/cm^2	注
11	Mo80+Mn20 (25.4μm)	1280~1300	−18~−25℃ H_2	72%氧化铝	涂Ni，1050℃，3h −50~−60℃ H_2	Ag-Cu共熔	干 H_2	可伐		
		1450 60	+40℃ H_2/N_2	94%氧化铝	镀Ni 900℃，15min，干 H_2	Ag-Cu	790℃，5min，H_2	可伐	500	
12	Mo83.3+Mn16.7 (10~25)μm	1510±10 30	H_2/N_2 3/1 10~25℃	94%氧化铝	镀Ni (5~10)μm，1000℃，15min，H_2	Ag-Cu共熔	分裂氨	可伐		
13	Mo60+$MnO_2$40	1600 10	−29℃ H_2	96%氧化铍	镀Ni (10~20)μm			可伐	504	
14	Mo40+Mn60	1350 30	非氧化	高 Al_2O_3		Cu	1100℃	可伐		
15	Mo75+Mn20+Si5(35~50)μm	1300~1330 45	H_2:N_2:空气=150:800:63	75%氧化铝	镀Ni，1000℃	Ag			530	
16	Mo78+Mn15+$SiO_2$7	1215~1375 30	湿 H_2	99%氧化铍	镀Ni 13μm	Incusil 15	780~785℃，45′，+10℃ H_2		392~605	
17	Mo80+Mn12.8+$SiO_2$7.2	1300		99.49%氧化铍	镀Cu8μm	Cu-Au		Cu	471	
				99.8%氧化铍					385	
				94%氧化铝					830	
18	$MoO_3$80+$SiO_2$11+MnO9	1300		99.49%氧化铍	镀Cu8μm	Cu-Au		Cu	485	
		1200		99.8%氧化铍					556	
19	Mo78.4+$SiO_2$14.8+Mn6.8	1300	湿分裂 NH_4	96%氧化铝	镀Ni (5~7.5)μm，1050℃，20min，湿 H_2	Cu			924	
		1500		99.6%氧化铝					1055	
	Mo78+Mn7+$SiO_2$15	1550 60	湿 H_2	99氧化铝		Ag-Cu共熔		Cu	1544	
	Mo89.24+$SiO_2$7.38+Mn3.38	1575±50	+30℃ H_2	99.5%氧化铝	镀Ni,Cu	Cu	1100℃			

续表

序号	配方组成（质量分数）/%	金属化温度/℃ 保温时间/min	金属化气氛	适用瓷件	二次金属化	焊料	钎焊条件	连接金属	连接强度 σ_b/×9.8 N/cm^2	注
20	Mo76.5＋Mn6.8＋$SiO_2$14.7＋CaO2	1500.6	湿 H_2	99%氧化铝		Ag-Cu		Cu	1537	
21	$MoO_3$66＋$MnO_2$17.5＋$SiO_2$13＋$TiO_2$35	1280～1340	30～50℃ H_2 或 H_2/N_2	镁橄榄石	镀 Ni，Cu，800～700℃，H_2					
	$MoO_3$73＋$MnO_2$19＋$SiO_2$4＋$TiO_2$4	1400～1600 30～40		Al_2O_3						
	$MoO_3$72＋MnO 18.7＋SiO_2 4.65＋TiO_2 4.65	1425		99.49%氧化铍	镀 Cu 8μm	Cu-Ag		Cu	930	
22	Mo56＋MnO22＋$SiO_2$13.2＋$Al_2O_3$8.8	1400 45	干 H_2，湿 H_2	(96～99.6)% Al_2O_3，蓝宝石	镀 Ni，涂 Ni 1000℃，30min，H_2	Au-Ni				MnO 与氧化物先熔配成 Mn 玻璃
23	Mo78.06＋Mn19.5＋$SiO_2$1.95＋$Al_2O_3$0.49	1450±10 45	N_2/H_2 4/1 40～43℃	92.95%氧化铝	镀 Ni，975℃，15min	V78	780℃，5min	可伐	1400～2100（抗折）	
24	Mo79＋$MnO_2$19＋Ti2	1550 30	湿 H_2	99%氧化铍	镀 Ni 3μm	Incusil15	800℃		459	
25	Mo77＋Mn19＋Ti4(10～20)μm	1350 30～40	＋35℃ H_2	92%氧化铝	镀 Cu	Cu-Ag	779℃			
26	$MoO_3$76＋$MnO_2$20＋$TiO_2$4 25μm	1425 30	＋38℃ H_2/N_2 3/1	93%氧化铝	镀 Cu 12.7μm 1000℃，20min	Cu	1110℃，10min	Cu-Ni	950	
	$MoO_3$75＋$MnO_2$21＋$TiO_2$4	1425 30	＋37.8℃ H_2N_2 1/3	94%氧化铝		Cu	1110℃	Cu-Ni	1130	
		1550 30		99%氧化铝					894	
27	Mo85＋Mn10＋$TiH_2$5			96%氧化铝					1015	
28	Mo69＋$MnO_2$27＋$TiO_2$6	1280～1340	30～50℃ H_2，H_2/N_2	镁橄榄石	镀 Ni，Cu800～1000℃，H_2					
		1400～1600		Al_2O_3						
29	MoO_3(60～70)＋Mn(5～10)＋TiO_2(20～30)	1400±50 30	＋20℃ H_2	99%氧化铝，氧化铍，氧化镁	Ni	Cu				
30	Mn80＋Mn(14～12)＋硅铁(6～8)	1200～1350		高 Al_2O_3	涂 Ni (5～7)μm					

续表

序号	配方组成（质量分数）/%	金属化温度/℃保温时间/min	金属化气氛	适用瓷件	二次金属化	焊料	钎焊条件	连接金属	连接强度 σ_b/×9.8 N/cm^2	注
31	Mo78.7+Mn15.8+Fe3.9+$SiO_2$0.8+CaO0.8			100%氧化铝						
32	Mo74.6+Mn14.9+Fe3.7+$Al_2O_3$3+$TiH_2$3+$SiO_2$0.8	1500 30或 1250 45	湿H_2	高Al_2O_3	镀Ni (5～7)μm	Ni-Cu Ag-Cu		Cu		
33	Mo45+MnO18.2+$Al_2O_3$20.9+$SiO_2$12.1+CaO2.2+MgO1.1+$Fe_2O_3$0.5(60～70)μm	1470 60	湿H_2	95%氧化铝	镀Ni 5μm， 1050℃， 25min， H_2	Ag-Cu共熔	800～810℃，2min	Cu，Ni，Mo，可伐	970	我国常用配方
34	Mo50+MnO17.5+$Al_2O_3$19.5+$SiO_2$11.5+CaO1.5 (50～60)μm	1400～1500 40	干H_2	99.8%氧化铝 99%氧化铝，白宝石	镀Ni	Ag-Cu共熔 Ag	810℃，10min 1030℃，10min		1990（抗折） 1900（抗折）	我国常用配方
35	Mo50+MnO20+$Al_2O_3$22+$SiO_2$6+CaO2 (50～60)μm			不含CaO95%氧化铝					1100～1250	
36	Mo70+Mn9+$Al_2O_3$12+$SiO_2$8+CaO1 (40～50)μm	1400 30 或1450 45	湿H_2	99%氧化铍 95%氧化铝	镀Ni 4μm	Ag			596 1066	活化剂组成比例同34
37	Mo59.52+MnO17.85+$Al_2O_3$12.9+$SiO_2$7.93+$CaCO_3$1.8 (60～80)μm	1510 50	镀H_2	95%氧化铝	镀Ni (5～6)μm， 950～1000℃， 20～30′，H_2	Ag	1020℃	可伐	2643（抗折）	我国常用配方
38	Mo65+Mn17.5+(95%Al_2O_3)瓷粉17.5 (35～45)μm	1550 60	湿H_2	95%氧化铝	镀Ni 4μm	Ag	1000℃	可伐	873	我国常用配方
39	$MoO_3$84.8+Mn14.3+$Li_2CO_3$0.9	1280～1300 10～30	H_2	Al_2O_3，镁橄榄石	Ni					
40	Mo90+$LiMnO_3$10	1500±50	+30℃ H_2	94%氧化铝	镀Ni (5～7.5)μm 1050℃， 20min，H_2	Cu			1065	

续表

序号	配方组成(质量分数)/%	金属化温度/℃保温时间/min	金属化气氛	适用瓷件	二次金属化	焊料	钎焊条件	连接金属	连接强度 σ_b/×9.8 N/cm^2	注
41	Mo(75~78.5)+Mn20+V_2O_5(1.5~5.0)	1350~1380		高 Al_2O_3,BeO						
42	Mo97.5+Ti2.5	1500	湿分裂 NH_3	94%氧化铝	镀Ni(5~7.5)μm 1050℃,20min,H_2	Cu			1500	
43	Mo(或W)90+Ti(或Zr)10	1600	湿 H_2	刚玉	Ni(0.7~1)μm	Cu-Ag	820℃			
44	Mo(88.1~96.1)+TiH_2(5.3~1.3)+Cr_2O_3(6.6~2.6)	1280~1300	H_2/N_2	镁橄榄石						Cr_2O_3 使金属化层被侵蚀减少
45	Mo(60~95)+TiN(或TiC)(5~40)	1450~1900	74℃ H_2	99.5%~99.9%氧化铝	Ni					
46	Mo98+Fe2(15~20)μm	1245~1250 20	N_2/H_2 72/28 微量 O_2	镁橄榄石	涂Ni 15μm 1100℃,15min	Ag	1000℃,10min	可伐		
		1300~1330 45~60	$N_2+H_2+O_2$,O_2占1.1~3.3%	滑石	镀Ni,1000℃	Ag		可伐	700~980(抗折)	
47	Mo96+Fe4 12.7μm	1500~1600 30		95%氧化铝	镀Ni,再镀Cu 980℃,45min,H_2	Ag	1050℃			
48	Mo70+Fe30	1350		ZrO,SiO_2	涂Ni,1000℃	Ag,Ag-Cu		Cu		可不用涂Ni,直接焊
49	$MoO_3$65+Fe-V合金35	1300~1500	含 H_2 还原气	95%氧化铝	Ni,Cu					V含量↑,金属化强度↓
50	Mo(90~95)+MgO(5~10)	1500	还原	>94%氧化铝						
51	Mo(80~99.5)+W(20~0.5)	1250~1400	惰性气体	SiC						
52	Mo97+滑石3	1600	湿分裂 NH_3	94%氧化铝	镀Ni5~7.5μm 1050℃,20min,H_2				1080	
	Mo80+滑石20	1450~1700 60	湿 H_2,H_2/N_2	≥95%氧化铝	Ni2.54~5μm	Ag-Cu	780℃,3~5min		2660(抗折)	
		1550~1650 60		BeO		Ag	1083℃ 3~5min			
		1500~1700 60		ZrO_2						

续表

序号	配方组成（质量分数）/%	金属化温度/℃ 保温时间/min	金属化气氛	适用瓷件	二次金属化	焊料	钎焊条件	连接金属	连接强度 σ_b/×9.8 N/cm^2	注
53	Mo76.6+ $CeO_2$23.4	1500	湿分裂 NH_3	96% 氧化铝	镀 Ni5～7.5μm 1050℃，20min，H_2				1108	
54	Mo94.14+ $CeO_2$5.86	1575±50	+30℃ H_2	100% 氧化铝						
55	Mo62.5+ CaO37.5	1500 10	−29℃ H_2	96% 氧化铍	镀 Ni 10～20μm			可伐	413	
56	W90+Fe10 (25～50)μm	1340～1360	H_2，H_2/N_2	镁橄榄石，ZrO_2	Ni，Cu 或不涂	Ag-Cu，Cu				金属化层可直接焊
57	W(80～90)+ Fe(10～5)+ Mn(10～5)	1520～1540 20		85%，96% 氧化铝						
58	W74.3+Fe8.3+ $SiO_2$14.9+ $TiO_2$2.5 51μm	1600 5～10	H_2/N_2，H_2	BeO	Ni，Cu					
59	W81+Fe9+ 滑石瓷粉 10	1500 5～10	H_2，H_2/N_2	BeO						
60	W88.3+Fe9.8+ MgO1.9 51μm	1500 5～10	H_2，H_2/N_2	BeO	Ni，Cu，900～1000℃，2～5min，H_2					
61	W95.1+ $Al_2O_3$4.9	1200～1400 120		99.8% 氧化铝		Cu-2Ni	1150℃		1430	
62	W95.2+ $Al_2O_3$4.7+ $Y_2O_3$0.1					Pd	1570℃		1000	
63	W95.8+ $Al_2O_3$4.1+ $CaCO_3$0.1					V-Nb-Ti Ru-Mo	1805℃ 1945℃		840	
64	W78+$MnO_2$15+ $TiO_2$3.5+ $SiO_2$3.5 或 W63+$MnO_2$20+ $TiO_2$5+Re12	1280～1340 1400～1600 30～40	H_2，H_2/N_2	镁橄榄石 Al_2O_3	镀 Ni，Cu，800～1000℃，H_2					
65	WC60+TiC10+ Fe30	比瓷烧成温度低 20～90℃	29～23℃ 保护气	镁硅酸盐 铝硅酸盐	镀 Ni 或涂 Ni，1200～1280℃ H_2					
66	MoO_3+涂 Au	1000～1180	湿分裂 NH_3	高 Al_2O_3，BeO 滑石，镁橄榄石		Pb/Sn 40/60		钢	685～707	

续表

序号	配方组成(质量分数)/%	金属化温度/℃ 保温时间/min	金属化气氛	适用瓷件	二次金属化	焊料	钎焊条件	连接金属	连接强度 $\sigma_b/\times 9.8$ N/cm^2	注
67	$MoO_3$94.9+$MnO_2$5+Cu_2O0.1	900~1150	湿 H_2 或分裂 NH_3	高 Al_2O_3	不需镀	Cu	900~1150℃		980	涂膏后可直接焊接涂膏后再涂 Ag_2O 粉单独金属化
		1100	+5℃ H_2	96%氧化铍					800	
68	$MoO_3$85.5+$Li_2CO_3$8.5+$MnO_2$4.3+Cu_2O1.7 (30~40)μm	1170 60	干 H_2	95%氧化铝 SiC衰减瓷	镀 Ni	Ag		可伐		金属化可与焊接一起进行
69	$MoO_3$97.9+Ti2.02+Cu_2O0.08 再涂 Au	1090~1116	湿分裂 NH_3	高 Al_2O_3,BeO滑石,镁橄榄石				钢	680~707	金分散在氧化物层中
70	$MoO_3$69+MnO14+$Al_2O_3$10+$SiO_2$6+CaO1+Cu_2O0.5(外加)(80~100)μm	1280 40~60	H_2	95%氧化铝	镀 Ni	Ag-Cu		可伐	1430	可单独金属化
	MoO_3(25~30)+Mo(25~30)+MnO(20~30)+SiO_2(15~18)+Al_2O_3(8~10)+CuO0.5+Cu_2O(0.1~0.6)	1170 30~60	H_2	95%氧化铝	镀 Ni	Ag-Cu		可伐	1150	可单独金属化
71	MoB60+Cu_2O15+Mn15+$MnO_2$10	1150~1285 30	空气通过木炭空气热裂 H_2/N_2	96%氧化铝	Cu,Ag,Ni					
72	$WO_3$92.7+$MnO_2$6.2+$Fe_2O_3$1.1	900~1150	干、湿 H_2,分裂 NH_3	94%~100%氧化铝					1030~697	
73	$MoO_3$55+LiOH15+H_2O30	1320±20 15	H_2	镁橄榄石	镀 Ni (10~15μm)	Cu	1100℃±20℃	Mo 镀 Cu	900~1000	
		1350 30		95%氧化铝					800	
74	钼酸铵16.8g+硝酸锰(50%)2mL或钼酸铵30g+硝酸锰(50%)0.5mL	900~1100	湿 H_2,分裂 NH_3	96%~99.8%氧化铍	不需镀	Cu				
				94%氧化铝					930	

续表

序号	配方组成（质量分数）/%	金属化温度/℃ 保温时间/min	金属化气氛	适用瓷件	二次金属化	焊料	钎焊条件	连接金属	连接强度 $\sigma_b/\times 9.8$ N/cm^2	注
75	钼酸铵 24g+高锰酸钾 0.2g	1100	+5℃分裂 NH_3	94%氧化铝	不需镀	Cu			1080	
76	磷酸钼 10g+硝酸锰(50%) 3mL+钼粉 1g	1100	+5℃分裂 NH_3	94%氧化铝	不需镀	Cu			728	
				99.5%氧化铝					665	
77	钨酸 10g+氢氧化铵 25mL+钨酸锰 0.5g	1100	+5℃分裂 NH_3	94%氧化铝	不需镀	Cu			963	
78	钼酸铵 60g+五氧化二钒 0.4g	1100	+5℃分裂 NH_3	94%氧化铝	不需镀	Cu			665	
79	$(NH_4)_2MoO_4$ 86g+NH_4OH 100mL+H_2O 60mL+LiOH12g	1200 3	H_2/N_2 71/29	高 Al_2O_3，镁橄榄石	镀 Cu	Cu	1100℃，3min	Ta，Mo 针等		金属化、焊接一次完成
80	MoO_3 97+NiO_3			98%氧化铝，滑石，镁橄榄石		Cu；Ag/Cu 21/79	1200℃，3～5min，800℃，3min	可伐，Mo Fe-Ni		一次封成，用于针封
81	MoO_3 40+Ni-Mn 合金 60，(Ni-Mn 合金，Ni40，Mn60)	1050～1100 10	还原							
82	Mo50+Mn40+易熔玻璃 10，(易熔玻璃：SiO_2 80.5，B_2O_3 12.9，Na_2O 3.8，K_2O 0.4，Al_2O_3 2.2)	1250		>94%氧化铝，镁橄榄石，锆英石，块滑石，长石						可用 30% Ni 代 Mo
83	Mo(60～80)+Mn(40～20)+Fe+Na_2SiF_5 (5～10) (10～20)μm	1000～1200 10→1250～1300	湿 H_2/N_2	Al_2O_3，镁橄榄石	镀 Cu，Ni	Ag-Cu 共熔	800～850℃		1200～1500	金属化要进行两次
84	Mo33.4+Mn4.8+Cu28.5+Ag19+TiH_2 14.3	1000 3	H_2	95%氧化铝						
85	Mo74.4+Mn6.8+$MoSi_2$ 18.8	1170 30	+20℃ H_2/N_2 1/3	Al_2O_3，BeO					1015	
86	Mo70+Cr30	1100～1150 30	H_2	50%～75%氧化铝						Cr 含量↑，金属化温度↓

续表

序号	配方组成（质量分数）/%	金属化温度/℃ 保温时间/min	金属化气氛	适用瓷件	二次金属化	焊料	钎焊条件	连接金属	连接强度 σ_b/×9.8 N/cm^2	注
87	Ag90+Cu_2O5+$Al_2O_3$5	1000～1100		98%氧化铝	烧Ag粉	Ag-Cu-Zn-Cd	气喷灯	Fe-Ni		
88	Ag46+Mn18+Cu36	820	真空，−50℃ H_2	Al_2O_3，镁橄榄石，滑石尖晶石，富铝红柱石				Ni,Fe-Ni,Fe-Ni-Co镀Ag		
89	Mo34+CuO66或Mo25+CuO75	830～950短时间↓1000～1050↓>1200	空气↓H_2↓H_3							金属化分三步进行
90	Cu_2O94.2%+$Al_2O_3$5.8	>1190↓1100	氧化↓还原	Al_2O_3						原料在空气中1250℃，30min燃烧，冷却后粉碎再涂，金属化分两步进行
91	Pt91+MnO 4.63+$SiO_2$2.73+硬脂醇锰1.64	1250 30	空气	>85%氧化铝		Au	1063℃		175	对F、Cl不活泼，硬脂醇锰作用是增加粉末在溶液中的分散度

注：1. 所收集的是生产实用的或者经验证明是较好的配方。

2. 表中列出的相应工艺条件是较好的条件，具体试验过程及工艺条件的范围请查阅有关参考资料。

3. 表中所列封接强度一般指抗拉强度，若为其它强度则加以注明。

4. 配方组成后面有时列出μm数，是涂层厚度数值。

5. 列表顺序大体是按金属化温度高低排列的，1600℃以上为高温，1600～1200℃为中温，1200℃以下为低温金属化。

附录5 金属化法焊接的母材、金属化方法、焊接材料、焊接工艺参数和接头强度

母材	金属化方法	焊接工艺参数	接头强度/MPa
6003铝合金-1Cr18-Ni9Ti不锈钢的共晶反应钎焊	Ni-Ag作中间层，1Cr18-Ni9Ti不锈钢被焊表面依次镀上5μm Ni和10μm Ag	真空度2×10^{-2}Pa，580℃×5min×0.2MPa	
	Ni-Cu作中间层，1Cr18-Ni9Ti不锈钢被焊表面依次镀上5μm Ni和10μm Cu		
	在不锈钢表面镀银	590℃×(5～10)min	
	中间层铜、银、镍电刷镀到不锈钢表面，铜、银镀厚度5～20μm，镍镀厚度10μm	焊接在真空度不低于5×10^{-3}Pa的真空炉中进行双温扩散焊，施加压力0.1MPa	

续表

母材	金属化方法	焊接工艺参数	接头强度/MPa
6003 铝合金-1Cr18-Ni9Ti 不锈钢的双温扩散焊	中间层铜电刷镀到不锈钢表面厚度 5～20μm	不低于 5×10^{-3}Pa 的真空中，施加压力 0.1MPa。初温 570℃＋低温 510(530)℃×10(30、60、120)min	铜厚度 10μm 时最高，85MPa
	中间层银电刷镀到不锈钢表面，厚度 5～20μm	不低于 5×10^{-3}Pa 的真空中，施加压力 0.1MPa。初温 590℃＋低温 530(550)℃×10(30、60、120)min	
	中间层镍电刷镀到不锈钢表面，厚度 10μm	不低于 5×10^{-3}Pa 的真空中，施加压力 0.1MPa。初温 590℃＋低温 530(550)℃×10(30、60、120)min	
	在不锈钢上镀银、镍两种中间层	6063 铝合金/镀银层/镀镍层/不锈钢模式，高温加热温度 590℃，低温保温温度 530～550℃×10～120min	
钛-铝的压力焊	钛表面镀铝	压下率达 47%～50%，压力为 210MPa	比铝的强度极限高 1.5 倍
预涂覆钛-铝超声波焊接	钛合金在钎料池中，200～650℃下超声波振动 1～60s	加热温度 420℃，施加超声波 5s，超声波频率 20kHz，超声波振幅 20μm	120～141
AZ31B 镁合金和 HDG60 镀锌钢板的 CMT 熔钎焊	HDG60 镀锌钢板	电压 18～21V×焊接速度 7.2～8.5mm/s×送丝速度 4～5m/min	AZ61 焊丝 1.75N
			AZ92 焊丝 1.65N
			MnE21 焊丝 1.5N
AZ31B 镁合金与钢的电阻点焊	钢板镀锌层厚度 0.02 mm		6～11kN
AZ31B 镁合金/304 不锈钢的扩散焊	镀镍	镁合金在上，不锈钢在下。真空度为 1.33×10^{-3}Pa，510℃×20min×2MPa	
镁/钢异种金属加镍中间层的激光-TIG 复合热源焊接	镍	激光功率 390W，激光离焦量为 －1.8mm，焊接速度 850mm/min，TIG 电流 100A	170.8
金刚石	镀覆 化学镀	将金刚石放入 30g/L $NiCl_2\cdot6H_2O$＋26g/L $NaH_2PO_2\cdot H_2O$＋20g/L $NaKC_4H_4O_6\cdot4H_2O$ 镀液中，pH 值为 4.5～5.5，85～90℃下，搅拌 20～25min	
	采用氢化和氮化的方法，使之形成氢化物 TiH_2、Ti_3N_2、ZrH_2、Zr_3N_2 等		
金刚石与 40Cr 钢钎焊	复合镀 Ti-Ni 金刚石的钎焊，金刚石表面分别采用真空微蒸发镀覆技术和金刚石滚镀方法将其表面镀 Ti 和 Ni，镀后增重 20%，其中 Ti≤0.5%。选用 Ag 基钎料	680℃×18s，700℃×12s，750℃×5s，800℃×3s，850℃×1s，900℃×瞬时，钎料 90%(Ag-Cu)共晶－10%Ti	140MPa
LF3 与 0Cr18Ni9 的电刷镀过渡层钎焊	电刷镀镍、铜①	对不锈钢待焊表面进行电净和活化处理之后进行电刷镀，流程为打磨→电净→活化→电刷镀镍、铜→清洗→钎焊 540℃	34

续表

母材	金属化方法	焊接工艺参数	接头强度/MPa
6061铝合金与1Cr18-Ni9Ti电刷镀过渡层钎焊	在不锈钢焊接表面进行电刷镀过渡层Ni(厚度约5μm)和Ag(厚度约5μm)，不加钎料	在不锈钢钎焊表面先镀Ni，后镀Ag，然后与6061铝合金进行真空钎焊，真空度为1×10^{-3}Pa，焊接温度580℃，保温分别为1min、5min和20min	
Mo与钢的钎焊	镀镍60μm	1000℃×30min×30MPa	300
Mo与铜的真空扩散焊	在Mo的连接表面镀一层厚为7～14μm的Ni	真空度$1.3332\times(10^{-7}\sim10^{-8})$MPa(800～1050)℃×(10～20)min×(9.80～15.60)MPa	
铝-钛异种金属超声波钎焊	钛镀铜厚度在2～10μm。用95Zn-5Al合金作钎料(熔化温度为382℃)	先将铝合金与已镀铜的钛浸入熔化了的钎料，再在大气中进行超声波钎焊。超声波频率为17.4kHz，功率500W，加压340N，加压时间3s	
钛与铝的异种金属扩散焊	钛镀铝(780～820)℃×(35～70)s	(520～550)℃×60s	21.4
铝合金和不锈钢的火焰钎焊	不锈钢表面镀铝	HL401钎料和QJ201硬钎剂，540～550℃	41.3MPa
陶瓷-金属钎焊	以Mo-Mn法对陶瓷金属化	真空度5×10^{-3}Pa，820～840℃×3～5min	
SiC陶瓷与Fe基合金的焊接	对陶瓷化学镀镍		
Si_3N_4-Q235钢的焊接	化学镀镍4h、镀镍层厚度50μm	钎料为BAg72Cu。辉光钎焊：真空度在0.1Pa以下，工作气压20Pa，辉光电压850V，850℃×8min	镀镍层厚度为30μm、36μm、39μm、65μm，接头抗剪强度分别为58MPa、70MPa、77.05MPa、117.31MPa
日用陶瓷与1Cr18-Ni9Ti不锈钢的焊接	化学镀镍	(280～360)℃×5min，钎料是Sn-Ag3.5	钎焊温度为300℃时，接头剪切强度15.7MPa
Al_2O_3陶瓷与Cu的钎焊	对Al_2O_3陶瓷进行离子溅射涂覆表面金属化		
	涂覆Ti-Cu	钎料Ag-Cu-Ni(NiCuSi-13)，795℃	5488±686N/cm^2
	涂覆Ti-Au		3430±411
	涂覆Cr-Cu		2450±274
	涂覆Cr-Au		2450±343
	涂覆Al-Cu		686±343
	涂覆Al-Cu	Pb-Sn(60Pb-40Sn)795℃	2744±98
	涂覆Al-Au	Pb-Sn-In(37.5Pb-37.5Sn-25In)140℃	1960±34.3
Al_2O_3/Al和低碳钢的软钎焊	50μm厚度的纯铜箔	260℃×0.5min	24
金刚石与40Cr钢钎焊	复合镀Ti-Ni，金刚石表面分别采用真空微蒸发镀覆技术和金刚石滚镀方法将其表面镀Ti和Ni	680℃×18s，700℃×12s，750℃×5s，800℃×3s，850℃×1s，900℃×瞬时	140MPa
金刚石与硬质合金的焊接	采用化学沉积的方法在金刚石表面镀厚度30μm的金属化膜	采用Ti箔和Ag-Cu共晶合金箔作为中间层置于金刚石镀膜与硬质合金(WC+8%Co)，即依次为金刚石镀膜/Ti箔/Ag-Cu/硬质合金。焊接条件：真空度2.5×10^{-3}Pa，880℃×30min×10MPa	

续表

母材	金属化方法	焊接工艺参数	接头强度/MPa
金刚石与钢的盐浴焊	金刚石表面渗覆 Ti 而金属化		金刚石与钢的盐浴焊接头拉伸强度为 100MPa
	钢体表面喷涂 Ni 基合金，Ni 作为中间层	将表面渗覆 Ti 的金刚石颗粒置于钢体表面，其上喷涂 Ni 基合金，放入坩埚中，坩埚放入炉中，加热到焊接温度	
LF3 与 0Cr18Ni9 的电刷镀过渡层钎焊	电刷镀镍、铜[①]	钎焊工艺[②]采用 STD-200-C 电刷镀设备对不锈钢待焊表面进行电净和活化处理之后进行电刷镀，流程为打磨→电净→活化→电刷镀镍、铜→清洗→钎焊	

注：1. 材料。母材 LF3（Al-Mg3 合金，熔点 625℃）与 0Cr18Ni9，钎料为质量分数 Al-Mg6-Si10-Cu6-Zn8 的铝基钎料，钎剂为质量分数 LiCl25-KCl42-$ZnCl_2$10-NaF12-$SnCl_2$5-$CdCl_2$6。

电刷镀用活化液：浓度为 36%～38%的盐酸溶液 20～30g/L＋氯化钠 130～150g/L＋少量添加剂，pH 值 0.2～0.8，室温活化 30～40s；电净液为 NaOH 20～30g/L＋Na_3PO_4·$12H_2O$ 40～60g/L＋Na_2CO_3 20～30g/L；特殊镍液为 $NiSO_4$·$7H_2O$ 396g/L＋$NiCl_2$·$6H_2O$ 150g/L＋浓度 36%～38%的盐酸 21g/L＋羧酸 89g/L；高速铜液为 $CuNO_3$·H_2O 430g/L＋$CuSO_4$·$5H_2O$ 40g/L。

2. 钎焊工艺。采用 STD-200-C 电刷镀设备对不锈钢待焊表面进行电净和活化处理之后进行电刷镀，流程为打磨→电净→活化→电刷镀镍、铜→清洗→钎焊。

附录 6　活性金属法焊接的母材、活性材料、焊接工艺参数和接头强度

母材	活性材料	焊接工艺参数	接头性能/MPa
TA4 钛合金的钎焊	Cu-30Ti-20Zr 钎料	950℃×(1～30)min×真空度 4MPa×压力 0.5MPa	
	Ti-20Zr-25Cu-10Ni 钎料	950℃×(1～30)min×真空度 4MPa×压力 0.5MPa	1040
	Ti-37.5Zr-15Cu-10Ni 钎料	880℃×15min×真空度 2×10^{-3}Pa	164.3～186.8
	Ti-(30～40)Zr-(5～10)Cu-(4～9)Ni-4～9Co 钎料	930℃×15min×真空度 2×10^{-3}Pa	297.5～399.5
钛合金高温钎焊	Ag 基钎料、Al 基钎料和以 Ti、Zr 为基再加入 Cu、Ni、Mn、Be、Pd、V 和 Nb 的 Ti 基钎料厚度 50μm	(860～950)℃×(5～30)min	
TA15 的真空钎焊	钛基钎料有 Ti-Zr-Be、Ti-Cu-Ni 和 Ti-Zr-Cu-Ni 系等	焊接：930℃×15min×10^{-2}Pa。 焊后热处理：930℃×15min×10^{-2}Pa	室温：焊后 910，热处理 965；550℃：焊后 565，热处理 575
Al_2O_3 陶瓷[①]与 Ni	Ti-Ni 活性金属	真空度小于 6.7×10^{-3}Pa，(985～1000)℃×(3～5)min，随炉冷却	
	Ti-Ni-Ag 活性金属		

母材	活性材料	焊接工艺参数	接头性能/MPa
Al_2O_3 陶瓷[①]与 Ni	Ag-Cu-Ti，100μm 厚的 Ag 箔和 2μm 厚的 Ti 箔夹在 Al_2O_3 陶瓷与 Ni 母材之间；也可以制成 Ti-Ni-Ag 薄片使用，夹在 Al_2O_3 陶瓷与 Ni 中间作为钎料	在真空炉或者氩气保护之下加热至1000℃，保温7min	接头强度可以达到140
	Ag-Cu-Ti 钎料	钎焊温度增加到1025℃	26.3
Al_2O_3 陶瓷与 Nb 的焊接	Ag-Cu-Ti 活性钎料	真空度为 3×10^{-2}Pa，(770～1120)℃×(3～60)min	820℃×15min 时，接头剪切强度为223MPa
	Ni-Ti 作为钎料的钎焊	1350℃×20min，真空度 3×10^{-2}Pa	140
	Cu-Ti-Zr 活性钎料，成化学成分为77Cu18Ti5Zr	真空度0.03Pa，1100℃×(10～60)min	1100℃×10min 时，162
Al_2O_3 陶瓷与金属 Ti 的钎焊	Cu-Ti	真空度大于 6.7×10^{-3}Pa，960℃×2min	77.6
	Ni-Ti，Ni 箔厚度 15μm	真空条件下1000℃×5min	
	Ni-Ti-Cu 活性金属法钎焊	在 Ni 的质量分数为28.5%或者33%的 Ni-Ti 合金中加入质量分数10%的 Cu，也可以在厚度为10～20μm 的 Ni 箔表面镀上一层 Cu。钎焊工艺参数为在真空炉中加热到900～980℃保温5min	
Al_2O_3 陶瓷与金属 Cu 的钎焊	采用 Ag-Cu-Ti 活性钎料	真空度 1.0×10^{-2}～2.0×10^{-3}Pa，真空度 1.0×10^{-2}～2.0×10^{-3}Pa，加热温度825～925℃，保温5～90min，加热速度15℃/min，随炉冷却，加热速度15℃/min，随炉冷却	>850℃×>20min，>80
	采用 Cu-Ti 活性钎料	真空度大于 6.7×10^{-3}Pa，(900～1120)℃×(2～5)min	46.6
Al_2O_3 陶瓷进行离子溅射涂覆表面活化金属化钎焊 Cu	涂覆 Ti-Cu 层	钎料 Ag-Cu-Ni(NiCu-Si13)，795℃	(5488±686)N/cm^2
	涂覆 Ti-Au		(3430±411)N/cm^2
	涂覆 Cr-Cu		2450±274
	涂覆 Al-Au		2450±343
	涂覆 Al-Cu		686±343
	涂覆 Al-Cu	钎料 Pb-Sn(60 Pb-40Sn) 260℃	2744±98
	涂覆 Al-Au	钎料 Pb-Sn-In(37.5Pb-37.5Sn-25In)260℃	1960±34.3

续表

母材	活性材料	焊接工艺参数	接头性能/MPa
Al_2O_3 陶瓷与Q235钢钎焊	Cu70Ti30作为钎料	真空度不低于10^{-2}Pa，1100℃×10min	
Al_2O_3 陶瓷与低碳钢的钎焊	钎料为Ag-Cu-3Ti	10^{-4}Pa的真空度，900℃×5min	103
Al_2O_3 陶瓷与不锈钢的钎焊	Ag-Cu共晶（Ag39.9-Cu60.1）中加入质量分数3%的Ti，钎料厚度0.1mm	900℃×15min	
钎焊 Al_2O_3 陶瓷和可伐合金（Fe-26Ni-16Co）	Cu_2O＋Cu作中间层的Ag-Cu-Ti活性钎料	采用蒸涂法在 Al_2O_3 陶瓷表面涂10μm的 $20Cu_2O+80Cu$（质量分数），在 5×10^{-4}Torr真空下，进行840℃×10min的钎焊	
	Mo-Mn法及Ag-Cu-Ti活性钎料直接钎焊	Mo粉：Mn粉＝4：1，用黏结剂拌匀，涂敷于 Al_2O_3 陶瓷表面，置于25% H_2-75% N_2 气中进行1500℃×60min金属化，然后再在这个金属化层上电镀约10μm的Ni。800℃×10min	
	Ag-Cu-Ti	在 5×10^{-4}Torr真空下，进行840℃×10min的钎焊	
Al_2O 与4J33（Fe-15Co-33Ni）可伐合金进行钎焊	AgCuTi活性钎料	900℃×5min	144
Si_3N_4 陶瓷	Cu-Ni-Ti钎料，(Cu85-Ni15)80-Ti20钎料	1100℃×10min	285
	Ag-Cu-Ti钎料		
	Al-Ti		
	Al-Zr		
Si_3N_4 陶瓷与45钢	钎料采用Cu-Cr、Cu-Sn-Ti、Cu-In-Ti	在真空度不低于 5×10^{-5}Torr，加热温度分别为1050℃（Cu-Cr）、1100℃（Cu-Sn-Ti）、1050℃（Cu-In-Ti）与900℃（Ag-Cu-Ti），保温10min	钎焊接头剪切强度分别为38.35MPa（Cu-Cr）、70.9MPa（Cu-Sn-Ti）、102.6MPa（Cu-In-Ti）与117.35MPa（Ag-Cu-Ti）
Si_3N_4 陶瓷与低碳钢的钎焊[②]	钎料（Ag-Cu共晶）97-3Ti	900℃×10min	
Si_3N_4 与镍基LDZ125合金的钎焊	用60μm（Ag-Cu共晶）95-5Ti钎料钎焊	920℃×8min，真空度为$(2\sim3)\times10^{-3}$Pa	77
	（Ag-Cu）共晶93-7Ti/Ni-1[③]复合钎料钎焊	是将钎料（厚度为60μm）夹在 Si_3N_4 与LDZ125合金之间。Si_3N_4 与Ag-Cu-Ti相邻，Ni-1与LDZ125合金相邻，钎焊工艺为920℃×5min→1160℃×5min，真空度为$(2\sim3)\times10^{-3}$Pa	30～35
	Ag-Cu-Ti-Nb(Ta)复合钎料		

续表

母材	活性材料	焊接工艺参数	接头性能/MPa
Si_3N_4-GH188 镍基合金的钎焊	Ni-25.6Hf-18.6Co-4.5Cr-4.7W 作为钎料	在(3～5)×10^{-2}Pa 的真空条件下，(1200～1250)℃×10min，	
Si_3N_4 与 lncone I600 合金钎焊	Ag71-Cu27-Ti2 钎料	900℃×20min	
Si_3N_4 与因瓦(Invar)合金的焊接	Cu-Ti、Ni-Ti、Ag-Cu-Ti、Ag-Cu-Ti、Ag-Cu-Ti-In、Cu-Ti-Be		
AlN 陶瓷与 Cu 以及 Mo、W 的焊接[④]	钎料有：Ag-Cu 系、Ag-Cu-Ti 系、Ag-Cu-Zr 系、Ag-Cu-Hf 系、Ag-Cu-V 系、Ag-Cu-Ti-Co 系、Ag-Cu-Ti-Nb 系、Cu-Ti 系、Cu-Zr 系、Cu-Ti-Sn 系、Cu-Ti-Sn-Ni 系、Pb-Ag-Ti 系		
钎焊 AlN 和 Mo	Ag-27Cu-2Ti 钎料	6×10^{-3}Pa 的真空，850℃×8100s	Mo/AlN/Mo 接头强度 90～100
钎焊日用陶瓷与 1Cr18Ni9Ti 不锈钢	Ag-Cu-Ti 钎料	20℃/min 的速度加热到 800℃，保温 10min，再以 5℃/min 的速度加热到钎焊温度；冷却时先以 5℃/min 的速度冷却到 500℃，然后再随炉冷却	
金属与陶瓷材料的摩擦焊	Ti	10s×30MPa	33～79
		10s×30MPa	109
	Nb	6s×30MPa	67～90
	Zr	10s×30MPa	46～82
氧化锆陶瓷(Y_2O_3 稳定)与灰口铸铁(HT28-48)钎焊	钎料为活性材料 Ag-Cu-Ti	真空度 1.33×10^{-2}Pa，(800～1000)℃×(2～30)min	257
SiCP/2618Al 复合材料的反应扩散焊	采用加入活性元素钛粉末(质量分数)0.7～2.8 的 40.7 银-40.0 铝-19.3 铜粉末混合而成	真空度 3.2×10^{-3}Pa，(510～540)℃×(15～60)min×1.5MPa 的压力	101
Ti-Al 合金与 40Cr 钢扩散焊接			
钎焊 Ti_3Al 金属间化合物 Ti-24Al-15Nb-1Mo	Ti-15Cu-15Ni	真空度 2×10^{-2}Pa，980℃×10min	650℃ 的高温强度 341.5MPa
		真空度 2×10^{-2}Pa，980℃×30min	650℃ 的高温强度 290.3MPa
		真空度 2×10^{-2}Pa，980℃×60min	650℃ 的高温强度 255.0MPa
		真空度 2×10^{-2}Pa，1010℃×60min	650℃ 的高温强度 224.0MPa
		真空度 2×10^{-2}Pa，1015℃×10min	650℃ 的高温强度 224.7MPa
		真空度 2×10^{-2}Pa，1050℃×10min	650℃ 的高温强度 209.3MPa
Ti-14Al-21Nb	钎料 Ti-20Zr-13Ni-7Cu	1.5×10^{-2}Pa 的真空，980℃×15min	
Ti-14Al-27Nb	钎料为 Ti-35Zr-15Ni-15Cu，熔点 830～850℃	真空度 8×10^{-4}Pa，1050℃×5min	253.6
	Ni-7Cr-5Si-3B-3Fe，熔点为 970～1000℃	真空度 8×10^{-4}Pa，1100℃×5min	249.6

续表

母材	活性材料	焊接工艺参数	接头性能/MPa
Ti-Al33.3-Nb4.8-Cr2(质量分数%)的金属间化合物	Ti-Cu15-Ni15(质量分数%)作为钎料	1150℃	钎焊接头抗拉强度为295MPa,剪切强度为322MPa
Ti-35Zr-15Ni-15Cu基钎料钎焊TiAl与TC4	Ti-35Zr-15Ni-15Cu钎料	1.33×10^{-4}Pa,850℃×10min	139.97
		1.33×10^{-4}Pa,850℃×10min	101.45
		1.33×10^{-4}Pa,950℃×10min	89.44
		1.33×10^{-4}Pa,1000℃×10min	70.28
TiAl与SiC陶瓷的真空钎焊	采用厚度为20μm的68.32%Ag-27.14%Cu-4.54%Ti作为钎料	6.6×10^{-3},900℃×10min	剪切强度高达173MPa
碳/碳复合材料之间的焊接(强度22MPa)	Al-10%~15%Ti钎料	钎料厚度0.23mm,900℃×20min	8.21
		钎料厚度0.10mm,950℃×10min	8.06
		钎料厚度0.21mm,1050℃×10min	9.50
		钎料厚度0.15mm,1100℃×10min	16.01
	活性钎料Cu-15%Ti	1050℃×30min	21
	0.1mm厚度Ag-26.4Cu-4.6Ti钎料	对接,真空度2×10^{-2}Pa,900℃×10min	三点弯曲强度38.21
	0.2mm厚度Ag-26.4Cu-4.6Ti钎料	搭接,真空度2×10^{-2}Pa,900℃×10min	剪切强度22.09
碳/碳复合材料与钛的焊接	Ag-26.7Cu-4.6Ti的0.05mm的箔片作为钎料	910℃×10min,真空度低于10^{-4}Pa	25
	Ti-Cu-Ni系和Ti-Cu-Si系		
	Ag-Mn,Ag-Ti系、Ti-Zr-Ni		
碳/碳复合材料与铜的钎焊	50Cu-50Pb作为钎料	710℃	强度不高
	100μm厚的Ag71-Cu27-Ti箔作为钎料	820℃左右	三点弯曲强度116MPa
	49Ti-49Cu-2Be作为钎料	在真空条件下,980℃×5min	远远高于母材的接头强度
	0.01mm的Ti箔作为钎料	1000℃×5min	50MPa,硬度约为110HV
	利用离子镀在碳/碳复合材料的表面镀上几层Ti和Cu;另一种方法是在碳/碳复合材料的表面涂上用有机黏结剂调制成糊状的Ti粉和Cu粉的混合物		对碳/碳复合材料的表面进行预镀处理后,得到的接头强度较高,约为62~63MPa;而对碳/碳复合材料的表面进行预涂处理的接头强度最高,约为72MPa,硬度约为200HV

续表

母材	活性材料	焊接工艺参数	接头性能/MPa
碳/碳复合材料与铜的钎焊	Cu-2Al-3Si-2.3Ti 箔钎料	2×10^{-3}Pa 以上的真空中，1030℃	
	Ti70-Cu15-Ni15 为钎料	1000℃，加压 1kPa	剪切强度为 24MPa
	Cr 和 Mo 的混合粉料进行钎焊	利用 Cr 和 Mo 的混合粉料在高温真空状态下与碳/碳复合材料表面发生固相反应（温度在 1300℃ 以上，保温 1h）。再利用浆料涂于表面改性的碳/碳复合材料与铜之间，加热 1100℃，保温 20min	接头的剪切强度可达 34MPa
	活性钎料 15Cu-15Ni-70Ti、68.8Ag-26.7Cu-4.5Ti、63Ag-34.3Cu-1Sn-1.75Ti		
活性浇铸法焊接碳/碳复合材料与铜	表面涂覆一层活性材料	将铜合金（Cu-Zr-Cr）浇铸在其表面	
梯度过渡层焊接碳/碳复合材料与铜	Cu-Fe-Cu 膜/Mo 片/Fe-Cu-Ag 膜的多层中间层	970℃×10min	34
钎焊碳/碳复合材料与高温合金	Si、Mg_2Si、$TiSi_2$ 等	1420～1490℃	
	以 Ni-Pd 为基的钎料，加入活性元素 Ti、Cr、V 等，40Ni-Pd，Ni-Pd6.6～14.5V，Ni-Pd-12～25Cr，Ni-Pd-12～25Cr-6.6～14.5V-Si-B		
石墨的钎焊	Ti	133.322×10^{-4}Pa，950℃	
	79Ag-Cu	133.322×10^{-4}Pa，1850℃	
	Ni-Rh	133.322×10^{-4}Pa，1850℃	
	48Ti-48Zr-4Be	133.322×10^{-4}Pa，1900℃	
	36～45Ni-5～10Ti-Fe	氩气，1300～1400℃	
	80～50Ti-20～50Ni-Si	氩气，1000～1050℃	
	40～70Ti-60～30Ni-Si	氩气，950～1000℃	
	35Au-35Ni-30Mo	真空及氦气，2000℃	
	直接电阻焊	真空及氦气，2000℃	
	64Ni-20Cr-8Mo-8W		2842（2156）室温（800℃）N/cm^2
	铌基钎料、金基和钯基钎料	真空度一般为 133.322×10^{-4}Pa	
	Ti-Ni	真空度 2×10^{-2}Pa，1420℃×20min	25.02MPa，强度系数为 62.55
	Ti-Cr		22.8MPa，是石墨抗弯强度的 57%
石墨与铜之间的焊接	以钛或者银-铜-钛作为钎料		
	钎料采用快速凝固技术获得的（质量分数%）35Ti-35Zr-15Cu-10Ni-5 熔点为 850℃ 的 30μm 厚的非晶体钎料	真空度为 6×10^{-3}Pa，10min×870℃	接头强度达到母材石墨的 70.22%
	钛基非晶体钎料（原子分数%）45Ti-30Zr-15Cu-10Ni，厚度 20μm，中间层材料 0.2mm 的 Mo 片和 Cu 片	按照 Cu/钎料/中间层/钎料/掺杂石墨的顺序组装，进行真空钎焊。钎焊温度 900℃	

续表

母材	活性材料	焊接工艺参数	接头性能/MPa
钎焊石墨和 SiC 陶瓷	质量分数 Co-73.3Ti 的钴基高温钎料	1060℃×13min	
单层金刚石的钎焊	采用 Cu-Sn-Ti、Cu-Cr、Ni-Cr-P、Ni-Cr-Ag、Ag-Cu-Ti 等		
	钎料 90%(Ag-Cu)共晶-10% Ti 合金箔，基体材料是 40Cr	真空度 5×10^{-3}Pa，920℃×20min	
金刚石与硬质合金的焊接	采用 Co-Si 合金焊接金刚石与硬质合金	以烧结的方法将金刚石与硬质合金连接在一起。烧结条件：1450℃×压力 6GPa，烧结时间 3min、5min	

① 用于活性金属法焊接 Al_2O_3 陶瓷的活性金属如下。

陶瓷	用活性金属法连接 Al_2O_3 陶瓷		
	族	系	活性金属实例
Al_2O_3 陶瓷	Ⅳ族	Ti 系	Ti，Ti-Cu，Ti-Cu-Ag Ti-Cu-Ag-In，Ti-Cu-Ag+Cu+Cu_2O Ti-Cu-Ag-Sn，Ti-Cu-Be Ti-Cu-Fe，Ti-Cu-Ge Ti-Cu-Ni，Ti-Cu-Sn Ti-Cu-Au，Ti-Cu-Au-Ni Ti-Ni，Ti-Ni-Ag，Ti-Ni+Au Ti-Ni-Al-β Ti-Fe，Ti-Al-Si，Ti-Sn
		Zr 系	Zr，Zr-Cu-Ag，Zr-Al，Zr-Al-Si Zr-Ni，Zr-Fe
		Hf 系	Hf
	Ⅲ族	Al 系	Al，Al-Cu，Al-Si，Al-Si-Cu Al-Si-Mg，Al-Ni，Al-Ni-C Al-Li，Al-Cu-Li
	Ⅴ族	V 系	V，V-Ti-Cr
		Nb 系	Nb，Nb-Al-Si
	其它	Ni 系	Ni，Ni-Cr，Ni-Y
		Cu 系	Cu，Cu_2O
		Cr-Pd	

② 由于 Si_3N_4 陶瓷与钢的线胀系数相差较大［Si_3N_4 陶瓷的线胀系数为 3×10^{-6}/℃，而钢的线胀系数为 (11～12)×10^{-6}/℃］，因而 Si_3N_4 陶瓷与钢的钎焊接头中存在有较高的内应力而使承载能力下降，严重时会发生钎焊后在 Si_3N_4 陶瓷界面上产生裂纹的现象，所以，应当采取缓解应力的措施（注②表 1 给出了钎焊采用的活性中间层材料）。在采取缓解应力的措施中，在 Si_3N_4 陶瓷与钢的钎焊接头中，增加应力缓解层是一种行之有效且可行的方法。注②图 1 给出了不同材料作为中间应力缓解层对提高 Si_3N_4 陶瓷与钢的钎焊接头强度的效果。从图中可以看出，以 Ag 或 Cu 作为中间应力缓解层有良好效果。从降低成本考虑，应当选用 Cu 作为中间应力缓解层，试验证明，Cu 的厚度大于 0.5mm 就可以有效降低 Si_3N_4 陶瓷界面上的残余应力。注②表 2 给出了 Si_3N_4 陶瓷与金属的钎焊接头弯曲强度。

注②表 1　钎焊采用的活性中间层材料

系	活性金属及其合金实例
Ti 系	Ti，Ti-Cu，Ti-Cu-Ag，Ti-Ag，Ti-Cu-Ni，Ti-Cu-Au，Ti-Cu-Be，Ti-Cu-Be-Zr，Ti-Ni，Ti-Ni-P，Ti-Ni-TiH_2，Ti-Al，Ti-Al-V，Ti-Al-Cu
Zr 系	Zr，Zr-Cu，Zr-Cu-Ni，Zr-Ni
Al 系	Al，Al-Cu，Al-Ag，Al-Ni，Al-Ti，Al-Zr，Al-Si，Al-Mg，Al-Mg-Cu-Si，Al-Cu-Mg-Mn，Al-Si-Mg

续表

系	活性金属及其合金实例
Hf 系	Hf
Nb 系	Nb,Nb-Cu-Al
Cu 系	Cu-Mn,Cu-Cr,Cu-Nb,Cu-V,Cu-Al-V
Ni 系	Ni,Ni-Cr
Ta 系	Ta
Co 系	Co

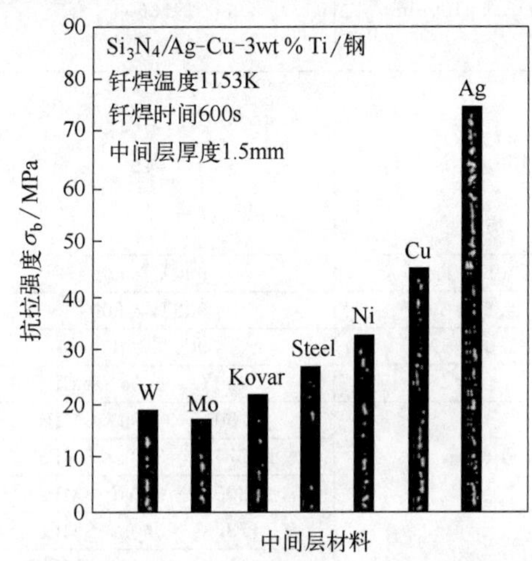

注②图 1 应力缓解层材料对接头强度的影响

注②表 2 Si_3N_4 陶瓷与金属的钎焊接头弯曲强度/MPa

金属	Fe	Ni	Co	Cu	Nb	Mo	W	Ta
接头强度	325	389	151	16	289	420	90	376
焊接温度/℃	1200	1200	1300	1000	1400	1500	1300	1400

③ Ni-1 的化学成分/质量分数（%）如下。

C	Cr	Co	W	Mo	Si	B	Ni	熔点/℃
0.89	16	8	5	4	5.3	2.04	余	1050～1100℃

④ AlN 陶瓷与 Cu 以及 Mo、W 的焊接的研究成果如下表。

金属	焊接方法	中间层或者金属化方法	焊接条件(温度×时间×压力)	结果
Cu	S	PVDTi0.5μm＋Ag4μm	807℃×180s×5MPa	TD144mm²/s
			830℃×180s×5MPa	TD172mm²/s
			887℃×180s×5MPa	TD178mm²/s
			937℃×180s×5MPa	TD168mm²/s
		PVDZr0.7μm＋Ag4μm	830℃×180s×5MPa	TD183mm²/s
		PVDHf0.5μm＋Ag4μm	830℃×180s×5MPa	未试验
		PVDV0.5μm＋Ag4μm	830℃×180s×5MPa	未试验
		Ti15μm	830℃×180s×5MPa	未试验
		Zr20μm	830℃×180s×5MPa	TD112mm²/s
	B	1Ti-72Ag-Cu100μm	830℃×180s×5MPa	TD188mm²/s
Mo	S	Ti10μm＋Ni3μm	1120℃×真空	Sh9.8MPa
		Zr20μm＋Ni5μm	1120℃×真空	
		Ti7μm＋Cu5μm	1120℃×真空	Sh98MPa
	B	28Ti＋Cu(原子分数)	1020℃×真空	
		47μZrm＋Cu(原子分数)	1020℃×真空	
		63Ti-37Ni	1100℃×360s×3MPa	Sh18MPa
		71Ti-29Ni	1100℃×360s×3MPa	Sh49MPa
		42Ti-58Cu	880℃×360s×3MPa	Sh167MPa
		4Ti-61Ag-35Cu	1100℃×360s×3MPa	Sh192MPa

续表

金属	焊接方法	中间层或者金属化方法	焊接条件(温度×时间×压力)	结果
Mo	MB	Ti3μm+Cu100μm	880℃×360s×真空	
		(72Ag-28Cu)40μm+Ni4μm	真空	Sh100MPa
		Ti3μm+Ag10μm+Cu100μm	880℃×360s×真空	Sh100MPa
		(72Ag-28Cu)40μm+Ni3μm	真空	Sh67MPa
		Ti(1～10μm)+Cu100μm	980℃×360s×真空	Sh28MPa(Ti1μm) Sh109MPa(Ti3μm) Sh118MPa(Ti10μm)
		(72Ag-28Cu)40μm+Ni3μm	真空	Sh138MPa(室温) Sh145MPa(405℃) Sh140MPa(605℃) Sh127MPa(705℃) Sh130MPa(805℃)
W	B	Ag-26.6Cu-5.0Ti	900℃×300s	Sh118MPa
		Ag-25.2Cu-5.0Ti-5Co	900℃×600s	Sh116MPa
		Ag-25.2Cu-5.0Ti-5Nb	900℃×300s	Sh147MPa
Cu	B	Pb-Ag-Ti 合金	400℃×600s×1MPa	
Cu	B	51Cu-14Ti-35Sn	750℃×360s×8MPa	Sh69MPa
			775℃×360s×8MPa	Sh133MPa①
			800℃×360s×8MPa	Sh154MPa①
		45Cu-14Ti-35Sn-6Ni	738℃×360s×8MPa	Sh134MPa①
			750℃×360s×8MPa	Sh134MPa①
			800℃×0s×8MPa	Sh133MPa①
			800℃×300s×8MPa	Sh133MPa①
			800℃×360s×8MPa	Sh134MPa①
			800℃×1080s×8MPa	Sh97MPa
		39Cu-11Ti-50Sn	700℃×360s×8MPa	Sh74MPa
			750℃×360s×8MPa	Sh74MPa
			800℃×360s×8MPa	Sh146MPa①
		36Cu-10Ti-50Sn-4Ni	700℃×360s×8MPa	Sh111MPa
			800℃×360s×8MPa	Sh120MPa
			850℃×360s×8MPa	Sh147MPa①
Cu	B	1000～1200℃在空气中预氧化。采用 Cu-O 共晶成分在 1063～1083℃下氧含量 80～3900ppm 焊接	在 1063～1083℃氧含量 80～3900ppm 下焊接	剥离强度 0N/mm ($Al_2O_3$0.4μm)
				剥离强度 3.0N/mm ($Al_2O_3$0.6μm)
				剥离强度 9.2N/mm ($Al_2O_3$1.0μm)
				剥离强度 7.9N/mm ($Al_2O_3$1.32μm)
				剥离强度 6.3N/mm ($Al_2O_3$2.7μm)
				剥离强度 7.6N/mm ($Al_2O_3$3.0μm)
				剥离强度 1.2N/mm ($Al_2O_3$12.0μm)
				剥离强度 11.3N/mm (20℃)
				剥离强度 12.2N/mm (320℃)

续表

金属	焊接方法	中间层或者金属化方法	焊接条件(温度×时间×压力)	结果
Cu	B	1000～1200℃在空气中预氧化。采用 Cu-O 共晶成分在 1063～1083℃下氧含量 80～3900ppm 焊接	在 1063～1083℃氧含量 80～3900ppm 下焊接	剥离强度 10.4N/mm (400℃) 剥离强度 5.9N/mm (450℃) 剥离强度 2.0N/mm (720℃) 剥离强度 0.9N/mm (840℃)

① 在 AlN 处破坏。

注：S—固相连接；B—钎焊；MB—金属化＋钎焊；PVD—物理蒸镀；Sh—剪切试验；Pe—剥离试验；TD—热扩散率。

附录 7 采用中间层焊接的母材、中间层材料、焊接工艺参数和接头强度

母材	中间层	焊接工艺参数	接头强度/MPa
钛合金和不锈钢激光焊	V、Ta、Cu、Mg 等		V 作为中间层时，有裂纹
	Ta		Ta 作为中间层时，接头强度只有 44MPa
	Cu	激光功率 1500W，脉宽 14ms，焊接速度 0.32m/min，激光束向不锈钢偏移	337
	Mg	激光功率 2500W，焊接速度 2m/min，间隙 0.4mm	221
TC4 和 304 不锈钢电子束焊	V	焊接速度 1.8m/min，电子束功率 6000W，电子束向不锈钢的偏移量 0.25mm，加速电压 25kV，电子束电流 25mA	350
Cr25Ni15＋TA7 真空扩散焊	Ta	900℃ × 10min × 8.82MPa，1.3332×10^{-8}	292.04
12Cr18Ni10Ti ＋ TA7 真空扩散焊	V	900℃ × 15min × 0.98MPa，1.3332×10^{-8}	
	V＋Cu	900℃ × 15min × 0.98MPa，1.3332×10^{-8}	
	V＋Cu＋Ni	1000℃ × 15min × 4.9MPa，1.3332×10^{-8}	
	V＋Cu＋Ni	1000℃ × 10min × 4.9MPa，1.3332×10^{-8}	
	Cu＋Ni	1000℃ × 15min × 4.9MPa，1.3332×10^{-8}	
	Cu＋Ni	1000℃ × 10min × 4.9MPa，1.3332×10^{-8}	
Mg-Al 异种金属搅拌摩擦焊	Sn0.1mm		130
	Sn0.4mm		175
	Zn0.1mm		75
	Cu0.1mm		90

续表

母材	中间层	焊接工艺参数	接头强度/MPa
AZ31B镁合金与304不锈钢的扩散焊	Ni箔	510℃×20min×2MPa、真空度0.1～1MPa	36
	Cu箔	530℃×30min×2MPa，真空度0.1～1MPa	65
TA2钛合金的扩散焊	40μm的纯铜	850℃、900℃×30、60和120min×5MPa，真空度1×10^{-4}Pa	900℃×30min时，90
Al_2O_3的多晶体	中间层材料为3Y-TZP	10^{-4}mmHg的真空×(1375～1400)℃×(6～10)MPa×(20～60)min，焊接后冷却到室温2h	
Al-Cu异种金属的真空扩散焊	Ag、Fe、Ni		
A6061-S54C	A1050 4mm(70μm)		305.6
A2017-S54C	A1050 5mm(20μm)		280
A2017-S54C	Al-3%Mg 5mm		380
6003铝合金-1Cr18Ni9Ti不锈钢的双温扩散焊	中间层Al-Si合金采用箔片	不低于5×10^{-3}Pa的真空中，施加压力0.1MPa。初温590℃+低温540(560)℃×10(30、60、120)min	
6003铝合金-1Cr18Ni9Ti不锈钢的钎焊	Ni-Ag作中间层，对1Cr18Ni9Ti不锈钢表面依次镀上Ni和Ag，其厚度分别为5μm及10μm	0.2MPa×580℃×5min，真空度2×10^{-2}Pa	
TC4和304L不锈钢	AZ31B	激光功率2500W，焊接速度2m/min，间隙0.4mm	接头强度可达221MPa
	铜作为中间层	激光功率1500W，脉宽14ms，焊接速度0.32m/min，激光束向不锈钢偏移	接头拉伸强度达到337MPa
钢与钛的真空电子束焊	一般选用Nb或青铜作为中间层材料，可以作为钢与钛的真空电子束焊中间层材料的有V+Cu、Cu+Ni、Ag、V+Cu+Ni、Nb、Ta等		
厚度2mmTC4钛合金和316L不锈钢电子束焊接	采用铜作为中间层	焊接速度1.8m/min，电子束功率6000W，电子束向不锈钢的偏移量0.25mm，加速电压25kV，电子束电流25mA	350
	采用不同厚度的钒作为中间层		接头强度都在323MPa以上
钢(不锈钢)与钛及钛合金电弧焊	锆、铪、铌、钽、钒为过渡材料，分别与钢(不锈钢)与钛及钛合金电弧焊		
钢与铜	镍及镍基材料		

续表

母材	中间层	焊接工艺参数	接头强度/MPa
钢与青铜	镍	600℃×(10～13)min×(4.9～9.8)MPa,真空度 1.3332×10^{-8}～6.666×10^{-9}	
12Cr18Ni9Ti+TU1	镍	900℃×20min×9.8MPa,真空度 1.3332×10^{-8}	
TA2 钛合金	40μm 的纯铜	900℃×30、60、120min×5MPa,真空度 1×10^{-4}Pa	90、50、40
铝钛扩散焊	L40.4mm	(520～550)℃×60 s	18.5
	L40.2mm		22.5
TA4 与铜合金 ZQSn10-10 的真空扩散焊	纯铜	(800～880)℃×30min×10MPa,真空度 1.33×10^{-3}Pa	180
TC4 钛合金和 QA110-3-1.5 铜合金扩散焊	镍 50μm	870℃×60min×10MPa	325
Ti60 钛合金与因科尔 3128 镍合金电子束焊	纯铜 0.5mm	70kV×电子束电流 10mA×聚焦电流 585mA×焊接速度 600mm/min	213
	纯钒 0.8mm	电子束电流 10mA,焊接速度 700mm/min	924
	90Cu-10Cr 合金 0.5mm	70kV×电子束电流 10mA×聚焦电流 585mA×焊接速度 800mm/min	264
	铜 2-钒合金 0.6mm	电子束电流 10mA,焊接速度 600mm/min	
	铜 0.5mm、钒 0.5mm 作为梯度复合中间层	70kV×电子束流 10mA×聚焦电流 585mA×焊接速度 800mm/min	先熔化铜,接头强度高,392
钢与锆的真空扩散焊	镍		
	Ta 和 Ni 作为中间层,依钢-Ni-Ta-Zr 的顺序相叠加		
镁/钢异种金属的激光-TIG 复合热源焊接	100μm 纯镍	激光功率 390W,激光离焦量为−1.8mm,焊接速度 850mm/min,TIG 电流 100A	170.8
AZ31B/不锈钢的焊接	Ni 箔	510℃×20min×2MPa,真空度 0.1～1MPa	36
	Cu	530℃×30min×2MPa,真空度 0.1～1MPa	52
SYG960E 超高强钢/AZ31B 镁合金	锌 30μm		135
	铜 100μm		190
TC4 和 93W 钨合金的扩散焊	可伐合金 23μm	980℃×30min×140MPa	190
1Cr13+Mo	Ni	(1000～1100)℃×(10～25)min×(11.7～24.5)MPa,真空度 1.333×10^{-2}MPa	
	Cu	1200℃×5min×4.6MPa,真空度 1.333×10^{-2}MPa	
	无	(900～950)℃×(5～10)min×(4.6～9.5)MPa,真空度 1.333×10^{-2}MPa	

续表

母材	中间层	焊接工艺参数	接头强度/MPa
1Cr18Ni9Ti+Mo	Ni	(1000～1200)℃×(5～30)min×(4.6～14.7)MPa，真空度 1.333×10^{-2}MPa	
	Cu	1200℃×30min×19.0MPa，真空度 1.333×10^{-2}MPa	
不锈钢+铍	Cu	650℃×40min×19.6MPa，真空度 1.333×10^{-3}MPa	
	Ni	650℃×40min×19.6MPa，真空度 1.333×10^{-3}MPa	
	Ag	750℃×(30～45)min×19.6MPa，真空度 1.333×10^{-3}MPa	
Ti60α-Ti 钛合金和 GH3128 镍基高温合金电子束焊	纯铜(0.3mm、0.5mm、0.7mm、1.0mm)	电子束流 10mA×70kV×600mm/min×聚焦电流 585mA	149、213、206、192
	0.8mm 的纯钒	电子束电流 10mA，焊接速度 700mm/min	镍侧最高硬度 924HV
	CuCr 作为复合中间层 0.5mm	70kV×10mA×800mm/min×585mA	电子束位置：CuCr 中间、CuCr 作为复合中间；偏向钛 0.25mm、偏向镍 0.25mm
	0.6mm 的 Cu_2V 作为中间层。	10mA×焊接速度 600mm/min，电子束对准中间层中间位置	528HV
	0.5mm 铜、0.5mm 钒作为梯度复合中间层	70kV×10mA×800mm/min×585mA，两道焊：先焊 V；先焊铜	253,392
钛与钨的扩散焊	23μm 的可伐合金	980℃×30min×140MPa×10^{-3}Pa	150
钛合金 HA15 与硬质合金 YG8 扩散焊	0.1mmCu	860℃×30min×5MPa	118
Cr25Ni15+TA7 真空扩散焊	Ta	900℃×10×8.82，1.3332×10^{-8}	292.04
1Cr18Ni9Ti 与 TC4 真空扩散焊	Cu0.01mm+Ni0.02mm 箔	880℃×240min×1.0MPa	146
	Cu0.01mm+Ni0.05mm 电镀	900℃×(60,15)min×1.0MPa	104,101
钛合金 TC4 和双相不锈钢扩散焊	Ti-15.6Fe-4.9Mo	900℃×45min×4MPa	560MPa，为不锈钢的 84.8%
TC4 钛合金与 18-8 不锈钢扩散焊	Ti+Ni		396
	Ni、Ag、Cu、V、Nb		
钛合金 TC2 和铬青铜 QCr0.5TIG 焊	铌过渡层	130A×(10～12)V×25m/h	
钛-铜扩散焊	喷涂 Mo	炉中焊 980℃×300min×3.4MPa	186～216
	喷涂 Nb	炉中焊 980℃×300min×3.4MPa	186～216
	Nb 箔	炉中焊 980℃×300min×3.4MPa	216～276
Al-Cu 异种金属真空扩散焊	Ag、Fe、Ni		
铜-钼之间的扩散焊	Ni 箔	(800～950)℃×(10～15)min×(14.7～22.75)MPa，1.3332×(10^{-7}～10^{-8})	
	镀 Ni	(800～1050)℃×(10～20)min×(14.7～22.75)MPa，1.3332×(10^{-7}～10^{-9})	

续表

母材	中间层	焊接工艺参数	接头强度/MPa
碳/碳复合材料[①]与LAS玻璃陶瓷($MgO-Al_2O_3-SiO_2$)的扩散焊	MAS玻璃[②]	1200℃×20MPa×15min	
	将MAS玻璃[③]	(1150～1300)℃×20MPa×30min	
两个被焊焊件之间生成石墨来扩散焊接碳/碳复合材料	锰粉		
	铝粉		
	镁粉		
使两个被焊焊件之间生成碳化物来扩散焊接碳/碳复合材料	用钛粉(75μm粒度)或者钛箔(200μm箔)	1400℃×45min	
	B_4C＋Ti＋Si混合粉末(2∶1∶1)	2000℃×15min×3.45MPa	室温 8.99MPa，2000℃为14.51MPa
使用中间层以形成碳化钨扩散焊接碳/碳复合材料	钨粉和碳粉	钨粉和碳粉在溶剂中混合，涂到碳/碳复合材料表面，在1450～1580℃下压力烧结	在1620℃时接头的剪切强度为19.20MPa
在被焊焊件之间生成B_4C扩散焊接碳/碳复合材料	硼和石墨混合粉	1995℃温度和7.38MPa的压力下	在1660℃时的最大剪切强度为21.57MPa
	单独采用硼粉		
	B和B+C	B为中间层，在1995℃，压力由3.10MPa提高到7.38MPa时	接头在1575℃下的抗剪强度由6.94MPa提高到9.70MPa
用硅化物作为中间层形成SiC焊接碳/碳复合材料	$TiSi_2$	乙醇调制成糊状，涂在焊件表面。在一定的压力下升温至1310℃，压力降到0，再升温至1480℃以上，中间层材料全部熔化后，保温2～15min，然后冷却到1310℃，液相完全消失后，继续加压至0.69MPa，直到冷却到室温。这实际上是“扩散焊＋钎焊＋扩散焊”	30
	Mg_2Si	氩气保护，1420℃×45min，1200℃×90min	剪切强度5MPa
	采用750μm厚的硅	氩气保护，1420℃×45min	剪切强度为22MPa
形成Al_4C_3扩散焊接碳/碳复合材料	750μm厚的铝箔	氩气保护，1000℃45min	剪切强度为10MPa
用玻璃作为中间层焊接碳/碳复合材料	SABB玻璃[(质量分数)$70.4SiO_2$-$2.1Al_2O_3$-$17.5B_2O_3$-10.0BO]	1300℃×60min	30MPa
采用酚醛树脂焊接碳/碳复合材料[④]	Q-913钨酚醛树脂，钨含量为质量分数12%。钨粉：200目，纯度为质量分数95%	在高温热压炉中于1500℃进行碳/碳复合材料之间的焊接	碳/钨摩尔比1∶0.25，200℃ 24.0MPa；1500℃ 16.1MPa
	钼酚醛树脂	注④	碳/钼摩尔比1∶0.5，200℃ 34.7MPa；1500℃ 13.3MPa
碳/碳复合材料与镍基高温合金GH3128的扩散焊	Ni、Si粉末，Si所占的质量分数小于10%	1110℃×45min，真空度小于1×10^{-2}Pa	
石墨与铜的钎焊	钛基非晶体钎料(原子分数%)45Ti-30Zr-15Cu-10Ni，厚度20μm；中间层材料0.2mm的Mo片和Cu片	Cu/钎料/中间层/钎料/掺杂石墨的顺序组装，真空钎焊。钎焊温度900℃	

续表

母材	中间层	焊接工艺参数	接头强度/MPa
石墨与钼的扩散焊	钛箔 0.1mm	1200×10×7.2	0
	钛箔 0.08mm	1600×15×7.4	1.3
	钛箔 0.035mm	1050×30×12.0	2.5
	钛箔 0.035mm	950×30×12.0	1.2
	钛粉<100μm	1500×10×12	6.0
	钛粉<53μm	1650×10×6	10.0
	钛粉<53μm	900×15×8.5	4.2
	钛粉<53μm	1350×15×4.4	9.0
	钛粉<53μm	1400×15×5.0	13.6
	钛粉<53μm	1650×15×4.5	11.0
	镍粉	850～1250×10～45×7.5～35	8.7～15.0
		1300～1350×2～45×7.5～25	≥11.0
	镀镍	850～1250×10～45×4.2～30	8.7～15.0
		1300～1350×2～25×2.0～5.0	≥11.0
石墨与钼合金的钎焊	Ti、Zr、Cr、Mo、Nb 等		
	Ti		14.1MPa，为石墨剪切强度 16.43MPa 的 85.8%
石墨与不锈钢的扩散焊	Ti-V-Cr	1550～1650℃	
	Ti-Zr-Ta	1300～1600℃	
石墨与钛的扩散焊	以约 10μm 的镍箔片作为中间层	(830～870)℃×0.98MPa×35min，真空度为 133.322×10^{-3}Pa	
	将石墨的焊接面镀上一层 10～30μm 的镍		
石墨与钨的钎焊	对钨的焊接表面镀上一层镍、铬或者铜等。钎料可以采用 Ti-V-Cr（熔点 1550～1650℃）、Ti-Zr-Ta（熔点 1650～2100℃）、Ti-Zr-Ge（熔点 1300～1600℃）、Ti-Zr-Nb（熔点 1600～1700℃）还可以用高温钎料 80Ti-10Ta-10Cr、85Ti-10Ta-5Cr、70Ti-20Cr-7Mn-3Ni、60Ti-10Ta-20Cr-7Mn-3Ni		
石墨与钨的扩散焊	中间层（采用 80Cr-20Ni）厚度 0.8～1.0mm	(1650～1750)℃×5min×1MPa	
石墨与钽的扩散焊	中间层（采用 80Cr-20Ni）厚度 0.8～1.0mm	(1650～1750)℃×5min×1MPa	
Al_2O_3 陶瓷之间加中间层扩散焊	Al、Cu、Ti、Ta、Mo、Nb、Ni、Cr、Ni-Cr 及钢等		
	Ni	真空 1.3×10^{-2}Pa	55.2
		氩气，大气压	30.7
		氩气+空气 2.7×10^{4}Pa	45.8
		大气 550℃	43
		15 氢气-85 氮气，550℃	33
		大气 750℃	39
		15 氢气-85 氮气，750℃	28
		大气 1000℃	32
		15 氢气-85 氮气，1000℃	>63

续表

母材	中间层	焊接工艺参数	接头强度/MPa
Al_2O_3 陶瓷之间加中间层扩散焊	铜	750℃×200MPa	1
		800℃×400MPa	1.0
		1100℃×50MPa	4.0
		1300℃×10MPa	52
		1300℃×50MPa	150
	铝	550℃×20MPa	19
		600℃×20MPa	87,104
		630℃×10MPa	65
		700℃×500MPa	20(有熔出)
	钛	1000℃×200MPa	2.0
		1200℃×200MPa	＞65
	钼、金属陶瓷、钛及铌		
	钼＋铌		
氧化铝与石英玻璃扩散焊	用氧化物组成复合盐[5]	在真空中把铜加热到950℃，保温3min，而后冷却，当温度降至300～400℃时通入空气，扩散焊应在 $1.3\times10^{-1}\sim1.7\times10^{-2}$Pa 较低的真空度下进行，生成的 $CuAl_2O_4$ 可以连接铜和 Al_2O_3，但铜表面的氧化膜的厚度应控制在3～10μm	
Al_2O_3 与 Cu 的扩散焊	Nb	在高于1300～1400℃先扩散焊 Nb 与 Al_2O_3，900℃×120min×8MPa，真空度 1×10^{-6}Pa，加热和冷却速度分别为15℃/min和5℃/min	Cu-Nb-Al_2O_3(Nb120nm)，1140J/m^2；Cu-Nb-Al_2O_3(Nb 180nm)995J/m^2
	电子束蒸镀在 Al_2O_3 的两面镀 Nb 膜(厚度120～180nm)	900℃×120min×8MPa，真空度 1×10^{-6}Pa，加热和冷却速度分别为15℃/min和5℃/min	
Si_3N_4 陶瓷及一部分稳定化的 ZrO_2 陶瓷	Al、Ti、Zr、Nb、Fe、Ni、Cu、Ag		
氧化铝陶瓷与铝的扩散焊	铜	504℃×1226s	抗拉强度和抗剪强度分别是108MPa和45MPa
Al_2O_3 陶瓷与不锈钢的扩散焊	镍粉	900℃×120min×30kPa、真空度25Pa、升温速率50℃/min、焊后以10℃/min的速率冷却到500℃	21
Si_3N_4 陶瓷钎焊	Al/Ni/Al复合中间层	厚度为0.2mm的铝箔和40μm的镍箔按Al/Ni/Al的形式夹在 Si_3N_4 陶瓷中间，施加0.2MPa的压力，钎焊温度900℃并保温10min，在真空度为 $(0.5\sim2)\times10^{-2}$Pa 条件下施焊	58.6
Si_3N_4 陶瓷/Inconel600合金的扩散焊	Cu箔厚度0.12mm、Ni箔厚度0.13mm及Nb粉	Nb粉用丙酮调浆后均匀涂在陶瓷表面，厚度0.2mm，然后装配为 Si_3N_4 陶瓷/Nb/Cu/Ni/Inconel600合金，在 5×10^{-3}Pa 的真空，(1130～1150)℃×50min×10MPa	70～90

续表

母材	中间层	焊接工艺参数	接头强度/MPa
Si_3N_4 陶瓷与 W 的扩散焊	Cu+Co 合金(Haynes188)作为中间层	真空度 6.5Pa、1300℃×30min	60～90
Si_3N_4 陶瓷与 Mo 的扩散焊			90
Si_3N_4 陶瓷与 Ta 的扩散焊接			60
Si_3N_4 陶瓷与 Nb 的扩散焊接			70
Si_3N_4 与 40Cr 钢之间的真空钎焊	Cu 厚度 1.0mm	真空度为 10^{-3}Torr(1Torr=1.33322×10^3Pa，下同)及压力 27MPa	
	Ti	按 Si_3N_4/Bag-8/Ti/Bag-8/40Cr 钢顺序叠起，其中 Ti 为工业纯 Ti，厚 0.1mm、Bag-8 钎料厚 0.08mm，组装后，加压 25MPa，动态真空度为 2×10^{-4}～5×10^{-5}Torr，(727～980)℃×5min	
	Nb 厚度 80μm	Si_3N_4/钎料/Nb/钎料/40Cr 钢的钎焊接头。在真空度 1.33×10^{-2}Pa，920℃×(10～15)min 的下进行钎焊	400～500
Si_3N_4 与不锈钢真空扩散焊	Ti-Ni、Ni、Fe-26Cr、Ni-7Cr 及其它 Ni-Cr 合金	加热温度在 1150～1350℃之间	
SiC 陶瓷的扩散焊	TiAl 合金是化学成分为质量分数 Ti-43Al-1.7Cr-1.7Nb	35MPa×1300℃×(6～480)min，真空度 6.6×10^{-3}Pa	
	Nb		
SiC 陶瓷与 Nimonic80A 镍合金加中间层的扩散焊	可瓦(Kovar)合金中间层	(900～1000)℃×30min	
	Cu	900℃×30min	
	Ti-6Al-4V	(1000～1200)℃×30min	
SiC 陶瓷与 GH128 镍基高温合金的扩散焊	采用 Fe 粉和 Ni 粉烧结成厚度 1～1.5mm 的块状 65Fe-35Ni 合金作为中间层	12.50MPa×1125℃×15min	34.3
SiC 陶瓷与 TC4 合金的(Ag-Cu-Ti)-W 复合钎焊	Ag、Cu、Ti、W 都是粉剂，按照质量分数 67.6% Ag-26.4% Cu-6% Ti 配比，配以不同体积比例纯度 99.9%的 W 粉，加入分散剂、黏结剂，制成膏状	真空度 6×10^{-3}Pa，(890～920)℃×(10～30)min×217Pa，升温速度 10℃/min，冷却速度 3℃/min	
SiC 陶瓷与 TC4 钛合金反应钎焊	Cu 箔	真空度 6.6×10^{-3}Pa，升温速度 30℃/min，1000℃×(5～35)min，冷却速度 20℃/min	186
SiC 陶瓷与 Cu 的摩擦焊	Al、Ti、Zr、Nb、Fe、Ni、Cu、Ag		

续表

母材	中间层	焊接工艺参数	接头强度/MPa
SiC 陶瓷与 Cu 的摩擦焊	Ti	摩擦时间 10s,顶锻压力 30MPa,摩擦压力 20MPa,顶锻时间 6s,转速 40r/s	弯曲强度 33～79
		摩擦时间 10s,顶锻压力 70MPa,摩擦压力 20MPa,顶锻时间 6s,转速 40r/s	弯曲强度 109
	Nb	摩擦时间 6s,顶锻压力 30MPa,摩擦压力 20MPa,顶锻时间 6s,转速 40r/s	弯曲强度 67～90
	Zr	摩擦时间 10s,顶锻压力 30MPa,摩擦压力 20MPa,顶锻时间 6s,转速 40r/s	46～82
SiC 陶瓷与 Nb 的扩散焊			
ZrO_2 陶瓷扩散焊	Al、Ti、Zr、Nb、Fe、Ni、Cu、Ag		
	Ni	900℃×15min×27MPa	90
ZrO_2 陶瓷(加入 CaO 稳定)与 Al_2O_3 陶瓷的扩散焊	Pt	1450	154
ZrO_2 陶瓷(加入 Y_2O_3 稳定)与 Al_2O_3 陶瓷的扩散焊			110
ZrO_2 陶瓷(加入 MgO 稳定)与 Al_2O_3 陶瓷的扩散焊			170
ZrO_2 陶瓷与不锈钢的扩散焊		1130	24
ZrO_2 陶瓷与 Al_2O_3 陶瓷的扩散焊		1440	110
ZrO_2 陶瓷与 Al_2O_3 陶瓷的扩散焊	Au	1040	99
ZrO_2 陶瓷与莫来石的扩散焊		1040	42
ZrO_2 陶瓷与 MACoR(可加工玻璃)的扩散焊		900	51
ZrO_2 陶瓷与不锈钢的扩散焊		950	24
陶瓷基增强复合材料的扩散焊	单层应力缓解中间层:采用低弹性模量、低屈服强度和高塑性的金属材料,如 Cu、Ag、Al、Ni		
	采用复合中间层:不仅包括容易变形的软金属层,还应当包括弹性模量高、线胀系数小的硬金属层,如 W、Nb、Mo 等		
	采用梯度中间层,即采用物理性能逐渐变化的多层中间层材料		

续表

母材	中间层	焊接工艺参数	接头强度/MPa
Al_2O_3 陶瓷基复合材料	C	1350℃×17.5MPa	
	Cu/Pt/Cu,在复合材料表面沉积 3μm 的 Cu,再用 157μm 的 Pt 作为中间层	1150℃×6h×5.0MPa,真空	
	Cu/Nb/Cu,在复合材料表面沉积 3μm 的 Cu,再用 Nb 作为中间层		
	Cu/Ni/Cu,在复合材料表面沉积 3μm 的 Cu,再用 100μm 的 Ni 作为中间层	1150℃×6h,真空	
	Ni80-Cr20		
SiC 陶瓷基复合材料	AlB_{12}、B_4C、ZrB_2	1950℃×138MPa	
	4μm 厚的 Au48-Cu48-Ti4/25μm 厚的 Ni/4μm 厚的 Au48-Cu48-Ti4	950℃,真空	
加中间层的 SiC 增强 Al 基复合材料 SiCP/ZL101A/20P 的电子束焊	Al-12Si 厚度 0.6m	(25~42)mA×(10~18)mm/s	111~144,有气孔
Si_3N_4 陶瓷基复合材料	Si_3N_4 陶瓷粉末	1800℃×3000MPa	
	Au/Ni/Au,在复合材料表面沉积 2.5μm 的 Au,再用 125μm 的 Ni 作为中间层	1000℃×4h×(2.5~5)MPa,真空	
	Au/Ni-Cr22/Au,在复合材料表面沉积 2.5μm 的 Au,再用 125μm 的 Ni-Cr22 作为中间层	1000℃×4h,真空	
	4μm 厚的 Au48-Cu48-Ti4/25μm 厚的 Ni/4μm 厚的 Au48-Cu48-Ti4	950℃×2h,真空	
三维碳/碳化硅复合材料的液相渗透焊接	三氯甲基硅烷(MTS,CH_3SiCl_3)	用 30min 从室温升高到 1100℃,再用 30min 从 1100℃ 升高到 1300℃	三点弯曲强度 256.2
二维碳/碳化硅复合材料的焊接		焊接温度 1300℃,焊接压力 20MPa,保温时间 15~60min,真空	
二维碳/碳化硅复合材料与铌合金的扩散焊	Ti-Cu-Cu 三层作为中间层,前两层 Ti-Cu 为核心中间层,厚度分别为 0.08 和 0.12mm;第三层是辅助中间层,由厚度 0.12mm 的 Cu 箔叠加而成	焊接过程分为两个阶段:第一阶段为固相扩散焊,真空度高于 3.2×10^{-3}Pa,先以 3~8℃/min 的加热速度升温到 850℃,而后施加 8MPa 的压力,保温和保压 20min;第二阶段,结束保温和保压 20min 之后,在同样的 850℃ 之下,施加压力降低到 0.01~0.05MPa,同时以 3~5℃/min 的加热速度升温到 980℃,保温 8~120min,再随炉冷却至室温	14.1
三维碳/碳化硅复合材料与铌合金的扩散焊			34.1

续表

母材	中间层	焊接工艺参数	接头强度/MPa
碳/碳化硅复合材料与铌合金的扩散焊的改进	采用波形界面构建梯度中间层TA2钛合金以改进碳/碳化硅复合材料与铌合金的扩散焊		45～50
碳/碳化硅复合材料与钛合金的钎焊	采用Ag粉、Cu粉、Ti粉与短碳纤维(体积分数12%)组成的混合粉末	900℃×30min	剪切强度为84MPa
SiCP/2618Al复合材料的反应扩散焊	采用加入活性元素钛粉末(质量分数)0.7～2.8的40.7银-40.0铝-19.3铜粉末混合而成	真空度3.2×10^{-3}Pa,(510～540)℃×(15～60)min×1.5MPa	101
SiCP/2014Al复合材料的反应扩散焊	镍箔厚度0.1mm,纯度99.99%,试样尺寸50mm×50mm	610℃×60min,加压1吨,真空度1×10^{-3}Pa	
Ti-48Al合金的扩散焊	采用质量分数% Ti-18Al合金及Ti-45Al合金作为中间层		
51.0Ti-47.2Al-1.17Ni-0.56 Cr-0.11Ni与40Cr钢的扩散焊	Ti箔、V箔和Cu箔厚度分别为30μm、100μm和20μm	(950～1000)℃×20min×20MPa	420
	V/Cu作为中间层		接头的最大拉伸强度只有200MPa
	Ti/V/Cu作为复合中间层		接头的最高拉伸强度为420MPa
Ti-46.5Al-1Cr-2.5V与42CrMo钢的扩散焊接	中间层TA2钛合金	1100℃×60min×15MPa	
TiAl金属间化合物与钢的加中间层摩擦焊	Cu		375
	inconel718		366
Ti_2AlNb[(原子分数%) Ti-24Al-25Nb]与GH4169的真空扩散焊	采用Mo作为中间层	中间层厚度10μm,950℃×1h×120kN(试样断面10mm×10mm),真空度3×10^{-3}Pa	形成大量脆性相,从而使接头脆化
	Ta、Nb作为中间层		与Ti_2AlNb一侧连接良好,但与和GH4169一侧的连接就会出现裂纹
	Ta作为中间层		在Ta中间层与GH4169的界面容易形成裂纹,在Ti_2AlNb溶入了微量的Ta,仍然大体上保留了Ti_2AlNb的基本化学成分
	Nb作为中间层		在Nb中间层与GH4169的界面容易形成裂纹。与Ti_2AlNb结合一侧,由于母材中本来也会有大量Nb,因此,也应该能够形成良好的结合

续表

母材	中间层	焊接工艺参数	接头强度/MPa
TiAl金属间化合物与 TiB_2 陶瓷的扩散焊	Ni	900℃,50℃,1000℃,1050℃	69,89,110,85
SiC陶瓷的扩散焊	以TiAl(质量分数Ti-43Al-1.7Cr-1.7Nb)合金为中间层	1300℃×15min×35MPa,真空度 6.6×10^{-3}Pa	240
TiA(50Ti-43Al-9V-0.3Y)金属间化合物与 Si_3N_4 陶瓷的扩散焊	Ni	1000℃×2h×30MPa,真空度 5×10^{-3}Pa	104.2
Mg-Al的搅拌摩擦焊	中间层材料可以采用Sn箔厚度0.1～0.4mm、Zn箔厚度0.1mm、Cu粉厚度0.1mm		Sn箔厚度0.1～0.4mm、Zn箔厚度0.1mm、Cu粉厚度0.1mm,分别为135MPa、150MPa、165MPa、175MPa、75MPa、90MPa,无中间层120MPa

① 碳/碳复合材料改性，采用Si、C、$MoSi_2$ 等混合粉末为渗料，将碳/碳复合材料的被焊面埋入渗料中，在氩气保护下，加热至2300℃进行高温包埋处理，在碳/碳复合材料的被焊表面形成SiC-$MoSi_2$ 的复相结构涂层，涂层与碳/碳复合材料的被焊表面形成紧密结合。由于在高温下渗料熔化，Si元素能够渗入碳/碳复合材料的被焊表面附近的空隙内，并与C反应生成SiC而形成机械的和化学的强大结合。

② 将MAS玻璃粉碎，按一定比例溶入无水乙醇溶液制成浆料，涂在已经改性的碳/碳复合材料的被焊表面，干燥后与LAS玻璃形成搭接接头，放入石墨模具中，氩气保护下在热压炉中进行焊接。

③ 将MAS玻璃粉碎，按一定比例溶入无水乙醇溶液制成浆料，涂在已经改性的碳/碳复合材料的被焊表面，干燥后与LAS玻璃形成搭接接头，放入石墨模具中，氩气保护下在热压炉中进行焊接。

④ 将钨酚醛树脂溶入无水乙醇配成质量分数50%的溶液，加入质量分数12%的六次甲基四胺作为固化剂，再分别加入与其摩尔比为0∶1、0.25∶1、0.5∶1、1∶1的钨粉，搅拌均匀。将其分别涂抹在碳/碳复合材料表面，晾干后放入模具中，施加10MPa的压力，在200℃下固化2h，再在高温热压炉中于1500℃进行碳/碳复合材料之间的焊接。

⑤ 这种连接形式是通过在金属表面生成一定的氧化物，而后在一定温度下，使带有氧化物的连接表面与陶瓷连接，造成金属表面氧化物与陶瓷中的氧化物形成共晶反应，组成新的复合盐，从而达到连接的目的。

在用铜作中间层连接陶瓷与石英玻璃时，就有这种反应。如用铜作中间层连接 Al_2O_3，焊前通过氧化铜变成低价的氧化亚铜，而后与 Al_2O_3 反应，则可以得到如下化合反应：

$$Cu_2O+Al_2O_3 \rightarrow CuAl_2O_4$$

钛合金与双相不锈钢进行扩散焊时，焊接工艺参数为压力4MPa，保温时间45min时，焊接温度为850℃、900℃、950℃时，其接头拉伸强度分别为475MPa、520MPa、350MPa。也存在一个最佳值。

附录8 过渡液相焊接的母材、中间层材料、焊接工艺参数和接头强度

焊接母材	中间层	焊接工艺参数	接头强度/MPa
TA4的搭接	0.04mmBTiZrCuNi非晶态箔带	940℃×(0.25～4)h×10^{-2}Pa	搭接343.1～399.1,对接797.6～907.6
镁-钛的瞬间液相扩散焊	镍	520℃×10min	60
	铜	520℃×20min	70
	铝	540℃×20min	70
AZ31和5083的异种材料瞬间液相扩散焊		真空度为 1×10^{-2}Pa。(450～425)℃×20min×2MPa	20.4
Al_2O_3	Cu/Pt/Cu作为中间3μm-127μm-3μm	1150℃×6h	233
	Cu/Ni80-Cr20/ Cu25μm-125μm-25μm	1150℃×6h	137

续表

焊接母材	中间层	焊接工艺参数	接头强度/MPa
Al_2O_3	Cu/Ni/Cu3μm-100μm-3μm	1150℃×6h	160
	Cr/Cu/Ni/Cu/Cr		
	Ti/Cu/Ti5μm，10μm，20μm，30μm，40μm /8000μm /5μm，10μm，20μm，30μm，40μm	1000℃×0.5h	
$0Si_3N_4/Si_3N_4$ Si_3N_4 陶瓷焊接 Si_3N_4 陶瓷	Ti/Cu/Ni/Cu/Ti		
	Ti/Ni/Ti5μm-1000μm-5μm	1050℃×90min	234
	Au/Ni78-Cr22/Au(2.5μm，0.9μm)/(125μm，25μm)/(2.5μm，0.9μm)	(960～1100)℃×(0.5～9)h	272
	Ti/Ni/Ti20μm-800μm-20μm	1050℃×(15min，30min，60min，120min)	138.6
	Ti/Ni/Ti	1050℃×25min	250
	Ti/Cu/Ni/Cu/Ti	1140℃×180min	155
	Ti/Cu/Ni/Cu/Ti2μm /30μm /800μm /30μm /2μm	1050℃ × 60min + 1120℃ ×30min	260
Al_2O_3/AISI304	Sn 基钎料/CuTi/Sn 基钎料作为中间层		
陶瓷	Sn/Nb/Sn 作为复合中间层		
TA4 钛合金	BTiZrCuNi 非晶态箔带		887.3
稀土铝-锂合金 2090Ce	Cu		104.15
定向凝固高温合金 DZ22	0.04mm 的 Z2F 非晶态箔材		22.67～203
DD3 合金	FZ2：Ni-Co10-Cr8-W4-Zr13		
NASAIR-100 单晶合金	FZ2		
NASAIR-100 单晶合金	Ni 非晶态合金 Ni-Cr9-Mo1.0-W10.5-Al5.7-Ti1.2-Ta3.2	1200℃、压力 0.1MPa	σ_b = 828MPa，$\sigma_{0.2}$ = 796MPa，δ = 3.1%。在 1240℃以上进行扩散热处理之后，为 σ_b = 1200MPa，$\sigma_{0.2}$=875MPa，δ=14.4%
氧化物弥散强化高温合金(ODS)MA754	Ni-Cr-B、Ni-Cr-B-Si 和 Ni-Cr-B-Ge 等非晶态合金	1200℃、10h	σ_b=100MPaδ=8.4%
新型铁基超级耐热耐腐蚀合金 MA957	Ni-Cr14-B3.2-Si4.5	1100℃、压力 1.5MPa、保温时间 25min	σ_b = 662MPa，为母材的 54%
	Ni-B3.2-Si4.5		
	Fe-B13-Si9	1190℃、压力 4MPa、保温时间 30min	σ_b = 1095MPa，为母材的 90%
Ti_2AlNb 基合金	Ti-15Ni-15Cu 作为中间层	真空度 10^{-3}Pa，压力 40MPa，400℃	抗拉强度 931MPa，达到母材的 85%
	Ni/Ti/Ni(100μmTi 箔和 10μmNi 箔)	焊接温度 1000℃，保温 120min	接头强度最高，达到 323MPa

续表

焊接母材	中间层	焊接工艺参数	接头强度/MPa
Ti_3Al基合金(原子分数%)69Ti-16Al-15Nb	采用快速冷却甩带制备厚度30μm的51Ti-5Zr-9Ni-35Cu（原子分数%）	真空度不低于10^{-3}Pa，焊接温度850～950℃，保温时间1～30min	
Ti_3Al基合金(原子分数%) 69Ti-16Al-15Nb，Ti-6Al-4V合金	采用快速冷却甩带制备厚度30μm的51Ti-5Zr-9Ni-35Cu（原子分数%）作为中间层	真空度不低于10^{-3}Pa，焊接温度850～950℃，保温时间1～30min	
Ni_3Al基合金IC10	KNi-3作为中间层	焊接温度(1240±10)℃，保温4h和10h	室温接头强度为772MPa；980℃的接头强度561MPa
	YL合金	焊接温度1270℃，保温5min、2h、8h、24h	
Cu-6.94Al-18.86Zn的铜基形状记忆合金	0.1mm的Ag箔	998K，保温20min	120MPa到超过母材，延伸率为4%～9%
SiC陶瓷	铝	1000℃×30min	四点弯曲强度270MPa
	钛-钴合金	1450℃×30min	
Al_2O_{3P}/6061铝合金和6061	Cu箔	600℃×1000min	>80
	Ag箔	590～610℃、保温时间40～70min、中间层厚度20～40μm的条件下	接头抗剪强度为86～109MPa
	Al-5.60Si合金		
	Ni	655℃	抗剪强度276
	Cu/Ni/Cu		189.6
	Al-4Si		172.0
Al_2O_{3P}/Al	铜	真空度1.33×10^{-3}Pa，焊接温度600℃，保温时间30min 600℃×90min×0.16MPa	90
	铜-钛合金		
	银	600℃×100s	172MPa，达到母材的98%
	Al-Cu作为中间层	600℃，保温时间30min	接头强度130～140MPa
	Al-5.6Si合金作为中间层	焊接温度580～600℃，保温时间2～8min	焊接接头剪切强度为70～80MPa
Al_2O_{3P}/2124Al	镍		接头剪切强度为276MPa，达到母材的98%。
SiC_W/6061Al		真空度1.33×10^{-3}Pa，630℃	200
Al_2O_{3P}/6061Al		600℃	最大165MPa，接近母材的60%
	50μm的纯铜	600℃×90min×0.16MPa，真空度9MPa	95
	银中间层厚度20～40μm	(590～610)℃×(40～70)min	86～109
	Al-5.60Si厚度50μm	(580～600)℃×(2～8)min	70～80
	厚度30μm的Al-32.2Cu	真空度1.33×10^{-3}Pa，600℃×30min	130～140
	厚度30μm的Cu		90
SiC_P/Al	铜/镍/铜多层中间层		189.6
Al_2O_{3P}/Al和低碳钢	50μm厚度的纯铜箔	(590±10)℃，升温时间2h。压力0.1MPa和0.3MPa，保温时间30min～2h	

续表

焊接母材	中间层	焊接工艺参数	接头强度/MPa
2d 碳/碳复合材料与铌	Ti-Cu 系合金	780℃ × 4MPa × 30min 及 1050℃×0.03MPa×30min	
三维碳/碳化硅复合材料	Φ1.44mm 的镍丝 59.63Ni-24.58Cr-15.20W-0.32Fe-0.27Ti	30min 从室温升高到 1100℃，再用 30min 从 1100℃ 升高到 1300℃，在 1300℃ × 20MPa × 45min，炉中冷却	连接后未继续沉积 SiC 的试样，三点弯曲强度为 44.09MPa，连接后继续沉积 SiC 的试样，三点弯曲强度为 256.2MPa
二维碳/碳化硅复合材料	中间层 Φ1.44mm 的镍丝（质量分数 59.63Ni-24.58Cr-15.20W-0.32Fe-0.27Ti）	1300℃ × 20MPa × 15 ～ 60min，真空	55
石墨与钼	铬粉∶镍粉＝（质量分数）2∶1	(3.0 ～ 4.0) × 10^{-2}Pa × 1650℃×60min×0.1MPa	
	铬粉∶镍粉∶铜粉＝（质量分数）2∶1∶1	(3.0 ～ 4.0) × 10^{-2}Pa × 1650℃×60min×0.1MPa	
	锆粉∶钛粉∶镍粉＝（质量分数）2∶1∶1	(3.0 ～ 4.0) × 10^{-2}Pa × 1650℃×60min×0.1MPa	
Ti-48Al 合金的扩散焊接	Ti-15Cu-15Ni		
镁基复合材料 Ti Cp/AZ91D 的瞬间液相扩散焊	纯铜中间层厚度分别为：20μm、50μm	530℃×20min，真空度 6.0×10^{-1}Pa	66.02
	纯铝中间层厚度分别为：10μm、30μm	460℃×20～60min	58.37

参 考 文 献

[1] 周振丰，张文钺．焊接冶金与金属焊接性（修订本）[M]．北京：机械工业出版社，1988.

[2] 于启湛．钢的焊接脆化 [M]．北京：机械工业出版社，1992.

[3] Sindo Kou．焊接冶金学 [M]．闫久春，杨建国，张广军 译．北京：高等教育出版社，2012.

[4] 陈伯蠡．金属焊接性基础 [M]．北京：机械工业出版社，1982.

[5] [美] John C. Lippold．焊接冶金与焊接性 [M]．屈朝霞，张汉谦，王东坡 译．北京：机械工业出版社，2017.

[6] 杜则裕．焊接科学基础-材料焊接科学基础 [M]．北京：机械工业出版社，2012.

[7] [日] 铃木春义，田村博．溶接金属学 [M]．产报出版，1978.

[8] 于启湛．不锈钢的焊接 [M]．北京：机械工业出版社，2009.

[9] 于启湛．耐热材料的焊接 [M]．北京：机械工业出版社，2009.

[10] 史春元，于启湛．异种金属的焊接 [M]．北京：机械工业出版社，2009.

[11] 于启湛，史春元．复合材料的焊接 [M]．北京：机械工业出版社，2012.

[12] 于启湛，史春元．金属间化合物的焊接 [M]．北京：机械工业出版社，2016.

[13] 于启湛．非金属材料的焊接 [M]．北京：化学工业出版社，2018.

[14] 于启湛．陶瓷材料的焊接 [M]．北京：机械工业出版社，2018.

[15] 于启湛，钛及其合金的焊接 [M]．北京：机械工业出版社，2019.

[16] 丁成钢，于启湛．镁及其合金的焊接 [M]．北京：机械工业出版社，2020.

[17] 于启湛，丁成钢．铝及其合金的焊接 [M]．北京：机械工业出版社，2020.

[18] 刘会杰．焊接冶金与焊接性 [M]．北京：机械工业出版社，2012.

[19] 杜则裕．焊接冶金学-基本原理 [M]．北京：机械工业出版社，2020.

[20] 于启湛，刘书华，孙周明．氢在低碳钢中的两种扩散 [J]．金属学报，1996，9：933-937.

[21] 于启湛，力学因素对钢中氢扩散行为的影响 [J]．金属科学与工艺，1988，2：32-43.

[22] 薛继仁，史春元，于启湛，等．氢在不同钢组织中的扩散 [J]．焊接学报，1998，4：261-266.

[23] 史春元，于启湛，杨德新．塑性变形对氢在钢中扩散行为的影响 [J]．大连铁道学院学报，1999，3：84-87.

[24] 于启湛，陈字刚．高温长期加热对异种钢焊接接头碳迁移及组织性能的影响 [J]．金属科学与工艺，1999，1：98-107.

[25] 史春元，薛继仁，于启湛，等．高温下碳在 α-γ 型异种钢焊接接头中的扩散 [J]．焊接学报，1999，4：258-263.

[26] 薛继仁，史春元，于启湛，等．α-γ 系爆炸焊接复合板加热后碳迁移规律 [J]．大连铁道学院学报，1999，4：70-72.

[27] 李小刚，于启湛，薛继仁．CaO-CaF 渣系焊条气渣反应中固体微粒沉淀规律 [J]．焊接学报，2002，3：67-70.